装备科技译著出版基金

探 秘 小 行 星
Asteroids
Prospective Energy and Material Resources

［罗］维奥雷奥·巴德斯库(Viorel Badescu)　编著
周必磊 尤伟 成玫 王聪 陆希 王伟 译

国防工业出版社

·北京·

著作权合同登记　图字:军-2014-206号

图书在版编目(CIP)数据

探秘小行星/(罗)巴德斯库(Badescu,V.)编著;
周必磊等译.—北京:国防工业出版社,2016.2
书名原文:Asteroids – Prospective Energy and
Material Resources
ISBN 978-7-118-10550-6

Ⅰ.①探… Ⅱ.①巴… ②周… Ⅲ.①小行星—
基本知识 Ⅳ.①P185.7

中国版本图书馆 CIP 数据核字(2016)第 019050 号

探秘小行星

[罗] 维奥雷奥·巴德斯库(Viorel Badescu)　编著

周必磊　尤伟　成玫　王骢　陆希　王伟　译

出版发行　国防工业出版社
地址邮编　北京市海淀区紫竹院南路23号　100048
经　售　新华书店
印　刷　北京嘉恒彩色印刷有限责任公司
开　本　710×1000　1/16
插　页　4
印　张　37½
字　数　718千字
版 印 次　2016年2月第1版第1次印刷
印　数　1—2000册
定　价　168.00元

(本书如有印装错误,我社负责调换)

国防书店:(010)88540777　　发行邮购:(010)88540776
发行传真:(010)88540755　　发行业务:(010)88540717

译者序

小行星是太阳系的一类重要天体。关于小行星的具体定义,目前国际上尚无统一的描述,一般认为太阳系中绕太阳旋转的比行星小比流星体大的固体小天体称为小行星。

小行星对地球环境的演化、人类的生存产生着重大的影响。首先,小行星一般体积都较小,内部演化程度低,较完整地保留了太阳系早期形成和演化历史的遗迹,称为太阳系的"活化石";其次,部分小行星的运行轨道与地球相交,存在撞击地球的可能,威胁到人类的安全。在地球演化史上,生物大灭绝的灾难已发生过多次,最广为人知的是 6500 万年前的白垩纪恐龙灭绝事件,其原因很可能是一颗直径在 10~14km 的小行星撞击地球。由于小行星不稳定的轨道动力学特征,地球在未来遭遇小行星撞击致使人类受到毁灭性打击的可能性始终存在。同时,某些小行星上可能蕴藏着丰富的矿产资源,可为人类所利用。一个极佳的例证是约 20 亿年前,一颗直径约 10km 的小行星落在加拿大境内,形成了如今的 Sudbury 盆地。而该盆地中蕴藏着极为丰富的镍矿资源。尤其是某些小行星上有可能存在超乎想象的稀有金属资源藏量,若能开发利用,将能为人类文明的持续发展奠定基础。事实上,美国的一些商业公司已经开始从事小行星矿产的探测和开发工作。

鉴于小行星所具有的极高的科学、工程、商业探测价值,人类很早就开始了对小行星的研究。在航天技术不够发达的年代,科学家通过天文望远镜观察小行星,对小行星进行编号,并对其轨道动力学、光谱类型等特征进行研究。随着航天技术的不断发展,从 20 世纪 90 年代开始,美国、日本、欧盟等国家和地区多次发射航天器对小行星开展了飞越、伴飞、附着、采样返回等多种形式的探测,并在 21 世纪初期掀起了小行星探测的热潮。目前,多个国家已制定了明确的小行星探测规划,如美国将开展的 OSIRIS – REx 任务、日本将开展的"隼鸟"2 号任务等;载人小行星探测、小行星矿产开发等更为复杂的小行星探测技术研究也如火如荼。

我国当前已实现了两次月球环绕遥感探测、一次月球着陆巡视探测,并利用"嫦娥"2 号探测器对小行星 Toutatis 开展了飞越探测,获得了清晰的小行星遥感图像。随着我国航天技术水平的全面提升,未来必然要开展包括小行星探测在内的深空探测任务。但由于我国开展深空探测技术研究工作起步较晚,而小行星相比火星等深空探测的"明星"又属于相对冷门的探测对象,无论是公众的认知水平还是学术研究的深度均有较大差距。虽然近年来关于小行星探测的话题在国内不断升温,但仍缺乏系统地介绍小行星特性、小行星探测方法、小行星矿产开发、载人探测小行星以及探测小行星相关法律问题的著作,甚至很难在市面上找到一本专门介绍小行星的著作。因此,《探秘小行星》一书的适时出版是非常重要的。

本书译自由布加勒斯特工业大学 Viorel Badescu 教授领衔,全球行星科学界的众多顶尖学者共同参与编著的 Asteroids——Prospective Energy and Material Resources。本书全面地介绍了太阳系小行星的分布、环境、物质组成、材料资源,针对小行星探测目标的选择提出了数学模型,给出了面向近地小行星的探测任务设想、小行星探矿任务的方案设想,分析了其可行性,并对小行星探测的轨道设计方法进行了深入的探讨。本书汇集了近年来在小行星探测与资源利用方面的最新研究成果,研究了未来人类实现小行星资源应用所具有的优势与存在的局限。并融合了近期学术界涌现的大部分创新思想与解决方案,可称得上是一部关于小行星的大百科全书。

本书做到了基础理论与学科前沿的结合,特别是其中给出的一些前沿性的最新研究进展,以及对多种形式的小行星探测任务实现具有重要参考价值的数据,对我国开展小行星探测与科学研究具有重要指导作用。本书可作为小行星探测技术研究人员的参考书,也可为深空探测技术爱好者了解小行星提供许多有益的知识。

本书共 29 章,从对小行星探测历史、小行星轨道动力学、物理特性的介绍入手,分析了小行星探测目标的选择方法,阐述了着陆小行星、在小行星表面操作、小行星采样的方法,讨论了载人探测小行星、小行星就地资源利用技术。同时还深入探讨了对小行星开展宜居改造、利用其进行发射等小行星应用方向,并分析了经济可行性以及法律法规的限制。全书既系统地对小行星探测的相关问题进行了介绍,又包罗了与小行星相关的各种知识,可满足不同知识背景、不同阅读需求的读者。

本书由上海市深空探测技术重点实验室的技术人员翻译。在本书的翻译过程中,得到了张伟研究员、方宝东同志、陈昌亚研究员、施伟璜研究员、舒适研究员、赵艳彬研究员、叶晖同志、朱新波同志的悉心指导和大力支持;同时,本书的出版工作还得到上海卫星工程研究所各级领导和同仁多方面的支持和帮助。在中译本即将出版之际,译者谨对所有曾给予支持和帮助的同志致以诚挚的谢意,没有他们始终不渝的支持,本书是很难这么快与中国读者见面的。

由于全书篇幅太大、翻译时间仓促,加之译者水平有限,虽在翻译过程中力求忠于原著,但错误与不妥之处在所难免,恳望读者不吝指教。

译 者

2015 年 12 月

前 言

本书是德国 Springer 出版社以太阳系物质、能源等资源为主题出版的系列图书的第三本。系列的前两本是关于火星资源与月球资源,已分别在 2009 与 2012 年出版。

本书讨论了人类开展小行星能源与物质资源开发利用的相关问题,研究了未来不同应用系统的优势与不足,汇集了近年来最新提出的概念设想和解决方案。在小行星探测与利用活动越来越受关注的今天,本书可作为研究人员一个很好的起点。

本书结构按逻辑顺序编排,可分为 8 个部分。

第一部分(第 1~3 章)的主题是小行星探测与发现。第 1 章介绍了人类开展 20 年空间探测以来所取得的成绩;第 2 章关于太阳系内的特洛伊小行星;第 3 章介绍了内行星以内的小行星轨道与动力学特性。

第二部分(第 4~7 章)的主题是小行星特性。第 4 章探讨了勘探小行星资源;第 5 章描述了用于选择目标与任务规划的小行星模型;第 6 章介绍了小行星资源利用的第一步;第 7 章从系统角度介绍了载人探测近地小行星任务。

第三部分(第 8~10 章)的主题是采矿机器人的设计、建造与操作。第 8 章介绍了不受重力约束的移动式机器人的设计方法;第 9 章介绍了基于仿生学的着陆方式及其在地外天体探测中的应用前景;第 10 章介绍了采矿机器人能源系统设计的问题。

第四部分(第 11~17 章)的主题是就位资源利用技术(ISRU)。第 11 章介绍了碎石堆构成的近地小行星的颗粒物理学;第 12 章介绍了小行星就位资源利用的锚定与采样;第 13 章和第 14 章介绍了关于小行星风化层采矿的闭环气体力学,以及用于设施建设的小行星物质提取;第 15 章介绍了在小行星上合成食物的方法;第 16 章介绍了小行星采矿飞行器的构架;第 17 章讨论了近地小行星的轨道偏转、采矿和居住问题。

第五部分(第 18~22 章)的主题是在地球、近地轨道和小行星之间往返。第 18 章介绍了地球周围小行星上可获取的资源;第 19 章和第 20 章分别介绍了小行星捕获和如何改变小行星轨迹;第 21 章介绍了小行星捕获任务的机会;第 22 章则重点讨论了特定外形金属进入地球的问题。

第六部分(第 23~27 章)的主题是小行星的特殊利用。第 23 章和第 24 章分别介绍了小行星人工重力和小行星的宜居性改造;第25章介绍了如何利用小行星改造空间天气;第26章介绍了如何利用小行星来发射航天器,或是对航天器进行变轨和加速;第27章介绍了如何通过小行星观测来寻找地外文明。

第七部分(第28章)的主题是空间环境的管理,介绍了在经济、商业方面的担忧和考虑。

第八部分(第29章)的主题是法律与规则,介绍了在小行星探测与轨道偏转方面的法律考量。

本书大部分章节是跨学科的,某些章节内容可能在不同部分中均有涉及。例如,第12、13、16和17章也可以认为是属于第三部分。而第14章与第三部分和第五部分都有关。

下面对全书29章的内容进行具体介绍。

第1章由伊万诺·贝尔蒂尼(Ivano Bertini)编写,阐述了小行星是在内太阳系形成过程中产生的剩余碎片。他们的研究给出了关于类地行星形成的原始物质和机理的重要线索。小行星与地球上的生物圈息息相关。它们既有可能曾经给地球带来了水和有机物,也是如今地球潜在的威胁。随着人类社会的不断发展进步和未来向太阳系移民可能的出现,小行星也成为了一种特殊的矿藏资源。

在过去的20年中,人类发射的小行星探测器向我们展示了一个令人向往的小行星世界。探测器须通过近距离飞越来对小行星进行高分辨率、宽谱段的观测。与从前的地基观测数据相比,小行星探测器大大提升了观测数据的质量,从某些方面带来了前所未有的革新。本章总结了近年来在小行星探测方面取得的令人激动的科学成果。其起点是1991年NASA的Galileo任务实现了对951号小行星Gaspra的飞越,终点是2012年中国的"嫦娥"2号探测器造访了4179号小行星Toutatis。最后,对未来已获批准和正在开展研究的规划项目进行了介绍。

第2章由迈克尔·托德(Michael Todd)编写。太阳系的大部分小行星都位于火星与木星之间。然而,在其他很多地方也发现了小行星。其中一个例子就是位于行星——太阳系统的拉格朗日稳定点附近的特洛伊小行星群,它们的公转速度与行星保持一致。在地球与火星轨道之间,几乎没有发现特洛伊小行星的存在。根据建模与仿真,预示着还有许多特洛伊小行星有待发现。通过研究,得到了地球或火星的特洛伊小行星群最有可能出现的位置。根据概率分布,地球和火星特洛伊小行星最有可能出现在经典的拉格朗日点上,但它们的轨道很有可能是倾斜的。根据已经准确预测到的少量特洛伊小行星的经验,发现它们的概率相当小。搜索它们的最佳方法是将注意力集中到拉格朗日点附近的区域。即便如此,需要搜索的天区仍然非常大。对地球特洛伊小行星,需要搜索约3500deg^{2}的天区。而对火星而言,这一数字将增加至17000deg^2。对整个区域的普查非常耗时,但可以通过其他观测任务所获数据进行弥补。

第3章由博扬·诺瓦科维奇(Bojan Novakovic)编写。由于小行星的特殊作用,它们对于行星科学家而言是真正意义上的宝藏。近年来,小行星矿产开发变得越来越有可能,这使得小行星又具备了更大的商业价值。由于位于类地行星附近的小行星更容易到达,这些小行星受到了特别的关注。有三类小行星可能与内行星相靠近:地球内侧小行星(IEO)、近地小行星(NEA)和火星轨道交错小行星(MC)。本章对基本的引力与非引力效应进行了回顾,例如,共振与雅科夫斯基效应,这些效应都会对小行星的动力学表现产生影响。对短期与长期的动力学效应均进行了探讨。此外,从天体动力学的角度,对小行星的不同轨道类型的优势与劣势进行了分析。在类地行星附近的小行星的动力学寿命大多较短。因此,除了已经存在于该区域的小行星,来源于其他区域的小行星也很有可能补充到近地区域来。一个合理的假设是认为近地小行星主要源自小行星主带的裂隙区,沿轨道的短轴分布。其原因是这些裂隙(被称为 Kirkwood 裂隙)与最强烈的共振效应相联系。通常认为共振效应会使得小行星轨道的偏心率增加,从而使其轨道与行星相交。因受到不同的共振效应作用,小行星从主带进入到类地行星轨道的机制似乎是可信的。

第4章由马丁·埃尔维斯(Martin Elvis)编写。本章主要介绍小行星探测可分为3个阶段:①测定轨道;②遥感探测;③就位探测。前两个阶段都使用专门的天文技术:成像、天体测量、光学和光谱学。第三阶段的实现在很大程度上依赖于前两个阶段的结果,并将利用空间天文学和行星科学技术。在考虑了小行星探测的成本及可行性后,本章提出了小行星探测任务的概念设想。

第5章由米克·卡尔塞来恩(Mikko Kaasalainen)和约瑟夫·杜鲁克(Josef Ďurech)编写。本章概述了探测前小行星信息的获取。探测前,小行星的信息多是通过地面观察或是卫星观测数据获得。当拥有足够的遥感数据,即可通过求解相应的逆问题建立小行星模型。通过实时观测小行星,测光源建模也是较为广泛的方法。也可以通过测光获得小行星信息,如主带小行星的自适应光学。本章中,作者讨论了使用获得的信息和恒星掩星,热红外数据,以及光谱来确定或估计小行星的形状、自旋、大小、质量/密度、结构和组成。这些资源可以用于筛选探测目标。通过地面观测、飞越或就位探测可以获得更多小行星的基本特性。

第6章由米凯尔·格兰维克(Mikael Granvik)、罗伯特·杰迪克(Robert Jedicke)、布莱斯·博林(Bryce Bolin)、莫尼克·齐巴(Monique Chyba)、杰夫·帕特森(Geoff Patterson)和戈蒂埃·皮科特(Gautier Picot)编写。本章中首先预测地球是由一团非常小的小行星包围。小行星 2006 RH120 的直径大于 2.1m,是已知的第一个被地球捕获的自然天体。作者期望通过多年测量发现更多的规律。地球临时捕获的天然卫星是面向小行星探测的第一步。作者对地球临时捕获的天然卫星开展的交会探测任务的可行性展开讨论,认为此项探测任务是完全可行的。

第7章由马可·三森(Marco Cenzon)和德拉戈斯·亚历山帕(Dragos Alexandru Paun)编写。本章表明人类一直对近地天体(NEO)十分的感兴趣,但在过去20

年里,才知晓这些物体对地球除了具有潜在的破坏力,也能提供地球所需物质。本章的目的是概述近地天体探测任务中将会面临的挑战和获得的益处。并提出了一种灵活的体系结构,构建平台,研究并利用 NEO。

第 8 章由马可·查次(Marco Chacin)编写。本章介绍了小行星具有微重力的物理特性。近年来,科学家对小行星探测的兴趣与日俱增。就位探测可获得更多的科学成果。小行星重力微弱,但行星科学家和行星机器人工程师却较少关注小行星表面移动问题,因此小行星就位探测具有很大的风险。尽管困难重重,未来仍将会开展小行星久违探测任务。本章详细讨论了在微重力环境下,各种小行星探测技术,提高就位探测设备的操作性能,或是研制具有跳跃的机器人等。并给出了一个详细的例子,该实例中考虑了微重力环境及其对机械系统的动力学影响。通过微重力模拟平台,演示了微重力下,探测器的移动方式。

第 9 章由蒂博·拉哈日加纳(Thibaut Raharijaona)、纪尧姆·萨宾若(Guillaume Sabiron)、斯特凡·委尔利特(Stephane Viollet)、尼古拉斯·弗朗西(Nicolas Franceschini)和弗兰克·汝非尔(Franck Ruffier)编写。本章介绍了着陆于小行星是一项具有挑战性和危险的任务。基于对飞行昆虫神经生理学,行为和仿生机器人的研究,作者设计了一种新型自动驾驶仪,用来解决登陆问题。本章第一部分中,作者提出了一个仿生方法登月,应用盘古软件模拟 2 自由度的飞船接近月球。作者提出仅依赖于光和惯性测量的自动驾驶仪,经一个反馈控制系统,基于传感器估计着陆器的速度矢量,调节着陆过程。在第二部分中,作者提出了一个轻量级的视觉动作感应器(VMS),它借鉴了在昆虫视觉系统的神经生理学研究的结果。VMS 能够测量 $1.5°/s \sim 25°/s$ 的一维角速度。

第 10 章由西蒙·D·弗雷泽(Simon D·Fraser)编写。本章介绍了小行星表明探测任务中,设计电源系统是一大技术难点。为了完成小行星的表面探测任务目标,安全可靠的电源系统是必不可少的。为满足就位探测过程中能量储存和需求,需要设计单个或多个电系统混合系统,因此未来的太空探索中将会应用应用核能或其他供电系统。本章设计了小行星表面采集系统的电源。

第 11 章由凯伦·E·丹尼尔斯(Karen E·Daniels)编写。本章介绍了大部分近地天体由大小为毫米到数十米岩石通过弱引力互相吸引组成在了一起。在未来的近地天体探测任务中,当人或是探测器对小行星进行就位探测时,可通过锚定等方式,长期稳定的着陆在小行星表面,挖掘、采集样品。尽管小行星的物理特性难以精确的获得,但借助大量的实验和计算机模拟,提高了人们对小行星动力学的一些认识。本章总结了当前颗粒状岩石的相关知识,并将这些知识应用于岩石类小行星中。

第 12 章由克里斯·扎西尼(Kris Zacny)、菲利普·楚(Philip Chu)、伽勒·保尔森(Gale Paulsen)、马格努斯·赫德伦德(Magnus Hedlund)、博来客·梅莱罗维奇(Bolek Mellerowicz)、斯蒂芬·达克(Stephen Indyk)、贾斯汀·斯普林(Justin

Spring）、亚伦·帕内斯（Aaron Parness）、唐·伟基尔（Don Wegel）、罗伯特·米勒（Robert Mueller）和大卫·莱维特（David Levitt）编写。探测近地天体有两个原因：科学研究和空间资源来源。到目前为止，所有的近地天体探测任务目的都是为了科学探索。但随着空间推进和通信技术的发展，近地天体采样探测变得越来越可行。近地天体距离地球近，易于开展就位探测。就位探测有利于获取所需资源，如水。几十年来，美国宇航局和其他太空机构已对月球和火星开展了就位探测任务，包括"阿波罗"月球计划、"海盗"号、火星探测漫游者，火星科学实验室等。相比较而言，对于近地天体的就位探测较少。本章介绍了近地天体就位探测技术，详细说明了锚定、样品采集技术。

第 13 章由莱昂哈德·E·伯诺尔德（Leonhard E·Bernold）编写。据推测，深空中的小行星碰撞会造成威力巨大的爆炸，将会毁坏地球的地壳。然而，科学家希望通过探测器使地球在不受到这种"深空冲击"的情况下获得收益。在好莱坞电影中展示了通过撞击小行星上的玄武岩山脉来采矿。这么做就需要具有轻型化且具有远程操控功能的采矿技术。本章介绍小行星风化层利用气力输送技术来挖掘和运输设计的实验测试及其结果。利用管道系统将几种从地面挖掘的模拟风化层从一个吸入式喷嘴运送到分离器中。两种喷嘴设计得到了测试。

第 14 章由纳拉亚南·科迈瑞斯（Narayanan Komerath）、斯力密·然格德阿（Thilini Rangedera）和斯科特·本尼特（Scott Bennett）编写。本章介绍了基于太阳能的，近地天体附着采样探测任务的概念设想。可重构太阳帆是该航天器主要的推进和电源的技术。近 5 年的飞行后，探测器通过脉冲式离子推进器附着在近地天体。本设计总质量 67500kg。

第 15 章由阿列克谢·康戴瑞（Alexey Kondyurin）编写。本章介绍了在模拟近地空间的环境下，使用聚合技术模拟复合材料的固化情况。本章详细分析了空间环境条件，如高真空，宇宙射线，温度变化和小行星轨道对聚合过程的影响。

第 16 章由海姆·贝纳罗亚（Haym Benaroya）编写。本章提出了一种小行星就位探测的概念设想。小行星就位探测具有相当大的挑战，在已出版的文献中没有看到相关系统性的介绍。

第 17 章由沃纳·格龙德尔（Werner Grandl）和阿科什·巴兹索（Akos Bazso）编写。主要介绍了与近地小行星（NEA）探测相关的技术、商业、任务框架等方面的研究进展。首次 NEA 探测将采用机器人探测，小行星上可能包含镍、铁、铂族等其他的地球稀有金属。最小密度约为 $2g/cm^3$，且直径在 $100 \sim 500m$ 的小行星选为矿产开采的对象。作者提出通过轨道机动，将这些天体从绕日轨道变轨至地球轨道。为了能够遥控这些 NEA，需要设计出载有先进推进系统的无人牵引飞船。两艘牵引飞船将通过锚定方式与小行星相连。由牵引飞船的火箭发动机来施加变轨推力。一旦在地球轨道稳定后，即在小行星的长轴方向开始矿藏采集工作。一艘载人飞船将与小行星相连，并装有挖掘、运输与处理所需的机械设备以及存储模块。主动挖掘钻探头将在一开始挖掘出一条直径约 8m 的中央通道,直通小行星中心。然后通过进一步挖掘后形成体积约占据小行星总体积 50% 的球形或柱形空腔。随着小行星质量的下降,其轨道将通过两艘牵引飞船进行维持。采集和处理后的样本将通过无人货运飞船运送至近地轨道或地月系的拉格朗日点。小行星内腔的内壁将由机器人完成激光烧结。最后,可以将该腔体改造成为人类居住的场所。腔外的小行星外壳使内部免受宇宙射线、太阳爆和微流星的威胁。通过小行星采矿获得的多种物质可以用于设施建造。氧气、氢气和碳可以在 C 类小行星上提取到。太阳光可以通过小行星表面铺设的抛物镜面收集,并引入内部。可以想象,未来将会出现数十个小行星运行在地球轨道上的情形,每个小行星内都居住着上千名地球移民。

第 18 章由琼 - 保罗·桑切斯(Joan - Pau Sanchez)和科林·R·麦克因斯(Colin R. McInnes)编写。一直以来,近地小行星资源的开发都被认为是降低未来空间活动成本的一种有效手段。特别是小行星和彗星,从可达性和开发潜力的角度,都被认为是理想的资源。经过几十年的研究,我们分析出了大量可能到达的近地小行星,同时也分析了大量存在与地球相撞可能的小行星的科学研究价值和探测潜力。现在的问题是需要进一步理清我们对近地小行星资源已经了解了多少,还有多少有待发现,更重要的是,哪些资源是通过未来的小行星探测任务可以相对轻易地获得的(Planetary Resources 公司近期提出了一些)。本章说明了在相对低的能量消耗前提下,是有可能获得相当可观资源的。例如,我们仅需要消耗低于月球采样返回所需的能量,就可以收获约 10^{14} kg 的小行星资源。更重要的是,小行星资源在不同能量的约束条件下均可以获得。也就是说,通过现有技术的改进,就可以对一个 $10 \sim 30$m 直径的近地小行星进行科学探测、采样返回与资源利用。近地空间的资源探测与利用已经研究了相当长的一段时间,现如今的技术水平已经具备对这些资源进行采样和利用的能力。

第 19 章由迪迪埃·马索内特(Didier Massonnet)编写。将近地小行星从绕日轨道捕获至地球轨道,是一件非常令人激动的事情。存在的主要问题有:①如何捕获小行星以及相关时间成本和技术的可实现性;②为什么要捕获小行星。此外还介绍了受益与风险评估的相关内容。针对第一个问题,作者回顾了可能采用的推进方式,阐述了唯一可行的手段是采用机械锚定装置。小行星捕获虽然可以利用 L_1 和 L_2 日地拉格朗日点的优势,但仍要消耗比小行星偏转更大的速度增量。第二个问题相对不那么直接。小行星上的资源可能是地球上极为稀有或极难提取的,对这些资源,我们只需要将小行星质量中的很小一部分带回地球。同时,我们也可以将采集的矿产直接在空间应用,而不需要运回地球。这种在空间直接利用的方式可以用于提供化学推进系统的液氧燃料,也可以用于制作保护航天员的辐射防护装置。提取后的物质仅占小行星质量的很小一部分。更多的小行星矿产资源将可能用于空间核推进系统。最后,小行星本身可以作为保护地球的屏障。此时,整个小行星的质量都会被用上,小行星将被牵引至与威胁小行星轨道的撞击轨道。作者讨论了以上用途的可能性与难点,难点与推进系统的复杂度密切相关。

第20章由亚历山大·A·博隆金(Alexander A. Bolonkin)编写。阐述了将小行星牵引至近地轨道需要具备小行星变轨以及脉冲速度增量的估计与计算能力。作者提出了几种计算方法:人造飞行器撞击小行星、在小行星表面引爆盘形或球形炸药、在小行星表面引爆小型原子弹、小行星进入地球大气,通过降落伞减速。所提出的方法也可用于仪器设备舱的地球再入。所提出的理论也可用于防止地球被大质量的小行星撞击。

第21章由丹尼尔·加西亚·亚诺兹(Daniel Garcia Yarnoz)、琼–保罗·桑切斯(Joan–Pau Sanchez)和科林·R·麦克因斯(Colin R. McInnes)编写,主要阐述了对小行星和彗星的科学研究,是揭示太阳系形成、演化和组成的重要途径。近地小行星(NEO)因其丰富的矿产资源、相对容易到达的特点而得到了更多的关注。对这些资源探测和开发的研究已经开展了一段时间,旨在降低未来空间活动的成本。本章介绍了将整个小行星从绕日轨道移至地球临近的可能性。采用基于不变流形的低能耗转移轨道,对小行星捕获转移轨道进行了研究。特别地,对捕获转移目标的平面、垂直 Lyapunov 与日地拉格朗日点晕轨道族进行了研究。通过对轨道动力学的研究,可以找到极低能耗的转移轨道,来获取小行星资源。以转移能耗最小为目标,开展了在不变流形与小行星标称轨道为终端约束下的全局脉冲转移搜索。并提出了在已知 NEO 范围内的小行星捕获时机。尽管对体积较小的小行星的了解尚不充分,但我们仍能在速度增量需求小于 500m/s 的约束下,获得 12 个小行星的捕获机会。这些机会当中有 11 个都能由如今的推进技术实现。此外,随着被发现的 NEO 数量的不断增加,本方法仍可用于未来小行星捕获机会的自动搜索。

第22章由理查德·B·卡斯卡特(Richard B. Cathcart)、亚历山大·A·博隆金(Alexander·A·Bolonkin)、维奥雷尔·巴德斯库(Viorel Badescu)和多林·斯丹修(Dorin Stanciu)编写,阐述了部分小行星上可能含有有价值的矿产资源,或是由稳定、不锈铁的形式存在于宇宙中。这些可能都是生态环保、绿色可靠的资源,以满足未来人类对铁矿资源的需求。为了有效应用这些铁矿资源,我们可采取一些措施。例如,富铁矿的小行星将被分解为许多碎块。在某些情况下,这些铁矿碎片可能被重塑成相应的气动外形,甚至可能用于地球再入。这些碎片首先将被送入近地椭圆轨道,其后到达地球表面。本章提出了两种运送方法。方法一主要基于遥控与气动外形,其外形与美国 1960—1962 年 ASV–3 ASSET 型飞行器相似,它是首个从近地轨道速度再入大气并发回数据的飞行器。该飞行器是 20 世纪 70 年代"Mega–ASSET"航天飞机的简化版本。该方法通过小行星矿产开采的形式,对小行星外形进行改造。小行星矿产开发将成为以"智人"对地球资源不断开发以来的新时代。方法二源于近年来材料工业的发展,已能够生产出耐高温的碳纤维。作者提出了耐高温的 AB 型降落伞用于大气减速。尽管体积不大，轻质的 AB 型降落伞能够将小行星的速度从 11km/s 减至 50m/s，将摩擦热流降至 1/10。降落伞表面在来流后方打开，以便热辐射。AB 型降落伞的温度可能达到 1000 ~ 1300℃。而碳纤维能够承受 1500 ~ 2000℃ 的高温。在用于 AB 型降落伞的碳纤维制造方面目前没有问题。采用方法二捕获原始小行星，需要具有网袋结构、长电缆、一台机械能存储器和一个 AB 型碳纤维降落伞。小行星捕获设备将由运载火箭发射至太空，并在地球椭圆轨道上与目标小行星交会。交会以后，捕获设备将通过动力学过程来延阻小行星，两者的组合体将脱离近地椭圆轨道并进入地球大气。此时，AB 型碳纤维降落伞从小行星背面打开，对组合体进行减速，确保其降落至指定的区域。采用该方法时，最后的采矿过程将在地球表面进行。也可以将方法一与方法二进行结合。一些体积较小的小行星，或是认为经过人为改造，外形与"Mega – ASSET"飞行器将近的是最宜于被碳纤维降落伞运送的。

第 23 章由亚历山大·A·博隆金（Alexander A. Bolonkin）编写，给出了如何利用静电力，使宇航员或飞行器在小行星表面悬浮的方法。阐述了采用带电球或电介体的方法，可以人为制造出静电场。通过计算，讨论了该方法在实际开发过程中可能出现的问题。还介绍了如何采用该方法在小行星上制造人造重力场。

第 24 章由亚历山大·A·博隆金（Alexander A. Bolonkin）编写，阐述了在无大气的小行星上维持生命是非常困难的，特别是在光照时间短的低温环境下。为解决这类环境难题，作者提出了一种创新的人造"常绿"半球舱的概念，通过充气形成一个半球形的空间，可为空间内提供类似于佛罗里达、意大利、西班牙环境条件。通过仿真计算的手段，论述了"常绿"半球舱理论在现有技术条件下的可行性。特别地，采用高空磁场支撑日光反射器和特殊的双层薄膜作为表面材质，可以很好地集中太阳能，并将热耗散降至最低。该方法可以为小行星上的长期居住提供条件。作者还从理论角度研究了一种闭循环灌溉系统，并在本章节中披露了部分有用的细节。这种居住舱位于指定区域的 50 ~ 300m 高度处，采用薄膜围成封闭区域，其导热率与透过率都是可控的。薄膜通过引入超压气体，在高处固定，并通过细绳与表面相连。在给定的小行星表面区域内，这种封闭式的居住舱可以很好地控制其内部的环境条件。这是一种当前较为实际和经济的小行星居住舱方案，既可完成内部水循环，又可达到环境控制的效果。

第 25 章由罗素·比伊克（Russell Bewick）、琼 – 保罗·桑切斯（Joan – Pau Sanchez）和科林·R·麦克因斯（Colin R. McInnes）编写，将捕获后的近地小行星视为一个整体，作为三种大型空间地质工程方法之一来研究。这三种方法是：日地 L_1 点不稳定尘埃云、日地 L_1 点重力稳定尘埃云、地球周围的尘埃环。地质工程，又称为气候工程，是对全球平均气温的变化对地球气候的影响进行研究的学科。研究表明，全球温度每升高 2℃，地球受到的太阳辐射就会减少 1.7%。本章讨论的种方法就是为了达到这一目的。不稳定尘埃云方法对限制性圆形三体问题的动力学描述进行线性化,制造出稳定状态的尘埃云,结合太阳辐射模型,来确定出每年为达到一定辐射削减目标所需的尘埃质量。反之,重力稳定尘埃云采用四体动力学确定出零速度曲面,该曲面决定了在 L_1 点附近,从小行星表面喷出的尘埃无法逃逸的区域。在已知的近地小行星列表中,给出了在小行星质量一定的条件下,太阳辐射能够达到的最大削减量。最后,地球尘埃环方法利用太阳光压的摄动以及引力场 J2 效应,找出稳定的、椭圆、对日地球轨道。之后利用这些轨道形成尘埃环的颗粒分布模型,以此模型为依据,可对尘埃的降辐照效果进行计算。总之,不稳定尘埃云需要每年 $1.87 \times 10^{10} \sim 7.60 \times 10^{10} \text{kg}$ 的物质来确保太阳辐射的有效降低,而地球尘埃环则需要 $2 \times 10^{12} \text{kg}$ 的物质。最后,上述质量的物质可以通过捕获近地小行星来获得,其速度增量代价较之月球探测更小。

第 26 章由亚历山大·A·博隆金(Alexander A. Bolonkin)编写,阐述了当前的火箭发动机主要用于飞船和探测器的变轨。有时,探测器会利用行星的引力场来变轨。然而,太阳系中仅有 9 个行星,且相距甚远。太空中存在着上千万颗小行星。本章包括三个部分。第一部分主要研究针对直径在 20~100m 之间自旋小行星的太空升降机。该升降机可以让宇宙飞船无需燃料而实现着陆、起飞、制动与加速。此类飞船利用了小行星自转的能量。本章将太空升降机与新型运输系统结合起来进行研究。该运输系统利用机械能,仅需要极小的能量即可实现在空间中的"免费旅行"。它利用了小行星自转的能量。第二部分介绍了一种采用绳系改变航天器轨道的新方法。该方法利用了小行星的机械能或自转能。第三部分介绍了一种采用静电场改变航天器轨道的方法。该方法利用了静电力、小行星的机械能或自转能。这些方法可以使飞船(探测器)的速度增加(减少)达 1000m/s,并实现在太空中的转向。

第 27 章由乔鲍·克斯克(Csaba Kecskes)编写,简要讨论了"人类并不唯一"这一问题。提出了一种全新的文明发展的模型,在该模型下,与地球特点相近的行星,或是与太阳相似的恒星对文明的形成与演化变得并不重要了。提出了一种在小行星带中寻找外星生命的测试方法。以 NASA 的月球勘探轨道器为例,说明了如何在月球上寻找生命迹象。讨论了航天器获得的高分辨率图像的问题。提出了多个小行星飞越任务,以相对经济的方式实现对多个主带小行星的观测。以苏联 Vesta 探测任务为例进行了说明。

第 28 章由迈克·H·瑞恩(Mike H. Ryan)和艾达 Kutschera(Ida Kutschera)编写,介绍了由小行星资源开采所可能带来的机遇。从商业角度讨论了太空资源利用带来的挑战和解决方案。将小行星矿产开发与历史上类似的事件进行类比,通过比较给我们一些启示。讨论了宇航员或机器人在小行星资源开采这项工作中所起的作用与角色。本章详细介绍了自足性、指令与控制、产权、风险以及商业模式等问题。对近期实现小行星采样任务的可能性做出了评估。

第 29 章由维尔吉柳·波普(Virgiliu. Pop)编写,指出小行星既是宝贵的矿产资源,也是对人类文明的威胁。我们一方面要设法开采小行星丰富的资源;另一方面要消除这些威胁隐患。这些活动将导致一些合法性问题:怎样才能将这些资源合理分配。而谁又是小行星的拥有者? 产权在空间活动中所处的位置是什么? 行星保护是权利还是义务? 谁对保护地球防止小行星撞击负责? 是否所有的小行星偏转技术都是合法的? 核爆炸是否能被用于小行星偏转以及小行星资源开采? 小行星可能被用于发动战争吗? 因此,产权化是解决这些疑问的途径之一。如果私有企业允许开发小行星,就可以比政府或志愿者行为更容易监督与追踪;私有企业不仅能发明出开发小行星资源的方法,也能够改变它们的轨道,降低它们对地球的威胁。想要在开发空间的同时解除小行星威胁,人类必须认识到产权在小行星开发中的重要性。

本书能够让读者对未来小行星探测与开发技术背后的科学基础有一个清楚的了解。本书的主要读者可以是工程师、物理学家等科研人员,或是对小行星探测、空间探测特别感兴趣的人。本书对工业部门中有意加入空间活动项目的人员也会有所帮助。最后,本书可用于工程或自然科学类本、硕、博的教学。

编　者

目 录

第 1 章

小行星小传:我们从二十多年的 太空探索中学到了什么

伊万诺·贝尔蒂尼(Ivano Bertini)
意大利,帕多瓦大学(University of Padova,Italy)

1.1 引言

　　由于多种原因小行星成为基础科学的重要研究对象。小行星是内太阳系形成中的残余物质,为研究类地行星的原始组成物质和形成机制提供了唯一一途径。此外,小行星影响着地球上的生物圈,在地球上水和有机物的形成过程中可能发挥重要的作用,影响生命的起源。另一方面,小行星也可能带来一些灾难。在过去行星撞击地球可能改变了生物的进化历程。即使在今天,小行星对于地球上的人类仍然是一个巨大的威胁。小行星等同于某些矿物的特殊来源,这些矿物能够满足我们日益增长的文明需要,也能用于未来对太阳系的探索和移民。

　　在过去的 20 年里,专门的太空探测任务带来了大量的科学结论,只为望远镜里遥远的亮点的小行星逐渐揭开面纱,向我们展现了一个有趣而复杂的世界。宇宙飞船克服了地球大气的限制,可以在很宽的波长范围内观测小行星,并且能够靠近小行星得到高分辨率的照片。此外,宇宙飞船能够观测到在地球上观测不到的范围。到目前为止,宇宙飞船获取的数据不仅补充和完善了一些从地面观测数据推导出的理论和发现,还常常带来一些革命性的理论和发现。最终,太空探测任务使地面和空间探测活动显著增多。这些探测活动在宇宙飞船现场执行任务之前和期间用来描述目标特性。无论是任务规划的目的还是将地面实况与现场勘查的结果相联系,都是很有必要的。

　　与通过地面或者地球轨道上的望远镜观测的方式相比,宇宙飞船现场探测的方式更有利于一些科学学科的研究。宇宙飞船探测促成了小行星地质学的诞生,

1

给我们带来一些关于小行星起源和发展历程的线索。从小行星上陨击坑的数量我们不仅可以知道小行星的年龄,还可以知道小行星的碰撞演化历程。从这些陨击坑的深度直径之比我们可以知道这些星体的特性以及覆盖在其表面的风化层的厚度。在小行星上发现的岩石是小行星上存在风化层的直接证据。这些岩石是陨击溅射产生的碎片,它们提供了在低重力情况下星体表面陨击坑形成过程的信息(Lee 等,2010 年)。对一个确定模型的推导可以得出一种可能存在的 YORP 效应,即热光子的各向异性发射。YORP 效应影响着小行星的自转速度以及形状。分光谱测量(Resolved spectrophotometry)可以研究小行星表面反照率和颜色的多样性,进而得到一些关于行星表面动力学以及太空风化老化过程的信息(Schröder 等,2010 年)。紫外线、可见光以及红外线光谱可以提供小行星表面矿物质的分布信息。对小行星热辐射的观察可以知道小行星表面质地和组成的多样性(Tosi 等,2010 年)。全球电磁场的测量使得小行星及其母体的结构、起源和温度演变都受到了明显的限制(Blanco - Can 等,2003 年;Auster 等,2010 年)。宇宙飞船能够非常有效地寻找和发现小行星的同伴。对小行星卫星轨道的测量可以得出小行星的质量,今后一旦知道小行星的体积,还可以计算出小行星的体积密度。这些提供了小行星的物理组成和内部结构信息。对有关系统的研究也提供了一些发生在内太阳系形成早期的碰撞事件的线索。小行星的质量还可以通过测量小行星施加在宇宙飞船轨道上或飞船在小行星轨道机动时的扰动精确得到。这个扰动是为了阻止大质量或者极度靠近小行星的飞行物的靠近。

这一章总结了过去 20 年太空探索小行星得到的科学成果,从 1991 年美国航天局(NASA)的"伽利略"号宇宙飞船对 951 号小行星 Gaspra 的探索开始,到 2012 年中国的"嫦娥"2 号飞船对 4179 号小行星 Toutatis 的探索为止。各个空间机构的已经批准和正在开发的未来太空任务也将在本章末尾作概述。

1.2 二十多年小行星探索得到的科学成果

迄今为止,总共有 8 个太空任务对 11 颗小行星进行现场探测。尽管最常见的任务类型是快速飞越,并且经常是在飞往另一个主要目标的经由途中。有些任务还进行了两次变轨、一次变轨和采样返回任务。对过去探索小行星的太空任务以及获得科学成果的总结将在接下来的子章节中介绍,从中可以得到最新的关于小行星的知识。

1.2.1 与小行星的第一次相会:"伽利略"号宇宙飞船探测 Gaspra

NASA 的"伽利略"号宇宙飞船在飞往木星的途中,于 1991 年 10 月 21 日从距离位于小行星主带的 951 号小行星 Gaspra(S 型小行星)1600km 的位置,以 8km/s 的相对速度飞越,拍摄到了人类历史上首张小行星的特写(Belton 等,1992 年 b)。

在这次与小行星的相会过程中,固态成像相机(SSI)(Belton 等,1992 年 a)以 54m/px(Chapman 等,1996 年 b)的最高分辨率拍下了几张小行星的照片。由于飞行的几何位置原因,SSI 只拍到了行星表面 80% 的区域。Gaspra 是一个高度不对称的星体。它的形状类似一个 $18.2 \times 10.5 \times 8.8 (km^3)$ (Veverka 等,1994 年)的椭圆球。图 1.1 是一张"伽利略"号宇宙飞船拍摄的 Gaspra 的照片。Gaspra 上的大部分区域都是平坦的或者略有凹陷。关于该小行星的起源存在争议。它们可能是碰撞的碎片,也可能是母体因为早先存在破损而分裂产生的(Stooke,1996 年,1997 年)。Gaspra 行星表面有很多陨击坑。陨击坑的产量是一条很陡的微分曲线,超出了碰撞平衡的理论极限,即新产生的陨击坑数量与毁灭的陨击坑数量保持动态平衡。这个结论导致我们需要重新考虑早先的行星碰撞模型(Chapman 等,1996 年 b)。Gaspra 行星表面陨击坑的年龄估计从两千万年到三亿年(Veverka 等,1994 年)。在这次探测过程,还发现了一些线性特征,例如行星表面凹地的数目线性减少。

图 1.1　Gaspra 的照片由"伽利略"号宇宙飞船于 1991 年 10 月 29 日、
在到达距该行星最近距离前 10min、距离该行星 5300km 的位置以
大约 54m/px 的分辨率拍摄。光照来自 18km 的地方,
从左下角到右上角(由 NASA/JPL/USGS 提供)

对 Gaspra 这些形态特征的分析表明 Gaspra 是由一个较大的母体在一次灾难性的碰撞过程中产生。另一个推论是 Gaspra 行星可能是一整个独立的星体而非密接小行星或碎石堆积而成的(Veverka 等,1994 年;Stooke,1996 年)。

SSI 图片和近红外线制图光谱仪(NIMS)(Carlson 等,1992 年)的数据得到了小行星在 $5.2\mu m$ 波段的光谱特性。这使得分析行星表面物质成分和矿物分布成

3

为可能(Granaham,2011年)。整个小行星表面有 5% 的颜色差异(Carr 等,1994年;Helfstein 等,1994年)。该行星表面有两种极端的单元。第一种单元比第二种反照率稍高的、颜色更蓝、在 1μm 和 2μm 波段有更深的硅酸盐吸收带宽。Gaspra 的表面在 0.56μm 波段的平均几何反照率为 0.23,与第二种单元接近(Veverka 等,1994年;Chapman,1996年;Granaham,2011年)。海拔高度和颜色之间也有明确的关系。颜色偏蓝的单元主要位于脊上,与脊上几个新的小型陨击坑有关。颜色偏红的单元主要位于地势低平的平坦区域。这说明随着时间的推移,空间风化过程改变了星体表面的颜色,将第一种单元的物质转换为第二种物质。老的物质有向沿着山脊向下运动的趋势,从而填满低平的区域(Belton 等,1992年;Helfenstein 等,1994年;Carr 等,1994年)。后者需要颗粒风化的作用,也需要热惯性的作用(Weissman 等,1992年)。科学家推断出大约 90% 的橄榄石和大约 10% 斜方辉石构造的模型在 1μm 和 2μm 波段与单由橄榄石构成的陨石的光谱一致(Granaham,2011年)。所有的这些陨石在它们的母体小行星上遭受过火成的过程。因此,Gaspra 的光谱表明它遭受过火成分化。

飞船上的磁强计也得到了一个非常有趣的结果(Kivelson 等,1992年)。飞船在最接近该小行星的 1min 前和 2min 后,分别记录了磁场变化不大的两个大型星际磁场的旋转。磁场变化的时间和几何形状,与用来消除向外流动的太阳风的动量造成的干扰的磁信号一致(Kivelson 等,1993年)。从扰动区域的大小可知,Gaspra 不具备强大的磁场来形成一个坚固的磁层进而阻挡太阳风。这样磁层的相互作用会导致哨声唤醒下游小行星,与形成于行星前面的冲击波形成对比(Kivelson 等,1993年;Baumgartel 等,1994年;Wang 等,1995年)。磁矩估计是 $6 \times 10^{12} \sim 2 \times 10^{14}A \cdot m^2$,比地球的磁矩值小了 8 个数量级以上。特定时刻的磁矩是 $0.001 \sim 0.03A \cdot m^2$,在已观察到的铁陨石和高度磁化球粒陨石的范围内。因此,Gaspra 可能一个已分化的母星体的一个碎片。此外,Gaspra 或其母体可能在磁场中冷却,成为在太阳系早期可以校准磁性的材料(Kivelson 等,1993年)。这种解释后来被 Blanco - Cano 等人(2003年)质疑。他们认为在 Gaspra 附近观察到的扰动不是由磁化小行星与太阳风的相互作用所产生。研究人员发现,这种特征是线性极化的,类似在太阳风中常见的磁性不连续,而非在理论模拟太阳风磁化小行星的过程中得到的近圆极化的特征。

最后,SSI 照片中没有半径超过 27m、与 Gaspra 有相似反照率的卫星。该搜索从 Gaspra 的表面上方 100~200m 的区域延伸到小行星半径 10 倍的区域,即能够被小行星重力影响到的称为希尔球的微小区域(Belton 等,1992年 b)。

1.2.2　小行星确实有卫星:"伽利略"号宇宙飞船探测 IDA

1993 年 8 月 28 日,"伽利略"号宇宙飞船执行其第二次探测任务,飞越了位于小行星主带内、属于 Koronis 星族的 243 号小行星 IDA(S 型小行星)。在 12.4km/s

的相对速度下,"伽利略"号宇宙飞船与 IDA 之间最近的距离为 2400km。在飞越 Gaspra 的时候使用的设备此时也都打开了(Belton 等,1994 年)。

"伽利略"号宇宙飞船使用固态成像相机(SSI)拍到了行星表面大约 95% 的区域,最大分辨率为 25m/px。IDA 是一个不规则的细长星体,沿着其运动的轴线方向尺寸为 60km×25km×19km(Belton 等,1996 年)。"伽利略"号宇宙飞船拍摄到的 IDA 的图像如图 1.2 所示。由图可见,IDA 表面具有极其丰富的地质特征。可以清晰识别出 8km 大的陨击坑。陨击坑的密度高及其大小的分布表明行星表面陨击坑已经达到饱和。IDA 上面最小的陨击坑的年龄估计达 10~20 亿年(Belton 等,1994 年;Chapman,1996 年 a)。小行星表面有明显的巨石存在,为小行星上风化层的保留提供了直接证据,可以推断出该小行星的表面覆盖了一层厚厚的风化层(Lee 等,1996 年;Sullivan 等,1996 年)。

"伽利略"号宇宙飞船的光度测定仪器测得 IDA 在 0.56μm 波段的几何反照率为 0.21。与 Gaspra 相似,该行星表面有两种原色单元:相对于第二种原色单元,第一种原色单元有较低的反照率、较小的 1μm 波段带宽和陡峭的光谱斜率。两种单元的平均光测性能基本一致。第一种单元普遍存在于小行星的隐蔽位置;第二种单元是小陨击坑,也可能是大陨击坑溅射的沉积物。这种差异表明空间风化的影响较固有物质的不均匀组成对地貌的影响更为显著(Helfenstein 等,1996 年;Veverka 等,1996 年 a)。SSI 和 NIMS 的数据表明该行星的表面硅酸盐成分为 65% 的橄榄石和 35% 的斜方辉石(Granahan,2002 年)。

飞船上的板载磁力仪发现当飞船靠近 IDA 时,IDA 的磁场异常,与之前在 Gaspra 上观测到的情况一致,与 Gaspra 产生原因也相同(Wang 等,1995 年;Kivelson 等,1995 年;Blanco - Cano 等,2003 年)。

在"伽利略"号宇宙飞船这次飞越中最惊人的发现是,IDA 竟然有一颗卫星。这颗卫星被命名为 Dactyl,大小约为 1.6×1.4×1.2(km³)。"伽利略"号宇宙飞船拍到的 Dactyl 的照片如图 1.2 所示。

这个发现第一次明确地证明了小行星有卫星并以双星系统存在的。Dacty1 的长轴指向 IDA,短轴垂直于轨道平面。Dacty1 上面陨击坑的数量达到了饱和(Chapma 等,1995 年)。在 SSI 成像系统的分辨率下无法判断卫星表面凹地、脊、裂缝或其他地貌是否存在(Chapman 等,1995 年;Veverka 等,1996 年 b)。与 IDA 相同,Dacty1 在 0.56μm 波段的几何反照率为 0.21,并且有一个固定的相位(Chapman 等,1995 年;Helfenstein 等,1996 年)。IDA 和它的卫星的谱差异很小。Dacty1 颜色略红,在 1μm 波段有更强的吸收带宽。结合所有探测结果,IDA 和 Dacty1 的物质构成的略微不同导致略微不同的光度测定结果(Chapman 等,1995 年;Veverka 等,1996 年 b)。Dacty1 可能是 IDA 的一部分,在碰撞中产生;也可能是在产生 Koronis 家族的碰撞与分裂中形成(Chapman 等,1995 年;Giblin 等,1998 年)。

根据 Dacty1 环绕 IDA 的运行轨道,可以估算出 IDA 的质量,从而在人类历史

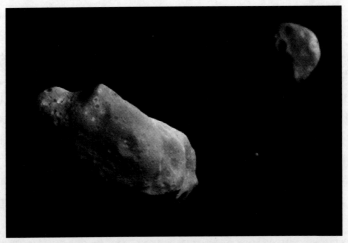

图 1.2　该照片由"伽利略"号宇宙飞船于 1993 年 8 月 28 日,在靠近 IDA
最近距离前约 14min 拍摄。当时"伽利略"与 IDA 的距离约为 10500km。
照片的分辨率约为 100m/px。卫星 Dacty1 在该小行星的右边。在右上角是
Dacty1 的单色图像,拍摄于"伽利略"号宇宙飞船在靠近 IDA 最近距离前约
4min、约 3900km 的地方。照片的分辨率约为 39m/px(由 NASA/JPL 提供)

上第一次精确估算出了小行星的密度。IDA 的密度为 2.6 ± 0.5g/cm。除非该小
行星有特别多的孔隙,否则该小行星是由球粒陨石构成,而非大量的镍和铁(Bel-
ton 等,1995 年,1996 年)。此外,IDA 的旋转轴与惯性主轴线对准,说明 IDA 有均
匀的密度分布而非极端的密度不对称(Thomas 等,1994 年;Belton 等,1996 年)。

1.2.3　第一个 C 型小行星:NEAR 探测 Mathilde

　　在飞往 433 号近地小行星 Eros 的途中,NASA 的近地小行星探测器(NEAR)
于 1997 年 6 月 27 日,从距位于小行星主带的 253 号小行星 Mathilde(C 型小行
星)1212km 处以 9.93km/s 的速度飞越(Veverka 等,1997 年 b)。

　　为了节省能量,只使用了多光谱成像仪(MSI)(Veverka 等,1997 年 a)进行观
测。拍摄照片的最高分辨率为 160m/px。由于 Mathilde 的自转很慢,在飞越中只
拍到了该行星大约 60% 的表面(Veverka 等,1997 年 b)。它呈不规则椭圆体,大小
为 66km × 48km × 44km(Veverka 等,1999 年)。NEAR 拍摄到的 Mathilde 的照片如
图 1.3 所示。最值得注意的是该小行星上有 5 个直径在 19 ~ 33.4km 之间的陨击
坑,接近于星体的平均半径。没有发现星体表面的陨击溅射物。Mathilde 在很多
次重大毁灭中幸存了下来,这是非同寻常的,可能源于它不牢固的、低密度的疏松
物质和/或碎石堆的内部结构(Chapman 等,1999 年)。除此之外,从形态上看陨击
坑也可能是来源于斜碰(Cheng 和 Barnouin - Jha,1999 年)或挤压而非星体表面物
质的流失和喷出(Housen 等,1999 年)。但是,Mathilde 表面上 20km 长的斜坡和多

边形强度控制的陨击坑,表明 Mathilde 并不是完全没有强度的(Thomas 等,1999年)。长斜坡的存在意味着如果 Mathilde 是碎石堆的结构,那么星体上至少有20km 的连贯部分。因此,碎石堆结构的 Mathild 不能完全由小块的碎石构成(Cheng,2004 年)。星体表面陨击坑的密度已经接近了饱和。该小行星通过碰撞已经形成了接近 40 亿年,无法与太阳系的年龄区别开。但是,数量不确定的、小的撞击大约形成于 20 亿年前(Davis,1999 年)。陨击坑的深度与直径比 d/D 为0.12~0.25,与新形成的月坑约 0.2 的比值相近(Thomas 等,1999 年)。

图 1.3   Mathilde 的图像由 NEAR 宇宙飞船拍摄于 1997 年 6 月 27 日距
离该行星 2400km 的位置。图中显示的这颗小行星的面积约为
59km×47km。图像的分辨率是 380m/px(由 NASA/JPL/JHUAPL 提供)

宇宙飞船轨道的扰动测量法(Yeomans 等,1997 年)与星体体积的最佳估计法得到(Thomas 等,1999 年)的 Mathilde 平均密度为 $1.3g/cm^3 \pm 0.2g/cm^3$。这样的密度比与其物质组成最相似的、包含大量水和有机化合物(CM)的碳质球粒陨石的密度值的一半还小,表明 Mathilde 内部是多孔、低密度的结构。该小行星的孔隙率一定高达 50%。因此,Mathilde 可能是碎石堆结构的小行星,其内部在压力漫长时间的作用下成了粉末;也可能就是由原始的低密度物质构成(Veverka 等,1997年 b;Davis,1999 年;Chang 和 Barnouin – Jha,1999 年)。

结合磁盘分辨图片和地基低相位角数据,推导出 Mathilde 在 0.55μm 波段的几何反照率为 0.047,正好在 C 型小行星 0.03~0.06 反照率范围的中间。该小行星整个表面的反照率非常均匀。颜色较少、正常反射系数变化较小表明该小行星表面和内部有一致的风化层纹理,在陨击坑的里面也有这种物质构成(Clark 等,1999 年)。

最后,Mathilde 的自转周期非常缓慢,只有 418h。科学家为了寻找原因,广泛搜索该小行星的伴随星。在覆盖整个希尔球的照片上,没有反照率与 Mathilde 相同的、半径超过 10km 的卫星。NEAR 探测器在距离 Mathilde20 倍小行星半径的区域后飞掠而过,没有发现半径大于 40m 的卫星(Veverka 等,1999 年)。该小行星自转周期太长的原因也可能是 Mathilde 这个多孔小行星受到一个 3km 大小抛射体的撞击。这个最剧烈的撞击形成了 Mathilde 上最大的陨击坑。如果 Mathilde 行星最初有较快的自转速度,这次撞击也能够减小 Mathilde 的自转速度(Davis,1999 年)。

1.2.4 第一次遇到近地小行星:"深空"1 号探测 Braille

NASA 的"深空"1 号探测器成本低廉,是为了验证未来行星际探测所需的新技术而设计。探测器于 1999 年 7 月 29 日以 15.5km/s 的相对速度低空飞越了 9969 号近地小行星 Braille(Q 型小行星)。由于这些新技术只有部分生效,二者最近距离只能到 28km(Buratti 等,2004 年;Richter 等,2001 年)。

在这次偶遇中,"深空"1 号从距离 Braille 约 13000km 的位置使用微型集成相机和成像光谱仪(MICAS)(Soderblom 等,2001 年)拍摄了两张中等分辨率的照片和三张红外光谱照片。结合地基光度测定的数据,通过这两张照片可以确定该星体的大小、形状和反照率。运用尺寸和相对位置与被观测星体一致的三个球体构成的简单三维形状模型,可以估计出 Braille 的大小为 $2.1 \times 1.0 \times 1.0 (km^3)$ (Oberst 等,2001 年)。在 $1.25 \sim 2.6\mu m$ 波段的光谱测量结果显示:10% 的吸收带宽集中在 $2\mu m$ 波段,反照率的高峰在 $1.6\mu m$ 波段。由这些特点可知,Braille 主要是由辉石和橄榄石构成。光谱结果还显示该小行星与普通的球粒状陨石非常接近,即地球上最常见陨石。结合地面观测到的光谱数据,Braille 在可见光下($0.34\mu m$)的几何反照率异常高,与罕见的石类小行星的内部情况一致,表明该小行星有新生的、未风化的表面,也许是由于该行星最近遭遇了碰撞(Buratti,2001 年)。

磁强计在 Braille 上有最重大的发现,两台离子发动机诊断传感器只能以 0.04nT 的分辨率解析磁场。一旦宇宙飞船受到自身或者锂离子推进器的电磁干扰导致数据丢失,就会在飞船和行星靠近时出现碰撞。考虑到小行星磁层产生的条件,科学家推论 Braille 不能自身产生磁场。因此被测量的磁场可以认为是小行星未受扰动的偶极磁场,它的偶极磁矩为 $2.1 \times 10^{11}A \cdot m^2$。故"深空"1 号是第一艘可以直接测量小行星磁场的宇宙飞船(Richter 等,2001 年)。

1.2.5 第一个环绕小行星公转的使命:NEAR 探测 Eros

NASA 的 NEAR 宇宙飞船于 2000 年 2 月 14 日顺利进入环绕 433 号近地小行星 Eros(S 型小行星)的轨道进行小行星表面特性和内部结构的全面勘测(Veverka 等,2000 年)。这项任务直到 2001 年 2 月 12 日 NEAR 号最终降落在 Eros 表面,有史以来最高的 1cm/px 的分辨率拍到了最精细的小行星表面照片而宣告结束(Veverka 等,2001 年 b)。

多光谱成像仪(MSI)拍摄的照片显示,Eros 是一颗细长且弯曲的小行星,大小为 34km×11km×11km。NEAR 宇宙飞船拍摄的 Eros 的照片如图 1.4 所示。在该小行星表面的大部分区域,直径小于1km的陨击坑的分布达到了饱和。这些陨击坑深度与直径比的范围为0.12~0.16,这是长期侵蚀的结果。最大的陨击坑直径约为6km。该小行星表面有线性特征,凹谷和山脊都很明显;一些平面不够平坦很可能是因为Eros和/或其母星体受到过撞击。星体表面有大量陨击溅射形成的巨石,但是没有均匀分布。相反,星体表面覆盖了细风化层颗粒(Veverka,2000年、2001年a)。巨石由一个年轻的大型陨击坑产生(Thomas等,2001年)。形态特征的详细分析表明该小行星基本上是一体的,但是内部有断层(Prockter等,2002年)。

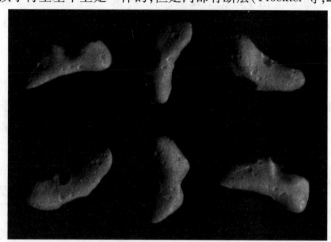

图1.4 Eros的照片是由NEAR宇宙飞船在2000年2月12日从距离
Eros 1800km的位置拍摄的。当时飞机即将变轨进入低轨道
(由NASA/JPL/JHUAPL提供)

反照率在0.55μm波段的均值是0.25。在某些陨击坑的内侧壁上反照率会变化,是由于风化层沿着斜坡向下运动造成的(Veverka等,2000年)。

NEAR宇宙飞船的红外线光谱仪(NIS)(Veverka等,1997年a)探测到该行星在1μm和2μm波段的吸收带宽与普通的原始球粒陨石一致。这一结果也得到了MIS颜色数据的确认(Veverka等,2000年)。通过X射线/γ射线分光计(Goldsten等,1997年)的探测数据也可以得到相同的结果(Trombka等,2000年)。尽管Eros没有显现出矿物学的异质性,但小行星不同的形态和地理区域的光谱特性也呈现些许差异。Eros的明暗谱比和表面硫含量低的特性与实验室空间风化实验的结果及空间风化对球粒陨石物质影响的建模高度吻合(Izenberg等,2003年;Foley等,2006年;Loeffler等,2008年;Lim和Nittler,2008年)。

结合宇宙飞船跟踪数据的质量测定和体积测量,Eros的平均密度为(2.67 ± 0.03)g/cm^{-3}。考虑到星体由球粒陨石组成,这个密度表明星体内部约有20%~30%的孔隙,排除了碎石堆的结构组成(Veverka等,2000年;Yeomans等,2000年)。

飞船上的磁强计(MAG)(Acuña等,1997年)从相对Eros的距离超过

100000km 的位置到 2001 年 2 月 12 日飞船在 Eros 上着陆,测得贯穿 Eros 的磁场的大量数据。这些数据表明这颗小行星上整体磁场很弱(全球磁场强度小于 0.005A/m,特定时刻的磁场强度小于 $1.9 \times 10^{-6} A \cdot m^2/kg$),在数量级上小于 S 型小行星 Gaspra 和 Braille 的磁场强度。Eros 磁场强度极低,明显低于总铁金属含量低的球粒陨石和相似的原始星体的磁场强度(Wasilewski 等,2002 年)。这个结果凸显了校正陨石磁场的实验记录的重要性(Wasilewski 等,2002 年)。

在距离该行星 100 倍于行星半径的位置,对该行星的卫星做了集中搜索。假设卫星与该行星反照率相同,则没有找到超过 20m 的卫星(Veverka 等,2000 年)。

1.2.6 取得重要科学成果的工程测试:"星尘号"宇宙飞船探测 Annefrank

在 NASA 的"星尘号"宇宙飞船执行人类太空探测史上第一次获取彗星(81P/Wild2)物质和星际尘埃样品的途中,于 2002 年 11 月 2 日飞越了位于小行星主带的 5535 号小行星 Annefrank(S 型小行星)。飞船与 Annefrank 的最接近距离约为 3100km,相对速度为 7.4km/s。

在这次偶遇中,星尘成像设备拍到了最高分辨率为 185m/px 的照片(Newburn 等,2003 年 b)。由于只观测到了小行星表面不到 40% 的区域,很大程度上制约了科学家对该小行星尺寸和形状的判断。"星尘号"宇宙飞船拍到的小行星 Annefrank 的照片如图 1.5 所示。该小行星外形非常不规则,像是密接双星。该行星整体形状像三棱镜,几乎没有圆形。根据构造简单的、符合照片形状的椭球体模型可以估计出该小行星的大小为 3.3km × 2.5km × 1.7km。该小行星上面几乎没有

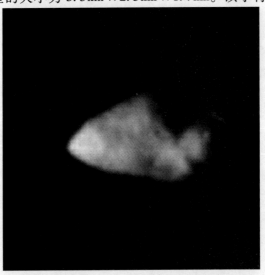

图 1.5　Annefrank 的照片由"星尘号"宇宙飞船于 2002 年 11 月
2 日拍摄,分辨率约为 185m/px。图像右侧的直边是人工处理产
生的。由 NASA/加州理工学院的 JPL 提供

500m 大小的陨击坑,表面的光线随着高度不规则的地势变化,而不是由反照率决定。科学家推论,Annefrank 可能是较大的小行星的重要部分,接触了小的星体并将其吸附过来而形成;也可能是该星体自身的碎片在低速运动下重新被吸附而形成(Duxbury et al. 2004 年)。

该小行星在较宽波段(0.47～0.94μm 波段)上的几何反照率为 0.24(Newburn 等,2003 年 a)。结合飞船和地基地相角数据可知,Annefrank 是 S 型小行星中比较明亮的,说明该小行星最近受到碰撞产生了较新的表面,该表面几乎还没有受到空间风化作用的影响(Hillier 等,2011 年)。

1.2.7 第一个采样并返回的任务:"隼鸟"号宇宙飞船探测 Itokawa

2005 年 9 月到 12 月初期间,日本宇航探索局(JAXA)的"隼鸟"号宇宙飞船(历史上第一个采集小行星样本并将采集到的样本送回地球的飞船)在距 25143 号小型近地小行星 Itokawa(S 型小行星)表面约 7km 高度的轨道上环绕,近距离靠近了该小行星。一个微型探测器被释放,但它并未成功地在小行星表面着陆。在 2005 年 11 月 19 日和 25 日,飞船分别进行 2 次着陆,停留在该小行星表面上 30min 后离开。第一次着陆时收集到了行星表面物质,但第二次着陆时遇到了操作上的问题(Fujiwara 等,2006 年)。

小行星多波段成像相机(AMICA)(Nakamura 等,2001 年)以 70cm/px 的分辨率拍摄到了 Itokawa 的整个表面(Saito 等,2006 年)。Itokawa 的外形类似于海獭,由两个分别称为"头"和"身体"的相当浑圆的部分组成。它们由凹进去的脖子区域连接。该小行星的形状接近于一个尺寸为 535m × 294m × 209m 椭球模型(Demura 等,2006 年)。"隼鸟"号宇宙飞船拍摄的小行星照片如图 1.6 所示。该小行

图 1.6　2005 年 9 月 29 日"隼鸟"号宇宙飞船在距离 Itokawa 8km 处拍到的 Itokawa 的照片。图片来源:JAXA 在覆盖该小行星整个希尔球的 AMICA 照片上找不到尺寸超过 1m 的卫星(Fues 等,2008 年)

星表面非常不平,主要由无数巨石组成,还有一个平滑的区域。从特写图像可以发现,平滑区域是由厘米到毫米量级的碎片组成(Fujiwara 等,2006 年;Yano 等,2006年)。除此之外,还可以观察到几个大石头。整个小行星上几乎没有长的线性结构延伸,另外还有一些至多几十米左右的隐秘地方存在。这些情况表明该小行星不是单一的整体,应该是由许多大小不超过 50m 的碎石堆积而成(Fujiwara 等,2006 年;Saito 等,2006 年)。根据行星表面上陨击坑的数目可以估计出它的年龄范围大致在 7500 万年到 1 亿年,这取决于在计算中使用的标度律(Michel 等,2009年)。

通过"隼鸟"号宇宙飞船跟踪和导航的数据可以估计出 Itokawa 的质量。根据质量和最佳的体积估计,得到该小行星的密度大约为 $(1.95 \pm 0.14) \, g/cm^3$。假设与行星上的物质组成类似的普通球粒陨石的密度下限为 $3.2 \, g/cm^3$,则小行星上估计有 40% 的大孔隙(Fujiwara 等,2006 年;Abe S 等,2006 年)。该小行星具有低堆密度、高孔隙率、丰富的巨石地貌和特殊形状,因此它是第一个能在其上清楚地观察到碎石堆的星体(Fujiwara 等,2006 年)。

整个小行星表面的矿物成分没有实质性的区别,尽管它有着两种截然不同的地貌(Fujiwara 等,2006 年)。在第一次着陆时(Okada 等,2006 年),用 X 射线分光仪(XRS)也可以看出该小行星表面由同种物质组成(Okada 等,1999 年)。然而,近红外光谱仪(NIRS)收集到的数据显示星体反照率、颜色和吸收带宽在 $2\mu m$ 波段内有超过 10% 的不同,这可能是由于其表面具有不同程度的空间风化和不同的晶粒尺寸。$1\mu m$ 以上波段吸收带宽的光谱形状表明:该小行星表面具有丰富橄榄石的矿物组合,可能类似于受热变质和水变质的(LL5 或 LL6)球粒陨石(Abe M等。2006 年)。这与第一次着陆时 XRS 的分析结果一致(Okada 等,2006 年)。

2010 年 6 月 13 日,小行星表面样品被成功带回地球分析化验,这标志着一个新的空间科学篇章被打开。通过同步辐射 X 射线衍射和透射以及电子扫描显微镜分析表明,该小行星上的矿物和矿物化学灰尘颗粒与那些受热变质的 LL 球粒陨石是相同的,这与从地球和"隼鸟"号宇宙飞船观测到的结果是一致的。这些结果直接证明了普通球粒陨石来自于丰富的 S 型小行星。对矿物进行化学分析,显示大多数风化层表面颗粒长期遭受热处理和后续的冲击振动,表明该小行星是由较大小行星分裂后重新组成(Nakamura 等,2011 年;Yurimoto 等,2011 年;Ebihara等,2011 年)。在样本的分析中也发现了太空风化影响的证据。这一结果有助于解释受空间分化作用的普通球粒陨石和 S 型小行星在光谱分析时的不同(Noguchi等,2011 年;Nagao 等,2011 年)。

1. 2. 8　第一个 E 型小行星:"罗塞塔"号宇宙飞船探测 Steins

2008 年 9 月 5 日,欧空局旨在达到和陪同 67P/Churyumov - Gerasimenko 彗星的"罗塞塔"号宇宙飞船,飞越了位于小行星主带的 2867 号小行星 Steins(E 型小行星),期间相距的最近距离为 800km,相对速度为 8.6km/s(Accomazzo 等,2010 年)。为了对目标进行详细地描述,在飞越时有 14 个仪器同时工作(Schulz,2010 年)。

光学、光谱和红外遥感成像系统(OSIRIS)的双摄像仪器(Keller 等,2007 年)拍摄到了小行星表面约 60% 的区域,成像的最大分辨率为 80m/px。小行星具有类似于闪亮的切割钻石面形状,可以最佳近似为绕其最短轴旋转的扁球体,其赤道和极半径分别为 3.1km 和 2.2km。"罗塞塔"号飞船拍摄的 Steins 的照片如图 1.7 所示。Steins 的形态是线性断层的,它的南极有一个直径达到 2.1km 的陨击坑。一个赤道隆起的存在和相对光滑、旋转大致对称的北半球表明 Steins 的成形归因于 YORP 自旋效应(Keller 等,2010 年)。通过模拟大型陨击坑形成的流体动力学,可知是撞击作用将 Steins 改变成碎石堆,这与后来靠 YORP 再成形理论得到的解释相一致(Jutzi 等,2010 年)。依据采用的标度律和小行星的物理参数,可以根据小行星表面陨击坑的数量估计出小行星年龄约为几亿年到 10 亿年(Marchi 等,2010 年)。

图 1.7　2008 年 9 月 5 日"罗塞塔"号宇宙飞船在距离 Rosetta 800km
处拍摄到的 Steins 的照片(图片来源:ESA © 2008 MPS for OSIRIS
Team MPS/UPD/LAM/IAA/RSSD/INTA/UPM/DASP/IDA)

OSIRIS 测得该行星在 0.632μm 波段的几何反照率为 0.40,与 E 型小行星具有高反照率的结论一致。用分光光度法测量出的数据显示,Steins 稍微偏红。可见光光谱在 0.4μm 波段以下急剧下降,这是典型的铁含量低的矿物质的特性(Keller 等,2010 年)。该小行星表面没有比例大于 4% 的色斑。这种特性表明该小行星组成成分均匀,其风化层没有表现出空间风化的特性(Keller 等,2010 年;Leyrat 等,2010 年)。可见光和红外热成像光谱仪(VIRTIS)(Coradini 等,2007 年)

测量的数据表明该小行星表面在小于 4μm 的波段光谱均匀,且发现了一个中心区域大约在 0.8μm 波段的新的吸收带,这说明该小行星可能存在硫化物矿物(Tosi 等,2010 年)。VIRTIS 热映射表明该小行星具有低孔隙的表面,缺乏厚厚的风化层(Leyrat 等,2011 年)。"罗塞塔"号飞船上微波仪器(MIRO),即亚毫米波和毫米波辐射计和光谱仪(Gulkis 等,2007 年),测得的结果与前面的解释一致,表明该小行星的表面热惯性高及其表面风化层以岩石为主,而非月球表面的粉末风化层(Gulkis 等,2010 年)。紫外成像光谱仪(ALICE)(Stern 等,2007 年)首次测得了小行星的波长在 0.085~0.200μm 范围内的远紫外线反射光谱。Steins 的紫外线反照率 0.04 较低,且反照率在整个表面上无变化;在 0.165μm 波段有宽的吸收特性,该特征意味着其表面有极少的铁离子。紫外成像光谱仪也用于搜索可能从外大气层表面溅射的原子,主要是氢和氧。由于缺少阳性检测,Steins 外大气层氧丰度上限设置为 $1.5 \times 10^9 cm^{-2}$(A'Hearn 等,2010 年)。

"罗塞塔"号宇宙飞船在轨道上的等离子(RCP)磁强计(Glassmeier 等,2007 年)以及"罗塞塔"号着陆器上的磁强计和等离子监视器(ROMAP)(Auster 等,2007 年),在飞越过程中被激活用于搜索小行星可能的磁场特征,但是没有搜索到任何信息。因此,可以推断出 Steins 具有低于 1nT 分辨率极限的磁场。这意味着该小行星瞬间磁场小于 $10^3 A \cdot m^2/kg$,接近顽火无球粒陨石的最低特性值(Auster 等,2010 年)。

1.2.9　第一次访问完整的小行星:"罗塞塔"号宇宙飞船探测 Lutetia

在 2010 年 7 月 10 日,在"罗塞塔"号宇宙飞船第二次通过小行星主带时,以大约 3170km 的距离、15km/s 的相对速度飞越了外形奇特的 21 号小行星 Lutetia(Schulz 等,2012 年)。

OSIRIS 数据覆盖小行星表面 50% 以上的区域,其中大部分都是北半球。这些图像显示了一个沿惯性主轴线的、总尺寸为 121km × 101km × 75km 的不规则球体。"罗塞塔"号宇宙飞船拍摄的 Lutetia 的照片如图 1.8 所示。星体表面有许多陨击坑,其中最大的坑称为 Massilia,直径约 55km。还可以看到许多线性特征、风化层和喷射形成的巨石(Sierks 等,2011 年 a;Küppers 等,2012 年;Vincent 等,2012 年)。该行星应该经历了复杂的地质变化,因其表面有五个不同的主要地质单元。这些单元由陨击坑的密度、重叠和横切的关系以及线性特征来区分(Massironi 等,2012 年;Thomas 等,2012 年)。陨击坑的数量表明,陨击坑较老的区域形成有 36 亿年,年轻的区域形成有几千万到几亿年(Marchi 等,2012 年)。Lutetia 在 0.55μm 波段的几何反照率为 0.19。在整个表面上反照率不均匀(Sierks 等,2011 年 a;Magrin 等,2012 年)。在表面 1~3cm 处有与月球类似的、有低热惯性特性的风化层,覆盖了一层密度和导热率迅速增加的物质,这可以解释 MIRO 在两个半球体的观测结果(Gulkis 等,2012 年)。通过 VIRTIS 光谱分析仪也可以知道该小行星表层存在低惯性的风化层(Coradini 等,2011 年)。VIRTIS 的数据还证实了的氢氧水化物的缺乏,得到了北纬度区域在 3.5μm 波长的吸收特性(Coradini 等,2011 年;Tosi 等,2012 年)。

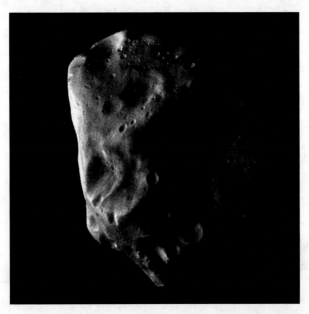

图 1.8　2010 年 7 月 10 日,"罗塞塔"号宇宙飞船在最近距离拍摄的
Lutetia(图片来源:ESA 2010 MPS for OSIRIS Team MPS/UPD/LAM/
IAA/RSSD/INTA/UPM/ DASP/IDA)

　　根据 OSIRIS 和地面观测的数据可以得到 Lutetia 的最佳体积模型(Sierks 等, 2011 年 a)。根据在飞越该小行星的过程中,宇宙飞船的轨道由该小行星造成的偏差可以得到 Lutetia 的质量(Pätzold 等,2011 年)。那么可以推导出 Lutetia 的密度高达 $3.4 \pm 0.3 \mathrm{g/cm^3}$,此值超过了大多数已知的球粒陨石的密度,这意味着 Lutetia 可能有较少的大孔隙度,甚至可能是由不同的物质组成,或者至少含有大量的金属物质。通过这些参数,排除了 Lutetia 是碎石堆结构的可能(Sierks 等,2011 年 a; Weiss 等,2012 年)。

　　7 种不同的仪器协同工作试图检测外大气层。由于缺乏阳性检测,水和 CO 生产上限分别为 4.3×10^{23} 分子/s 和 1.7×10^{25} 分子/s。那么在距离 Lutetia 3160km 飞越处的外大气层的水密度上限为 $3.5 \times 10^3 \mathrm{cm^{-3}}$(Morse 等,2012 年;Altwegg 等, 2012 年)。

　　磁力计没有检测到小行星的磁场,可能是由于飞越时距离太远,检测区域的磁场低于检测下限。因此,只能确定 Lutetia 全球磁特性的上限值。偶极磁矩、全球磁场强度和特定时刻的磁场分别低于 $1.0 \times 10^{12} \mathrm{A \cdot m^2}$、$2.1 \times 10^3 \mathrm{A/m}$ 和 $5.9 \times 10^{-7} \mathrm{A \cdot m^2/kg}$(Richter 等,2012 年)。

在希尔球没有发现半径大于 160m 的卫星。检测的区域从星体表面约 30m 处延伸到 20 倍于小行星半径的区域(Bertini 等,2012 年)。

总之,可以肯定 Lutetia 具有球粒陨石表面,可能是由不同类型的物质混合而成,包括:碳和顽火辉陨石。可能是由于强烈的撞击导致当前小行星的表面同时存在这几种物质(Coradini 等,2011 年;Barucci 等,2012 年)。Lutetia 复杂的表面地形、古老的表层年龄、很高的密度以及陨击坑的流体动力学模型表明:这颗小行星很有可能是一个与太阳系一样年龄的原始星子,同时它也是我们第一个近距离观测的原始星子(Sierks 等,2011 年 a;Cremonese 等,2012 年)。

1.2.10 第一次造访原行星:"曙光"号宇宙飞船探测灶神星 Vesta

NASA 的"曙光"号宇宙飞船于 2011 年 7 月 16 日进入环灶神星轨道。"曙光"号宇宙飞船的目的是探索小行星带最大和第三大的两颗小行星:1 号小行星谷神星与 4 号小行星灶神星。灶神星几乎是圆球体,半径为 530km。通过对来自该小行星的 HED 陨石(古铜钙无粒陨石、钙长辉长无粒陨石、古铜无球陨石)分析可知,灶神星是从太阳系形成早期时代的原行星分化而来的、残余完好的小行星(Russell 等,2012 年)。此外,灶神星是 V 型小行星的母体,表明它经历了一场复杂的碰撞历程。

"曙光"号宇宙飞船在灶神星南半球的夏末、在距离灶神星约 2700km 的距离使用取景相机(Sierks 等,2011 年 b)和可见光及红外线光谱仪(De Sanctis 等,2011)拍摄了分辨率分别约为 260m/px 和 700m/px 的照片。该行星体积测得为 286km × 279km × 223km(Russell 等,2012 年)。"曙光"号宇宙飞船拍摄的灶神星的照片如图 1.9 所示。取景照片证实了先前哈勃望远镜拍到的在邻近南极点的、名为雷亚希尔维亚的、一个巨大的撞击盆地(Schenk 等,2012 年)。这次撞击大约发生在 10 亿年前(Marchi 等,2012 年 b),是 HED 陨石和 V 型小行星的来源(Schenk 等,2012 年)。形成雷亚希尔维亚盆地的撞击事件导致了该小行星南北半球的明显分界,使得小行星表面的反照率和陨击坑密度分布不同(Russell 等,2012 年)。在取景照片中还可以找到一个名为维纳尼亚的较老的盆地,它的部分区域已经被雷亚希尔维亚盆地覆盖。维纳尼亚盆地年龄大约是 20 亿年,可能是 HED 陨石的早期来源(Schenk 等,2012 年)。灶神星的地质情况表现出月球的形态学特点,也表现出类地行星(火成岩地壳的存在)和其他小行星(如池塘的存在)的特点,强调了灶神星是太阳系过渡时期星体的独特角色。没有找到清晰的火山喷发岩的堆积物,尽管从 HED 陨石中分析出了这种物质。灶神星上当前火山喷发物的缺乏表明,在小行星刚刚形成的 1 亿年里小行星内部物质快速冷却的短暂时间中产生了这种特殊现象。这些火山喷发物也在碰撞中不断被侵蚀。火山喷发物应该被雷亚希尔维亚盆地撞击事件产生的溅射物深埋,其他盆地形成时的溅射物也必定覆盖了小行星的表面(Jaumann 等,2012 年)。

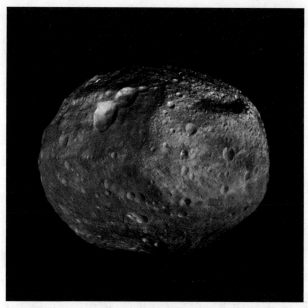

图 1.9 "曙光"号宇宙飞船观测到的灶神星的图像。
由 NASA/JPL – Caltech/UCAL/MPS/DLR/IDA 提供

可见光及红外线光谱仪测试结果显示小行星表面物质有显著的不同,其局部变化与撞击形成的 HED 陨石相一致。包括雷亚希尔维亚盆地在内的光谱上的不同区域,有较深处的地壳经历形成盆地的强烈撞击后露出的丰富的成岩辉石;赤道区域有较丰富的、来自较浅层地壳的钙长辉长无粒陨石。陨击坑壁上和溅射物上可以观测到矿物地层分层。总之,复杂的岩浆演化成分化的地壳和地幔。早期岩浆的运动过程体现在迄今观测到的小行星表面的颜色和反照率的最大不同上(De Sanctis 等,2012 年 a;Reddy 等,2012 年)。

可见光及红外线光谱仪检测到小行星表面普遍的 $2.8\mu m$ 波段的 OH 吸收带宽。这个特点分布在整个小行星表面,并且表现出富集和缺乏水合材料的区域。灶神星上 OH 的起源为小行星主带的水合材料的存在提供了新的视角,也可能会给内太阳系中水的传递提供新的线索(De Sanctis 等,2012 年 b)。读者如果想知道地球上水的起源的最新理论研究,请致信 Bertini(2011 年)。

根据来自宇宙飞船轨道数据的质量信息和最佳体积估计,得到误差在 1% 范围内的小行星的密度为 $3.456g/cm^3$。这个值比得上 HED 陨石的体积密度。J2 重力力矩的测量证实了高密度球心的存在。根据这些测量结果可知,小行星的地壳与地幔中估计有 5% ~ 6% 的孔隙(Russell 等,2012 年)。

总之,这个初步但详尽的灶神星探测的分析结果表明该行星是尚存的原行星。从 HED 陨石可以推断出这个性质。该小行星经历了早期的增大和分化,形成了可能用来维持磁场的铁质球心(Russell 等,2012 年)。

1.2.11　中国的第一次空间任务:"嫦娥"2号探测 Toutatis

本文记录了从过去探索小行星的空间任务开始,到中国的第二个月球探测器"嫦娥"2号飞越4179号小行星 Toutatis(S型小行星)为止的科学成就。

在本书的写作期间,没有科学出版物发表,也几乎没有来自天文学专用网络论坛的新闻。"嫦娥"2号与 Toutatis 小行星在2012年12月13日偶遇,最近距离为3.2km,相对速度为10.73km/s。飞船上的星载监视相机拍摄到的照片表明,Toutatis 是一个高度不规则的星体,可能由两个不同的裂片组成。该行星早前已经被美国的 Goldstone 太阳系雷达发现。

1.3　小行星空间探测的未来

几个已经在建或在规划中的太空任务在不久的将来可以进一步加深我们对小行星的了解。

NASA 的"曙光"号宇宙飞船离开灶神星后,现在正飞向最大的位于主带的小行星——1号小行星谷神星(行星胚胎)。飞船将于2015年抵达谷神星(Russell 等,2007年)。

NASA 已经批准了"源光谱释义资源安全风化层辨认探测器"任务(Origins Spectral Interpretation Resource Identification Security Regolith Explorer, OSIRIS - REx),用于未来靠近和研究101955号近地小行星(1999RQ36)。该小行星既是最容易接近的原始碳质小行星,也是目前已知的最有潜在危险的小行星之一。OSIRIS - Rex 宇宙飞船将于2016年启动,于2020年到达目标轨道。该飞船将在这颗小行星表面采集样本后返回地球(Lauretta 和 OSIRIS - REx 团队,2012年)。

日本宇宙航空研究开发机构(JAXA)正在计划"隼鸟"号宇宙飞船的继承者:"隼鸟"2号宇宙飞船。该飞船的任务是于2014年发射升空,于2018年抵达162173号C型近地小行星(1999 JU3),进入环绕该小行星的轨道,使用一个撞击装置产生一个小的撞击坑,然后搜集撞击产生的样本,最后于2020年将样本带回地球(Takagi 等,2011年)。

最后,欧洲航天局(ESA)正在发展另一项名为 Marco Polo - R 的采样和返回任务(Barucci 等,2009年)。该任务的目标最近已经选定为原始的近地小行星2008 EV5。

1.4　总结

本章详细介绍了过去小行星空间探测的科学结论。现场研究已经成为新技术的测试手段,还可以确认地面观测结果的正确性。小行星空间探测任务通过宇宙飞船的访问来提供星体的精确描述,但是它们的重要性远远不止这些。它们的结果往往提供了适用于更广范围的科学依据。例如,飞船的数据证明了小行星具备磁场,证实磁性物质在太阳星云形成时就存在了。小行星有卫星,后来也证明了雷达数据在更大程度上的作用。这意味着现在这些星体的碰撞依然很活跃。碰撞塑造了目前所有访问过的小行星的表面,低速吸附小的星体可以形成碎石堆结构,这些都被证明是存在的。热力对小的小行星有明显的作用,会影响其自转状态和形状。大的小行星以完整的星子或者分化的原行星,生存到了太阳系的年龄。大的原行星灶神星与该小行星的家族和它产生的陨石之间的关系也被明确找到。在小行星主带存在含水物质,为内太阳系中水的传递提供了新的线索。从小行星 Itokawa 带回来的材料的实验室分析结果表明原始的球粒陨石来自 S 型小行星。所有未来小行星研究的任务都以带回早期太阳系的物质用做实验室研究为核心的科学目标。这些来自容易靠近的碳质陨石的原始样本将进一步加深我们关于早期太阳系演变和伴随行星形成方面的知识,启发科学家找到原始小行星上有机物的本质和起源及其与生命的必需化学分子的关系。我们目前的收获无疑是一个伟大的科学成就,但是这只是走向未来的第一步。未来机器人和人类将会详细的研究我们的过去,可能会找到一种新的、可以供我们未来造访小行星的有用材料。

参考文献

[1] Abe,M. ,Takagi,Y. ,Kitazato,K. ,Abe,S. ,Hiroi,T. ,Vilas,F. ,Clark,B. E. ,Abell,P. A. ,Lederer,S. M. ,Jarvis,K. S. ,Nimura,T. ,Ueda,Y. ,Fujiwara,A. :Near – Infrared Spectral Results of Asteroid Itokawa from the Hayabusa Spacecraft. Science 312 ,1334 – 1338(2006)

[2] Abe,S. ,Mukai,T. ,Hirata,N. ,Barnouin – Jha,O. S. ,Cheng,A. F. ,Demura,H. ,Gaskell,R. W. ,Hashimoto,T. ,Hiraoka,K. ,Honda,T. ,Kubota,T. ,Matsuoka,M. ,Mizuno,T. ,Nakamura,R. ,Scheeres,D. J. ,Yoshikawa,M. :Mass and Local Topography Measurements of Itokawa by Hayabusa. Science 312 ,1344 – 1349(2006)

[3] Accomazzo,A. ,Wirth,K. R. ,Lodiot,S. ,Küppers,M. ,Schwehm,G. :The flyby of Rosetta at asteroid Steins – mission and science operations. Planetary and Space Science 58 ,1058 – 1065(2010)

[4] Acuña,M. H. ,Russell,C. T. ,Zanetti,L. J. ,Anderson,B. J. :The NEAR magnetic field investigation:Science objectives at asteroid Eros 433 and experimental approach. Journal of Geophysical Research 102 ,23751 – 23760(1997)

[5] Acuña,M. H. ,Anderson,B. J. ,Russell,C. T. ,Wasilewski,P. ,Kletetshka,G. ,Zanetti,L. ,Omidi,N. :NEAR Magnetic Field Observations at 433 Eros:First Measurements from the Surface of an Asteroid. Icarus 155 ,220 – 228(2002)

[6] A'Hearn,M. F. ,Feaga,L. M. ,Bertaux,J. L. ,Feldman,P. D. ,Parker,J. W. ,Slater,D. C. ,Steffl,A. J. ,Stern,S. A. ,Throop,H. ,Versteeg,M. ,Weaver,H. A. ,Keller,H. U. :The farultraviolet albedo of Steins measured with Rosetta – Alice. Planetary and Space Science 58 ,1088 – 1096(2010)

[7] Altwegg,K. ,Balsiger,H. ,Calmonte,U. ,Hässig,M. ,Hofer,L. ,Jäckel,A. ,Schläppi,B. ,Wurz,P. ,Berthelier,J. J. ,De Keyser,J. ,Fiethe,B. ,Fuselier,S. ,Mall,U. ,Rème,H. ,Rubin,M. :In situ mass spectrometry during

the Lutetia flyby. Planetary and Space Science 66,173 – 178(2012)

[8] Auster, H. U. , Apathy, I. , Berghofer, G. , Remizov, A. , Roll, R. , Fornacon, K. H. , Glassmeier, K. H. , Haeren-del, G. , Hejja, I. , Kührt, E. , Magnes, W. , Moehlmann, D. , Motschmann, U. , Richter, I. , Rosenbauer, H. , Russell, C. T. , Rustenbach, J. , Sauer, K. , Schwingenschuh, K. , Szemerey, I. , Waesch, R. : ROMAP: Rosetta Magnetometer and Plasma Monitor. Space Science Reviews 128,221 – 240(2007)

[9] Auster, H. U. , Richter, I. , Glassmeier, K. H. , Berghofer, G. , Carr, C. M. , Motschmann, U. : Magnetic field investigations during ROSETTA's 2867 Steins flyby. Planetary and Space Science 58,1124 – 1128(2010)

[10] Barucci, M. A. , Yoshikawa, M. , Michel, P. , Kawagushi, J. , Yano, H. , Brucato, J. R. , Franchi, I. A. , Dotto, E. , Fulchignoni, M. , Ulamec, S. : MARCO POLO: near earth object sample return mission. Experimental Astronomy 23,785 – 808(2009)

[11] Barucci, M. A. , Belskaya, I. N. , Fornasier, S. , Fulchignoni, M. , Clark, B. E. , Coradini, A. , Capaccioni, F. , Dotto, E. , Birlan, M. , Leyrat, C. , Sierks, H. , Thomas, N. , Vincent, J. B. : Overview of Lutetia's surface composition. Planetary and Space Science 66,23 – 30(2012)

[12] Baumgartel, K. , Sauer, K. , Bogdanov, A. : A Magnetohydrodynamic Model of Solar Wind Interaction with Asteroid Gaspra. Science 263,653 – 655(1994)

[13] Belton, M. J. S. , Klaasen, K. P. , Clary, M. C. , Anderson, J. L. , Anger, C. D. , Carr, M. H. , Chapman, C. R. , Davies, M. E. , Greeley, R. , Anderson, D. : The Galileo Solid State Imaging experiment. Space Science Reviews 60,413 – 455(1992a)

[14] Belton, M. J. S. , Veverka, J. , Thomas, P. , Helfenstein, P. , Simonelli, D. , Chapman, C. , Davies, M. E. , Greeley, R. , Greenberg, R. , Head, J. , Murchie, S. , Klaasen, K. , Johnson, T. V. , McEwen, A. , Morrison, D. , Neukum, G. , Fanale, F. , Anger, C. , Carr, M. , Pilcher, M. : Galileo Encounter with 951 Gaspra: First Pictures of an Asteroid. Science 257,1647 – 1652(1992b)

[15] Belton, M. J. S. , Chapman, C. R. , Veverka, J. , Klaasen, K. P. , Harch, A. , Greeley, R. , Greenberg, R. , Head III, J. W. , McEwen, A. , Morrison, D. , Thomas, P. C. , Davies, M. E. , Carr, M. H. , Neukum, G. , Fanale, F. P. , Davis, D. R. , Anger, C. , Gierasch, P. J. , Ingersoll, A. P. , Pilcher, C. B. : First Images of Asteroid 243 Ida. Science 265,1543 – 1547(1994)

[16] Belton, M. J. S. , Chapman, C. R. , Thomas, P. C. , Davies, M. E. , Greenberg, R. , Klaasen, K. , Byrnes, D. , D'Amario, L. , Synnott, S. , Johnson, T. V. , McEwen, A. , Merline, W. J. , Davis, D. R. , Petit, J. – M. , Storrs, A. , Veverka, J. , Zellner, B. : Bulk density of asteroid 243 Ida from the orbit of its satellite Dactyl. Nature 374, 785 – 788(1995)

[17] Belton, M. J. S. , Chapman, C. R. , Klaasen, K. P. , Harch, A. P. , Thomas, P. C. , Veverka, J. , McEwen, A. S. , Pappalardo, R. T. : Galileo's Encounter with 243 Ida: an Overview of the Imaging Experiment. Icarus 120,1 – 19(1996)

[18] Bertini, I. : Main Belt Comets: A new class of small bodies in the solar system. Planetary and Space Science 59, 365 – 377(2011)

[19] Bertini, I. , Sabolo, W. , Gutierrez, P. J. , Marzari, F. , Snodgrass, C. , Tubiana, C. , Moissl, R. , Pajola, M. , Lowry, S. C. , Barbieri, C. , Ferri, F. , Davidsson, B. , Sierks, H. , The OSIRIS Team: Search for satellites near(21) Lutetia using OSIRIS/Rosetta images. Planetary and Space Science 66,64 – 70(2012)

[20] Binzel, R. P. , Xu, S. : Chips off of asteroid 4 Vesta – Evidence for the parent body of basaltic achondrite meteorites. Science 260,186 – 191(1993)

[21] Blanco – Cano, X. , Omidi, N. , Russell, C. T. : Hybrid simulations of solar wind interaction with magnetized asteroids: Comparison with Galileo observations near Gaspra and Ida. Journal of Geophysical Research 108, A5 (2003)

20

[22] Buratti, B. J. , Britt, D. T. , Soderblom, L. A. , Hicks, M. D. , Boice, D. C. , Brown, R. H. , Meier, R. , Nelson, R. M. , Oberst, J. , Owen, T. C. , Rivkin, A. S. , Sandel, B. R. , Stern, S. A. , Thomas, N. , Yelle, R. V. : 9969 Braille: Deep Space 1 infrared spectroscopy, geometric albedo, and classification. Icarus 167, 129 – 135 (2004)

[23] Carlson, R. W. , Weissman, P. R. , Smythe, W. D. , Mahoney, J. C. : Near – Infrared Mapping Spectrometer experiment on Galileo. Space Science Reviews 60, 457 – 502 (1992)

[24] Carr, M. H. , Kirk, R. L. , McEwen, A. , Veverka, J. , Thomas, P. , Head, J. W. , Murchie, S. : The geology of Gaspra. Icarus 107, 61 – 71 (1994)

[25] Chapman, C. R. , Veverka, J. , Thomas, P. C. , Klaasen, K. , Belton, M. J. S. , Harch, A. , McEwen, A. , Johnson, T. V. , Helfenstein, P. , Davies, M. E. , Merline, W. J. , Denk, T. : Discovery and physical properties of Dactyl, a satellite of asteroid 243 Ida. Nature 374, 783 – 785 (1995)

[26] Chapman, C. R. : S – Type Asteroids, Ordinary Chondrites, and Space Weathering: The Evidence from Galileo's Flybys of Gaspra and Ida. Meteoritics & Planetary Science 31, 699 – 725 (1996)

[27] Chapman, C. R. , Ryan, E. V. , Merline, W. J. , Neukum, G. , Wagner, R. , Thomas, P. C. , Veverka, J. , Sullivan, R. J. : Cratering on Ida. Icarus 120, 77 – 86 (1996a)

[28] Chapman, C. R. , Veverka, J. , Belton, M. J. S. , Neukum, G. , Morrison, D. : Cratering on Gaspra. Icarus 120, 231 – 245 (1996b)

[29] Chapman, C. R. , Merline, W. J. , Thomas, P. : Cratering on Mathilde. Icarus 140, 28 – 33 (1999)

[30] Cheng, A. F. , Barnouin – Jha, O. S. : Giant Craters on Mathilde. Icarus 140, 34 – 48 (1999)

[31] Cheng, A. F. : Implications of the NEAR mission for internal structure of Mathilde and Eros. Advances in Space Research 33, 1558 – 1563 (2004)

[32] Clark, B. E. , Veverka, J. , Helfenstein, P. , Thomas, P. C. , Bell, J. F. , Harch, A. , Robinson, M. S. , Murchie, S. L. , McFadden, L. A. , Chapman, C. R. : NEAR Photometry of Asteroid 253 Mathilde. Icarus 140, 53 – 65 (1999)

[33] Coradini, A. , Capaccioni, F. , Drossart, P. , Arnold, G. , Ammannito, E. , Angrilli, F. , Barucci, M. A. , Bellucci, G. , Benkhoff, J. , Bianchini, G. , Bibring, J. P. , Blecka, M. , Bockelee – Morvan, D. , Capria, M. T. , Carlson, R. , Carsenty, U. , Cerroni, P. , Colangeli, L. , Combes, M. , Combi, M. , Crovisier, J. , De Sanctis, M. C. , Encrenaz, E. T. , Erard, S. , Federico, C. , Filacchione, G. , Fink, U. , Fonti, S. , Formisano, V. , Ip, W. H. , Jaumann, R. , Kuehrt, E. , Langevin, Y. , Magni, G. , McCord, T. , Mennella, V. , Mottola, S. , Neukum, G. , Palumbo, P. , Piccioni, G. , Rauer, H. , Saggin, B. , Schmitt, B. , Tiphene, D. , Tozzi, G. : Virtis: An Imaging Spectrometer for the Rosetta Mission. Space Science Reviews 128, 529 – 559 (2007)

[34] Coradini, A. , Capaccioni, F. , Erard, S. , Arnold, G. , De Sanctis, M. C. , Filacchione, G. , Tosi, F. , Barucci, M. A. , Capria, M. T. , Ammannito, E. , Grassi, D. , Piccioni, G. , Giuppi, S. , Bellucci, G. , Benkhoff, J. , Bibring, J. P. , Blanco, A. , Blecka, M. , Bockelee – Morvan, D. , Carraro, F. , Carlson, R. , Carsenty, U. , Cerroni, P. , Colangeli, L. , Combes, M. , Combi, M. , Crovisier, J. , Drossart, P. , Encrenaz, E. T. , Federico, C. , Fink, U. , Fonti, S. , Giacomini, L. , Ip, W. H. , Jaumann, R. , Kuehrt, E. , Langevin, Y. , Magni, G. , McCord, T. , Mennella, V. , Mottola, S. , Neukum, G. , Orofino, V. , Palumbo, P. , Schade, U. , Schmitt, B. , Taylor, F. , Tiphene, D. , Tozzi, G. : The Surface Composition and Temperature of Asteroid 21 Lutetia As Observed by Rosetta/VIRTIS. Science 334, 492 – 494 (2011)

[35] Cremonese, G. , Martellato, E. , Marzari, F. , Kuhrt, E. , Scholten, F. , Preusker, F. , Wünnemann, K. , Borin, P. , Massironi, M. , Simioni, E. , Ip, W. : OSIRIS Team Hydrocode simulations of the largest crater on asteroid Lutetia. Planetary and Space Science 66, 147 – 154 (2012)

[36] Davis, D. R. : The Collisional History of Asteroid 253 Mathilde. Icarus 140, 49 – 52 (1999)

[37] Demura, H. , Kobayashi, S. , Nemoto, E. , Matsumoto, N. , Furuya, M. , Yukishita, A. , Muranaka, N. , Morita,

H. ,Shirakawa,K. ,Maruya,M. ,Ohyama,H. ,Uo,M. ,Kubota,T. ,Hashimoto,T. ,Kawaguchi,J. ,Fujiwara,
A. ,Saito,J. ,Sasaki, S. ,Miyamoto, H. ,Hirata, N. :Pole and Global Shape of 25143 Itokawa. Science 312,
1347 − 1349(2006)

[38] De Sanctis, M. C. ,Coradini, A. ,Ammannito, E. ,Filacchione, G. ,Capria, M. T. ,Fonte, S. ,Magni, G. ,Bar-
bis,A. ,Bini, A. , Dami, M. , Ficai − Veltroni, I. , Preti, G. : The VIR Spectrometer. Space Science Reviews
163,329 − 369(2011)

[39] De Sanctis, M. C. ,Ammannito, E. ,Capria, M. T. ,Tosi, F. ,Capaccioni, F. ,Zambon, F. ,Carraro, F. ,Fonte,
S. ,Frigeri,A. ,Jaumann,R. ,Magni,G. ,Marchi,S. ,McCord,T. B. ,McFadden, L. A. ,McSween,H. Y. ,Mit-
tlefehldt,D. W. ,Nathues, A. , Palomba, E. , Pieters, C. M. , Raymond, C. A. , Russell, C. T. , Toplis, M. J. ,
Turrini,D. :Spectros − copic Characterization of Mineralogy and Its Diversity Across Vesta. Science,697 − 700
(2012a)

[40] De Sanctis, M. C. ,Combe, J. P. ,Ammannito, E. ,Palomba, E. ,Longobardo, A. ,McCord, T. B. ,Marchi, S. ,
Capaccioni,F. ,Capria,M. T. ,Mittlefehldt,D. W. ,Pieters,C. M. ,Sunshine,J. ,Tosi,F. ,Zambon,F. ,Carra-
ro,F. ,Fonte,S. ,Frigeri,A. ,Magni,G. ,Raymond,C. A. ,Russell,C. T. ,Turrini,D. :Detection of Widespread
Hydrated Materials on Vesta by the VIR Imaging Spectrometer on board the Dawn Mission. The Astrophysical
Journal Letters 758,L36(2012b)

[41] Duxbury, T. C. ,Newburn, R. L. ,Acton, C. H. ,Carranza, E. ,McElrath, T. P. ,Ryan, R. E. ,Synnott, S. P. ,
You,T. H. ,Brownlee, D. E. ,Cheuvront, A. R. ,Adams, W. R. ,Toro − Allen, S. L. ,Freund, S. ,Gilliland,
K. V. ,Irish,K. J. ,Love,C. R. ,McAllister,J. G. ,Mumaw,S. J. ,Oliver,T. H. ,Perkins, D. E. :Asteroid 5535
Annefrank size, shape, and orientation:Stardust first results. Journal of Geophysical Research 109, E02002
(2004)

[42] Ebihara,M. ,Sekimoto,S. ,Shirai,N. ,Hamajima, Y. ,Yamamoto,M. ,Kumagai, K. ,Oura, Y. ,Ireland,T. R. ,
Kitajima,F. ,Nagao,K. ,Nakamura,T. ,Naraoka,H. ,Noguchi,T. ,Okazaki,R. ,Tsuchiyama,A. ,Uesugi,M. ,
Yurimoto,H. ,Zolensky,M. E. ,Abe,M. ,Fujimura,A. ,Mukai,T. ,Yada,Y. :Neutron Activation Analysis of a
Particle Returned from Asteroid Itokawa. Science 333,1119 − 1121(2011)

[43] Foley,C. N. ,Nittler, L. R. ,McCoy, T. J. ,Lim, L. F. ,Brown, M. R. M. ,Starr, R. D. ,Trombka,J. I. :Minor ele-
ment evidence that Asteroid 433 Eros is a space − weathered ordinary chondrite parent body. Icarus 184,338 −
343(2006)

[44] Fujiwara, A. ,Kawaguchi, J. ,Yeomans, D. K. ,Abe, M. ,Mukai, T. ,Okada, T. ,Saito, J. ,Yano, H. ,Yoshika-
wa,M. ,Scheeres, D. J. ,Barnouin − Jha, O. ,Cheng, A. F. ,Demura, H. ,Gaskell, R. W. ,Hirata, N. ,Ikeda,
H. ,Kominato,T. ,Miyamoto,H. ,Nakamura,A. M. ,Nakamura,R. ,Sasaki,S. ,Uesugi,K. :The Rubble − Pile
Asteroid Itokawa as Observed by Hayabusa. Science 312,1330 − 1334(2006)

[45] Fuse,T. ,Yoshida, F. ,Tholen, D. ,Ishiguro, M. ,Saito,J. :Searching satellites of asteroid Itokawa by imaging
observation with Hayabusa spacecraft. Earth,Planets and Space 60,33 − 37(2008)

[46] Giblin,I. ,Petit,J. M. ,Farinella, P. :Impact Ejecta Rotational Bursting as a Mechanism for Producing Stable
Ida − Dactyl Systems. Icarus 132,43 − 52(1998)

[47] Glassmeier,K. H. ,Richter, I. ,Diedrich, A. ,Musmann, G. ,Auster, U. ,Motschmann, U. ,Balogh, A. ,Carr,
C. ,Cupido, E. ,Coates, A. ,Rother, M. ,Schwingenschuh, K. ,Szegö, K. ,Tsurutani, B. :RPC − MAG The
Fluxgate Magnetometer in the ROSETTA Plasma Consortium. Space Science Reviews 128,649 − 670(2007)

[48] Goldsten,J. O. ,McNutt, R. L. J. ,Gold, R. E. ,Gary, S. A. ,Fiore, E. ,Schneider, S. E. ,Hayes, J. R. ,Tromb-
ka,J. I. ,Floyd,S. R. ,Boynton, W. V. ,Bailey, S. ,Brueckner, J. ,Squyres, S. W. ,Evans, L. G. ,Clark, P. E. ,
Starr,R. :The X − ray/Gamma − ray Spectrometer on the Near Earth Asteroid Rendezvous Mission. Space Sci-
ence Reviews 82,169 − 216(1997)

[49] Granahan, J. C. : A compositional study of asteroid 243 Ida and Dactyl from Galileo NIMS and SSI observations. Journal of Geophysical Research 107, 20(2002)

[50] Granahan, J. C. : Spatially resolved spectral observations of Asteroid 951 Gaspra. Icarus 213, 265 – 272(2011)

[51] Gulkis, S. , Frerking, M. , Crovisier, J. , Beaudin, G. , Hartogh, P. , Encrenaz, P. , Koch, T. , Kahn, C. , Salinas, Y. , Nowicki, R. , Irigoyen, R. , Janssen, M. , Stek, P. , Hofstadter, M. , Allen, M. , Backus, C. , Kamp, L. , Jarchow, C. , Steinmetz, E. , Deschamps, A. , Krieg, J. , Gheudin, M. , Bockelée – Morvan, D. , Biver, N. , Encrenaz, T. , Despois, D. , Ip, W. , Lellouch, E. , Mann, I. , Muhleman, D. , Rauer, H. , Schloerb, P. , Spilker, T. : MIRO: Microwave Instrument for Rosetta Orbiter. Space Science Reviews 128, 561 – 597(2007)

[52] Gulkis, S. , Keihm, S. , Kamp, L. , Backus, C. , Janssen, M. , Lee, S. , Davidsson, B. , Beaudin, G. , Biver, N. , Bockelée – Morvan, D. , Crovisier, J. , Encrenaz, P. , Encrenaz, T. , Hartogh, P. , Hofstadter, M. , Ip, W. , Lellouch, E. , Mann, I. , Schloerb, P. , Spilker, T. , Frerking, M. : Millimeter and submillimeter measurements of asteroid(2867) Steins during the Rosetta fly – by. Planetary and Space Science 58, 1077 – 1087(2010)

[53] Gulkis, S. , Keihm, S. , Kamp, L. , Lee, S. , Hartogh, P. , Crovisier, J. , Lellouch, E. , Encrenaz, P. , Bockelee – Morvan, D. , Hofstadter, M. , Beaudin, G. , Janssen, M. , Weissman, P. , von Allmen, P. A. , Encrenaz, T. , Backus, C. R. , Ip, W. – H. , Schloerb, P. F. , Biver, N. , Spilker, T. , Mann, I. : Continuum and spectroscopic observations of asteroid(21) Lutetia at millimeter and submillimeter wavelengths with the MIRO instrument on the Rosetta spacecraft. Planetary and Space Science 66, 31 – 42(2012)

[54] Helfenstein, P. , Veverka, J. , Thomas, P. C. , Simonelli, D. P. , Lee, P. , Klaasen, K. , Johnson, T. V. , Breneman, H. , Head, J. W. , Murchie, S. : Galileo photometry of Asteroid 951 Gaspra. Icarus 107, 37(1994)

[55] Helfenstein, P. , Veverka, J. , Thomas, P. C. , Simonelli, D. P. , Klaasen, K. , Johnson, T. V. , Fanale, F. , Granahan, J. , McEwen, A. S. , Belton, M. , Chapman, C. : Galileo Photometry of Asteroid 243 Ida. Icarus 120, 48 – 65 (1996)

[56] Hillier, J. K. , Bauer, J. M. , Buratti, B. J. : Photometric modeling of Asteroid 5535 Annefrank from Stardust observations. Icarus 211, 546 – 552(2011)

[57] Housen, K. R. , Holsapple, K. A. , Voss, M. E. : Compaction as the origin of the unusual craters on the asteroid Mathilde. Nature 402, 155 – 157(1999)

[58] Izenberg, N. R. , Murchie, S. L. , Bell, J. F. , McFadden, L. A. , Wellnitz, D. D. , Clark, B. E. , Gaffey, M. J. : Spectral properties and geologic processes on Eros from combined NEAR NIS and MSI data sets. Meteoritics & Planetary Science 38, 1053 – 1077(2003)

[59] Jaumann, R. , Williams, D. A. , Buczkowski, D. L. , Yingst, R. A. , Preusker, F. , Hiesinger, H. , Schmedemann, N. , Kneissl, T. , Vincent, J. B. , Blewett, D. T. , Buratti, B. J. , Carsenty, U. , Denevi, B. W. , De Sanctis, M. C. , Garry, W. B. , Keller, H. U. , Kersten, E. , Krohn, K. , Li, J. Y. , Marchi, S. , Matz, K. D. , McCord, T. B. , McSween, H. Y. , Mest, S. C. , Mittlefehldt, D. W. , Mottola, S. , Nathues, A. , Neukum, G. , O'Brien, D. P. , Pieters, C. M. , Prettyman, T. H. , Raymond, C. A. , Roatsch, T. , Russell, C. T. , Schenk, P. , Schmidt, B. E. , Scholten, F. , Stephan, K. , Sykes, M. V. , Tricarico, P. , Wagner, R. , Zuber, M. T. , Sierks, H. : Vesta's Shape and Morphology. Science 336, 687 – 690(2012)

[60] Jutzi, M. , Michel, P. , Benz, W. : A large crater as a probe of the internal structure of the E – type asteroid Steins. Astronomy and Astrophysics 509, L2(2010)

[61] Keller, H. U. , Barbieri, C. , Lamy, P. , Rickman, H. , Rodrigo, R. , Wenzel, K. P. , Sierks, H. , A'Hearn, M. F. , Angrilli, F. , Angulo, M. , Bailey, M. E. , Barthol, P. , Barucci, M. A. , Bertaux, J. L. , Bianchini, G. , Boit, J. L. , Brown, V. , Burns, J. A. , Büttner, I. , Castro, J. M. , Cremonese, G. , Curdt, W. , Da Deppo, V. , Debei, S. , De Cecco, M. , Dohlen, K. , Fornasier, S. , Fulle, M. , Germerott, D. , Gliem, F. , Guizzo, G. P. , Hviid, S. F. , Ip, W. H. , Jorda, L. , Koschny, D. , Kramm, J. R. , Kührt, E. , Küppers, M. , Lara, L. M. , Llebaria, A. , López, A. ,

López – Jimenez, A. , López – Moreno, J. , Meller, R. , Michalik, H. , Michelena, M. D. , Müller, R. , Naletto, G. , Origné, A. , Parzianello, G. , Pertile, M. , Quintana, C. , Ragaz – zoni, R. , Ramous, P. , Reiche, K. U. , Reina, M. , Rodríguez, J. , Rousset, G. , Sabau, L. , Sanz, A. , Sivan, J. P. , Stöckner, K. , Tabero, J. , Telljohann, U. , Thomas, N. , Timon, V. , Tomasch, G. , Wittrock, T. , Zaccariotto, M. : OSIRIS The Scientific Camera System Onboard Rosetta. Space Science Reviews 128, 433 – 506 (2007)

[62] Keller, H. U. , Barbieri, C. , Koschny, D. , Lamy, D. , Rickman, H. , Rodrigo, R. , Sierks, H. , A'Hearn, M. F. , Angrilli, F. , Barucci, M. A. , Bertaux, J. L. , Cremonese, G. , Da Deppo, V. , Davidsson, B. , De Cecco, M. , Debei, S. , Fornasier, S. , Fulle, M. , Groussin, O. , Gutierrez, P. J. , Hviid, S. F. , Ip, W. H. , Jorda, L. , Knollenberg, J. , Kramm, J. R. , Kührt, E. , Küppers, M. , Lara, L. M. , Lazzarin, M. , Lopez Moreno, J. , Marzari, F. , Michalik, H. , Naletto, G. , Sabau, L. , Thomas, N. , Wenzel, K. P. , Bertini, I. , Besse, S. , Ferri, F. , Kaasalainen, M. , Lowry, S. , Marchi, S. , Mottola, S. , Sabolo, W. , Schröder, S. E. , Spjuth, S. , Vernazza, P. : E – Type Asteroid (2867) Steins as Imaged by OSIRIS on Board Rosetta. Science 327, 190 – 193 (2010)

[63] Kivelson, M. G. , Khurana, K. K. , Means, J. D. , Russell, C. T. , Snare, R. C. : The Galileo magnetic field investigation. Space Science Reviews 60, 357 – 383 (1992)

[64] Kivelson, M. G. , Bargatze, L. F. , Khurana, K. K. , Southwood, D. J. , Walker, R. J. , Coleman, P. J. : Magnetic Field Signatures Near Galileo's Closest Approach to Gaspra. Science 261, 331 – 334 (1993)

[65] Kivelson, M. G. , Wang, Z. , Joy, S. , Khurana, K. K. , Polanskey, C. , Southwood, D. J. , Walker, R. J. : Solar wind interaction with small bodies. 2: What can Galileo's detection of magnetic rotations tell us about Gaspra and Ida. Advances in Space Research 16, 59 – 68 (1995)

[66] Küppers, M. , Moissl, R. , Vincent, J. B. , Besse, S. , Hviid, S. F. , Carry, B. , Grieger, B. , Sierks, H. , Keller, H. U. , Marchi, S. , The OSIRIS Team: Boulders on Lutetia. Planetary and Space Science 66, 71 – 78 (2012)

[67] Lauretta, D. S. , OSIRIS – REx Team: An Overview of the OSIRIS – REx Asteroid Sample Return Mission (2012). In: Asteroids, Comets, Meteors 2012. LPI contribution 1659 (2012)

[68] Lee, P. , Veverka, J. , Thomas, P. C. , Helfenstein, P. , Belton, M. J. S. , Chapman, C. R. , Greeley, R. , Pappalardo, R. T. , Sullivan, R. , Head, J. W. : Ejecta Blocks on 243 Ida and on Other Asteroids. Icarus 120, 87 – 105 (1996)

[69] Leyrat, C. , Fornasier, S. , Barucci, A. , Magrin, S. , Lazzarin, M. , Fulchignoni, M. , Jorda, L. , Belskaya, I. , Marchi, S. , Barbieri, C. , Keller, H. U. , Sierks, H. , Hviid, S. : Search for Steins' surface inhomogeneities from OSIRIS Rosetta images. Planetary and Space Science 58, 1097 – 1106 (2010)

[70] Leyrat, C. , Coradini, A. , Erard, S. , Capaccioni, F. , Capria, M. T. , Drossart, P. , De Sanctis, M. C. , Tosi, F. , Virtis Team: Thermal properties of the asteroid (2867) Steins as observed by VIRTIS/Rosetta. Astronomy and Astrophysics 531, A168 (2011)

[71] Lim, L. F. , Nittler, L. R. : Elemental composition of 433 Eros: New calibration of the NEAR – Shoemaker XRS data. Icarus 200, 129 – 146 (2009)

[72] Loeffler, M. J. , Dukes, C. A. , Chang, W. Y. , McFadden, L. A. , Baragiola, R. A. : Laboratory simulations of sulfur depletion at Eros. Icarus 193, 622 – 629 (2008)

[73] Magrin, S. , La Forgia, F. , Pajola, M. , Lazzarin, M. , Massironi, M. , Ferri, F. , Da Deppo, V. , Barbieri, C. , Sierks, H. , The OSIRIS Team: (21) Lutetia spectrophotometry from Rosetta – OSIRIS images and comparison to ground – based observations. Planetary and Space Sceince 66, 43 – 53 (2012)

[74] Marchi, S. , Barbieri, C. , Küppers, M. , Marzari, F. , Davidsson, B. , Keller, H. , Besse, S. , Lamy, P. , Mottola, S. , Massironi, M. , Cremonese, G. : The cratering history of asteroid (2867) Steins. Planetary and Space Science 58, 1116 – 1123 (2010)

[75] Marchi, S. , Massironi, M. , Vincent, J. B. , Morbidelli, A. , Mottola, S. , Marzari, F. , Küppers, M. , Besse, S. ,

Thomas, N. , Barbieri, C. , Naletto, G. , Sierks, H. : The cratering history of asteroid(21) Lutetia. Planetary and Space Science 66,87 - 95(2012a)

[76] Marchi, S. , McSween, H. Y. , O'Brien, D. P. , Schenk, P. , De Sanctis, M. C. , Gaskell, R. , Jaumann, R. , Mottola, S. , Preusker, F. , Raymond, C. A. , Roatsch, T. , Russell, C. T. : The Violent Collisional History of Asteroid 4 Vesta. Science 336,690 - 694(2012b)

[77] Marzari, F. , Cellino, A. , Davis, D. R. , Farinella, P. , Zappala, V. , Vanzani, V. : Origin and evolution of the Vesta asteroid family. Astronomy and Astrophysics 316,248 - 262(1996)

[78] Massironi, M. , Marchi, S. , Pajola, M. , Snodgrass, C. , Thomas, N. , Tubiana, C. , Vincent, J. B. , Cremonese, G. , Da Deppo, V. , Ferri, F. , Magrin, S. , Sierks, H. , Barbieri, C. , Lamy, P. , Rickman, H. , Rodrigo, R. , Koschny, D. , The OSIRIS Team: Geological map and stratigraphy of asteroid 21 Lutetia. Planetary and Space Science 66,125 - 136(2012)

[79] Merline, W. J. , Weidenschilling, S. J. , Durda, D. D. , Margot, J. L. , Pravec, P. , Storrs, A. D. : Asteroids Do Have Satellites. In: Bottke, W. F. , Cellino, A. , Paolicchi, P. , Binzel, R. (eds.) Asteroids III, pp. 289 - 312. University of Arizona Press, Tucson(2002)

[80] Michel, P. , O'Brien, D. P. , Abe, S. , Hirata, N. : Itokawa's cratering record as observed by Hayabusa: Implications for its age and collisional history. Icarus 200,503 - 513(2009)

[81] Morse, A. D. , Altwegg, K. , Andrews, D. J. , Auster, H. U. , Carr, C. M. , Galand, M. , Goesmann, F. , Gulkis, S. , Lee, S. , Richter, I. , Sheridan, S. , Stern, S. A. , A'Hearn, M. F. , Feldman, P. , Parker, J. , Retherford, K. D. , Weaver, H. A. , Wright, I. P. : The Rosetta campaign to detect an exosphere at Lutetia. Planetary and Space Science 66,165 - 172(2012)

[82] Nagao, K. , Okazaki, R. , Nakamura, T. , Miura, Y. N. , Osawa, T. , Bajo, K. , Matsuda, S. , Ebihara, M. , Ireland, T. R. , Kitajima, F. , Naraoka, H. , Noguchi, T. , Tsuchiyama, A. , Yurimoto, H. , Zolensky, M. E. , Uesugi, M. , Shirai, K. , Abe, M. , Yada, T. , Ishibashi, Y. , Fujimura, A. , Mukai, T. , Ueno, M. , Okada, T. , Yoshikawa, M. , Kawaguchi, J. : Irradiation History of Itokawa Regolith Material Deduced from Noble Gases in the Hayabusa Samples. Science 333,1128 - 1131(2011)

[83] Nakamura, T. , Nakamura, A. M. , Saito, J. , Sasaki, S. , Nakamura, R. , Demura, H. , Akiyama, H. , Tholen, D. , AMICA Team: Multiband imaging camera and its sciences for the Japanese near - earth asteroid mission MUSES - C. Earth, Planets and Space 53,1047 - 1063(2001)

[84] Nakamura, T. , Noguchi, T. , Tanaka, M. , Zolensky, M. E. , Kimura, M. , Tsuchiyama, A. , Nakato, A. , Ogami, T. , Ishida, H. , Uesugi, M. , Yada, T. , Shirai, K. , Fujimura, A. , Okazaki, R. , Sandford, S. , Ishibashi, Y. , Abe, M. , Okada, T. , Ueno, M. , Mukai, T. , Yo - shikawa, M. , Kawaguchi, J. : Itokawa Dust Particles: A Direct Link Between S - Type Asteroids and Ordinary Chondrites. Science 333,1113 - 1116(2011)

[85] Newburn, R. L. , Duxbury, T. C. , Hanner, M. , Semenov, B. V. , Hirst, E. E. , Bhat, R. S. , Bhaskaran, S. , Wang, T. C. M. , Tsou, P. , Brownlee, D. E. , Cheuvront, A. R. , Gingerich, D. E. , Bol - lendonk, G. R. , Vellinga, J. M. , Parham, K. A. , Mumaw, S. J. : Phase curve and albedo of asteroid 5535 Annefrank. Journal of Geophysical Research 108,5117(2003a)

[86] Newburn, R. L. , Bhaskaran, S. , Duxbury, T. C. , Fraschetti, G. , Radey, T. , Schwochert, M. : Stardust Imaging Camera. Journal of Geophysical Research 108,8116(2003b)

[87] Noguchi, T. , Nakamura, T. , Kimura, M. , Zolensky, M. E. , Tanaka, M. , Hashimoto, T. , Konno, M. , Nakato, A. , Ogami, T. , Fujimura, A. , Abe, M. , Yada, T. , Mukai, T. , Ueno, M. , Okada, T. , Shirai, K. , Ishibashi, Y. , Okazaki, R. : Incipient Space Weathering Observed on the Surface of Itokawa Dust Particles. Science 333,1121 - 1125 (2011)

[88] Oberst, J. , Mottola, S. , Di Martino, M. , Hicks, M. , Buratti, B. , Soderblom, L. , Thomas, N. : A Model for Rota-

25

tion and Shape of Asteroid 9969 Braille from Ground Based Observations and Images Obtained during the Deep Space 1 (DS1) Flyby. Icarus 153 ,16 – 23 (2001)

[89] Okada, T. , Kato, M. , Fujimura, A. , Tsunemi, H. , Kitamoto, S. : X – ray Fluorescence Spectrometry with the SELENE Orbiter. Advances in Space Research 23 ,1833 – 1836(1999)

[90] Okada, T. , Shirai, K. , Yamamoto, Y. , Arai, T. , Ogawa, K. , Hosono, K. , Kato, M. : X – ray Fluorescence Spectrometry of Asteroid Itokawa by Hayabusa. Science 312 ,1338 – 1341(2006)

[91] Pätzold, M. , Andert, T. P. , Asmar, S. W. , Anderson, J. D. , Barriot, J. P. , Bird, M. K. , Häusler, B. , Hahn, M. , Tellmann, S. , Sierks, H. , Lamy, P. , Weiss, B. P. : Asteroid 21 Lutetia: Low Mass, High Density. Science 334 , 491 – 492(2011)

[92] Prockter, L. , Thomas, P. , Robinson, M. , Joseph, J. , Milne, A. , Bussey, B. , Veverka, J. , Cheng, A. : Surface Expressions of Structural Features on Eros. Icarus 155 ,75 – 93(2002)

[93] Reddy, V. , Nathues, A. , Le Corre, L. , Sierks, H. , Li, J. Y. , Gaskell, R. , McCoy, T. , Beck, A. W. , Schröder, S. E. , Pieters, C. M. , Becker, K. J. , Buratti, B. J. , Denevi, B. , Blewett, D. T. , Christensen, U. , Gaffey, M. J. , Gutierrez – Marques, P. , Hicks, M. , Keller, H. U. , Maue, T. , Mottola, S. , McFadden, L. A. , McSween, H. Y. , Mittlefehldt, D. , O'Brien, D. P. , Raymond, C. , Russell, C. : Color and Albedo Heterogeneity of Vesta from Dawn. Science 336 ,700 – 704(2012)

[94] Richter, I. , Brinza, D. E. , Cassel, M. , Glassmeier, K. H. , Kuhnke, F. , Musmann, G. , Othmer, C. , Schwingenschuh, K. , Tsurutani, B. T. : First direct magnetic field measurements of an asteroidal magnetic field: DS1 at Braille. Geophysical Research Letters 28 ,1913 – 1916(2001)

[95] Richter, I. , Auster, H. U. , Glassmeier, K. H. , Koenders, C. , Carr, C. M. , Motschmann, U. , Müller, J. , McKenna – Lawlor, S. : Magnetic field measurements during the ROSETTA flyby at asteroid (21) Lutetia. Planetary and Space Science 66 ,155 – 164(2012)

[96] Russell, C. T. , Capaccioni, F. , Coradini, A. , De Sanctis, M. C. , Feldman, W. C. , Jaumann, R. , Keller, H. U. , McCord, T. B. , McFadden, L. A. , Mottola, S. , Pieters, C. M. , Prettyman, T. H. , Raymond, C. A. , Sykes, M. V. , Smith, D. E. , Zuber, M. T. : Dawn Mission to Vesta and Ceres. Symbiosis Between Terrestrial Observations and Robotic Exploration. Earth, Moon, and Planets 101 ,65 – 91(2007)

[97] Russell, C. T. , Raymond, C. A. , Coradini, A. , McSween, H. Y. , Zuber, M. T. , Nathues, A. , De Sanctis, M. C. , Jaumann, R. , Konopliv, A. S. , Preusker, F. , Asmar, S. W. , Park, R. S. , Gaskell, R. , Keller, H. U. , Mottola, S. , Roatsch, T. , Scully, J. E. C. , Smith, D. E. , Tricarico, P. , Toplis, M. J. , Christensen, U. R. , Feldman, W. C. , Lawrence, D. J. , McCoy, T. J. , Prettyman, T. H. , Reedy, R. C. , Sykes, M. E. , Titus, T. N. : Dawn at Vesta: Testing the Protoplanetary Paradigm. Science 336 ,684 – 686(2012)

[98] Saito, J. , Miyamoto, H. , Nakamura, R. , Ishiguro, M. , Michikami, T. , Nakamura, A. M. , Demura, H. , Sasaki, S. , Hirata, N. , Honda, C. , Yamamoto, A. , Yokota, Y. , Fuse, T. , Yoshida, F. , Tholen, D. J. , Gaskell, R. W. , Hashimoto, T. , Kubota, T. , Higuchi, Y. , Nakamura, T. , Smith, P. , Hiraoka, K. , Honda, T. , Kobayashi, S. , Furuya, M. , Matsumoto, N. , Nemoto, E. , Yukishita, A. , Kitazato, K. , Dermawan, B. , Sogame, A. , Terazono, J. , Shinohara, C. , Akiyama, H. : Detailed Images of Asteroid 25143 Itokawa from Hayabusa. Science 312 , 1341 – 1344(2006)

[99] Schenk, P. , O'Brien, D. P. , Marchi, S. , Gaskell, R. , Preusker, F. , Roatsch, T. , Jaumann, R. , Buczkowski, D. , McCord, T. , McSween, H. Y. , Williams, D. , Yingst, A. , Raymond, C. , Russell, C. : The Geologically Recent Giant Impact Basins at Vesta's South Pole. Science 336 ,694 – 697(2012)

[100] Schröder, S. E. , Keller, H. U. , Gutierrez, P. J. , Hviid, S. F. , Kramm, R. , Sabolo, W. , Sierks, H. : Evidence for surface variegation in Rosetta OSIRIS images of asteroid 2867 Steins. Planetary and Space Science 58 , 1107 – 1115(2010)

[101] Schulz, R. : The Rosetta mission and its fly – by at asteroid 2867 Steins. Planetary and Space Science 58, 1057 (2010)

[102] Schulz, R. , Sierks, H. , Küppers, M. , Accomazzo, A. : Rosetta fly – by at asteroid (21) Lutetia: An overview. Planetary and Space Science 66, 2 – 8 (2012)

[103] Sierks, H. , Lamy, P. , Barbieri, C. , Koschny, D. , Rickman, H. , Rodrigo, R. , A'Hearn, M. F. , Angrilli, F. , Barucci, M. A. , Bertaux, J. L. , Bertini, I. , Besse, S. , Carry, B. , Cremonese, G. , Da Deppo, V. , Davidsson, B. , Debei, S. , De Cecco, M. , De Leon, J. , Ferri, F. , Fornasier, S. , Fulle, M. , Hviid, S. F. , Gaskell, R. W. , Groussin, O. , Gutierrez, P. J. , Ip, W. , Jorda, L. , Kaasalainen, M. , Keller, H. U. , Knollenberg, J. , Kramm, R. , Kührt, E. , Küppers, M. , Lara, L. M. , Lazzarin, M. , Leyrat, C. , Moreno, J. J. L. , Magrin, S. , Marchi, S. , Marzari, F. , Massironi, M. , Michalik, H. , Moissl, R. , Naletto, G. , Preusker, F. , Sabau, L. , Sabolo, W. , Scholten, F. , Snodgrass, C. , Thomas, N. , Tubiana, C. , Vernazza, P. , Vincent, J. B. , Wenzel, K. P. , Andert, T. , Pätzold, M. , Weiss, B. P. : Images of Asteroid 21 Lutetia: A Remnant Planetesimal from the Early Solar System. Science 334, 487 – 490 (2011a)

[104] Sierks, H. , Keller, H. U. , Jaumann, R. , Michalik, H. , Behnke, T. , Bubenhagen, F. , Büttner, I. , Carsenty, U. , Christensen, U. , Enge, R. , Fiethe, B. , Gutiérrez Marqués, P. , Hartwig, H. , Krüger, H. , Kühne, W. , Maue, T. , Mottola, S. , Nathues, A. , Reiche, K. U. , Richards, M. L. , Roatsch, T. , Schröder, S. E. , Szemerey, I. , Tschentscher, M. : The Dawn Framing Camera. Space Science Reviews 163, 263 – 327 (2011b)

[105] Soderblom, L. A. , Boice, D. C. , Britt, D. T. , Brown, R. H. , Buratti, B. J. , Hicks, M. D. , Nelson, R. M. , Oberst, J. , Sandel, B. R. , Stern, S. A. , Thomas, N. , Yelle, R. V. : Observations of Comet 19P/Borrelly from the Miniature Integrated Camera and Spectrometer(MICAS) aboard Deep Space 1 (DS1). Bulletin of the American Astronomical Society 33, 1087 (2001)

[106] Stern, S. A. , Slater, D. C. , Scherrer, J. , Stone, J. , Versteeg, M. , A'Hearn, M. F. , Bertaux, J. L. , Feldman, P. D. , Festou, M. C. , Parker, J. W. , Siegmund, O. H. W. : Alice: The rosetta Ul – traviolet Imaging Spectrograph. Space Science Reviews 128, 507 – 527 (2007)

[107] Stooke, P. J. : Linear Features on Asteroid 951 Gaspra. Earth, Moon and Planets 74, 131 – 149 (1996)

[108] Stooke, P. J. : The Surface of Asteroid 951 Gaspra. Earth, Moon and Planets 75, 53 – 75 (1997)

[109] Sullivan, R. , Greeley, R. , Pappalardo, R. , Asphaug, E. , Moore, J. M. , Morrison, D. , Belton, M. J. S. , Carr, M. , Chapman, C. R. , Geissler, P. , Greenberg, R. , Granahan, J. , Head, J. , Kirk, R. , McEwen, A. , Lee, P. , Thomas, P. C. , Veverka, J. : Geology of 243 Ida. Icarus 120, 119 – 139 (1996)

[110] Takagi, Y. , Yoshikawa, M. , Abe, M. , Tachibana, S. , Okada, T. , Kitazato, K. , Nakamura, R. , Hirata, N. , Yano, H. , Demura, H. , Nakazawa, S. , Iijima, Y. , Shirai, K. , Hayakawa, M. , Hayabusa 2 Project Team: Hayabusa2, C – type Asteroid Sample Return Mission. In: American GeophysicalUnion, Fall Meeting(2011)

[111] Thomas, P. C. , Veverka, J. , Simonelli, D. , Helfenstein, P. , Carcich, B. , Belton, M. J. S. , Davies, M. E. , Chapman, C. : The shape of Gaspra. Icarus 107, 23 – 36 (1994)

[112] Thomas, P. C. , Veverka, J. , Bell, J. F. , Clark, B. E. , Carcich, B. , Joseph, J. , Robinson, M. , McFadden, L. A. , Malin, M. C. , Chapman, C. R. , Merline, W. , Murchie, S. : Mathilde: Size, Shape, and Geology. Icarus 140, 17 – 27 (1999)

[113] Thomas, P. C. , Veverka, J. , Robinson, M. S. , Murchie, S. : Shoemaker crater as the source of most ejecta blocks on the asteroid 433 Eros. Nature 413, 394 – 396 (2001)

[114] Thomas, N. , Barbieri, C. , Keller, H. U. , Lamy, P. , Rickman, H. , Rodrigo, R. , Sierks, H. , Wenzel, K. P. , Cremonese, G. , Jorda, L. , Küppers, M. , Marchi, S. , Marzari, F. , Massironi, M. , Preusker, F. , Scholten, F. , Stephan, K. , Barucci, M. A. , Besse, S. , El – Maarry, M. R. , Fornasier, S. , Groussin, O. , Hviid, S. F. , Koschny, D. , Kührt, E. , Martellato, E. , Moissl, R. , Snodgrass, C. , Tubiana, C. , Vincent, J. B. : The geomorphol-

ogy of(21) Lutetia：Results from the OSIRIS imaging system onboard ESA's Rosetta spacecraft. Planetary and Space Science 66,96 – 124(2012)

[115] Tosi,F. ,Coradini,A. ,Capaccioni,F. ,Filacchione,G. ,Grassi,D. ,de Sanctis,M. C. ,Capria,M. T. ,Barucci,M. A. ,Fulchignoni,M. ,Mottola,S. ,Erard,S. ,Dotto,E. ,Baldetti,C. ,VIRTIS Team：The light curve of asteroid 2867 Steins measured by VIRTIS – M during the Rosetta fly – by. Planetary and Space Science 66, 1066 – 1076(2010)

[116] Tosi,F. ,Capaccioni,F. ,Coradini,A. ,Erard,S. ,Filacchione,G. ,De Sanctis,M. C. ,Capria,M. T. ,Giuppi, S. ,Carraro,F. ,VIRTIS Team：The light curve of asteroid 21 Lutetia measured by VIRTIS – M during the Rosetta fly – by. Planetary and Space Science 66,9 –22(2012)

[117] Trombka,J. I. ,Squyres,S. W. ,Brückner,J. ,Boynton,W. V. ,Reedy,R. C. ,McCoy,T. J. ,Gorenstein,P. , Evans,L. G. ,Arnold,J. R. ,Starr,R. D. ,Nittler,L. R. ,Murphy,M. E. ,Mikheeva,I. ,McNutt,R. L. ,McClanahan,T. P. ,McCartney,E. ,Goldsten,J. O. ,Gold,R. E. ,Floyd,S. R. ,Clark,P. E. ,Burbine,T. H. , Bhangoo,J. S. ,Bailey,S. H. ,Petaev,M. ：The Elemental Composition of Asteroid 433 Eros：Results of the NEAR – Shoemaker X – ray Spectrometer. Science 289,2101 –2105(2000)

[118] Veverka,J. ,Belton,M. ,Klaasen,K. ,Chapman,C. ：Galileo's Encounter with 951 Gaspra：Overview. Icarus 107,2 –17(1994)

[119] Veverka,J. ,Helfenstein,P. ,Lee,P. ,Thomas,P. ,McEwen,A. ,Belton,M. ,Klaasen,K. ,Johnson,T. V. , Granahan,J. ,Fanale,F. ,Geissler,P. ,Head,J. W. ：Ida and Dactyl：Spectral Reflectance and Color Variations. Icarus 120,66 –76(1996a)

[120] Veverka,J. ,Thomas,P. C. ,Helfenstein,P. ,Lee,P. ,Harch,A. ,Calvo,S. ,Chapman,C. ,Belton,M. J. S. , Klaasen,K. ,Johnson,T. V. ,Davies,M. ：Dactyl：Galileo Observations of Ida's Satellite. Icarus 120,200 –211 (1996b)

[121] Veverka,J. ,Bell,J. F. ,Thomas,P. ,Harch,A. ,Murchie,S. ,Hawkins,S. E. ,Warren,J. W. ,Darlington,H. , Peacock,K. ,Chapman,C. R. ,McFadden,L. A. ,Malin,M. C. ,Robinson,M. S. ：An overview of the NEAR multispectral imager – near – infrared spectrometer investigation. Journal of Geophysical Research 102,23709 – 23728(1997a)

[122] Veverka,J. ,Thomas,P. ,Harch,A. ,Clark,B. ,Bell,J. F. ,Carcich,B. ,Joseph,J. ,Chapman,C. ,Merline, W. ,Robinson,M. ,Malin,M. ,McFadden,L. A. ,Murchie,S. ,Hawkins,S. E. ,Farquhar,R. ,Izenberg,N. , Cheng,A. ：NEAR's Flyby of 253 Mathilde：Images of a C Asteroid. Science 278,2109 –2114(1997b)

[123] Veverka,J. ,Thomas,P. ,Harch,A. ,Clark,B. ,Bell,J. F. ,Carcich,B. ,Joseph,J. ,Murchie,S. ,Izenberg, N. ,Chapman,C. ,Merline,W. ,Malin,M. ,McFadden,L. ,Robinson,M. ：NEAR Encounter with Asteroid 253 Mathilde：Overview. Icarus 140,3 –16(1999)

[124] Veverka,J. ,Robinson,M. ,Thomas,P. ,Murchie,S. ,Bell,J. F. ,Izenberg,N. ,Chapman,C. ,Harch,A. , Bell,M. ,Carcich,B. ,Cheng,A. ,Clark,B. ,Domingue,D. ,Dunham,D. ,Farquhar,R. ,Gaffey,M. J. ,Hawkins,E. ,Joseph,J. ,Kirk,R. ,Li,H. ,Lucey,P. ,Malin,M. ,Martin,P. ,McFadden,L. ,Merline,W. J. ,Miller,J. K. ,Owen,W. M. ,Peterson,C. ,Prockter,L. ,Warren,J. ,Wellnitz,D. ,Williams,B. G. ,Yeomans, D. K. ：NEAR at Eros：Imaging and Spectral Results. Science 289,2088 –2097(2000)

[125] Veverka,J. ,Thomas,P. C. ,Robinson,M. ,Murchie,S. ,Chapman,C. ,Bell,M. ,Harch,A. ,Merline,W. J. , Bell,J. F. ,Bussey,B. ,Carcich,B. ,Cheng,A. ,Clark,B. ,Domingue,D. ,Dunham,D. ,Farquhar,R. , Gaffey,M. J. ,Hawkins,E. ,Izenberg,N. ,Joseph,J. ,Kirk,R. ,Li,H. ,Lucey,P. ,Malin,M. ,McFadden,L. , Miller,J. K. ,Owen,W. M. ,Peterson,C. ,Prockter,L. ,Warren,J. ,Wellnitz,D. ,Williams,B. G. ,Yeomans, D. K. ：Imaging of Small – Scale Features on 433 Eros from NEAR：Evidence for a Complex Regolith. Science 292,484 –488(2001a)

[126] Veverka, J. , Farquhar, B. , Robinson, M. , Thomas, P. , Murchie, S. , Harch, A. , Antreasian, P. G. , Chesley, S. R. , Miller, J. K. , Owen, W. M. , Williams, B. G. , Yeomans, D. , Dunham, D. , Heyler, G. , Holdridge, M. , Nelson, R. L. , Whittenburg, K. E. , Ray, J. C. , Carcich, B. , Cheng, A. , Chapman, C. , Bell, J. F. , Bell, M. , Bussey, B. , Clark, B. , Domingue, D. , Gaffey, M. J. , Hawkins, E. , Izenberg, N. , Joseph, J. , Kirk, R. , Lucey, P. , Malin, M. , McFadden, L. , Merline, W. J. , Peterson, C. , Prockter, L. , Warren, J. , Wellnitz, D. : The landing of the NEAR – Shoemaker spacecraft on asteroid 433 Eros. Nature 413 ,390 – 393 (2001b)

[127] Vincent, J. B. , Besse, S. , Marchi, S. , Sierks, H. , Massironi, M. , The OSIRIS Team: Physical properties of craters on asteroid(21) Lutetia. Planetary and Space Science 66 ,79 – 86 (2012)

[128] Wang, Z. , Kivelson, M. G. , Joy, S. , Khurana, K. K. , Polanskey, C. , Southwood, D. J. , Walker, R. J. : Solar wind interaction with small bodies: 1. Whistler wing signatures near Galileo's closest approach to Gaspra and Ida. Advances in Space Research 16 ,47 – 57 (1995)

[129] Wasilewski, P. , Acuna, M. H. , Kletetschka, G. : 433 Eros: Problems with the meteorite magnetism record in attempting an asteroid match. Meteoritics & Planetary Science 37 ,937 – 950 (2002)

[130] Weiss, B. P. , Elkins – Tanton, L. T. , Barucci, M. A. , Sierks, H. , Snodgrass, C. , Vincent, J. B. , Marchi, S. , Weissman, P. R. , Pätzold, M. , Richter, I. , Fulchignoni, M. , Binzel, R. P. , Schulz, R. : Possible evidence for partial differentiation of asteroid Lutetia from Rosetta. Planetary and Space Science 66 ,137 – 146 (2012)

[131] Weissman, P. R. , Carlson, R. W. , Smythe, W. D. , Byrne, L. C. , Ocampo, A. C. , Kieffer, H. H. , Soderblom, L. A. , Fanale, F. P. , Granahan, J. C. , McCord, T. B. : Thermal Modelling of Asteroid 951 Gaspra. Bulletin of the American Astronomical Society 24 ,933 (1992)

[132] Yano, H. , Kubota, T. , Miyamoto, H. , Okada, T. , Scheeres, D. , Takagi, Y. , Yoshida, K. , Abe, M. , Abe, S. , Barnouin – Jha, O. , Fujiwara, A. , Hasegawa, S. , Hashimoto, T. , Ishiguro, M. , Kato, M. , Kawaguchi, J. , Mukai, T. , Saito, J. , Sasaki, S. , Yoshikawa, M. : Touchdown of the Hayabusa Spacecraft at the Muses Sea on Itokawa. Science 312 ,1350 – 1353 (2006)

[133] Yeomans, D. K. , Barriot, J. P. , Dunham, D. W. , Farquhar, R. W. , Giorgini, J. D. , Helfrich, C. E. , Konopliv, A. S. , McAdams, J. V. , Miller, J. K. , Owen, W. M. J. , Scheeres, D. J. , Synnott, S. P. , Williams, B. G. : Estimating the Mass of Asteroid 253 Mathilde from Tracking Data During the NEAR Flyby. Science 278 ,2106 – 2109 (1997)

[134] Yeomans, D. K. , Antreasian, P. G. , Barriot, J. P. , Chesley, S. R. , Dunham, D. W. , Farquhar, R. W. , Giorgini, J. D. , Helfrich, C. E. , Konopliv, A. S. , McAdams, J. V. , Miller, J. K. , Owen, W. M. , Scheeres, D. J. , Thomas, P. C. , Veverka, J. , Williams, B. G. : Radio Science Results During the NEAR – Shoemaker Spacecraft Rendezvous with Eros. Science 289 ,2085 – 2088 (2000)

[135] Yurimoto, H. , Abe, K. , Abe, M. , Ebihara, M. , Fujimura, A. , Hashiguchi, M. , Hashizume, K. , Ireland, T. R. , Itoh, S. , Katayama, J. , Kato, C. , Kawaguchi, J. , Kawasaki, N. , Kitajima, F. , Kobayashi, S. , Meike, T. , Mukai, T. , Nagao, K. , Nakamura, T. , Naraoka, H. , Noguchi, T. , Okazaki, R. , Park, C. , Sakamoto, N. , Seto, Y. , Takei, M. , Tsuchiyama, A. , Uesugi, M. , Wakaki, S. , Yada, T. , Yamamoto, K. , Yoshikawa, M. , Zolensky, E. : Oxygen Isotopic Compositions of Asteroidal Materials Returned from Itokawa by the Hayabusa Mission. Science 333 ,1116 – 1119 (2011)

第 2 章

太阳系内的特洛伊小行星

迈克尔·托德(Michael Todd)
科廷大学,宾特利 WA,澳大利亚
(Curtin University,Bentey,WA,Australia)

在我们的太阳系中大多数小行星位于火星与木星之间,即主星带小行星。但是在其他小行星数目稀少的地方同样发现了小行星。其中一个例子就是特洛伊小行星,这是一个特殊的例子,因为它们共享着一个围绕太阳的行星的轨道。1772年,意大利和法国数学家约瑟夫·路易斯·拉格朗日提出了一个解决限制性三体问题(Lagrange 1772 年)的方法,即通过描述一个物体围绕于另一物体的轨道的 5 个参数。这些便是现在被称为拉格朗日点的参数。

任何由两个物体组成的系统都会围绕着它们的共同质心的轨道运动。当这个轨道是接近圆形时,第三个质量可以忽略的物体将会围绕着这两个较大的物体做轨道围绕运动(图 2.1),由于它按照主物体的圆形轨道运动,之后就会变为零净力。在这些点上第三体能够存在于稳定的轨道,与该行星以 1∶1 的平均运动形式共振。

太阳系比三体模型更为复杂,由于它包含更多物体,因此更多的引力影响需要考虑。其结果是特洛伊小行星通常位于 L_4 和 L_5 拉格朗日点周围的稳定区域,而不是准确位于这些标准的位置。在这些区域外轨道便会急速变得不稳定。

第一个在行星拉格朗日点发现的小行星是 588 阿喀琉斯,它位于木星轨道,在 1906 年由德国天文学家 Max Wolf 发现(Nicholson 于 1961 年也发现了它)。在靠近等边 L_4 和 L_5 拉格朗日点的稳定区域的物体即为"特洛伊"。目前,在太阳系有 600000 颗已知的小行星。几乎 10% 的这些小行星是木星特洛伊(IAU 小行星中心 2012)。

位于太阳系内的特洛伊小行星群要小得多,只有少数几个已知的特洛伊,它们中的绝大多数为火星特洛伊。在这些未被发现的小行星中,第一个被发现(偶然

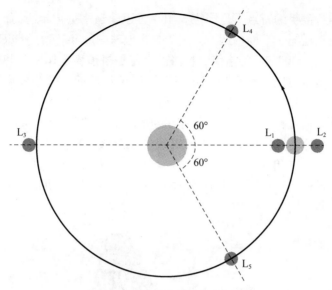

图 2.1 5 个稳定的拉格朗日点

间发现)的是 5261 Eureka,它于 1990 年被 Bowell 等发现。另外两个火星特洛伊如今也已经被发现。Tabachnik 和 Evans 于 1999 年 2000 年 a,b 进行了模拟,结果表明在大于 1km 直径围绕太阳的火星轨道的特洛伊区域可能存在着多达 50 颗的小行星。

尽管尝试若干次搜寻地球特洛伊(Dunbar 和 Helin,1983 年;Whiteley 和 Tholen,1998 年;Connors 等,2000 年),但是直到 2010 年 2010 TK7 才被 NASA 的宽视场红外巡天探测卫星(WISE)发现(Connors et al,2011 年),其直径达到 300m,它可能是地球特洛伊区域最大的小行星,但是仍然可能存在着少数小直径的地球特洛伊(Morais 和 Morbidelli,2002 年)。

特洛伊小行星的半长轴必须相似于行星,因此太阳公转的时间必须近似于这颗行星。太阳系的各大行星几乎圆形轨道,因此要想留在特洛伊区域,其轨道必须近似于圆形,这意味着它们必须有一个低的偏心率(图 2.2)。

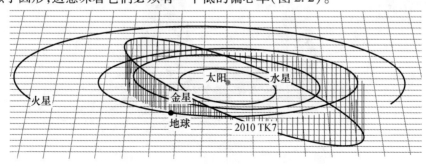

图 2.2 地球特洛伊 2010 TK7 的轨道(Jablonski,2003 年)

31

太阳系内特洛伊的特点不是围绕太阳在黄道轨道平面内运行,而是在倾斜于黄道面的行星轨道同一平面内运行。用于寻找地球(Morais 和 Morbidelli,2002 年)和火星(Scholl 等,2005 年)特洛伊的特洛伊小行星轨道稳定倾斜的建模和模拟表明最稳定的轨道是适度倾斜(10°~40°)于该行星黄道面。这些模型还表明拥有小倾角的轨道是不稳定的,而这会导致小行星漂移向新的轨道。

　　目前地球和火星特洛伊最有可能存在的区域已经被证实(Todd 等,2012 年 b,c)。地球(图 2.3)和火星(图 2.4)的可能分布图都表明特洛伊最有可能存在的经度与经典拉格朗日点相一致,但是与位于黄道面内相比,它们更可能是倾斜的轨道。对每一个零经度点都要标注于对应的行星位置上,从而使得经度成为对应于这颗行星的日心经度。

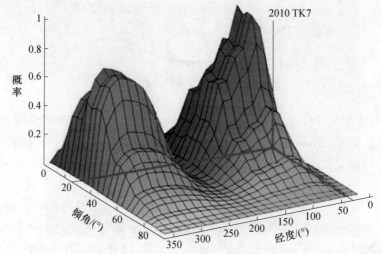

图 2.3　地球特洛伊的高概率分布区域表明了地球特洛伊 2010 TK7 的位置
(Todd 等,2012 年 b)

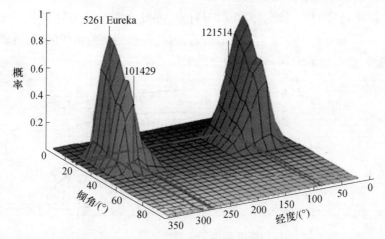

图 2.4　火星特洛伊的高概率分布区域表明了已知的火星特洛伊的位置(Todd 等,2012 年 c)

将轨道倾角与已知的地球和火星的特洛伊经度相叠加,就能够得到与分布模型相一致的位置。关于地球特洛伊 2010 TK7 未来位置的预言(Connors et al,2011年)表明它的经度会在经典拉格朗日点周围来回漂移,这意味着它将停留在高概率区域内。

对于一个已知的特洛伊,它的准确位置可以很容易地通过任意给定的日期确定。然而这些概率分布能被用于确定天空的区域,通过它们围绕太阳运行的轨道。相同区域可以用于搜索其他的特洛伊。通过限定高概率区域的搜索区域为搜索来提供起点,并限制了天空的搜索量。

在地球 L$_4$ 区域(图2.5)的45°倾角内和30°~130°经度,以及地球 L$_5$ 区域的240°~340°经度,在这个定义区域内地球特洛伊是最有可能被发现的。

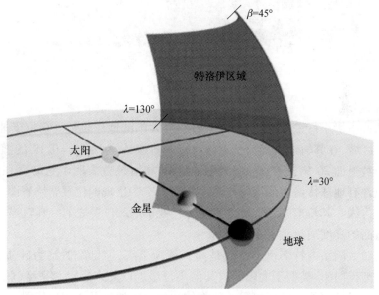

图 2.5　地球特洛伊(L$_4$)区域

天空的这个区域仍然是很大的,约3500平方度。利用目前所能得到的地面望远镜来搜索如此大的空间区域是不现实的。当考虑到所预测的地球特洛伊的微小数量和对应的天空搜索量,因此不难发现需要对来自空间望眼镜数据细致的分析才能发现第一颗地球特洛伊。

尽管有三个人发现了它,人们认为火星特洛伊是相对罕见的,它的出现是极其幸运的。尽管火星特洛伊的可能出现区域(图2.4)比地球特洛伊定义的窄很多,但是主要由于火星轨道的巨大尺寸(与地球相比)和它的相对距离,其所得到的天空区域比地球更大些。在包含小于35°倾角和火星 L$_4$ 区域(图2.6)的40°~90°经度,以及火星 L$_5$ 的270°~320°经度的最大天空区域的对立区域(与太阳相对的天空的区域),由于围绕太阳的火星轨道的偏心率,这个区域在11000~17000平方度之间变化。

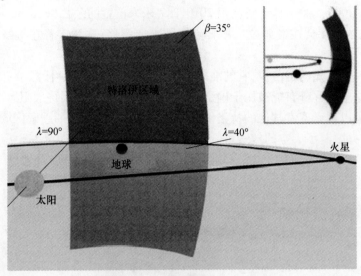

图 2.6　火星特洛伊(L₄)区域

　　地球特洛伊小行星 2010 TK7 分享着围绕太阳的地球轨道。它位于地球的 L₄ 拉格朗日区域,在其轨道内提前于地球。它的轨道是偏心距 $e=0.19$ 的椭圆形,并且倾斜于黄道面 20.9°。在图 2.3 中所绘制的相对位置表明了它的存在区域,这些区域包含有地球特洛伊的概率较高。它在天空中出现的位置紧挨着图 2.5 所表示的区域边缘。其轨道图(图 2.2)表明了它处于地球位置之前。其轨道高于或者低于黄道面的高度通过垂直线来表示。

　　人类对太阳系内特洛伊的组成是尚未清晰了解,但已经假定为硅质(石),并且具有较高反射率,类似于太阳系内其他小行星。以此来假定其亮度(幅度)可以用来计算位于任何位置的任何尺寸的物体和相对于地球及太阳的位置。

　　位于已确定特洛伊区域(图 2.5)的直径为 1km 的地球特洛伊的视星等(V 带)会根据它在区域(图 2.7)所在的位置在 $V=17.9\sim19.5$ 之间变动。这些数值是在假定反射率为 0.20 以及不考虑大气消光的情况下确定的。在这个区域内的任何物体都会在最近点达到最亮。随着距离的增加,视亮度会逐渐减弱,这意味在区域内的最远点其视亮度为最小。

　　火星轨道上的特洛伊其视亮度同样会随着与地球的距离而改变。这些在对立点达到最大的特洛伊会根据火星是否靠近近日点以及远日点(图 2.8)而产生一些微小变化。靠近图像中心,在零纬度及相反位置,该星体会最接近地球并且达到最亮。

　　比较幅度曲线(图 2.7 和图 2.8)便会注意到坐标系统中的差异。纵轴上的两个数字代表着日心的纬度,即高于或者低于黄道面的位置。这是一种有效表现这

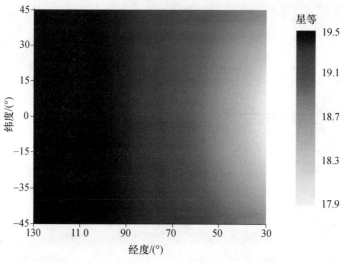

图 2.7　整个区域内地球特洛伊的视星等变化

个分量的方法,并且从这个几何图形可以推导出其高于或者低于黄道的视高度。

图 2.8　火星特洛伊在整个场的视星等变化

　　在图 2.7 中,其横轴表示地球特洛伊的日心经度。在这一框架内,利用地球作为原点来定义经度,便能够很方便地利用相对于地球的坐标位置表达其在地球轨道的位置。

　　在图 2.8 中,其横轴表示的是火星特洛伊的太阳能伸长率,角度为太阳方向与物体方向之间的夹角。火星特洛伊(根据定义)与火星同轨道,因此它和地球以不同的周期围绕太阳运动并且不断改变与地球的相对位置。一个特定物体的延长率可以在任何时间任何点计算出来。并不是利用经度坐标来表示,它在延长率方面能更方便地表示出位置。

　　这个特洛伊区域可以通过在定义空间的星体模拟数目来说明。利用从分布模型得到的轨道参数能够制造一个在区域内的人工群体。及时把这些绘制成照片,然后用图示说明特洛伊能够存在的围绕地球轨道(图 2.9)和火星轨道(图 2.10)

周围的区域。

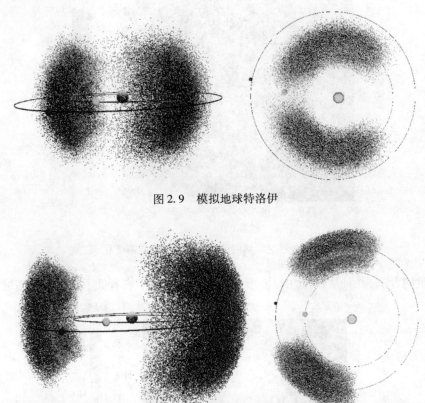

图 2.9　模拟地球特洛伊

图 2.10　模拟火星特洛伊

　　图 2.9 和图 2.10 反应了分布(图 2.3 和图 2.4)并表明了对于火星特洛伊的更严格的约束条件。对地球特洛伊的模糊观察受到金星的强烈影响。相反地,火星特洛伊分布的收缩是受到地球和木星的影响。

　　很少有特洛伊小行星在太阳系内被发现,并且各种模拟(Tabachnik 和 Evans,1999 年,2000 年 a,b;Morais 和 Morbidelli,2002 年)预测出其数目很少,因为大多数已知的小行星都位于火星与木星之间的主星带。太阳系内的特洛伊数目差不多可以用一个人的手指数出来。任何重要尺寸的特洛伊的准确数目都是通过对给定的巨大的天空范围细致搜索来确定的,从而获得发现额外特洛伊的机会。

　　尽管通常认为不可能,但实际却是可能的,那些目前已发现的特洛伊都是实际存在的。唯一的已知的地球特洛伊是通过对来自于 NASA 的 WISE 卫星数据的仔细考察而发现的。未来可能计划发射望远镜到太空中用于探索靠近地球的小行星或者对太阳系,我们所在的星系及宇宙进行调查。无论这个任务是否特别针对于太阳系,它都可能会用于收集数据,并利用这些数据分析搜索太阳系内特洛伊存在的证据。

在如此大范围的天空中搜索如此小的星体的唯一真实确定的发现方法便是对整个天空进行调查,这需要一个全然专注于此任务。寻找如此小的星体的最佳搜索方法是调查那些包含稳定轨道部分的天空,从而最大化发现的机会(Todd 等,2012 年 a)。由于主动全天区的搜索成功率很小,因此搜索特洛伊小行星的目标很可能与其他任务相结合,该任务的数据将用于搜索这些目标。

参考文献

[1] Bowell, E., Holt, H. E., Levy, D. H., Innanen, K. A., Mikkola, S., Shoemaker, E. M.: 1990 MB: the first Mars Trojan. Bulletin of the Astronomical Society 22, 1357(1990)

[2] Connors, M., Veillet, C., Wiegert, P., Innanen, K., Mikkola, S.: Initial Results of a Survey of Earth's L_4 Point for Possible Earth Trojan Asteroids. Bulletin of the American As – tronomical Society 32, 1019(2000)

[3] Connors, M., Wiegert, P., Veillet, C.: Earth's Trojan asteroid. Nature 475, 481 – 483(2011)

[4] Dunbar, R. S., Helin, E. F.: Estimation of an Upper Limit on the Earth Trojan Asteroid Popu – lation from Schmidt Survey Plates. Bulletin of the Astronomical Society 15, 830(1983)

[5] IAU Minor Planet Center, Trojan Minor Planets(2012), http://www.minorplanetcenter.net/iau/lists/Trojans.html

[6] Jablonski, M.: euphOrbit. Version 1.0. software(2003)

[7] Lagrange, J. – L.: Essai sur le Problème des Trois Corps(Essay on the Three Body Problem). Prix de l'Académie Royale des Sciences de Paris, tome IX. 6(1772)

[8] Morais, M. H. M., Morbidelli, A.: The Population of Near – Earth Asteroids in Coorbital Motion with the Earth. Icarus 160, 1 – 9(2002)

[9] Nicholson, S. B.: The Trojan Asteroids. Astronomical Society of the Pacific Leaflets 8, 239(1961)

[10] Scholl, H., Marzari, F., Tricarico, P.: Dynamics of Mars Trojans. Icarus 175, 397 – 408(2005)

[11] Tabachnik, S., Evans, N. W.: Cartography for Martian Trojans. The Astrophysical Jour – nal 517, L63 – L66(1999)

[12] Tabachnik, S., Evans, N. W.: Asteroids in the inner Solar system – I. Existence. Monthly Notices of the Royal Astronomical Society 319, 63 – 79(2000a)

[13] Tabachnik, S., Evans, N. W.: Asteroids in the inner Solar system – II. Observable properties. Monthly Notices of the Royal Astronomical Society 319, 80 – 94(2000b)

[14] Todd, M., Coward, D. M., Zadnik, M. G.: Search strategies for Trojan asteroids in the inner Solar System. Planetary and Space Science 73, 39 – 43(2012a)

[15] Todd, M., Tanga, P., Coward, D. M., Zadnik, M. G.: An optimal Earth Trojan asteroid search strategy. Monthly Notices of the Royal Astronomical Society: Letters 420, L28 – L32(2012b)

[16] Todd, M., Tanga, P., Coward, D. M., Zadnik, M. G.: An optimal Mars Trojan asteroid search strategy. Monthly Notices of the Royal Astronomical Society 424, 372 – 376(2012c)

[17] Whiteley, R. J., Tholen, D. J.: A CCD Search for Lagrangian Asteroids of the Earth – Sun System. Icarus 136, 154 – 167(1998)

第3章

内行星小天体的轨道和动力学特性

博扬·诺瓦科维奇(Bojan Novaković)

塞尔维亚贝尔格莱德大学(University of Belgrade,Serbia)

3.1 引言

除了行星,同样也有无数较小的天体绕着太阳转。从尘埃颗粒到矮行星,这些天体具有较宽的尺寸范围。直径大于1m,在土星轨道内部绕太阳转的小天体被称为小行星。小行星具有各种各样的轨道,但他们中的大多数都位于火星和木星轨道之间,即所谓的主带小行星。除此之外,也有其他大的小行星群,如近地小行星、希尔达群小行星和木星的特洛伊小行星。此外,我们还知道数千个近日点在内行星轨道内部的跨行星小行星。

大多数小行星驻留在稳定的轨道,但其中很大一部分是位于动态不稳定(即混沌)地区。要了解他们的动力学特性,并区分稳定的和不稳定的轨道,往往是不简单的。为了实现这一目标必须使用不同的工具和技术。

近地小行星(NEAs)是指那些偶尔接近地球的天体,对它们数量的了解最为充分。这是因为这些天体比月球更容易到达,一个典型的近地小行星探测任务比一个典型的主带小行星探测任务更容易到达。

本章我们将重点介绍近地小行星,但也会涉及到其他小行星群,特别是那些可能从它们目前的位置成为典型的近地小行星的小行星群。本章的组织结构如下:3.2节解释小行星的命名和轨道要素;3.3节3.4节主要介绍两个最重要的形成小行星运行轨道的现象,即Ⅰ轨道共振和Ⅱ亚尔科夫斯基和约普热力;3.5节描述近地小行星,而3.6节研究小行星绕地球轨道内转动;3.7节展示了近地小行星的长期动力学特征;3.8节讨论从主带小行星到地球附近空间转移机制以及主要源区;最后,3.9节描述的跨火星小行星群和匈牙利小行星群。

3.2　小行星轨道元素和命名

3.2.1　命名

在小行星被发现之后,轨道被确定之前,它会得到一个临时编号。标准编号由发现的年份,两个字母和任选的数字组成。总而言之代表了发现的日期。前四位数表示年,然后一个字母代表发现那年半月数(A代表从1月1日至15日,字母I忽略),随后一个数字代表相应半月里的第几天(A代表第一天,Z代表第25天,在名字的结尾是第二个字母的周期的数字)。例如,小行星编号为$2005YF127(127 \times 25) + 6 = 3181$表示天体在2005年12月16日至31日之间被发现。后来,当小行星的轨道被确定下来后就会赋予该小行星一个按年代顺序排列的目录号。截止到2012年5月,超过30万的小行星被命名了,并且这个数字还在不断增加。

3.2.2　轨道要素

轨道元素是一组独立的描述天体的轨道运动并且可以准确推断天体在任意给定的时间的位置的参数。在开普勒椭圆轨道中,有6个轨道要素(图3.1)。

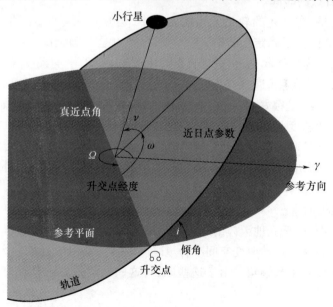

图3.1　小行星的轨道要素定义示意图

前两个元素,半长轴a和偏心率e,定义椭圆轨迹的形状和大小。椭圆是一系列到两个焦点的距离之和为定值点的集合。在开普勒椭圆轨道中,主体(太阳)位于其中的一个焦点。如果我们证明椭圆上任一点到两个焦点的距离的总和为 $2a$（常数），a 称为半长轴，两个焦点之间的距离等于 $2ea$，其中 e 是离心率。当两个焦点重合时，椭圆减少到一个圆，因此 $e=0$。e 值的上限是1。大致来说，大的椭圆对应大的 a 值，而 e 决定了椭圆的伸长程度（圆的变形）。

在给定一个椭圆轨道上，最接近主体的点称为近心点或近日点（若主体为太阳），到主体的距离 $q=a(1-e)$；最远的点称为远心点（或远日点），距离 $Q=a(1+e)$。

定义椭圆嵌入轨道平面方向的两个元素是倾斜度 i 和升交节点的经度 Ω。倾斜度是指轨道平面和参考平面之间的夹角（在太阳能系统研究中通常选择黄道平面）。轨道面与参考面之间定义了一条线的交叉点，称为节点的线，其中的节点是两个点对应椭圆轨道与参考平面的截点。升交点是旋转体向上移动时穿过参考平面的点。升交点赤经表示升交点在参考平面中相对于固定方向的位置，一般选取为地球的春分点方向。

最后两个轨道元素是近日点幅角 ω 和近角点平均数 M。近日点幅角（或当太阳是主体时，近日点角距）定义为在平面中椭圆轨道的方向。特别是，ω 定义为测量在轨道平面上，从升交点到极距点（定义为连接椭圆的两个焦点的线）的方向角。近角点平均数定义在一个特定时间（划时代的）的轨道体沿椭圆的位置。这是一个随时间线性变化轨道元素。它可表示为 $M=n(t-t_0)$，其中，n 为运动平均数；t_0 为通过近日点的时间。

应当指出的是，在上述的轨道元素的定义中，当倾角为零时，ω 和 M 不能定义，因为升交点的位置不确定；当离心率为零时，M 也是不确定的，因为近心点的位置是不确定的。为方便起见，引进近日点经度 $\varpi=\omega+\Omega$；平均经度 $\lambda=M+\omega+\Omega$。当 $i=0$ 时第一个角度（近日点经度）是很好定义的，而当 $i=0$ 和/或 $E=0$ 时第二个角度（平均经度）是很好定义的。显而易见，一系列轨道元素 $a,e,i,\varpi,\Omega,\lambda$ 确定了天体的位置和速度。

在本章中用到了两种类型的轨道要素，密切元素和专属元素。在给定的时间和空间中，天体的密切元素描述开普勒轨道，如果所有除了太阳引力之外的所有作用力均不存在，则该天体将保持它的瞬时位置和速度。这种类型的元素可以直接观察到，最常见的应用是预测在不久的将来（或过去），一个天体的精确位置，如卫星星历。另一方面，由于其他天体的引力，首先主要是行星，小行星的密切元素随着时间不断变化。这些扰动改变空间小行星之间的半长轴相互距离以及在轨道的岁差时间尺度的偏心率和倾角。由于这些原因，这些元素是不适合研究长期轨道特性。

为了研究小行星的动力学特性，经过较长的时间建立了另外类型的元素，即所谓专属轨道元素。平均轨道根数是将短周期与长周期摄动项从瞬时轨道根数中移除后得到的。根据定义，它们表示运动的积分，表征在一段时间内的平均运动特性。但是，众所周知，全 N 体问题是不可积分的，因此，它不具备这样的积分。必然的,专属元素只能作为获得准积分运动,或多或少的近似真正动力学,或作为真正的积分运动,但只针对一个显着的简化模型。

大多数小行星的专属元素从低到中等离心率和/或倾斜角是基于扰动哈密顿系列的发展通过理论分析来确定的。这些理论非常复杂并不能广泛应用的。利用这些理论可以处理复杂的,繁琐的关系以及解的收敛性问题。到目前为止,Milani和Kneževic̀理论是最先进的(1990 年,1994 年),它们是基于 Lie 级数正则变换(Yuasa,1973 年)。考虑扰动质量的扰动哈密顿量的偏心率和倾角从 2 阶扩张到 4阶。一旦开发,针对数以千计的小行星的专属元素的推算通过理论分析的程序是非常有效且合适的。然而,分析专属元素具有有限的精度。虽然根据忽略项可以对误差水平进行评估,但目前通常不进行误差评价。

目前,Kneževic̀和 Milani(2000 年)已经建立了一个新的计算综合的小行星适合元素的计算方法,由一系列只是数字的程序组成,总称为综合理论。程序包括:①在真实动力学模型下的小行星轨道数字积分;②针对短周期摄动的在线数字滤波,用于计算平均轨道根数与半长轴的固有长度;③针对输出量进行傅里叶分析,提取固有周期、离心率、倾角以及基本频率;④通过测试对结果进行精度分析。当反应来自提及的最先进的分析理论 Milani 和 Kneževic̀1994)的结果的平均因数超过 3 个时综合专属元素的准确性会更好。

跨行星小行星的专属元素同时也在发展着。无论何时解决方法的范围扰动单一时,基于解决小行星的运动等式平均原则的扰动方法的申请都会失败。为了避免这种错误,Gronchi 和 Milani(1999 年,2001 年)引入了一个广义平均原则。他们的解决方法提供了每个行星的专属频率和相遇的状况。后者的信息使预测穿越发生的时间成为了可能。特别是当发生跨地球小行星时,它可提供一个评估地球潜在因素的方法。跨行星小行星的专属元素的稳定性只能过一小段时间才能确定,或者当完成振动 ω,或者直到下次非常接近行星的时候。虽然如此,它们也是对研究这类天体的动力学表现的非常重要的工具。

另外,也存在几个特殊的针对明确动力学群的特殊适应理论,有小行星高离心率和/或倾斜角(Lemaitre 和 Morbidelli,1994 年),Trojans(Milani 1993 年;Beauge 和Roig,2001 年),Hildas(Schubart,1982 年),等等。

了解主带小行星和近地小行星专属元素(还有许多其他的信息)可以分别登陆小行星动力学网站 AstDys:http://hamilton. dm. unipi. it/astdys/和近地天体动力学网站 NEODys:http://newton. dm. unipi. it/neodys/。

3.3 轨道共振

轨道共振是一个引力现象,意味着两个或更多围绕同一中心体运动的天体的频率具有通约性。在太阳系中有很多轨道共振的例子。共振可以是一个不稳定或长期稳定的。因此,谐振动力学分布情况在理解小天体的运输和动力学的寿命中起着至关重要的作用。在太阳系的轨道运动中有三种常见的共振运动现象:平均运动,长期共振和自旋轨道共振。在这里我们只讨论前两种类型。更多细节参见 Malhotra(1998 年)和 Morbidelli(2002 年)。

平均运动共振(MMRs),发生在当小行星和行星轨道的周期比值接近整数时,即当 $kn - k_j n_j \approx 0$,其中,K 和 k_j 是正整数;n_j 是第 j 个行星的平均运动;n 是小行星的平均运动。

特殊的 MMRs 三体共振涉及小行星和两个扰动行星平均运动,即当 $kn + k_i n_i + k_j n_j \approx 0$ 时发生,其中 k、k_i 和 k_j 是整数,并且 n,n_i 和 n_j 是一小行星的平均运动,分别是第 i 个和第 j 个行星(Nesvorny 和 Morbidelli,1998a,b)。

这些共振现象与慢变角度有关,如近日点幅角或升交点赤经(Kneževic et al,1991 年)。最强的是线性 SRs,发生在小行星的长期角度频率等于相应的行星频率的时候。例子 $\nu_6 = g - g_6$ 的长期共振包括小行星的近日点和土星(这里的 6 代表第 6 个行星,土星)的频率。

共振是一种长期共振,该共振在近日点的ϖ 小行星经度的连续传输率 g 等于升交点经度 Ω 的进动速度为 s 时发生(Kozai,1962 年)。因此,在典型的长期共振的情况下,这种振动不涉及行星轨道的进动速率。其特点是 ω 在 90°或 270°附近受到木星摄动产生振动,在 180°附近受到地球和金星的摄动产生振动(Michel 和 Thomas,1996 年)。同时,它的结果是偏心率 e 和倾斜角 i 产生大的耦合振荡,当 $(1 - e^2)^{1/2} \cos i = \text{const}$ 时,保持在共振时。

3.4 热现象(Yarkovsky 与 YORP 效应)

除了引力扰动外,小天体的动力学稳定性受非引力扰动的影响也很大。就小行星来说,影响最大的是 Yarkovsky 效应(图 3.2 和图 3.3)。这种效应由于受到直径 30km 以下小行星弱引力,而对运行轨道造成影响。Yarkovsky 效应是在小行星表面部分吸收太阳辐射并各向异性的重新发射红外波的结果。

从最热表面的热辐射带走比最冷侧更多的线动量,这种不平衡的结果是产生反冲力。该效应主要作用于半长轴,影响的幅度也与小行星的大小相关。对小行星来说它的规模为 $1/D$,其中 D 是天体的直径。由此产生的半长轴的漂移速度(da/dt)也取决于其他一些物理力学参数,如热惯量,自转周期 P,自旋倾斜角 γ 和轨道几何。这种反冲加速比太阳行星的引力要弱得多,但经过数百万到数十亿年它可以产生巨大的轨道变化。

从小行星表面反射和重新发射的太阳光还产生了一个不规则形状的净热扭矩。这种效应称为 Yarkovsky – O′Keefe – Radzievskii – Paddack(YORP)。随着时间的推移,这种转矩可以影响小行星的旋转速率和倾斜角。YORP 效应非常重要,

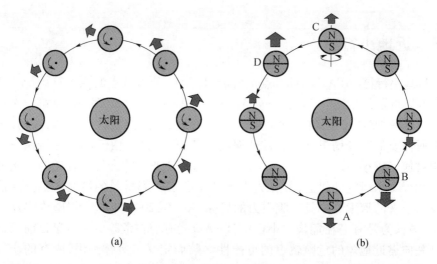

(a)   (b)

图 3.2　Yarkovsky 效应两部分组成示意图:(a)昼夜成分,和(b)季节性成分。圆形
的轨道优化的倾角值假定为简单值,(a)中 $\gamma = 0°$,(b)中 $\gamma = 90°$。太阳光照对天体
内侧(中午)进行连续加热。但由于有限的热惯量,在小行星表面部分点会达到最高
温度,因此由于热辐射造成的最大反弹力的方向将指向太阳光照的方向。在昼夜交
替(a),天体的旋转力的最大发射率是偏向于天体的下午侧;因此反弹力总是沿箭头
方向。正的沿轨道的力使天体加速;从而不断远离太阳。如果天体逆向旋转(即倾
角 $\gamma = 180°$),这个效应将会是相反的方向。在季节性交替(b),热弛豫发生在给定
的天体的轨道上。由于南北温差,产生沿着旋转轴的季节性的力。平均轨道,沿轨
道力总是负的,Yarkovsky 效应的季节交替使小行星的轨道半长轴不断降低。对于
倾斜的极端值,$\gamma = 0°$ 或 $\gamma = 180°$,由于南北半球之间的对称性,季节分量为零

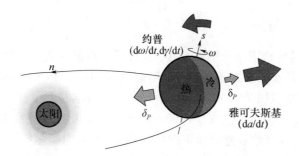

图 3.3　Yarkovsky/YORP 效应原理图。小行星吸收太阳辐射,其
面向太阳的那一侧变得比相反侧热。在表面发射的各向异性的
红外在这种情况下,Yarkovsky 力变大从而影响小行星的
轨道运动,YORP 力矩调整自旋态(Brož,2006 年)

因为它不仅控制小行星自旋向量的长期演化,也在影响着 Yarkovsky 半长轴漂移
的大小和方向(Rubincam,2000 年;Bottke 等,2006 年)。

3.5 近地小行星

近地小行星(NEAs)的近日点距离 $q \leqslant 1.3\text{AU}$,而远日点的距离 $Q \geqslant 0.983\text{AU}$。这个群体被划分为三个子群:Atens、Apollos 和 Amors,每一个都是根据第一个被发现的小行星所对应的子群而命名的。一些近地小行星会非常令人感兴趣,这些任务所需要的速度增量甚至比月球探测任务更小,这是由于小行星与地球公转的相对速度较小(ΔV),并且引力场微弱。这些任务可能会提供有趣的直接地球化学和天文学研究的机遇,并作为人类开发宇宙所需材料的潜在来源。这使它们成为未来的探索之中具有吸引力的目标(Xu 等,2007 年)。另外,许多近地小行星,被认为是有潜在危险的小行星(PHAs)。有潜在危险的小行星目前根据小行星驶向靠近地球的危险轨道的可能性参数而定义。具体地说,所有的小行星与地球轨道相交的最小距离(MOID)小于等于 0.05AU 和绝对星等 $H = 22\text{mag}$,或更少,被认为是 PHAs。换句话说,任何靠近地球距离超过 0.05AU(比月亮还约 20 倍)或是直径小于 150m($H = 22\text{mag}$ 与假设的反照率 0.13)的小行星都不被认为是 PHAs。

截至 2012 年的 5 月,已经知道了 8880 个大小从 1m ~ 32km 的近地小行星。$H < 18$ 的近地小行星(大小基本大于 1km)和小于 7.4AU 的是 Bottke 等(2002 年)估计的总数有 960 ± 120 个,在最近的调查结果的一项协议 NEOWISE(Mainzer 等,2011 年)他发现了 981 ± 19 个 $D > 1\text{km}$ 的 NEAs。Mainzer 等(2011 年)也估计直径大于 100m 的近地小行星的总数为 20500 ± 3000 个,稍低于以前的数量(Rabinowitz 等,2000 年;Harris,2008 年)。

3.5.1 Aten 小行星

Aten 小行星的轨道半长轴 $a < 1\text{AU}$ 并且远日点的距离 $Q \geqslant 0.983\text{AU}$。这是三个 NEO 亚群中最小的。Aten 在 1976 年被发现(Helin 和 Shoemaker,1977 年)之后,第一颗小行星就属于这一类,并已发现超过 700 名成员。Mainzer 等(2012 年)估计的 Atens 大于 100m 的总数为 1600 ± 760 个,大于 1km 的有 42 ± 31 个。大部分的时间这些物体环绕在地球轨道内部的轨道,但它们偶尔穿过地球的轨道有可能与地球碰撞。

3.5.2 Apollo 小行星

Apollo 小行星是 $a > 1\text{AU}$ 并且近日点距离 $q \leqslant 1.017\text{AU}$ 的小行星,其中 1.017AU 是地球的远日点的距离。第一个成员,Apollo 小行星(1862 年),是在 1932 年由 Karl Wilhelm Reinmuth 发现的。现在,已经知道超过了 4500 个。据估计,近地小行星的总数的 62% 是 Apollo 小行星(Bottke 等,2002 年)。据 Mainzer 等

（2012 年）来说有 462±110 个直径大于 1km 的,有 11200±2900 个大于 100m。

最大的成员是一个直径约 10km 的（1866）Sisyphus。比较著名的成员包括（3200）Phaethon,它被认为是双子座流星雨的母体（Jewitt 和 Li,2010 年）,其本身就可能是小行星的碎片（2）Pallas（de Leon 等,2010 年）,（4179）Toutatis,一个有名的 PHA 的例子,（6489）Golevka,首次测得了 Yarkovsky 效应的小行星（Chesley 等,2003 年）（25143）Itokawa,是第一颗作为返回任务目标的小行星,日本航天探测器 Hayabusa 和（54509）YORP 旋转速率的测定第一个为 YORP 效应提供观了测证据（Taylor 等,2007 年）,因此以此作为这颗小行星的名字。

3.5.3 Amor 小行星

Amor 小行星定义为 $1.017 \leqslant q \leqslant 1.3$ AU 的小行星（图 3.4）。

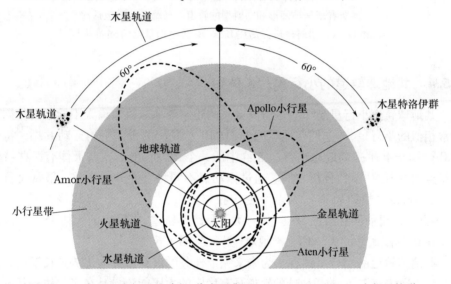

图 3.4   三个近地小行星的路径,代表了典型 Amor,Apollo 和 Aten 小行星轨道。
Amor 穿越火星轨道,并几乎达到地球的轨道。"阿波罗"宇宙飞船穿越火星,
地球和金星的轨道,而 Aten 总是很接近地球的轨道

这些物体可以接近地球,但不会穿越地球的轨道,因此,目前不会和地球发生碰撞（图 3.5）。

首先发现的 NEA,（433）Eros,属于这一类。它于 1898 年由 Carl Gustav Witt 在 Urania Sternwarte（柏林,德国）发现,同时被 Auguste Charlois 在 de Nice 天文台（法国）独立发现。直径约 17km 的（433）Eros 是已知的第二大的 NEA。已知的最大的直径约为 32km 的 NEA,（1036）Ganymed,也是一个 Amor 小行星。Amors 是近地小行星中第二大星群,大于 1km 的约共有 320±90 个,大于 100m 的约有 7700±3200 个（Mainzer 等,2012 年）。到目前为止,已发现的 Amors 约有 3800 个。

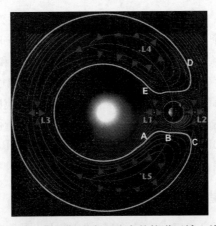

图 3.5　表明拉格朗日点和稳定的轨道区域。从旋转
框架看来是马蹄形和蝌蚪型的轨道。马蹄形轨道包括
L_4,L_3 和 L_5 点。蝌蚪轨道振荡在 L_4 或 L_5 拉格朗日点(Trojan 小行星)

3.5.4　共地球轨道的小行星(ECOAs)

共地球轨道小行星是那些轨道离太阳的距离与地球轨道离太阳的距离相同或非常相似的小行星,即他们在地球的 1/1MMR 与我们的行星平均运动共振。每个 ECOAs 属于上述三个近地小行星亚群中的一个,然而,由于这些天体有一些特殊的特点,我们往往单独分析它们。通过振动点不同将它们分为几类。最常见且最知名的 Trojans(蝌蚪轨道),在两个稳定拉格朗日点中的一个点周围振动,L_4 和 L_5,各自在行星前面和后面 60°。另一类是马蹄形轨道,在较大的天体 180°周围振动。在 0°周围振动的天体称为准卫星(图 3.5、图 3.6)。

共地球轨道的小行星具有成为未来完成任务的潜在目标的优势。长期接近地球有利于通信,而它们的类地球的轨道具有稳定的太阳能流量且在飞船执行任务过程中并没有明显的周期性加热和冷却。理论研究表明,低倾角共轨轨道比高倾角共轨轨道稳定。倾斜角作为速度增量交会轨道的最重要指标,有大量易接近的小行星对设备有着良好的需求。虽然交会轨道到共用轨道的天体并不一定具有一个较低的速度增量,但对到达这些天体需要的能量比到达先前的交会任务低。地球的 Trojans似乎是对能量的要求最低的(Stacey 和 Connors,2009 年)。Morais 和 Morbidelli(2002年)预测与绝对星等 $H < 18$ 和 $H < 22$ 的数目分别是 0.65 ±0.12 和 16.3 ±3.0。

1. Trojan 小行星

Trojan 是与行星共享同一个轨道的天体,但不会与它们碰撞,因为它们的轨道围绕分别位于行星前 60°和后 60°的 L_4 和 L_5 拉格朗日点中的一个。巨行星木星和海王星已知是 Trojans 小行星的主行星,火星也是这几个类型的小行星的主行星。最有名的是木星的 Trojans。

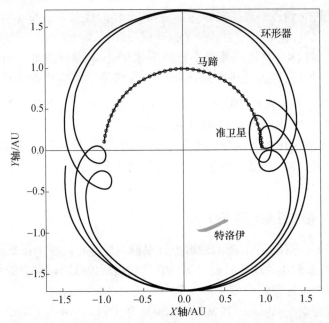

图 3.6　几个小行星的轨道位于地球的旋转平面上。马蹄(2002 AA29),
准卫星(2004 GU9),和 Trojan(假想的 Trojan)共用地球上的轨道,而
周期不同(Itokawa)。环行器和准卫星是 7 年的弧状运动,而马蹄型和
Trojan 周期是 50 年。在此图中所示的 50 年中约有 10 年马蹄接近地球。
准卫星在运动中一直接近地球。三个共用轨道保持在与太阳的相对
恒定的距离。环行器没有这种优势。源自 Stacey 和 Connors(2009)

几项理论研究建立了拉格朗日点附近的天体的简化模型(Bien 和 Schubart,
1984 年;Efthymiopoulos,2005 年;Lhotka 等,2008 年;Erdi 等,2009 年)。在行星动
平衡点稳定区域扩大的现象越来越多(Mikkola 和 Innanen,1992 年;Tabachnik 和
Evans,2000 年;Nesvorny 和 Dones,2002 年;Dvorak 和 Schwarz,2005 年;Robutel 等,
2005 年)。虽然许多研究预测了地球的 Trojans 小行星可能存在,但是他们的依据
只是刚发现第一个这样的天体 2010TK7 小行星(Connors 等,2011 年)。更多关于
Trojans 请见由 Michael Todd 编写的第 2 章。

2. 伴地球马蹄形小行星

马蹄形轨道不如蝌蚪轨道不常见(Trojans),可能是由于其不同的稳定特性。
常引用的马蹄形天体的例子是土星的卫星 Janus 和 Epime theus。目前有 3 颗
(54509 YORP,2002 AA29,2010 SO16)相对于地球遵循马蹄轨迹的小行星(Brasser
等,2004 年;Christou 和 Asher,2011 年)。此外,2001 GO2 小行星也可能属于这个
类型。然而,将其定为地球的第四马蹄小行星必须进一步细化它的轨道(Brasser
等,2004 年)。

这些天体的振动周期和寿命从几百到几千年。(54509)YORP 和 2001 GO2 的

轨道离心率允许它们近距离接触地球。然而,这样的接触不会使小行星弹出共振共轨轨道,相反的会使它们变为另一个振动或循环模式。

在较长的时间中,共轨马蹄形小行星不像 Trojans 那样稳定(Dermott 和 Murray,1981 年)。然而,最近的研究地球和金星的马蹄形共轨轨道的长期稳定性的 Ćuk 等(2012 年)数据结果表明,与分析估计相反的,对于从初级到次级的质量比率大于 1200 的系统中许多这种类型的天体可以具有长的寿命(和潜在的稳定性)。具有较小质量比的马蹄形轨道是不稳定的,因为他们到达了相应行星的五个希尔半径以内。另一方面,即使当接近行星的半径在四个希尔半径以内时,蝌蚪轨道也能保持稳定。

3.5.5 自然地球卫星(NESs)

除了 ECOAs,还有一个有趣的近地小行星群。尽管它们都不在地球的 1/1MMR 上运动,但是在非常类地球的轨道上运动并且在接近地球时运动会被约束。然而,每一个会合周期接近我们的星球和一个小的相对速度。因此,这些天体可以潜在地被地球的重力支配(Brasser 和 Wiegert,2008 年)。Granvik 等(2012 年)之后,称这些物体自然地球卫星(NESs)。地球的准卫星(共地球轨道)与 NESs 具有一些共同的特点。两个群之间的基本区别是,NESs 的轨道主要取决于地月系统的重力(EMS),而如果 EMS 突然消失,准卫星的轨道只是略有变化,因为他们只是在类地的轨道上但是没有强大的引力作用的绕太阳旋转的小卫星。

第一个 NES 是在 1991 年由 VG 发现的,并成为一个临时的人造地球卫星(Tancredi,1997 年)。它是由地球的引力捕获,但它形成的行星周围的大多数开环是在地球的希尔半径范围之外。一些早期的观测指出,这个特定的对象具有人工起源的可能性,但新的观察使这一假设是不可能的。2006 RH120(也称为 J002 E3)是在 2002 年被发现的第二个绕地球轨道转动的天体。它来自 L_1 拉格朗日点的日心轨道,花了一年在地球的希尔半径范围内在六倍开环的轨道运动,然后离开日月系统。

Granvik 等(2012 年)的研究结果表明,在任何给定的时间应至少有一个直径为 1m 的 NES 绕地球轨道运行。尽早的对这类天体的确认将为低成本地加速的流星体的返回任务提供可能性(Elvis 等,2011 年)。

3.6 内地天体(IEOs)

根据定义,轨道完全在地球轨道内部的小行星称为内地天体(IEOs)(Michel 等,2000 年)。所有在远日点 $Q < 0.983$ AU 的小天体都属于这一个星群,后面的数字是地球的近日点距离。根据它们的轨道类型的不同,IEOs 分为 Vulcanoids($Q < 0.307$ AU),Vatiras($0.307 < Q < 0.718$ AU),和 Atiras($0.718 < Q < 0.983$ AU)。IEOs 的数目比 NEAs 少很多,完整的星群的天体的数目非常有限。根据 Bottke 等(2002

年)估计,H 级的 IEOs 的数目仅仅是 NEOs 数目的 2% 。由 Greenstreet 等(2012 年 a)进行的基于稳态轨道分布模型的研究,发现小行星近日点距离 $q \leqslant 1.3$ AU 的 Atiras 和 Vatiras 的比例分别只有 $1.38 \pm 0.04\%$ 和 $0.22 \pm 0.03\%$ 。对于后者,作者也设置 Vulcanoids 的上限为 0.006% 。

假设 Vulcanoids 是绕太阳的距离在水星的轨道的内部的天体,即 $Q < 0.307$ AU。这个星群最先是由 Weidenschilling(1978 年)针对水星成坑作为一个潜在的反驳提出的。星群的内边界,以轨道半长轴为参考,约在 0.09AU。在此限度内,因为蒸发和 Yarkovsky 效应小行星无法存活(Vokrouhlický 等,2000 年)。为了研究 Vulcanoids 的长期稳定性,Evans 和 Tabachnik(1999 年,2000 年)进行了数值模拟。他们发现了从 0.1~0.2AU 存在动态稳定轨道的带。因此,直径大于约 0.1km 的小天体可能在这些轨道上存在很长一段时间(相当于太阳系的年龄)。根据 Evans 和 Tabachnik(1999 年,2000 年)研究超过 0.21AU 的天体是动态不稳定的,100 百万年的时间内会被激发到水星的穿越轨道中去。但是,研究人员没有考虑到 Yarkovsky 效应可以显著地改变这个区域的动态图像。

由于 Vulcanoids 非常接近太阳,寻找它是非常具有挑战性的。到目前为止,已经进行了好几次对于 Vulcanoids 的搜索(Leake 等,1987 年;Campins 等,1996 年;Durda 等,2000 年;Schumacher 和 Gay,2001 年;赵等,2009 年),但没有发现任何天体。虽然这些调查没有发现任何 Vulcanoid,似乎可以得到排除直径大于 10km 的天体位于此位置的可能性的结果(Durda 等 2000 年;赵等,2009 年)。这些结果和由于 Yarkovsky 效应千米大小的天体在这一地区是不可能存在的事实(Vokrouhlický 等,2000 年),使当今 Vulcanoids 是否存在的假设又变成问题。

根据这里所采用的定义,远日点距离在 0.307AU 和 0.718AU 之间的小行星称作 Vatiras,但是在 Vulcanoids 的情况下,这些仍是假设的天体。这样的小行星的轨道就完全在金星的轨道内侧,但如果近日点距离小于 0.307AU 它们可能会在跨水星轨道上。

Atiras 是完全在地球轨道(0.718 < q < 0.983AU)内部绕太阳旋转的小行星。它们根据原型而命名,例如,此类星群中最先被发现的天体被命名为 163693 Atira(Greenstreet 等,2012 年 a)。作为一类相对较新的小行星,不同的作者所使用的定义不一。值得注意的是,Atiras 采用的定义明显与 Atens 的不同(图 3.7),前者并不是后者的子类。另一方面,虽然我们将 Atiras 归类为 IEOs(它们确实是),但是它们也被视为近地小行星,因为它们同时可能也会接近地球。

到目前为止,已发现 11 颗 Atiras(截至 2012 年 7 月 5 日)中只有两个是已经编号的。它们的近日点距离都低于 0.718AU,即都是跨金星天体。最大的是直径约为 2km 163693 Atira 小行星。

尽管 Atiras 的轨道完全在绕地球的轨道以内,但是它也可能变成为所谓的 PHAs。PHAs 的列表中已有两个 Atiras:2004 JG6 和 2008 UL90。

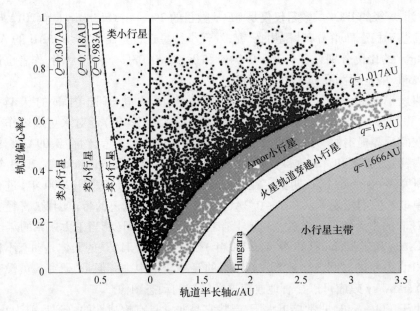

图 3.7　IEOs 和 NEAs 的半长轴与偏心平面的关系。我们选取 $q < 1.3\mathrm{AU}$ 的轨道的 NEA 星群。在这里把 NEAs 分为 3 类：Amors（$1.017 < q < 1.3\mathrm{AU}$），Apollos（$a > 1.0\mathrm{AU}$，$q < 1.017\mathrm{AU}$），和 Atens（$a < 1.0\mathrm{AU}$，$Q > 0.983\mathrm{AU}$）。而 IEOS 的 3 类：Atiras（$0.718 < Q < 0.983\mathrm{AU}$），Vatiras（$0.307 < Q < 0.718\mathrm{AU}$），和 Vulcanoids（$Q < 0.307\mathrm{AU}$）。注意，在较短的时间一类天体可以变换到另一类天体（见补充说明）。可以在小行星中心的网页找到属于这些群体的完整的小行星列表：http://www.minorplanetcenter.net/iau/lists/mplists.html

3.7　近地小行星的长期动力学

数值计算表明，NEAs 的寿命约为 10 光年。它们会因为与太阳、太阳系的喷出物，或行星的碰撞而消失。要了解这些天体的长期动态特性，需要建立共振位置及强度和与行星碰撞的影响的模型。

在类地行星的区域，天体的动态特性受碰撞的影响很大。每一次碰撞都会使天体轨迹和速度发生变化，导致其轨道半长轴取决于交会的几何关系以及行星的质量。由 Tisserand 参数守恒，半长轴的变化与离心率（和倾斜度）的变化有关（关于限制性三体问题的雅可比积分的伪能量），半长轴为 apla 的与行星相撞有关的数定义为 $T = \mathrm{apla}/a + 2\left[a/\mathrm{apla}(1 - e^2)\right]^{1/2}\cos i$。与木星相撞可以很容易地将天体挤出太阳能系，而与陆地行星的相撞这几乎是不可能的。

当独特的行星的近碰撞作用，且忽略倾斜角的影响时，天体将会在一个定义为 $T = \mathrm{const}$ 的 (a, e) 的平面曲线轨迹上随机游走。对于所有的 MMRs 和大多数的长期共振来说，这些曲线是横向的，天体可以受共振的影响变成另一个状态。另一方面,共振改变小行星的离心率和/或倾斜角,使半长轴距离保持恒定(除了短周期振荡)。因此,振动和近距离相遇(Michel 等,1996 年)之间的复杂的相互作用使NEO 区域变成动态而极其混乱的。

在类地行星的地区 MMRs 表现出的能量没有位于主带小行星的强烈。这是因为类地行星附近的重力场比木星要明显的少,而木星本身不是很接近这个区域。然而,尽管 MMRs 都比较弱,但位于火星轨道内的非常密集并常常相互重叠。这往往使混沌区延伸并增加共振的效率,使他们对研究近地小行星的动力学变得非常重要。

几项近地天体的动力学研究表明,长期共振在这一地区小天体的轨道演化中也起着重要的作用。SRs 也可以为接近或从一个区域转移到另一个区域提供保护机制。可以通过半分析理论方法得到线性长期共振的位置。已证明了在类地行星的区域有好几个 SRs,有些甚至可以重叠(图 3.8 和图 3.9)。

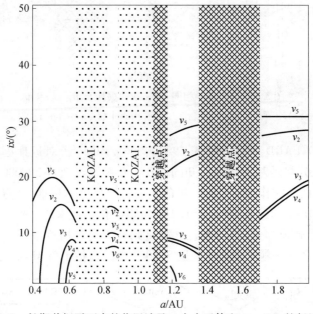

图 3.8　长期共振平面中的位置涉及一个小天体和 $ex = 0.1$ 的行星的
近日点经度的岁差比。在命名共振上,我们遵循 Williams(1969 年)的
标记方法。在小天体的 0° 或 180° 附近摆动的近日点区域被标记
为 KOZAI。在标记为穿越点的区域,没有计算自由频率。
源自 Michel 和 Froeschlé(1997 年)

最后,Kozai 共振在对近地小行星的动力学研究中也起着重要的作用。虽然它可以作为一个不稳定的因素,这种共振也可能为防止天体接近行星提供一个保护机制。例如,轨道半长轴大于地球,与地球近距离接触只能发生在近日点附近,因为 ω 在 90° 或 270° 附近摆动,并且倾斜度大,近日点经常位于行星轨道平面以外;以防止小行星和行星近距离接触。KOZAI 共振的位置如图 3.8 和图 3.9 所示。

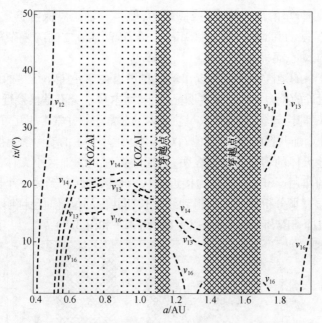

图 3.9　与图 3.8 相同,但长期共振涉及了小天体和
行星的节点经度的岁差比。源自 Michel 和 Froeschlé(1997 年)

　　在 SPACEGUARD 项目(Milani 1989 年)中,Milani 等对近地小行星进行了动力学分类。该分类是基于当时已知的 410 个年龄已经超过 200000 的 NEAs 的轨道的数值积分的。它作为动态跨行星的主要特征尺度的标准:节点交叉与地球接近,地球的 MMRs,q 值(低于/高于 1AU),MMRs 和接近木星。根据这种分类方法NEAs 分为 6 个轨道部分(另外若包含慧星则有 7 类包括彗星轨道类);每一类都根据其中最有名的一颗来命名。在图 3.10 中总结概括了由 Milani 等(1989 年)运

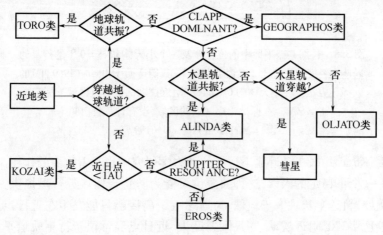

图 3.10　基于 SPACEGUARD NEAs 的动态特性的运算法则分类方案(Milani 等,1989 年)

用的决策算法,所得的分类总结如下。

GEOGRAPHOS 类:地球交叉轨道的 a 在演变中靠近地球占主导地位(在某些情况下趋向于金星)。

TORO 类:天体有时被困在 MMR 中,这种共振可以有效地避免接近地球。

KOZAI 类:至少在一段 Ω 时间中,天体的近日点距离小于 1AU,但由于长期保护机制不会与地球轨道发生交叉。

ALINDA 类:目前小行星不会交叉地球,但来自木星 MMR 强烈的扰动会使离心率产生大的变化。

EROS 类:近日点距离超过 1AU 的天体,并不属于任何一个木星 MMR。

OLJATO 类:这是不与木星共振的天体(至少在一个显着的时间跨度上不是),接近类地行星时不发生轨道变化,也不会接近和与木星发生碰撞。

除了这六类,还有彗星状天体,即有小行星的外观(没有任何可检测到的彗星活动)且沿着通常彗星的轨道运动。

总之,我们要注意的是 Milani 等(1989 年)的动态分类是有效了解近地小行星的动力学的工具。然而,我们必须考虑所有这些轨道是非常混乱的,并且由于深接近或者一些共振的活动,会使所有的轨道要素都可能发生较大的相对变化。因此,一般情况下不同的动态类型之间可以发生转换。尤其 Toro 和 Alinda 类是不稳定的,停留时间一般小于 100000 年。例如,跃迁能在 Alinda、彗星和 Oljato 类之间发生。

因此,如果在一个长期动态的近地小行星的研究中,当采用基于当前的轨道特性的任何分类时,就会出现这样的问题。由于高强度的运动,经过一定时间后天体的动态类型可能发生变化。这种现象称为混乱。由于混乱的发生作为时间的函数,很明显在某一个时期,得自任何有效分类的任何推论都无法作为下一时期的推论。在更长的时间尺度上,要研究近地小行星的动态必须开发不同的统计方法(Freistetter,2009 年)。

3.8　近地小行星的起源

近地小行星的寿命短意味着这个星群不是原始的,是来自其他区域的不断补给使其保持着一个稳定的状态。长期以来,它的起源是小行星还是彗星一直争论不休。随着对谐振动力学的进一步认识,可知小行星带能够有效地供给 NEAs。特别是,主带小行星可以通过各种谐振现象的作用来增加它们的轨道离心率,从而成为跨行星小行星。

通常认为近地小行星的形成原因与 Kirkwood 缝隙(小行星半长轴分布中的空隙彩图 3.11)有关(与木星最重要的 MMR 相对应)。在碰撞过程中,由于 Yarkovsky 和 YORP 力的相互作用,可以稳定地将新的天体带到间隙中去。最强大的长期和均匀的运动共振的快速动作使间隙变得明显,迫使小行星离开主带并到达地球附近的地区。然而,集中在 2.1AU 和 2.5AU 之间的跨火星小行星表明,尽管没有任何明显的差距,许多同样逃离主带部分的天体位于该半长轴范围内。结果表明,这是由于大量的弱共振造成的,共振效应长期积累的不稳定作用使它们能够完成及时的补充(Nesvorný等,2002 年)。在这方面,它适用于区分"强大的共振"和"扩散共振",其中前者具有相关间隙的存在特征。

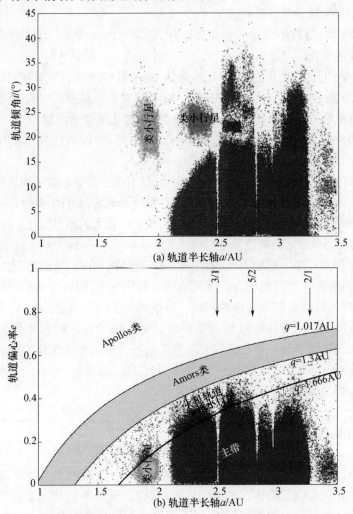

图 3.11　跨火星小行星(紫色),匈牙利星(黄色),福神星(浅蓝色)和
主带小行星(红色)的轨道分布。垂直箭头表示 3/1、5/2
和 2/1MMR 与木星的平均运动共振的位置

主带的一些特定的区域通过强大而又扩散性的共振提供近地小行星。在这方面,最强大的共振是位于小行星带的内侧边缘的 ν_6 长期共振,木星的 3/1、5/2、2/1 MMR 的平均运动共振分别是 2.5AU、2.8AU 和 3.27AU(Morbidelli 等,2002 年)。

另一方面,扩散共振是非常多的,在此不能列举。因此,这里只会提到它们的通用动态效应。更多的细节请参考 Nesvorny 等(2002 年)。

3.8.1 ν_6 共振

首先让我们回顾一下,当小行星的近日点经度的进动频率等于土星近日点经度的平均进动频率时会发生 ν_6 长期共振。如图 3.12 所示,ν_6 共振标志在主带内侧边缘。这种共振的效果随着远离所示曲线而迅速衰减。非常接近共振的小行星(比 0.04AU 还近)表现出有规律的但剧烈增长的离心率(Morbidelli 等,2002 年)。这些天体轨道的偏心率逐渐增大,使它们能够穿越地球轨道。从类圆形轨道变成越地轨道需要的平均时间约为 0.5 百万年。根据它们在近地区域的后续演变,在 ν_6 共振区域的天体的中值寿命约为 2 百万年,最后的典型状态是与太阳碰撞(80%)且通过与木星的碰撞弹射到双曲线轨道(12%)(Gladman 等,1997 年)。在 NEO 区域花费的平均时间为 6.5 百万年,比中值时间要长,因为 ν_6 天体经常达到位于半长轴 $a < 2$AU 的、它们经常居住几十百万年的轨道(Bottke 等,2002 年)。在边缘地区(与共振相距 0.04 ~ 0.08AU),ν_6 共振的影响不那么强,但在小行星离心长期振荡周期的顶部,仍有能力使其穿越火星轨道。要进入 NEA 空间,这些小行星必须在与火星相遇的作用下进化,并且当接近共振区域时所需的时间急剧下降(Morbidelli 和 Gladman,1998 年;Migliorini 等,1998 年)。

3.8.2 3/1 共振

木星的 3/1MMR 位于约 2.5AU,该处的小行星的轨道周期是巨行星的 1/3MMR。共振宽度是随离心率的增长而增长的一个函数($e = 0.1$ 时约为 0.02AU,$e = 0.2$ 时约为 0.04AU),而倾斜率的变化对其影响不大。关于共振,人们可以区分两个区域:一个具有周期性振荡并定期穿越火星轨道的小行星离心率的狭窄的中央区域,和一个由于离心率的演变是强混沌和无界的,使得天体能迅速到达地球交叉轨道的较大的边境区域。在与火星相遇的作用下,在中央共振区域的天体可以很容易地被运送到边境地区,并被迅速推向地球附近的空间(Morbidelli 等,2002 年)。对于一个初始时均匀分布在 3/1MMR 共振区域里的星群,需要穿过地球轨道的平均时间约为 100 万年,而它们的平均寿命约为 200 万年。这一群体典型的最终状态是与太阳的碰撞(70%)和弹射到双曲线轨道上(28%)(Gladman 等,1997 年)。花费在地球附近区域的平均时间为 2.2 百万年(Bottke 等,2002 年)。

3.8.3 5/2 共振

木星的 5/2 平均运动共振位于约 2.8AU 处。在 3/1MMR 共振的边境地区观察到的快速和混沌的离心率演变在这种情况下扩展到整个共振区域(Moons 和 Morbidelli,1995 年)。这种共振是在最短时间尺度内增强的轨道离心率的一个结果。在最初位于 5/2MMR 共振区域的天体,到达地球交叉轨道的平均时间约为 30

万年,平均寿命为 50 万年。因为 5/2MMR 共振区域比 3/1MMR 更接近木星,最典型的最终状态是弹射到双曲线轨道上(92%),而只有 8% 的概率与太阳碰撞(Gladman 等,1997 年)。花费在地球附近区域的平均时间为 40 万年。

3.8.4 2/1 共振

2/1MMR 共振位于 3.27AU 区域,尽管它与小行星位置分布的空间缝隙有关。并没有机制能使共振小行星的运动在以其他共振为代表的短时间内不稳定。实际上,这种共振的动力结构是非常复杂的(Nesvorný 和 Ferraz – Mello,1997 年;Moons 等,1998 年)。在共振中心和合适的离心率下,存在动态寿命遵循太阳系的年龄顺序的大片区域。一些小行星目前就位于这些区域中,但我们仍然没有完全理解为什么它们的数量这么小(Nesvorný 和 Ferraz – Mello,1997 年)。接近共振边界的区域是不稳定的,但要到达地球交叉轨道仍然需要几百万年(Moons 等,1998 年)。

一旦进入 NEA 区域,来自 2/1MMR 共振区域的小行星的动态寿命最多只有 10 万年,因为天体会被木星弹射到双曲线轨道上。

3.8.5 扩散共振

除了上面提到大范围、高能量的 MMR,主带被很多薄共振密集地交叉:如高阶木星 MMR(即轨道频率与大整数成正比的 MMRs),木星和土星的三体共振,以及火星 MMRs(Morbidelli 和 Nesvorný,1999 年)。因为这些共振的影响,许多(可能是大多数)主带小行星是混沌的(Nesvorný 等,2002 年)。这个混沌的影响非常小。在窄的共振区域内半长轴是有界的,而在一个混乱的扩散过程中,相应的离心率和倾斜角会随时间慢慢变化(Knežević 等,2002 年;Novaković 等,2010 年)。因此,到达一个火星穿越轨道(或木星穿越轨道)的时间从几百万年到几十亿年,取决于共振和起始离心率(Murray 和 Holman,1997 年)。在内带(2 < a < 2.5AU)形成天体需要 100 百万年,Morbidelli 和 Nesvorný(1999 年)预计,由于混沌扩散,每百万年约有两个直径大于 5km 的小行星被运输到跨火星区域。要到达跨地球轨道,在火星相遇的作用下跨火星小行星(MCs)在半长轴漫无目地行走,直到它们进入一个足够强大的能进一步将它们的近日点距离降低到小于 1.3AU 的共振区域。对于半长轴为 2.06 ~ 2.8AU,轨道倾角小于 v6 共振位置的 MC 而言(此类 MC 也为称为火星穿越小行星(IMCs)),其轨道穿越地球所需要的平均时间约为 6 千万年。因此,每百万年大约有两个直径大于 5km 的天体成为近地小行星(Michel 等,2000 年下半年),这与 Morbidelli 和 Nesvorný 预计的主带供应率一致(1999 年)。在近地空间平均时间为 3.75Myr(Bottke 等,2002 年),而从两组高倾角的 MCs(Hungaria 和 Phocaea)变成跨地球小行星花费的平均时间超过 100 万年(Michel 等,2000 年)。

在半长轴 a > 2.8AU 时,跨越火星轨道的小行星数量较少,这并不是因为在外小行星带混沌扩散效应的低效造成的。这仅仅是因为这样一个事实:在跨火星区的天体的动态寿命随着向跨木星界限的半长轴的增加而减小。外带由高阶木星MMR和与木星和土星的三体共振(Novaković,2010年)密集交叉着,所以向近地小行星区域的逃离率是可以预测的。Bottke等(2002年)数字集成了2000个 $2.8 < a < 3.5\text{AU}$, $i < 15°$, $q < 2.6\text{AU}$、100万年内的主带小行星。研究发现,它们几乎有20%进入了地球附近的区域。根据Bottke等人的研究结果,在稳定状态的情况下,对于 $H < 18\text{mag}$ 每百万年这个星群约有600个转化为近地小行星,但是这些天体在近地小行星区的平均时间只有约15万年。

3.8.6 来自近地小行星的小行星家族

动态家族是一系列单一母体分裂的产物。在主小行星带,目前已确定几十个家族(Zappalà等,1995年;Nesvorný等,2005年;Novakoviý等,2011年)。此外,已确定在Trojans中存在家族(Milani,1993年;Brož和Rozehnal,2011年),同时认为家族也存在于Trans-neptunian区域(Brown等,2007年)。类似的组织同时也会存在于近地小行星之中,但这有待证实(Schunová等,2012年)。

被认为是近地小行星主要来源的小天体位于共振区域内,它们的动力学寿命一般很短。在某些情况下只有几Myr。因此很明显,为了保持近地小行星的数量在一个稳定的范围内,必须不断地注入新的天体到共振区域中去。从20世纪90年代初开始,当第一个可靠的系统鉴定工作完成时,人们认识到,有些家族位于一些最强大的共振的边界。这被解释为一个好迹象:在家族形成期间,许多碎片被注入到这些共振中,这样就有足够的小行星可以解释类地行星区域。

按照这种方法,Zappalà等(1998年)认为,位于非常接近一些木星强大MMR的边界的主带常见的小行星群的形成,造成了类地行星会表面的密集的火山坑("小行星雨")。持续时间取决于所涉及的MMR和注入它的碎片的数量。这一结论最初与家族形成的碰撞模型的预测有一定的分歧,因为许多模型的结论预测,在家族形成的碎片弹射速度不足以将许多天体弹射到附近的MMRs。

后来,通过对Yarkovsky在半长轴轨道的漂移的认识中得出这样的结论:在家族形成中直径达到千米级的天体,尽管过了比立即弹射假说还要长的时间,在任何情况下都可以到达附近的共振区域。对于边界大于10km的大型NEOs来说,Yarkovsky效应变得更慢且相关性显著降低。因此,必须在其他扩散过程中找到这些天体的存在的证据(Zappalà等,2002年)。

3.8.7 彗星的贡献

如前面所讨论的,小行星和彗星有助于发现更多的近地天体。然而,问题仍然存在:这些天体中有多少是小行星,有多少是彗星? 根据观测,不管它的起源是什么,检测不出任何彗星活动(即昏迷)的天体都归类为小行星。从缓解或太空资源利用的角度来看,在反应或利益中有实质性的不同,正如我们目前认为彗星体更可能有高含量的水和其他挥发成分一样。

彗星可以分为两类:来自海王星区域(或者,更可能的是来自分散的星盘;Levison 和 Duncan,1997 年)和来自 Oort 云(Weissman 等,2002 年)。第一类包括木星族彗星(JFCs),而第二类包括长周期的彗星和哈雷彗星。尽管人们认为它们的作用不及那些来自海王星区域和 Oort 云,但一些具有彗星性质的近地天体可能同时也来自木星的 Trojans(Levison 和 Duncan,1997 年)。在最近几年发现所谓的主带彗星后(Hsieh 和 Jewitt,2006 年;Hsieh 等,2012 年),很显然来自近地区域的一些彗星可能起源于主小行星带。

彗星核的物理性质表明其具有低的反照率,通常反射小于7%的光。这个值大大低于近地天体的平均值,因此近地空间中的彗星更不容易被发现。基于在搜索的统计资料和近地天体的物理性质的现有数据(分类分布及其相应的反射率),Bottke 等(2002 年)和 Stuart 和 Binzel(2004 年)为这个星群建立了一个名为"bias - corrected"的模型。根据这些结果分析,类似于许多短周期的同轨的彗星的性质,近地天体中有30%受木星扰动的影响在高椭圆轨道上转动。这些天体中有一半具有低的反射率,有可能成为彗星起源的一种解释有15%的近地天体将会灭绝(即消除大部分的不稳定,剩下的用于产生尾巴挥发)或变成静止的(即不活动的,像小行星一样反射率低的物体,变得低反射率,但在外壳内仍具有相当数量的挥发物)彗星。根据Whitman 等(2006 年)所说,在近地区域将近有 75 个静止的 JFCs($H < 18$)。

3.8.8 逆行轨道的近地小行星的形成

到目前为止,有两个已知的"向后地"在太阳轨道绕行的近地小行星,即位于逆行轨道上。这些天体认为是彗星的起源。然而,最近 Greenstreet 等(2012 年)使用数值积分的方法重新分析从主小行星带到近地区域的转移,发现在这样的轨道上的天体也可以在小行星带区域中形成。根据他们的模型,约0.1%的稳态近地小行星星群在逆行轨道上绕行。经发现,这些天体来自木星 3/1MMR。

3.9 跨火星轨道的小行星

和 Michel 等(2000 年)定义的相似(Migliorini 等,1998 年),跨火星小行星(MCs)指的是与火星的轨道相交但无法靠近地球,即 1.3AU $< q <$ 1.666AU 的小行星。因此,以这种方式我们正式将 Amor 小行星从 MCs 星群中排除。正如我们在3.8.5 节提到的一样,所有 MCs 是不稳定的并有可能会演变到跨地球的轨道上。

基于 MCs 星群目前的轨道分布,我们可以将其分类。这样的分类有利于区分不同的动态行为、寿命,和可能的最终状态。图 3.11 和图 3.12 显示了跨火星小行星相对于当前的半长轴和倾角的轨道分布。以下介绍不同类型的天体,并给出半长轴和倾斜角的准确的限制。

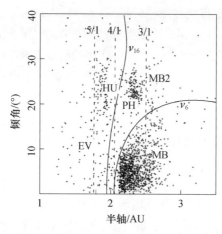

图 3.12　跨火星行星的轨道分布(倾斜角与半长轴)。标签表示
在文中描述的不同组。两条曲线表示 ν_6 和 ν_{16} 长期共振的位置;
虚线分别对应与木星共振的 5/1、4/1、3/1MMR 的平均运动的
位置(源自 Michel 等,2000 年 b)

三个主要类型是比较容易识别的(图 3.11 和图 3.12):在 ν_6 共振下的主带小行星(MB);匈牙利星(HU)和福神星(PH)。这些类型中的大多数天体是非行星穿越的,它们可能会到达跨火星区域,来补给 MB、HU 和 PH 组。这已经被 Migliorini 等证实(1998 年)。剩余的那些在木星左边 4/1 共振区域的跨火星小行星之中,具有不同于非行星穿越小行星星群的轨道元素。正如 Michel 等(2000年)所说,它们已经演变到了当它们第一次穿越火星轨道时到达的轨道。因此,它们定义为 EV。最后,在 3/1 以右 ν_6 共振区域以上的跨行星小行星,与位于这一区域的非行星穿越小行星有关:该星群被标记为 MB2。

Michel 等(2000 年)对每一组的半长轴和倾斜角的限制如下:

(1)MB 是 $a > 2.06$AU 且有倾角的跨火星小行星(位于木星 4/1MMR 的位置),以致它们低于 ν_6 长期共振;这是一个通常称为中间跨火星小行星的 MCs 星群。

(2)HU 有 $1.77 < a < 2.06$AU 并且 $i > 15°$。

(3)PH 有 $2.1 < a < 2.5$AU(在木星 4/1 和 3/1MMRs 之间)并位于 ν_6 长期共振之上。

(4)MB2 有 $a > 2.5$AU 并位于 ν_6 长期共振之上。

(5)EV 是目前半长轴 $a < 1.77$AU 或 1.77AU $< a < 2.06$AU(即在木星 5/1MMR 和 4/1MMRs 之间)并且倾斜角 $i < 15°$ 的跨火星天体。

目前,有超过 5000 颗小行星满足 MCs 类的定义(1.3AU $< q < 1.666$AU, $a < 3.5$AU)。在 MCs 中 MB 类的数目是最多的。Michel 等(2000 年)进行的数值模拟表明,MB 跨火星小行星中有 50% 在 60 百万年内成为跨地球小行星,而这一

类群体在 ECs 的形成中占主导地位(Migliorini 等,1998 年)。

由于与火星在高轨道上相遇的强度和频率的减小,属于 HU 类的跨火星小行星在较长的时间尺度上才能变成 ECs。在 100 年的时间跨度内,51.5% 的 HUs 永远不会成为 ECs,但有 1.5% 会到达 Aten 区域。在构成跨火星小行星的星群之中,PH 类是最稳定的一个,主要是因为要接近火星需要具有低的频率和高的相对速度,以减少半长轴剧烈变化的概率。因此,在 100Myr 中只有 31% 的这些天体到达地球。

MB2 小行星的典型演化在性质上与 MB 小行星相似,但鉴于其初始半长轴($a > 2.5AU$),运输它们的共振优先在木星 3/1、8/3、7/3、5/2MMR 区域。随着进化越接近跨木星的区域,与 Jovian 的相遇越使其有比其他类更大的可能被弹出土星轨道。由于这个原因,MB2s 对跨地球星群的贡献不大。

EV 小行星的轨道元素不同于非行星穿越小行星群。因此,它们一定演化到了它们首先穿越火星轨道时的轨道。例如一些原属于 MB 或 HU 类的小行星可能暂时成为 EVs(Michel 等,2000 年)。Michel 等的模拟还表明,EV 跨火星小行星主要有两种不同的产生方式。其中第一种适用于 MB 跨火星小行星。属于这一类的小行星首先成为跨地球小行星,在与地球相遇的作用下使它们的半长轴变小短,然后在一些共振作用下暂时使其离心率减小。在这个阶段和内行星的长期共振是重要的(Michel 和 Froeschléé,1997 年,Michel,1997 年)。因此,近日点距离要高于跨地球的极限,所以以前跨地球的天体可能会返回一个纯粹的跨火星轨道状态。很少的 MBS 能在不先成为跨地小行星的情况下成为 EVs。为此,在图 3.13 中说明

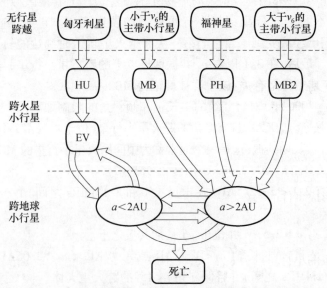

图 3.13 跨火星小行星的起源及其后续演化到跨地轨道的示意图。HU、PH、MB 和 MB2 跨火星小行星是持续的,分别相对于非行星穿越小行星匈牙利星,福神星和主带星群(低于或高于 ν_6 共振区域)。它们依次提供了一部分跨地球小行星和 EV 跨火星小行星。箭头表示群体间的主要流量(在 Elsevier 的许可下,转源自 Michel 等,2000 年)

了跨火星小行星的起源和它们的后续演化过程。

3.9.1 匈牙利小行星

在主带小行星的内侧边缘有高倾角和低离心率的较密集的部分:匈牙利星群区域以首次发现的成员命名,即匈牙利小行星(434)。匈牙利星群是位于1.78AU和2.06AU之间的明显的小行星星群。其边界包括:ν_5 和 ν_16 长期共振、木星的4/1MMR的平均运动共振,跨火星轨道空间(Gradie 等,1979 年;Milani 等,2010年),其成员具有较高的倾斜角($16° < i < 34°$)且离心率通常少于0.18。匈牙利星群位于内部主带内侧(图3.11 和图3.12)。

如 Milani 等(2010 年)所说,匈牙利星群区域具有强烈的不稳定的自然动态界限,从与木星,土星和火星,或接近火星的长期共振中产生,没有小行星分布中留下大的间隙。就成为近地小行星的一个可能的来源而言,最重要的特征是其内边界,这完全是深的跨火星造成的不稳定导致的。目前在匈牙利小行星中至少有 900 个 MCs。此子群是通过穿越区域的扩散共振补给的,但所有这些共振都很小;因此,只有在长期尺度内有效。

一般而言,高反照率(30% ~40%)的 Hungarias 类小行星是主带中体积最小的,可以采用中等体积仪器进行研究的小行星。由于这些小行星一般不会受到与类地行星近距离交会的潮汐力影响,因此可以将它们作为标准集与近地小行星进行特性比较,如自转速度、分布以及双星数量。沿着这些线路的研究表明在 NEAs和 Hungarias 类小行星之间有一些惊人的相似之处(Warner 等,2009 年)。

这说明除了潮汐力(最有可能的 YORP 效应)以外的其他作用力是 Hungaria类族群小行星中双星系统产生的主要原因。

匈牙利小行星(434)也被认定为可能是该地区唯一的小行星家族中大约0.2~0.5Gyr 前通过一个灾难性的碰撞产生的最大的碎片(Warner 等,2009 年;Mi-lani 等,2010 年)。在区域中约7000 个天体中的大部分被认为是这个家族的一部分。匈牙利星的家族中也有一些(少的)可能的子结构的迹象。这些子结构可以分为两种类型:亚族和共生型。亚群是指在一个小行星亚族中,相比于其他小行星运行距离更加接近的小行星。这可能是由于原始小行星群中的天体碎裂形成的。可能比族群形成事件的更为接近(Milani 等,2010 年)。

可能是由于它们动力学的稳定性,Hungaria 族的小行星可能在行星诞生后就一直在现在的位置运行了。就轨道动力学,气象,和 Yarkovsky 及 YORP 效应而言,这使得该区域的小行星成为关于太阳系的形成和发展研究的重要依据。

致谢

我想在此表达对提出了宝贵建议的审评 G. Gronchi 和 C. Efthymiopoulos 表示

衷心的感谢,同时感谢阅读了原稿和提出了很多有用建议的 A. Cellino 和 Z. Kneževic'。该工作获得过塞尔维亚的科学和教育部的项目 176011 的支持。

参考文献

[1] Beaugè, C. , Roig, F. : A Semianalytical Model for the Motion of the Trojan Asteroids: Proper Elements and Families. Icarus 153,391 – 415(2001)

[2] Bien, R. , Schubart, J. : Trojan orbits in secular resonances. Celestial Mechanics 34,425 – 434(1984)

[3] Bottke, W. F. , Morbidelli, A. , Jedicke, R. , Petit, J. – M. , Levison, H. F. , Michel, P. , Metcalfe, T. S. : Debiased Orbital and Absolute Magnitude Distribution of the Near – Earth Objects. Icarus 156,399 – 433(2002)

[4] Bottke, W. F. , Vokrouhlický, D. , Rubincam, D. P. , Nesvorný, D. : The Yarkovsky and Yorp Effects: Implications for Asteroid Dynamics. Annual Review of Earth and Planetary Sciences 34,157 – 191(2006)

[5] Brasser, R. , Innanen, K. A. , Connors, M. , Veillet, C. , Wiegert, P. , Mikkola, S. , Chodas, P. W. : Transient coorbital asteroids. Icarus 171,102 – 109(2004)

[6] Brasser, R. , Wiegert, P. : Asteroids on Earth – like orbits and their origin. Monthly Notices of the Royal Astronomical Society 386,2031 – 2038(2008)

[7] Brož, M. : Yarkovsky Effect and the Dynamics of the Solar System. Ph. D. thesis, Charles University, Prague (2006)

[8] Brož, M. , Rozehnal, J. : Eurybates – the only asteroid family among Trojans. Monthly No – tices of the Royal Astronomical Society 414,565 – 574(2011)

[9] Brown, M. E. , Barkume, K. M. , Ragozzine, D. , Schaller, E. L. : A collisional family of icy objects in the Kuiper belt. Nature 446,294 – 296(2007)

[10] Campins, H. , Davis, D. R. , Weidenschilling, S. J. , Magee, M. : Searching for vulcanoids. In: Rettig, T. W. , Hahn, J. M. (eds.) Completing the Inventory of the Solar System. ASP Conf. Series, pp. 85 – 96(1996)

[11] Chesley, S. R. , Ostro, S. J. , Vokrouhlicky, D. , Capek, D. , Giorgini, J. D. , Nolan, M. C. , Mar – got, J. L. , Hine, A. A. , Benner, L. A. M. , Chamberlin, A. B. : Direct Detection of the Yar – kovsky Effect by Radar Ranging to Asteroid 6489 Golevka. Science 302,1739 – 1742, (2003)

[12] Christou, A. A. , Asher, D. J. : A long – lived horseshoe companion to the Earth. Monthly No – tices of the Royal Astronomical Society 414,2965 – 2969(2011)

[13] Connors, M. , Wiegert, P. , Veillet, C. : Earth's Trojan asteroid. Nature 475,481 – 483(2011)

[14] Ćuk, M. , Hamilton, D. P. , Holman, M. J. : Long – Term Stability of Horseshoe Orbits. Monthly Notices of the Royal Astronomical Society 426,3051 – 3056(2012)

[15] de Leòn, J. , Campins, H. , Tsiganis, K. , Morbidelli, A. , Licandro, J. : Origin of the near – Earth asteroid Phaethon and the Geminids meteor shower. Astronomy and Astrophysics 513, A26(2010)

[16] Dermott, S. F. , Murray, C. D. : The dynamics of tadpole and horseshoe orbits. Ⅰ – Theory. Ⅱ – The coorbital satellites of Saturn. Icarus 48,1 – 22(1981)

[17] Durda, D. D. , Stern, S. A. , Colwell, W. B. , Parker, J. W. , Levison, H. F. , Hassler, D. M. : A New Observational Search for Vulcanoids in SOHO/LASCO Coronagraph Images. Icarus 148,312 – 315(2000)

[18] Dvorak, R. , Schwarz, R. : On the Stability Regions of the Trojan Asteroids. Celestial and Dynamical Astronomy 92,19 – 28(2005)

[19] Dvorak, R. , Schwarz, R. , Süli, Á. , Kotoulas, T. : On the stability of the Neptune Trojans. Monthly Notices of the Royal Astronomical Society 382,1324 – 1330(2007)

[20] Elvis, M. , McDowell, J. , Hoffman, J. A. , Binzel, R. P. : Ultralow deltav objects and the hu – man exploration of asteroids. Planetary and Space Science 59 , 1408 – 1412 (2011) Efthymiopoulos, C. : Formal Integrals and Nekhoroshev Stability in a Mapping Model for the Trojan Asteroids. Celestial Mechanics and Dynamical Astronomy 92 , 29 – 52 (2005)

[21] Érdi, B. , Forgács – Dajka, E. , Nagy, I. , Rajnai, R. : A parametric study of stability and reson – ances around L4 in the elliptic restricted three body problem. Celestial Mechanics and Dynamical Astronomy 104 , 145 – 158 (2009)

[22] Evans, N. W. , Tabachnik, S. : Possible long – lived asteroid belts in the inner Solar System. Nature 399 , 41 – 43 (1999)

[23] Evans, N. W. , Tabachnik, S. : Asteroids in the inner Solar system – II. Observable properties. Monthly Notices of the Royal Astronomical Society 319 , 80 – 94 (2000)

[24] Freistetter, F. : Fuzzy characterization of near – earth – asteroids. Celestial Mechanics and Dynamical Astronomy 104 , 93 – 102 (2009)

[25] Gladman, B. , Migliorini, F. , Morbidelli, A. , Zappalà, V. , Michel, P. , Cellino, A. , Froeschlé, C. , Levison, H. , Bailey, M. , Duncan, M. : Dynamical lifetimes of objects injected into asteroid belt resonances. Science 277 , 197 – 201 (1997)

[26] Gradie, J. C. , Chapman, C. R. , Williams, J. G. : Families of minor planets. In : Gehrels, T. (ed.) Asteroids, pp. 359 – 390. University of Arizona Press (1979)

[27] Granvik, M. , Vaubaillon, J. , Jedicke, R. : The population of natural Earth satellites. Ica – rus 218 , 262 – 277 (2012)

[28] Greenstreet, S. , Ngo, H. , Gladman, B. : The orbital distribution of Near – Earth Objects inside Earth's orbit. Icarus 217 , 355 – 366 (2012a)

[29] Greenstreet, S. , Gladman, B. , Ngo, H. , Granvik, M. , Larson, S. : Production of Near – Earth Asteroids on Retrograde Orbits. The Astrophysical Journal 749 , L39 (2012b)

[30] Gronchi, G. F. , Milani, A. : Averaging on Earth – Crossing Orbits. Celestial Mechanics and Dynamical Astronomy 71 , 109 – 136 (1999)

[31] Gronchi, G. F. , Milani, A. : Proper Elements for Earth – Crossing Asteroids. Icarus 152 , 58 – 69 (2001)

[32] Harris, A. : What Spaceguard did? Nature 453 , 1178 – 1179 (2008)

[33] Helin, E. F. , Shoemaker, E. M. : Discovery of Asteroid 1976 AA. Icarus 31 , 415 – 419 (1977) Hsieh, H. H. , Jewitt, D. : A Population of Comets in the Main Asteroid Belt. Science 312 , 561 – 563 (2006)

[34] Hsieh, H. H. , 41 colleagues : Discovery of Main – belt Comet P/2006 VW139 by Pan – STARRS1. The Astrophysical Journal 748 , L15 (2012)

[35] Jewitt, D. , Li, J. : Activity in Geminid Parent (3200) Phaethon. The Astronomical Jour – nal 140 , 1519 – 1527 (2010)

[36] Knežević, Z. , Milani, A. , Farinella, P. , Froeschle, C. , Froeschle, C. : Secular resonances from 2 to 50 AU. Icarus 93 , 316 – 330 (1991)

[37] Knežević, Z. , Milani, A. : Synthetic Proper Elements for Outer Main Belt Asteroids. Celes – tial Mechanics and Dynamical Astronomy 78 , 17 – 46 (2000)

[38] Knežević, Z. , Lemaitre, A. , Milani, A. : Asteroid proper elements determination. In : Bottke, W. F. , Cellino, A. , Paolicchi, P. , Binzel, R. (eds.) Asteroids III, pp. 603 – 612. Universi – ty of Arizona Press, Tucson (2002)

[39] Kozai, Y. : Secular perturbations of asteroids with high inclination and eccentricity. The Astronomical Journal 67 , 591 – 591 (1962)

[40] Leake, M. A. , Chapman, C. R. , Weidenschilling, S. J. , Davis, D. R. , Greenberg, R. : The chro – nology of Mercury's geological and geophysical evolution – The Vulcanoid hypothesis. Icarus 71 ,350 – 375(1987)

[41] Lemaitre, A. , Morbidelli, A. : Proper elements for highly inclined asteroidal orbits. Celestial Mechanics and Dynamical Astronomy 60 ,29 – 56(1994)

[42] Levison, H. F. , Duncan, M. J. : From the Kuiper belt to Jupiter – family comets ; the spatial distribution of ecliptic comets. Icarus 127 ,13 – 32(1997)

[43] Lhotka, C. , Efthymiopoulos, C. , Dvorak, R. : Nekhoroshev stability at L4 or L5 in the ellip – tic – restricted three – body problem – application to Trojan asteroids. Monthly Notices of the Royal Astronomical Society 384 , 1165 – 1177(2008)

[44] Mainzer, A. , 36 colleagues : NEOWISE Observations of Near – Earth Objects : Preliminary Results. The Astrophysical Journal 743 ,156(2011)

[45] Mainzer, A. , 12 colleagues : Characterizing Subpopulations within the near – Earth Objects with NEOWISE ; Preliminary Results. The Astrophysical Journal 752 ,110(2012)

[46] Malhotra, R. : Orbital Resonances and Chaos in the Solar System. In : Lazzaro, D. , Vieira Martins, R. , Ferraz – Mello, S. , Fernandez, J. , Beauge, C. (eds.) Solar System Formation and Evolution. ASP Conf. Series, vol. 149 , pp. 37 – 63(1998)

[47] Michel, P. : Effects of linear secular resonances in the region of semimajor axes smaller than 2 AU. Icarus 129 , 348 – 366(1997)

[48] Michel, P. , Thomas, F. : The Kozai resonance for near – Earth asteroids with semimajor axes smaller than 2 AU. Astronomy and Astrophysics 307 ,310 – 318(1996)

[49] Michel, P. , Froeschlé, C. : The location of linear secular resonances for semimajor axes smaller than 2 AU. Icarus 128 ,230 – 240(1997)

[50] Michel, P. , Froeschlé, C. , Farinella, P. : Dynamical evolution of NEAs ; Close encounters, secular perturbations and resonances. Earth Moon Planets 72 ,151 – 164(1996)

[51] Michel, P. , Zappalà, V. , Cellino, A. , Tanga, P. : NOTE : Estimated Abundance of Atens and Asteroids Evolving on Orbits between Earth and Sun. Icarus 143 ,421 – 424 (2000a) Michel, P. , Migliorini, F. , Morbidelli, A. , Zappalà, V. : The population of Mars crossers : Classification and dynamical evolution. Icarus 145 ,332 – 347 (2000b)

[52] Migliorini, F. , Michel, P. , Morbidelli, A. , Nesvorny, D. , Zappalà, V. : Origin of multikilo – meter Earth – and Mars – crossing asteroids : A quantitative simulation. Science 281 ,2022 – 2024(1998)

[53] Mikkola, S. , Innanen, K. : A numerical exploration of the evolution of Trojan – type asteroid – al orbits. The Astronomical Journal 104 ,1641 – 1649(1992)

[54] Milani, A. : Planet Crossing Asteroids and Parallel Computing : Project Spaceguard. Celes – tial Mechanics 45 , 111 – 118(1989)

[55] Milani, A. : The Trojan asteroid belt : Proper elements, stability, chaos and families. Celes – tial Mechanics and Dynamical Astronomy 57 ,59 – 94(1993)

[56] Milani, A. , Carpino, M. , Hahn, G. , Nobili, A. M. : Dynamics of planet – crossing asteroids – Classes of orbital behavior. Icarus 78 ,212 – 269(1989)

[57] Milani, A. , Knežević, Z. : Secular perturbation theory and computation of asteroid proper elements. Celestial Mechanics and Dynamical Astronomy 49 ,347 – 411(1990)

[58] Milani, A. , Knežević, Z. : Asteroid proper elements and the dynamical structure of the aste – roid main belt. Icarus 107 ,219 – 254(1994)

[59] Milani, A. , Kneževic, Z. , Novakovic, B. , Cellino, A. : Dynamics of the Hungaria asteroids. Icarus 207, 769 – 794 (2010)

[60] Moons, M. , Morbidelli, A. : Secular resonances in mean motion commensurabilities: The 4:1, 3:1, 5:2 and 7:3 cases. Icarus 114, 33 – 50 (1995)

[61] Moons, M. , Morbidelli, A. , Migliorini, F. : Dynamical structure of the 2:1 commensurability and the origin of the resonant asteroids. Icarus 135, 458 – 468 (1998)

[62] Morais, M. H. M. , Morbidelli, A. : The Population of Near – Earth Asteroids in Coorbital Motion with the Earth. Icarus 160, 1 – 9 (2002)

[63] Morbidelli, A. : Modern celestial mechanics: aspects of solar system dynamics. Taylor and Francis, London (2002) ISBN 0415279399

[64] Morbidelli, A. , Gladman, B. : Orbital and temporal distribution of meteorites originating in the asteroid belt. Meteoritics & Planet. Sci. 33, 999 – 1016 (1998)

[65] Morbidelli, A. , Nesvorny, D. : Numerous weak resonances drive asteroids towards terrestrial planets orbits. Icarus 139, 295 – 308 (1999)

[66] Morbidelli, A. , Bottke, W. F. , Froeschlé, C. , Michel, P. : Origin and Evolution of Near – Earth Objects. In: Bottke, W. F. , Cellino, A. , Paolicchi, P. , Binzel, R. (eds.) Asteroids Ⅲ, pp. 409 – 422. University of Arizona Press, Tucson (2002)

[67] Murray, N. , Holman, M. : Diffusive chaos in the outer asteroid belt. The Astronomical Jour – nal 114, 1246 – 1252 (1997)

[68] Nesvorny, D. , Ferraz – Mello, S. : On the asteroidal population of the first – order Jovian re – sonances. Icarus 130, 247 – 258 (1997)

[69] Nesvorny, D. , Morbidelli, A. : Three – Body Mean Motion Resonances and the Chaotic Structure of the Asteroid Belt. The Astronomical Journal 116, 3029 – 3037 (1998a) Nesvorny, D. , Morbidelli, A. : An Analytic Model of Three – Body Mean Motion. Celestial Mechanics and Dynamical Astronomy 71, 243 – 271 (1998b)

[70] Nesvorny, D. , Dones, L. : How Long – Lived Are the Hypothetical Trojan Populations of Saturn, Uranus, and Neptune? Icarus 160, 271 – 288 (2002)

[71] Nesvorny, D. , Ferraz – Mello, S. , Holman, M. , Morbidelli, A. : Regular and chaotic dynamics in the mean mo – tion resonances: Implications for the structure and evolution of the aste – roid belt. In: Bottke, W. F. , Cellino, A. , Paolicchi, P. , Binzel, R. (eds.) Asteroids Ⅲ, pp. 379 – 394. University of Arizona Press, Tucson (2002)

[72] Nesvorny, D. , Jedicke, R. , Whiteley, R. J. , Ivezic, Ž. : Evidence for asteroid space weather – ing from the Sloan Digital Sky Survey. Icarus 173, 132 – 152 (2005)

[73] Novakovic, B. , Tsiganis, K. , Kneževic, Z. : Chaotic transport and chronology of complex asteroid families. Monthly Notices of the Royal Astronomical Society 402, 1263 – 1272 (2010)

[74] Novakovic, B. : Portrait of Theobalda as a young asteroid family. Monthly Notices of the Royal Astronomical So – ciety 407, 1477 – 1486 (2010)

[75] Novakovic, B. , Cellino, A. , Kneževic, Z. : Families among high – inclination asteroids. Ica – rus 216, 69 – 81 (2011)

[76] Öpik, E. J. : Interplanetary encounters – Close – range gravitational interactions. In: Kopal, Z. , Cameron, A. G. W. (eds.) Developments in Solar System and Space Science, p. 155. El – sevier, Amsterdam (1976)

[77] Rabinowitz, D. , Helin, E. , Lawrence, K. , Pravdo, S. : A reduced estimate of the number of kilometre – sized near – Earth asteroids. Nature 403, 165 – 166 (2000)

[78] Robutel, P., Gabern, F., Jorba, A.: The Observed Trojans and the Global Dynamics Around The Lagrangian Points of the Sun Jupiter System. Celestial Mechanics and Dynamical Astronomy 92, 53 – 69(2005)

[79] Rubincam, D. P.: Radiative Spin – up and Spin – down of Small Asteroids. Icarus 148, 2 – 11(2000)

[80] Schubart, J.: Three characteristic parameters of orbits of Hilda – type asteroids. Astronomy and Astrophysics 114, 200 – 204(1982)

[81] Schumacher, G., Gay, J.: An attempt to detect Vulcanoids with SOHO/LASCO images. I. Scale relativity and quantization of the solar system. Astronomy and Astrophysics 368, 1108 – 1114(2001)

[82] Schunová, E., Granvik, M., Jedicke, R., Gronchi, G., Wainscoat, R., Abe, S.: Searching for the first near – Earth object family. Icarus 220, 1050 – 1063(2012)

[83] Stacey, G. R., Connors, M.: Delta – v requirements for earth co – orbital rendezvous missions. Planetary and Space Science 57, 822 – 829(2009)

[84] Stuart, J. S., Binzel, R. P.: Bias – Corrected Population, Size Distribution, and Impact Hazard for the Near – Earth Objects. Icarus 170, 295 – 311(2004)

[85] Tabachnik, S. A., Evans, N. W.: Asteroids in the inner Solar system – I. Existence. Monthly Notices of the Royal Astronomical Society 319, 63 – 79(2000)

[86] Tancredi, G.: An Asteroid in a Earth – like Orbit. Celestial Mechanics and Dynamical As – tronomy 69, 119 – 132(1997)

[87] Taylor, P. A., 11 colleagues: Spin Rate of Asteroid (54509) 2000 PH5 Increasing Due to the YORP Effect. Science 316, 274(2007)

[88] Vokrouhlicky, D., Farinella, P., Bottke, W. F.: The Depletion of the Putative Vulcanoid Population via the Yarkovsky Effect. Icarus 148, 147 – 152(2000)

[89] Warner, B. D., Harris, A. W., Vokrouhlicky, D., Nesvorny, D., Bottke, W. F.: Analysis of the Hungaria asteroid population. Icarus 204, 172 – 182(2009)

[90] Weidenschilling, S. J.: Iron/silicate fractionation and the origin of Mercury. Icarus 35, 99 – 111(1978)

[91] Weissman, P. R., Bottke, W. F., Levison, H.: Evolution of comets into asteroids. In: Bottke, W. F., Cellino, A., Paolicchi, P., Binzel, R. (eds.) Asteroids Ⅲ, pp. 669 – 686. University of Arizona Press, Tucson(2002)

[92] Whitman, K., Morbidelli, A., Jedicke, R.: The size frequency distribution of dormant Jupi – ter family comets. Icarus 183, 101 – 114(2006)

[93] Williams, J. G.: Secular Perturbations in the Solar System. Ph. D. Thesis, University of California, Los Angeles (1969)

[94] Xu, R., Cui, P., Dong Qiao, D., Luan, E.: Design and optimization of trajectory to Near – Earth asteroid for sample return mission using gravity assists. Advances in Space Re – search 40, 200 – 225(2007)

[95] Yuasa, M.: Theory of Secular Perturbations of Asteroids Including Terms of Higher Orders and Higher Degrees. Publications of the Astronomical Society of Japan 25, 399 (1973) Zappalà, V., Bendjoya, P., Cellino, A., Farinella, P., Froeschle, C.: Asteroid families: Search of a 12, 487 – asteroid sample using two different clustering techniques. Icarus 116, 291 – 314(1995)

[96] Zappalà, V., Cellino, A., Gladman, B. J., Manley, S., Migliorini, F.: NOTE: Asteroid Show – ers on Earth after Family Breakup Events. Icarus 134, 176 – 179(1998)

[97] Zappalà, V., Cellino, A., Dell'Oro, A.: A Search for the Collisional Parent Bodies of Large NEAs. Icarus 157, 280 – 296(2002)

[98] Zhao, H., Lu, H., Zhaori, G., Yao, J., Ma, Y.: The search for vulcanoids in the 2008 total solar e – clipse. Science in China G: Physics and Astronomy 52, 1790 – 1793(2009)

第 4 章

勘探小行星资源

马丁·埃尔维斯(Martin Elvis)

哈佛 – 史密森天体物理中心,剑桥,马萨诸塞州,美国

(Harvard – Smithsonian Center for Astrophysics,Cambridge,MA,USA)

4.1 引言

开采小行星一直是科幻小说的素材,但是目前正在迅速地变成工程上可以实现的事实(http://www. planetaryresources. com,http://deepspacein – dustries. com)。在不久的将来小行星开采可能是一个利润丰厚的行业,这种观点使矿产的勘探阶段有了新的紧迫性。找到合适的小行星进行开采很可能是开发小行星资源的瓶颈。尽管近地天体(near – Earth objects,NEOs)的数量十分庞大,大约有 20000 个直径 100m 以上的近地天体(Mainzer 等,2011 年 b),还有及其大量的体积较小的近地物体,但是可能只有很少的一部分近地天体在开发的初期是有利可图的。这些宝贵的天体需要彻底地勘探才能被发现。本综述分析了近地天体勘测各个阶段的工艺水平,重点讲述远程望远镜技术,还提供了一些方案以提高建立一定工业规模的能力。

我们的目的是寻找矿石。这里我们引用定义"矿石是商业盈利的材料"(Sont- er,1997 年),不仅仅是集中在一些可开采的资源上。太空中的矿石可能是贵金属、氦 – 3、水、复杂有机物或者是其他有经济价值的物质。对于小行星来说,以上所有物质除了氦 – 3 以外都是十分充裕的,但是它们可能都没有经济价值。确定一些资源是否有潜在的价值,从而认定为矿石取决于很多因素。探测是第一步,也是在小行星群体的子集中确定存在潜在价值的资源的过程。为了判断它们是不是矿石,必须确定提取这些资源的成本。本综述只考虑那些绕太阳运转并且靠近地球轨道的近地天体,根据不恢复火箭方程(如 Elviset 等,2011 年),它们轨道的活

跃程度较好,这使它们成为小行星勘探的首选目标。如果近地天体勘探变得有利可图,那么对于数百万倍资源的主行星带的开发(4.4节)将会成为可能。

本章的很多内容依据天文学技术,因为这是一个新的、多学科交互的领域,所以它吸引了许多方面的专家,我介绍这些可能出现在天文学家面前的术语,为了让那些想深入研究的读者更容易读懂原始论文,同时也保留了专业的天文学用法。同样,为了避免和其他章节重复,加入了一些关于小行星的基本信息,这对于一些天文学家来说可能是陌生的。关于近地天体的概述可以参考 Yeomans(2013年),关于小行星属性更具技术性的概述可以参考 Bottke 等(2002a)。

在本综述中,4.2节列出了勘探存在的问题;4.3节从寻找矿石的角度概述了小行星的组成;4.4节介绍了近地天体的特性;4.5节考察了用于发现近地天体的近地天体勘测技术;4.6节介绍了远程望远特性描述;4.7节简单介绍其本地特性描述,包括近距离观测小行星和与其表面接触。最后,4.8节从实现成本和时间的角度进行了概括,并着重介绍新研究所需要的条件。在4.9节结论部分强调了为实现到达小行星进行探测、危险规避、科学研究,以及采矿等目的所采取方法的共性,这些都是未来10年里积极从事小行星勘探计划所要面对的。

4.2 勘探综述

基于我们采用的技术,勘探小行星的工作分成三个阶段:①发现足够多的样本小行星;②对小行星的远程望远特性描述具有足够的准确性,以确保能找到潜在采矿点;③通过登陆小行星对潜在采矿点本地特性描述,从而验证足够多可行的采矿点。[本地特性描述通常称为原位表征。本地资源的使用情况通常称为原位资源利用(ISRU)]。现场特征被分为"靠近"和"接触"两个阶段,每一个阶段需要不同的技术,并且变得越来越急需,而且小行星探测的范围在不断缩小。

虽然确定小行星的矿物含量是最重要的,但是其他属性对于确定矿石开采成本是否合理也很重要。例如,小行星物质的粒度和凝聚强度都会影响到开采的成本。

具体的勘探阶段如下。

(1)首次发现。近地天体必须有确定的轨道,并且轨道上的近地点用望远镜可观测到,这样才能算是一个被发现的近地天体。当轨道外推一年时,精度至少为几个角秒(天文学家采用十六进制单位表示度(°)、角分(′)和角秒(″)。$1° = 60′ = 3600″$。工程师和行星科学家倾向于使用弧度。$1″ = 4.85 \mathrm{mrad}$)。

(2)遥感特征描述。需要两个最基本的特征:光谱特征(用来确定表面矿物含量)和光度特征(用来确定自转速率和形状)。光度法一般是在普通可见光波段完成($0.4 \sim 0.9 \mu m$ 波长),而光谱法则在红外光到近红外光波段($0.8 \sim 2.5 \mu m$ 波长)有着最佳的分辨率,甚至在热红外波段($3.3 \sim 10 \mathrm{mm}$)效果更好,其原因将在

4.6 节解释。其他的表征工具包括雷达和干涉仪,它们可以直接确定小行星的尺寸。根据雅科夫斯基效应(Yarkovsky 效应,4.6.4 节),当一个近地天体与其他近地天体组成一对轨道时,通过与其他数据的组合,利用天体精确位置测定方法可测量近地天体的质量。

(3)就位特征描述。如果我们可以发射航天器到近地天体的附近(千米级距离或是接触),就能使用其他的一些强大的工具进行探测。例如,通过绕行近地天体可以测得其精确的质量,再和图像组合起来,可以测密度。可以用 X 射线和 γ 射线光谱仪来测量表面的元素构成。

4.2.1 探测范围问题

勘探近地天体需要多久?表 4.1(Beeson 等,2013 年)给出了通过遥测和本地特征的手段,在每个探测阶段发现近地天体情况的简单总结。也给出了按照每年1000 个的发现率和每年 100 的特征分析率所估计的完成每个阶段所需的年数(4.6.2.1 节)。同时,还给出了直径为 50m 和 100m 近地天体的数量。第一排从近地天体预测的总数开始(Mainzer 等,2011 年 b)。实际上 30% 直径在 100m 及以上的近地天体已经被发现,并以每年 400 个的速度增加。

表 4.1　我们想知道的是:要花多长时间,如何做的更好

探测阶段	内容	技术	完成需要年数		提高选项
			@100m	@50m	
发现	轨道,大致尺寸	基于地面的宽视野观察	20000	30	扩大立体角,收集集基于地面的区域性的观察
			80000	40	
遥测特性	精确尺寸[a]	雷达,基于地面的终端红外技术	2000	20	基于空间的终端红外探测
			8000	80	
	矿物构成[a]质量	基于地面的及红外光谱;与陨石双星系统比较,科夫斯基等	2000	20	基于地面专用的带 OH 抑制的望远镜;基于空间的 0.5m 红外光谱仪
			8000	80	
本地特性	质量,密度[b]	接近技术	200	>100	精密光度法,精密天体测量学,小飞船群
			800	>100	
	基本成分[b]	基于地面的红外光谱学;和陨石进行对比	200	>100	近日荧光 X 射线光谱联合取样
			800	>100	
a. 只有 10% 的低 $\delta-v$ 轨道;b. 只有 1% 的有低 $\delta-v$ 轨道,足够的尺寸和原矿					

对于表 4.1,假设已发现的近地天体中 10% 有理想的轨道,这样可以更好地描述小行星,这 10% 依然是理想的目标,可以用作详细的分析。很显然,这些只是在

初期说明性的数字。

10 年对于大规模采掘业来说是一个很正常的数字。目前近地天体的发现率很合理,然而用来确定尺寸和成分的特征描述率则慢了一个数量级,除非含矿的近地天体十分常见。表 4.1 的最后两列给出了一些提高发现率和特征分析率的方法,以及完成这些任务所需的年数。

4.2.2 有多少含矿的近地天体

如果含矿的近地天体很常见,那么就没有必要进行全面的搜索了。在我们完成对数量庞大的潜在开采目标的探测之前,我们还要分析多少近地天体的特征?答案将决定我们如何完成对近地天体的勘测。

我们可以把含矿的近地天体的数量量化为(Elvis,2013 年):

$$N_{ore} = P_{type} \cdot P_{rich} \cdot P_{low-\delta v} \cdot P_{eng} \cdot N(>D_{min})$$

其中,P_{type} 为小行星含有不同资源类型的概率(DeMeo 等,2009 年);P_{rich} 为这类小行星含有极其丰富的资源的概率;$P_{low-\delta v}$ 为小行星在一个极其低的 $\delta-v$ 轨道的概率;$N(>D_{min})$ 为大于阈值直径的小行星总数;D_{min} 为了确定有利润空间的资源;P_{eng} 为开采该行星的工程挑战可以被克服的概率。这个方程抓住了问题的本质,为了使计算更加精确,可以将其他因素添加进这个方程。

我们从铂族金属开始(铂族金属:Pt、Rh、Os、Ir、Pd、Re,4.3.2 节),由于运回地球后的高价值(5 万美元/kg),Kargel(1994 年)把它们鉴定为潜在的小行星矿产类型。Kargel(1994 年)研究了可能富含铂族金属的小行星碎片,根据陨石的数目进行了估算,得出镍铁(Ni – Fe)陨石类型的概率 $P_{type}=2\% \sim 5\%$。(大部分陨石是镍铁陨石,由于它们穿过地球大气层比流星更容易存留下来。)富含铱(Ir)($0.01 \sim 100(\times 10^{-6})$(百万分之一,ppm),Kargel,1994 年,图 4.1)的镍铁陨石跨度为 4 个数量级($4dex[1dex = 因数 10 = 10dB = 一个数量级]$)。铱是整个铂族金属有效的代表元素。铱最丰富的含量为 $10 \sim 100ppm$(百万分之一)。图 4.1 中曲线很陡峭,所以第二个

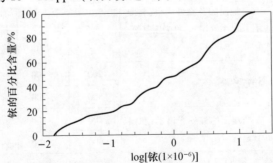

图 4.1 铱在金属类型 ⅢAB 的陨石上的累计百分比含量。
只有含量最高的 10% 有理想的铱的富含大于 10×10^{-6}
(根据表 2 的数据,Scott 和 Buchwald,1973 年)

10%的丰富性远远低于第一个10%。这条曲线因此定义$P_{rich} = 10\%$。

假定$P_{low-\delta v} = 10\%$（$\delta v < 5.5 km/s$，峰值$\delta v = 6.6 km/s$，Elvis 等，2011 年）。所以含有镍铁矿的近地天体约占总数的 0.0004，即 1/2500。但实际情况比推测情况更好，因为除了P_{rich}（以及P_{eng}）以外，其他成分可在适度的成本下通过遥测确定。从可能的小行星中找到富含铂族元素的小行星的概率为 1/10，这样是可以接受的。

含矿小行星的总数取决于D_{min}的大小，D_{min}为值得进行铂族金属资源开采的小行星的最小直径。估算D_{min}需要考虑矿产的价值。以 4000 kg/m³ 的密度计算，直径为 100 m 的小行星就有$2.09 \times 10^6 mt$（1 mt = 1000 kg）。以10×10^{-6}的含量计算，铂的含量将为 20.9 mt。如果提取这么大规模的铂取运回地球，在当前大约 5 万美元每千克的价格之下，它们的价值可以达到 10.5 亿美元。考虑到其他铂族金属，运回来的价值将增加 60% 达到 17 亿美元。较大的小行星显然更有价值。例如，一个直径为 150 m 的小行星拥有价值 57 亿美元的铂族金属矿产。

然而，较小的小行星迅速变成了较差的目标。一个直径为 50 m 的小行星含有 1/8 的铂族元素（7.8 mt），价值约为 2.2 亿美元。考虑到一开始的提取率不可能为 100%（Kargel，1994 年），还要包括现在未知的但是可能出现的开采和运输成本，直径为 100 m 的小行星似乎是一个合理的可能盈利的开始。

$N(>100)$，即直径大于 100 m 的小行星的数量大约是 20000 个（Mainzer 等，2011 年 b）。结合这些估计，大约有 8 个近地小行星可以作为铂族元素的初始开采目标。这是一个很少的数字，同时也有着相当大的不确定性。在这些小行星上铂族元素总的价值是 140 亿美元，所以是十分巨大的。最可能提高其数量的方式是提高推进力，因为$P_{low-\delta v}$随δv的增长迅速增长。

相反，如果我们的目标是矿井水，那么数量更大的含碳小行星成为开采目标，其总体占有率为$P_{type} = 25\% \sim 50\%$。陨石研究显示它们比含金属的小行星资源含量更高，含水量在 1% ～ 20% 之间。水的丰富度的分布比较难以测量。采用相同的含量$P_{rich} = 10\%$，以及相同的$P_{low-\delta v} = 10\%$，良好的水资源开采目标将有$(2.5 \sim 5) \times 10^3$个，总体占有率为 1/300。也就是说，直径超过 100 m 的 2000 个小行星中，有 60 个符合要求。

然而，D_{min}对于含水的小行星来说偏小，在小行星上每千克水的价值比地球上铂族元素的价值少 1 个数量级（10 倍），即使它在近地轨道上有双倍的价值，可能和地月轨道L_1点上的铂族元素价值相当。然而，最优目标的水资源价值超过损耗，所以直径大约在 15 m 的小行星在 20% 的含水量的情况下大约价值 17 亿美元。大约有 100 万个这样的小行星，其中含水的小行星总数为 5000 ～ 10000 个，这是一个更理想的数字，对于含水量为 1% 的小行星来说D_{min}增加到 40 m。

在以后我们也会发现，其缺点是这种体积小的近地天体比直径为 100 m 的近地天体更加难以发现和分析。虽然解决方案是可行的，但可能要考虑其他因素才会对小体积的小行星进行开发。

这里不考虑 P_{eng}，否则会很复杂且对 P_{ore} 影响很大。从很多方面考虑,水比铂族金属更有优势。开采水资源的近地天体质量越小就要求越高的 $P_{low-\delta v}$,这提高了它们的数量。开采水资源对采矿飞船的要求更低,尤其是能耗,可以减少提取成本。相比于运到地球把矿石运到高的轨道可以减少工程复杂度和能耗。高轨道的水是否有大量的市场不在讨论范围内。

有数十到数千个近地天体符合含矿近地天体的标准,也就是说具有潜在的利润。对于少量的含铂族金属矿的近地天体,需要对其直径为 100m 的小行星轨道、尺寸和构成进行全面的勘探,而对于数量较多的含水矿的近地天体则需要对其为数不多的较小的近地天体进行全面勘探。

4.3 小行星矿藏

小行星是宇宙中飞行的山。在地球上,只有一小部分的山含有矿石。可以预想,大多数的小行星也是没有商业价值的。我们需要进行大量的勘测来定位这些为数不多的含矿小行星。但许多可用的诊断学手段在寻找有用资源上都存在局限性。

为了知道小行星是否含有大量的矿石,我们需要小行星的一些参数:小行星的大小、密度、质量以及目标物质的浓度。4.4 节考虑了小行星大小、密度和质量。这里我着眼于浓度诊断方法。

4.3.1 天文以及商业准确性

我们必须清楚确定资源的手段有多大的可靠性。许多天文观测的精度一般。目前宇宙的尺度(哈勃常数)只能精确到 1/2,甚至现在能达到 5% 的精度,能够确定到约 5%(Freedman 等,2001 年)。大多数小行星的天文测量精度类似于哈勃常数的测量精度,而且像哈勃常数一样在初期测量精度较低。例如,小行星的直径通常有 1/2 的误差,所以体积有一个数量级的误差(见 4.4.3 节),不能采用净现值法(NPV)来进行估计。针对小行星进行远征采矿而制定相应的商业计划需要建立在对资源的含量良好估计的前提上。

对近地天体含矿量的评估需要采用低成本的方法。为了确保资源内容有 90% 可能性可以盈利,我们对最优估计采用 2 倍标准差(2σ)。如果近地天体的资源内容的标准差为 1/2,那么 2σ 值 4 倍低于最优估计。在第 4.2.2 节讨论的富含铂族金属的直径为 100m 的天体,最多可以得到价值 13 亿美元的矿石,而不是最优估计的 53 亿美元。投资回报率(ROI)显然受这种不确定性影响很大。

为了对采矿有利,我们需要提高测量方法的精度。

4.3.2 构成:资源集中度

小行星和陨石的组成具有多样性。确定哪些矿石可能含有高浓度资源的难度很大。

这种结构的多样性是由小行星的复杂的历史造成的。目前公认的是,小行星的前身是小原行星,被称为"星子"(半径为 10km 或者更大)。核辐射加热(最初从 ^{26}Al 衰减到 ^{26}Mg)融化较大星子的核,使得万有引力可以区分不同的元素,较重的元素尤其是亲铁元素向核聚集。亲铁元素是"喜欢铁"的元素,很容易在液态铁中溶解。包括铂族金属。具体细节比较复杂,关于铂族元素如何溶解的大量细节的模型也不完善。Yang 等人研究发现了一个模型,他发现ⅣB 型的含铁陨石中有一些铂族金属最高的陨石,形成于核半径为 70km,半径为 140km 的星子。这个核后来分崩离析为今天我们所看到的小行星。现在这依然是一个热点的研究话题。我们不知道形成了多少半径为 140km 的星子。所以我们也不知道在早期的太阳系中形成了多少高浓度铂族金属的陨石。只知道有 14 种ⅣB 陨石以及在它们撞击地球之前的轨道。(陨石公告数据库,http://www. lpi. usra. edu/meteor/metbull. php)。考虑到富含铂族金属的小行星比例很小(2% ~5%),不能保证每一个天体都位于低 ΔV 的轨道上,并在允许的成本范围内达到。

根据陨石的组成成分,主要分为三类小行星:多石的、含碳的以及含金属的小行星。多石小行星呈球粒状,例如,含有多个不同成分构成的球状颗粒块的岩石。球粒陨石可以富含金属(H),也会含很少量的金属(L)。碳质小行星含有丰富的复杂有机物和冰,尤其是水结成的冰。金属小行星含有大量的镍铁,而且重金属含量较高。

这三种原始分类映射成 24 种子类小行星(De Meo 等,2009 年)和 34 种子类陨石(Burbine 等,2002 年)。如果我们可以使它们相互匹配,那么勘探将变得相对简单。但两个系统之间的联系大多数情况下是不确定的。Burbine 等(2002 年)列出了两条建议性的小行星——陨石的联系。如果这些是正确的,那么选择 S(Ⅳ)类的小行星将会得到最高的利润(Gaffey 等,1993 年)。此外,许多差异很大的小行星在采用光谱的方法分类时是模糊的。例如,在采矿时,不能确定是否为单一类别的小行星,因为 E 型、M 型以及 P 型子类的近红外光谱都没有明显的特征,但是它们之中的一部分含有镍铁资源。反射率的测量可以区分 E 型、M 型以及 P 型子类(Thomas 等,2011 年 a)。只有高雷达反射率可以表征金属小行星表面,因为有几个成功案例(Ostro 等,1991 年),但是还不能完全令人信服(Shepard 等,2010 年)。

大多数陨石的年代未知。刚刚落下的陨石受到最小的污染或者说采用化学手段可以恢复其原始面貌。这对于挥发物质来说尤其重要。2000 年塔盖西湖的流星雨极其珍贵,因为当时是冬季,陨石掉落在冰冻的湖面,这帮助保护陨石的易挥发成分。一个可能产生新的陨石掉落的方法是,通过气象雷达定位流星雨的位置。这种方法在 2012 年萨特米尔的流星雨中被证实(Jenniskens 等,2012 年)。

　　大多数光谱对硅酸盐敏感,而对有潜在价值的元素不敏感。从采矿的角度来看,确定硅酸盐是否能充当有用元素的示踪剂很重要。在金属陨石(至少是ⅡAB,ⅣA 和ⅣB 型)中,铂族元素与其他元素相关(Morgan 等,1992 年)。然而,范围很广:相对于钯的丰富度,铂(Pt)和钌(Ru)是 1dex,铼(Re)、锇(Os)和铱(Ir)是 2 ~ 3dex。铂族金属和镍的丰富度是反相关的(Morgan 等,1992 年,图 4.2)。

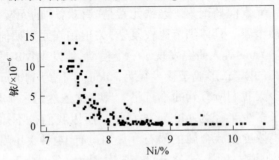

图 4.2　140 颗含金属ⅢAB 型陨石中,铱的含量与镍的含量呈反相关(源自 Scott 和 Buchwald,1973 年)

　　陨石测量中,对于铂族金属的检测很少有足够的精度。为了完成陨石工程,在南极搜索中找到的 20000 颗陨石都已经被史密森尼国家自然历史博物馆(NMNH)分类(http://geology. cwru. edu/ ~ ansmet/)。结合电子探针的 X 射线光谱分析法所得到元素富集精度只能达到几百 ×10^{-6}。然而,铂族金属有更低的富集度。由于数据的局限性,可能有大量的元素与铂族元素有着有用的相关性,这些相关性在当前数据中未曾出现。如果我们认真对待小行星采矿,利用"人类基因组"的方式来分析收集到的 45000 颗陨石样本(Grady,2000 年)使其低至 ×10^{-6},这将会很有意义。

4.3.3　从光谱诊断矿物

　　小行星不是一个完美的镜面,但对某些波长有较好的反射。反射率曲线的形状取决于表面的矿物,这可以当做判断方法。反射率曲线经常宽泛地被称为小行星光谱,然而实际上它是被太阳光谱分离后的观察光谱。我们经常使用类似于太阳的恒星的光谱而不是使用实际的太阳光谱。

　　许多小行星和陨石表现出两个大约为 1μm 和 2μm 的宽带和窄带吸收光谱。陨石的中心谱带面积可以区分两种硅酸盐,橄榄石和辉石(Dunn 等,2010 年)。这些特点在波长中心以及频带强度会发生微小改变(它们的"带面积比",Thomas 和 Binzel,2010 年),这就表明了结构的变化。各个小行星的特点均不同,所以这些频带可以将 S 型、Q 型和 V 型小行星光谱和陨石类别联系起来,因此可以得到橄榄石对辉石的比率。对于给定的小行星类型,与之对应的陨石类型范围有时候会很广(Gaffey 等,1993 年;Thomas 和 Binzel,2010 年)。

4.3.4　利用光谱探查水资源

3.1μm 的水化特性是一种有价值的探查(Nelson 等,1993 年;Vilas,1994 年)。如果寻找水或者其他挥发性物质,这将是一个很好的指示。它也可能成为丰富的铂族元素指示剂。

不过,这是有很大困难的。特征出现在短波波长末尾的 L 波段(3.2 ~ 3.8μm),它的宽度由大气传输来决定,而且 L 波段的背景受地球大气的 300K 黑体辐射和望远镜的影响很大(4.4.4 节)。基于地面的探测对除最亮的近地天体以外的物体都不可行。

除了 3.1μm 的水化特性,还可以选择处在易接近的光谱带(Vilas,1994 年)的 0.7μm 波段。这两个特征在碳质的 C 类巴士 - 狄米尔体(Howell 等,2011 年)有着良好的相关性。在 X 类星体中尽管 3.1μm 的特征很常见,但是 0.7μm 的特征是罕见的。所以 0.7μm 的特征是水合作用探查的充分但不必要条件。0.7μm 的特征在主带小行星上很常见,但是在大多数近地天体上是不常见或者微弱的,所以它在早期的开矿工作中的作用是有限的。

4.3.5　太空风化

近红外光谱只能告诉我们行星表面的矿产内容,经常是位于松散的风化层的矿产。大多数小行星很可能经历过撞击,导致原有结构损坏,重新组成新的结构。这种"园艺"进程创造了瓦砾堆小行星,从而使得表面矿物学特征可以代表整个星体。这个观点是源于对成对小行星的观察,这些成对的小行星可能是来自单个小行星的分裂,有着相似的颜色(Moskovitz,2012 年)。来自近地天体的缓慢的潮汐压力过程也可以使表面发生变化(Binzel 等,2010 年)。

小行星子类(Binzel 等,2012 年)中的一些类型是根据空间风化作用而定的(Hapke,2001 年),因为空间风化作用改变了小行星表面的矿产分布。小行星表面物质被太阳紫外光子、太阳风中的高能粒子以及来自银河系宇宙射线的高能粒子的辐射。和其他影响相比较,这些高能粒子可以改变小行星表面的矿产情况。一种可能的主要变化过程是硅酸盐颗粒上覆盖了一层纳米铁,这种不透明的纳米铁使硅酸盐失去了其原有的光谱特性,(Pieters 等,2000 年)。像月球一样,微小的陨石撞击其表面,如果它们因为撞击而暴露在空间环境当中,则挥发物会在其表面附近气化。

按照天文学的标准,太空风化是一个很迅速的过程。时间刻度小于 100 万年(Myr),和小行星在轨道上运行约 1000 万年的时间相比很短(Vernazza 等,2009 年)。然而,这并不是一个好的方法(Willman 等,2012 年;Thomas 等,2011 年 b)。

针对空间风化引起的变化所开展的研究目前正在进行,包括实验室的研究,采用激光照射陨石样本来诱发同样的效果。这些研究一旦完成可以保证我们能够从表面矿产深入到内部更大块的矿物质。

4.3.6　小行星和陨石的直接比较

将小行星和陨石矿产联系起来的最好方法是找到将要影响地球的小体积小行星。如果这些小行星在影响地球前的几天到几周内被发现,我们就可以分析它们,从而建立它们的光谱、轨道以及光曲线模型。之后,当它们的一部分以陨石的形式被发现,实验室分析的结果可以用来直接跟望远镜观测光谱比较。通过几十个样本,我们可以将一般的小行星类型与实验室的类型结构对应起来。

只有一个"死亡跳跃"的小行星按照预期被发现,即 2008 TC3 号。这个独特的例子既有空间也有实验室的测量数据,因为它的一部分碎片掉落在北苏丹沙漠(Jenniskens 等,2009 年)用第六站台流星雨来特指这次陨石碎片,因为落在火车站附近("lmahata sitta"在阿拉伯语中是第六站台的意思)。2008 TC3 直径为 1m。相似尺寸的小行星每年大约影响地球十二次(有着很大的不确定性,建立在已知的 12 次的基础上)。2/3 的碎片会落在海洋中,剩下中的一半将会落在无法恢复的地方。每年有一少部分是可以恢复的,然而,所有的陨石在进入大气层时都要被测量。正如现在已经对流星雨完成的测量一样,我们需要用飞行器对小行星进行快速成像和采集其流星轨迹,(Jenniskens,2007 年)。下一代的小行星视觉研究(4.5节)应该有能力找到这些进入大气层的近地天体。

4.4　近地天体(NEOs)

数以百万计的小行星,总质量占地球质量的 5×10^{-4}(1 地球质量 $= 5.97 \times 10^{24} kg$(Cox,1999 年)),或者说约为 $3 \times 10^{18} mt$,其位于主轨道,在火星和木星之间,在木星的引力以及主带小行星的相互干扰下而引发撞击和动态激励(Weidenschilling,2000 年)。往主带小行星发射飞行器需要更多的能量(正如测量的所得的 Δv,4.4.1 节),另外以现在的技术来讲,往返一次需要 10 年,这么长的时间,即使采矿远征已经在进行,利润回报也很不乐观。

数量更少的近地天体的轨道在某些点靠近地球轨道或者与之交叉。这些近地天体通过和火星和木星组成共振态而从主轨道分散进入这些轨道(Green - street 和 Gladman,2012 年)。在小行星再次分解之前能保持近地天体的状态达 1000 万年。很早前就有人发现,近地天体大部分是小行星,混杂着少数的休眠彗星(Jewett,2012 年)。所以"NEO"这个称呼比"NEA"更为常用。

近地天体的尘埃进入大气层,燃烧成为流星。较大的碎片落到地球上成为陨石。偶尔会有大块陨石撞击地球,如 20 世纪的 Tunguska(1908 年,如 Longo,2007

年)、Rio Curaça(1930 年,Steel,1995 年)以及 2013 年的 Chelyabinsk 等地的陨石,直径达几十米。这种危险的存在使得近地天体在作为宝贵资源的同时也令人担心。

4.4.1 近地天体的类型

近地天体定义在火星轨道上［近日点,$q < 1.3$AU(AU = 天文单元,日地平均距离 $= 149 \times 10^6$ km(Cox,1999 年))］。根据小行星的轨道,科学文献将其类型进行了细分(http://neo.jpl.nasa.gov/neo/groups.html):

(1) Amors($1.017 < q < 1.3$AU,且长半轴坐标,$a > 1$AU)正在接近地球的近地天体,这些近地天体在火星和地球轨道之间有近日点。

(2) Apollos($q < 1.017$ 且 $a > 1$AU)是下沉穿过地球轨道的近地天体。

(3) Atens(远日点,$Q > 0.983$ 且 $a < 1.0$AU)是上升穿过地球轨道的近地天体。

(4) Atiras($Q < 0.983$,且 $a < 1$AU),总是处在地球轨道的近地天体。

即使这些区别对天文辨识很有用,但是对于小行星采矿来说不是很实用。

对于采矿来说更有趣的参数,或者说飞船的运动特征,是 Δv,即能保证飞船往返于近地天体的总的速度变化。根据火箭方程,火箭必须克服其携带燃料的额外质量,微小的 Δv 的差异可以导致能够运送到 NEO 的有效载荷质量发生巨大改变。将向外的 Δv 从 6km/s 减小到 4km/s 可以使从 LEO 到 NEO 的有效负载提高为 2 倍甚至 4 倍(Elvis 等,2011 年)。因此,例如在采矿早期我们对处在 1.2AU 轨道的近地天体不是很感兴趣,因为它的 Δv 很大。因此,那些在图 4.3 中有着较小 Δv 的近地天体很重要。为了得到 Δv 的精确值,对计算的要求很高,但是这是可以实现的。人类太空飞行近地天体访问目标研究［NHATS(http://neo.jpl.nasa.gov/nhats/)］计算了数千个近地天体的 Δv。对于向外的 Δv 的最初估计可以通过最小能量哈曼转移轨道的方法计算(近地小行星的航天器交汇点的 Δv(Shoemaker 和

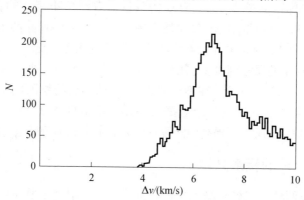

图 4.3　从 LEO 到 NEO Δv 的分布

Helin, 1978 年))。〔http://echo. jpl. nasa. gov/ ~ lance/delta_v/delta_v. rende-zvous. html)〕。

潜在危险体(PHOs),有着相当大的可能性撞击地球,更可能有低的 Δv。现在已知有 1370 个 PHO,约占 NEO 数量的 15%,但是其中的 25% 直径大于 140m。PHO 轨道必须有最小的小行星—地球轨道交叉距离,MOID < 0.05AU(= 19.6 地月距离 = 7.45 × 106km)。PHO 还必须足够大,经过巨大消损后还能落到地球上。由没有绝对视觉上的大小尺寸,H 被用来作为替代单位(4.4.4 节)。标准的 PHO 的 H 小于 22(直径大于 140m),即使更小的近地天体(直径为 40m)也能达到地球表面。基于它们的尺寸和轨道,PHO 显然也是较好的采矿对象。

4.4.2 近地小行星数量

先前,根据地面的光学观测,我们已经识别和记录了接近 10000 个近地天体(截至 2013 年 1 月 1 日)。它们的直径最大约为 50km(1036 Ganymed,H = 9.45),但大多数直径小得多,小到几米。有 5512 个 H < 22,相应的直径大约为 100m。对近地天体现有的调查是不完全的,对于较小的近地天体这种不完全性变得更糟。Mainzer 等(2011 年 b)发现约有 80% 的直径在 100 ~ 300m 之间的近地天体还未被发现,已经发现了 2700 颗。

当前的近地天体调查发现率约为每年 1000 个。例如,2012 年发现了 987 个 NEO,其中有 398 个 H < 22。它们大致分成 Apollos 和 Amors 两类,只有 6% 属于 Atens(基于小行星中心统计数据)。

NEOWISE 探测计划与"选择功能"的调查做比较,将发现一个较为可靠的近地天体的预测总数,直径小于 100m 的小行星数量为 20500 ± 3000(Mainzer 等,2011 年 b)。这大约是先前估计的 1/4(Bottke 等,2002 年 b)。这是一个重要的参考数字,因为直径小于 100m 的小行星在当前的任务成本下不太可能有利益价值(4.2.2 节)。许多直径小于 100m 的 NEO 确实存在。在以 lg10(NEO 数量)与 lg10(直径)为坐标轴的散点图上,NEO 的数量沿着斜率小于 2 的直线变化($N \propto D - \alpha$,幂 $\alpha = -2$)。因此给定的尺寸是大多数近地天体的尺寸的 10 倍到 100 倍。这个斜率预示着有大约 80000 个直径大于 50m 的近地天体。更小的小行星很难直接被发现,但是在很小的尺寸刻度上(几米),近地天体的数量根据在大气层火球出现率来确定(Brown 等,2002 年)。在不久的将来,月球影响的检测可能会为更小的大约只有 1kg 的小行星提供另外一个数据点(Suggs 等,2008 年)。有两个低质量的点可以确定曲线的斜率,所以可提高中间段直径为数十米的小行星数量的估计精度。

4.4.3 近地天体的辐射光线

小行星通过两种方式被观测到。它们所反射的太阳光主要在可见光以及近红外光谱段(0.5 ~ 3μm)。没被反射的太阳光被小行星吸收,使得其表面被加热,从而在红外波段产生再辐射。对于近地天体来说,这个黑体辐射大概在3μm的波长段。

基于可见光所导出的小行星尺寸是取决于入射太阳光被反射的比例,称为NEO的反射率(或反射系数)(Albedo在拉丁语中的意思是"白")。大多数小行星是黑体,反射极少的入射太阳光线。因此热红外方法主要依赖于NEO的尺寸,而可见光方法依赖于反射率。几何学的反射率 p_V,是在相位角为零时测得反射率。球面反射率 A_B,是入射光能量在表面的反射比例。它是在所有相位角测量结果的平均值(Harris和Lagerros,2002年)。NEO球面反射率跨度为5,$A_B = 0.05 \sim 0.25$。如果不考虑其他影响因素,根据可见光方法测得的尺寸有 $1/\sqrt{5}$ 不确定度,体积有1/11的不确定度。这个不确定度水平对采矿目标来说是不能接受的。幸运的是,子类的反射率有着更窄的分布,对于S类大概为1/1.4(Thomas等,2011年a;Mainzer等,2012年)。可见光手段是最具技术发展潜力的,可以在地球上很好的实施,也比其他方法成本低,所以易于大范围使用。

大多数的近地天体距离太阳只有1AU,再以一个和地球温度相似的(约300K)均匀黑体辐射的形式释放其吸收的太阳能(K是开尔文。开尔文温标和摄氏温标的刻度相同,只是开始于热力学零度,而不是冰点。因此0K = -273.15℃。开尔文广泛应用于天文学,而摄氏度常用在陨石学)。温度为300K的黑体的辐射在10μm波段达到峰值,在5~50μm的范围内都很强。这个波段被称作"热红外"(起这个名字是因为在地球上的常温的物体在这个波段辐射值最大)。这个温度远低于大多数行星、银河系或者其他的天体(作为对比,太阳表面温度为6430K(Cox,1999年),这对于天文物理学来说已经足够热。温度为6000K的黑体在大约0.6μm波段达到辐射峰值,正好处在可见光范围,在此处地球大气透射率很高)。所以近地天体在热红外或中红外波段中非常明显。

如果物体的表面温度已知,观察到的变化可以确定辐射区域也就是直径。得到表面温度至少需要两个波长,最好更多。根据尺寸和 H 的量级可以导出反射率。小行星表面的热运动使计算变得简单有效。一旦行星表面不被太阳直射,就会辐射热红外,因为它和周围的环境失去了平衡。同理,在夏天的晚上,即使没有太阳光,人行道依然很热。这些辐射提高了近地天体表面温度。精细的热物理学模型可以将这种因素考虑得很周全(Mueller等,2011年)。近地小行星热模型(NEATM,Harris,1998年)常用来做为计算方法。

近地天体的热辐射波长落在干净、宽阔(8~13μm)的N带大气透过窗口中。然而,由于这个温度和地球相近,大气层以及望远镜自身,包括镜片在热红外波段的辐射很强烈。这种普遍存在的辐射造成了强烈的干扰背景从而使得从地球观察时的精度降低。

但热红外的研究在技术上更具挑战性。为了使灵敏度提高,需要克服地球的热背景,所以最好使用空间望远镜,这成本比光学观测高得多,我们不需要测量所有的近地天体的尺寸。如果近地天体可以通过视觉观察发现,那么热红外方法可以留作对有潜力的小行星群体进行"遥测特征"(4.6节)测定。

4.4.4 近地天体的大小和质量

大多数情况下,近地天体的大小根据绝对视觉量级来估计。绝对星等指的是对所有位于同样距离和处在同样光照强度下的物体的通用规模。观察到的量级与NEA的距离有关,以及是不是在充分光照条件下观察的,或者是不是在良好的相位角下观察的。充分的光照,像满月一样,相位角为0,半月的相位角为0.5°。绝对星等适用于所有的小行星,包括近地天体,是 H 量级(H 量级和红外天文学家使用的光度 H 带(1.6μm)不同(Zombeck,2007年)(4.6.4.2节))。

H 量级理论上是可以测量的,距离太阳1AU以及距离望远镜1AU,在0相位角观察(如充分光照(http://www.iau.org/public/nea/))。H 量级只是一个概念参考量级,太阳系的几何尺寸决定了我们看不到这种近地天体。要想真正实现观测,必须在太阳表面放置望远镜。幸运的是,它可以通过其他几何尺寸量级直接推导出来,从而得到 H 量级。

H 在 Johnson/Cousins 的 V 带量级中被定义(Bessel,2005年)。V 带以0.55μm波长为中心,跨度为0.09μm带宽。由于人眼的敏感波长范围是0.5~0.6nm,V 带在我们视觉敏感区内。由于不同的小行星、恒星以及银河系,有着不同的光谱形状,利用处在中心波段的波长可以区分不同的星级。

亮度的天文量级是用对数表示的。这么做是因为人眼也是按照对数规律对亮度进行响应的。缩小星级来匹配最初用肉眼观测的 Greek/Hellenistic 星级(Pogson,1857年),在其天文学著作中写的那样,此后一直被沿用(约150CE)(天文学中充满了古老的单位和刻度。由于它们的便利性,大部分被保留下来,天文学中单位的多样性使其不是普遍适用的。所以,这种单位混用有时也会带来不便),因此:

$$V = -2.5\lg[f(\text{star})/f(0)]$$

大的星级对应小的通量。第六级恒星(肉眼观测能力有限)比第一级恒星(天空中最亮的几颗星之一)微弱1%。流量减少1/10对应 H 增加2.5个量级。$f(0)$ 是零点通量,在 V 带定义为 3.67×10^{-23} W/m² · Hz(Zombeck,2007年)。

相位角为0.5°的球面体比相位角为0的微弱约10倍,亮度则为1/2,与我们设想的不同(Clark等,1998年)。这个陡峭的相位曲线是由于几何结构造成的,几何形状使得近地行星上某些区域光照较少,其原因有三种可能:①表面与太阳的夹角为锐角;②在阴面;③对可见光反向散射度很高(Hapke,1990年)。

H 量级的小行星直径(km)以及几何反射率 p_V 的关系如下(Harris,1997年):

$$\log D = 3.1236 - 0.5\lg p_V - 0.2H$$

或者

$$D = 1329 p_V^{-0.5} 10^{-H/5}$$

注意:当1AU的近地天体的相位为0.5时,$V=24.5$,意味着 $H=22$。对于反射率为 0.25 和 0.05 的小行星，$H = 22$ 对应的直径分别为 110m 和 240m（源自 ht-tp://neo. jpl. nasa. gov/glossary/h. html）。

近地天体的尺寸可以用热红外数据来测量，比可见光数据精度更高，这是因为前者有较低的反射率。令 A_B 从 0.05 变为 0.25，只需近地天体黑体辐射从 95% 变为 75%，而尺寸估计值改变了 20%。这给我们一个更能接受的体积范围，有着 1/1.7 的误差。如果我们用遥测手段得到近地天体的尺寸，热红外是最好的波段选择。

近地天体的大小只能粗略地估计质量。小行星的密度有一定的范围，而且经常会有很大一部分是空的。空洞所占的比例常被称作多孔性。最大的（直径大于 300km）小行星有着较低的多孔性（≤0.1）。较小的小行星的多孔性分布较宽，从 0.1~0.5，或者也有 0.7 的可能（Baer 和 Matson，2011 年）。所以即使尺寸测量的很准确，质量也会有 1/3~1/2 的不确定性。高多孔性小行星极有可能是毁灭性撞击造成的。对于直径为 100m 的小行星多孔性几乎没有研究，但是可推测出它们有较高的多孔性。

近地天体的质量最终由其组成物质的密度决定。小行星密度由陨石样本推测得到。纯的镍铁密度为 7.3~7.7g/cm³，陨石中常见的硅酸盐、辉石和橄榄石的密度为 3.2~4.37g/cm³，黏土的密度为 2.2~2.6g/cm³（Britt 等，2002 年）。密度跨度为 3.5。光谱学，或者说可见光光度测定法，对小行星物质分类的可靠性较高（4.6.1.1 节，4.6.2 节）。除此之外，陨石表现出来微多孔性，降低了它们的密度（Britt 等，2002 年）。一个二元法（4.6.1.2 节）或者测量 Yarkovsky 效应（4.5.4.3 节）对少数的近地天体是可行的，但是并不能全部适用，近地天体的现场特性的测量精度需要达到商业精度（4.7 节）。

4.4.5 近地天体轨道

所有闭合的轨道都是椭圆形的，我们用 6 个参数来描述其特征（表 4.2）。三个描述轨道形状（a, e, i），三个描述轨道相位（Ω, ω）和对象相位（M）（http://www. lns. cornell. edu/ ~seb/celestia/orbitalparameters. html）。

表 4.2　椭圆轨道的 6 个参数

轨道参数	符号	含义
长半轴	a	两个椭圆轴中较长的轴
椭圆率偏心率	e	椭圆偏离圆的程度 $e = \sqrt{[1-(b^2/a^2)]}$，其中 b 是椭圆短半轴。对于椭圆，$0 < e < 1$
夹角	i	相对于地球轨道平面（黄道面）的夹角
升高点黄经	Ω	近地天体向北穿过黄道平面的夹角，由阿瑞斯的第一点测量，在太阳向北移动时黄道与天球赤道的交叉点
近心点角	ω	从升交点到近心点的夹角，是最靠近太阳的点，从近地天体轨道测量
平均近点角	M	轨道上的角位置对象，依赖于时间

发现近地天体需要良好的轨道测定。轨道测定可以精确预测近地天体再次出现的位置,近地天体能被观测到的时间很短。实际上,对近地天体的轨道进行数十年预测是可能的(大多数情况下),可以通过直径为 1~2m 的大地望远镜这种常规手段实现的(4.4.1.2 节),这是很常见也很廉价的方式。

轨道参数的计算由国际天文联合会(IAU)小行星中心(MPC)来完成(MPC 座落在哈佛 - 史密松天体物理中心为天文物理学(作者的工作机构)http://www.minorplanetcenter.org)。MPC 赋值了一个对数的不确定度 U 为 0~9,对于 10 年以后小行星位置的不确定度(http://www.minorplanetcenter.net/iau/info/UValue.html)。例如,不确定度值为 6($U=6$)对应着一个 10 年后 2.08°的不确定度。很难被再次发现。后续的望远镜的成像要求 $U \leqslant 5$,即在一年之后小于 2′。光谱学要求 $U \leqslant 2$,即一年后小于 2″。实际上,75%的近地天体 $U < 2$(图 4.4)。

U 是强大的置信区间,对应为 3σ 不确定度,所以 99.7%的可能性小行星会出现在预测的位置半径内。MPC 和 NASA - JPL 在"地平线"位置依次提供了近地天体的空间位置以及时间(星历表)。提高推导轨道的算法精度,可以用来计算不同资源的不确定度,不同数据资源的相关误差的计算也可以进一步改善(Baer 和 Matson,2011 年)。

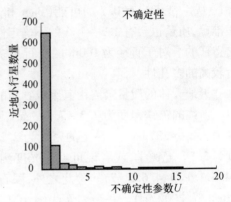

图 4.4 对于近地天体轨道不确定性

4.5 近地天体的发现

近地天体的发现需要用望远镜进行地观测。基于地面的观测在可见光带,而基于空间的观测采用热红外频带。为了更有效地利用观测时间,望远镜的视野越大越好。通过这种方式,每次曝光可以捕获最大数量的近地天体。

单次曝光时间只有几分钟,由于近地天体从背景恒星附近穿过的速度很快,会在持续的曝光中留下一条细长的图像。尽管这个形状可以直接辨别移动的物体,但是由于信号分布在许多像素点上导致了分辨率降低。

没有图像是完美的,小瑕疵是因为宇宙射线进入相机造成的,产生一个表面框架而在下一张就消失了。为了减少这种情况,对于背向恒星移动的物体,近地天体观测一般要求 3~5 个一排的探测点。

这一节首先描述了基于地面的现在和将来的勘测方法,然后介绍了基于空间的现在和可能将来的勘测方法。

4.5.1 近地天体基于地面的光学观测

基于地面的勘测只有在可见光波段可行,这是因为大型可见光探测器阵列的成本是可以接受的,此外可见光本身对大气层的高穿透率和在可见光波段的低背景噪声等具有优势。

基于地面勘测固有的局限性,其只能观测到望远镜所在的半球(南半球或者北半球)。所以,任何时间覆盖整个天空至少需要一对望远镜。持续10年或者更长时间的观测可以捕获大多数的小行星且不止一次的出现,由于它们的轨道倾角,以及地球的黄道倾角,98%的已知的近地天体以10年的间隔扫过半球。

4.5.1.1 汇合时间问题

最易接近的近地天体是那些轨道最像地球的天体,根据 a、e 和 i(表 4.2,Elvis 等,2011 年)。因为这些近地天体可能有些时段轨道靠近地球轨道,所以要么慢慢赶上,或者慢慢落下。这使得它们再度相遇(它们的会合周期)的时间很长。在一些情况下,也会导致很多次连续地相遇。相遇周期也可能会是数十年,时长为十年的观测可能会丢失那些移动较慢的近地天体(Vereš 等,2009 年)。这些近地天体有效地"躲在太阳背后",使得我们从地球上无法观测到。

4.5.1.2 望远镜

望远镜的特征主要由主镜的直径来描述[主镜的直径也称作望远镜的孔径],因为它决定望远镜聚集光线的数量。随着主镜直径的变大望远镜的成本迅速升高。基于地面的望远镜较小的直径约为 1m,对于业余爱好者来说足够便宜;2~4m 孔径的望远镜则是一个巨大的投资(一所大学里可能会有一个);继续增大,6~10m 孔径的望远镜,每一个都在重大国际项目当中。新一代的 20~40m 的望远镜正在设计建造,在 21 世纪 20 年代能投入使用(三个项目是:ELT(极大望远镜):www.eso.org/public/teles-instr/e-elt.html;GMT(巨型麦哲伦望远镜):www.gmto.org/;以及 TMT(30m 望远镜):www.tmt.org)。不同类型的视野范围的望远镜(一些达到 40 平方度)用来对天空做基于地面的研究。这些望远镜的主镜在 0.5~1.2m 范围内,它们经常是施密特设计类型(Schroeder,1999 年)。

基于地面的观测只能在晚上进行。任何物体在被发现时与地球距离接近或者超过 1AU[确切地讲,超过地球当前与太阳的距离,因为地球轨道是一个轻微的椭圆,距离范围为 $147 \times 10^6 km \sim 152 \times 10^6 km$(Cox,1999 年)]。位于 1AU 附近的物体,除非离得很近,将会在午夜的地平线附近出现,或者在黎明或者黄昏的天空中央出现。注意到靠近地平线包括穿过一层大气("空气质量"),这通过散射和吸收减小了物体光线的通量("消失"),由于大气湍流("视觉")造成图像质量变差,这进一步地降低了灵敏度。实际上,观察角度不会超过 60° 左右。在这个角度,空气质量(天顶角)约为 2s。晨昏光出现在日落后或者日出前的时段,此时天空对于实施敏感的观察来说太亮了,它被定义为太阳在地平线以下18°的时刻。这个约束,加上空气质量约束意味着对太阳方向最近的地面观测角度为48°。太阳距角是来自太阳的物体在地球上观察时的角度。实际上,大多数的近地天体的太阳距角大于60°(Larson,2007年)。

基于地面的观测会被天气干扰,在接近满月时敏感性会降低。一个月有近一周的时间被满月遮挡,剩下365天中75%的夜晚。即使在最好的观测位置,也会有20%的夜晚被差的天气占据。由于设备和望远镜的维修和失效,其他的损失一般占5%。在最好的情况下,基于地面的望远镜一年能有效地工作210天。穿过银河系的小行星在一个大致的±10°的天空范围内很难被发现,不同季节会引起发现率的变化。

4.5.1.3 主要的近地天体的调查

表4.3列出了主要的近地天体的研究。注意观测集中在北半球。所有的都是采用可见光手段的观测结果。这些研究成为直径大于1km($H < 17.5$)的近地天体的有效的普查(Harris,2008年)(http://neo.jpl.nasa.gov/stats/)。这些调查由NASA根据乔治·E·布朗的授权设立。这项决定的目的在于防范那些可能对地球造成危险影响的大型近地天体。它们一起组成空间保护项目。

表4.3 基于地面的近地天体的研究

调查	地点	望远镜	主镜/m	观测区域,区域/夜晚(平方度)	限制级5σ,曝光	操作者
林肯近地小行星研究LINEAR(http://www.ll.mit.edu/mission/space/linear/)	美国新墨西哥州白沙(+33°)	GEODSSa	1.0	2	$V = 19.5$	林肯实验室
卡特琳娜巡天系统CSS(http://www.lpl.arizona.edu/css/css_facilities.html)	美国亚利桑那州毕格罗山(+32°)	卡特琳娜·施密特	0.7	8.2[19.4[b]]~800	$V = 20.5$(1min)	亚利桑那州大学[c]
澳洲赛丁泉天文台SSS	澳大利亚新南威尔士库纳巴拉布兰(−31°)	施密特乌普萨拉	0.5	4.2	$V = 19 \sim 20$(1min)	赛丁泉天文台
泛星计划1ePS−1(http://panstarrs.ifa.hawaii.edu/public/)	美国夏威夷毛伊岛哈雷阿卡拉(+21°)	PS−1	1.8	7.0	$V = 24$	夏威夷大学[d]

（续）

调查	地点	望远镜	主镜/m	观测区域,区域/夜晚（平方度）	限制级5σ,曝光	操作者
帕洛玛瞬态厂[e] PTF (http://www.astro.caltech.edu/ptf/)	美国加利福尼亚帕洛马尔山（+33°）	施密特 Os-chin	1.2	7.8 [40[b]]	$V = 20.5$ (1min)	加州理工学院[d]
在建的小行星陆地影响最后的警报系统 ATLAS (http://www.fallingstar.com/technical.php)	夏威夷或美国亚利桑那州	在相距100km的两个地方	0.25×4	40 20000	$V \approx 19.1$	夏威夷大学[d]
大口径综合巡天望远镜[e] LSST (http://www.lsst.org/lsst/science/development)	智利塞罗帕琼（-30°）	LSST	8.4	9.6	$V = 23$ (15s)	LSST 团体
Pan – STARRS – 2[e]	美国夏威夷毛伊岛哈雷阿卡拉（+21°）	PS – 2	1.8	7.0	$V = 23$ (15s)	夏威夷大学[d]

a. 基于地面的光电深太空监测；b. 当升级时；c. 通过史都华天文台月球和行星实验室（LPL）（Larson 等，2001 年）；d. 以团体形式；e. 小行星探测与其他项目共享这些设施

习惯上用宽光度滤波器来定义带宽。这些滤波器一般具有宽度 $\delta\lambda$，约为波长 λ 的 1/10，所以有 $\delta\lambda/\lambda \sim 10$。例如，常用的 V 带滤波器的中心波长为 0.55 μm，宽度为 0.09 μm。主要使用两个滤波器。传统的 Johnson/Cousins 级系统有 U、B、V、R、I 型滤波器（中心波长分别为 0.36 μm、0.45 μm、0.55 μm、0.66 μm 和 0.81 μm）。针对斯隆数字巡天计划（SDSS）定义了一个新的系统（Fukugita 等，1996 年）：u'、g'、r'、I'、z'（中心频率分别为 0.36 μm、0.48 μm、0.62 μm、0.76 μm 和 0.91 μm）。为了减少天空的背景噪声，SDSS 滤波器要谨慎选择。Larson（2006 年）提供了一份对旧的研究方法的总结。对近地小行星的发现做出最大贡献的三个研究是 LINEAR、CSS 和 SSS。这三个研究分别改变了未充分利用的望远镜的使用方式，从而来适应预算。

LINEAR 计划从 1998 年到 2004 年主导近地天体的发现，之后是 CSS。2012 年开始，CSS 的升级建设，由 NASA 资助，并将于 2013 年末完工。Catalina Schmidt 的视场将会提高 2 倍以上，达到 19.4 平方度。1.5m 的 CSS 视场也将被提高到 5 平方度，有着限制级 $V = 21.5$（Christensen 等，2012 年）。

天文学家对瞬变时间产生了新的兴趣，如超新星，因此产生了两个广域测量设施泛星计划（PS－1）和帕洛玛瞬态厂（PTF）。原则上讲，这两个计划对小行星探测来说都很有推动作用，但是都不是专门为了这次项任务而设计的。对于"帕洛玛瞬态厂2"升级的特殊基金计划应该将 Oschin Schmidt 的视场提高到满40平方度（4.4.1.4节）。2012年。开始计划实施两个新的、完全不同的研究，以促进寻找近地天体：

（1）小行星影响地球最后预警系统（ATLAS）将会把全球的小型望远镜组成阵列，这样可以提前一个月预警直径为300m的近地天体，提前一周预警直径为50m的近地天体（Tonry，2009年，2011年；Jedicke 等，2012年）。ATLAS 设计用来在每个夜晚扫描整个可能的天空。2012年发放 NASA 的基金，详细的设计还正在开展。

（2）大口径巡天望远镜（LSST）也是设计用来在每个夜晚观测整个可能的天空（南半球），但是比 ATLAS 更深度，是 SDSS 的5倍带宽，加上新的 Y 带（在 $1.04\mu m$，宽为 $0.15\mu m$，Hillenbrand 等，2002年）。最初的科学目的是寻找瞬态物体，NEO 是其中一个子类。最基本的计划是每天晚上产生两张天空的全景图。这些图像将持续暴光 15s 以防止模糊（Ivezič 等，2011年）。LSST 将会在 2018 年投入使用。

4.5.2　近地天体基于空间的观测

基于空间的望远镜观测相比基于地面的观测克服了许多局限性。空间望远镜可以根据任务设计成最佳的波长。空间望远镜已经利用这个特点工作在 X 射线、紫外线、远红外波段，以及近－中红外波段，大气层对此波段有良好的透过率，产生强烈的背景。能在不受来自望远镜本身同波段的强辐射影响的情况下进行热红外观测，这是天基观测的一大优势。

黄道光（Pater 和 Lisauer，2001年，第9章）是一个在热红外波段达到峰值的背景。Zodi（正如它通常的称呼一样）是在太阳系内部温度和近地天体相似的尘埃微粒，所以现在依然存在于宇宙空间。这些微粒在椭圆平面集中。这意味着低 i 的近地天体更趋向于低的 $\delta-v$，也是受其影响最大的。黄道的光线差不多和银河系一样亮。银河系是另外一个空间背景，并集中靠近它的平面（大约 $\pm 10°$，更趋于银河系中心，约占20%的天空）。

利用空间观测以提高的视觉几何结构精度。如果没有大气层对光线的散射，望远镜可以距离月球或者太阳更近。空间望远镜可以轻松地沿着地球—太阳切线方向观察（太阳伸长率＝90°）。太阳伸长角固定在 90°（一般 $\pm 20°$）允许飞船有固定的太阳面板，降低成本。如果望远镜装备了遮挡板，太阳伸长角可以小到 40°。

在空间有两个主要的限制灵敏度的因素：一个是飞船本身散射的太阳光到达望远镜焦点处的采集设备，因为飞船必须工作在一定的温度范围下；另一个是热约束。超过一定温度范围会使望远镜镜片扭曲，改进电子线路，或者提高探头背景，将会减小近地天体探测中的信噪比。

在大多数的低地球轨道(LEOs),地球阻挡了大部分天空位置从而使得近地天体有一大半时间是观测不到的。但是有些轨道几乎是两极的轨道(倾角约99°),处在地球白天/夜晚的结束时段。利用这个终结轨道,当每个轨道进入持续的观察状态,望远镜垂直于太阳进行环形扫描。

4.5.2.1　WISE:广角红外探测望远镜

NASA WISE 计划在 UCLA 和 Caltech/JPL 之外实行,在终结轨道进行一年的全天空观测,采用四个热红外波段:3.4μm、4.6μm、8μm 和 22μm。这是 NASA 的探索类任务,是最小的任务类型(Elvis 等,2009 年),采用 40cm 的望远镜。一开始先用固态氢把设备降温至 12K 以下。WISE 的视场大概为 47×47 弧分(0.6 平方度)。WISE 现在已经用完冷冻剂,升温至 180K。由于缺少继续运行的资金,该计划现在被迫暂停,若投入新的资金,WISE 可以继续工作在两个最短的波段。

NEOWISE 工程对 WISE 数据进行了再处理,找到了 500 颗近地天体(Mainzner 等,2011 年 b,2012 年)。寻找移动的物体需要新的、适合的软件,因为 WISE 数据还原路径是针对天空中固定不变的、遥远的物体所设计的。探测器的工件,尤其是那些被宇宙射线穿过探测器而产生的工件,使得对移动物体的探测成为特殊的课题。由 NEOWISE 找到的最小的近地天体的直径为 100m。NEOWISE 测量的尺寸与直接雷达测量的尺寸相比有较好的一致性(Mainzer 等,2011 年 a)。

4.5.2.2　潜在的热红外空间探测

虽然地球轨道望远镜远比地球上的望远镜有效,但若仅限制在地球轨道,很难发现太阳方向的近地天体,如早期的 Atens 和 Atiras。而两个采用太阳轨道的望远镜解决了这个问题。

SENTINEL(http://b612foundation.org. 这个名字不是首字母缩写)采用激进的方法。SENTINEL 计划将放置一个热红外(5~10μm)望远镜在类似于金星(0.7AU)的轨道上。它指向 0.5m 的望远镜外壳,在任意时刻能扫描大约 1/3 的 1AU 轨道。由于金星和 SENTINEL 一样绕太阳公转的周期为 7 个月,这保证了不管近地天体有多长的周期,都能迅速观察到。此外,在接近零相位角处观察所有的近地天体会稍微明亮些。在其 5.5 年的任务期间,SENTINEL 可以探测 90% 到直径为 100m 的近地天体,对于直径为 50m 的近地天体来说也有很可观的探测比例。通信将成为一个巨大的挑战。SENTINEL 与地球的距离(0.3~1.7AU)限制了遥测成功率。即使 NASA 将会建设深宇宙通信网络接收数据,全帧图像也不能传到地球来分析。因此加强本地数据处理对探测移动的物体来说很有必要,包括近地天体。只有小的 NEO 的图片可以传回。B612 基金使用慈善基金为 SENTINEL 计划追加资金。

NEOCam(http://neocam.ipac.caltech.edu/)采取另外一个措施来避免地球轨

道问题。即在日地 L_1 拉格朗日点放置一个 0.5m 的望远镜,约在太阳方向离地球 106km(约 0.01AU)(http://www.esa.int/esaSC/SEMM17XJD1E_index_0.html)。 这个拉格朗日点需要较小的 Δv,该方案比 SENTINEL 的成本低。此外,望远镜不 需要任何制冷剂就可以冷冻至 30K 来维持其寿命(Mainzer,2006 年)(即被动降 温)。NEOCam 计划最小可以达到 40° 的太阳伸长角,扩大到 1AU 的轨道,即使处 于小伸长角的近地天体比 SENTINEL 更远,也将会从交叉的相位角观察。L_1 点的 另一个优点是它离地球足够近,允许有很高的数据回传率,所以可以通过地面数据 处理的方法来选择近地天体。这将提高发现小行星的可靠性。NEOCam 从两个波 段设计测量,$5\mu m$ 和 $10\mu m$,同时可以测量温度,相比于推测值,尺寸精度将会更 高。在一个四年的计划中,NEOCam 可以发现 2/3 的近地天体直径大于 140m。 NEOCam 两次提议成为 NASA 的发现项目,在 2010 年获得技术发展项目资助(Mc-Murty 等,2013 年)。

4.6　远程望远镜的特性描述

现有的探测小行星特性的天文技术构成一座金字塔,或者"婚礼蛋糕",从可 以广泛应用于数以千计的小行星、但只返回有关小行星的适量信息的低成本的方 法,到可以应用于越来越少的 NEOs 的、成本越来越高的方法。

不仅仅是简单的探测和轨道测定,任何更详细的特性描述都需要收集更多的 光子。这是有影响的。更多的观测时间,或更大的主镜,或两者都需要。这意味着 和可以被检测到的小行星的数量相比,只有极少量的小行星可以被表征。到目前 为止,通过地面设备已经实现了大多数特性描述。基于空间的设施将开发新的可 能的特征描述方法。

光谱的分辨能力 $R = \lambda/\Delta\lambda$。其中 $\Delta\lambda$ 是最小的解析光谱接收器的宽度,λ 是 接收器的中心波长。光谱是表现小行星特性的物理量,它的分辨能力 $R \approx 100$。根 据光学天文学标准这是非常低的分辨率(通常能够达到几千的数值,$R = 100000$ 是 非常有可能的。只有分辨率较低,需要的光子较少,相比更高分辨率才有优势)。 光度测定的频段甚至有更低的分辨率 $R \approx 10$。为了使 10 个接收器获取同样的信 噪比,在整个 10% 宽带中每 1% 宽带需要 10 倍的光子用于简单的检测。要将特性 描述的设备从 $a \approx 1m$ 移到 $a \approx 3m$ 的天文望远镜处。然而,近红外波段具有较高的 背景噪声,从而降低信噪比,一旦准确地知道小行星的轨道,就能解决这个问题,用 望远镜可跟踪观察它的路径。这将使交互作用时间从几分钟增加到 1h 或更长时 间。在这么长的交互时间里,用 3m 天文望远镜可以观测并描述出很多小行星的 特性。

在以下各小节中,将逐层对这个问题进行阐述,从各种形式的光度,最简单的 技术,上升到光谱技术。最后简要展望未来空间的发展前景。

4.6.1　光度学

4.6.1.1　颜色

在天文学中,两个光度学波段之间的"颜色"是有量级的区别的。按照颜色区别可得到波谱形状的简视图。1985 年 ECAS,Zellner 等的"八色小行星调查"表明了小行星的光学宽波段光度测量的特征数值(4.5.1.3 节)。通过这些数据,1989 年 Tholen 建立了小行星类型的分类。2001 年 Ivezić等人表明如果光度学误差很小,正如 2010 年 Carvano 等发现的在 SDSS 中一样只有 3%,只使用 4 个 SDSS 波段就可以把小行星划分为几个子类。这样我们就能首先对小行星进行粗略的分类。例如,可以通过合理的可靠性区分 S 型小行星和 C 或者 D 型小行星。但 SDSS 光度测定不适合更精细的粒状类型的小行星分类,如区分 E、M、P 型的小行星。

4.6.1.2　光的可变性

根据小行星亮度的时间系列数据确定它们的旋转周期和纵横比。这些被天文学家称为"光曲线"。通过光曲线的形状发现了一段重复的时间。对于一个对称的整体来说,整个时间是重复时间的 2 倍。光曲线的振幅大致体现了小行星的纵横比。

小行星旋转周期的范围从几分钟或者更短到大约 10h 或者更长。只有较小的行星自旋周期短于 1h。2000 年 Pravec 和 Harris 发现小行星若自转速率较快将使它们表面松散的风化层离心脱离。这种由于自转而分离的现象很好地证明了较小的行星是一个整体,而较大的行星是碎石堆积成的。$H < 20$ 的小行星很少具有低于几个小时的自旋周期。2000 年,Rubincam 指出这可能因为它们很容易受 YORP 效应(Yarkovsky – O'Keefe – Radzievskii – Paddack)的影响而自转增快。应考虑到在这之前可能看到微弱缓慢的旋转体。

如果发现小行星是一个双星,可通过光曲线的遮蔽部分观测到,然后可以使用开普勒定律确定该双星的两个组成块。目前只观测到约 15% 的小行星是双星。然而,我们对双星系统中较小、较暗的天体的敏感能力不佳。开普勒证明的高精度测光法(详见 4.6.4 节)也许能找到双星的高级碎片。这就能低成本地测定许多其他的小行星块。

2011 年 Hanuš 和 Ďurke 提出,如果光曲线样本每周期至少变相 10 次,高精度(1% ~ 3%)地跨越大量的旋转周期,就可以使用层析成像技术确定小行星整体的形态。2012 年 Bartczak 和 Marciniak 指出,尤其是较小的小行星,不总是围绕着它们的一个主轴旋转。这些不围绕主轴转(NPA)的转子或滚筒,目前每次旋转都展现给我们其不同的表面部分。因而能够通过层析技术更好地重建旋转体的三维形状。较新的数据分析技术,如遗传算法,能够提取越来越多的结构信息。可以通过雷达、自适应光学和干涉图像对得到的结构进行核查,或者在少数情况下,或是原位探测器的图像可以验证这个技术。

4.6.1.3 设备

一个1m天文望远镜通过SDSS波段的光度测量,每年可以把几百个小行星分为S或C类型。在小行星的量值上,光度测量的曝光时间是相当短的。一个1m望远镜1min(http://www.noao.edu/gateway/ccdtime/)应达到每10σ的$V = 21$,这是准确的检测,5min内能满足3%的精度要求,但是1h就能满足1%的精度要求。

一些天文台有部分专用于小行星光度测量的天文望远镜,如表4.4所列。这些望远镜大部分在单一的宽光学波段测量光曲线,不能获得多波段数据来为小行星分类。

表4.4 基于地面的特性描述设备

天文台	位置	望远镜直径/m	性能
NASA红外望远镜设备(IRTF)	莫纳克亚山,夏威夷	3.0	光学近红外光谱分析(0.8~2.5μm)
帕洛马鸿沟天文台(PDO)	科罗拉多	$3 \times 0.35, 1 \times 0.5$	光度测量(光曲线的1波段)
帕洛马	帕洛马山,加利福尼亚	$1 \times 1.5, 1 \times 5.0$	光度测量(颜色)光谱(光学近红外光谱)
拉斯维加斯蒙特雷山观测站全球望远镜网络(LCOGT)	全球各地	$2 \times 2.0, 1 \times 1.0, N \times 0.4$	光度测量(颜色或光曲线)
卡塔利娜天空调查(CSS)	雷门山,亚利桑那州	$N \times 1.0$	轨道天体测量学
纳格拉	亚利桑那州	1×0.81	光度测量(颜色或光曲线)

加利福尼亚的帕默鸿沟天文台(The Palmer Divide Observatory,PDO)专用于小行星的特性描述。虽然形式上是业余的,但PDO达到了专业标准,目前是小行星光曲线的最主要来源。PDO已经发现了十多个双星的小行星,并获得了美国国家航空航天局、美国国家科学基金会和行星协会的资助。

帕洛马瞬态厂(The Palomar Transient Factory,PTF)合并了帕洛马山较大的1.5m的P60(60英寸,1英寸 = 2.54cm)和5m的P200(200英寸)望远镜,形成新的系统。这引起了后续的迅速发展。P60采用图像来获得多色的光度测量,而较大的P200配备有"三倍规格"的1~2.4μm的近红外光谱仪。

拉斯维加斯蒙特雷山观测站全球望远镜网络(LCOGT)总部设在加利福尼亚州戈利塔。它正在建立全球范围的望远镜网络,可以连续检测夜空中的任何东西。对合作的机构开放观测时间。

2012年Christensen表示,卡塔利娜天空调查(CSS)正在升级其1m的望远镜。

他们的主要任务是为 CSS 的发现确定更准确的轨道。他们也可能使用该设备测量光曲线。

纳格拉天文台是一个私人拥有的设施。他们以 200 美元/h 出售观测时间。2005 年 Bessel 指出,纳格拉的二代望远镜是 0.81m 的,配备有带 Johnson/Cousins UBVRI 过滤器的 CCD 图像。可以使用由客户提供的专用过滤器。可以用这一设备测量光曲线和光谱。

4.6.2 光学近红外光谱

2009 年 De Meo 等指出,使用分辨率 $R \approx 100$ 跨越近红外 $0.5 \sim 2.2\mu m$ 波段的光谱,按常规把小行星分成 DeMeo 总线类。其特征的吸收功能很弱,在其波长范围内只有 $1\% \sim 5\%$ 的通量。因此精确测量这些特征需要每像素 $S/N > 10$ 的高信噪比光谱。

基于地面的近红外光谱有两个限制。大多数情况下只能获取小行星的一个光谱,所以不知道它们的表面是否含有各种矿物质。

更使人焦虑的是,2012 年 Moskovitz 等提出反复观察同一个小行星,却发现不同的光谱形状,这样根据观察就会把小行星划分不同的类。高强度的变数,地球上近红外的阴影和缺乏优越的特性校正标准星,导致了这种分类的不确定性。单谱分类在许多科学上都有用途,因为大样本平均下来只有小错误。但深入的探测要求各个小行星具有更多的确定性。表面成分不确定性意味着一次既定探测将需要更多的潜在目标,这样可能代价高昂。

4.6.2.1 设备

近红外光谱仪的敏感性限制了利用分光设备描述小行星特性的速度。例如,为了每年获取 2000 个小行星的光谱,在每个可用的夜晚平均将需要收集 10 个光谱。在平均 10h 的夜间要求 45min 的曝光时间,再加上每个光谱需要的 15min 必要校正数据的时间(实际上是同精确测量过光谱的"标准小行星"的主要光谱比较)。这是专用望远镜良好的使用状态。

近红外光谱技术正在进行最大项目是 MIT – UH – IRTF 合作的近地轨道光谱探察活动(http://smass.mit.edu/minus.html)。这项调查在夏威夷莫纳克亚山使用 NASA,在 3.3m 红外望远镜设备上使用 SpeX 摄谱仪。2011 年 5 月至 2012 年 5 月,这个项目在 19 个夜晚获得了 84 颗小行星的光谱。虽然这个速度大大超出 10 年前的,但它只发现了 10% 的新的小行星速度(http://irtfweb.ifa.hawaii.edu/ ~ spex/)。2006 年 Binzel 等人表明,SpeX 可以获取微小到 $V \approx 17.5$ 的目标。大多数是 $H < 15$ 的较大行星的 SpeX 谱。曝光 30min ~ 1h 是正常的,因为它要追踪向着其阴影部分反方向移动的小行星。

然而,大部分小行星种群位于 SpeX 摄谱仪不能获取信息的地方。如图 4.5 所示,探测到大多数小行星的 $V \approx 18 \sim 21.5$。2013 年 Beeson 表明,在 SpeX 摄谱仪的限制范围内,30%的小行星能达到比 $V = 17.5$ 更明亮的程度。

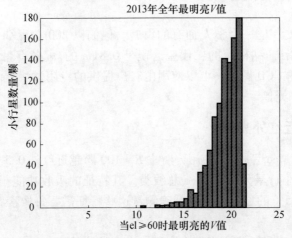

图 4.5　2013 年所有可见小行星的最明亮的 V 值

　　较大天文望远镜配备的新近红外光谱仪能获得微小行星的光谱。例如,2010年 Simcoe 等使用的 6.5m 麦哲伦望远镜上的火光仪器,也就是端口可折叠的近红外光谱仪,经 2012 年 Moskovitz 等人实验分析,在一个小时曝光中可以获得一个小行星 $V = 20$ 的亮度。在此限制下,96% 新发现的小行星是可以到达的。然而大型望远镜在很大程度上未能满足他们可用观测时间的需求,而且联合团体经营的方式使观测小行星的时间非常少。

　　暗弱近地小行星的另一个好处是,望远镜可以提前设定好观测计划,而不必在几天内快速响应。这是因为一半的小行星在三个月以上保持大于 $V = 20$ 的亮度,相比同一时期仅 15% 的小行星保持大于 $V = 17.5$ 的亮度,如图 4.6 所示,图上的

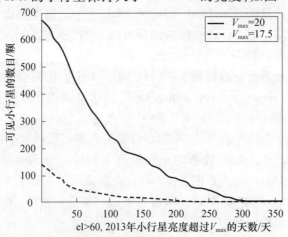

图 4.6　$V < 17.5$(IRTF 的 SpeX 观测)和 $V < 20$(Magellan 的
FIRE 观测)的超过 N 天可见小行星的数目

数字由 2011 年 11 月 1 日至 2012 年 11 月 1 日 MPC 统计获得。这减少了发现小行星后对其光谱分析的时间。为了提高灵敏度,可以把观测小行星的日子安排在远离满月。

达到更高灵敏度的另一个途径是近红外光谱的新技术,2008 年,Ellis 和 Bland - Hawthorn 指出,要使灵敏度极大增加,原则上要通过减少近红外天空阴影的方法。这个阴影主要来源于大气中较高的羟基原子 OH 产生的数百到数千的辐射谱线。

这些线条不仅极其明亮,而且它们每小时和每分钟都是可变的,这会导致使用附近校准星变得复杂。如果可以移除这些辐射谱线,阴影将能减少 $20 \sim 30$dB,相当于 $5 \sim 7.5$ 量值。这样 1m 的望远镜就可以和 10m 的望远镜一样敏感。因为 OH 辐射谱线在波长小于 0.1nm 时极其狭窄,有可能在不降低来自小行星的信号的前提下,有选择地移除这些光谱晶片。随着研究的发展,FIRE 有 $R \sim 6000$ 的分辨能力,这样可以消除数百的 OH 辐射谱线。2012 年 Sullivan 和 Simcoe 报告发现了可观的 20dB 的增益,但由于不能全部了解,其他阴影成分变得更重要了。如何抑制 OH 辐射谱线是目前一个热门的研究领域,主要是因为它对宇宙学研究的重要性。未来几年我们期望有实质性的进步。

4.6.3 基于地面的热红外光度学和光谱学

从地面上看,大气有三个热红外透明窗口:$5\mu m$ 的 M 波段,$8 \sim 13\mu m$ 的 N 波段和 $20\mu m$ 的 Q 波段。到目前为止最宽和最透明的是 N 波段,因而该波段是最敏感的。N 波段成像测量出小行星尺寸。为了测量温度,需要 $R \sim 10$ 跨越 $5\mu m$ 宽的 N 波段。Vernazza 等 2010 年人揭示了小行星表面组成和 $R \sim 30$ 时形成的灰尘大小分布的详细信息。但是几乎没有 NEO 与地球的距离足够近,来使保证地面热红外观测的有效性,因此这项技术的使用也受到了限制。

4.6.4 其他特性描述技术

4.6.4.1 雷达

雷达可以测量小行星的精确轨道,形状和自转轴。最好的雷达数据能达到几米的有效分辨率。然而,即使通过世界上最大的雷达台,雷达只能获取靠近 $0.05 \sim 0.1$AU 范围内的极少数小行星的信息(http://echo.jpl.nasa.gov/ ~ lance/snr/far_asnr18.gif)。因此,正如 2011 年 Mainzer 等和 2012 年 Howell 等指出,对于大量的小行星特性描述,雷达不能成为其他方法的校正工具。70m 的 Goldstone 和 300m 的 Arecibo 台是雷达天文学使用的主要设施。需要高功率发射机,因为发射出去的信号到它返回地球的时候会被削弱到 $1/r^4$,其中 $1/r^2$ 是在发射的途中损耗的,另外 $1/r^2$ 在返回的途中损耗的。Arecibo 使用 1MW 发射机,使燃料成本成为了一个重要因素。为使传播距离提高 2 倍,功率要提高 16 倍,这就会带来大问题。美国国家航空航天局资助 Arecibo 和 Goldstone 的雷达工作,每年支持 $20 \sim 30$ 颗小行星的研究,在 2012 年燃料成本节约的情况下仍研究了 80 颗小行星(http://neo. jpl. nasa. gov/neo/2011_AG5_LN_intro_wksp. pdf,slide 20)。

4.6.4.2　光和红外线干涉

原则上说,另一种测量小行星尺寸的方法是干涉,干涉就是通过组合几个来自较小望远镜的信号,重建满足单个大型望远镜分辨率的图像。望远镜的最大角分辨率受到固定波长衍射的影响。较大孔径产生固定波长的清晰图像,较短的波长为固定的孔径大小产生清晰图像。干涉测量中,当两个距离较远的小型望远镜对某个区域进行扫描来回相位扫描时,它们的光线会发生干涉。使用多个望远镜可以实现图像在其分辨率下的重建,这样单个大型望远镜提供的图像和几个分离的小望远镜提供的图像是一样的。这种技术一直以来在无线电通信中使用。NRAO 的 Jansky Very Large Array(JVLA)是第一个这种类型的仪器(https://science. nrao. edu/facilities/vla)。它有长达 27km 的天线。

对于光学短波或红外天文领域,干涉测量本质上更加难以实施。加州威尔逊山的 CHARA 和欧州南方天文台(ESO)的大型望远镜干涉仪(VLTI)是在可见光和红外两个波段的工作的干涉。VLTI 中央红外干涉仪(MIDI)(http://www. eso. org/sci/facilities/paranal/instruments/midi/),可产生 N 波段 20 毫角秒分辨率的热红外图像,工作波段约为哈勃空间望远镜的 10 倍,但在 0.1AU 仍然只有约 1.5km 的分辨率,比雷达差一些。VLTI - MIDI 只能拍摄特殊的小行星,即仅限于比 $V \approx 14$ 明亮的小行星(每 11.8μm1Jansky(天体射电流密度单位),2009 年 Delbo 等和 2011 年 Matter 等发现)。

在近红外(1 ~ 2μm),VLTI - AMBER(天文多波束合成器)仪器有 2 毫角秒分辨率,在 0.1AU 下具有 144m 分辨率,仍然比雷达差。然而,AMBER 只能达到 1.6μmH 为 8 的量级,这里不是第 4.4.3 节中讨论的绝对的 H 量级。CHARA 有一台类似的仪器,配有系数为 2 的更好分辨率,应该很快能升级达到 $H \sim 10$。马格达莱纳岭天文台干涉仪(MRO - I)有望比 VLTI - AMBER 灵敏五个量级,观测到更多的小行星(http://www. mro. nmt. edu/about - mro/interfe - rometer - mroi/)。MRO - I 的第一次观测取决于是否有足够的资金。

4.6.4.3　天体测量

天体测量就是精确测量天空中物体的位置。由于"雅科夫斯基效应"(Yarkovsky 效应),小行星轨道参数不断发生微小变化。在这个影响下,小行星的旋转会导致其黑体辐射,强力地远离零太阳延长线,产生微小的净力(Yarkovsky,1901 年)。由于 Yarkovsky 效应,小行星半主轴 a 的变化只有 10^{-4}AU/Myr(~5mm/s)。然而,其影响已经通过精确的雷达测量进行确认了(Chesley 等,2003 年)。要预测小行星几十年后的位置,需要测量这个量级的轨道变化。大多数小行星很小,较小行星较大的面积和质量比率使 Yarkovsky 效应对它们的影响更重要。如果它们是快速旋转体,将会消除热差异。大多数的小行星很小,计算它们轨道中的 Yark-ovsky 效应是再次找到它们的关键。如果看到较大的轨道变化,就像挥发性物质的质量损失,这表明存在另一个力,对于非常小的行星来说是太阳辐射压力。

原则上,如果小行星的大小、形状和热导率是已知的,可以用 Yarkovsky 效应的大小计算小行星的质量。但通过这个技术进行大量小行星质量的测量前景看来较差。十年的期限内,一般的天体测量很少检测到这种效果。2012 年 Nugent 等在 1250 个小行星中仅仅检测出 54 个的 Yarkovsky 效应。欧州航天局(ESA)的 Gaia 任务是通过天文望远镜获得等同于一个 0.5m 直径的镜面的几毫角秒位置(ht-tp://sci. esa. int/science – e/www/object/index. cfm? fobjectid = 40129)。即便如此,2011 年 Mouret 和 Mignard 发现 Gaia 仅可以测量少量小行星的雅可夫斯基漂移。必须采用昂贵的、一次性的专门设备来测量近地小行星的质量(参见 4.7 节),除非探测目标是数量较少的双星(4.6.1.2 节)。然而,Pan – STARRs 对近地小行星位置的测量通常能够获得 1dex 的精度提升。LSST 确保能够在此基础上获得 1dex 的进一步提升。在此精度基础上,与其他观测数据相结合,通过近地小行星的天文测量可以获得对质量较好估计。这对于小行星资源开发时一个重要收获。

4.6.5 基于空间的特性描述

基于空间的观测有以下七个主要的优势:

(1)在地球大气层外的 $0.9 \sim 2\mu m$ 范围内(4.5.2 节),激烈、多变、OH 放射线的环境不再干扰观测数据。

(2)使望远镜和仪器降温至小于 40K,可以消除所有 $10\mu m$ 以内波长的热阴影。小阴影给灵敏度和测量速度带来极大的变化。NEOWISE 检测小行星的速度(4.4.2.1 节)比 8m 的 Gemini 望远镜速度快了 300 倍。

(3)单个探测器可以捕获整个 $0.5 \sim 10\mu m$ 的光谱范围,没有大气感应的间隙。我们已经开发优质的能够覆盖这个范围的检测器,用于小行星计算机辅助(McMurty 等,2013 年)。

(4)当太阳光照以及发射纬度不再是问题时,会有更多的近地小行星可以一次探测到。

(5)与地面的天气无关,所有的时间是夜间时间,满月已经不重要,这些都提高了观测效率。

(6)在某些配置下可能进行长时间连续的观测。连续观测有助于测量光曲线下的形状。

(7)在太空可进行高精度光度测量。美国国家航空航天局通过 0.5m 的开普勒望远镜测量 13 级大的行星(Koch 等,2010 年),表明空间天文台可以获得 0.01% 误差的测量精度,比地面的光度测量好 100 倍。甚至 15cm 的 MOST 卫星就

可以达到 200×10^{-6},尽管探测目标是 1 等星 Procyon(Walker 等,2013 年)。原则上说,一次空间任务通过光学光度测量可以获得小行星详细形貌,并找到微小的双星同伴(4.6.1.2 节)。

4.7 局部特征

勘探小行星对资源进行详细分析需要远不止天文学为基础的技术。如果在前面的章节中描述的遥感特性的所有序列能够完成的话,我们将会知道以当前的火箭运载能力可以完成对哪些近地小行星的探测,以及哪些近地小行星可能含有丰富的挥发性物质或是有价值的矿产资源。而这些远程获得的资源预测的准确性是评判天文数字准确性的唯一标准。

为了降低任务风险,对目标行星的资源准确评估是很有必要的,为了做到这一点,在采矿作业开始之前,必须测量近地天体。

行星科学任务的技术贡献巨大。这是一个大课题,其中包括 NASA、ESA 和日本宇宙航空研究开发机构(JAXA)的探测任务,这些探测任务中需要考虑潜在的相关技术,本节只给出一个简单的概述。

这里有几个关键点值得强调:

(1)航天器只能访问约 20000 近地天体中的一小部分直径小于 100m 的近地天体。为了能够更好的选择他们,必须采用所有的远程表征技术。

(2)质量是远程表征中缺少的一个重要的要素。除了双子星,质量需要由机器人飞船采用跟踪遥感术进行本地测量(Kistler 等,2010 年)。

(3)其他几种测量方法需要近距离接触。X 射线和 γ 射线光谱可以检测到表面的资源,光学成像可以测量密度。

(4)接触式测量可以提供资源的直接样本。钻孔可以获得数米深度的资源,这里没有经过空间风化和气体侵蚀。

4.7.1 小行星的任务

在 1000km 范围内只有 3 个飞船任务访问过小行星。

(1)NEAR/Shoemaker(NASA)是第一个送入小行星轨道的航天器,其于 1999 年被送入 433 爱神小行星的轨道,该小行星是一个 33km × 18km 的 S 型阿莫尔小行星,航天器于 2000 年着陆 433 爱神表面(http://science.nasa.gov/missions/near/)。

(2)Hayabusa(JAXA)于 2005 年附着在 25143 小行星(一个 500m × 294m × 209m,S 型,Apollo 类),并将 1mg 表面风化层的试样带回了地球(http://www.jspec.jaxa.jp/e/activity/hayabusa.html)。

(3)DAWN(NASA)于 2011 年访问了 4 灶神星(一个直径为 525km 的主带小

行星)目前正在赶往谷神星 1 号(最大,950km 直径,主带小行星)的途中(http://dawn. jpl. nasa. gov/)。

以下 3 个新的任务正在开发中。

(1) NASA 正在建设源光谱释义资源安全风化层辨认探测器(OSIRIS - REx)任务,这是为了能于 2016 年发射 C 型小行星 1999 RQ36(493m 直径,C 型,Apollo 类)。若发射成功,它将返回 60g 或者更多的表面风化层在 2023 年带回地球(http://o sirisrex. lpl. arizona. edu)。

(2) JAXA 正在研制 Haybusa Ⅱ并于 2014 年发射,它的目的是在 2020 年从 1999JU3 小行星(直径大约 900m,C 型,"阿波罗")返回样品(http://www. jspec. jaxa. jp/e/a ctivity /hayabu sa2. html)。

(3) ESA 正在研究另一个采样返回任务 Marco Polo - R,该任务的目标是双子星 2008 EV5(主直径 1.6km,二级直径 400m,大概 C 型,Apollo,de León et al,2011 年)。然而该任务尚未被批准(https://www. oca. eu/MarcoPolo - R/)。

4.7.2 检测

OSIRIS - REx 任务搭载的仪器是相当全面的,提供了用于判断什么是当前可用工具的合适底线(http://osiris - rex. lpl. arizona. edu/sites/osirisrex. lpl. Arizona. edu/files/pdfs/OSIRIS_REx_infosheet. pdf)。这些仪器分为两类:一类是在小行星表面以上几百米附近运作的仪器;另一类是那些需要与小行星表面接触的仪器。

4.7.2.1   用于附近探测的仪器

OSIRIS - REx 任务的有效载荷包括类似于远程应用的光学/红外成像和光谱仪器(OCAMS,OVIRS,OTES)。它们的优势在小行星表面上空数百米制作高分辨率的地形地图并揭示其成分的不均匀性。三维表面模型可以利用摄影测量技术从多角度和光线条件利用组合图像来实现(Gaskell,2012 年)。

其他 OSIRIS - REx 任务的仪器只能在本地使用。航天器的多普勒无线电跟踪能确定 NEO 的质量和粗略的质量分布,(Takashima 和 Scheeres,2012 年)。激光高度计 OLA 可以提供测距、地形和纹理数据。REXIS 使用映射元素的丰度 X 射线成像光谱仪在 0.5 ~7keV(1keV 对应于 1.25nm 的波长)X 射线探测器探测敏感的碳(0.3keV)和铂(约12keV)线,这些都是 REXIS 测不出来的,但都是可行的(Kraft 等,2012 年)。伽玛射线谱仪用于 NEAR/Shoemaker 和 Dawn(GRS,Trombka 等,1997 年),但不包括在"源光谱释义资源安全风化层辨认探测器"项目中,GRS 对在 0.2 ~10MeV 带和测定同位素比率以及元素组成比较敏感。γ 射线仪器有最小的成像分辨率,这一点只有在目标 NEO 不均匀的情况下才重要。如果是这种情况的话我们是不知道的。

4.7.2.2   用于接触探测的仪器

对近地小行星的着陆探测带动了进一步的技术发展。NASA 发射的深度撞击任务从远处对坦普尔 1 号彗星(A'Hearn 等,2004 年)进行撞击,可用于测量小行星表面强度(http://www. nasa. gov/mission_pages/deepimpact/main/index. html) 。撞击可以穿透足够的深度,到达发挥物存在的位置,冲击造成的汽化物质可以就近或通过遥感进行分析。

降落在小行星表面后,可以进行更加细致的观测。Hayabusa 最初携带了一个 NASA 提供的小型巡视车(1kg),MUSES – CN。尽管它的尺寸比较小,但携带了多谱段成像仪、红外光谱仪和 α/X 射线谱仪。然而,MUSES – CN 任务后来被取消了。火星科学实验室携带的巡视车"好奇号"上科学仪器(Grotzinger 等,2012 年)体现了接触式仪器的功效。其成本和质量阻碍了发射多个备份仪器套件。激光创建的等离子体通过光谱学可以探测毫米大小的区域的组合物,如 ChemCam 仪器(Maurice 等,2005 年)(http://www. msl – chemcam. com)。SAM 仪器(Mahaffy 等,2009 年)有一台质谱仪可以进行详细的分子分析,但该仪器的机械结构很复杂(http://msl – scicorner. jpl. nasa. gov/Instruments/SAM/) 。

钻取一个岩心试样需要航天器牢固的附着在近地天体的表面,对于风化层或碎石桩较深的表面,牢固的附着可能是有问题的。

4.7.3 多个小任务的需求

如果考虑这些已经有完整的遥感特征数据的小行星作为开采对象,那么只能知道它们资源丰富程度参差不齐。

为了找到资源最丰富的前十大 NEO,需要进行必要的计算和搜索。快速找到目标 NEO 的概率可能不会很大。因为根据二维正态分布,每 10 次搜索尝试至少找到 1 颗排名前十的 NEO 的概率仅为 65% (见 Bevington PR 和 Robinson K,1992年,数据处理和误差分析的物理科学,McGraw – Hill,国际标准书号 0 – 07 – 91 1243 – 9,第 2 章,式(2.4)) 。为了将这一概率提高到 90% ,至少需要作出 22 次搜索尝试(找到一颗次优 NEO 的概率为 66%) 。为了将这一概率提高到 99% ,至少需要作出 44 次搜索尝试。所以至少需要对 24 ~ 48 颗目标进行搜索,才有较大的可能找到一个含矿的小行星。

在两个候选小行星之间往返的需要约一年时间,由单个探测器串行完成对几十颗小行星的探测将花费很长的时间。因此可以考虑由多个探测器组成一个探测器群来并行开展探测。

为了寻找合适的小行星所花费的代价,应控制潜在资源价值总量的 10% 左右。以 4.3.1 节中提到的百米直径、PGM 含量丰富的 NEO 为例,其资源总价值约为 50 亿美元,那么搜索目标小行星的探测成本应为 5 亿美元左右。这意味着需要采用更廉价、更小型化的探测器。

用于搜索小行星的小型探测器的成本将比 OSIRIS – REx 项目少得多。一次"新疆界"级别深空任务的花费约为 8 亿美元,且不含发射(Lauretta 等,2012 年)。

小行星资源搜索机器人不需要取样返回,这样可以大大降低成本。如果不需要和 NEO 着陆就可以完成资源数据采集,那么任务的复杂度可以进一步降低。尽管如此,小型探测器仍然是必须的。

小型化的需求已经得到了公认,是 Arkyd 卫星系列行星资源正在开发的目标之一,而且是来自深空工业的以"宁静号""立方体卫星"为基础的。第一次发射(至近地轨道)在 2015 年。为了保证宇宙飞船的体积足够小,需要对最小化仪器包进行定义。这可以限于无线电跟踪和光学成像系统。对于勘探,最高优先级的仪器则是 X 射线成像光谱仪。

星际飞船主要有两大挑战:推进和通信。推进可通过单芯片火箭技术实现,如微流体电动力(MEP)系统(Mueller 等,1997 年),通过太阳能来提供动力。虽然太阳供电目前更胜一筹,但放射性同位素动力调谐热光伏系统(RTPV,Howe 等,2012 年)是最佳的解决方案,可提供更高的功率。

以天文单位为传输距离的无线电通信设备要求具备高功率发射机和大型天线(口径大于 34m)。例如,NASA 的深空测控网为了收集弱信号(http://deepspace. jpl. nasa. gov/dsn)均采用了大口径天线。可以通过建立"太阳系互联网"来解决这一问题。该互联网由一系列围绕太阳运行的小行星作为转发器(Elvis、Landau 等,2012 年)。另一个解决方法是天线组阵技术(http://www. ska. ac. za/download/fact_sheet_skaint_eng_2011. pdf)。这项技术可以一次跟踪多个探测器。而且在目标价值为十亿美元的每平方千米的阵列中,作为一个高度模块化的技术,100m 直径的天线仅占整个区域的 1%,其花费应为 1000 万美元左右。更深入的研究(Jones 2005)表明,一个具有 X 波段通信能力的系统花费约在 3000 ~ 4000 万美元之间。这一费用要比单天线系统高。

激光通信提供了另一种可供选择的通信方式,且只需要中度口径的望远镜作为地面站。但仍然需要指向太阳附近,这就可能导致高背景噪声。幸运的是,窄带激光技术大大缓解这一问题。选择太阳光谱吸收带的波长(很可能是 Na 的 H + K(589. 29nm)谱线或 Hα(656. 28nm)谱线)可以进一步帮助解决问题。新研发的光学筛分技术将提供一个轻质量的大型光学镜面,为小卫星传输星间激光信号(FalconSAT - 7: http://www. usafa. edu/df/dfe/dfer/centers/lorc/docs/FalconSAT077. pdf)。用于光通信的最大困难可能在于对地亚角秒指向稳定度的实现。

4.8 实现

小行星勘测项目如何才能最好地实行? 之前综述的焦点主要集中在技术上,并没有太多考虑成本,现在必须考虑经济成本和耗时。

首先需要增加地基小行星光谱表征率,保持每年 1000 个的小行星发现频率。

假设将该比率加倍,达到每年 2000 个,那么在十年内就可以鉴定 20000 个直径大于 100m 的小行星。这当然会受到小行星会合周期的限制。

然而,当前所有设计的大型望远镜都是用来进行天文研究。它们可用的观测时间已被超额占用了 3 倍以上,获得大量的观测时间几乎不可能(http://www. gemini. edu/sciops/statistics? q = node/11676)。

4.8.1 成本

每年获取 2000 个小行星光谱的最直接的方法是重建一个新的大型望远镜。10m 的凯克望远镜花费 1 亿美元(Stepp 等,2002 年)。而使用 10m SALT(非洲南部大望远镜[http://www. salt. ac. za/])的设计可以提供一个更加实惠的实现途径,专注小行星地表表征的设备。包括成像仪和摄谱仪,建造 SALT 的花费在 3000 万美元(2000 年)以下(P. Charles,2012 年)。这种简化设计使用球形、模块化、光学和固定仰角。然而,运动的卫星会导致孔径无法充分利用。这个结论是从类似于 SALT 低成本的霍比·埃伯利望远镜导出的(http://www. as. utexas. edu/mcdonald/het/het. html)。

替代办法是像一些小行星勘察所做到的那样,重新部署旧的望远镜。相比建设一个新的望远镜,这可能更快且更便宜。随着近几年几个主要望远镜的拨款资助在逐步减少,重新部署利用成为一种可用的策略。如正在出售的 4m 的英国红外望远镜(UKIRT)(http://www. jach. hawaii. edu/UKIRT/news/UKIRT_AO/Prospectus. pdf)。UKIRT 每年的运行花费是 123. 8 万美元。此外,它很可能还需要一个新的摄谱仪来勘测小行星表征。同样,由美国全国科学基金会在 2012 年审查的基于地面天文设施运行报告中提到,国家科学基金将会把几个中到大口径光学—近红外望远镜从自身剥离开来,甚至有两个主要的射电望远镜,包括直径达 100 米绿岸望远镜(GBT),该望远镜可以用于雷达(http://www. nsf. gov/mps/ast/portfolioreview/reports/ast_portfolio_review_report. pdf)。

如上文所述,远程表征最好从空间中完成。在空间获取小行星表征的主要限制是在可负担得起的成本条件下获得足够大小的镜像。斯皮策红外空间望远镜有一个 0. 85m 的主镜(美国国家航空航天局的最好的天文台之一),花费 7. 2 亿美元(2004 年)。光学开普勒任务有一个 0. 5m 的主镜,包括 3. 5 年的运行成本一共花费为 5 亿美元。WISE 探测器花费了 3. 2 亿美元。

当前提议的近地天体照相机任务是属于"发现类"的任务,适合 US $425 M4. 25 亿美元以内的花费,当然不包括发射的成本(http://discovery. nasa. gov/p_mission. cfml)。加强型的近地天体照相机,可以携带一个 0. 5 ~ 10μm 的光谱仪,可能的话也需要有足够高的时间分辨率来产生精确的光曲线。通过这项任务,几乎可以完全解决远程表征问题。

4.8.2 耗时

我们完成 20000 颗直径大于 100m 的小行星的表征测量需要多久？如果现在就开始进行,远程表征阶段可能在十年内能够基本上完成。

当然,最快的方法是重新部署 UKIRT 计划来对小行星特征进行 100% 的描述,特别是近红外光谱法。每年从 16 个夜晚增加到 200 个夜晚,独立获取 1000 个小行星的光谱。UKIRT 有米歇尔热红外仪器,可以实现即时工作。基于现有的设计建立一个新的光学－近红外光谱仪需要花费 2~3 年。而一种新型光谱仪的设计只需要一年或两年时间。

在一个已有的站点创建一个 SALT 型望远镜需要花费大约 4 年(SALT 从 2001 年中期到 2005 年中期被建成 Phil Charles,2012,private communication)。当然,该站点需要允许建造新的大型望远镜,但可能不包括莫纳克亚山。一旦运转,考虑到这种望远镜面积增加(假设仪器背景受限),可以以 2.5 倍于 UKIRT 的速度收集光谱。

一个新的探测类空间任务从批准到实施很可能需要花费 5 年时间。B612 正在尝试将其缩短到接近 3 年的时间,然后任务本身将会持续 3~5 年。

对光谱的表征结束后,优先被选择的小行星的本地表征也开始批量进行。一个即时的星际卫星测试程序总是指向当时可得的最好的小行星,这可以指导我们如何为批量调查阶段建立最优任务。第一本地表征阶段充分优化值得勘测的目标,当勘测完成了 1/2 时就可以很好地开始运行。来自最优目标的第一次本地表征的结果可以在十年内完成,其余的在 5 年之内完成。

4.8.3 研究

在本综述中概述的一些程序几乎已经达到"工业"阶段。一方面,对小行星的轨道和光谱研究不需要天体物理学知识;另一方面,小行星组成的表征,无论是通过远程、本地研究,还是通过陨石,都还没有科学定论。例如,微行星的形成和分化的理论发展主要指向"是否可以引导勘测"这个方向。理论总要由观察和实验引导。观察其他行星系统中的小行星带以及直接比较陨石矿物学与主行星的天体光谱学仅仅是两个例子。言下之意是,工业的小行星采矿对学术研究有持续的需求,以实现优化其商业性勘查和开采报酬。

当然,良好的基础研究并不是为了巨额利润。小行星科学工作者还没有迫切去表征所有的小行星。为了吸引天文学家需要让他们相信,为了采矿勘探获得的数据对他们的科学研究同样有益(Elvis,2012 年)。大型的天文调查最初也面临着类似的挑战,大多数的天文学家们不知道需要多少数据才能适合他们的研究领域。如今,斯隆数字巡天项目所获的批量数据已经改变了天文学研究(Madrid 和 Macchetto,2009 年)。这些批量数据同样也改变太阳能系统的研究。George E. Brown

国会委任找到90%以上的直径大于140m的小行星天体的任务导致小行星的发现率大大加快，尽管它的根本动机并不是为了科研，但是它却使得小行星研究得以重新进行。小行星的成分数据测量，包括丰富的本地测量，将会引起更多的大变革（Elvis，2012年），而太阳系形成的过程也肯定会变得更加清晰，当然也包括关于地球的早期历史谜题。例如，海洋中水的起源和地壳中的矿石，以及地球上的含有活跃有机分子的潜在因子，甚至是生命的起源，这所有的话题，小行星数据都可以帮助解决。除此之外，还有可能了解到那些在太空中才有的外来物质及其属性（Bindi 等，2012 年，Ma 等，2012 年）。

如果从这些新的数据中得到最大的科学价值，就需要有一个开放的政策。然而某些数据作为知识产权将具有商业价值，所以需要有大量的工作来建立良好的使用规则。

4.9　总结与结论

"所有的事都是科幻小说，直到它变为科学事实"（Chris Lewicki，Chief Asteroid Miner，Planetary Resources）。本综述试图寻找如何通过所谓的"小行星旷工"来安排将面临的勘测挑战，并尝试合理定量地完成。虽然这些程序是可靠的，未来 10 年内协调一致可以完成这个项目，且生成一套高度有价值的小行星勘探数据表。这会减少所有未来小行星采矿企业的风险，也使得为这样的合资企业提高大量的私人资本变得更加容易。

最后要说的是本综述中所述的所有以开矿为目的的技术，同样可以很好地应用在人类探险的小行星目标上，用来发现危险的物体（不只是"潜在危险"部分）并转移他们。自始至终，不断扩张的数据集都会为科学带来越来越多的好处。不管我们是不是对小行星真的感兴趣，这些初步的勘测步骤都是必不可少的。所以我们需要通过快速坚决的行动调整来明确动机。

致谢

小行星勘探是一个广阔而崭新的话题，尚且没有人能对所有的方面都精通。书中的错误都是由本人造成的。特别地，感谢 C. Beeson，J. - L. Galache，J. McDowell 和 M. Trichas 提供了有价值的预测；感谢 R. Binzel，J. Brophy，M. Busch，P. Charles，S. Jacobsen，G. Macpherson，A. Mainzer，T. McCoy，T. Spahr，C. A. Thomas，D. Trilling，G. Williams 还有其他的一些人，他们给我分享了很多关于小行星、陨石、和望远镜空间技术方面高深的知识。最后，我还要感谢 BC Crandall，他认真的编辑修改使我的文章变得更加有条理。Martin Elvis 博士是哈佛 – 史密森天体物理学研究中心的资深天体物理学家，本章所述所有的意见都是他自己的提出的，而不是史密森天体物理天文台或哈佛大学里那些人提出的。

参考文献

[1] A'Hearn,M. ,the Deep Impact Team:The Deep ImpactMission to Comet 9P/Tempel 1. In:35th COSPAR Scientific Assembly,p. 1667(2004)

[2] Baer,J. ,Chesley,S. R. ,Matson,R. D. :Astrometric Masses of 26 Asteroids and Observations of Asteroid Porosity. Astrophysical Journal 141,143(2011)

[3] Bartczak,P. ,Marciniak,A. :Shaping Asteroids with Genetic Evolution(SAGE). LPICo 1667,6126(2012)

[4] Beeson,C. ,Galache,J. – L. ,Elvis,M. :(in preparation,2013)

[5] Bessel,M. S. :Standard Photometric Systems. Annual Review of Astronomy and Astrophysics 43,293 – 336(2005)

[6] Bindi,L. ,Eiler,J. M. ,Guan,Y. ,Hollister,L. S. ,Steinhardt,P. J. ,Yao,N. :Evidence for the extraterrestrial origin of a natural quasicrystal. Proceedings of the National Academy of Sciences 109,1396 – 1401

[7] Binzel,R. P. ,et al. :The MIT – Hawaii – IRTF Joint Campaign for NEO Spectral Reconnaissance. In:37th Annual Lunar and Planetary Science Conference,League City,Texas,March 13 – 17,abstract no. 1491(2006)

[8] Binzel,R. P. ,et al. :Earth encounters as the origin of fresh surfaces on near – Earth asteroids. Nature 463,331 (2010)

[9] Binzel,R. P. ,et al. :Cracking the Space Weathering Code:Ordinary Chondrite Asteroids in the Near – Earth Population. American Astronomical Society,DPS meeting #44,#202. 03(2012)

[10] Bottke,W. ,Cellino,A. ,Paolichi,P. ,Binzel,R. P. (eds.):Asteroids III. University of Arizona Press(2002a) ISBN 0 – 8165 – 2281 – 2

[11] Bottke,W. ,et al. :Debiased Orbital and Absolute Magnitude Distribution of the Near – Earth Objects. Icarus 156,399(2002)

[12] Britt,D. T. ,Yeomans,D. ,Housen,K. ,Consolmagno,G. :Asteroid Density,Porosity,and Structure. In:Bottke Jr. ,W. F. ,Cellino,A. ,Paolicchi,P. ,Binzel,R. P. (eds.) Asteroids III,pp. 485 – 500. University of Arizona Press,Tucson(2002)

[13] Brown,P. ,Spalding,R. E. ,ReVelle,D. O. ,Tagliaferri,E. ,Worden,S. P. :The flux of small near – Earth objects colliding with the Earth. Nature 420,294 – 296(2002)

[14] Burbine,T. ,McCoy,T. J. ,Meibom,A. ,Gladman,B. ,Keil,K. :Meteoritic Parent Bodies:Their Number and Identification. In:Bottke Jr. ,W. F. ,Cellino,A. ,Paolicchi,P. ,Binzel,R. P. (eds.) Asteroids III,pp. 653 – 667. U. Arizona and LPI(2002)

[15] Campbell,A. J. ,Humayan,M. :Compositions of group IVB meteorites and their parent melt. Geochimica et Cosmochimica Acta 69,4733 – 4744(2005)

[16] Carvano,J. M. ,et al. :SDSS – based taxonomic classification and orbital distribution of main belt asteroids. Astronomy & Astrophysics 510,A43(2010)

[17] Chesley,S. R. ,et al. :Direct Detection of the Yarkovsky Effect by Radar Ranging to Asteroid 6489 Golevka. Science 302,1739 – 1742(2003)

[18] Christensen,E. ,Larson,S. ,Boattini,A. ,Gibbs,A. ,Grauer,A. ,Hill,R. ,Johnson,J. ,Kowalski,R. ,McNaught,R. :The Catalina Sky Survey:Current and Future Work. DPA 42,1013(2012)

[19] Clark,B. E. ,et al. :NEAR photometry of asteroid 253 Mathilde. Icarus 140,53 – 65(1998)

[20] Cox,A. N. (ed.):Allen's Astrophysical Quantities,4th edn. Springer(1999)

[21] Daniels,K. E. :Rubble – pile Near Earth Objects:Insights from Granular Physics. In:Badescu,V. (ed.) As-

teroids,vol. 138,pp. 305 – 323. Springer,Heidelberg(2013)

[22] de León,J. ,Mothé – Diniz,T. ,Licandro,J. ,Pinilla – Alonso,N. ,Campins,H. :New observations of asteroid (175706) 1996 FG3,primary target of the ESA Marco Polo – R mission. A&A 530,L12(2011)

[23] Delbo,M. ,Ligori,S. ,Matter,A. ,Cellino,A. ,Berthier,J. :First VLTI – MIDI Direct Determinations of Asteroid Sizes. Astrophysical Journal 694,1228(2009)

[24] DeMeo,F. E. ,Binzel,R. P. ,Slivan,S. M. ,Bus,S. J. :An extension of the Bus asteroid taxonomy into the near – infrared. Icarus 202,160 – 180(2009)

[25] Dunn,T. L. ,McCoy,T. J. ,Sunshine,J. M. ,McSween Jr,H. Y. :A Co – ordinated Mineralogical,Spectral and Compositional Study of Ordinary Chondrites:Implications for Asteroid Spectroscopic Classification. LPI 41, 1750(2010)

[26] Ellis,S. C. ,Bland – Hawthorn,J. :The Case for OH suppression at near – infrared wavelengths. Monthly Notices of the Royal Astronomical Society 386,47 – 64(2008)

[27] Elvis,M. ,et al. :A Vigorous Explorer Program. White paper submitted to the Astro2010 NAS/NRC Decadal Review of Astronomy and Astrophysics,2009arXiv0911. 3383E(2009)

[28] Elvis,M. ,McDowell,J. C. ,Hoffman,J. ,Binzel,R. P. :Ultra – low delta – v objects and the human exploration of asteroids. Planetary and Space Sciences 59,1408(2011)

[29] Elvis,M. :Let's Mine asteroids for science and profit. Nature 485,549(2012)

[30] Elvis,M. ,Landau,D. ,et al. :A Swarm of Micro – satellites for in Situ NEO Characterization. American Astronomical Society,DPS meeting #44,#215. 04(2012)

[31] Elvis,M. :How Many Ore – Bearing Near – Earth Asteroids? Planetary and Space Sciences(submitted,2013)

[32] Freedman,W. L. ,et al. :Final Results from the Hubble Space Tele – scope Key Project to Measure the Hubble Constant. Astrophysical Journal 553,47 – 72(2001)

[33] Fukugita,M. ,Ichikawa,T. ,Gunn,J. E. ,Doi,M. ,Shimasaku,K. ,Schneider,D. P. :The Sloan Digital Sky Survey Photometric System. Astronomical Journal 111,1748(1996)

[34] Gaffey,M. J. ,Bell,J. F. ,Brown,R. H. ,Burbine,T. H. ,Piatek,J. L. ,Reed,K. ,Chaky,D. A. :Mineralogical variations within the S – type asteroid class. Icarus 106,573 – 602(1993)

[35] Gaskell,R. W. :SPC Shape and Topography of Vesta from DAWN Imaging Data. DPS 442,0903(2012)

[36] Grady,M. M. :Catalogue of Meteorites,689 p. Cambridge Univ. Press(2000)

[37] Greenstreet,S. ,Gladman,B. :High – inclination Atens ARE Rare,DPS4430505G(2012)

[38] Grotzinger,J. P. ,et al. :Mars Science LaboratoryMission and Science Investigation. Space Science Reviews 170,5 – 56(2012)

[39] Hapke,B. :Coherent backscatter and the radar characteristics of outer planet satellites. Icarus 88,407 – 417 (1990)

[40] Hapke,B. :Space weathering from Mercury to the asteroid belt. Journal of Geophysical Research 106(E5), 10039 – 10074(2001)

[41] Hanuš,J. ,Ďurke,J. :New Asteroid models based on combined dense and sparse photometry. Astronomy & Astrophysics(2011)(submitted)

[42] Harris,A. W. :A Thermal Model for Near – Earth Asteroids. Icarus 131,291(1998)

[43] Harris,A. :What Spaceguard did. Nature 453,1178 – 1179(2008)

[44] Harris,A. W. ,Harris,A. W. :On the Revision of Radiometric Albedos and Diameters of Asteroids. Icarus 126, 450(1997)

[45] Harris,A. W. ,Lagerros,J. S. V. :(XXX) Asteroids in the Thermal Infrared. In:Bottke Jr. ,W. F. ,Cellino,

A. ,Paolicchi,P. ,Binzel,R. P. (eds.) Asteroids Ⅲ ,pp. 653 – 667.

[46] U. Arizona and LPI Hillenbrand,L. A. ,Foster,J. B. ,Persson,S. E. ,Matthews,K. :The Y Band at 1. 035 Microns:Photometric Calibration and the Dwarf Stel – lar/Substellar Color Sequence. Publications of the Astronomical Society of the Pacific 114 ,708 – 720(2002)

[47] Howe,T. ,O'Brien,R. C. ,Stoots,C. M. :Development of a Small – Scale Radioisotope Thermo – Photovoltaic Power Source. Nuclear and Emerging Technologies for Space 3029(2012)

[48] Howell,E. S. ,Rikin,A. S. ,Vilas,F. ,Magri,C. ,Nolan,M. C. ,Vervack Jr. ,R. J. ,Fernandez,Y. R. :Hydrated silicates on main – belt asteroids:Correlation of the 0. 7 – and 3 – micron absorption bands. EPSC Abstracts 6 ,637(2011)

[49] Howell,E. S. ,et al. :Combining Thermal and Radar Observations of Near – Earth Asteroids. DPS 441 ,1107 (2012)

[50] Ivezić,Ž. ,et al. :Solar System Objects Observed in the Sloan Digital Sky Survey Commissioning Data. Astronomical Journal 122 ,2749(2001)

[51] Ivezić,Ž. , et al. : LSST:from Science Drivers to Reference Design and Anticipated Data Products. arXiv: 0805. 2366(2011)

[52] Jedicke,R. ,et al. :ATLAS:Asteroid Terrestrial – impact Last Alert System. American Astronomical Society. DPS meeting #44 ,#210. 12(2012)

[53] Jenniskens,P. :Quantitative meteor spectroscopy:Elemental abundances. Advances in Space Research 39 ,491 – 512(2007)

[54] Jenniskens,P. ,et al. :The impact and recovery of asteroid 2008 TC3. Nature 458 ,485(2009)

[55] Jenniskens,P. ,et al. :Radar – Enabled Recovery of the Sutter's Mill Meteorite a Carbonaceous Chondrite Regolith Breccia. Science 338 ,1583(2012)

[56] Jewitt,D. :The Active Asteroids. Astronomical Journal 143 ,66(2012)

[57] Jones,D. L. :Lower – Cost Architectures for Large Arrays of Small Antennas. IEEEAC paper# 1199(2005), doi:10. 1109/AERO. 2006. 1655810

[58] Kaiser,N. ,et al. :Pan – STARRS:A Large Synoptic Survey Telescope Array. In:Survey and Other Telescope Technologies and Discoveries. Proceedings of the SPIE,vol. 4836 ,pp. 154 – 164(2002)

[59] Kargel,J. S. :Metalliferous asteroids as potential sources of precious metals. Journal of Geophysical Research 99(E10) ,21129 – 21141(1994)

[60] Kraft,R. ,Kenter,A. ,Murray,S. ,Elvis,M. ,Branduardi – Raymont,G. ,Garcia,M. ,Forman,W. ,Geary,J. , McCoy,T. ,Smith,R. :X – ray Imaging Spectroscopy for Planetary Science. American Astronomical Society Division of Planetary Sciences meeting #44 ,#215. 10(2012)

[61] Kistler,J. , et al. : Bulk Densities of Binary Asteroids from the Warm Spitzer NEO Survey. DPS 42 ,5709 (2010)

[62] Koch,D. G. ,et al. :KeplerMission Design,Realized Photometric Performance,and Early Science. Astrophysical Journal Letters 713 ,L79 – L86(2010)

[63] Larson,S. M. ,Hergenrother,C. ,Whitely,R. ,Kelly,C. ,Hill,R. :Upgrading the Catalina Sky Survey and Southern Survey. In:International Workshop on Collaboration and Coordination Among NEO Observers and Orbital Computers,p. 35. Japan Safeguard Association(2001)

[64] Larson,S. :Current NEO Surveys. In:Milani,A. ,Valsecchi,G. B. ,Vokrouhlicky,D. (eds.) Near Earth Objects,our Celestial Neighbors:Opportunity and Risk Proceeding of IAU Symposium No. 236 ,pp. 323 – 328 (2007)

[65] Lauretta, D. S. , the OSIRIS – REx Team: An Overview of the OSIRIS – REx Asteroid Sample Return Mission. In: 43rd Lunar and Planetary Science Conference, The Woodlands, Texas, March 19 – 23. LPI Contribution No. 1659, id. 2491(2012)

[66] Longo, G. : TheTunguska Event. In: Bobrowsky, P. T. , Rickman, H. (eds.) Comet/Asteroid Impacts and Human Society, An Interdisciplinary Approach, ch. 18. Springer, Berlin(2007)

[67] Ma, C. , Tschauner, O. , Beckett, J. R. , Rossman, G. R. , Liu, W. : Panguite (Ti4 + , Sc, Al, Mg, Zr, Ca) 1. 803, a new ultra – refractory titania mineral from the Allende meteorite: Synchrotron micro – diffusion and EBSD. American Mineralogist 97, 1219 – 1225(2012)

[68] Madrid, J. P. , Macchetto, D. : High – Impact Astronomical Observatories. Bulletin of the American Astronomical Society 41, 913(2009)

[69] Mahaffy, P. R. , et al. : Sample Analysis at Mars(SAM) Instrument Suite for the 2011 Mars Science Laboratory. In: 40th Lunar and Planetary Science Conference, id. 1088(2009)

[70] Mainzer, A. K. : NEOCam: The Near – Earth Object Camera. DPS meeting #38, Bulletin of the American Astronomical Society 38, 568(2006)

[71] Mainzer, A. K. , et al. : Thermal Model Calibration for Minor Planets Observed with Widefield Infrared Survey Explorer/NEOWISE. Astrophysical Journal 736, 100(2011a)

[72] Mainzer, A. K. , et al. : NEOWISE Observations of Near – Earth Objects: Preliminary Results. Astrophysical Journal 743, 156(2011b)

[73] Mainzer, A. , et al. : Physical Parameters of Asteroids Estimated from the WISE 3 – Band Data and NEOWISE Post – Cryogenic Survey. Astrophysical Journal 760, L12(2012)

[74] Matter, A. , Delbo, M. , Ligori, S. , Crouzet, N. , Tangaa, P. : Determination of physical properties of the Asteroid (41) Daphne from interferometric observations in the thermal infrared. Icarus 215, 47(2011)

[75] Maurice, S. , et al. : ChemCam Instrument for the Mars Science Laboratory(MSL) Rover. In: 36th Annual Lunar and Planetary Science Conference, abstract no. 1735 (2005) McCoy, T. J. , et al. : Group IVA irons: New constraints on the crystallization and cooling history of an asteroidal core with a complex history. Geochimica et Cosmochimica Acta 75, 6821 – 6843(2011)

[76] McMurty, C. , Lee, D. , Chen, C. – Y. A. , Demers, R. T. , Dorn, M. , Forrest, W. J. , Liu, F. , Mainzer, A. , Pipher, J. L. , Yulius, A. : Development of Passively Cooled Long – wave

[77] Infrared Detector Arrays for NEOCam. Optical Engineering, special topic: Space Telescopes II (submitted, 2013)

[78] Morgan, J. W. , Waler, R. J. , Grossman, J. N. : Rhenium – osmium isotope systematics in meteorites, I: Magmatic iron meteorite groups IIAB and IIIAB. Earth and Planetary Science Letters 108, 191 – 202(1992)

[79] Mouret, S. , Mignard, F. : Detecting the Yarkovsky effect with the Gaia missin: list of the most promising candidates. Monthly Notices of the Royal Astronomical Society 413, 741 – 748(2011)

[80] Moskovitz, N. : Colors of Dynamically Associated Asteroid Pairs, arXiv: 1207. 3799(2012)

[81] Moskovitz, N. , Abe, S. , Osip, D. , Bus, S. J. , Abell, P. , DeMeo, F. , Binzel, R. P. : Characterization of Hayabusa II Target Asteroid(162173) 1999 JU3, DPS 4410204(2012)

[82] Mueller, J. : Thruster Options for Microspacecraft: A Review and Evaluation of Existing Hardware and Emerging Technologies. In: 33rd Joint Propulsion Conference, Seattle, WA, Paper AIAA 97 – 3058(July 1997)

[83] Mueller, T. G. , et al. : Thermo – physical properties of 162173 (1999 JU3) , a potential flyby and rendezvous target for interplanetary missions. Astronomy & Astrophysics 524, A. 145(2011)

[84] Nelson, M. L. , Britt, D. T. , Lebofsky, L. A. : Review of Asteroid Compositions. In: Lewis, J. , Matthews, M. S. , Guerrieri, M. L. (eds.) Resources of Near Earth Space, Tucson. University of Arizona Press(1993)

106

[85] Nugent, C. R. , et al. : Detection of Semimajor Axis Drifts in 54 Near – Earth Asteroids: New Measurements of the Yarkovsky Effect. Astronomical Journal 144 ,60 – 73 (2012)

[86] Ostro, S. J. , Campbell, D. B. , Chandler, J. F. , Hine, A. A. , Hudson, R. S. , Rosema, K. D. , Shapiro, I. I. : Asteroid 1986 DA: Radar evidence for a metallic composition. Science 252 ,1399 – 1404 (1991)

[87] Petaev, M. I. , Jacobsen, S. B. : Differentiation of metal – rich meteoritic parent bodies: I. Measurements of PG-Es, Re, Mo, W, and Au in meteoritic Fe – Ni metal. Meteoritics and Planetary Science 39 ,1685 – 1697 (2004)

[88] Petit, J. – M. , Chambers, J. , Franklin, F. , Nagasawa, M. : Primordial Excitation and Depletion of the Main Belt. In: Bottke Jr. , W. F. , Cellino, A. , Paolicchi, P. , Binzel, R. P. (eds.) Asteroids III, pp. 711 – 723. U. Arizona and LPI (2002)

[89] Pieters, C. M. , et al. : Space weathering on airless bodies: Resolving a mystery with lunar samples. Meteoritics & Planetary Science 35 ,1101 – 1107 (2000)

[90] Pogson, N. : Magnitudes of Thirty – six of the Minor Planets for the first day of each month of the year 1857. Monthly Notices of the Royal Astronomical Society 17 ,12 (1857)

[91] Pravec, P. , Harris, A. W. : Fast and Slow Rotation of Asteroids. Icarus 148 ,12 (2000)

[92] Robinson, S. J. , Schmidt, J. T. : Fluorescent Penetrant Sensitivity and Removability – What the Eye Can See, a Fluorometer Can Measure. Materials Evaluation 42 ,1029 – 1034 (1984)

[93] Rubincam, D. P. : Radiative Spin – up and Spin – down of Small Asteroids. Icarus 148 ,2 (2000)

[94] Schroeder, D. J. : Astronomical Optics, 2nd edn, ch. 7. Academic Press (1999)

[95] Scott, E. R. D. , Wasson, J. T. , Buchwald, V. F. : The chemical classification of iron meteorites – VII. A reinvestigation of irons with Ge concentrations between 25 and 80 ppm. Geochimicaet Cosmochimica 37 ,1957 – 1983 (1973)

[96] Shepard, M. K. , et al. : A radar survey of M – and X – class asteroids II Summary and synthesis. Icarus 208 , 221 (2010)

[97] Shoemaker, E. M. , Helin, E. F. : NASA CP – 2053 , pp. 245 – 256 (1978)

[98] Simcoe, R. A. , et al. : The FIRE infrared spectrometer at Magellan: construction and commissioning. In: SPIE, vol. 7735 , p. 38 (2010)

[99] Sonter, M. J. : The Technical and Economic Feasibility of Mining the Near – Earth Asteroids. Acta Astronautica 41 ,637 – 647 (1997)

[100] Steel, D. : Two Tunguskas inSouth America in the 1930's? Journal of the International Meteor Organization 23 , 207 – 209 (1995)

[101] Stepp, L. , Daggert, L. , Gilletta, P. : Estimating the costs of ex – tremely large telescopes. In: Proc. SPIE. 0277 – 786X 4840 , pp. 309 – 321 (2002)

[102] Suggs, R. M. , Cooke, W. J. , Suggs, R. J. , Swift, W. R. , Hollon, N. : The NASA Lunar Impact Monitoring Program. Earth Moon Planets 102 ,293 – 298 (2008)

[103] Sullivan, P. W. , Simcoe, R. A. : A Calibrated Measurement of the Near – IR Continuum Sky Brightness Using Magellan/FIRE, ar – Xiv: 1207. 0817 (2012)

[104] Takashima, Y. , Scheeres, D. : Surface Gravity Fields for Asteroids and Comets. In: 22nd AAS/AIAA Space Flight Mechanics Meeting, Charleston, SC, No. 12 – 224 (2012) ; Journal of Guidance, Control and Dynamics (in press)

[105] Tholen, D. J. : Asteroid taxonomic classifications. In: Binzel, R. P. , Gehrels, T. , Matthews, M. S. (eds.) Asteroids II, pp. 1129 – 1150. U. Arizona Press, Tucson (1989)

[106] Thomas, C. A. , Binzel, R. P. : Identifying meteorite source regions through near – Earth object spectroscopy. Icarus 205 ,419 – 429 (2010)

[107] Thomas,C. A. ,et al. :ExploreNEOs. V. Average Albedo by Taxonomic Complex in the nNear – Earth Asteroid Population. Astronomical Journal 142,85(2011a)

[108] Thomas,C. A. ,et al. :Space weathering of small Koronis family members. Icarus 212,158(2011b)

[109] Tonry,J. L. :An Early Warning System for Asteroid Impact. Publications of the Astronomical Society of the Pacific 123,58 – 72(2011)

[110] Tonry,J. :Asteroid Terrestrial – impact Last Alert System(ATLAS). White paper submitted to the NRC:Review of Near – Earth Object Surveys and Hazard Mitigation Strategies(2009)

[111] Trombka,J. I. ,et al. :Compositional mapping with the NEAR X ray/gamma ray spectrometer. Journal of Geophysical Research 102(E10),23729 – 23750(1997)

[112] Vereš,P. ,Jedicke,R. ,Wainscoat,R. ,Granvik,M. ,Chesley,S. ,Abe,S. ,Denneau,L. ,Grav,T. :Detection of Earth – impacting asteroids with the next generation all sky surveys. Icarus 203,472(2009)

[113] Vernazza,P. ,Binzel,R. P. ,Rossi,A. ,Fulchignoni,M. ,Birlan,M. :Solar Wind as the origin of rapid reddening of asteroid surfaces. Nature 458,993(2009)

[114] Vernazza,P. ,Carry,B. ,Emery,J. ,Hora,J. L. ,Cruikshank,D. ,Binzel,R. P. ,Jackson,J. ,Helbert,J. ,Maturilli,A. :Mid – infrared spectral variability for compositionally similar asteroids:Implications for asteroid particle size distributions. Icarus 207,800 – 809(2010)

[115] Vilas,F. :A quick look method of detecting water of hydration in small Solar System bodies. LPSC 25,s. 1439(1994)

[116] Walker,G. :The MOST Asteroseismology Mission:Ultraprecise Photometry from Space. Publications of the Astronomical Society of the Pacific 115,1023 – 1035

[117] Weidenschilling,S. J. :Formation of planetismals and accretion of the terrestrial planets. Space Science Reviews 92,295 – 310(2000)

[118] Willman,M. ,et al. :Using the youngest asteroid clusters to constrain the space weathering and gardening rate on S – complex asteroids. Icarus 208,758(2010)

[119] Wright,E. L. ,et al. :The Wide – field Infrared Survey Explorer(WISE):Mission Description and Initial On – orbit Performance. Astronomical Journal 140,1868(2010)

[120] Yang,J. ,Goldstein,J. I. ,Michael,J. R. ,Kotula,P. G. ,Scott,E. R. D. :Thermal History and origin of the IVB iron meteorites and their parent body. Geochimica et Cosmochimica Acta 74,4493 – 4506(2010)

[121] Yarkovsky,I. O. :The density of luminiferous ether and the resistance it offers to motions. Bryansk(1901)

[122] Yeomans,D. H. :Near Earth Objects:Finding Them Before They Find Us. Princeton University Press,Princeton(2013)

[123] Zellner,B. ,Tholen,D. J. ,Tedesco,E. F. :The eight – color asteroid survey:Results for 589 minor planets. Icarus 61,355 – 416(1985) Zombeck,M. V. :Handbook of Space Astronomy and Astrophysics,3rd edn. ,p. 139. Cambridge University Press(2007)

第 5 章

用于目标选择和任务规划的小行星模型

米克·卡尔塞来恩[1]和约瑟夫·杜鲁克[2]

(Mikko Kaasalainen[1] Josef Dure)

[1]坦佩雷理工大学,芬兰

([1] Tampere University of Technology,Finland)

[2]布拉格查尔斯大学,捷克共和国

([2] Charles University in Prague,Czech Republic)

5.1　引言

　　发射探测器对小行星进行勘测并最终对其资源进行开采,此类任务与单纯的太空探索任务是完全不同的。时间、成本和成功率是关键问题。

　　我们应该对那些容易到达且适于开采的目标进行研究。例如蕴含有丰富物质资源并能提供适宜工作环境的目标。虽然这样的前期选择不可能万无一失,但我们可以通过分析目标天体的特性,提高任务成功的概率(Mueller 等,2011 年)。

　　本章的目的,是对任务实施前关于小行星的先验信息来源进行概述。我们得到的数据大多是地基的,即来自地面站或卫星的观测。有足够的遥感数据后,我们可以对个别小行星建模。在过去的 20 年中,观测技术和设备取得了显著的发展,为建立小行星模型提供了多样的数据。而用于数据分析的数学方法的发展也同样重要。

　　本章是面向所有对小行星探索有兴趣的人而作的,而非必须是工程师、科学家或是数学家。任何人都可以成为工程师,科学家或数学家。我们尽量避免技术细节和数学公式,而将它们留给参考文献,因为这些内容需要整本书来叙述。本章的重点在于对全局的描述:如何在不发射任何探测器的前提下对一颗小行星进行描述。在信息极为有限的情况下,如何确保描述的准确性。

我们依次对观测源进行分析:它向我们揭示了什么;如何揭示的。从数学和方法论的角度看:大多数数据是所谓目标的广义投影(Kaasalainen 和 Lamberg,2006年),本质上是从其表面不同方向辐射出来的样本。从这些信息重构小行星是一个反向重建问题,需要对求解方法及解的唯一性和稳定性进行数学分析和检验。一个重要的概念是,多源数据是互补的:由它们共同形成的图像远非将它们相加那么简单。

在 5.2 节,我们首先讨论需要提取的信息和参数。然后在 5.3 节,我们简要地列出数据源并对信息进行汇总,然后讨论与每种数据类型相关的反向重建问题。最后在 5.4 节讨论一些特殊目标和数据的案例,在 5.5 节给出了一个可以获得任务前期小行星模型的方案。

5.2　小行星建模

5.2.1　模型的精确参数

首先,我们需要定义用于描述小行星的精确物理和数学参数。对于许多目标,由于缺乏观测数据,我们仅能确定其中的部分参数。缺乏数据的主要原因是太阳系的尺度。由于小行星体积小且距离远,大多数小行星从地球观测仅表现为一个光点。根据天体力学和精确的天体测量,对它们的轨道进行确定是一个相对简单的任务。但要推断其他参数则是较为困难的。我们面临的挑战是要确定一个小行星的:①尺寸(体积);②自转状态(周期和自旋轴方向);③形状;④质量和密度。

下面我们在重建模型过程中需要对一些参数进行定量估计,这些参数的列表基本上是由易到难进行排序的,该顺序大体上也和这些参数的确定顺序相吻合。对于大多数能够观测到的小行星($10^5 \sim 10^6$),可以对它们的自转状态、形状(在时间充裕的条件下)进行估计,并对其尺寸进行粗略估计。对其中数千个小行星而言,基于磁盘数据可能获得其尺寸较为精确的估计。对质量和密度估计需要天体之间不可忽略的引力作用(双星系统或小行星间的引力摄动或空间探测器)。相应的轨道配置信息包含在观测的数据之中。

5.2.2　推论特性:组成和结构

当仅有地面数据可用时,小行星的组成和结构往往是基于精确的参数和已知的或猜测的相关性进行估计的。这里将进入一个灰色地带:尽管基于数据,我们不能用数学函数进行描述。这就是为什么在阿波罗号的宇航员中有必要加入一位地质学家的原因:没有仪器可以代替一只经验的眼睛。这与大量概念和定义有关,就如同数据信息一样。

当小行星的密度、大小和形状已知时,可以借鉴地球物理学和形态学来得到一些推论。Rosetta 号探测器(Sierks 等,2011 年)飞越的 Lutetia 就是一个例子。

Lutetia 的内部特性就是通过外部参数进行推断的。这颗小行星的体积可以较好地确定,小行星的一半参数精确已知,另一半则结合飞越和在地面观测。其质量是从探测的轨道偏转来精确得到的,进而可以推出其密度。该例子被证明是在已知情况中最前沿的,并对其内部结构及和组成形成了约束。体积较小的小行星如 1999 KW4 和 Steins 由于 YORP 效应产生旋转,反应出它们在赤道附近有山脊的特征,具有碎石桩结构(Ostro 等,2006 年;Keller 等,2010 年)。明显的分叉或强不对称形状表明小行星是由两个松散连接的天体或相接触的双星系统形成的(Ostro 等,2002 年;Demura 等,2006 年)。若小行星的整体密度低于其构成物质的密度,则说明其内部为多孔结构(Britt 等,2002 年;Carry,2012 年)。

下面从约束的角度而不是模型准确定义的角度,简要探讨包含信息的数据源。

1. 光谱

光谱是分析小行星物质特性的一个关键的数据。实际上,光谱是一项直接指标,而不是反向问题的数据源。尽管可以测量得到光谱的光变曲线(Nathues 等,2005 年)。

小行星主要是基于光谱数据来分类的(DeMeo 等,2009 年)。不同的类型对应不同的表面的矿物成分和/或不同的演化历史。然而,相同类型的小行星不一定具有相同的物质组成。理想情况下,需要获得小行星可见光和近红外范围内的光谱数据以用于光谱研究。根据光谱可以对小行星物质进行"标记",该标记与相似光谱的陨石相关(Carry,2012 年)。如 Gaia 卫星那样取得的大量观测数据可获得数以千计的小行星的低分辨率光谱(Delbo 等,2012 年)。

2. 偏振

许多小行星的偏振光数据是可获得的。但从建模的角度看,由于小行星整个表面结构造成的偏振情况复杂,基于偏振的计算模型均不易适用。这意味着是反向重建问题没有解。已经对偏振和小行星类型之间的相关性进行了研究,结果可以用于验证猜测。同时,来自两个不同的雷达实验的极化模式的信号强度之间的比率,显然与在小行星表面小尺度的粗糙度有关(Ostro 等,2002 年)。

5.3 建模数据源

用于小行星精确建模的数据可以通过不同类型、波长的仪器类型获得:①光度测量(光变曲线);②雷达数据;③图像数据(自适应光学太空望远镜);④干涉测量;⑤热红外辐射测量;⑥掩星测量。

上述方法中,光度测量和热红外辐射测量在特征上仅包含整体信息(如点光源);其他方法可包含内部信息。在表 5.1 中,我们对单独采用每一类数据获得的参数模型进行了评估;然而,数据融合能够大大提高估计精度(图 5.5 ~ 图 5.7 和图 5.9)。同时,利用对几十年观测获得的数据,对小行星的数量进行了估计。

表 5.1　从各种地基数据源获得的小行星性质。X 表示精度较高的估计(依据
　　数据的平均水平和覆盖范围作出的保守估计)。x 表示粗略的估计。r 表示通
　　过光变曲线和雷达数据可以确定自转方向。最后一栏给出了每类数据适用的
　　　　目标数量(数量级)和主要适用的小行星类型(可应用的)

项目	形状	转动	尺寸/体积	质量(双星)	目标数量
光度测量	X	X		密度	10^5
雷达数据	X(详细信息)	X	X	X	10^2/NEAs
自适应图像数据	x	xr	X	X	10^3/大型 MBAs
干涉测量	x	r	X	x	10^3/大型 MBAs
热红外辐射测量			x		10^5
掩星测量	x	r	X		10^2

10^2 表示几百到一千,以此类推。光度测量或热红外辐射测量与其他方法之间的巨大差异是由于大范围的巡天观测造成的。只要采用高精度校准的仪器,利用稀疏分光光度测量法(Kaasalainen 等,2004 年;Durech,2006 年)就可以在几十年内获得大量的小行星模型。更高分辨率的模型细节则必须需要大型仪器来完成,这样的顶级设备通常在全世界范围内仅有几台。因此,即使未来通过超大型望远镜观测上千颗小行星的方案在技术上可行,但由于观测时间的限制,所能获得的中高分辨率的模型数量也是有限的。出于同样的原因,自适应光学望观测(AO)也不具备对三维形状和自旋状态完全建模的能力。从理论上讲这是可能的,但实践中给予特定小行星的观测时间不会很多,而是只可能拍摄一些照片作为补充。

接下来我们讨论建模的可能性,并对每个的数据来源一一进行分析(Carry 等,2012 年);在这之前,我们重点讨论如何同时运用这些数据进行融合。

数据融合。尽管单独采用光变曲线或雷达数据就能够完成小行星建模,但可以通过数据增强或互补,来产生更详细可靠的模型。在某些情况下,其他数据还可以对光变曲线或雷达数据进一步补充,第一时间就可以完成建模。在综合反向问题中,同时运用几种数据源进行融合,是获得尽可能多和可用数据的有效方法。如何确定每个源的最优权重(或同一个源中不同子集的权重)是问题的关键;这也就是所谓的最大相容性估计(Kaasalainen,2011 年)。

图 5.1 为最大相容性估计原则,考虑两种数据模式。对该数学模型的参数进行了数据拟合调整。数据模式 2 的权重随着曲线从左到右递增;为保持尺度不变,算法可运了对数变换。从虚线上可以得到每个数据源的最优点,最优解出现在曲线上与两直线相交点最接近的地方。虚线为了两个相兼容的数据模型:在最优点处两个均是较佳的。点划线是针对两种互不一致的模型或测量方法的一个例子:对单独的估计都是较好的,但综合效果却不佳。这意味着存在系统误差或数学模型不够精确。

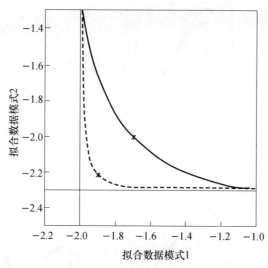

图 5.1　最大相容性估计原则。最优解为曲线上与
两直线相交点最接近的点("＊"处)

5.3.1　光度测量

　　由于自转和绕日运动,小行星光点的亮度随时间不断变化。1940 年代后期开始,电子测量设备就对大约一个世纪的小行星光度变化进行了测量和记录;许多早期的数据也相当准确。90 年代,随着 CCD 的普及,通过小型非专业天文望远镜也可以得到较为准确观测数据。目前,光度测量法通过全天球观测,记录了数以千计的小行星数据,例如,Pan － STARRS 和 LSST(在建,Jedicke 等,2006 年;Jones 等,2009 年)。因此光度测量数据成为目前小行星最丰富的数据源。

　　小行星自转轴存在不同方向,其围绕太阳运行时其表面的不同部分将向地球倾斜。例如,自转轴与黄道平面平行的主带小行星产生的光变曲线产生最为明显。该情形下可以从各个角度观测到目标。在这里讨论的所有反向建模问题中,都假设有足够的观测覆盖面用于建模。

　　图 5.2 显示了不同光照和几何视角下得到的光变曲线的例子。星号为观测值,虚线代表重建复原得到的外形和自转方向。太阳的相位角 α 代表光线方向和观测方向之间的角度(从太阳看和地球看);θ 代表从小行星极地测量的观测方向角,θ_0 表示照明方向。

　　大多数时候,光变曲线并不足以进行外形建模:该反向问题是不可解的。仅适用于对小行星转动周期、转动轴方向和尺寸比的粗略估计(Magnusson 等,1989年)。其根本原因是即使知道某个天体在各个方向的阴影位置,也无法唯一重建该天体的形状(Russell,1906 年;Kaasalainen 等,1992 年)。这一现象也适用于小行星的光变曲线近似估计。当小行星、地球和太阳成一直线时,我们看到的小行星图

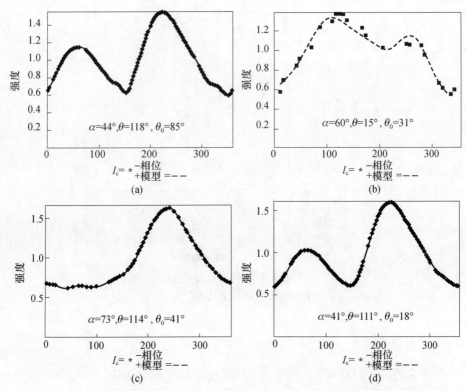

图 5.2　Golevka 小行星的光变曲线("＊"),每幅对应一个自转周期,虚线为拟合数据。模型在图 5.4 中给出。测量数据通过相对强度表示

像与其在天空中的投影是成比例的。这与满月时的月亮看起来像一个圆盘而不是球体是同一个道理。

当小行星表面出现阴影时,模糊现象就得以避免。这使得反问题的求解变得苛刻:当太阳相位角 α 很小时,对目标进行唯一重建是可行的。从地球看,主带小行星的相位角最高 $20° \sim 30°$,近地小行星往往超过 $90°$。因此可以对能够通过观测进行几何模型的目标准确记录。在这一数学结果(Kaasalainen 等,1992 年;Kaasalainen 和 Lamberg,2006 年)基础上,形成了从光曲线重建小行星形状和自转状态的方法(Kaasalainen 等,2001、2002、2004 年;Ďurech 等,2009、2010 年;Hanuš 等,2011、2013 年)。本方法适用于几乎任何小行星,应用范围比任何其他观测技术都要广。

即使光变曲线反演问题可解,但仍有一些在求解方法和数据可用性方面的限制因素是不可避免的。简而言之,包括以下几方面:

(1) 基于地面观测光变曲线得到的形状模型的通常受到表面特征点的影响。光变曲线无法显示坑或谷(Ďurech 和 kaasalainen,2003 年)。针对该级别分辨率,模型的正确性已经于太空探测器(Kaasalainen 等,2001 年)和实验室模型,Kaasalainen 等,2005 年)进行了对比(图 5.3)。形状的分辨率也是稳定的,并不会

114

受到数据噪声或不准确的表面光散射特性假设的影响。

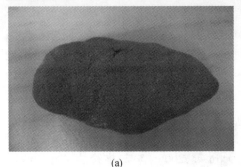 

(a)   (b)

图 5.3　对光变曲线反演方法的实验室验证
(a)目标；(b)从 7 个光变曲线得到的复原模型。该地面实验结果也
对表面散射特性了解甚少情况下的复原鲁棒性进行了验证。

（2）对于接近黄道平面的小行星，其旋转轴的经度有两个对称解（纬度基本相同）。该特性也同样适用于雷达数据(Kaasalainen 和 Lamberg,2006 年)。

（3）从几个不同的观测方向对小行星进行观测。主带小行星至少需要三次不同的光侧（每两次间隔约 5 年）。而对于近地小行星来说，一次观测就够了。

（4）小行星的尺寸必须从其他数据类型来推断，或通过猜测其表面物质的反照率得到。

（5）假设小行星表面的反照率变化不大。有指标可以反映该假设是否满足。但通常只有约百分之一的目标出现这一情况。深空探测器的实测数据和物理分析（表面风化层、空间天气）也支持了这一结论(Kaasalainen 等,2001、2002 年)。

结合不同波段的滤波器进行光度分析，可以通过光变曲线反演方法来建立小行星彩色图像。(Nathues 等,2005 年)。不同波长下的亮度变化不影响形状的稳定性，但可以表示在表面颜色的变化。这样就可以得到小行星表面物质分布的信息。

5.3.2　雷达测量

与其他遥感技术不同，雷达采用的辐射源不是太阳而是地面大功率发射器。脉冲发送到目标后反射回地面进行接收和分析；这是唯一一种类似实验的小行星地面观测方法。由于电磁波强度随距离的 4 次方衰减，雷达观测则仅限于近地小行星或体积较大的主带小行星(MBA)。目前，只有两个雷达站具备足够的探测能力：Arecibo 站和 Goldstone 站。未来可能通过将新型大型射电望远镜或望远镜系统（如 LOFAR 和 SKA）与发射机（如 EISCAT）相结合，来联合进行雷达探测。

对近地小行星而言，雷达是进行精细模型探测的最好选择。大部分主带小行星不能通过现有的雷达技术水平进行探测，因此已观察到的目标数量并没有迅速增长。理论上，如果观测数据精度较高，（目标小行星近距离飞越地球），那么雷达探测可以实现小于 10m 的分辨率。

测距式多普勒雷达对小行星表面的回波进行采样。该回波信号中包含了不同路径反射的综合效果,以及由于小行星旋转带来的速度信息。采样窗口的大小取决于可用的分辨率水平,每一采样窗口对应多普勒图像中的一个像素(而非目标图像)。目标小行星的形状和旋转状态可以通过一系列不同几何结构下的观测结果来建模。原则上,如果几何结构完全可由轨道和自转运动状态决定,那么这一问题就像光曲线一样(Ostro 等,2002;Kaasalainen 和 Lamberg,2006)能够得到唯一解。举个例子,如果只能从赤道方向进行观测,那么其形状的歧义性或不稳定仍然将存在。

不稳定下的典型例子,多次雷达测量小行星 Itokawa 可以达到约几十米的分辨率(目标本身约 500m 宽),但最后的模型(Ostro 等,2005 年)与描绘的尺寸的特征不符,就像 Hayabusa 号探测器后来拍到的那样(Demura 等,2006)。因此,雷达测量的实际分辨率并没有优于光度测量。2012 年 12 月中国的"嫦娥"2 号探测器飞越小行星 Toutatis 的探测结果也证明了这一点。此前 Toutatis 已被地面雷达多次观测,并且所得到的高分辨率模型的主要特征与实际探测的图像相符合(Hudson 等,2003)。然而,雷达的分辨率存在被夸大的成分(与陆小萍等通信后讨论的结果)。因此雷达模型的精确高分辨率不应被误解。

一个模型的可靠性与观测的几何关系有关(通过观察时间序列或自然规律约束)。高分辨率模型容易受到不稳定因素的影响。相比之下,低分辨率模型则受影响不明显,因为光度测量数据中仅隐性包含了目标的整体形状特征。图 5.4 说明了两种模型间的差异。它们对假设的表面散射特性更加敏感。如何检测这种不稳定性并确定实际的分辨率,来避免对图像的过度解释,对所有旨在描绘细节的图像类型都是非常重要的。

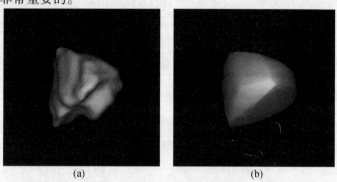

(a)　　　　　　　　　　　　(b)

图 5.4　近地小行星 Golevka 的图像模型(小于 1km)
(a)雷达数据模型(Scott Hudson 提供);(b)光变曲线模型。雷达
数据模型保留了中间尺度特征点绘制的细节。
雷达模型在光变曲线模型的包络之内。

5.3.3　自适应光学图像和其他

具备自适应光学成像(AO)能力的地面的望远镜能够获得体积较大的主带小行

星(至少几十千米)的面目标特性。其详细程度并不如图 5.5 所示的图像高;但是主要的形态特征是可以得到的。自适应光学图像的处理通常会导致目标的边界轮廓比轮廓内部像素亮度要高得多;后者可能包含清晰度上的错误和不真实的特征。除了能够获得小行星的面源信息,AO 技术也帮助发现了几十个主带小行星的卫星。

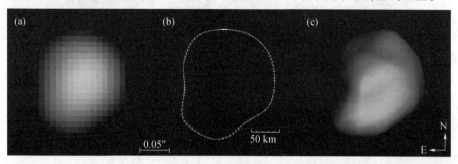

图 5.5　小行星 Daphne 的(a)自适应光学图像;(b)提取的边界轮廓;(c)结合 AO
和光变曲线来重建的图像(Benoit Carry 提供)

一些分辨率类似 AO 图像的小行星图像可以通过哈勃望远镜(HST)来获得,但仍以大型地基望远镜的 AO 图像发展为主。

大约可以获得 200 小行星面源数据(Marchis 等,2006 年)。其中大部分是通过大型地面望远镜自适应光学图像得到的。目前的分辨率不是很高;未来的超大型望远镜将会弥补这一不足,将可分辨的小行星目标数量增加到到几千颗(Merlin 等,2013)。但正如之前讨论的那样,实际可能要小于这个数值。从小行星开采的观点来看,其中大部分是体积较大的驻代小行星,而不是具有潜在勘探价值的近地小行星。

通过将多个不同的几何关系下的观测数据及其他观测数据(尤其是光变曲线)进行融合,就可能重建出一个详细小行星形状模型,如图 5.5 所示(KOALA 算法:Carry 等 2010,2012 年;Kaasalainen,2011 年;Kaasalainen 和 Viikinkoski,2012年)。融合得到的模型比任何的单独数据源效果都要好。这种方法效果通过 Rosetta 飞越小行星 Lutetia 的图像进行了验证,如图 5.6 所示。在飞越之前,就使用光变曲线和自适应光学图像的方法进行了建模。重建图像与实际拍摄图像之间良好的匹配性表明,中等大小的形状细节和特征都可以基于地面数据来进行重建。

5.3.4　干涉测量

同时利用两个或多个望远镜进行干涉测量,可以进一步提高角分辨率。干涉测量的角分辨率相当于采用一个直径为两个望远镜之间距离的望远镜所获得的分辨率。但该分辨率只针对于两台望远镜连线方向,观测数据为小行星在天球切面投影图像的采样。在所有能够获得角分辨率数据的测量方法中,干涉测量法还可用于估计小行星的大小(Delbo 等,2009 等)。

到目前为止,足够用于建模的小行星干涉测量数据不多。主要来自哈勃望远

117

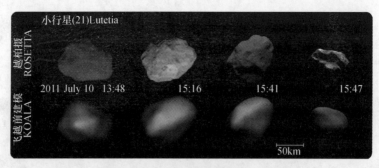

图 5.6　地面成像复原方法的验证

（第 1 行：Rosetta 飞越小行星 Lutetia 拍摄到的图像（Sierks 等,2011 年）；

第 2 行：基于光变曲线 AO 图像重建的图像（Carry 等,2012 年,Benoit Carry 提供）。

镜的精细制导传感器(FGS)。通过新的多望远镜系统(ALMA)可以得到更多有用的信息(Busch 2009 年)。

　　原则上干涉测量可以提供目标的面源信息。但会受到仪器响应函数的干扰,可以采用同步多源数据求解反问题,将原图提取出来(Kaasalainen 和 Viikinkoski,2012 年;Kaasalainen 和 Lamberg,2006 年)。图 5.7 为哈勃望远镜 FGS 干涉测量数据融合的一个例子。只通过光变曲线模型可以得到点线的结果:干涉测量能够获得小行星 Eunomia 表面非凸特征点处的一些特征。

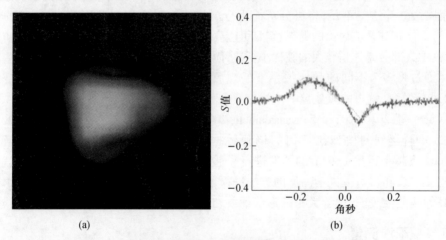

(a)　　　　　　　　　　　　　　　　(b)

图 5.7　通过光变曲线和 HST/FGS 干涉测量得到的小行

星 Eunomia 的影像（直径约 250km 量级）。图(b)曲线为干涉测

量曲线及拟合结果（曲线:点线针对只采用光变曲线的模型）

　　当观测方向有限时,干涉测量数据不如 AO 图像数据丰富。采用大量干涉测量基线(如上千个 ALMA),被干扰的天球切面可以得到高密度的采样,本质上就能够得到图像(AO 图像也会在处理中会受点扩散函数所干扰)。因此,在对几百个

体积较大的主带小行星建模过程中，ALMA 数据与 AO 图像一样重要。ALMA 适用于热红外模型，因此在反问题的求解过程中必须包括热模型。

5.3.5　热红外测量

由于大气吸收和热背景噪声的影响，热红外观测比可见光观测更加困难。因此，获取热红外数据的最佳观测位置是在大气层以外（ISO，IRAS，Akari，WISE，Spitzer；Tedesco 等，2002；Usui 等，2011 年；Mainzer 等，2011 年）。热红外数据的强度信息，是了解小行星大小的主要信息源（Harris 和 Lagerros，2002 年）。

我们通常检测小行星表面对太阳光的散射情况。然而对暗弱的小行星来说，大部分的能量被吸收，用于加热表面或次表层。其表面按照普朗克辐射定律发出热辐射。对于 $5\mu m$ 或更长的波段，发出热辐射将变得可测。

通过热红外观测，可以消除在可见光观测中不可避免的反照率或大小的不确定性。对于低反照率，表面温度对反照率不敏感；例如，约 95% 的太阳能都被吸收和辐射掉，甚至即使反照率变化很大，也仅能对温度和辐射通量产生百分之几的影响。因此，热辐射量与表面积是成比例的。

为了计算辐射量，必须对表面温度进行估计（Harris 和 Lagerros，2002 年；Delbo 和 Harris，2002 年）。这首先取决于热惯量（材料抵抗温度变化的能力）。通过估计热惯性，可以推断出一些表面信息——低热惯性表明小行星表面覆盖有厚且细密的物质，高热惯性则表示裸露的岩石。这对着陆任务的工程选择将产生直接影响。

数以万计的小行星都有可靠的热红外观测数据（WISE，IRAS，AKARI；Masiero 等，2011 年）。然而这些测量工作通常需要一个人花几个月或几年年来完成。为了估计一个小行星在天球平面上的投影大小，我们必须知道小行星在观测时刻的形状和自转方向，这可以通过光度测量来得到。因此，原则上结合可见光学和热红外数据，就可以得到大部分小行星的归一化形状模型。

5.3.6　恒星掩星测量

小行星有时会从遥远的恒星前划过。对于与小行星和恒星处于一直线上的观察者来说，会在一瞬间看到恒星的亮度有所降低。在地球不同区域进行观测，掩星的时间可以通过阴影轮廓面的弦长度来度量。轮廓的精度取决于计时的精度。虽然掩星事件无法人为安排，但能够预测，只是预测的精度尚不够高。随着 Gaia 任务的实施，预测的精度会不断提高（Tanga 和 Delbo，2007 年）。对于遥远、暗弱、低温的海王星以远的天体来说，掩星测量尤其重要。

对于 AO 数据和热红外数据，如果只有一组数据，小行星的自转方向是无法确定的，只能估计大小的下限。当与光变曲线反演模型相结合时，即使只有不多的掩星弦长，也能够准确估计小行星的尺寸和极轴，如图 5.8 所示（Durech 等，2011

年)。图中给出了取自地球不同地点的掩星弦长。这些数据与通过光变曲线得到的外形(实线轮廓)相吻合,并给出了尺度信息。图中舍弃了极轴的另一组镜像解(虚线轮廓)。虽然采样稀疏,但同样可以像 AO 数据一样用于数据融合。

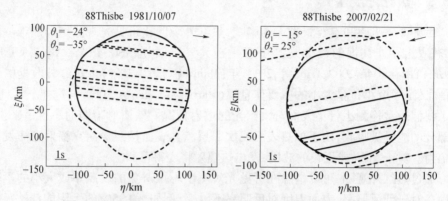

图 5.8　通过掩星计时测定的小行星 Thisbe 大小和极轴(直线)。
在图中显示了小行星在投影平面内 1s 运动的距离,实线表示
光变曲线模型得到的轮廓;虚线代表极轴镜像解

实际的问题是,我们不得不等待一个合适的掩星时间,把多个观测者放在掩星路径上。成功的掩星观测,轮廓的分辨率可达千米级。对于体积较大的小行星,这一精度要比地面成像的效果好。

5.4　特殊目标和数据

5.4.1　双星

在所有小行星中,双星的数量不可忽略,根据 Pravec 等(2006 年)的统计,双星约占近地小行星数量的 16%,并在体积较小的 MBAs 中也有相似的比例。双星系统有一个特别的好处,我们可以在仅有光变曲线的情况下估计其密度。这是因为光变曲线提供了系统的轨道周期及其大致尺寸:双星间的距离与它们的尺寸有关(Scheirich 和 Pravec,2009 年)。根据开普勒第三定律,轨道周期与距离的立方成正比,同时与系统的质量成反比。因此,天体的密度与轨道周期的平方成反比,而无需知道绝对质量和尺寸。

根据面源数据,可以得到质量和尺寸(也因此得到密度)。因此,双星问题对研究小行星的结构和组成尤其重要。

5.4.2　复杂自转

虽然大多数小行星沿短轴以最低能量转动,但也有一些小行星表现出复杂的

"翻滚"状态,其自转可被描述为自由进动。在这些情况下,可以在原有的反向复原技术上,用更加复杂的方法来描述其自转运动。(Kaasalainen,2001年;Scheirich等,2010年)。

另一个复杂自转状态(简单自转是指固定的自转轴和自转周期)是由YORP效应造成的,特指不规则小行星的热辐射造成的净扭矩。长期来看,该效应使旋转轴相对于轨道平面发生变化,也会是自转周期发生变化。自转轴方向的变化相对于观察间隔来说是缓变量的。然而自转周期的变化是相对较快的,这已经在一些小行星上得到了证实(Kaasalainen等,2007年;Durech等,2008年)。

5.4.3 飞越

飞越探测可以观测到目标小行星约一半区域的详细情况,但另一半是看不见的。但这对于重建暗面已经足够了,而且比仅通过地面数据重建的效果更好,因为可见的一侧(可映射扩展)包含了全局图像信息(Kaasalainen和Viikinkoski,2012年)。在Rosetta号飞越小行星Steins(Keller等,2010年)和Lutetia(Sierks等,2011年)时,就使用了这种技术,该技术适用于任何形式的飞越探测。Rosetta号探测目标的完整模型如图5.9所示。

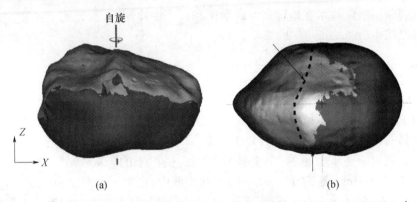

图5.9 小行星的暗面。(a)由光变曲线和AO数据重建的小行星Lutetia(120km大小)模型(下半部分),该部分已被Rosetta号拍摄到;(b)由光变曲线重建的Steins图像(5km)(右半部分)。表面上的虚线呈现出山脊状的赤道特征。这两个图都是赤道视角。飞越实拍和地面数据结合的详细说明参见文献(Keller等,2010年;Carry等,2012年)

5.4.4 小行星断层造影

对小行星内部的研究只能通过原位探测进行。在表面钻孔之前,断层造影技术为研究小行星内部结构提供了可能。无线电断层造影成像是该技术的基础,例如,在目标内部的辐射路径长度(Kofman,2007年;Pursiainen和Kaasalainen,2013年)。该方法可以通过小行星表面的发射机/接收机和在小行星伴飞轨道上的航天器联合进行,这样可以获得丰富的观测几何形式(图5.10)。该技术可进一步引入完整的雷达脉冲编码,对内部材料性质的变化进行估计,或至少对内部最大的空腔或包含物进行定位。

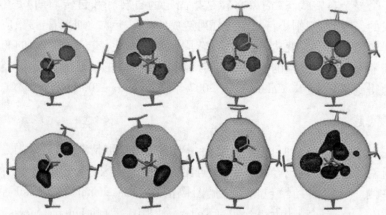

图5.10 无线电断层造影技术勘探小行星。第1行:内部含有1km大小的小行星;第2行:通过伴飞探测器于表面发射器的重构(未按比例)

地震断层造影技术在地球资源的勘探和开采中应用广泛,原则上也可应用在小行星勘探中(Asphaug 等,2002 年)。

5.5 结论与讨论

为了大量生成小行星模型,光度测量是唯一的方法。光度测量可用于任何能被观察到的目标。因此,数百万个小行星的尺寸和轨道可以通过反演光变曲线来重建。观测数据是从大量的、类型各异的望远镜得来的(Durech 等,2006,2007,2009,2010 年;Hanuš 等,2011,2013 年)。在实践中,在全天球范围内,观测对大部分小行星进行有限数据点的观测(几百次)是可行的,这些数据足以用于小行星的基本建模。对于其中特别感兴趣的目标,可以进一步观测以获得更多的光变曲线数据。

通过结合光变曲线和其他数据源可以得到更详细的模型。对于主带小行星,利用自适应光学图像,ALMA 干涉数据和雷达数据能够产生数百甚至数千个中等分辨率的模型。雷达可以用来重建数以百计的近地小行星高分辨率模型。小行星的结构性质可以从几何模型来推断,而光谱测量则能够给出小行星表面物质的一些信息。

我们可以自上而下地来选择感兴趣的目标,并在地面上获得关于它们越来越详细的不同分辨率的观测信息。商用望远镜可能是在短时间内收集大量用于太空勘探任务目标优选小行星信息的最有效方法。有些深空探测器可能会飞越某些有希望被勘探到的小行星,运用来自不同测量源的数据可以完成单个小行星的建模。最后,当探测器到达小行星后,在探测和开采之前可以运用断层造影的方法可来估计其内部结构。

致谢

这项工作是由芬兰科学院(逆问题专业中心和"随机和规律表面的逆问题"项目),坦佩雷理工大学、捷克科学基金的 P209/10/0537 基金和捷克教育部 MSM0021620860 项目基金资助的。我们对 Benoit Carry,Marco Delbo,Josef Hanuš,Sampsa Pursiainen,和 Matti Viikinkoski 提供的宝贵建议表示由衷感谢。

参考文献

［1］Asphaug,E.,Ryan,E.,Zuber,M.:Asteroid interiors. In:Bottke,W.,et al.(eds.)Asteroids III,p. 463. U Arizona Press,Tucson(2002)

［2］Britt,D.,Yeomans,D.,Housen,K.,Consolmagno,G.:Asteroid density,porosity,and structure. In:Bottke,W.,et al.(eds.)Asteroids III,p. 485. U. Arizona Press,Tucson(2002)

［3］Busch,M.:ALMA and asteroid science. Icarus 200,347(2009),Carry,B.,ten colleagues:Physical properties of 2 Pallas. Icarus 205,460(2010)

［4］Carry,B.,twelve colleagues:Shape modelling technique KOALA validated by ESA Roset - ta at(21)Lutetia. Planetary and Space Science 66,200(2012)

［5］Carry,B.:Density of asteroids. Planetary and Space Science 73,98(2012)

［6］Delbo,M.,Harris,A.:Physical properties of near - Earth asteroids from thermal infrared observations and thermal modeling. Meteoritics and Planetary Science 37,1929(2002)

［7］Delbo,M.,Ligori,S.,Matter,A.,Cellino,A.,Berthier,J.:First VLTI - MIDI direct determi - nations of asteroid sizes. Astrophys. J. 694,1228(2009)

［8］Delbo,M.,seven colleagues:Asteroid spectroscopy with Gaia. Planetary and Space Science 73,86(2012)

［9］DeMeo,F.,Binzel,R.,Slivan,S.,Bus,S.:An extension of the Bus taxonomy into the near - infrared. Icarus 202,160(2009)

［10］Demura,H.,nineteen colleagues:Pole and global shape of 25143 Itokawa. Science 312,1347(2006)

［11］Ďurech,J.,Kaasalainen,M.:Photometric signatures of highly nonconvex and binary aster - oids. Astron. Astrophys. 404,709(2003)

［12］Ďurech,J.,Grav,T.,Jedicke,R.,Kaasalainen,M.,Denneau,L.:Asteroid models from Pan - STARRS photometry. Earth,Moon,and Planets 97,179(2006)

［13］Ďurech,J.,fourty - one colleagues:Physical models of ten asteroids from an observers' collaboration network. Astron. Astrophys. 465,331(2007)

［14］Ďurech,J.,ten colleagues:Detection of the YORP effect in asteroid(1620)Geographos. Astron. Astrophys. 489,L25(2008)

［15］Ďurech,J.,ten colleagues:Asteroid models from combined sparse and dense photometric data. Astron. Astrophys. 493,291(2009)

[16] Ďurech, J. , Sidorin, V. , Kaasalainen, M. : DAMIT: a database of asteroid models. Astron. Astrophys. 513 , A46 (2010)

[17] Ďurech, J. , eleven colleagues: Combining asteroid models derived by lightcurve inversion with asteroidal occultation silhouettes. Icarus 214 ,652(2011)

[18] Hanuš, J. , fourteen colleagues: A study of asteroid pole – latitude distribution based on an extended set of shape models derived by the lightcurve inversion method. Astron. Astrophys. 530 , A134(2011)

[19] Hanuš, J. , one hundred nineteen colleagues: Asteroids' physical models from combined dense and sparse photometry and scaling of the YORP effect by the observed obliquity distribution. Astron. Astrophys. 551 , A67 (2013)

[20] Harris, A. , Lagerros, J. : Asteroids in the thermal infrared. In: Bottke, W. , et al. (eds.) Aster – oids III , U. Arizona Press, Tucson(2002)

[21] Hudson, R. , Ostro, J. , Scheeres, D. : High – resolution model of asteroid 4179 Toutatis. Ica – rus 161 , 346 (2003)

[22] Jedicke, R. , Magnier, E. , Kaiser, N. , Chambers, K. : The next decade of solar system discovery with Pan – STARRS. In: Proceedings of IAU Symposium, vol. 236 , p. 341 (2006)

[23] Jones, R. L. , eight colleagues: Solar system science with LSST. Earth, Moon, and Planets 105 , 101 (2009)

[24] Kaasalainen, M. , Lamberg, L. , Lumme, K. , Bowell, E. : Interpretation of lightcurves of atmosphereless bodies. I. General theory. Astron. Astrophys. 259 ,318(1992)

[25] Kaasalainen, M. , Torppa, J. , Muinonen, K. : Optimization methods for asteroid lightcurve inversion. II. The complete inverse problem. Icarus 153 ,37(2001)

[26] Kaasalainen, M. : Interpretation of lightcurves of precessing asteroids. Astron. Astrophys. 376 ,302(2001)

[27] Kaasalainen, M. , Torppa, J. , Piironen, J. : Models of twenty asteroids from photometric data. Icarus 159 , 369 (2002)

[28] Kaasalainen, M. : Physical models of large number of asteroids from calibrated photometry sparse in time. Astron. Astrophys. 422 , L39(2004)

[29] Kaasalainen, M. , Lamberg, L. : Inverse problems of generalized projection operators. In – verse Problems 22 , 749(2006)

[30] Kaasalainen, M. , Ďurech, J. , Warner, B. , Yu, K. , Gaftonyuk, N. : Acceleration of the rota – tion of asteroid 1862 Apollo by radiation torques. Nature 446 ,420(2007)

[31] Kaasalainen, M. : Multimodal inverse problems: maximum compatibility estimate and shape reconstruction. Inverse Problems and Imaging 5 ,37(2011)

[32] Kaasalainen, M. , Viikinkoski, M. : Shape reconstruction of irregular bodies with multiple complementary data sources. Astron. Astrophys. 543 , A97(2012)

[33] Kaasalainen, S. , Kaasalainen, M. , Piironen, J. : Ground reference for space remote sensing: Laboratory photometry of an asteroid model. Astron. Astrophys. 440 ,1177(2005)

[34] Keller, H. U. , fourty – six colleagues: E – type asteroid Steins as imaged by OSIRIS on board Rosetta. Science 327 ,190(2010)

[35] Kofman, W. , fourteen colleagues: The comet nucleus sounding experiment by radiowave transmission (CONSERT) : A short description of the instrument and the commission – ing stages. Space Science Reviews 128 ,1(2007)

[36] Magnusson, P. , seven colleagues: Determination of pole orientations and shapes of aster – oids. In: Binzel, R. P. , et al. (eds.) Asteroids II , p. 67. U. Arizona Press, Tucson(1989)

[37] Mainzer, A. , thirty – six colleagues: NEOWISE observations of near – Earth objects: Prelimi – nary results. Astrophys. J. 743 , A156(2011)

[38] Marchis, F. , seven colleagues: Shape, size and multiplicity of main – belt asteroids. I. Keck adaptive optics survey. Icarus 185, 39(2006)

[39] Merline, W. , sixteen colleagues: The resolved asteroid program – size, shape, and pole of(52) Europa. Icarus(in press, 2013)

[40] Masiero, J. , seventeen colleagues: Main – belt asteroids with WISE/NEOWISE. I. Prelimi – nary albedos and diameters. Astrophys. J. 741, 68(2011)

[41] Mueller, M. , sixteen colleagues: ExploreNEOs. III. Physical characterization of 65 potential spacecraft target asteroids. Astron. J. 141, 109(2011)

[42] Nathues, A. , Mottola, S. , Kaasalainen, M. , Neukum, G. : Spectral study of the Eunomia family. I. Eunomia. Icarus 175, 452(2005)

[43] Ostro, S. J. , Hudson, R. S. , Benner, L. , Giorgini, J. , Magri, C. , Margot, J. – L. , Nolan, M. : Asteroid radar astronomy. In: Bottke, W. , et al. (eds.) Asteroids III , p. 151. U. Arizona Press, Tucson(2002)

[44] Ostro, S. J. , twelve colleagues: Radar observations of Itokawa in 2004 and improved shape estimation. Meteoritics and Planetary Science 40, 1563(2005)

[45] Ostro, S. J. , fifteen colleagues: Radar imaging of binary near – Earth asteroid(66391) 1999KW4. Science 314, 1276(2006)

[46] Pravec, P. , fifty – six colleagues: Photometric survey of binary near – Earth asteroids. Icarus, 181, 63(2006)

[47] Pursiainen, S. , Kaasalainen, M. : Iterative Alternating Sequential method for radio tomography of asteroids in 3D. Planetary and Space Science 82, 84(2013)

[48] Russell, H. N. : On the light – variations of asteroids and satellites. Astrophys. J. 24, 1(1906)

[49] Scheirich, P. , Pravec, P. : Modeling of lightcurves of binary asteroids. Icarus 200, 531(2009)

[50] Scheirich, P. , ten colleagues: The shape and rotation of asteroid 2008 TC3. Meteor. Planet. Sci. 45, 1804 (2010)

[51] Sierks, H. , fifty – seven colleagues: Images of asteroid 21 Lutetia: a remnant planetesimal from the early solar system. Science 334, 487(2011)

[52] Tanga, P. , Delbo, M. : Asteroid occultations today and tomorrow: toward the Gaia era. Astron. Astrophys. 474, 1015(2007)

[53] Tedesco, E. , Noah, P. , Noah, M. , Price, S. : The supplemental IRAS minor planet survey. Astron. J. 123, 1056 (2002)

[54] Usui, F. , twelve colleagues: Asteroid catalog using AKARI: AKARI/IRC mid – infrared asteroid survey. Publ. Astron. Soc. Japan 63, 1117(2011)

第6章

小行星资源开发的第一步:利用被地球捕获的天然卫星

米凯尔·格兰维克[1],罗伯特·杰迪克[2],

(Mikael Granvik[1],Robert Jedicke[2])

布莱斯·博林[2],莫尼克·齐巴[2],

(Bryce Bolin[2],Moniqae Chyba[2])

杰夫·帕特森[2],和戈蒂埃·皮科特[2]

(Geoff Patterson[2],and Gautier Picot[2])

[1]芬兰赫尔辛基大学(University of Helsinki,Finland)

[2]美国夏威夷大学(University of Hawaii,USA)

6.1 引言

Granvik 等(2012 年)预测,地球被一群暂时捕获的小行星包围。这些暂时捕获轨道器(TCOs)起源于近地天体(NEO)星群,并只是暂时被地月系统(EMS)捕获。Granvik 等人(2012 年)预测,在任何特定时刻环绕地球轨道上的(月球除外)最大的天体的直径 $D \approx 1m$(6.2 节)。TCOs 的数量与它们的大小成反比,例如在任何给定时间,在地球轨道内有 10^3 个直径为 0.1m 的 TCOs。

出于利用可用小行星资源的目的,必须首先进行精确的远程勘探。在某些情况下,通过光谱观测可以得到小行星的详细矿物学数据(Gaffey 等,2002 年),但一般是不直接将基于矿物学的陨星和基于光谱勘测的小行星联系到一起的。例如,很长一段时间认为 M 级小行星主要由 Fe – Ni 系金属构成的。后来人们认识到,M 型小行星的成分比较复杂,它们含有大量硅酸盐(Ockert – Bell,2010 年)。

了解小行星矿物学的观测技术可以通过分析来自同一天体的实验室定义的矿物样本来提高。这种类型的验证主要是针对于小行星的取样返回任务,如 JAXA

的成功隼鸟飞行任务和计划隼二，OSIRIS - REX（NASA）任务，和 MarcoPolo -
R（ESA）任务。但是，在获取量足够大的样本集以用于了解所有小行星分类学类
的有意义部分的矿物学之前，需要花费几十年和实质性的资金。幸运的是，存在更
快更便宜的替代品。

2008 年，一个在轨道上发现的小的小行星 2008 TC3 约 22h 后与地球相撞。在
撞击前，并完成了利用地面望远镜的后续天体测量，光度测量和光谱测量。小行星
进入地球苏丹北部的沙漠的大气层，随后在该区域发现了所谓的 Almahata Sitta 陨
石。根据 2008 TC3 的光谱，小行星可能属于 F 类的 C - 复杂黑体小行星。对
Almahata Sitta 陨石的分析表明，该小行星是由黑的富含碳的不规则物质组成，早期
认为来自 S 级小行星（Jenniskens 等，2009 年）。在 2008 年事件发生之前，该陨石
材料并没有被收藏，由于其在星际空间里稀有，或许由于其脆性在它通过地球大气
层的过程中大部分材料蒸发了。

发现撞击地球小的小行星的速度会随着望远镜调查的能力提高而增加
（Tonry，2011 年），但类似小行星 2008 TC3 的事件将仍然相对少见。首先物体必须
足够大，以至于在通过大气时不完全气化。我们假设小行星 2008 TC3 有约数米的
有效直径，定义通过大气层时可见的陨石天体尺寸大小的下限。每年都有好几次
这种规模大小的天体撞击地球（Brown 等，2002 年）。约 70% 的陨石将落在海洋，
实质上余下的 30% 将落在难以到达或不适合陨石采集的区域，如热带雨林，针叶
林和山区。因此，像类似小行星 2008 TC3 的事件在今后几年内不太可能发生，即
使今后的调查可以在它们进去大气之前发现所有这类天体。最后，等待小的小行
星撞击的一个主要缺点是我们不能选择撞击的类型，如果我们只是等待撞击，将会
花费几十年来将其合理地分类。由于在地球轨道发现的校准目标的合适来源
TCOs，我们认为可提高校准率。

到目前为止，只发现了一个 TCO，2006 RH120，但最近的研究结果表明，随
着调查技术的改进将会发现更多。Bolin 等（2013 年）研究着 TCO 的不同可能目
标，如 Subaru 望远镜的 Hyper Suprime 凸轮，大型综合巡天望远镜（LSST；预期开
始的 2021 年科学运作），和流星摄像头（6.3 节）。例如，他们发现，对于 Granvik
等（2012 年）给定的 TCO 模型，LSST 将每个月都会发现几个 TCOs。发生这种情
况时，通过结合光谱勘探和采样返回任务，TCOs 将作为易于访问的验证目标（6.4
节）。分析不同类型的地面实验室的天体矿物学，在选择用于勘探任务的目标时，
将允许开始时作出经济合理的选择。TCOs 也可以用来作为小行星发展采矿作业
拘束的实验对象，如高精度的自动导航和资源映射试验台的技术。

带回整个亚米级 TCOs 到地面实验室，将会打开行星科学的宝库，因而也提供
了更准确的信息，对小行星采矿作业非常有用。例如，研究 TCOs 的内部结构会增
加我们对一般小行星的内部结构的知识。例如，基于理论考虑最近有人建议即使
是很小的小行星，以前认为是庞大的，也可能通过凝聚力使它们结合在一起

（D. Scheeres,私人通信）。了解目标小行星的结构显然对来开采任务来说至关重要的。

6.2　预测地球的暂时捕获自然卫星的星群特征

Granvik 等（2012 年）使用两步骤过程计算出了 TCO 的尺寸频率分布（SFD）。首先,估计捕获概率为日心轨道参数的函数。第二,捕捉概率乘以一个降低的近地天体的轨道分布元素,并使用最佳的可用 NEO SFD 缩放。

捕获概率是关于日心说函数半长轴 a_h,离心率 e_h 和倾角 i_h 的函数,合理整合通过 EMS 千万试验粒子计算,其有被捕获的可能性。如果使围绕地球的一个或多个旋转的粒子与太阳坐标系共旋转,天体被归类为 TCO 需满足以下条件:①在环绕地球的同时围绕太阳旋转;②被束缚在距地心 3 个希尔半径的距离内。

将成为 TCOs 的粒子具有小于 2.2km/s 的速度,优先捕获在距地球的距离为 4～5希尔半径的小行星。TCO 的日心轨道优先捕获非常类似地球的 $a \sim 1$Au、$e \sim 0$ 和 $i \sim 0°$ 的小行星（图 6.1）。

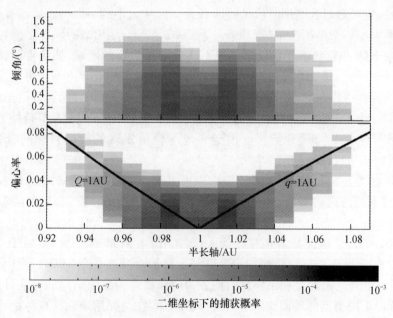

图 6.1　TCO 捕捉概率的捕获以太阳为中心的轨道
要素的函数。由 Granvik 等修改（2012）

一旦被捕获（经过日地 L_1 或 L_2 点）,TCO 将主要运行在 1～10 个地月距离之间。该 TCO 相对于地球的速度通常小于 1.5km/s,但在接近地球时将超过地球逸速度（图 6.2）。

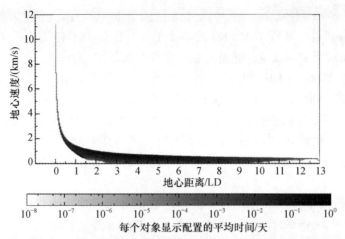

图 6.2　TCO 停留时间为地心距离和速度的函数(r_g 和 v_g)。其含义是 TCOs 将很难从地面探测,因为当它们接近地球时,速度将变快、亮度将变大。由 Granvik 等修改(2012 年)

　　平均每 286 ± 18(rms)天就有一颗 TCO 被捕获,在这段时间中,平均绕地球 2.88 ± 0.82(rms)圈。这两个分布都不均匀:模拟出来的捕获事件最长持续约 900 年,绕地球运行 15000 圈。

　　根据 Bottke 等(2002 年)的近地天体轨道分布和 Brown 等(2002 年)的地球撞击 SFD,图 6.3 给出了 TCO SFD 结果。后者通常认为是准确反映了无撞击风险的的近地天体的 SFD。

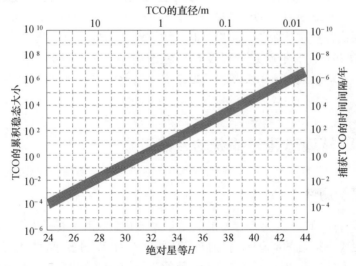

图 6.3　基于 Bottke 等(2002 年)的 NEO 轨道分布和 Brown 等(2002 年)的 NEO SFD 的累积稳态比。在任何时间,其中至少一个对象被捕获的最大尺寸为 $H \approx 32$(或 $D \approx 1m$)。在 $H \approx 30$ 捕获的 TCO 的频率是大约每隔十年有一次。选自 H 级直径的转换中,假设为 0.15 的几何反照率。线宽反映了 TCO SFD 的不确定性。由 Granvik 等人修改(2012 年)

虽然 Bottke 等（2002）的近地天体的轨道分布只适用于比较大的近地天体（直径大于 140m），多数 TCO SFD 的不确定性可能是由于相关的 NEO SFD 所导致的。Granvik 等（2012 年）更倾向 Brown 等（2002 年）提出的 NEO SFD，原因是其采用了与 2006 年 RH120 那样每十年发生一次类似事件作为模板。但如 Rabinowitz 等（2002）提出的一个变化很快的 NEO SFD 仍然不能被排除。在直径大于 2m 的 TCOs 被探测到的效率为 100% 的前提下，Brown 等（2002 年）提出的 SFD 解释了观察到 TCO SFD。降低检测效率将会增加 TCOs 在每个尺寸下的稳态数量，这样由 Rabinowitz 等（2000 年）提出的 NEO SFD 就成为了另一种可能的选择。

Bottke 等（2002 年）提出的近地天体的轨道分布近期也被指出会对 TCO SFD 产生明显影响，NASA 的 WISE 飞船发现了比 Bottke 等人预测的更多的低倾角的 Atens 类小行星（Mainzer 等，2012 年）。天体中的低倾角的 Atens 类小行星最容易被 EMS 捕获。这种差异很可能是由 Bottke 等（2002 年）过大的积分步长造成的（Greenstreet 等，2012 年）。还有在倾角分布有些不一致，即使在综合精度计算以后（S. Greenstreet，私人通信）。对残余差异的可能的来源是来自 Bottke 等（2002 年）和 Greenstreet 等（2012 年）用于初始条件的均一的倾斜分布。在现实中，倾角分布偏向低的倾向（Granvik 等，2013 年）。目前正在发展的一种新的近地天体模型将很快揭示这一问题。

作用于 TCO 轨道的非引力因素也可能对 TCO SFD 产生影响，因为后者与被捕获所需的平均时间成正比。因此间接效应也可能使 TCO 的稳态数量出现轻微的增加或减少。TCO SFD 也会受到体积较大的小行星分解的影响，例如小行星穿过地球大气层或在一次近距离飞越地球时受到潮汐力的干扰的情况。

NEO 轨道分布的不确定性以及与仅考虑引力情况下的轨道递推相结合的 SFD 的不确定均表明，Granvik 等人（2012 年）提出的 TCO SFD 可以被视为一个下限。

6.3　跟踪被地球暂时捕获的自然卫星

6.3.1　可检测性

检测 $D < 2m$ 的 TCO 是不容易的。每年大约有 200 万个直径为 $1 \sim 2m$ 的在地球—月球距离内运行的 NEOs。目前在 2012 年 10 月 29 日的小行星中心的近地天体目录中只有 13 个 $30 < H < 33$ 的记录的近地天体（即那些大致对应于直径 $1 \sim 2m$）。根据已经进行了约 20 年的现代的 CCD 小行星调查，每年在离月球同一间距探测 $1 \sim 2m$ 近地天体的概率约为 10^{-7}。因此，检测到几米直径的 TCO2006 RH120 可能会有些令人意外。然而，体积稍大的 TCO 认为更加稀有，但也更容易

被探测到。即便如此,在其他条件相同的情况下,发现一个 2m 直径的天体是不太可能的。因此,最终促成 2006 RH120 被发现的原因是 TCOs 缓慢地接近地球,并相比于同样大小的天体的飞跃,其在轨道上滞留的时间间隔相对较长,因此有更多的时间来识别 TCOs。

Bolin 等(2013 年)研究了几种在地球轨道上检测 TCOs 的模式,包括:①光学地基包括 a. 广域观测 b. 定向观测;②在轨红外观测;③雷达观测。考虑到目前有没有天基红外观测的手段,这里不做讨论。此外,考虑到需要在航天器的任务周期内发现尽量多的 TCO,因此重点考虑方法①b 和方法③,这两种方法都可以在 TCO 被捕获前飞越 L_2 点时发现目标。

Granvik 等(2012 年)中的图 12 表明,当在 TCOs 被 EMS(地月系统)捕获时,它们的距离大致相同,移动速度大致相同,并且在大致相同的方向上。事实上,Bolin 等人(2013 年)研究显示,它们(指 TCO)位于一个 6.3 ±1.4 地月距离(rms)的地心的距离,在 94° ±25°(rms)的位置角度上以 0.6 ±0.1(rms) km/s 的速度运动。在与 1m/0.25m 直径的天体距离 6.3LD 和反方向 10° 具有大约 24.7/27.7 的明显 V 光度——如果天体的尾巴不太长,可以通过最大光圈望远镜勉强看到最大的天体。图 6.4 显示了在捕捉瞬间 TCOs 的天空平面分布。图 6.4(a)、(c)是在太阳的方向上的分布,在光学测量检测不到的,但对立的分布(图的中心)通过 Hyper Suprime - Cam(HSC)的斯巴鲁望远镜是可检测的(Takada,2010 年)。由于在任何时间,在轨道上有大约 145 个直径超过 25cm 的 TCO,由于它们的典型寿命大约是 9 个月,我们预计有每年在 L_2 附近捕捉约 100 个这类天体。因此,在相反面附近进行有针对性的调查,在足够的时间上通过一个大望远镜在一个可能是适用于航天器的任务的速度上可以检测最大的 TCO。

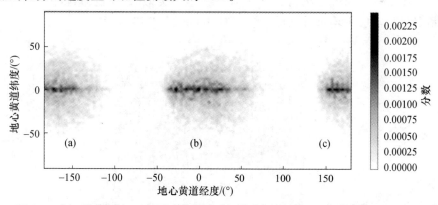

图 6.4 归一化的 TCO 天空平面的捕获时间分布。对 TCO 的光度,距离或运动的速度没有任何限制。黄道经度是集中在相反一点,那就是,太阳是在 ±180°的地方

图 6.5 显示了不受约束的(通过视星,运动速度和距离)的 TCO 天空平面分布。在正交处,天体远离地球,信号有明显的增强,也因此花费更长时间。这一特

性可以被雷达探测利用。如果接近 4/0.25 LD 以内并且旋转非常缓慢,一个 100cm/25cm 的小行星可以通过 Arecibo 雷达设备检测。因此,对于 Arecibo 雷达系统来说检测 TCO 在理论上是可行的。雷达能力的最大不确定性是 TCO 的旋转速率分布问题。在这个尺寸范围内的小行星的旋转速度分布是完全与范围超过几个数量级的估计无关的。如果 TCO 的速率太快,反射的雷达信号将会分布在很宽的频率范围内,信噪比将会低于检测阈值。

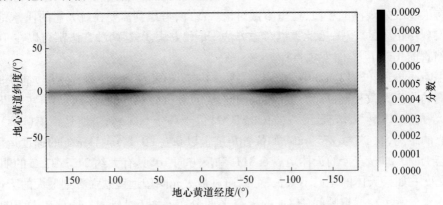

图 6.5　归一化的与视星,运动速度无限制的 TCO 天空平面居住分布。
黄道经度是集中在相反一点,即太阳在 ±180°的地方

最直接的检测 TCO 的方法是如图 6.6 所示的现有和未来的地面光学检测。在冲日或日食发生时对小行星进行观测,效果可以得到明显提升。图 6.5 显示能过积分获得的提升由于相位角效应和目标亮度的减小而消失。在图 6.6 给出的约束下,传统的观测系统无法有效以现 TCOs。但是类似 LSST 的系统在 $V_{\lim} \sim 24$ 的强度限制下,能够平均每月发现一颗 TCO(Bolin 等,2013)。

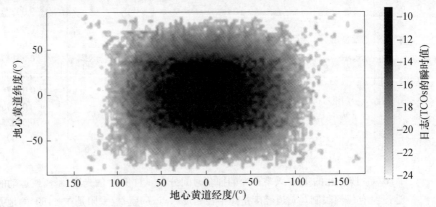

图 6.6　$H < 38$,视星 $V < 20$,运动速率 <15°/天的 TCO 天体在天空平面中的数字分布。黄经处于对面中点,即太阳在 ±180°处

对人类任务来说,启动实际的任务之前提前许多年了解目标小行星很重要。这一要求可以通过利用一个事实满足,即 TCOs 的预捕获轨道与球的轨道是非常相似的地,因此它们被约束在相对较小的体积。在地球的一个类地轨道的开头或结尾(参见斯皮策太空望远镜)装有光学或红外望远镜,在捕获 TCOs 之前利用望远镜检测它们。

综上所述,最有可能适合于航天器进行探测的目标最有可能是通过大口径望远镜和宽视场相机发现的小行星。此外,可以对天基红外或者地基雷达望远镜进行优化,并制定合理的观测策略。高功率的"空间篱笆雷达系统"也可能对 TCO 的特征进行描述。

6.3.2 未来的位置可预测性

一旦 TCO 被探测到后,后续需要开展一些天文测量以确保①该天体在绕地球运动;②能够对其物理特征进行复原;③其轨道足够精确以满足开展航天任务的需要(第6.4节)。需要注意的是,航天器在发射后,或离开 GTO 轨道后,仍然允许进行小量的轨道修正。通过 Granvik 等(2013 年 a)最近的一个案例研究表明,一个典型的 TCO 轨道是在只有少数几个晚上的天体测量跟踪观察后是相当容易约束的(图6.7)。

特别是,Granvik 等(2013 年 a)指出,对于小行星 2006RH120 和 10 个随机挑选出来的合成 TCO 来说,其运行轨道数据仅在两天内与日心开普勒轨道模型吻合。也就是说,在 TCO 发现两天以后,其轨道将受到地球的强烈扰动,这可能是近距离飞越地球或是绕地球运行造成的。这两种情况都值得进一步跟踪观察。尽管小于一周的光学观测通常就会得到与真实轨道相近的定轨结果,但仍然建议尽快开展雷达观测。因此为获得足以支撑航天任务执行的 TCO 定轨精度,所需要的时间一般不超过一周。为了对小行星的类型、大小等特性进行初步判断,对于大型望远镜而言也并不需要更长的时间。

6.4 针对被地球暂时捕获的自然卫星的航天任务

NASA 的近地小行星会合(NEAR)和 JAXA's Hayabusa 已经实现了对小行星的交会。NEAR 的目标是小行星爱神(编号 433),一个最长尺寸约为 30km 的不规则小行星。而 Hayabusa 的目标是一个 600m 长的近地小行星 Itokawa(编号 25143)。这两次任务都实现了在 S 型小行星表面的安全着陆。

与 NEAR 和 Hayabusa 任务不同,针对 TCOs 的交会任务将遇到特别的挑战。在设计 TCO 探测任务时,其平均捕获时间长达 9 个月,这对于航天任务而言是一个难点。为使得航天任务更加可行,必须尽可能地减少到达 TCO 所花费的时间。与目前常用的直接转移轨道设计方法不同,间接轨道设计方法为缩短转移时间提供另一种途径。该方法的设计结果更为精确,也能够提供更加清晰的轨道几何结构。对轨道

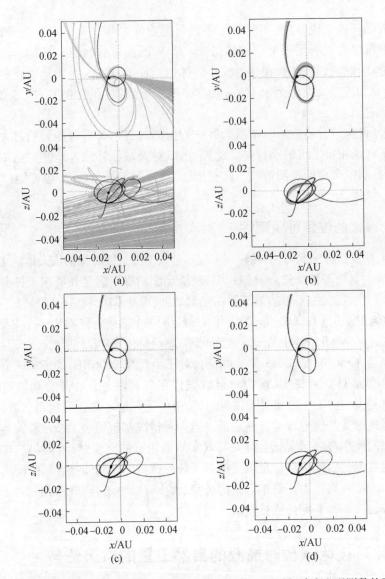

图 6.7　假想的 TCO 的轨道不确定性的发展是增加的观测时间跨度和观测数的函数；
(a)3 跨度 1h 的检测；(b)6 跨度 25h 的检测；(c)9 跨越度 49h 的检测；(d)12 跨度 73h 的检
测。黑色曲线显示了在 *XY* 和 *XZ* 平面中的真实轨迹，在一个黄道坐系与太阳共旋转，使
地球总是在中心(0,0,0)而太阳总是在(1,0,0)。灰色阴影区域显示了所有可以接受的轨迹
的范围,黑点标记了在观测时假想 TCO 的位置。所有轨迹都显示为超出历元 500 天的观测

几何结构的充分了解,使其可以更容易地进行扰动设计。间接法的难点是其对初值十
分敏感,目前已有新的算法来解决这一问题(Chyba 等,2013 年 a,b,见 6.4.1 节)。

　　即使对 TCO 的定轨精度已足以发射探测器,但探测器成像传感器出现米级大
小的目标确难以识别。当探测器接近 TCO 时,可能需要地面站进行实时控制。一

旦接近 TCO 后,与体积较大的小天体相比,TCO 更容易产生快速翻滚的旋转状态,导致与探测器的意外碰撞。

6.4.1 低推力推进转移

设计 TCO 交会任务的第一步是要确定它是否有约束的时间和使用如电离子推进发动机的低推力推进航天器的可能(Ferrier 和 Epenoy,2001 年;Geoffroy 等,1996 年)。Chyba 等(2013 年 a,b)专注于任务的初始阶段,即飞船转移到与卫星会合地点,并假定飞船停在地球静止轨道上等待发现一个 TCO 的启动任务。

为简化分析,Chyba 等(2013 年 a,b)假设探测器从地球同步轨道出发,起点位于地月连线。显然,一般无法对探测器初始位置进行约束,需要对探测器从任意位置出发的情况进行全面设计。TCO 交会轨道的选择也是任务设计中的一个重要部分。Chyba等(2013 年 a,b)的主要针对采用二维小推力转移至地 – 月 L_1 点的情况进行了研究(Picot,2012 年)。他们从 Granvik 等(2012 年)给出的 18096 个 TCO 轨迹中进行筛选,当探测器与地月 L_1 距离最近时,选出 100 个与月球的轨道平面的特征距离最小的 TCO。作出这样的选择是因为在很长一段时间内,TCO 轨道在月球轨道平面上的二维投影是对三维轨道的很好近似。最终得到的转移轨道计算结果仍然是三维的。

Chyba 等的(2013 年 a,b)从地球同步轨道转移到 TCOs 的小推力的时间最小的数值计算时依靠现代最优控制理论基本的数学结果。在 EMS 航天器的运动近似为解决限制性三体问题,由于月球轨道的小的偏心率(Szebehely,1967 年)。该模型描述了一个在两个行星旋转的圆形围绕质心的引力场的作用下质量可以忽略不计的天体的运动。控制条件添加到运动等式中,以表示由发动机推进功率的限制范围内的航天器的推力的方程。以尽量减少时间为标准,从地球同步轨道到 TCO 轨道的交汇地点的转移任务的设计可以表述为一个最优控制问题。

传输时间直接关系到发动机的推力——推力越大,我们到达交汇点位置的时间越短。利用地球同步轨道到地 – 月的 L_1 点的平面最小传输时间由 Picot(2012 年)作为参考初始猜测估计,Chyba 等(2013 年 a,b)推算对应的 1N 从地球同步轨道出发到每个选定的 TCO 的最大推力的三维引用极值。最大推力的离散连续方法用来确定低推力的最小传输时间。

6.4.2 轨道转移模拟

上述描述的方法成功的定义了约 40% 的合成 TCO 的轨道转移。非常相近但仍然未公布的改进方法,增加成功率到几乎 100% 。在这里,我们展示了一个代表性的模拟从地球同步轨道到集合 TCO 的捕获 214 天并绕地球 1.4 圈的交会任务。在地 – 月的 L_1 点和交汇点之间的距离大约是 0.054 LD。TCO 交汇的时间,也就是从捕获 TCO 到它穿过交汇点的时间,是 133.3 天。

表 6.1 提供了有关给定两个不同的最大推力值 0.2N 和 1N 得模拟 TCO 交会任务的信息。正如所预期的,若采用比小推力系统推力大 5 倍的引擎,则飞行时间

也将缩短 5 倍。一旦飞船的推进能力确定后,即可对转移轨道进行搜索。

表 6.1　仿真的 TCO 交会任务特性

推力/N	转移时间/天	交会时间与转移时间之差/天
1.0	13.5	119.8
0.2	62.0	71.3

Chyba 等(2013a,b)发现,对于 1N 的传输时间范围是 10 ~ 20 天(图 6.8),而对于 0.2N 的传输时间范围是 55 ~ 81 天(图 6.9)。传输时间小于 TCO 所花费的从捕获点到多数三维 0.2N 传输的交汇点的转换的时间。从实际来看这是至关重要的,因为它表明如果目标 TCO 在被捕获或之后不久被发现,则可推出低推力时间的最优交汇任务。

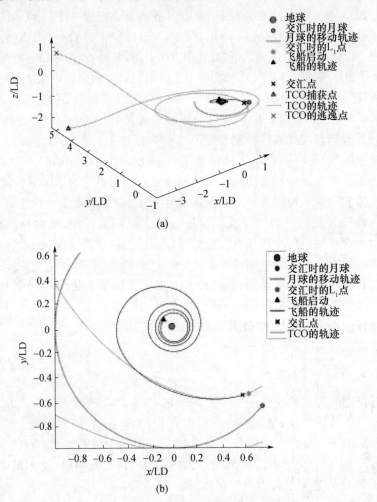

图 6.8　在 1N 的驱动力下,惯性坐标系中本地时间最小三维转换到一个 TCO 的视图。

(a) 大范围的视图;(b) 近距离的视图。

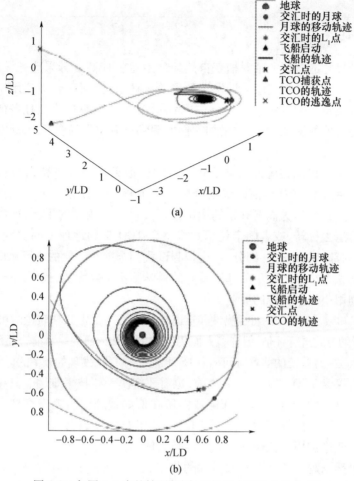

图 6.9　与图 6.8 中的情况相同,只是最大驱动力为 0.2N

6.4.3　其他技术难题

对于 TCO 的小行星返回任务的技术难题尚未详细评估,同时对于所有小行星的取样返回任务的共同的难题。对于机器人探索的主要问题是,目前的定位精度 10 的数量级。对于米级大小的天体,需要提高精确度 1~2 个数量级。当然,在地球轨道上有可能对 TCO 交汇进行实时控制。

另一个难题是,尽管观测选择效应还没有被排除,但根据从 Arecibo 和 Goldstone 行星雷达获得的数据,缺乏旋转很慢的小的小行星(P. Taylor,私人通信)。因此,小行星取样返回任务可能会需要配备抓取和去旋转快速旋转的物体的工具。例如,2008 TC3 是处于以主要旋转周期为 49s 和 97s 的非主轴线转动的状态(Jenniskens 等,2009 年)。分析计算也表明,即使米级小行星相对于庞大的天体来说,可能是瓦砾堆(D. Scheeres,私人通信)。抓住和去旋转瓦砾堆显然是一个更大的难题。

6.5 结论

虽然小尺寸的典型的临时捕获自然地球卫星将使商业开采业务无利可图,我们已经研究这个星群并将航天器发送到这些天体上,是对于合理利用小行星现有的能源和物质资源的自然的第一步。因此,一个对于 TCO 的太空任务的目的不是为了提取有价值的资源,而是要增加我们发现哪里有宝贵的资源的认识,并检测提取这些资源的技术。

TCO 星群可以用在验证在类地轨道上的近地天体的轨道和 SFD 模型。在地球上的实验室针对 TCO 样品的矿物分析允许依赖于成分分类采用光谱远程勘探方法的校准。TCO 还为需要开发的测试技术提供了小规模的平台,如精确的自动导航和小行星去旋转,或者固定技术。将整个 TCO 带到地球上的实验室允许,例如,对它的内部结构进行详细分析,这将测试我们当前对一般的小行星的内部结构的理论。把整个小型小行星陆基实验室的科学回报是巨大的,很可能会导致进步,也有利于利用小行星资源的商业实体。

一些未知数,如 TCO 的可探测性和轨道转移路径到混乱 TCO 轨迹的可行性,已经在一个定量的方式进行评估,但许多方面仍有待更详细的研究。目前容易研究的是从发现到逃离地-月系统的前置时间和由 LSST 生产的 TCO 发现的频率的详细评估。

在进行探索 TCO 的太空任务之前,也需要解决一些技术难题。其中一个主要问题是期待进行的针对 TCO 的探测或停留在例如地球同步轨道直到发现一个合适的天体,在几个月内的可行性。最明显的技术难题还包括需要在自动导航的准确性的重大改进和用来抓取和去旋转旋转天体的工具。

我们仍然乐观地认为在不太遥远的将来,这些问题将得以解决。希望在科学界,空间机构,商业机构以及到普通民众,会对以空间为基础的资源感兴趣。

致谢

我们高度赞赏由 W. F. Bottke 和 P. Chodas 提供的周到和建设性的批评。MG 是由来自芬兰科学院的授予#137853 赞助的。BB 和 RJ 是由美国航空航天局 NEOO 授予 NNXO8AR22G 支持。

参考文献

[1] Bolin,B.,Jedicke,R.,Granvik,M.,Wainscoat,R.:Detecting Earth's natural satellites(in preparation,2013)

[2] Bottke,W. F.,Morbidelli,A.,Jedicke,R.,Petit,J. M.,Levison,H. F.,Michel,P.,Metcalfe,T. S.:Debiased Orbital and Absolute Magnitude Distribution of the Near－Earth Objects. Icarus 156(2),399－433(2002)

[3] Brown,P.,Spalding,R. E.,ReVelle,D. O.,Tagliaferri,E.,Worden,S. P.:The flux of small near－Earth

objects colliding with the Earth. Nature 420,294 – 296(2002)

[4] Chyba,M. ,Granvik,M. ,Jedicke,R. ,Patterson,G. ,Picot,G. ,Vaubaillon,J. :Time – minimal orbital transfers to temporarily – captured natural Earth satellites. In:OCA5 – Advances in Optimization and Control with Applications. Springer Proceedings in Mathematics(accepted,2013a)

[5] Chyba,M. ,Granvik,M. ,Jedicke,R. ,Patterson,G. ,Picot,G. ,Vaubaillon,J. :Designing Rendezvous Missions with Mini – Moons using Geometric Optimal Control. Computa – tional Methods for Optimization and Control, Special Edition of Journal of Industrial and Management Optimization,JIMO(accepted,2013b)

[6] Ferrier,C. ,Epenoy,R. :Optimal control for engines with electro – ionic propulsion under constraint of eclipse. Acta Astronautica 48(4) ,181 – 192(2001)

[7] Gaffey,M. J. ,Cloutis,E. A. ,Kelley,M. S. ,Reed,K. L. :Mineralogy of Asteroids. In:Bottke,W. ,Cellino,A. , Paolicchi,P. ,Binzel,R. P. (eds.)Asteroids Ⅲ ,pp. 183 – 204. University of Arizona Press(2002)

[8] Geoffroy,S. ,Epenoy,R. ,Noailles,J. :Averaging techniques in optimal control for orbital low – thrust transfers and rendezvous computation. In:Proceedings of the 11th Interna – tional Astrodynamics Symposium,Gifu,Japan, pp. 166 – 171(1996)

[9] Granvik,M. ,Vaubaillon,J. ,Jedicke,R. :The population of natural Earth satellites. Ica – rus 218(1) ,262 –277(2012)

[10] Granvik,M. ,Morbidelli,A. ,Bottke,W. ,Jedicke,R. ,Michel,P. ,Nesvorny,D. ,Tsiganis,K. ,Vokrouhlicky, D. :Source populations for near – Earth objects(in preparation,2013b)

[11] Granvik,M. ,Virtanen,J. ,Jedicke,R. ,Vaubaillon,J. ,Chyba,M. :Bayesian orbit – computation methods applied to temporarily – captured natural Earth satellites. In:Wnuk,E. ,Deleflie,F. (eds.)Proceedings of the International Symposium on Orbit Determina – tion and Correlation(submitted,2013a)

[12] Greenstreet,S. ,Ngo,H. ,Gladman,B. :The orbital distribution of Near – Earth Objects inside Earth's orbit. Icarus 217,355 – 366(2012)

[13] Jenniskens,P. ,Shaddad,M. H. ,Numan,D. ,Elsir,S. ,Kudoda,A. M. ,Zolensky,M. E. ,Le,L. ,Robinson, G. A. ,Friedrich,J. M. ,Rumble,D. ,Steele,A. ,Chesley,S. R. ,Fitzsimmons,A. ,Duddy,S. ,Hsieh,H. H. , Ramsay,G. ,Brown,P. G. ,Edwards,W. N. ,Tagliaferri,E. ,Boslough,M. B. ,Spalding,R. E. ,Dantowitz,R. , Kozubal,M. ,Pravec,P. ,Borovicka,J. ,Charvat,Z. ,Vaubaillon,J. ,Kuiper,J. ,Albers,J. ,Bishop,J. L. , Mancinelli,R. L. ,Sand – ford,S. A. ,Milam,S. N. ,Nuevo,M. ,Worden,S. P. :The impact and recovery of asteroid 2008 TC3. Nature 458,485 – 488(2009)

[14] Mainzer,A. ,Grav,T. ,Masiero,J. ,Bauer,J. ,McMillan,R. S. ,Giorgini,J. ,Spahr,T. ,Cutri,R. M. ,Tholen, D. J. ,Jedicke,R. ,Walker,R. ,Wright,E. ,Nugent,C. R. :Characterizing Subpopulations within the near – Earth Objects with NEOWISE:Preliminary Results. As – trophysical Journal 752,110(2012)

[15] Ockert – Bell,M. E. ,Clark,B. E. ,Shepard,M. K. ,Isaacs,R. A. ,Cloutis,E. A. ,Fornasier,S. ,Bus,S. J. :The composition of M – type asteroids:Synthesis of spectroscopic and radar observations. Icarus 210,674 –692(2010)

[16] Picot,G. :Shooting and numerical continuation method for computing time – minimal and energy – minimal trajectories in the Earth – Moon system using low – propulsion. Discrete and Continuous Dynamical Systems – Series B 17(1) ,245 –269(2012)

[17] Rabinowitz,D. ,Helin,E. ,Lawrence,K. ,Pravdo,S. :A reduced estimate of the number of kilometre – sized near – Earth asteroids. Nature 403,165 – 166(2000)

[18] Szebehely,V. :Theory of orbits. Academic Press(1967)

[19] Takada,M. :Subaru Hyper Suprime – Cam Project. In:Kawai,N. ,Nagataki,S. (eds.)Ameri – can Institute of Physics Conference Series. American Institute of Physics Conference Series,vol. 1279,pp. 120 – 127(2010)

[20] Tonry,J. :An early warning system for asteroid impact. Publications of the Astronomical Society of the Pacific 123(899) ,58 – 73(2011)

139

第 7 章

载人探测近地小行星任务分析

马可 三森[1] 和德拉戈斯·亚历山帕[2]

(Marco Cenzon[1] and Drages Alexandru Păun[2])

[1]意大利托里诺 Aviospace 公司([1]Aviospace S. r. l. , Torino, Italy)

[2]意大利都灵 Sofiter 系统工程公司

([2]Sofiter System Engineering S. P. A. , Torino, Italy)

7.1 引言

自 1801 年 1 月 1 日发现谷神星以来,近地小行星(NEO)引起了人类的关注与研究热情。之后,我们又认识到 NEO 对地球具有巨大的破坏性。随着越来越多 NEO 被越来越快地发现,进一步激发了我们对小行星探测与减灾新方法的研究热情。最新的研究表明,NEO 上存在的物质具有相当的利用价值,进而可作为未来人类在太阳系内移居的跳板。

我们可以把太空资源分为四大类:位置、环境、能源和物质。位置资源的典型应用是通信卫星和对地观测卫星。这些卫星利用了轨道高度的位置优势,大大提高了对地覆盖性。在地球低轨与静止轨道上运行的上百颗人造卫星可为我们带来巨大的收益。特殊的空间环境(如辐照、重力环境)为地面上无法开展的生物、物理、化学等实验提供条件。在人类空间活动的早期,航天部门与相关机构就对这些空间环境造成的现象进行了研究。此刻,宇航员正在国际空间站(ISS)上开展这些实验。地球轨道处于大气层之外,太阳光照充足,可为大部分航天器提供能源。很多研究组织提出太阳能卫星(SPS)的概念,旨在为地面提供大量洁净、可持续的能源。物质资源是四类太空资源中唯一还没有被开发利用的。其主要原因是在太空中寻找和提取物质的难度较大,且在经济允许的条件下将这些物质送回地面也是一大难题。

本章对载人探测 NEO 的最新研究进展、技术挑战以及开展载人 NEO 探测的助益进行了介绍,并提出了一种可用于载人 NEO 探测、研究与利用的工业化通用平台。

7.1.1 小行星带来的威胁与机遇

在我们的太阳系中存在数量巨大的小行星与彗星。大多数小行星存在于火星与木星轨道间的小行星带。小行星带中直径大于 100km 的小行星有超过 200 颗,直径大于 1km 的有超过 75 万颗(NASA JPL 2013)。在所有的小行星和彗星中,近地小行星是指那些近日点小于 1.3 个天文单位(AU),或是与地球轨道的最小距离(MOID)小于 0.3AU 的小行星。

目前,已发现的近地小行星约有 9000 颗。且随着探测能力的不断提升,每年新发现的近地小行星数量也在不断增加,达到了每年 500 颗左右(NASA JPL 2013),如图 7.1 所示。

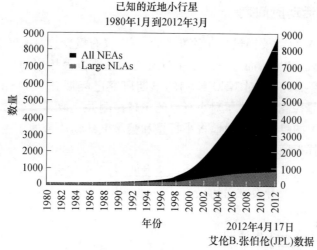

图 7.1   1980—2012 年间已发现的近地小行星数量(NASA JPL 2013)

7.1.1.1   有潜在威胁的小行星

有潜在威胁的小行星(PHA)是指那些有接近地球可能的小行星,具体是指与地球的最小距离小于等于 0.05AU 并且绝对星等小于等于 22 的小行星。作为 NASA 实施的 WISE 任务中的一部分,NEOWISE 项目对 PHA 进行了详细筛查。研究结果显示,在地球周围,大约共存在 3000 ~ 5000 颗直径超过 100m 的 PHA(Barbee,2011 年)。但是到目前为止,我们仅发现了其中的 20% ~ 30%。同时,小行星的轨道会因受到各种引力或非引力作用而发生改变,可能将一颗原本对地球没有威胁的小行星变成有威胁的,反之亦然。可以将这种现象视为太阳系动力学系统的作用。例如,小行星 1999 RQ36 在 2200 年前撞击地球的概率为千分之一。分析表明该小行星最有可能撞击地球的时间在 2182 年 9 月 24 日。但科学家们希望通过采集该小行星的部分岩石样本来帮助我们更加精确地预测其轨道。为此,可能在

2016年发射一颗针对该小行星的探测器,并带回其岩石样本(Barbee,2011年)。

7.1.1.2　小行星采矿

由于部分小行星距离地球较近且引力场微弱,因此常被认为是最有可能被人类利用的地外资源。事实上,小行星是一个丰富的金属资源宝库。约20亿年前,一颗直径大约10km的小行星落在加拿大境内,形成了如今的Sudbury盆地。而该盆地中蕴藏着极为丰富的镍矿资源。

铂族金属(PGM)是重要的工业用金属,如汽车催化转换器等稀有催化剂等。PGM的供应量非常有限,在未来几十年内存在枯竭的可能。地球上稀有金属的消耗也随着对电子设备需求的增加而加剧。如果航天局和航天公司等相关机构能够将小行星矿藏开发变为可能,那么NEO上的资源将大大刺激我们的经济发展。

7.1.2　探测活动时间表

载人探测NEO需要经过长期的准备。目前,仅有极少数对速度增量需求较低的可达目标被识别出来,而且发现几乎没有与地球轨道很相似的小行星(Barbee,2011年)。尽管如此,针对NEO探测的早期研究已经展开。NASA的黎明号与ESA的罗塞塔号探测器完成了对小行星的飞越探测并获取了重要数据。JAXA的隼鸟号与NASA的星尘号成功地将小行星和彗星上的物质带回了地球,实现了无人小行星的采样返回。

随着私有公司在航天发射领域的迅速发展,若干公司表达了在小行星探测、小行星资源利用与矿产开发方面的兴趣(Planetary Resources公司;Deep Space Industries公司)。

图7.2给出了一个可能的NEO探测时间表。

图7.2　小行星探测时间表

7.2　任务定义

所提出的任务框架包括载人飞船、能够持续不断地从 NEO 运输物资的自主机器人以及一系列旨在带动地球卫星技术发展的航天任务构成。我们把这一复杂的航天计划称为 NEOUSE。

首先需要发射数十颗造价相对低廉的"硬着陆"探测器和"矿物"探测器对最优经济价值的目标 NEO 进行探测。在充分了解了这些小行星的地质与组成后,才能对最有价值的探测目标进行识别。之后,载人飞船将被送往最有价值的目标小行星,建立前哨战和必要的基础设施(如通信与导航基站或是发电站),并逐渐将目标从纯粹的科学研究向商业开发过渡。最终,由低造价的往返飞船将航天员或是机器人采集的矿藏送回地球。

由 Mark Sonter 提出的 NEO 探测与开发路线图如图 7.3 所示(Sonter,2011 年)。

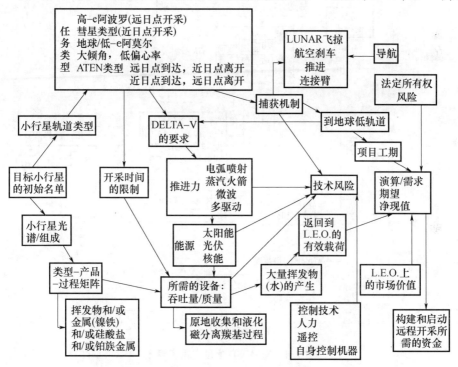

图 7.3　任务定义与技术路线图(Sonter,2011 年)

该研究更倾向于采用更简化、更面向系统工程的实现方式。下面列举了任务实施所需的要素:

(1) 定义 NEOUSE 计划的任务目标;

(2) 顶层需求的功能分析、定义(如污染问题)和外部接口;

（3）识别合适的 NEO 及其特性(如最佳采矿点)；

（4）任务分析与系统级优化折衷；

（5）定义单个或多个任务框架,分析它们的相关性；

（6）识别任务要素与可用资源；

（7）确定载人任务构想的关键因素；

（8）风险评估,关键点识别,确定尚未突破的关键技术的研发计划；

（9）经济性评估,比较任务的经济代价与所能取得的效益；

（10）NEOUSE 项目的发展计划。可绘制出类似图 7.4 的逻辑关系图。

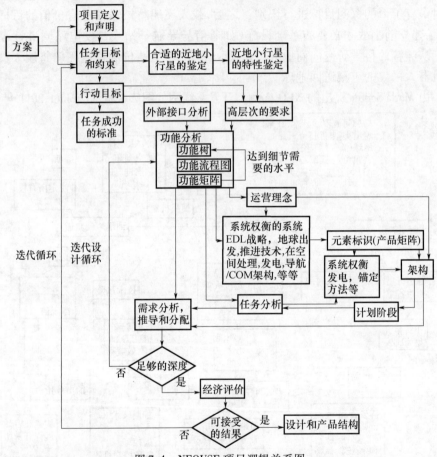

图 7.4　NEOUSE 项目逻辑关系图

7.2.1　任务描述

NEOUSE 项目包括两个阶段:机器人探测与载人探测。

（1）机器人阶段的任务为:采用代价最低的形式,实现有价值资源在小行星与地球之间的连续运输。

（2）载人阶段的任务为：实现航天员在 NEO 与地球之间的安全往返，完成科学研究、采样返回、设置自主采矿设备等任务。

7.2.2 任务目标

NEOUSE 的任务目标分短期目标、中期目标、长期目标。

（1）短期目标：

① 突破发现与研究 NEO 所需要的关键技术；

② 突破 NEO 探测所需的关键技术。

（2）中期目标：

① 将一定量的、有价值的小行星物质带回地球；

② 证明和验证防止 NEO 撞击地球的能力；

③ 对空间物质资源的市场化、商品化进行初步探索；

④ 发展载人火星等深空探测可继承的技术。

（3）长期目标：维持利用地外资源的地球工业的持续发展。

7.2.3 顶层需求

载人 NEO 探测飞船必须满足一系列的任务需求。本节将对通用性的和特殊性的顶层需求进行介绍。

7.2.3.1 通用性的顶层任务需求

（1）R-1 能够完成地球-NEO 往返。航天系统必须具有足够高的可靠性，如需要适应生产、运输、发射、星际转移、目标表面以及返回过程中的相应环境。特别对于采样返回与载人任务，还必须承受地球大气再入和着陆过程的环境考验。

（2）R-2 能够安全接近小行星并完成位置保持。

（3）R-3 能够进行科学探测与勘探活动。

（4）R-4 系统具有通用性。

用于小行星采矿等任务的复杂航天器系统，必须具备与众多不同系统接口与通信的能力。

（5）R-5 系统采用可重构的模块化设计。

7.2.3.2 机器人任务顶层任务需求

（1）RR-1 机器人具有全自主性。

（2）RR-2 机器人具有遥操作功能。

7.2.3.3 载人任务顶层任务需求

（1）HR-1 需提供 4 名航天员在全任期间的生活环境（营养、氧气、水和热控等）。

（2）HR-2 需能够安全再入地球大气。

（3）HR-3 需为航天员提供舱内与舱外活动的条件。

7.3 挑战与风险

载人小行星任务将涉及到一系列技术的、生物的、心理的和经济的相关难题。下面对这些挑战进行简要说明。

7.3.1 深空任务操作

7.3.1.1 地面部分

"地面部分"指的是用于航天任务控制、数据管理、处理和存储的地基系统。由于深空任务存在通信时延(可达百分钟量级),深空地面系统的复杂度也随之增加。此外,处于设计约束等原因,相比近地轨道卫星而言,深空探测器可用的能源资源也较少。为了全天候确保地面人员在岗造成的经费开销也是另一个难点。

为了克服远距离与低功耗造成的通信问题,地面站必须采用大口径的天线(一般直径为 15 ~ 35m,最大的达到 72m)。例如 ESTRACK 的地面站或是 NASA 的深空测控网(DSN)都采用了类似的形式。

7.3.1.2 制导系统与轨道机动

由于远距离造成的通信时延,必须具备航天器自主机动与航天员自主操作的能力。相对导航技术包含了轨道确定算法,用于交会、接近操作、对接或是小行星/碎片的捕捉和躲避机动。这些算法必须考虑到空间环境、轨道和姿态控制等造成的影响,以及导航算法所能获得的惯性和相对导航数据。目前(2013 年)该类技术处于 3 级成熟度。现有技术能够提供实时的星上算法,实现对航天器轨道机动的计算与管理。相对导航技术可满足上面提到的这些需求,对载人深空探测、采样返回、在轨服务和空间碎片规避等均有影响。

7.3.1.3 安全性与可靠性

本节对集成系统健康管理(ISHM)、故障检测隔离与恢复(FDIR)、航天器系统管理(VSM)等高度关注的技术问题进行了讨论,这些技术对确保航天器的自主、安全与可靠运行有着重要意义。

ISHM、FDIR 和 VSM 技术可为未来的航天任务提供故障诊断能力,从而提高可靠度;能够克服地面或航天员的错误操作;能够自动修复故障;能够提高机器人任务对故障的应变能力;能够提高航天员在需要逃生或终止任务情况下的安全性。这项技术可很好地满足探测的需求,能对深空探测、机器人科学探测、行星着陆与巡视等任务产生影响。

7.3.2 深空(电离)辐射

在长时间的深空任务中,航天员在短期长期的空间辐射作用下(太阳粒子事件

SPE、银河宇宙射线 GCR)的生理状况以及航天员的健康表现是一项重要的研究课题。

深空旅行将使航天员脱离 Van Allen 辐射带的保护。在 Apollo 时代,由于任务周期较短,辐射造成的影响并不显著。然而近地小行星和火星探测任务的周期要长得多,除去就位探测的时间,一般在 6 个月以上。对任何月球以远的航天任务而言都存在这一约束。长时间的空间辐射对于宇航员是致命的。太阳粒子事件甚至可能导致宇航员的立即死亡。

传统的加强防护可能无法满足深空载人任务的质量约束。必须提出新型的系统防护技术来确保载人探测任务的安全。

目前前沿的概念包括:

(1)基于新型材料的加强防护罩(如氢元素)。

(2)利用航天器中水或液体燃料的储箱来屏蔽辐射。

(3)挑选具有抗辐射基因的宇航员。

(4)引入人造电磁场进行辐射屏蔽。

(5)采取紧急和定期的太阳粒子事件报警机制。

(6)研发抗辐射药物。此类药物已在多个领域取得成效(如治疗重伤、缓解症状、止痛、癌症治疗等)。

(7)技术成熟度在 3~4 级的主动防辐射措施。

缩短小行星探测任务的周期是目前减少航天员辐射总剂量的最有效方法。

7.3.3 小行星环境

由于所处的轨道环境不同,小行星环境将受到多种作用的影响,包括尘埃对表面的长期腐蚀作用,或是造成小行星分崩瓦解的剧烈碰撞。

经过几十亿年的作用,近地小行星的表面应被无数撞击造成的陨坑和火山喷发物所覆盖。其表面应呈现粉末状或是布满碎石的状态。这一层呈碎屑状的岩石称为风化层。在这一层不连续的表面下,才可能是固体的岩层。

小行星表面保有的喷发物数量与其引力大小有关(如不同的逃逸速度)。因此风化层的颗粒度和厚度将随着小行星质量的不同而不同。

并非所有的小行星都是一个完整的岩石块。有时可能是由多个部分组成。小行星 Itokawa 是一个典型的例子,它由松散的碎石堆积而成,并没有统一的岩石结构。

高能紫外线和 X 射线除了会对宇航员和航天器产生直接作用外,还会使得风化层的粒子带电,形成静电力,这一现象已经在月球上得到了证实。

小行星上温度环境和热流环境被认为与 Apollo 任务期间所经受的情况相似。在长期的光照下,岩石的功能会变得像加热器一样。

7.3.4 接近小行星与位置保持

引力场、小行星形状、表面拓扑、翻滚与自转速度等对近小行星操作有着重要影响。任何航天器操作都应基于以上因素进行详细设计,特别是小行星的自转对航天器接近与附着策略影响显著。例如推进系统的设计需要考虑复杂的控制要求与推进剂消耗,若附着目标是一颗自转速度较快的小行星,那么就应优先选择表面线速度较低的两极区域进行附着。

自转还会对空间非均匀的引力场产生作用。自转作用将会使引力场在空间中随时间变化,从而使轨道控制、位置保持等操作变得充满挑战。

7.3.5 小行星采矿

在小行星的微重力环境下采矿原则与在地球上一样:把采集对象切割分离后进行收集。在地球上看起来轻而易举的事情在小行星上会变得异常困难。除非与小行星稳定相连,否则一个轻微的推力就能将你推离。但是许多小行星都是由风化层和石块组成,很难固定。

采矿系统既可以在表面采集资源,也可以像蠕虫一样在内部挖掘管道后采集资源。但任何采矿系统都应根据当地的重力与地形条件进行针对性设计。

7.3.6 来自近地小行星的污染

当地外天体与人造航天器存在物理接触的可能时,就必须考虑污染问题。在深空探测中的污染问题主要考虑两个方面:

(1)地球生物向地外天体的扩散。尽管在太阳系内不太可能存在地外生命,但我们仍不应破坏地外天体上的原始环境。

(2)将未知的地外生物或物质带回地球。必须避免将有害的外星物质经由人造航天器带回地球。

空间研究委员会已经就这些问题达成了共识(COSPAR 2013)。根据不同的目标天体以及组合,可将相应的的要求分为5类(表7.1)。

表 7.1 行星保护目标/任务分类与要求(COSPAR 2013)

分类	目标/任务	保护级别
I	不涉及化学演化和生命起源等目标的任务	无需行星保护要求
II	与化学演化和生命起源密切相关的任务,但航天器对天体造成污染的几率极低	需要制定简要的行星保护计划,对可能的撞击对象进行说明。在发射前与发射后,对撞击的细节进行分析。在交会发生后与任务结束后,编制相应的报告以说明撞击的具体位置
III	与化学演化和生命起源密切相关的任务(多指飞越或环绕任务),且可能航天器会对天体造成生物污染	除了完成比II类保护要求的更详细的文件外,还需制定一系列的具体措施,包括轨道偏置、在净室间中进行飞行器总装与测试、可能的生物清洗。尽管III类保护的目的并非撞击,当碰撞几率较大时,需要列出所有的有机物成分目录

分类	目标/任务	保护级别
IV	与化学演化和生命起源密切相关的任务（多指探针或着陆器），且可能航天器会对天体造成生物污染	除了完成比Ⅲ类保护更详细的文件外，需要进行生物鉴定，污染发生的概率分析，有机成分目录列举等。必须采取更多的具体措施，包括轨道偏置、净化间、生物清洗、对直接接触部分作灭菌处理并安装生物隔离装置。总体而言，要求的措施与 Viking 探测器相一致（整器灭菌除外）
V（非限制）	从科学上无本地生命形式的地外天体返回的任务	仅对出发阶段有行星保护要求，与Ⅰ类与Ⅱ类保护相对应
V（有限制）	所有地球返回任务	严格禁止破坏性返回。所有直接接触目标天体的硬件设备以及从天体返回的未经灭菌处理的设备，都应严格受控。所有从地外天体采集的样本都应严格受控。采取最严格的检验措施，对返回地球且未经灭菌处理的样本进行定期分析和检验。一旦发现有地外的、具有自复制功能的实体，即禁止打开该样本，除非采取有效的灭菌处理。V类保护在Ⅳ保护的基础上进一步加强了监控研究（如灭菌过程与管控过程）

COSPAR 认为所有从地外行星和太阳系小天体的返回样本和载人任务（Ⅴ类保护）都是具有潜在威胁的。

以上论述对火星探测同样适用。通常来说，科学研究所需要的样本监控与处理是最为严格的。最近，研究人员设计出一些样本管控的方法，以防止小行星样本被地球有机物污染，或是把有机物带入地球，亦或是样本间的互相污染。尽管设计过程非常有效，但这些监控方法的复杂度与花费都非常高。因此，这些方法将仅在 NEOUSE 计划的第一阶段使用。当可以证明目标已不存在污染问题时，对后续任务可以采取非限制的 V类保护。需要注意的是，COSPAR 行星保护标准是从对科学任务的有效控制的需求中发展而来，新的行星保护规则在未来的采样返回任务中均适应。

7.4 选择小行星

7.4.1 合适的小行星

M 型小行星由铁镍合金构成，以非氧化体形态存在，因此无需进行提炼。同时还存在一定的钴、金、银、铂等其他的铂族金属（PGM）和其他一些工业金属。在特定类型的小行星上，铂族金属的藏量特别丰富。这一特点与落在地球上的陨石矿物特征一致。当我们分析一个与ⅣB 铁陨石类似的的小行星目标时，可以发现非常集中的金属含量（如 PGM – 5 的含量约为 9×10^{-5}）。尽管对 ⅣB 陨石的来源研究仍不明朗(Walker 等,2008 年),但这类陨石通常都被认为是"部分岩浆溶化后的结晶,可能是远古小行星的内核"(Hutchison,2004 年)。在这些陨石中,可能提取出高达 0.0187% 的贵金属,包括金、PGM、铼、锗,以及超过 1000×10^{-6} 的其他金属(镁、铝、钛、钒、铬、锰、铜、钼、铅)、半导体和其他一些非金属(银、铟、钴和砷)。IVB 类陨石的某些方面的组成情况非常极端,挥发性元素(镓、锗等)的含量极低,而难熔的嗜铁元素如 PGM 的含量却极高(Ross,2001 年)。而在地球上PGM - 5元素的浓度仅为 $(3 \sim 6) \times 10^{-6}$,要比陨石低 1/10 倍。

这些类型的陨石似乎是研究小行星矿产开发的很好案例。但从商业角度看,这仅仅是一个开始。

7.4.2 近地小行星目标识别

月球与火星探测任务需要更大的在轨质量,以满足着陆与起飞的需要。火星存在大气,可以阻挡辐射。但在目前,我们尚不具备到达火星距离进行载人探测的技术能力。小行星可以作为开展载人火星探测活动之前的准备和第一步。

对探测目标的识别需要从以下几方面着手:

(1)多次往返所需的能量。

(2)小行星自转与自转轴方向的变化。

(3)任务周期。

(4)小行星大小。

(5)矿物与地质成分。

(6)表面形态。

7.4.2.1 可达性与任务周期

从地球出发,到达近地小行星所需的速度增量 Δv 比地球静止轨道卫星大不了多少。而从目标返回地球所需的 Δv 则更小,且可以在几星期内逐渐提供。这将大大降低对推进系统的要求。有些近地小行星相对容易到达,大约有 200 颗小行星所需的 Δv 要小于 6.5km/s(月球着陆任务所需 $\Delta v = 6.3$km/s)。将一个变轨能力仅为 1km/s 的航天器送入深空转移轨道是相对容易的事情。而且由于小行星的逃逸速度很小,可以考虑采用电推进系统(推力小而比冲高)。"隼鸟"号小行星探测器已经采用了这样的方案。

彩图 7.5 显示了近地小行星可达性(用 Δv 表征)随远日距的分布情况。

由于出航与返航所需的速度增量相对较小,低倾角、小偏心率的小行星(如Apollos类小行星、Aten 类小行星)受到了更多的关注(彩图 7.6)。对于小偏心率的目标,还可以采用连续推力转移(而不是霍曼转移),从而延长采矿时间。在轨道设计时,需要在速度增量与任务周期之间进行折衷。例如,缓慢的螺旋式返回轨道需要更长的采矿周期,这也降低了对采矿、处理、推进系统以及太阳能收集器的要求。需要注意的是,螺旋形返回轨道可以设计成具有非常小的双曲线再入速度 V_{hyp},应为航天器的轨道可以被调整到与地球公转轨道相切。如此低的双曲线再入速度 V_{hyp} 为通过月球借力后轻松捕获成大椭圆地球轨道(HEEO)提供了可能。

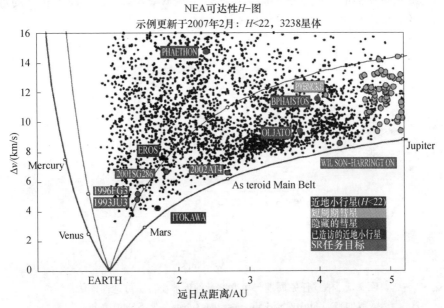

图 7.5　近地小行星可达性随远日距的分布(Barucci 和 Yoshikawa,2007 年)

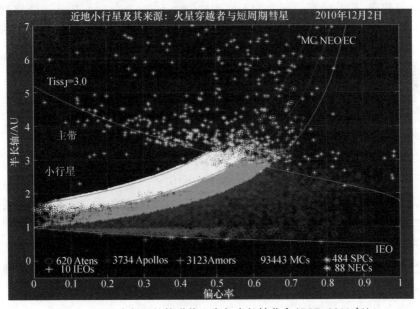

图 7.6　近地小行星的轨道偏心率与半长轴分布(DLR,2011 年)

对典型小行星探测任务的主要参数进行了评估与比较。NASA 认为一次任务所需的总速度增量包括及部分组成:从 400km 近地圆轨道出发所需的速度增量,到达目标小行星时制动所需的速度增量,从小行星出发所需的速度增量,以及控制再入地球大气所需的速度增量。图 7.7 比较了从 NASA JPL 数据库中找到的最易于到达的近地小行星(NASA JPL,2013 年)。

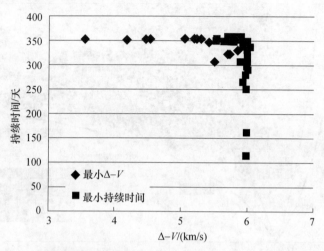

图 7.7　依据任务周期与速度增量的近地小行星可达性评估,
数据来源 http://neo. jpl. nasa. gov/nhats/(NASA,2010 年)

可以看出,任务周期大于 354 天且变轨能力大于 6km/s 时,就几乎能够到达所有相对易于到达的近地小行星。

其他需要考虑的内容有(Friedensen,2011 年):

(1) 提供多个连续发射窗口,减少在轨停留时间。

(2) 确保相近的任务周期(以减轻对后勤保障与余量的压力)。

(3) 确保相似的任务总目标(对首选的与次选的探测目标,都有相近的科学与工程目标)。

7.4.2.2　小行星自转

小行星的自转状态是任务设计的重要影响因素。若自转的时间尺度与任务相近,那么自转轴的指向与自转特征将对任务设计有着重大影响。自转速度与周期对能源与热控系统均有影响。由于自转,约有 60% 的小行星离心力大约在 10^{-3} m/s^2 量级,这一数值几乎与当地的重力加速度相当。

由于极地区域没有自转线速度,因此通常可作为理想的着陆点。但在确定小行星自转轴指向时,必须注意进动对自转轴的影响。

7.4.2.3　小行星外形

小行星外形的差异造成了其引力场的差异,进而造成了近小行星机动燃料消耗的不同(不同的轨控策略),也导致了不同的锚定与采矿策略。

小行星的大小与可获得的物质资源是成正比的。小行星越大,可采集的资源也就越多。

7.4.2.4 矿物与地质组成

合适的小行星目标需要具有较高的有价值资源。除此之外,这些资源还应该足够容易获得,主要包括两个方面:提取与收集;材料加工。

7.4.2.5 表面形态

探测器的表面操作必须与小行星的表面地形形态向吻合,包括陨坑、环形山、风化层大小与厚度等。

7.5 系统性分析

7.5.1 任务设定与约束

在定义小行星资源利用这样一个遥远且复杂的航天任务时,必须对边界条件和约束进行设定,主要包括:转移能力(重型运载的可能)、政策与经济条件、技术成熟度与科学预期。

7.5.2 资产识别

需要对任务架构内的组成要素以及要素间联合工作的工作方式进行识别。下面是对一个复杂系统中可能包含的要素的列表举例(表7.2)。

表 7.2　可能的 NEOUSE 资产要素

可能的地面要素:	
运载火箭与发射控制台 深空导航天线 着陆点与后勤保障 材料加工与配送中心(ISRU) 居住模块	根据可获得的实际情况,确定可能的数量、分配以及能力
可能的空间要素:	
侦察探测器	·这是一系列飞往潜在目标小行星的飞行器。通过各种传感器了解它们的化学、物理、轨道、自转以及重力场特性; ·这些探测器应以小型化为原则,通过遥感观测、就地采集或采样返回等方式进行探测; ·均采用可移植的通用模块进行组合; ·可从近地轨道出发,具备到达多个近地小行星的能力

用于导航与中继通信的 小行星环绕器	在小行星附近绕飞或伴飞的探测器,提供地面站、小行星表面与其他在 轨航天器的中继通信与导航服务
小行星采矿与捕捉器	落在小行星表面的航天器,能够挖掘、粉碎并送往加工设备的单元
原始材料加工器	用于接收采矿设备获得的小行星原始物质,经处理后分离出:铁、镍、钴、 PGM、不稳定成分和矿渣
牵引飞船	多功能运输设备。可与其他设备进行对接,并在不同轨道间进行转移。 每个牵引飞船均能够在轨运行数年,执行多个不同任务
燃料与物质存储器	存储不稳定物质成分,存放于加工器的外部,便于牵引飞船等随时获取
地球再入舱	从地球上携带而来的,或是用小行星资源再造的地球返回再入舱
可复用近地轨道 运输器(类似于航天飞机)	与国际空间站相似的基础设施,可以位于近地轨道或拉格朗日点

以上要素可以用于构建任务的主框架。其选取的过程应基于任务目标、功能与需求,从系统角度进行分析与折衷。

7.5.3 顶层折中

根据假定的任务,可能的选择包括:

(1)采集小行星的部分样本,或是带回整个小行星;

(2)送回小行星原始物质,或是就位处理后的物质,并用处理后的原料生产返航所需的燃料;

(3)是否可能让小行星的自转减缓或停止;

(4)小行星锚定方式;

(5)物质收集方式;

(6)地球再入策略:直接进入、大气减速捕获、月球借力捕获、制动捕获等;

(7)地球 EDL、策略:充气式再入下降技术(IRDT)、主动控制方式、降落伞、弹跳进入;

(8)推进:电推进、化学推进、混合推进。

需要综合权衡效益与经费,从系统的角度对以上项目进行合理比较与选择。

7.5.3.1 小行星采样返回或将整个小行星带回地球

不同于在小行星轨道上进行矿产开发,可以将整个小行星带回到近地轨道,在地球轨道上开采资源,甚至将体积较小的小行星送到地球表面。这样将大大方便矿产的开发。这样做最大的问题是安全性,必须防止小行星物质的掉落,所有操作必须谨慎进行。

7.5.3.2 带回小行星原始物质或是就位加工

若能源供应充足（如核能源），可在小行星上进行物质加工，提升返回样本中有价值物质的成分比例。延长在小行星上的开采和加工时间，可以提高回报率。可以通过简单的经济回报分析来进行方案选择。

因此，材料加工可以在以下方面提高任务回报：

（1）经加工处理后，可以提高有价值资源的净比例。

（2）可以用于生产燃料或为推进系统提供原料。利用部分地外资源作为反应物质，如小行星上的挥发性物质，或是就位加工生产的推进剂。可以将更多的物质运送会地球轨道。

（3）在 M 型小行星上，可以利用当地蕴含的金属元素来制造出简单的地球再入舱。

7.5.3.3 使小行星自转减缓甚至停止的可能性

恒定的太阳矢量方向可能对体积较小的小行星自转停止有所帮助，这样就可以让一些太阳能驱动的处理装置或热控设备保持对日，也让在小行星上的起飞与着陆更为方便。

可以考虑采用卫星中常用的消旋装置，而无需消耗燃料。其他的奇思妙想也可采用，但对于体积较大的小行星，或是对于低成本任务，还是让小行星保持其原有的自转状态更为可行，只要将探测器着陆于小行星两极，并安装了万向旋转的机构即可。

7.5.3.4 小行星锚定

由于重力不足以帮助探测器固定在小行星表面，采样设备必须在小行星表面或次表层进行锚定，以提供足够的附着力。必须有效地收集与收纳采集到的物质。收纳过程非常关键，因为在小行星上的逃逸速度仅为 20cm/s。

许多小行星存在碎石结构，因此锚定会比较困难。锚定在坚固物体的表面较为容易，而在松散的物体表面则会非常困难，例如，风化层或是尘埃，这种情况在休眠或已消亡的彗星上很可能存在。若风化层强度不足且引力微弱，为保持钻取或是刮取等操作所需要的反作用力，将需要较为分散的支撑点。这就需要考虑大面积的锚定，或是将整个目标天体用薄膜包裹等方式。

将探测器稳定在小行星表面的方法包括以下两种。

（1）在疏松土层的条件下：

① 用绳系或包裹整个小行星的网固定航天器。

② 用大面积的螺丝拧紧固定（假设风化层足够疏松且可压缩，可被螺丝钉穿透）。

③ 焊接大量金属、冰或是固体硅酸盐岩石的碎屑。

④ 采用大面积的抓式锚定。

⑤ 在风化层中挖掘地洞(如利用逆时针螺丝紧固)。

(2)在紧致土层结构条件下:

① 与表面黏合。

② 通过夹具固定。

③ 采用岩钉。

④ 发射锚叉穿透固定。

在技术研发阶段,需要对最有希望的锚定概念进行开发与测试。

7.5.3.5 物质采集与收集

采矿方式将由采集对象决定。针对风化层和固体金属的采集方式将大不相同。挥发物质与冰中的金属含量较高时,采集方式也会不同。采矿方式随物质不同而变化。

(1)疏松的物质可以挖、刮或铲。

(2)易碎但受空间约束的物质可以击碎或分解后再收集。

(3)坚硬的岩石需要钻取、切割或爆破。通过冲击、加压或静态装填(如钻头、锤子、钻孔器)将力施加于岩石表面。

(4)可将硅酸盐与冰或碳氢化合物(固体可挥发物)溶解或汽化。

(5)大量金属可以在高温下被切割、溶解,或是利用羟基蒸发冶金,在相对低温下完成该过程。

在微重力缓进行,必须确保以下几方面能力:

(1)确保铲取装置紧贴表面。

(2)确保收集器有效收纳样品。因此在弱引力下采矿需要将目标风化层进行包裹。

出于以上考虑,采用地下采矿的方式可能会有比较好的效果。

(1)较易产生用于切割、钻探和挖掘所需的反作用力(与地球上采用的标准采矿技术相同)。

(2)表面的有价值物质可能已耗散殆尽(如在休眠期的彗星上,易挥发物质只可能存在与沉积物以下)。

(3)能够相对容易地收纳物质。

(4)地下开采出的空间可用于其他用途,如储物、居住或种植。

地下采矿并不需要提供非常大的反作用力,而且对脆弱的天体表面的影响较小(Gertsch 和 Gertsch,1997 年)。在矿道中,采矿机紧靠矿道壁。矿道可以与矿脉紧密贴合,避免对整个小行星天体的破坏。

另一种设想是安装一个固定的天顶,依靠扬尘器下降至表面,激起矿物。当天顶内有足够的矿物后,再收起天顶,将矿物收纳至加工点。

7.5.3.6 地球 EDL 策略

将从地外返回航天器的速度减小至返回轨道速度的方法有很多(Gertsch 和

Gertsch,1997 年)。

（1）发动机制动。这种方法需要在轨操作相对简单,但需要消耗大量燃料,也就占用了宝贵的返回物质的质量资源。

（2）大气制动。该方法利用地球高层大气产生的阻力,逐步降低航天器速度。要求航天器具有较大的迎风面(如太阳帆板或 IRDT)。

（3）月球辅助捕获。依靠飞越月球来降低航天器速度,单次月球飞越带来的减速量可达 1.5km/s。该方法对导航与时间同步的要求较高,以保证航天器在正确的时间以正确的高度飞过月面。

（4）直接进入。不采取减速措施。这是最为简单的一种再入形式,而相应的机械与热过载也是最高的。过去的任务经验证明了即使不具备轨控功能,再入器仍然能够安全着陆。Genesis 探测任务更是说明了软着陆系统也不是必要的(http://genesismission.jpl.nasa.gov/),它采用了传统的气动外形,进入大气候着陆与沙漠地带。虽然着陆舱在着陆冲击时损毁了,但科学家仍然得到了返回样本。得到的小行星物质产生了弯曲变形,但考虑到这些物质在提炼加工过程中也是要被熔解的,因此变形也不成问题了。Genesis 任务是一次巨大的成功,展示了如何恢复从小行星上送回的物质。

星尘号返回舱的再入速度达到了 12.9km/s,是人造航天器历史上地球大气再入速度最大的一次(http://stardust.jpl.nasa.gov/home/index.html)。

有许多方法可以控制进入器的气动参数,从而实现轨道控制,以提供更高的着陆精度并调节进入过程中的机械与热过载(表 7.3)。根据任务需求,弹跳式进入也是备选的方案之一。

表7.3 气动阻力与升力参数的控制方法

项目	被动方式	主动方式
进入器	稳定的气动外形(减速外形与重心配置)	动态气动外表面; 可控重心位置; 反作用控制系统
升力体	—	动态气动外表面

在接触地表之前的最后一个阶段,仍需要考虑多种方案。几种可能的方案如下:

（1）下降技术:降落伞;翼伞滑翔;反推火箭;IRDT(充气式进入与下降技术)。

（2）着陆技术:陆地着陆/海洋着陆;IRDT;气囊;压溃结构;反推火箭。

7.5.3.7 推进

采用哪种推进技术,与任务分析密切相关。表 7.4 给出了可能采用的推进技术形式。

表 7.4　往返运输器可采用的推进方式

推进形式	技术	任务分析约束	特点
电推进	功率源	依赖功率源技术(如对日姿态)	能源越充分,推进系统性能越好
	推力发生装置	小推力,如离子发动机,沿引力场等势线导航 VASIMR 发动机技术具有较好的发展前景	高比冲
化学推进	固体	不具有通用性	简单、高成熟度、低比冲
	液体(低温可存储,单双组元)或混合推进剂	—	高成熟度
混合推进	电推与化推混合系统		化学推进用于地球 LEO 逃逸,之后采用离子推进进行转移与近地小行星交会,再利用化学推进开展近小行星机动,利用离子推进完成返航转移,最后利用化学推进完成大气制动轨道调整
太阳帆	高反射薄膜微型电磁等离子推进(M2P2[a])	设计复杂的小推力轨道设计	利用太阳风来推动航天器,小推力,低成熟度,无需燃料消耗

http://www. ess. washington. edu/Space/M2P2/

目前来看,似乎混合推进的方案效果最佳。

对于 UEOUSE 计划中采用的推进系统,变比冲磁电等离子火箭 VASIMR(Variable Specific Impulse Magnetoplasma Rocket)也是可行的(http://www. adastrarocket. com/aarc/VASIMR)。它由三个相连的磁单元组成。等离子从前部单元中射出,然后经回旋加速器进行加速。待离子获得足够能量后,从尾部单元中射出,从而产生推力。选择 VASIMR 系统的主要原因是其能够采用恒定功率节流。这使得在一定推进剂的前提下,能够以最短的时间完成一次往返。采用 VASIMR 后,NEOUSE 的往返运输器能够在一年时间内完成从小行星到达近地轨道,并再次返回小行星的过程。这使得 VASIMR 成为该项计划中推进系统的一个理想选择。

7.5.4　识别关键技术

一项 NEOUSE 级别的项目,将会涉及到大量的复杂任务。必须在设计的早期就对单项和总体任务的风险进行评估。

在任务早期开展共性、关键技术的识别是一项重要的工作。这将有利于现有资源进行集中研发与投资。构建清晰的发展路线图是非常必要的。

特别要注意的是,近地小行星的采矿技术与未来的小行星轨道偏转任务间具有一定的技术继承性(表 7.5)。

158

表 7.5　关键技术列表

关键技术	描述
高效率推进	能够满足飞行时间约束的电推进或其他先进推进技术
材料加工	就位材料加工,达到以下目的: ·提高有效返回质量; ·制造再入舱; ·燃料补给
能源供应	太阳阵、核反应堆、燃料电池、太阳能功率卫星(SPS)等
小行星锚定	确保在小行星表面正常工作的设备
辐射防护	能长期防止高能辐射、粒子或太阳爆发事件对宇航员伤害的主动或被动系统
小行星制导与导航	在近小行星区域实现航天器导航与机动的制导控制系统

7.5.5　货运返回飞船

在 NEOUSE 任务中,大量采集到的物资用于小行星就位利用。相对少量但更有价值的物质将通过货运返回飞船(Cargo Return Vehicle,CRV)带回地面(图 7.8)。

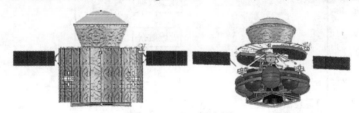

图 7.8　CRB 概念图

忽略其他方面(服务卫星、采矿系统等),本节重点针对如何将物质从小行星带回地球进行讨论。关于 CRV 细节的论述主要参考了 SEEDS 硕士课程中的内容(SEEDS 2009,2010 年)。

CRV 是一个复杂系统,它由三部分组成(图 7.9)。

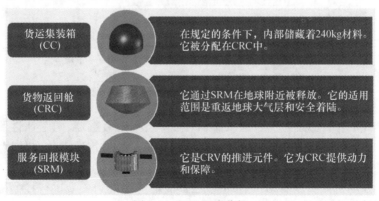

货运集装箱 (CC)		在规定的条件下,内部储藏着240kg材料。它被分配在CRC中。
货物返回舱 (CRC)		它通过SRM在地球附近被释放。它的适用范围是重返地球大气层和安全着陆。
服务回报模块 (SRM)		它是CRV的推进元件。它为CRC提供动力和保障。

图 7.9　CRV 组成分解

CRV 需要在小行星表面基础设施附近的区域完成自主接近与着陆。其后，采集的物质将由机器人运送至 CRV 内，再由 CRV 运输回地球。在接近地球的阶段，CRV 将释放出返回舱(CRC)并使其进入精确的再入轨道。CRC 将携带小行星样本降落到距离地面处理站较近的区域，并确保样本不受污染。

CRC 需要具备在大气中超声速飞行并承受机械与热过载的能力。其样本携带能力为 240kg，外径约 2m。

(1) 简单的无控弹道式再入可以实现约 50km 的着陆误差；

(2) 下降系统仅由主伞与引导伞组成，最大着陆速度小于 10m/s；

(3) 为减小着陆系统质量，防热大底将在飞行过程中分离。

往返服务模块(Service return module,SRM)可以实现多种功能，特别是在轨飞行中的轨道机动。采用推力器实现零动量三轴稳定姿控。图 7.10 总结了货运飞船(CRV)姿轨控系统(AOCS)的结构。

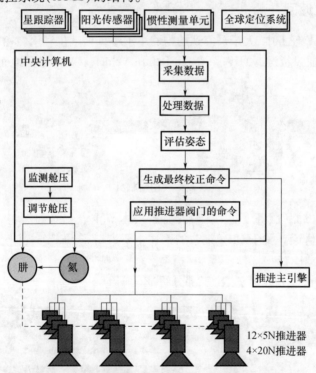

图 7.10　货运返回飞船姿态与轨道控制系统框图

选用的导航敏感器为一台星敏感器(三头)、太阳敏感器、两个惯性测量单元(IMU)和一个 GPS 接收机。GPS 只有在导航卫星可见的情况下才会使用，能够为近地操作，如地区捕获、着陆舱释放等机动提供精确定位。

CRV 发动机需要具有多次启动能力，同时能够对推力矢量进行控制以及关机控制。燃料为一甲基肼(MMH)四氧化二氮(NTO)。高压氦气瓶用于对 MMH 和

NTO 储箱施加压力。MMH 与 NTO 的组合能够确保较高的可靠性,可存储性和较高的比冲。MMH/NTO 也很容易多次点火以及关机。

燃料储箱和发动机是为航天器提供动力的主要因素(图 7.11)。由于主发动机与推进系统相连,系统的设计与推进系统紧密相关。CRV 质量的 60% 都是燃料,一些可能的优化方向为:

(1) 分段式设计;

(2) 应用不同的推进技术(如 VASIMR)提高比冲。

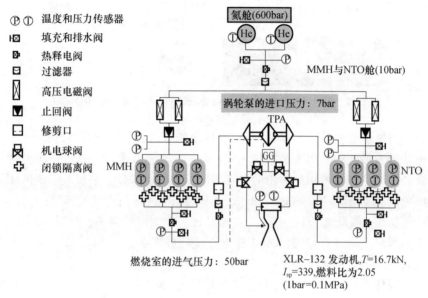

图 7.11　CRV 主推进系统

这里设计的系统具备 240kg 的返回物质装载能力。这一能力可根据任务需求进行修改。其能力极限主要受所采用的推进技术所限制。通过采用多次任务组合的方式,或可解决现有的技术瓶颈问题。

7.5.6　载人任务

尽管宇航员比机器人的能力更强,但对载人探测 NEO 任务的风险和必要性仍然很难评价。第一次先导任务一定是无人的,其后宇航员将建立起第一个前哨战和基础设施。在这之后,可以想象只有高度自主的机器人能够在 NEO 上进行采矿活动,并将物质运回地球。

这些过渡性质的载人任务需要对任务的特殊性做出认真考虑。如前所述,在现有的防辐射技术条件下,宇航员航行约 180 天后,就会达到最大的承受极限(NASA 定义在 95% 置信度下,有 3% 罹患致命性癌症的风险)。图 7.12 展示了载人小行星探测飞船的概念图,来源为加州理工大学的一项航天挑战研究(Caltech

Space Challenge,2011年)。

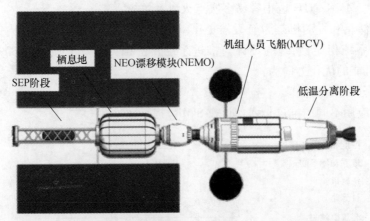

图 7.12　载人 NEO 飞船概念图（Caltech Space Challenge,2011年）

必须对乘组规模、组成、居住面积、娱乐设施等进行详细分析与选择。

通常认为最佳的乘组人员数量为 4~6 个。这一结论是通过对资源消耗量和乘组活动能力的综合考虑后得出的。在 NEO 表面,至少 2 名宇航员组成的团队将开展出舱活动（Extra Vehicular Activity,EVA）,同时将由舱内宇航员进行监视。NASA 曾提出一项概念,即在小行星表面设置一个固定的网格,宇航员可以通过攀爬到达小行星上的任意位置（NASA 探索系统任务委员会）。

载人飞船由以下部分组成:

（1）居住舱:包括环境保障和生命支撑系统（ECLSS）、能源供应、物品存储、医疗设施。可能还需要一个额外的舱段提供更大的居住空间。

（2）舱外活动飞行器:可提供两名航天员在近地小行星周围或飞船周围进行自由飞行。

（3）推进级:用于往返转移飞行。

（4）地球返回器:具备地球大气再入能力。

致谢

作者向 Francesco Marziani（ALTEC,托里诺,意大利）在深空任务操作与深空辐射方面的贡献表示感谢。

参考文献

[1] Barucci, M. A. , Yoshikawa, M. : NEO Sample Return Mission Marco Polo; proposal to ESA COSMIC VISION prepared by a joint European Japanese team and supported by 440 confirmed scientists, MOSCOW（October 3,

2007)

[2] Caltech Space Challenge, Finding NEO: A manned mission to a Near – Earth Object, Caltech, Pasadena, September 11 – 16(2011)

[3] COSPAR(2013), http://cosparhq. cnes. fr/Scistr/Pppolicy. htm

[4] DLR, The Near – Earth Asteroids Data Base(2011), httP://earn. dlr. de/nea/aaamcspc. jpg

[5] Barbee, B. W. (ed.): Target NEO: Open Global Community NEO Workshop Report. George Washington University(July 2011)

[6] Hutchison, R. : Meteorites. A Petrologic, Chemical and Isotopic Synthesis. Cambridge University Press(2004)

[7] Sonter, M. : Near Earth Objects as Resources for Space Industrialization. Solar System Development Journal 1, 1 – 31(2001)

[8] NASA JPL(2013), http://neo. jp1. nasa. gov/

[9] NASA, NASA Exploration Systems Mission Directorate. Explore NOW Report(September 20. 2010)

[10] SEEDS, Executive Summary of the fourth edition of the International Master in Space Exploration and Development Systems(December 2009)

[11] SEEDS. Executive Summary of the fifth edition of the International Master in Space Exploration and Development Systems(2010)

[12] Ross, S. D. : Near – Earth Asteroid Mining Control and Dynamical Systems. Space Industry Report(December 2001)

[13] Gertsch, R. , Gertsch, L. : Economic Analysis Tools for Mineral Projects in Space. Space Resources Roundtable (1997)

[14] Friedensen, V. : Exploration's NEA User Team(NUT) Precursor Requirements, presentation to LPSC, NEA User Team belongs to NASA Exploration Systems Mission Directorate, Advanced Capabilities Division (March 8, 2011)

[15] Walker, R. J. , McDonough, W. F. , Honesto, J. , Chabot, N. L. , McCoy, T. J. , Ash, R. D. , Bellucci, J. J. : Origin and chemical evolution of group IVB iron meteorites. Geochim. Cosmochim. Acta 72, 2198 – 2216(2008)

第 **8** 章

不受重力约束的移动机器人设计

马可·查次(Marco Chacin)
美国加利福尼亚州奇点大学(Singularity University,California,USA)

8.1 引言

近年来,科学界对探索太阳系小行星越来越感兴趣(APL,1996 年;JAXA/ISAS,2003 年;NASA/JPL,2007 年)。技术进步使人类第一次通过机器人深空探测器的传感器和仪器近距离观测这些太阳系的小行星。小行星的原位研究可以使绘制主要小行星带取得重要科学发现。通过光谱类绘制小行星带,了解陨石在地球上哪个区域登陆,可提供我们太阳系起源和进化的关键线索,甚至包括我们地球的地质历史(Fujiwara 等,2006 年)。然而由于小型太阳系星体上具有挑战性的重力环境,移动机器人系统在它们表面的运动很少受到关注。

在类似小星体的小天体上,引力场都大大弱于地球或火星,因此机器人运动时无意碰撞天体表面的可能性非常高。尽管有这些困难,为了从小行星表面的既定任务上最大限度的获得科学返回,未来的任务必须能够实现在粗糙地形上的稳定移动和准确定位。

在这一章,重点是不依赖重力,机器人在行星上运动的方法、技术和挑战,并且运动时希望引起行星表面最小的反应,用足够的力推动探测仪达到逃离的速度并漂移进太空。考虑到接触动力学、环境的自然特征、表面的摩擦和其反作用力,提出微重力下表面机器人操作过程中实现一致运动的建议和方法。

8.2 微重力下的运动

小行星的物理特性导致了非常恶劣的环境,其特点是缺乏(甚至没有)重力。

2004 年 Scheeres 提出，微重力环境的影响近似合适的预想的 $10^{-6}g$（其中 g 是地球上的重力加速度）。在这种环境中，星体基本上不会降落，但仍然按照轨道飞行，除非它们到达星体的最低逃逸速度 20cm/s，正如 25143 小行星的情况。为了在这些星体上实现稳定的移动，考虑微重力环境下机器人和行星表面之间的相互作用力是关键。

行星科学家和行星机器人工程师相对较少关注小行星表面的移动性。因此，那些早期关于小行星表面稳定移动的可行性的结论，没有完全考虑所有可能的方案。但是，为了增加小行星上的任务带来的科学收益，需要近距离观测表面上的运动对微重力环境下物体之间相互作用产生的力的稳定控制的情况。

目前机器人学的发展可能为行星的弱重力域的移动提供解决方案，下面将要讨论最可行的解决方案。

8.2.1　滚动和弹跳运动

虽然滚轮运动不是公认的解决小行星表面移动性的方案，但一项研究表明，在某些情况下质量小于 1kg 的太空车的滚轮运动是可行的。1998 年，Baumgartner 等报告指出，分析是否可以获得足够的牵引力来实现滚动移动性，取决于使用的滚轮和地形相互作用模型。对于一个小型的运动速度为 1cm/s 的太空车来说，充足的牵引力是可行的，通过动力学仿真表明了牵引力一般在刚开始运动时损失。

弹跳和滚动式太空车根据计算机动态仿真的研究总结得出，这两种类型的太空车在小行星移动性上有使用限制（Behar，1997 年）。我们认为弹跳机器人的实用性有限是由于精确移动的推力器控制和机器人姿态估计的复杂性；滚轮式机器人的实用性有限是由于将车轮保持在行星表面有困难，当出现误操作时，将导致长时间脱离表面的情况。保持车轮在行星表面是有难度的。2001 年 Hokamoto 和 Ochi 提出，小行星移动性滚动运动的另一变化依赖于一个十二面体形状的太空车和 12 个定向辐射状安装在车体周围的单独驱动的棱柱形腿关节，腿关节提供间歇性行走和滚动。

避免了与准确移动相关的复杂性，取而代之的是更简单的推进机构，轨道弹跳也许可以解决分离的问题，是实现小行星表面的移动性的最简单的手段。上述的 MINERVA 车是目前唯一的完全是为太空飞行任务开发的小行星弹跳车。它约 600g，是为一些小行星的白天自主操作设计的，包括各种跳跃速度的轨道跳跃和一些跳跃方向的控制，这些依赖于它在行星表面的工作状态（Yoshimitsu，2001 年）。其他设计方案在研制中或者已被提议作为可行的设想。曾经考虑 1.3kg 的滚轮式太空车作为 MINERVA 飞行中 Hayabusa 任务的装备（Wilcox 等，2000 年；Kawaguchi 等，2003 年），提议结合一种新型流动机构也能实现轨道跳跃。它进一步提供了自我修正的功能，可以应对跳跃着陆过程中的问题，也可以避免在微重力环境下以 1.5mm/s 穿越行星表面过程中摔倒（Tunstel，1999 年）。

2009 年 Cottingham 等提出，另一种为小行星设计的弹跳太空车是"小行星表面探测仪",它是一个直径为8cm,由8kg的电池供电(100h)的球状机构,使用推进器弹跳。当固定后,球体呈3片花瓣状打开,露出科学仪器设备,并且提供自我校正探测的方法(Ebbets等人,2007年)。在原理上类似的德国航空航天中心(DLR)作为欧洲航天局研究的一部分,设计提出了12kg推力器推进轨道自由飞行的概念(Ritcher,1998年)。其他被提议作为小行星探测的弹跳机器人包括一个金字塔形的机器人,样品533g,配有四个单自由度(DOF)的脚蹼,在这基础上为了实现跳跃,加上一个杆臂用来自我调整(Yoshida,1999年),还包括一个球状的1kg机器人,通过电磁铁驱动的内部金属球来实现弹跳(Nakamura等,2000年)。

最近一项研究的总结得出,微重力环境下的滚轮和跳跃运动模式在运动速度上是可比较的(Kubota等,2009年)。研究仅考虑了理想情况(例如,平坦地形和车轮与地形之间的接触无损失)。火星重力场下滚轮和弹跳式太空车的比较性研究得出了类似的关于能源消耗的结论(Schell等,2001年)。

8.2.2　爬行和攀登运动

大自然中动物和昆虫为克服重力穿越粗糙地形提供了解决方案。在过去由于和轮式系统相比运动效率较低,没有太多地考虑肢体运动,但肢体运动是常见的替代方法,其可以切实解决行星太空车在爬行或者攀登时的移动问题。

解决行星上遇到的微重力环境的问题时,相关的参数缺少说服力。2002年Yoshida等提出,采用附着小行星表面的方式,将为受控运动和精细定位提供关键功能。四肢也可以作为主悬架,防止穿越或者着陆过程中弹跳后的反弹。在行星域内不使用四肢的爬行和攀登运动方式也可能有优势。下面简要讨论这种无肢的方式,接着讨论一些有希望实现的技术和依附抓取表面的概念。

8.2.3　无足爬行

存在大量的关于蛇形或盘旋状机器人研究的工程文献。2009年Transeth等人提供了最近一项调查。受到蛇的启发,机器人已经发展到可以执行各种运动步态,能更好的在低表面摩擦条件下有效运动(Dalilsafaei,2007年),尤其是有效地完成平滑地面的自由移动(Hatto和Choset,2010年)。攀爬机器人机构的应用中使用的干附着力等其他技术正在不断发展。下面讨论的是基于太空和行星车技术实例的爬行或攀登运动中,通过黏合剂实现表面牢靠的接触。

8.2.4　可应用的黏附技术

干胶和静电黏附方法使行走或攀爬机器人系统在不依赖重力的运动中有希望黏附在自然表面。例如,自动步行检查和维修机器人(AWIMR),设计的目的是让它在太空船舱外面或者太空中的建筑上工作,而不是在地球或小行星表面工作(Wagner和Lane,2007年)。AWIMR工程师受到壁虎的脚的启发,借助有黏性的脚的原型,确定了在行星表面步行的可行性,使用干胶黏剂聚二甲基硅氧烷来黏附。机器人有黏性的脚能在任何清洁、非易碎的表面上行走(典型的是可以在太空舱外行走),但是要求特定的拉力。AWIMR 项目还测试了通过静电方法黏附到表面,发现能实现更大的剪切力,在这种情况下要满足运动,静电要达到 2～3kV(Wagner 和 Lane,2007 年)。

2007 年 Bombardelli 等人提出,人工干胶受到壁虎和蜘蛛的启发,保证着陆前在轨道上传递微探针到行星的表面。这一设想来自于一些工程典型的人工可重复使用壁虎胶黏剂的成功制作。据报道最近使用数捆具有 4 倍天然壁虎脚毛黏性的碳纳米管来制作这种最强的干胶(Bombardelli 和 Ge 等,2007 年)。

在综合的理想特性之间,为了使太空车在行星上漫游而使用的仿壁虎的干黏附胶在很多类型的表面都是有效的(因为其功能的原理是范德瓦尔斯力),其在真空下是有效的,事实上不需要额外能源维持既定的表面抓力,而且它们在模仿天然壁虎脚垫的自我清洁或抗灰尘性方面很有潜力(Menon 等,2007 年;Silva 等,2008年)。这种技术对在空间建筑内外和地面步行或攀爬的空间行星机器人车辆具有显著的适用性(Menon 等,2007 年)。这项工作简要描述了适用于小行星机器人设计中什么需要在早期阶段考虑。我们下一步讨论并提供用于机器人四肢抓取或把机器人四肢短暂地锚固在行星表面的机械方法的技术实例。

8.2.5　夹持器终端操纵装置

使用夹持器终端操纵装置作为脚或手的办法(图 8.1)可以在保持与小行星表面接触的同时进行步行或攀爬运动。抓附行星表面的能力在不依赖重力的运动中是关键,要实现任何方向的移动,包括陡峭的倾斜的自然地形和颠倒的地形。这种抓握动作是通过挖进表土或粗糙、坚硬的表面的高摩擦力实现在自然表面漫游。

(a)　　　　　　　　　　　　　　(b)

图 8.1　夹持器原型

在过去的十年期间,一直在研发这种解决在行星上移动问题的夹持器系统,最近更加关注的是在火星上攀登陡峭地形的问题。应用这种技术的典型示例是 8kg 的配有四肢的火星车 LEMUR Ⅱb,为此已经研究了几种类型的攀爬终端操纵装置

（Kennedy 等,2005 年）。LEMUR 类型的机器人的运动功能（运动学上地）从在轨道空间建筑上行走的六肢机器人到在陡峭地形自由攀爬的四肢机器人有了一定的发展。在开发具有自由攀爬性能的 LEMUR IIb 的过程中遇到的要处理的技术问题（如夹持器终端操纵装置,力的控制和基于稳定性的运动规划）对在行星上不依赖重力运动也是有用的。

最近在 Tohoku 大学的工作,率先研究出带肢体机器人运动解决方案和样机,专门用于实现小行星表面的移动性,以及探索微重力环境下静态稳定抓取运动的可行性（Chacin 和 Yoshida,2005 年）。该工作的目的是希望实现更好和更确定性的机器人运动和定位的控制。使用基于性能的控制方法加上配有节奏性运动和传感器驱动反馈的仿生中枢模式发生器,处理了运动控制的复杂问题。动态仿真的结果显示,静态运动在获得表面抓握力的情况下是可行的（Chacin 和 Yoshida,2005 年）。我们已经完成了 2.5kg 的 Tohoku 行星车样品（图 8.2）,在每个肢体的末端,使用尖锐的长钉作为瞬间锚固在柔软表土的装置,或者在组合使用时作为静态抓住坚硬表面的接触点（Chacin 等,2006 年）。微重力环境中爬行步态（Chacin 和 Yoshida,2006 年）使用这个系统的可行性要进行稳定性分析（感官上控制行星车着陆到小行星表面的稳定性）。

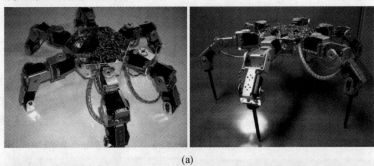

(a)

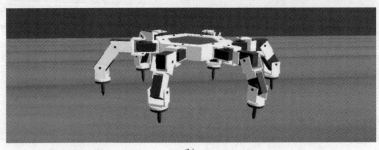

(b)

图 8.2　研发中的 Tohoku 大学的机器人（a）和仿真模型（b）

8.3 节的重点是把这个机器人系统作为小行星移动性解决方案和控制方法的一个示例。它考虑到了有关微重力环境及其对小行星上的机器人系统动力学的影响问题。

8.3 常规假设

对于今后的小行星探测任务（Chacin 和 Yoshida，2005 年；Chacin 等，2006 年；Yoshida 等，2002 年），预计将设计智能机器人系统，使用更精确的仪器实现微重力条件下的小行星表面上的定位功能。然而，这项任务的工程复杂程度，使有效稳定运动的机器人设计变得困难。针对这项任务，可行的机器人设计要求小型带肢体的机器人在行星上方展开，并爬上其粗糙的表面（Chacin 和 Tunstel，2012 年）。

在常规操作期间，我们计划根据环境的自然特征和表面的摩擦实现机器人全方位行走，这一过程中肢体和环境有无数次接触。在微重力环境中，一种规划的算法是在接触中实现运动，或利用此属性实现更多形式上一致的运动（Borenstein，1995 年）。在一致性运动执行过程中，接触产生的感知力体现出肢体末端的轨迹。

在这个情境下明确规定，一致性运动命令的问题类似于仅使用位置控制为肢体末端定向规划的问题。一致性运动控制（Klein 和 Briggs，1980 年）保证了运动框架中力和速度的规范，直到检测到一系列终止条件。

通过下面的分析，简化了讨论范围，具体假设如下：
（1）天体是和机器人刚性关节接触的刚体物体；
（2）给出肢体和天体的精确模型；
（3）忽略肢体间的干扰；
（4）在固定位置每个肢体只有一个摩擦力接触点；
（5）接触点的 z 方向始终是在表面法线向内的方向；
（6）接触点是已知的，机器人每个关节的质量可以忽略不计；
（7）动态和静态摩擦系数是一样的；
（8）运动是准静态的，忽略各种动态影响；

假设只有一个摩擦点，我们只考虑该接触点的力。这样在执行一致的命令时，机器人控制器可以把感知的力看成需要的校正动作，它是在运动期间保持接触且服从该任务时自动产生的。

当接触点的相对切向速度为零时产生的摩擦称为静态摩擦；否则，产生的摩擦称为动态摩擦。假设（7）和（8）考虑"一阶"（或准静态）的空间，力和速度是相关的，这时有静态摩擦但没有动态摩擦。

8.3.1 动态模型

机器人模型（Chacin 和 Yoshida，2005 年）包括一个六边形的中间机构和六个对称地分布在它附近的相同的脚（Inoue 等，2001 年和 2002 年）。这种表面移动机器人的类型在动力学方程方面具有相同的结构,自由飞行或漂浮机器人并没有一个固定的点,但和地面有相互作用。

存在外部力 F_{ex} 时的自由多体飞行系统动态运动表述如下(Yoshida,1997 年):

$$H\begin{bmatrix} \ddot{x}_b \\ \ddot{\varphi} \end{bmatrix} + \begin{bmatrix} c_b \\ c_m \end{bmatrix} = \begin{bmatrix} F_b \\ \tau \end{bmatrix} + J^{\mathrm{T}} F_{ex} \qquad (8.1)$$

式中:H 为机器人的惯性矩阵;x_b 为底座的位置/方向;φ 为关节角度;c_b 和 c_m 为依赖速度/重力的非线性条件;F_b 为直接外加在基座的力/力矩;τ 为关节扭矩;J^{T} 为雅可比矩阵。

在此模型中,可以通过一组参数确定任何机器人形态,如身体的坐标和方向,各肢体的关节角度。肢体有三个连接和三个驱动旋转关节。其中两个关节位于这条腿与中央机构的交界处。第三个关节位于膝盖部位,连接着上面和下面,这样说来每个肢体有三个自由度。

末端周围的运动学关系表述如下:

$$\dot{x}_{ex} = J_m \dot{\varphi} + J_b \dot{x}_b \qquad (8.2)$$

$$\ddot{x}_{ex} = J_m \ddot{\varphi} + \dot{J}_m \dot{\varphi} + J_b \ddot{x}_b + \dot{J}_b \dot{x}_b \qquad (8.3)$$

式中:J_b 和 J_m 分别为基座(主体)的雅可比矩阵和给定操作者(肢体)的雅可比矩阵。

8.3.2 接触面的动力学

在普遍使用的接触模型中(Brach,1991 年;Keller,1986 年),假设动量交换和力与时间乘积有无穷小的影响。但是,两个刚性机构之间的无穷小影响是一个很理想化的情况。当建立地面(自然地形)的模型时,我们通常观察到随着刚度系数降低,地面会发生更多的渗透。阻尼系数越小,振动发生的时间越长。然而,肢体模型的刚度系数和阻尼系数非常高的增量造成了仿真的不稳定性,这是由于数值问题产生的,可以通过使用刚性的肢体来避免,从而减少模型的限制规则。下面着重讨论如何确定接触力 F_{ex}(Der Stappen,1999 年)。

当接触点有摩擦时,该点上的摩擦力与接触表面相切。我们将第 i 个接触点的摩擦力表示为 f_i,其法线力表示为 f_n。为了在三维系统中完整描述切向加速度和摩擦力,我们还需要描述切平面的加速度和摩擦力的方向(Gilardi 和 Shraf,2002 年;Yoshida,1999 年)。

假设在肢体末端是纯弹性接触(Chacin 和 Yoshida,2008 年)(法线 z 方向),碰撞的过程可以分为两个阶段:压缩和恢复。在压缩阶段,碰撞物体接触表面的变形吸收弹性能量。在恢复阶段,释放回压缩阶段存储的弹性能量,使相对速度大于零。然后,可以把机器人建模为弹簧质点系统(图 8.3),因此下面表示了质量、速度和力的关系:

$$2mv = F\Delta t^{①}　　　　　　　　　　(8.4)$$

现在,把接触时间看成系统质量 m 和肢体的刚度系数 K 的函数,则有

$$\Delta t = \pi \sqrt{\frac{m}{K}}　　　　　　　(8.5)$$

由式(8.4)和式(8.5),得

$$F_{\text{contact}} = \frac{2}{\pi} (\sqrt{mK}) v　　　　　(8.6)$$

$$F_{\text{contact}} = \sum_{i=1}^{N} f_i　　　　　　(8.7)$$

N 是着陆时与地面接触的肢体的数量。

考虑到切线方向的库仑摩擦,从图8.4中我们得到下面的一般表达式:

$$f_{ci-\text{tg}} = f_{ci}\cos\theta　　　　　　　(8.8)$$
$$f_{ci-\text{normal}} = f_{ci}\sin\theta　　　　　　(8.9)$$

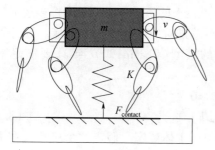

图8.3　接触模型

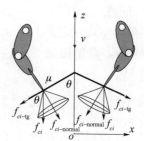

图8.4　接触力的分解

其中,θ 是表面法线的角度。下一步,摩擦系数可以表示为

$$\mu = \frac{f_{ci}}{f_{ci-\text{normal}}} > \frac{f_{ci}\cos\theta}{f_{ci}\sin\theta}　　　　(8.10)$$

$$\mu > f_{ci}\tan\theta　　　　　　　(8.11)$$

考虑到式(8.11)中 $F_{\text{contact}} = f_{ci}$,结合式(8.4)得到

$$\mu > \frac{2mv}{\Delta t}\tan\theta　　　　　　(8.12)$$

代入式(8.5)得

$$\frac{\mu\tan\theta}{2m}\left(\pi \sqrt{\frac{m}{K}} \right) > v　　　　(8.13)$$

表达式(8.13)表明了要考虑的接触稳定性严格取决于机器人的接近速度。

比起前面讨论中使用的标准,准静态稳定是更一般的稳定标准。在此情况下包括了惯性力,不需要单独考虑肢体动力学;和主体的质量一起,肢体的质量也要

---

① 原书式(8.4)表达有误(译者注)。

考虑。在之前的讨论中,假设部分是准静态稳定,提供的所有接触点的力 f 的法向分量是正向的。由于接触点不能表示负方向的法向力(图 8.4),负方向力的出现表明既定的肢体将抬起,因为它不能提供质心所需的移动,微重力环境中机器人将会像 MINERVA 一样跳跃(Yoshimitsu 等,2001 年)。

8.3.3　运动控制

如果机器人成功实现静态稳定行走,控制系统必须确保机器人的行为不会偏离以下稳定条件:

$$\sum_{i=1}^{m} f_i + m_0 g = 0 \tag{8.14}$$

$$\sum_{i=1}^{m} p_i \times f_i = 0 \tag{8.15}$$

为了保持平衡,机器人必须能够适应其肢体末端作用在地面上的力,可以补偿无滑动时重力的影响。一个必要的条件是机器人的质量中心位于支撑多边形的上面。但在不规则表面上,支撑的多边形并不总是对应到接触点的底座。要计算支撑多边形,建立接触界面(所有接触点)的模型(Chacin,2007 年),要满足下面条件:

$$\| f_n \| \geqslant 0 \tag{8.16}$$

$$\| f_t \| \leqslant \mu \| f_n \| \tag{8.17}$$

为了使机器人保持静态平衡,需要控制其主体姿态。假定这个机器人在横向平面上能很好的平衡,在任何给定的时刻,主体姿态决定着矢状面质量中心(COM)加速度。如果整个步态周期中时刻已知加速度输出的期望值,可以采取矫正行动维持机器人稳定。如果主体姿态收到错误的信号使肢体抬高或降低,并假设我们可以时刻确定整个步态周期中矢状面上预期的加速度,我们可以实现连续控制系统。

8.3.4　零力矩点和系统的动量

在步行机器人技术领域,零力矩点(ZMP)是 1970 年 Vukobratovic 首次提出的,是讨论机器人倾翻稳定性和步态控制的关键概念。图 8.5 为关节式表面机器人的力/力矩模型示意图。

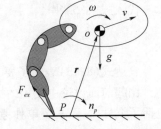

图 8.5 中点 O 是整个机器人的重心(COG)。矢量 r 表示从地面上的任意点 P 到点 O 的位置矢量,矢量 l_i 表示从点 P 到各个肢体的地面接触点的位置矢量。对于此模型,下面的动力学平衡式成立:

$$\dot{P}_p = \sum f_{exi} + Mg \tag{8.18}$$

图 8.5　关节式表面机器人的力/力矩模型示意图

$$\dot{L}_p = n_p + r \times \dot{P}_p + \sum (l_i \times f_{exi}) \tag{8.19}$$

式中:P_p 和 L_p 都是绕点 P 的线性角动量;M 为机器人的总质量。ZMP 是点 P 的位置,该点绕水平轴的力矩 n_p 的分量 n_{px} 和 n_{py} 变为零时机器人是稳定的。ZMP 必须在由肢体的地面接触点形成的多边形内部,否则机器人开始翻倒。

基于这一概念,我们已经研发了步行机器人步态生成和运动控制算法。此外,最近提出了关于动力学动量的先进规划和控制算法(Kajita 等,2003 年)。

对于曲面肢体机器人,对它施加的重力可以忽略不计;式(8.1)的非线性特征改变了。把上面的设置和时间结合起来,我们得到整个系统的动量如下:

$$L = \int J_b^{\mathrm{T}} F_{ex} \mathrm{d}t = H_b \dot{x}_b + H_{bm} \dot{\phi} \tag{8.20}$$

代入式(8.2)并消除 $\dot{\phi}$,我们可以得到下面的等式:

$$L = (H_b - H_m J_s^{-1}) \dot{x}_b + H_m J_s^{-1} \dot{x}_{ex} \tag{8.21}$$

这样,如果系统确实偏离静态稳定,控制系统可以识别这种情况,并把机器人带回静态稳定状态。

8.4 广义控制算法

因为步行是一个连续和循环的过程,我们可以考虑两种主要类型的控制系统,其中之一是闭环控制系统。为了控制实现连续的步态行走,可以考虑一般闭环控制系统。但是,因为建模时肢体末端自身的位置是一个离散的过程,我们使用事件触发控制系统来识别这种状态,根据当前的系统状态调整闭环控制方式。

给定一个运动命令(矢量 X),通过以下方式进行运动规划和控制算法,按照命令的方向和大小实现移动(图 8.6)。

(1)使用 2006 年 Chacin 和 Yoshida 提出的步态规划,规划全部的肢体动作设置,使它们按照期望的方向运动。

(2)在 t 时刻,从连接点 0 到 n 递归地计算连接的位置和速度。

(3)设置加速度 $\ddot{x}_b$ 和 $\ddot{\phi}$,外部力 F_b 和 F_{ex} 为零,从连接点 n 到 0 递归地计算惯性力。坐标系中合成力 x_b 和 ϕ 分别等于非线性力 c_b 和 c_m。

(4)使用 ZMP 动力学规划各个肢体的末端点轨迹 x_{exi},所以它满足稳定性条件,沿着轨迹可以得到末端点速度 $\dot{x}_{ex}$。

(5)考虑到摩擦力的估值(Chacin,2007 年)和式(8.13)表示的接触稳定性条件,确定机器人基座运动 $\ddot{x}_b$ 为

$$\begin{bmatrix} \ddot{x}_b \\ \ddot{\phi} \end{bmatrix} = H^{-1} \left\{ \begin{bmatrix} F_b \\ \tau \end{bmatrix} + J^{\mathrm{T}} F_{ex} - \begin{bmatrix} c_b \\ c_m \end{bmatrix} \right\} \tag{8.22}$$

(6)通过式(8.2)计算肢体的关节点速度 $\dot{\phi}$,考虑到式(8.17),使用 $\dot{x}_b$ 和 $\dot{x}_{ex}$

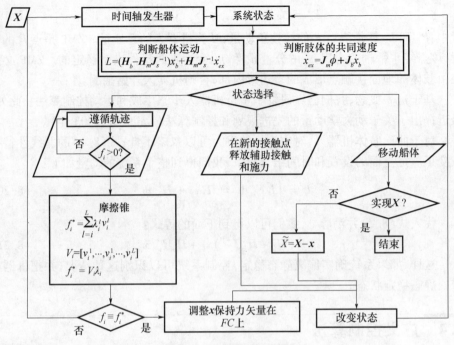

图 8.6　步态规划细节图

来改变控制系统的状态。如果有必要,调整 x 保持力向量在摩擦锥的界限内。

（7）采用新的接触结构实现支撑接触,在新的接触点产生容许的接触力。可以应用动力学研究减少表面位置和方向的不确定性。改变控制系统的状态。

（8）控制关节点随着步骤 6 开始的方案移动。验证是否已到达目标位置 X;如果还没有,就重复操作。

这种算法和常规算法相比,一个区别是步骤 3 考虑到机器人动量。没有这一步,得到的关节点运动和最初计划的末端轨迹相比可能出错,因而可能不满足稳定条件。传统上,可能采用反馈控制更正这些错误。但在第（3）步中使用式（8.21）,该错误可以提前得到补偿。

8.5　存在的问题

在小行星表面不依赖重力的环境下,解决运动方法的发展和评价过程中遇到了一系列的问题。这里的实验报告指出了一些问题,但几个其他的关键问题值得研究者早期关注。其中之一是在小行星的旋转和因其不规则形状造成的非均匀重力场的影响下可控轨道弹跳的机构的设计。2008 年 Bellerose 和 Scheeres 等人建立了弹跳飞行器的动力学模型,通过计算和控制初始跃点速度实现了指定距离的跳跃。模型中把剩余的反弹距离用来给飞行器休息（考虑到表面摩擦系数和恢复）。要考虑的一个特别具有挑战性的方面是一些小行星的外形表面上可能有飞行器能平衡停留的地方,从而影响飞行器动力学特性。可以想象,因为这种平衡,弹跳飞行器可能混乱的偏离预测的弹道轨迹。这样限制探索区域可能会影响探索目标,飞行器可以安全且可靠地在小行星表面漫游,稳定和不稳定的平衡位置碰巧与科学关注的表面区域一致。纯跳跃飞行器主要工作在较小主体上,到达此表面区域的范围是有限制的。Bellerose 的模型使我们对非均匀重力场的影响,小行星自转产生的向心力和科氏力如何增强或妨碍跳跃性能有了深入了解(Bellerose 和 Scheeres,2008 年)。

另一个关键的问题是在这种方式的跳跃后实现着落,而且要避免反弹。解决这一难题要使用控制与机器人技术。某机器人采用弹簧和线性驱动器,通过控制水平速度来实现这个功能(Shimoda 等,2003 年),同时其他的研究正在尝试在着陆上方主动探索地面(Chacin,2007、2008、2009 年)。相关的难题,主要是不依赖重力的运动,通过控制力关闭和开启来维持抓附表面或者临时锚固。本文介绍的和2009 年 Chacin 和 Yoshida 提出的内容主要是研究了运动/力控制,关于稳定爬行问题的动态建模,在微重力情况下维持接触/抓附行星表面所需的力。实验实现了在一致性运动执行过程中维持接触的力反馈的功能。2005 年 Kennedy 等实现了稳定的自由爬行运动控制下锚固的主动力控制。2003 年 Bretl 等人提出了触觉传感和相关的运动规划算法,并且已经在 LEMUR IIb 机器人上实现了。

微重力环境及其对地面飞行器的影响,使跳跃、爬行或攀登时飞行器的定位成为关键的问题。确定、更新和维护小行星表面上飞行器位置和方向的信息对于记录空间环境、表面科学测量和特定操作任务内容是重要的。我们已经提出了弹跳机器人定位方法,但是要依赖其到轨道或空间站的测量范围(Yoshimitsu 等,2001年),要使用更多普遍的方法,比如微粒过滤器(Martinez – Cantin,2004 年)、具有里程碑意义的土地参考探测器(Fiorini,2005 年)和翻滚过程中的视觉测距法(So 等,2008,2009 年)。

最后,关键的问题是不依赖重力运动系统的测试和验证,以保证他们在小行星任务技术准备阶段的信心。这始终是空间系统面临的问题,特别是实现微重力领域中预期的操作。2008 年 Chacin 和 Yoshida 描述的测试平台和模拟减小的重力方式是典型的解决方案,使用相对廉价的技术解决面临的难题。实验室中的其他测试平台也可以模拟减小重力,包括使用配有无摩擦空气轴承滑轮的空中竖架系统悬挂起样本飞行器,把样本飞行器放在平坦的空气垫上或安装在综合性航空轴承移动底座上。小行星低重力场处的可控表面移动目前是不可行的,其他密切相关和重要的难题仍有待解决,需要通过先进的研究和技术发展。

8.6 总结

在本章中,讨论了各种在小行星微重力表面的不依赖重力运动的方法与相关技术。描述了影响用跳跃和旋转机制或铰接的肢体与地面接触的地表探索机器人的规划和控制的因素的难题。

对于不依赖重力运动的方法,技术和机器人在小行星上运动的难题,我们提供了一个关于小行星的移动解决方案和控制方法的具有深入代表性的例子。该控制方法考虑了与小行星表面的作用力和摩擦力,并用样本机器人和实验室测试平台模拟微重力来证明。这个例子认为,大部分解决方案必须陈述与微重力环境的相关性,和对小行星上的机器人系统动力的影响。它是通过与接触点的当前位置的作用和估计稳定运动下的力的条件来工作。这种机制在控制结构中是重要的。

提出的控制方法对于改善小行星上基于位置控制运动的机器人的运行性能和效率非常有用。这些方法表明对表面相互作用力的适当了解在控制过程的发展中起到重要作用,控制方法的能够让下一代表面机器人在微重力环境中完成适当的运动。

参考文献

[1] Brach,R. M. :Mechanical Impact Dynamics:Rigid Body Collisions. John Wiley & Sons,New York(1991)

[2] Baumgartner,E. T. ,Wilcox,B. H. ,Welch,R. V. ,Jones,R. M. :Mobility performance of a small – body rover. In:Proceedings of the 7th International Symposium on Robotics and Applications. World Automation Congress, Anchorage,Alaska(1998)

[3] Behar,A. ,Bekey,G. ,Friedman,G. ,Desai,R. :Sub – kilogram intelligent tele – robots(SKIT)for asteroid exploration and exploitation. In:Proceedings of the SSI/Princeton Conference on Space Manufacturing,Space Studies Institute,Princeton,NJ,pp. 65 – 83(May1997)

[4] Bellerose,J. ,Girard,A. ,Scheeres,D. J. :Dynamics and control of surface exploration robots on asteroids. In: Proceedings of the 8th International Conference on Cooperative Control and Optimization,Gainesville,FL, pp. 135 – 150(January 2008)

[5] Bellerose,J. ,Scheeres,D. J. :Dynamics and control for surface exploration of small bodies. In:Proceedings of the AIAA/AAS Astrodynamics Specialist Conference and Exhibit,Honolulu,Hawaii,Paper 6251(2008)

[6] Bombardelli,C. ,Broschart,M. ,Menon,C. :Bio – inspired landing and attachment system for miniaturised surface modules. In:Proceedings of the 58th International Astronautical Congress,Hyderabad,India(2007)

[7] Borenstein,J. :Control and Kinematic Design of Multi – degree – of – freedom Mobile Robots with Compliant Linkage. IEEE Transactions on Robotics and Automation 11(1),21 – 35(1995)

[8] Bretl,T. ,Rock,S. ,Latombe,J. C. :Motion planning for a three – limbed climbing robot in vertical natural terrain. In:IEEE International Conference on Robotics and Automation,Taipei,Taiwan,pp. 2947 – 2953(2003)

[9] Chacin,M. ,Tunstel,E. :Gravity – Independent Locomotion:Dynamics and Position – based Control of Robots on Asteroid Surfaces. In:Robotics Systems – Applications,Control and Programming. InTech(2012)

[10] Chacin,M. ,Yoshida,K. :Multi – limbed rover for asteroid surface exploration using static locomotion. In: Proceedings of the 8th International Symposium on Artificial Intelligence,Robotics and Automation in Space, Munich,Germany(2005)

[11] Chacin,M. ,Yoshida,K. :Stability and Adaptability Analysis for Legged Robots Intended for Asteroid Exploration. In:Proceedings of the 2006 IEEE International Conference on Intelligent Robots and Systems(IROS

2006),Beijing,China(2006)

[12] Chacin,M. ,Yoshida,K. :Evolving Legged Rovers for Minor Body Exploration Missions. In:Proceedings of the 1st IEEE/RAS – EMBS International Conference on Biomedical Robotics and Biomechatronics,BioRob 2006, Pisa,Italy(2006)

[13] Chacin,M. ,Nagatani,K. ,Yoshida,K. :Next – Generation Rover Development for Asteroid Surface Exploration:System Description. In:Proceedings of the 25th International Symposium on Space Technology and Science and 19th International Symposium on Space Flight Dynamics,Kanazawa,Japan(2006)

[14] Chacin,M. :Landing Stability and Motion Control of Multi – Limbed Robots for Asteroid Exploration Missions. Ph. D. dissertation,Dept. of Aerospace Engineering,Tohoku University,Tohoku,Japan(2007)

[15] Chacin,M. ,Yoshida,K. :A Microgravity Emulation Testbed for Asteroid Exploration Robots. In:Proceedings of International Symposium on Artificial Intelligence,Robotics,Automation in Space(i – SAIRAS 2008),Los Angeles,CA(February 2008)

[16] Chacin,M. ,Yoshida,K. :Motion control of multi – limbed robots for asteroid exploration missions. In:Proceedings of IEEE International Conference on Robotics and Automation,Kobe,Japan(May 2009)

[17] Cottingham,C. M. ,Deininger,W. D. ,Dissly,R. W. ,Epstein,K. W. ,Waller,D. M. ,Scheeres,D. J. :Asteroid Surface Probes:A low – cost approach for the in situ exploration of small solar system objects. In:Proceedings of the IEEE Aerospace Conference,Big Sky,MT(2009)

[18] Dalilsafaei,S. :Dynamic analyze of snake robot. Proceedings ofWorld Academy of Science,Engineering and Technology(29),305 –310(2007)

[19] Der Stappen,A. V. ,Wentink,C. ,Overmars,M. :Computing form – closure configurations. In:Proceedings of the IEEE International Conference on Robotics and Automation,ICRA,USA,pp. 1837 –1842(1999)

[20] Ebbets,D. ,Reinert,R. ,Dissly,R. :Small landing probes for in – situ characterization of asteroids and comets. In:Proceedings of the 38th Lunar and Planetary Science Conference,League City,TX(2007)

[21] Fiorini,P. ,Cosma,C. ,Confente,M. :Localization and sensing for hopping robots. Autonomous Robots 18, 185 –200(2005)

[22] Fujiwara,A. ,Kawaguchi,J. ,Yeomans,D. K. ,et al. :The Rubble Pile Asteroid Itokawa as observed by Hayabusa. Report:Hayabusa at asteroid Itokawa. Science 312,1330 –1334(2006)

[23] Ge,L. ,Sethi,S. ,Ci,L. ,Ajayan,P. M. ,Dhinojwala,A. :Carbon nanotube – based synthetic gecko tapes. Proceedings of National Academy of Sciences 104,10792 –10795(2007)

[24] Gilardi,G. ,Shraf,I. :Literature Survey of Contact Dynamics Modeling. Mechanism and Machine Theory 37, 1213 –1239(2002)

[25] Hatton,R. L. ,Choset,H. :Generating gaits for snake robots:annealed chain fitting and keyframe wave extraction. Autonomous Robots 28,271 –281(2010)

[26] Hirabayashi,H. ,Sugimoto,K. ,Enomoto,A. ,Ishimaru,I. :Robot Manipulation Using Virtual Compliance Control. Journal of Robotics and Mechatronics 12,567 –575(2000)

[27] Hokamoto,S. ,Ochi,M. :Dynamic behavior of a multi – legged planetary rover of isotropic shape. In:Proceedings of the 6th International Symposium on Artificial Intelligence,Robotics,and Automation in Space,St – Hubert,Quebec,Canada(June 2001)

[28] Inoue,K. ,Arai,T. ,Mae,Y. ,Takahashi,Y. ,Yoshida,H. ,Koyachi,N. :Mobile Manipulation of Limbed Robots – Proposal on Mechanism and Control. Preprints of IFAC Workshop on Mobile Robot Technology, pp. 104 –109(2001)

[29] Inoue,K. ,Mae,Y. ,Arai,T. ,Koyachi,N. :Sensor – based Walking of Limb Mechanism on Rough Terrain. In: Proceedings of the 5th International Conference on Climbing and Walking Robots,CLAWAR(2002)

[30] JAXA/Institute of Space and Astronautical Science, Asteroid Explorer HAYABUSA(2003), http://hayabusa. jaxa. jp/

[31] Johns Hopkins University Applied Physics Laboratory, Near Earth Asteroid Rendezvous – Shoemaker Mission (1996), http://near. jhuapl. edu

[32] Jones, R., et al. : NASA/ISAS collaboration on the ISAS MUSES C asteroid sample return mission. In: Proceedings of 3rd IAA International Conference on Low – Cost Planetary Missions, Pasadena, CA(1998)

[33] Kajita, S., Kanehiro, F., Kaneko, K., Fujiwara, K., Harada, K., Yokoi, K., Hirukawa, H. : Resolved Momentum Control: Humanoid Motion Planning based on the Linear and Angular Momentum. In: Proceedings of the IEEE/RSJ International Conference on Intelligent Robots and Systems(IROS 2003), pp. 1644 – 1650(2003)

[34] Kawaguchi, J., Uesugi, K., Fujiwara, A. : The MUSES – C mission for the sample and returnits technology development status and readiness. Acta Astronautica 52,117 – 123(2003)

[35] Keller, J. B. : Impact With Friction. ASME Journal of Applied Mechanics 53,1 – 4(1986)

[36] Kennedy, B., Okon, A., Aghazarian, H., Badescu, M., Bao, X., Bar – Cohen, Y., et al. : LEMUR IIb: A robotic system for steep terrain access. In: Proceedings of the 8th Inter – national Conference on Climbing and Walking Robots, London, UK, pp. 595 – 695(2005)

[37] Klein, D. P. C., Briggs, R. : Use of compliance in the control of legged vehicles. IEEE Trans – actions on Systems, Man and Cybernetics 10,393 – 400(1980)

[38] Kubota, T., Takahashi, K., Shimoda, S., Yoshimitsu, T., Nakatani, I. : Locomotion mechanism of intelligent unmanned explorer for deep space exploration. Intelligent Unmanned Systems: Theory and Applications 192, 11 – 26(2009)

[39] Martinez – Cantin, R. : Bio – inspired multi – robot behavior for exploration in low gravity environments. In: Proceedings of the 55th International Astronautical Congress, Vancouver, Canada(2004)

[40] Menon, C., Murphy, M., Sitti, M., Lan, N. : Space exploration Towards bio – inspired climbing robots. In: Habib, M. K. (ed.) Bioinspiration and Robotics: Walking and Climbing Robots, pp. 261 – 278. I – Tech Education and Publishing, Vienna(2007)

[41] Nakamura, Y., Shimoda, S., Shoji, S. : Mobility of a microgravity rover using internal electromagnetic levitation. In: Proceedings of the IEEE/RSJ International Conference on Intelligent Robots and Systems, Takamatsu, Japan, pp. 1639 – 1645(2000)

[42] NASA/Jet Propulsion Laboratory, Dawn Mission(September 2007), http://dawn. jpl. nasa. gov/

[43] Richter, L. : Principles for robotic mobility on minor solar system bodies. Robotics and Autonomous Systems 23, 117 – 124(1998)

[44] Schell, S., Tretten, A., Burdick, J., Fuller, S. B., Fiorini, P. : Hopper on wheels: Evolving the hopping robot concept. In: Proceedings of the International Conference on Field and Service Robotics, Helsinki, Finland, pp. 379 – 384(2001)

[45] Scheeres, D. : Dynamical Environment About Asteroid 25143 Itokawa. University of Michigan, Department of Aerospace Engineering, USA(2004)

[46] Scheeres, D., Broschart, S., Ostro, S. J., Benner, L. A. : The Dynamical Environment About Asteroid 25143 Itokawa. In: Proceedings of the 24th International Symposium on Space Technology and Science, Miyazaki, Japan, pp. 456 – 461(2004)

[47] Shimoda, S., Wingart, A., Takahashi, K., Kubota, T., Nakatani, I. : Microgravity hopping robot with controlled hopping and landing capability. In: Proceedings of the IEEE/RSJ Intl. Conference on Intelligent Robots and Systems, Las Vegas, NV, pp. 2571 – 2576(October 2003)

[48] Silva, M. F., Machado T, J. A. : New technologies for climbing robots adhesion to surfaces. In: Proceedings of

the International Workshop on New Trends in Science and Technology, Ankara, Turkey (November 2008)

[49] So, E. W. Y. , Yoshimitsu, T. , Kubota, T. : Relative localization of a hopping rover on an asteroid surface using optical flow. In: Proceedings of the Intl. Conf. on Instrumentation, Control, and Information Technology, SICE Annual Conference, Tokyo, Japan, pp. 1727 – 1732 (August 2008)

[50] So, E. W. Y. , Yoshimitsu, T. , Kubota, T. : Hopping odometry: Motion estimation with selective vision. In: Proceedings of the IEEE/RSJ International Conference on Intelligent Robots and Systems, St. Louis, MO, pp. 3808 – 3813 (October 2009)

[51] Tunstel, E. : Evolution of autonomous self – righting behaviors for articulated nanorovers. In: Proceedings of the 5th International Symposium on Artificial Intelligence, Robotics & Automation in Space, Noordwijk, The Netherlands, pp. 341 – 346 (June 1999)

[52] Transeth, A. A. , Pettersen, K. Y. , Liljebck, P. : A survey on snake robot modeling and locomotion. Robotica 27, 999 – 1015 (2009)

[53] Vukobratovic, M. , Frank, A. , Juricic, D. : On the Stability of Biped Locomotion. IEEE Transactions on Biomedical Engineering 17, 25 – 36 (1970)

[54] Wagner, R. , Lane, H. : Lessons learned on the AWIMR project. In: Proceedings of the IEEE International Conference Robotics and Automation, Space Robotics Workshop, Rome, Italy (2007)

[55] Wilcox, B. H. , Jones, R. M. : The MUSES – CN nanorover mission and related technology. In: IEEE Aerospace Conference, BigSky, MT, USA, pp. 287 – 295 (2000)

[56] Wilcox, B. H. , Jones, R. M. : A ~ 1 kilogram asteroid exploration rover. In: Proceedings of the IEEE International Conference on Robotics and Automation (ICRA), San Francisco, CA (2001)

[57] Wilcox, B. H. , Litwin, T. , Biesiadecki, J. , Matthews, J. , Heverly, M. , Morrison, J. , Town – send, J. , Ahmad, N. , Sirota, A. , Cooper, B. : ATHLETE: A cargo handling and manipulation robot for the moon. Journal of Field Robotics 24, 421 – 434 (2007)

[58] Yano, H. , Kubota, T. , Miyamoto, H. , Yoshida, K. , et al. : Touchdown of the Hayabusa Spacecraft at the Muses Sea on Itokawa. Report: Hayabusa at asteroid Itokawa. Science 312, 1350 – 1353 (2006)

[59] Yoshida, K. : A General Formulation for Under – Actuated Manipulators. In: Proceedings of the IEEE/RSJ Int. Conf. on Intelligent Robots and Systems, Grenoble, France, pp. 1651 – 1957 (1997)

[60] Yoshida, K. : Touch – Down Dynamics Simulation of MUSES – C with a Contact Friction Model. In: Proceedings of 9th Workshop on Astrodynamics and Flight Mechanics, JAXA, Kanagawa, Japan (1999)

[61] Yoshida, K. : The jumping tortoise: A robot design for locomotion on micro gravity surface. In: Proceedings of the 5th International Symposium on Artificial Intelligence, Robotics & Automation in Space, Noordwijk, The Netherlands, pp. 705 – 707 (June 1999)

[62] Yoshida, K. , Kubota, T. , Sawai, S. , Fujiwara, A. , Uo, M. : MUSES – C Touch – down Simula – tion on the Ground. In: AAS/AIAA Space Flight Mechanics Meeting, AAS/AIAA, San – taBarbara, California, pp. 481 – 490 (February 2001)

[63] Yoshida, K. , Maruki, T. , Yano, H. : A Novel Strategy for Asteroid Exploration with a Sur – face Robot. In: Proceedings of the 3rd International Conference on Field and ServiceRobotics, Finland, pp. 281 – 286 (2002)

[64] Yoshimitsu, T. , Kubota, T. , Akabane, S. , et al. : Autonomous navigation and observation on asteroid surface by hopping rover MINERVA. In: Proceedings of the 6th International Symposium on Artificial Intelligence, Robotics & Automation inSpace, Quebec, Canada (2001)

第 9 章

仿生着陆方法及其在地外天体探测中的潜在应用

蒂博·拉哈日加纳[1],纪尧姆·萨宾若[1,2],斯特凡·委尔利特[1],
尼古拉斯·弗朗西[1] 和弗兰克·汝非尔[1]
(Thibaut Raharijaona[1],Guiuaume Sabiron[1,2],Stephane Viollet[1],
Nicolas Franceschini[1],Franck Ruffier[1])
[1] 法国马赛艾克斯 – 马赛大学,
([1]Aix – Marseille University,Marseille,France)
[2] 法国图卢兹法国航空航天实验室,国家航空航天研究中心
([2]ONERA,French Aerospace Laboratory,Toulouse,France)

9.1 引言

对于未来勘测任务来说,降落在小行星和外星天体上是关键的一步。尽管这个任务远远比降落在地球上的要难得多,我们仍然要求安全而轻柔地降落在小行星上,这是因为小行星的小体积和不规则的形状以及其可变的表面属性,以及飞船受到的弱引力。为了能自主着陆在小天体上,在过去的几年里,光学制导与导航的研究集中在闭环指导,导航和控制系统中(GNC)(De Lafontaine,1992 年,Kawaguchi 等,1999 年)。

与火星(Braun 和 Manning,2006 年)和其他行星的情况相比,因为无阻力排除了降落伞的部署,所以任务的复杂度将随着大气的缺乏而大大增加。

此外,缺乏可靠的地形和障碍物数据库以及传统传感系统,例如全球定位系统(GPS),都大大增加了任务的难度。最重要的是,虽然它要求有强大的、可靠的无功传感器,但是当地球和外部天体之间的通信延迟过高时显然会强制自主登陆。在毫无准备的着陆区域,为保证安全而准确的着陆,精确的 GNC 系统是必不可少的。在嵌入质量方面的严格要求促使我们设计一个非常轻便的生物激励非发射的

光传感器。其能够测量可视图像扫描的光流（OF），即角速度（°/s）向后穿过视场。

视觉线索对于自主登陆来说是一种很有前途的方法。最近，一些研究表明各种光学技术如 LIDAR（光探测和测距）技术（Parkes 和 Silva 2002 年，Parkes，2003年），或者是基于视觉的导航系统可以通过估计飞船的位置和速度参数（Roumeliotis 等，2002 年，Frapard 等，2002 年；Cheng 和 Ansar 2005 年；Janschek 等，2006 年；Trawny 等，2007 年；Flandin 等，2009 年；Mourikis 等，2009 年；Shang 和 Palmer，2009年），来避障（Strandmoe 等，1999 年）或者控制无人驾驶飞船（Valette 等，2010 年；Izzo 等，2011 年；Izzo 和 de Croon 等，2011 年）。在 Valette 等，2010 年）的研究中，OF 原理应用于自主月球登陆问题，它使用了反馈回路旨在维持腹侧视觉流不变。该方法是利用 PANGU 软件在仿真试验中测试过（行星和小行星自然场景生成工具），该软件已由邓迪大学为 ESA 开发研制过（Parkes 等，2004 年；Dubois – Matra 等，2009 年），它用作模拟视觉表面环境的工具。在 Izzo 等人的研究中（2011 年），在数值模拟的基础上最佳轨迹会着眼于着陆时间或者是燃油消耗持续的时间，而此时保持 OF 恒定不变。Mahony 等人研究（2008 年）开发了一个完全基于 OF 的私服控制系统，其中一个结合质心的大型视野用来估计模拟的小型空中机器人车辆的速度矢量的方向。在 Mourikis 等描述的扩展卡尔曼滤波器（EKF）方法中（2009年），上述两种视觉方式都结合了惯性测量单元，并获得了着陆器的地形相对位置、姿态和速度的精确估计。在这里介绍的方法中，我们专注于用基础的手段来获得有用的信息，如飞船速度矢量的方向。

在过去几十年中，寻找感应车载无人机和陆地交通工具的光流的方法一直是一个重要的研究课题。迄今为止，几种基于 OF 线索的飞行控制系统已建成，它们是为了能够执行危险的任务，如空中悬停和降落在移动平台上（Herisse 等，2012年），避开障碍物（Barrows 和 Neely 2000 年；Griffiths 等，2006 年；Beyeler 等，2009年），跟随地形（Netter 和 Franceschini，2002 年；Ruffier 和 Franceshini，2003，2004，2005年；Garratt 和 Chahl，2008 年）和跟随移动目标（Herisse 等，2012 年）。上面引用的一些研究是受昆虫的启发得来的，尽管它们的体积很小且神经元有限，但这些令人印象深刻的飞行都是依赖于它们过去数百万年里发展和改进的内置能力的开发。

苍蝇，尤其能够灵敏地看见那些能够迅速在"无准备的"环境下导航穿过并且能规避小的传统航空电子设备障碍的生物。普通家蝇，在每只眼配备了"只有"约百万的神经元和"仅有"3000 个像素，就可以实现 3D 导航，对 700 个身长距离内的地形和障碍物时行规避。令人惊讶的是，这一切是在没有任何超级计算机和外部电源的帮助下实现的。苍蝇和蜜蜂身上所自带的生物处理器的敏锐度使任何机器人专家都会感到惊讶，这些生物实际上展示的行为是在过去 50 年里自主机器人领域一直研究的行为：动态稳定，3D 防撞，跟踪，对接，自主降落在未知的着陆区等。

苍蝇视觉系统的前端由小透镜面的马赛克组成（见彩图 9.1（a）），每个都集中于一小群感光体（彩图 9.1（b））。苍蝇是动物王国中拥有最复杂和最有组织视网膜的生物。他们的每个感光细胞是比任何内置光电倍增管更灵敏可靠,并且两个中央细胞(R7 和 R8)显示多达四种不同的光谱灵敏度,从近紫外到红色(Franceschini,1985 年)。

(a)   (b)

图 9.1　(a)绿头苍蝇丽蝇 erythrocephala 头部(雄性),显示其刻面角膜两帕诺 – 拉米奇
复眼;(b)在每个刻面透镜的焦平面上每个小眼包含 7μm 尺寸的感光体,如在这里活体
内(天然的自体荧光的颜色)的观察。六个外受体(R1 – 6)介导的运动图像和驱动光流传
感器神经元,而两个中央细胞(R7,由 R8 受体在这里没有看到长期)是负责颜色视觉。
图从 Franceschini 等(2010 年)

　　在 20 世纪 80 年代中期,我们开始设计了一个由苍蝇启发的机器人演示特工也可以在复杂的环境中导航(Blanes,1986 年;Pichon 等,1989 年)。该机器人(图 9.2(a))搭载了广角曲面复眼嵌入 114 飞行启发局部运动传感器阵列(LMS)(Franceschini 等,1991,1992,1997 年)。

　　该机器人配备了一个平面的复眼和一只苍蝇启发基础运动神经元探测器阵列(Pichon 等,1989 年)。

　　该传感器阵列用于检测机器人自身在静止物体中运动而产生的 OF。我们建于 1991 年(见图 9.2(a))的 50cm 高的"robot – mouche"(Robot – Fly,英文)是最早以 OF 为基础的完全自主机器人,当其以相对高的速度移动到目标在(50cm/s)(Blanes,1991 年;Franceschini 等,1991,1992,1997 年)时它能够避免遇到的障碍。该 Robot – Fly 设计主要是基于真实的苍蝇,它们最常见的飞行轨迹包括穿插着快速转弯的扫视直线飞行序列的行为(Collett 和 Land 1975 年;Heisenberg 和 Wolf 1984年;Wagner,1986 年),也可见(Schilstra 和 Hateren,1999 年;Tammero 和 Dickinson,2002 年)。

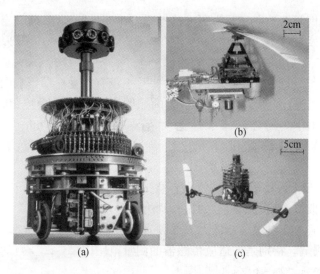

图9.2 三个视觉引导机器人是在实验室生物研究结果的基础上设计和构建的

（a）10kg 机器人飞行装置（"robot – mouche"法语）集成了复眼（其半高为可见的）为避障和背眼（"目标导引头"）用于检测光源。这个机器人（高度:50cm,质量:12kg）对于通过其自身的运动之间的障碍（Franceschini,1991 年,1992 年,1997 年）所产生的 OF 有反应,它在加工和电力资源方面是完全自主的。（b）机器人 Octave（以 OF 为基础的控制系统,高空作业车）是一个配备了一枚 2 像素的腹眼用于感知的下面的地形 100g 的旋翼机。这种自我支持的空中生物是拴在光旋转臂,它只允许三个自由度:向前和向上和间距。机器人升降机本身和周围速度的中央极圈至多 3m/s。它上升或下降取决于它的腹侧测量（Ruffier 和 Franceschini,2003,2004,2005 年）。（c）机器人 OSCAR（基于扫描传感器,用于空中机器人的控制）是 100g,双发动机飞机配备了 2 像素的正面视觉系统,它依赖于视觉运动检测和由苍蝇飞行得以启示的微扫描（Franceschini 和 Chagneux,1997 年）。它拴在固定实验室的天花板 2m 长的尼龙线上,视觉和速率陀螺仪信号在板上结合使 OSCAR 能够注视一个（黑暗边缘或竖条）有着超分辨率的目标和高达 30°/s 的角速率去追踪（Viollet 和 Franceschini,1999b,2001 年）来跟踪它。图源自 Franceschini 等（2009 年）。

　　基于在我们的实验室苍蝇运动进行生理电检查实验而获得的神经元结果（Franceschi ni 1985 年;Franceschini 等,1989 年）,我们制定了一个 2 像素的局部运动传感器（LMS）,多年来提出了几种不同的版本（Franceschini 等,1992 年;Franceschini 1999 年;Ruffier 等,2003 年;Ruffier 2004 年;Franceschini 等,2007 年;Expert 等,2011 年）。在该传感器的工作处理方案被引入（Blanes 1986 年;Pichon 等,1989 年）,以及后来称为"帮助和采样计划"（Indiveri 等,1996 年）或"时间旅行计划"（Moeckel 和 Liu,2007 年）。其他基于视觉的系统已经用于测量车载无人机（无人机）（Green 等,2004 年;Hrabar 等,2005 年;Beyeler 等,2009 年;Conroy 等,2009 年）,特别是在登月期间（Griffiths 等,2006 年;Kendoul 等,2009 年;Watanabe 等;2009 年）所经历的范围。

　　大部分视觉系统对计算资源和体积要求很高。除了光学鼠标传感器（Beyeler 等,2009 年）,它在 280°/s 的整体范围内得到了约每 25°的标准误差为 ±5°/s。

最近,我们频繁地在实验室更准确地融合了当地的测量,从几个两个像素的一维 LMS 测量发展了视觉运动传感器的概念(VMS)(Expert 等,2012 年;Roubieu 等,2011,2012 年,Ruffier 和 Expert,2012 年)。

据我们所知,目前为止发表的文献中,几乎没有对受振动影响的无人机上开展室外 OF 系统实验和测试的内容,系统的照明度无法轻易受控(Barrows 和 Neely(2000 年)给出了传感器一维线性运动情况下的结果,Griffiths 等,2006 年;Tchernykh 等,2006 年;Garratt 和 Chahl,2008 年;Kendoul 等,2009 年,给出了二维情况下的结果)。

因此,开展以下可靠性测试将是有意义的:在平台上安装基于一维 OF 的视觉传感器,并模拟航天器着陆阶段的振动动力学环境以及测量距离。为了实现这一目标,传感器嵌入在自由飞行的无人驾驶直升机上,对它的分辨率、准确度和灵敏度方面进行测试。特别是在适应传感器的测量范围(1.5 ~ 25°/s)的飞船将体验登陆月球的方法([2°/s ~ 6°/s]的顺序下)。

预期的控制策略、参考的下降轨迹和航天器动力学基本方程在 9.2 节参照对月球着陆方式有详细叙述。在自主的基于视觉的外星人着陆的场景中神经形态原理用于监控和处理 OF。通过 OF 测量来估计速度矢量方向的方法得到了强调。9.3 节给出了新的一维视觉运动装置的简要说明,概述了处理算法和实现电光组装。介绍了试验机载视觉传感器在直升机户外自由飞行试验结果。

9.2 应用于航天器着陆的仿生光学流量传感器

9.2.1 自主月球登陆策略

登月轨迹分为以下四个不同的阶段(Frapard 等,1996 年)(图 9.3):
(1)脱离轨道阶段;
(2)靠近阶段;
(3)最后降落阶段;
(4)自由落体阶段。

在本研究工作中,在靠近阶段,我们将研究一个解决从高阈门(500m 地面之上(AGL))到所定义的低阈值(10m AGL)的自主性问题的方法。高阈值相当于从着陆点成为航天器视觉系统可见的高度开始计算。低阈门高度对应于从它与降落地点目视接触,到着陆点不再因推进器提高而产生的灰尘而有效。初始参数是一个水平速度 $V_{x_0} = 150\text{m/s}$,垂直速度 $V_{z_0} = -50\text{m/s}$,俯仰角 $\theta_0 = -60°$,地面高度 $h_0 = 500\text{m}$ 和一个质量 $m_{\text{ldr}0} = 10^3 \text{kg}$(图 9.3)。

此参考轨迹(Valette 等,2010 年)与在(Izzo 和 de Croon2011 年;Izzo 等,2011 年)与 Apollor 测试中使用的情况非常相似。

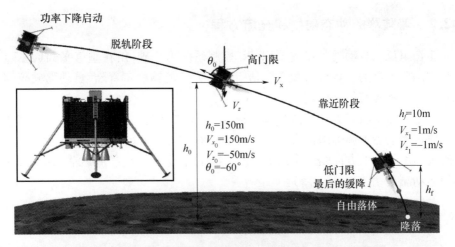

图 9.3 引用登月轨迹和登月舱的三维表示(Astrium 公司)

在这项工作中,着陆部分讨论的是高阈门(500mAGL)和低阈门(高 10mAGL)
之间的靠近阶段的定义。着陆器的目标是用垂直和水平速度都小于 1m/s 时到达低
阈门(高 10m)。图从(Jean Marius 和 Strandmoe,1998 年;Valette 等,2010 年)修改

解决问题的方法必须符合要求严格的低阈门($h_f = 10\text{m}$)终端约束如下:

$$\begin{cases} 0 \leqslant V_{xf} \leqslant 1\text{m/s} \\ -1 \leqslant V_{zf} \leqslant 0\text{m/s} \end{cases}$$

该设计用于登月的最优控制策略还需要考虑推进剂消耗。

主要的挑战是整个状态向量不能从测量中得出,这点可以从图 9.4 看出。举
例来说,速度和位置既不能被测量也不能被估计,只有加速度,角位置,质量和 OF
可以被测量,因而可以来供给控制器。为了保证安全降落在月球上,自动驾驶仪应
该具有够降低速度矢量幅度的能力,这是由着陆器的俯仰和着陆器的主要推力,两
个可用的控制信号共同作用实现的。

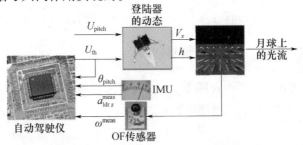

图 9.4 闭环系统的方案是基于 OF 和节距控制的。ω^{meas}用于对 OF 进行
测量,u_{pitch} 和 u_{th} 分别是俯仰角和主推进器的控制信号。关于测量,IMU 评估俯
仰角 θ_{pitch} 和着陆器的度横向加速(a_{ldrx})和垂直加速度(a_{lrdz})。质量 m_{ldrs} 是从熟
知的初始质量估计。源自 Valette 等修改(2010 年)

9.2.2　着陆器的动态建模和光流方程

正在审议的自动驾驶仪主要以 OF 控制系统为基础,由在垂直平面(X,Z)操作和控制航天器的平均推力和俯仰角组成。为了能够稳定着陆,自动驾驶仪需要应对非线性和固有的不稳定性。

由于月球上没有大气,着陆器既没有经历风和阻力。在本模型中,起伏和激增动态通过着陆器的俯仰来耦合(图 9.5)。值得注意的一点是,通过衡量 $\omega_{45°}$ 的值来确定速度矢量的方向是不合适的,因为 45°的值保持接近扩展运动的中心,而其中的运动总是无效的(图 9.5)。

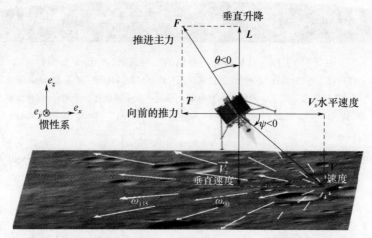

图 9.5　登陆器。可见其速度矢量 V,平均推进力 F 和它的预测沿浪涌轴(X 轴)给予向前的推力 T 以及沿起伏轴(Z 轴)使垂直升降升。

着陆器的动态运动可以在时域中通过以下动力系统与载体的基础上(e_x,e_y,e_z)相关联的惯性坐标系来描述:

$$\begin{cases} a_{\mathrm{ldr}x} = \dfrac{\cos(\theta(t))}{m_{\mathrm{ldr}}(t)} \cdot u_{\mathrm{th}} - g_{\mathrm{Moon}} \\[3mm] a_{\mathrm{ldr}z} = \dfrac{\sin(\theta(t))}{m_{\mathrm{ldr}}(t)} \cdot u_{\mathrm{th}}(t) \end{cases} \tag{9.1}$$

其中,$u_{\mathrm{th}} = \|F\|$ 适用于着陆器;$a_{\mathrm{ldr}x,z}$ 为着陆器在月球惯性参照系的加速度;m_{ldr} 代表着陆器的质量;θ 为俯仰角;t 为时间和 g_{Moon} 为月球重力常数($g_{\mathrm{Moon}} = 1.63\mathrm{m/s}^2$)。

着陆器的质量直接取决于燃料消耗,由以下关系式:

$$\dot{m}_{\mathrm{ldr}} = \frac{-1}{I_{sp}g_{\mathrm{Earth}}} u_{\mathrm{th}}(t) \tag{9.2}$$

这里 $I_{sp} = 311\mathrm{s}$ 对应于特别的冲击,$g_{\mathrm{Earth}} = 9.81\mathrm{m/s}^2$ 是重力加速度,这意味着:

$$m_{\mathrm{ldr}}(t) = m_{\mathrm{ldr}}(t_0) - \frac{1}{I_{\mathrm{sp}}g_{\mathrm{Earth}}} \int_{t_0}^{t} u_{\mathrm{th}}(\varepsilon)\,\mathrm{d}\varepsilon \qquad (9.3)$$

这里的 $m_{\mathrm{ldr}}(t_0) = 10^3\,\mathrm{kg}$ 为着陆器在高阈门级的质量。

由于初始质量是已知的,着陆器的质量线性依赖于积分着陆器的推进器控制信号,质量能够在仿真下降段的任何时候进行计算和估计。

系统的内部倾斜控制系统被模拟成如下:

$$\frac{I}{R}\frac{\mathrm{d}^2\theta}{\mathrm{d}t^2} = u_{\mathrm{pitch}}(t) \qquad (9.4)$$

式中:u_{pitch} 为飞船倾斜的一个控制输入信号;θ 为通过惯性测量单元测量的;I 为着陆器惯性的一瞬间;R 为半径。

一旦航天器的动态模型被定义,我们需要通过 OF 方程判断从这个视觉线索可以推断出什么。

Koenderink 和 VanDoor(1987 年)定义地面实况 OF 的 $\omega_{\mathrm{grd-trh}}$ 是两个不同组成部分的总和,例如平移和旋转的 OF:

$$\omega_{\mathrm{grd-trh}} = \omega_{\mathrm{T}} + \omega_{\mathrm{R}} \qquad (9.5)$$

平移的 OF 的 ω_{T} 在惯性坐标系中依赖于线速度 V,从地面上的 D 的视线方向和仰角 Φ(如视线方向与前进方向之间的夹角):

$$\omega_{\mathrm{T}} = \frac{V}{D}\sin(\Phi) \qquad (9.6)$$

旋转的 OF 的 ω_{R} 只依赖于在体固定框架表现的载体角速度,其中,j 表示旋转轴,仰角 λ 是在视线方向和旋转轴之间:

$$\omega_{\mathrm{R}} = \Omega_j\sin(\lambda) \qquad (9.7)$$

最后,关于 OF 在垂直平面上的一般方程式如下:

$$\omega_{\mathrm{grd-trh}} = \frac{V}{D}\sin(\Phi) + \Omega_j\sin(\lambda) \qquad (9.8)$$

我们假设,传感器被嵌入在一个可以测出竖直方向 OF 表达式(如果仅仅考虑平移运动)的万向节系统。从式(9.8)可以看出,在假设一个几乎平坦的地面条件下(即 $D = h/\cos(\pi/2 - \Phi + \Psi)$,$\Phi - \Psi$ 表示注视方向和当地的水平方向的夹角),框架安装的传感器腹视流的定义如下:

$$\omega_{90} = \frac{V_x}{h} \qquad (9.9)$$

这里 $V = V_x/\cos(\Psi)$。

9.2.3 基于光流的飞船着陆器

从式(9.1)和建模的推进器动力学的一阶传递函数与 $\tau_{\mathrm{thruster}} = 100\,\mathrm{ms}$ 来看:

$$\tau_{\mathrm{thruster}}\dot{u}_{th} + u_{th} = m_{ldr}u$$

拉普拉斯变换的升沉动态 $Z(s)$ 可以写成如下:

$$Z(s) = \frac{1}{s^2}\left[\left(\frac{1/\tau_{\text{thruster}}}{1/\tau_{\text{thruster}}+s}\cos\theta\ U(s)\right) - g_{\text{Moon}}\right] \tag{9.10}$$

其中 $U(s)$ 是控制输入信号 $u(t)$ 的拉普拉斯变换。

冲击动力学的变换方程可以被写成如下形式：

$$G_x = \frac{X(s)}{U(s)} = \frac{1}{s^2}\left(\frac{1/\tau_{\text{thruster}}}{1/\tau_{\text{thruster}}}\sin\theta\right) \tag{9.11}$$

对于着陆器模型如果 a_{th_z} 是垂直推进器加速,我们选择下面的状态矢量:

$$\boldsymbol{X} = \begin{bmatrix} h \\ V_z \\ a_{th_z} \end{bmatrix}$$

和定义的控制输入信号 u。根据式(9.10)和式(9.11),可以写为

$$\begin{cases} \dot{a}_{th_z} = \dfrac{1}{\tau_{\text{thruster}}}(u - a_{th_z}) \\ \dot{V}_z = a_{th_z} - g_{\text{Moon}} \end{cases} \tag{9.12}$$

我们可以从式(9.12)推导出,状态空间表示法为

$$\dot{\boldsymbol{X}} = A_p\boldsymbol{X} + B_{pu} - g_{\text{Moon}} \tag{9.13}$$

$$\begin{bmatrix} \dot{h} \\ \dot{V}_z \\ a'_{th_z} \end{bmatrix} = \begin{bmatrix} 0 & 1 & 0 \\ 0 & 0 & 1 \\ 0 & 0 & \dfrac{-1}{\tau_{\text{thruster}}} \end{bmatrix} \cdot \begin{bmatrix} h \\ V_z \\ a_{th_z} \end{bmatrix} + \begin{bmatrix} 0 \\ 0 \\ \dfrac{1}{\tau_{\text{thruster}}} \end{bmatrix} \cdot u - \begin{bmatrix} 0 \\ g_{\text{Moon}} \\ 0 \end{bmatrix} \tag{9.14}$$

本飞船模型是利用状态空间方法考虑到推进器动力和加速度与高度之间的纯粹的二重积分建立的。自动驾驶功能是基于单一的光路测量实现的(腹侧光路),包括一个视觉动作反馈回路驱动主推进力。由于垂直升力和向前的推力是耦合的,上述环路同时控制抛掷和浪涌轴。俯仰角 θ 是由外部系统控制的,使着陆器在着陆过程中从 $-60°\sim-30°$ 逐渐后仰。图 9.6 所示为自动驾驶仪组成预补偿增益、非线性状态观测器及状态反馈增益。非线性状态观测器估计 OF 测量的腹侧的 w^{meas},着陆器加速 a_{landerz} 和着陆器间 θ。完整的稳压器将全估计的状态和全状态反馈控制环路结合在一起。

9.2.3.1　状态反馈控制设计

自主驾驶仪使模拟飞船的腹侧 OF 保持在设定点 ω_{set}。将该设置点和状态估计向量 $\boldsymbol{X}$(见图 9.6)与状态反馈增益 Lsf 的乘积相比较,来产生推力指令。状态反馈增益是利用线性二次型调节器(LQR)方法的最小化原则,使用下面的矩阵计算:$\boldsymbol{A}_{\text{sf}} = \boldsymbol{A}_{\text{p}}$,$\boldsymbol{B}_{\text{sf}} = \boldsymbol{B}_{\text{p}}$ 和 $\boldsymbol{C}_{\text{sf}} = [K_{\text{lin}}00]$ 和状态消耗成本。

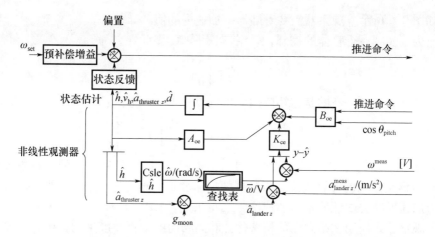

图9.6 本自动驾驶仪使非线性观测器提供随着状态的反馈预算控制方案
观察者是非线性的,因为 OF 的 ω 的腹侧是由定义的受控变量 h 的逆函数。OF 的 ω 的弧度的状态估计是以常量(在给定的工作点对地速度)和着陆的估计高度 h 的状态估计来计算的。然后通过查找表来得到 OF。着陆时的加速度 $a_{landerz}^{meas}$ 的测量只是用于提高状态的估计。$\hat{a}_{landerz}$ 是通过由推进器 $\hat{a}_{thruster}$ 推理出来的月球重力加速度减去估计得重力加速度 g_{Moon} 得来的。图源自 Valette 等(2010 年)

$$Q_c = \begin{bmatrix} 7.8 \cdot 10^{-4} & 0 & 0 \\ 0 & 0 & 0 \\ 0 & 0 & 0 \end{bmatrix}$$

这里 $R_c = [1]$。为了计算 C_{sf} 矩阵,我们线性化设定点附近的 OF 表达式。设定点的 $h_{lin} = 200\text{m}$, $V_{xlin} = 50\text{m/s}$, 而 $\omega = 14.3°/\text{s}$。OF 被定义为 h 的逆函数。因此,我们用切线的斜率来线性化如下表达:

$$K_{lin} = V_{xlin} \cdot \frac{\mathrm{d}}{\mathrm{d}h}\left(\frac{1}{h}\right)_{h=h_{lin}} = \frac{-V_{xlin}}{h_{lin}^2} \tag{9.15}$$

9.2.3.2 非线性状态观测器设计

因为该系统是可观察的,所以 X 可以表述成以下形式:

$$\begin{cases} \dfrac{\mathrm{d}\hat{X}}{\mathrm{d}t} = A_0\hat{X} + B_0 u + K_0(y - \hat{y}) \\ \hat{y} = C_0\hat{X} + D_0 u \end{cases} \tag{9.16}$$

这里 $A_0 = A_{sf}$, $B_0 = B_{sf}$,还有

$$C_0 = \begin{bmatrix} & C_{sf} & \\ 0 & 0 & 1 \end{bmatrix}$$

$D_0 = [0]$ 和 K_0(观察器的增益)也是利用 A_0 和 C_0 矩阵通过 LQR 方法计算得来的。

正如图 9.6 所示。观察器需要着陆器的加速度的值。

为了实现一个整体的控制,增广状态矩阵 X_e 因此定义为

$$X_e = \begin{bmatrix} X \\ d \end{bmatrix}$$

其中 d 代表扰动。新的状态矩阵因此也可以写为如下形式:

$$A_{0e} = \begin{bmatrix} A_0 & B_0 \\ 0 & 0 & 0 & 0 \end{bmatrix}, B_{0e} = \begin{bmatrix} B_0 \\ 0 \end{bmatrix}, C_{0e} = \begin{bmatrix} 0 & 0 \\ C & 0 \end{bmatrix} \tag{9.17}$$

状态反馈增益 L_{sfe} 相当于 $L_{sfe} = [L_{sf} \quad 1]$。接收器增益也是利用新的状态矩阵($A_{0e}$ 和 C_{0e})但是相同的计算方法。着陆器的加速度是由推进器 $a_{thruster}$ 推理出来的月球重力加速度减去估计得重力加速度 g_{Moon} 得来的,如图 9.6 所示。

观察器是使用初始高度的粗略估计和高阈门的垂直速度来初始化的。观察器能够容忍 20% 左右的不确定性以估计高度和垂直速度。

9.2.3.3 使用 PANGU 软件编程进行自主降落模拟

为确保能够缓和的降陆,着陆过程以 1m/s 的水平和垂直方向上的剩余速度到达离地面(即低阈门)大约 10m 的距离。在 Valette 等(2010 年)的研究中,这要归功于仿生自动驾驶仪,着陆器在大大降低了水平和垂直速度后达到了低阈门近似等于如图 9.7 所需要的数值。月球表面的着陆器感知包括由 PANGU 生成灰度图像。在所提出的仿真,采用了初始高度 $H_0 = 500m$,最初的对地速度 $V_{x0} = 150m/s$ 和初始垂直速度 $V_{z0} = -50m/s$。倾角 θ 是为了从 $-60° \sim -30°$ 按指数式下降。作为结果,正向速度也按准指数降低(图 9.7(c))垂直速度也是这样下降(图 9.7(c)),因为它的整体的 h 也是按类指数下降以便使测量的 OF 的 $\omega_{meas} = V_{x/h}$ 能够在设定的 ω_{set} 周围。

飞船的模拟方法花费了 58.4m,这相当于要求达到低阈门所需的时间。着陆器到达低阈门的最终地面速度为 $V_{xf} = 5m/s$,最终垂直速度为 $V_{zf} = -4m/s$;着陆器最终着陆阶段移动的距离是 2660m。在低阈门的最后的水平和垂直速度都稍高于严格满足速度标准的要求(1m/s)。

在 Valette 等(2010 年)的研究中,调控原理采用基于 OF 反馈回路被应用到自主登月的问题,并通过执行盘古软件仿真测试。第一模拟结果呈现应用于监测和处理的一个自由度的上一个自治视觉系外星人着陆场景涉及的神经形态原理。自主驾驶仪产生的着陆进场而无需测量或估计的速度和高度只监视腹侧的,因此,无需任何笨重且耗电的传感器。使用专门的腹侧的主要缺点是,在着陆的垂直动力学不考虑其结果的情况下,低阈门不能出现图 9.7 看到的足够低的速度。在下文中将进一步对测量进行了介绍,旨在恢复着陆器的动力学。

9.2.4 为速度方向估计与控制测量 OF 的 ω_{90} 和 ω_{135}

为了实现完全的自主登月,这里介绍的一个提高自动驾驶仪的方法是设计一

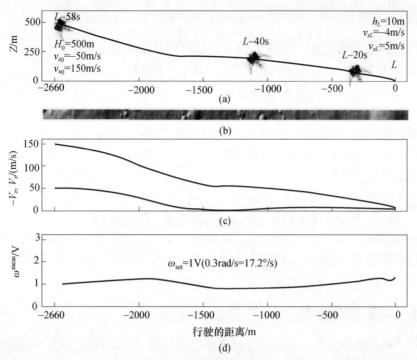

图 9.7　自动登陆是基于仿生 OF 传感器并结合生物启发策略。该传感器依赖于一个单一的对感光体(在 2 个像素),它的平均方向保持向下。图源自 Valette 等(2010 年)。

个视觉为基础的变桨控制律,更换当前模拟中使用的从 −60° ~ −30°的固定参照。

　　在 Izzo 等(2011 年)和 Valette 等(2010 年)中的研究中,作者已经表明,因为系统是欠驱动的,所以通过设计俯仰控制率以达到最佳性能。在正在开展的工作中,主要的想法是设计和保持主旨反平行的速度矢量方向的自动驾驶仪,以尽可能减少着陆器的燃料消耗。这个原则定义桨距角参考 θ_{ref} 被送入桨控制器:

$$\theta_{\text{ref}} = -\Psi - \frac{\pi}{2} \tag{9.18}$$

式中:Ψ 为速度矢量的方向和局部水平之间的角度。

　　这一战略意味着,为了能够在靠近阶段强有力的降低着陆器的速度,考虑到缺乏板载登陆器合适的传感器,需要测量或估计的速度矢量方向 Ψ 不是一件容易的任务。主要的问题是如何融合不同的视觉角速度测量,以获取有用信息测量的状态向量。OF 与速度矢量的方向有关。可以从 OF 传感器在不同方向上的通过融合 $\omega_{90} = V_x/h$ 来获得方位角 Ψ(式(9.9))和 ω_{135}:

$$\omega_{135} = \frac{V}{h/\cos(\pi/4)} \cdot \frac{\sqrt{2}}{2}(\cos\Psi - \sin\Psi) = \frac{\omega_{90}}{2}(1 - \tan\Psi) \tag{9.19}$$

最后得

191

$$\tan\Psi = 1 - 2\frac{\omega_{135}}{\omega_{90}} \tag{9.20}$$

值得注意的是,无论是横向和纵向的动力学均可表示为 $\tan\Psi = V_z/V_x$。

由于式(9.20)具有唯一的视觉信息,基于变桨控制器在与由 IMU 提供的间距测量 θ 可以通过设计式(9.4)保证着陆器的主要推进力之间的共线性其速度矢量方向。

低速视觉运动传感器因而成为这种自主登月战略的基石。由于 OF 控制器和俯仰控制器均基于 OF 传感器的输出信号,对此类传感器的真实寿命内的可靠性进行测试是有必要的。

9.3 基于 VMS 的 OF 测量获得板载 ReSSAC

用于测量 OF 的低速运动视觉传感器和动力系统的控制信号密切相关。这就是开发和测试专用于低角速度测量新 VMS 的原因。

9.3.1 仿生光流处理

技术成熟必不可少的一步是在现实生活复杂的系统上设计和嵌入之前模拟的装置。为了验证使用低速 VMS 理论工作的可行性,我们提出了一个实验方法。

基于 6 像素阵列和专用于低速范围低分辨率的视觉运动传感器已经发展到在地球上可以演示测量—在登陆月球时测量维自由度局部角速度。我们在相对低的地面速度和较高的地面高度测试机载的传感器以验证仿生学算法,同时我们还增加了强的自然干扰(如飞行器振动,不受控制的光照,崎岖的地形等)。

该传感器是基于由仿生机器人团队在基于果蝇的神经生理学的研究的基础上设计 2 像素局部运动传感器的更新版本。

9.3.2 低速视觉运动传感器的演示

新的低速视觉运动传感器(VMS)主要由一个低成本的塑料透镜(CAX183 Thorlabs 公司,焦距 18.33mmF,数 4.07)放置在由 IC – Haus 组成的,现成的光电二极管阵列 LSC 前面。后者具有 6 个光电二极管,每个都有一个大的敏感区域(300μm×1600μm)和一个集成前置放大器。LSC 传达 6 个光电二极管信号到混合模拟/数字处理算法,计算出 OF 的值 ω_{meas}。一个特制的保护盒也被加入到其中,以保护不利的天气条件下低重量传感器和光学组件。

新的视觉运动传感器和其定制的保护套称总质量 29.4g。

许多在 Blanes(1986 年),Pichon 等(1989 年)研究中原始的视觉运动检测方案的参数目前已被更新,特别是在拦截器角度计和截止时间滤波器的频率。

由光电二极管形成的 6 个光轴被称为一个角度分开拦截角度 $\Delta\varphi$。通过散焦透镜(即通过调节距离透镜和光电传感器之间),我们得到对每个感光体的高斯角度的敏感度函数,相关系数大于功能 99%($R_{LSC}^2 > 0.990$)。这些功能通过缓慢放置在旋转镜头前面的 85cm 点光源来实现。局部的由传感器测得的一维角的转速 ω_{meas} 被定义为拦截角度 $\Delta\varphi$ 和当相邻的光电二极管信号达到阈值所经过的时间 Δt 之间的比例。Δt 代表在任意给定的对比度特性下,从一个光电二极管的光轴到邻近的光轴的"旅行时间":

$$\omega_{meas} = \frac{\Delta\varphi}{\Delta t} \tag{9.21}$$

在 Expert 等(2011 年)的研究中,传感器的测量范围覆盖了范围的速度从 $50°/s \sim 300°/s$,而目前的研究集中 $1.5°/s \sim 25°/s$ 的低速,这样慢了十几倍。为了使测量精度取决于微控制器的采样频率传感器保持在 ΔT 的同一范围内,因此我们不得不缩小 $\Delta\varphi$。

巨大的 18.33mm 的焦距增大了透镜的散射影响,给出了合适的小平均拦截角度 $\overline{\Delta\varphi} = 1.4°$。第二个好处是在散焦过程中,它给每个像素增加了一个模糊效果以用类似尺寸的半值宽度的高斯形的角灵敏度函数 $\Delta\rho = 1.4°$。此处达到的分辨率是非常相似于在共同的测定下家蝇复合眼的值(Kirschfeld 和 Franceschini,1968 年):

$$\Delta\varphi = \Delta\rho \tag{9.22}$$

由 $\Delta\rho$ 定义的接收角,起到光学低通空间滤波器的作用。实现 $\Delta\rho/\Delta\varphi$ 为 1 的比例 OF 传感器有可能高的空间频率有响应特性。随着 $\Delta\rho = \Delta\varphi = 1.4°$ 时,VMS 的整体视野为 $10.28°$。

一般处理算法 VMS 的底层由两部分组成:一个是将 6 个光电二极管信号转换成电信号的高信号噪声比的模拟处理部分和另一个数字处理部分用于同时计算 5 个 OF 值加上 OF 的中间值转换成模拟处理部分值(图 9.8)。模拟处理部分开始于一个可编程增益通过一个 SPI 通信总线(Ruffier 和 Expert,2012 年)连接到微控制器。然后由一个带通滤波器来区分视觉信号同时它也作为一种抗混叠滤波器。

数字处理算法开始于一个二阶定点陷波滤波器(抑制因子 $Q = 6.9$),其中心频率被调谐到直升机的主旋翼频率(13.5Hz)。其传递函数已经被定义如下(Orfanidis,1995 年):

$$H_{notch}(z) = b\,\frac{1 - 2\cos\omega_0 \cdots}{\cdots} \tag{9.23}$$

其中

$$b = \frac{1}{1 + \dfrac{\sqrt{1 - G_B^2}}{G_B}\tan\left(\dfrac{\Delta\omega}{2}\right)}$$

这里 $\Delta\omega$ 是全宽在一个水平 G_B^2 和 ω_0 的中心频率,我们选择 $\omega_0 = 2\pi f_s/f_0$,$\Delta\omega =$

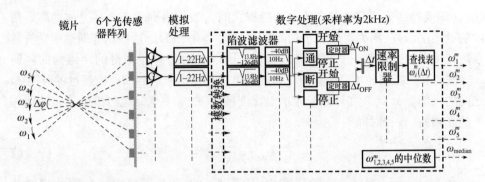

图9.8　一般的低速运动视觉传感器的处理架构。首先,空间采样和低通滤波步骤是由散焦透镜进行处理。在6个光电二极管在通过模拟带通滤波器过滤(1～22Hz)之前,信号被放大并具有可编程的增益以提高信号的信噪比。数字化阶段开始集中在直升机的主旋翼频率(13.8Hz)二阶定点陷波器。它后面是一个二阶定点低通(截止频率＝10Hz)。滞后阈值处理过程与时间计算相关的 Δt 两个相邻的信号(类似于 ON 或 OFF 相反的极性)之间流逝。最后,在离群值滤波步骤之后,从一个预先计算的查找表中获得的一维视觉运动传感器的输出信号和所述中间值的计算方法。图从 Roubieu 等(2011年)修改

$2\pi\Delta f/f_s$,其中 $\Delta f = 2\text{Hz}$, $G_B^2 = -3\text{dB}$。

作为视觉角速度, $\omega_{grd-TRH}$ 的值相当低,从环境特性中派生出的视觉信号的时间频率 f_t 也相当低,如表示如下(Landolt 和 Mitros,2001年):

$$f_t = \omega_{grd-trh} \cdot f_{spatial}$$

式中: $f_{spatial}$ 是与对比的模式相关联的空间频率。

因此,第二级固定点的低通滤波器用来通过去掉高于 10Hz 的噪声来提高信号的信噪比。

OF 算法("时间旅行计划")主要通过具有分开的"开"和"关"通路的滞后阈值处理过程来实现的(Blanes,1986年;Blanes 等人,1989年;Viollet 和 Franceschini,1999年 b;Ruffier 等,2003年;Roubieu 等;2011年),其次是 ΔT 的计算,其结果馈送到一个对应关系的查找表。最后,五个同时计算 OF 的 ω_1^m 被一个中间操作员融合以增加输出(Roubieu 等,2011年)的刷新速率的鲁棒性。

除了数字滤波器的采样频率为 500Hz,用于此目的微控制器(dsPIC33FJ128GP802)的取样频率工作在 2kHz。为了优化算法我们做了额外的努力,并最终获得了只有17%的计算量。

9.3.3　视觉动作传感器(VMS)的特征

目前视觉运动传感器(VMS)的特性是通过执行控制下的运动状态(方向和速度)户外测量进行评估。纯旋转运动的角速度以使用前面描述的室外设置(Expert 等,2011年)的 1～20°/s 被施加到传感器上。得到的三角形的响应模式密切对应

于基准角速度(彩图9.9)。

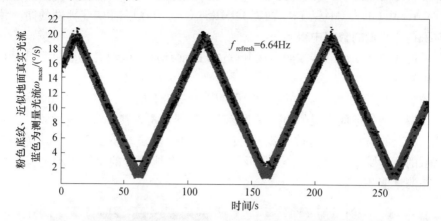

图 9.9　低速 VMS(蓝色)的户外动态响应,与地面实况(粉色)进行比较
视觉运动传感器通过由步进电动机(103H5208 - 0440,购自 Sanyo - Denki)驱动的输
送带(Expert 等人,2011 年)来旋转。传感器运用了从 1 ~20°/s 的旋转,这个旋转本来
设计的范围是从 1. 5 ~25°/s。OF 的测量以 6.64Hz 的刷新率紧密匹配着参考信号。
由于没有同步信号可用,地面真实的 OF 只在这里大致的进行了同步。

因此可以说,这种新的微型传感器是能够在其工作范围内的旋转运动中准确
地计算出一维视觉角速度。刷新速率被定义为可接受的范围(1. 5 ~25°/s)和经过
的时间内发生的测量值的总数之间的比率。平均刷新过程中的动态性能评价实现
率为刷新 $f_{refresh}$ = 6. 6Hz:此值取决于视觉环境的丰富性,以及实际角速度。

9.3.4　自由飞行的结果与机载视觉运动传感器

虚拟机的动态性能在 6 自由度无人机的自由飞行过场中进行了研究。雅马哈
直升机用在 ONERA 的 ReSSAC 项目的框架。Watanabe 等人对直升机质量平衡方
面的特点(2010 年)进行了描述。它重 80kg,其飞行包线和振动动力学由于主旋
翼的转速,所以预展现给我们的是相当具有挑战性的地面实况轮廓。这次飞行是
每形成于法国西南部,在一个艳阳高照的 7 月中旬下午 5 点左右:当时的平均照度
约为 10000lx。

搭载了 ReSSAC 的直升机,测量一维局部时受以下几个变化的支配。由于滚
转角和俯仰角在整个飞行中都保持很小,所以在视线方向 D 到地面的距离可近似
为 $D \approx h/(\cos\varphi\cos\theta)$,其中,$\varphi$ 为横摇角;θ 为倾斜角和 h 局部地面的高度。

在我们这种情况下,$\Phi = -\theta + \Psi + \pi/2$(与传感器取向向下,$\Psi < 0$ 时,$\theta < 0$),
$\lambda = \pi/2$ 和 $\Omega_j = \Omega_2$,其中 Ω_2 是定义在体内固定的俯仰角速度。因此地面真实情况
的 OF(见式(9.8))的计算为如下:

$$\omega_{grd - trh} = \left(\frac{V}{h}\cos\theta\cos\varphi\sin\left(\theta + \Psi + \frac{\pi}{2} \right) \right) + \Omega_2 \qquad (9.24)$$

在以下所述的实验中,地面实况的 $\omega_{\text{grd-trh}}$ 使用的数据从 IMU 计算以及全球定位系统(从 NovAtel 的 OEM4G2)和(西克 LDMRS4 00001)在以前 GPS 辅助的同一领域的航班雷达测量的数据中得到。

低速视觉运动传感器被嵌入在 ReSSAC 的前部直升机和尖垂直向下以便有一个明确的视野。

图 9.10 显示了低速运动视觉传感器安装在船上的无人直升机 ReSSAC 的响应。尽管复杂的地面实况的 OF,视觉运动传感器还是妥善应对了视觉刺激。错误的地面实况的 $\omega_{\text{grd-trh}}$ 和测量的 ω_{meas} 之间标准的误差偏差小于 $2.25°/s$,这已经是相当低的了。刷新速率 $f_{\text{refresh}} > 7.8 \text{Hz}$,这甚至比在地面上的旋转运动过程中执行的动态测量值还要高。

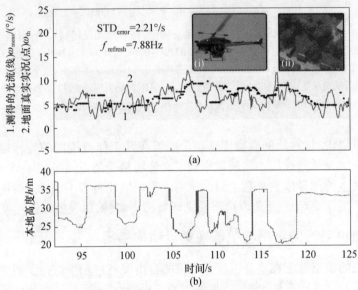

图 9.10　低速视觉感应器和飞行数据船上感觉到 ReSSAC 无人机

(a)地面真实情况(见式(9.24),曲线 2)和 $\omega_{\text{meas}} = \Delta\varphi/\Delta T$(曲线 1)的测定。

尽管由于强烈的变化会导致振动,低速视觉运动传感器的输出密切配合地面实况 OF,给出 $2.21°/s$ 的标准偏差和 7.88Hz 的刷新率。在局部高度强烈变化,由于连续的树木和房屋的影响直接反映在低速 VMS 的测量信号。(i)ReSSAC 无人直升机在飞行中(ii)http://geoportail.fr 上获得的飞行环境的鸟瞰图。(b)结合 GPS 数据和先前映射 LIDAR 数据测得的本地地面的高度。标称高度为大约 $40\mu m$。但由于可变安全阈(如房屋),局部地面高度往往会突然改变 15m

图 9.10(b)给出了当地的地面高度,显示了传感器能够充分地其视觉环境。再次,低速 VMS 准确地检测到这些高度的变化,并产生了类似于地面真值的结果。

本实验中所观察到的鲁棒性和准确性能表明该低速视觉运动传感器非常适合于在许多高级的机器人应用中使用。

9.4　结论

在本章中我们收集了一些核心技术,实现了基于低速光流(OF)的传感器的自主着陆方法。

我们考虑到控制方案,以及主要给予 OF 规章方案预期的控制策略提出了有关的初步结果。我们区分了两个平行的控制回路,一个作用在主推进器,另一个作用在着陆的俯仰角。

其目的是通过利用测量和保持主推进动力线在任何时候的速度矢量来控制着陆器的动态特性。同时,我们面临的挑战是在油耗方面提供着陆器与接近最优的下降轨迹。这种生物激励方法的主要好处是它避免了高度和速度的估计过程。

我们发现,根据两个传感器向下朝向不同的方向(从本地水平的90°和135°)的传感器组件可以产生速度矢量的方向 Ψ 的直接估计。后者可以是作为俯仰角控制器的参考信号。下一步将是制定全面的具有模拟电路特色的控制回路,以达到在低阈门($h_f = 10m$)的参考情景所列的最终速度条件($V_{xf} = 1m/s$, $V_{zf} = -1m/s$)的需求。循环控制主推进器将使用球杆的设计。其次需要解决在模拟中使用的万向支架安装。由于一个使用线索的主要好处是节约质量和结构简单,一个万向系统不适合用于此目的。增加虚拟机数量,从而扩大视野的感官是实现这种挑战的潜在方法。

在介绍了具体的登月方法后,我们提出了一种新的轻量级的视觉运动传感器能够在过程中一个月球着陆进近阶段经历了一系列计算准确。这个新的 VMS 已经被开发出来,并且两者都在地面上,和在飞行船上的无人驾驶直升机飞过一个未知的复杂的室外环境和现实生活中的动态和振动条件下进行测试。此实验结果表明,该传感器非常适合航空或航天应用,因为它能以相当频繁的刷新速率准确地检测到当地的从 $1.5 \sim 25°/s$ 的变化的一维角速度。

致谢

非常感谢 G. Graton 和 F. Expert 在这整个实验研究中丰富宝贵的建议和意见;同时还要感谢 P. Mouyon, H. de Plinval, A. Amiez 和 V. Fuertes 为 ReSSAC 直升机的飞行成功提供的巨大帮助;感谢 T. Rakotomamonjy 和 A. Piquereau 他们在直升机动力学方面提供的专业知识,M. Boyron 的协助与电气设计,J. Diperi 参与的机械设计和 J. Blanc 提供英语手稿的帮助。

参考文献

[1] Barrows, G. , Neely, C. : Mixed – mode VLSI optic flow sensors for in flight control of a Micro Air Vehicle. In:

SPIE: Critical Technologies for the Future of Computing, SanDiego, CA, USA, vol. 4109, pp. 52 – 63 (2000)

[2] Beyeler, A. , Zufferey, J. , Floreano, D. : Optipilot: control of take – off and landing using optic flow. In: European Micro Aerial Vehicle Conference, vol. 27, pp. 201 – 2019 (2009)

[3] Blanes, C. : Appareil visuel élémentaire pour la navigation à vue d'un robot mobile autonome. Master's thesis, Master thesis in Neurosciences (DEA in French), Neurosciences, Advisor: N. Franceschini, Univ. Aix – Marseille II , France (1986)

[4] Blanes, C. : Guidage visuel d'un robot mobile autonome d'inspiration bionique. Ph. D. thesis, INP Grenoble, France (1991)

[5] Braun, R. , Manning, R. : Mars exploration entry, descent and landing challenges. In: The Proceedings of the IEEE Aerospace Conference, Big Sky, Montana, Pasadena, CA, Jet Propulsion Laboratory, National Aeronautics and Space Administration (2006)

[6] Cheng, Y. , Ansar, A. : Landmark based position estimation for pinpoint landing on mars. In: Proceedings of the IEEE International Conference on Robotics and Automation (ICRA), pp. 1573 – 1578 (2005)

[7] Collett, T. S. , Land, M. F. : Visual control of flight behaviour in the hoverfly Syritta pipiens. Journal of Comparative Physiology A: Neuroethology, Sensory, Neural, and Behavioral Physiology 99 (1), 1 – 66 (1975)

[8] Conroy, J. , Gremillion, G. , Ranganathan, B. , Humbert, J. : Implementation of wide – flield integration of optic flow for autonomous quadrotor navigation. Autonomous Robots 27, 189 – 198 (2009)

[9] De Lafontaine, J. : Autonomous spacecraft navigation and control for comet landing. Journal of Guidance, Control, and Dynamics 15 (3), 567 – 576 (1992)

[10] Dubois – Matra, O. , Parkes, S. , Dunstam, M. : Testing and validation of planetary visionbased navigation systems with pangu. In: Proceedings of the 21st International Symposium on Space Flight Dynamics (ISSFD), Toulouse, France (2009)

[11] Expert, F. , Viollet, S. , Ruffier, F. : Outdoor field performances of insect – based visual motion sensors. Journal of Field Robotics 28 (4), 529 – 541 (2011)

[12] Expert, F. , Roubieu, F. L. , Ruffier, F. : Interpolation based "time of travel" scheme in a visual motion sensor using a small 2d retina. In: The Proceedings of the IEEE Sensors Conference, Taipei, Taiwan, pp. 2231 – 2234 (2012)

[13] Flandin, G. , Polle, B. , Frapard, B. , Vidal, P. , Philippe, C. , Voirin, T. : Vision based navigation for planetary exploration. In: Proceedings of the 32nd Annual AAS Rocky Mountain Guidance and Control Conference (2009)

[14] Franceschini, N. : Early processing of colour and motion in a mosaic visual system. Neurosc. Res. Suppl. 2, 17 – 49 (1985)

[15] Franceschini, N. : De la mouche au robot: reconstruire pour mieux comprendre. In: Bloch, V. (ed.) Cerveaux et Machines, pp. 247 – 270 (1999)

[16] Franceschini, N. , Chagneux, R. : Repetitive scanning in the fly compound eye. In: Göttingen Neurobiology Report, Thieme, vol. 2, p. 279 (1997)

[17] Franceschini, N. , Riehle, A. , Nestour, A. L. : Directionally Selective Motion Detection by Insect Neurons. In: Facets of Vision, pp. 360 – 390. Springer (1989)

[18] Franceschini, N. , Pichon, J. M. , Blanes, C. : Real time visuomotor control: from flies to robots. In: Proceedings of the IEEE Conference on Advanced Robotics (ICAR 1991), Pisa, Italy, pp. 931 – 935 (1991)

[19] Franceschini, N. , Pichon, J. M. , Blanes, C. : From insect vision to robot vision. PhilosophicalTransactions of the Royal Society B: Biological Sciences 337 (1281), 283 – 294 (1992)

[20] Franceschini, N. , Pichon, J. M. , Blanes, C. : Bionics of visuo – motor control. In: Gomi, T. (ed.) Evolutionary Robotics: From Intelligent Robots to Artificial Life, pp. 49 – 67. AAIBooks, Ottawa (1997)

[21] Franceschini,N. ,Ruffier,F. ,Serres,J. :A bio-inspired flying robot sheds light on insect piloting abilities. Current Biology 17(4) ,329-335(2007)

[22] Franceschini, N. , Ruffier, F. , Serres, J. :Obstacle avoidance and speed control in insects and micro-aerial vehicles. Acta Futura 3(4) ,15-34(2009)

[23] Franceschini,N. ,Ruffier,F. ,Serres,J. :Biomimetic Optic Flow Sensors and Autopilots for MAV Guidance. In: Encyclopedia of Aerospace Engineering,p. E309(2010)

[24] Frapard,B. ,Champetier,C. ,Kemble,S. ,Parkinson,B. ,Strandmoe,S. ,Lang,M. :Visionbased gnc design for the leda mission. In:Proceedings of the 3rd International ESA Conference on Spacecraft GNC,Noordwijk,The Netherlands,pp. 411-421(1996)

[25] Frapard,B. ,Polle,B. ,Flandin,G. ,Bernard,P. ,Vétel,C. ,Sembely,X. ,Mancuso,S. :Navigation for planetary approach and landing. In:Proceedings of the 5th International ESA Conference on Spacecraft GNC,Rome,Italy (2002)

[26] Garratt,M. ,Chahl,J. :Vision-based terrain following for an unmanned rotorcraft. Journal of Field Robotics 25 ,284-301(2008)

[27] Green,W. ,Oh,P. ,Barrows,G. :Flying insect inspired vision for autonomous aerial robot maneuvers in near-earth environments. In:IEEE International Conference on Robotics and Automation(ICRA) ,vol. 1 ,pp. 2347-2352(2004)

[28] Griffiths,S. ,Saunders,J. ,Curtis,A. ,Barber,B. ,McLain,T. ,Beard,R. :Maximizing miniature aerial vehicles. Robotics & Automation Magazine(IEEE) 13 ,34-43(2006)

[29] Heisenberg,M. ,Wolf,R. :Vision in Drosophila. Springer,New York(1984)

[30] Herisse,B. ,Hamel,T. ,Mahony,R. ,Russotto,F. X. :Landing a vtol unmanned aerial vehicle on a moving platform using optical flow. IEEE Transaction on Robotics 28(1) ,77-89(2012)

[31] Hrabar,S. ,Sukhatme,G. ,Corke,P. ,Usher,K. ,Roberts,J. :Combined optic-flow and stereo-based navigation of urban canyons for a uav. Bio-inspired landing approaches and their potential use on extraterrestrial bodies. In:The Proceedings of the International Conference on Intelligent Robots and Systems(IROS) ,pp. 3309-3316(2005)

[32] Indiveri,G. ,Kramer,J. ,Kocj,C. :System implementations of analog vlsi velocity sensors. IEEE Micro 16(5) , 40-49(1996)

[33] Izzo,D. ,de Croon,G. :Landing with time-to-contact and ventral optic flow estimates. Journal of Guidance, Control,and Dynamics 35(4) ,1362-1367(2011)

[34] Izzo,D. ,Weiss,N. ,Seidl,T. :Constant-optic-flow lunar landing:Optimality and guidance. Journal of Guidance,Control,and Dynamics 34 ,1383-1395(2011)

[35] Janschek,K. ,Tchernykh,V. ,Beck,M. :Performance analysis for visual planetary landing navigation using optical flow and dem matching. In:Proceedings of the AIAA Guidance,Navigation and Control Conference and Exhibit(2006)

[36] Jean-Marius,T. ,Strandmoe,S. E. :Integrated vision and navigation for a planetary lander. Technical report, AEROSPATIAL,Espace et Defense,Les Mureaux-France. ESA,Estec(1998)

[37] Kawaguchi,J. ,Hashimoto,T. ,Misu,T. ,Sawai,S. :An autonomous optical guidance and navigation around asteroids. Acta Astronautica 44(5) ,267-280(1999)

[38] Kendoul,F. ,Nonami,K. ,Fantoni,I. ,Lozano,R. :An adaptive vision-based autopilot for mini flying machines guidance,navigation and control. Autonomous Robots 27 ,165-188(2009)

[39] Kerhuel,L. ,Viollet,S. ,Franceschini,N. :The vodka sensor:A bioinspired hyperacute optical position sensing device. IEEE Sensors Journal 12(2) ,315-324(2012)

199

[40] Kirschfeld, K., Franceschini, N. : Optische eigenschaften der ommatidien im komplexauge von Musca. Kybernetik 5,47 – 52(1968)

[41] Koenderink, J., van Doorn, A. : Facts on optic flow. Biological Cybernetics 56,247 – 254(1987)

[42] Landolt, O., Mitros, A. : Visual sensor with resolution enhancement by mechanical vibrations. Autonomous Robots 11(3),233 – 239(2001)

[43] Mahony, R., Corke, P., Hamel, T. : A dynamic image – based visual servo control using centroid and optic flow features. Journal of Dynamic Systems, Measurement, and Control 130(1),1 – 12(2008)

[44] Moeckel, R., Liu, S. C. : Motion detection circuits for a time – to – travel algorithm. In: IEEE International Symposium on Circuits and Systems(ISCAS), New orleans, LA, USA, pp. 3079 – 3082(2007)

[45] Mourikis, A. I., Trawny, N., Roumeliotis, S. I., Johnson, A. E., Ansar, A., Matthies, L. : Vision – aided inertial navigation for spacecraft entry, descent, and landing. IEEE Transactions on Robotics 25(2),264 – 280(2009)

[46] Netter, T., Franceschini, N. : A robotic aircraft that follows terrain using a neuromorphic eye. In: IEEE/RSJ International Conference on Intelligent Robots and Systems, IROS 2002, vol. 1, pp. 129 – 134(2002)

[47] Orfanidis, S. J. : Introduction to signal processing. Prentice – Hall, Inc., Upper Saddle River(1995)

[48] Parkes, S., Dunstan, M., Matthews, D., Martin, I., Silva, V. : Lidar – based gnc for planetary landing: Simulation with PANGU. In: Proceedings of the DASIA(Data Systems in Aerospace), pp. 18. 1 – 18. 12(2003)

[49] Parkes, S., Martin, I., Dunstan, M., Matthews, D. : Planet surface simulation with pangu. In: Proceedings of the 8th International Conference on Space Operations, SpaceOps(2004)

[50] Parkes, S. M., Silva, V. : Gnc sensors for planetary landers: a review. In: The Proceedings of the DASIA(Data Systems in Aerospace), pp. 1 – 9(2002)

[51] Pichon, J., Blancs, C., Franceschini, N. : Visual guidance of a mobile robot equipped with a network of self – motion sensors. In: Mobile Robots Ⅳ, SPI, vol. 1195, pp. 44 – 53(1989)

[52] Roubieu, F., Expert, F., Boyron, M., Fuschlock, B., Viollet, S., Ruffier, F. : A novel 1 – gram insect based device measuring visual motion along optical directions. In: Proceedings of the IEEE Sensors Conference, Limerick, Ireland, pp. 687 – 690(2011)

[53] Roubieu, F. L., Serres, J., Franceschini, N., Ruffier, F., Viollet, S. : A fully – autonomous hovercraft inspired by bees; wall – following and speed control in straight and tapered corridors. In: IEEE International Conference on Robotics and Biomimetics(ROBIO), Guangzhou, China(2012)

[54] Roumeliotis, S., Johnson, A., Montgomery, J. : Augmenting inertial navigation with imagebased motion estimation. In: Proceedings of the IEEE International Conference on Robotics and Automation (ICRA), vol. 4, pp. 4326 – 4333(2002)

[55] Ruffier, F. : Pilote Automatique Biomimetique Systeme générique inspiré du contrôle visuomoteur des insectes pour: le décollage, le suivi de terrain, la réaction au vent et l'atterrissage automatiques d'un micro – aeronef. Ph. D. thesis, INP Grenoble, France(2004)

[56] Ruffier, F., Expert, F. : Visual motion sensing onboard a 50 – g helicopter flying freely under complex VICON – lighting conditions. In: Proceedings of the International Conference on Complex Medical Engineering, Kobe, Japan, pp. 634 – 639(2012)

[57] Ruffier, F., Franceschini, N. : Octave, a bioinspired visuo – motor control system for the guidance of micro – air vehicles. In: Rodriguez – Vazquez, A., Abbott, D., Carmona, R. (eds.) Proceedings of the Conference on Bioengineered and Bioinspired Systems, SPIE, Maspalomas, Spain, Bellingham, USA, vol. 5119, pp. 1 – 12(2003)

[58] Ruffier, F., Franceschini, N. : Visually guided micro – aerial vehicle: automatic take off, terrain following, landing and wind reaction. In: Proceedings of the IEEE International Conference on Robotics and Automation(ICRA 2004), Coimbra, Portugal(2004)

[59] Ruffier, F. , Franceschini, N. : Optic flow regulation: the key to aircraft automatic guidance. Robotics and Autonomous Systems 50,177 – 194(2005)

[60] Ruffier, F. , Viollet, S. , Amic, S. , Franceschini, N. : Bio – inspired optical flow circuits for the visual guidance of micro – air vehicles. In: Proceedings of the IEEE International Symposium on Circuits and Systems Bio – inspired Landing Approaches and their Potential use on Extraterrestrial Bodies(ISCAS) , Bangkok, Thailand, vol. 3, pp. 846 – 849(2003)

[61] Schilstra, C. , Hateren, J. H. : Blowfly flight and optic flow. 1. Thorax kinematics and flight dynamics. J. Exp. Biol. 202(Pt. 11) ,1481 – 1490(1999)

[62] Shang, Y. , Palmer, P. : The dynamic motion estimation of a lunar lander. In: The Proceedings of the 21st ISSFD, Toulouse, France(2009)

[63] Strandmoe, S. , Jean – Marius, T. , Trinh, S. : Toward a vision based autonomous planetary lander. In: AIAA, AIAA – 99 – 4154(1999)

[64] Tammero, L. F. , Dickinson, M. H. : The influence of visual landscape on the free flight behavior of the fruit fly drosophila melanogaster. Journal of Experimental Biology 205,327 – 343(2002)

[65] Tchernykh, V. , Beck, M. , Janschek, K. : An embedded optical flow processor for visual navigation using optical correlator technology. In: Proceedings of the IEEE/RSJ International Conference on Intelligent Robots and Systems, Beijing, pp. 67 – 72(2006)

[66] Trawny, N. , Mourikis, A. I. , Roumeliotis, S. I. , Johnson, A. E. , Montgomery, J. : Vision – aided inertial navigation for pin – point landing using observations of mapped landmarks. Journal of Field Robotics 24,357 – 378(2007)

[67] Valette, F. , Ruffier, F. , Viollet, S. , Seidl, T. : Biomimetic optic flow sensing applied to a lunar landing scenario. In: Proceedings of the IEEE International Conference on Robotics and Automation (ICRA 2010) , Anchorage, Alaska, pp. 2253 – 2260(2010)

[68] Viollet, S. , Franceschini, N. : Biologically – inspired visual scanning sensor for stabilization and tracking. In: Proceedings of the IEEE/RSJ International Conference on Intelligent Robots and Systems, vol. 1, pp. 204 – 209 (1999a)

[69] Viollet, S. , Franceschini, N. : Visual servo system based on a biologically inspired scanning sensor. In: Sensor Fusion and Decentralized Control in Robotics II. SPIE, vol. 3839, pp. 144 – 155(1999b)

[70] Viollet, S. , Franceschini, N. : Super – accurate visual control of an aerial minirobot. In: Autonomous Minirobots for Research and Edutainment, AMIRE, Padderborn, Germany, pp. 215 – 224. Heinz Nixdorf Institute(2001)

[71] Wagner, H. : Flight performance and visual control of flight of the free – flying housefly(musca domestica l.) i. Organization of the flight motor. Philosophical Transactions of the Royal Society of London. Series B, Biological Sciences 312,527 – 551(1986)

[72] Watanabe, Y. , Fabiani, P. , Le Besnerais, G. : Simultaneous visual target tracking and navigation in a gps – denied environment. In: Proceedings of the International Conference on Advanced Robotics(ICAR) , Munich, Germany, pp. 1 – 6(2009)

[73] Watanabe, Y. , Lesire, C. , Piquereau, A. , Fabiani, P. , Sanfourche, M. , Le Besnerais, G. : The ONERA ReSSAC unmanned autonomous helicopter: Visual air – to – ground target tracking in an urban environment. In: Proceedings of the American Helicopter Society 66th Annual Forum, Phoenix, AZ, USA(2010)

————————第 *10* 章————————

采矿机器人能源系统选择

西蒙·D. 弗雷泽(Simon D. Fraser)
奥地利格拉茨科技大学(Graz University of Technology, Austria)

10.1　引言

　　小行星的勘探及开发是世界各地公共或者私有组织所展望和追求的一项技术和经济挑战。空间勘测由科学带动,而空间开发最终是从商业策略上考虑的。虽然勘探和开采的目标也许因此会有所不同,但是技术挑战和探索方法往往非常类似。

　　小行星表面操作设计的主要技术挑战之一是能源系统的设计。必须要能够设计出安全的,功率输出足够的能源系统,才能满足小行星表面操作系统及分系统的需要。当然,这对所有类型的任务系统来说都是必须的,包括固定系统,例如提取矿物中特定金属的加工中心,还有移动系统,像采矿机器人和运输系统等,还有便携系统,如电动工具。

　　对于那些正在研制和开发的用于未来空间勘探和新能源以及储能装置的新型动力系统来说,小行星表面的环境条件仍然是极具挑战的甚至可以说是极端的。

　　用于小行星表面开发应用(或称之为收益和盈利)的航天器能源系统设计,曾经在公共空间机构的空间勘探项目中几乎不被考虑,现在突然成为设计任务的重点,对单个动力系统元素实现的可能性和局限性需要进行谨慎评估。这样是为了找到单独的动力系统技术,区分含有不止一个独立动力系统的混合系统,在特定的应用中,以可能的最好的方式提供能量存储容量和电力输出电源概述。

　　空间勘探任务在重量、体积计算,操作安全(没有维护也是可能的)及性能降级和操作条件的兼容性上是最重要的。与之相比,小行星开发的动力系统设计还必须考虑在生命周期内系统的投资和盈利能力。这都给能源系统工程提出了一个非常具有挑战性的要求。考虑到没有基础的任务概述和详细的应用说明,本章对收集小行星表面碎石的移动采矿机器人相关的电源系统进行了深入讨论。

10.2 环境因素

传统上的小行星是指环绕太阳的太阳系轨道天体。从这个基本的定义开始，"小行星"一词逐渐发展到仅特指存在于太阳系内部的较小的行星。与资源开采方面特别相关的不是当前大部分处在火星和木星之间的小行星带上的行星，而是所谓的近地物体（NEOs）。截止 2012 年 6 月，已累计发现有 8,971 个近地物体（美国国家航空航天局，2012 年）。随着时间推移，越来越多的近地物体被发现和记录，预计这一数字将大幅增加。

小行星可以按其轨道参数，或通过他们的周期和远日点距离来进行分类。近日点距离（q）是一个物体轨道上距太阳最近的点。远日点距离（Q）是一个物体轨道上距太阳最远的点。半主轴（a）是椭圆轨道主轴的一半。公转周期（P）是物体围绕太阳完成一个完整轨道所需的时间。

轨道要素方面，近地物体是指与近日点距离小于 1.3 个天文单位（$1\mathrm{AU} = 149.6 \times 10^9 \mathrm{m}$）的小行星和彗星；近地彗星（NECs）进一步被限制到仅包括公转周期小于 200 年的短周期彗星（NASA NEO 小组 2012 年）。绝大多数的近地物体是小行星，并被称为近地小行星（NEAs）。NEAs 根据其近日点和远日点的距离，以及它们的主半轴，又分为三组（Atens，Apollo，Amor）。

根据 NASA 新发现统计（美国国家航空航天局近地物体组，2012 年），表 10.1 给出小行星一个简要的分类。

表 10.1   NEOs 分类（NASA NEO 小组 2012 年）

研究组	描述	定义
NECs	近地彗星	$q < 1.3$ AU $P < 200$ 年
NEAs	近地小行星	$q < 1.3 \mathrm{AU}$
Atiras	近地小行星，轨道完全被地球轨道包含	$q < 1.0$ AU $Q < 0.983 \mathrm{AU}$
Atens	主半轴小于地球且轨道与地球相交的小行星	$q < 1.0$ AU $Q > 0.983 \mathrm{AU}$
Apollos	主半轴大于地球且轨道与地球相交的小行星	$a > 1.0$ AU $q < 1.017 \mathrm{AU}$
Amors	轨道在地球与火星之间的靠近地球的小行星	$a > 1.0$ AU $1.017 \mathrm{AU} < q < 1.3 \mathrm{AU}$

关注 NEOs 不仅是因为离地球轨道很近，还因为它们包含很多地球工业以及未来空间勘测所需的资源。因此，NEOs 不仅是科学调查的重点，同时人们也关注对它们的开发与利用（Nelson 等，1993 年；Lewis 和 Hutson，1993 年；Ross，2001 年；

Gerlach,2005 年；Landis 等,2009 年；Matloff and Wilga,2011 年；Sanchez 和 McInnes,2012 年)。

NEOs 的组成可以根据光谱反射率推测。由此,小行星可以分为以下的三种类型(Ross,2001 年):

(1) C – 型:含水岩层,富含不透明的,碳质的材料(C 代表碳)。

(2) S – 型:无水的岩石材料,由硅酸盐、硫化物和金属组成(S 代表石质)。

(3) M – 型:高雷达反射率特性的金属(M 代表金属)。

C – 型 NEOs 由于其含水费和它潜在的碳氢化合物产生可能性,对于其是否存在生命系统以及能够产生原始推进剂备受关注。另外,S – 型和 M – 型 NEOs 关于金属的铁镍合金、含铁硫化矿物以及橄榄石等方面。我们可以探寻大量稀缺金属,如铂族金属(PGM – 钌、铑、钯、锇、铱、和白金)以及一些非金属如砷、硒、锗(Ross, 2001 年)。

因此,NEOs 可以通过为空间设施建设提供金属,为生命系统和航天工具提供水,氢,氧气和燃料,在未来的空间勘测中扮演重要的角色。

Sanchez 和 McInnez 开发了一个资源列表,用来评估在近地空间的物质资源质量,可以作为能源投资的工具。根据调查结果,相当量的资源是可用的,同时处于较低水平的能量也可以被利用(Sanchez 和 McInnes,2012 年)。这使得资源开发变得更加可行。表 10.2 给出 NEOs 地表操作的动力系统选择关键因素的概述。

表 10.2　NEOs 要素

属性	注释
地表温度	月球表面的温度大于 100K 小于 400K;NEOs 的表面温度在此范围之内,甚至可能超过该温度范围
大气	当前没有大气,真空条件(当彗星接近太阳系内部时,彗星内可得的挥发性物质会蒸发并流出核外,同时还可带有表面的灰尘)
地表重力	小于地球重力场 $9.81m/s^2$ 的 1‰　(月球重力:$1.62m/s^2$)
自转速率	取决于具体 NEOs,可以比地球的自转速度慢或者更快

在月球表面探测时也会面对许多同样条件因而存在技术实现中的协同作用。

NEOs 的大小相差很大。有些直径达到几十千米,而大多数的测量直径小于 1km。大多数的 NEOs 是不规则形状的,同时大的小行星表面显现的火山口表明了它受到了小的小行星的冲击。

小行星 243Ida 如图 10.1 所示(NASA 最新太阳系照片集,1996 年)。此图像于 1993 年 8 月 28 日,在伽利略航天器飞行期间拍摄。Ida 是一个不规则形状的小行星,长约 52km,分属于为 S 类'stony'小行星。Ida 是一个主小行星带上的行星,它的轨道位于火星和木星之间。由于轨道参数的原因,Ida 不被视为资源开发利用的主要候选对象。

图 10.1　小行星 243Ida 观察图，1993 年 8 月 28 日
伽利略航天器拍摄（图片提供：NASA/JPL）。

10.3　相关能源系统元素概述

　　能源系统是以最佳的方式匹配所需负载并提供输出电源的不同元素的组合。抛开能源条件、管理和分发等方面，航天器，或者说是采矿机器人的一个关键的问题，是如何保证在必要时可以提供所需的输出功率水平，只有这样，采矿机器人才能像我们希望的那样工作。

　　在本章节，我们将简要地呈现相关的能源系统元素，并讨论它们应用于小行星表面采矿的机器人上的可能性和局限性。表 10.3 给出了主要类别的能源系统技术概要。

表 10.3　能源系统技术概要

能源系统技术	应用
太阳能利用	太阳能光伏电源系统 太阳能热发电系统
核电系统技术	放射性同位素发电机 裂变反应堆
（电）化工电力系统技术	超级电容器 主电池 二次电池 燃料电池 液流电池 燃烧发电系统
物理电力系统技术	惯性轮储能系统 超导磁性能量存储系统
原位推进剂生产	再生 H_2/O_2 燃料电池

10.3.1 太阳能利用

小行星沿太阳轨道运行所得的太阳辐照度取决于它和太阳之间的距离,与阳光到达小行星表面前的大气状态,任何的固体颗粒或者是小行星吸收或反射的阳光无关。

可得的辐照度与物体和太阳之间距离(更确切地说:物体到太阳的中心)的平方成正比。平均零空气质量(AM0)辐照度,I_{AM0},是地球大气层之外收到的平均照度,值为1,367.6W/m2(NASA Earth Fact Sheet,2010年)。这个数值已经用来预测安装在绕地球运行的卫星上的太阳能电池的输出功率。

考虑到获得的一颗小行星的太阳光谱不会因为在大气层中的吸收或反射而改变,在小行星表面获得的光照度($I_{asteroid}$)不会低于或者高于I_{AM0},而是取决于到太阳的距离。图10.2为一颗小行星获得的平均辐照度随太阳距离的变化曲线。

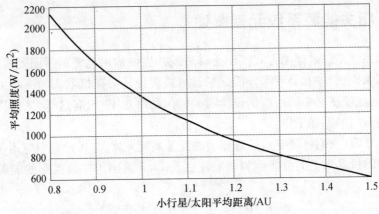

图10.2 平均辐照度随行星/太阳平均距离的变化曲线

NEOs受到的辐照度类似于地球轨道上的辐照度。而主带上的小行星由于超过太阳到近地小行星的平均距离2~3AU,考虑该因素,则这个辐照度显著低于上面所述的辐照度。由于绝大多数在地球轨道上运行的卫星由光电和备份系统的二次电池供电,太阳能的利用将会成为一个热门的话题。

大气的稀缺有利于我们对NEOs,特别是对石质和金属质小行星的太阳能利用。在彗星表面操作时我们必须考虑气化,流出核外的以及可能携带尘埃粒子的挥发性物质;同时在利用太阳能时也要考虑该问题。

在主带小行星上利用太阳能就没那么有吸引力了。大部分主带小行星距离太阳2~3AU。

下面我们对光伏发电、太阳热能发电进行简要介绍。

1. 光伏发电系统

太阳能光伏板利用光伏效应,在半导体材料被光线照射时,会直接产生一个电压或者电流。它是静态的系统,没有任何移动部件,这使得它们非常适合在空间中应用。光伏电池一般装入刚性或柔性的阵列中,从而实现最优的太阳入射效果。

由光伏元件组成的刚性平面阵列安装在一个刚性基板上;单个面板可以铰链在一起。在 GEO(地球同步轨道)和 LEO(低地球轨道)应用中,我们可以考虑提供区域密度为 $1.3kg/m^2$ 的面板(Reddy,2003 年)。

另一方面,柔性的平面阵列是轻量级薄膜复合结构。太阳能电池板底层由被聚酰亚胺薄片包裹的石墨纤维增强塑料复合材料组成。这种柔性的太阳能电池板提供规模约 $0.65kg/m^2$ 的特定区域质量(Reddy,2003 年)。

集线器和折叠阵列也已研制出来。前者应用透镜或反射镜集中射入的辐照到小条的太阳能电池上,从而为昂贵的高性能元件提供经济型利用。后者在发射、传输和着陆期间降低了使用空间,还保护了光伏电池。

有几个不同类型的太阳能电池可供使用。表 10.4 是单结晶和薄膜元件的概述。太阳能电池在陆地应用的主要缺陷是,它的太阳能利用效率要低于太阳能热系统;从而大大降低了从生存期开始,太阳能电转换效率超过 25%,甚至达到 30%的昂贵高效率多结面的太阳能电池的有效性(BoL)。

表 10.4　太阳能电池概述(Reddy,2003 年)

太阳能电池类型	BoL 效率
单晶太阳能电池	
硅电池(背面反射硅片)	13.2%
GaAs/Ge 单接面电池	18.5%
GaInP2/GaAs/Ge 三接面电池	27%
薄膜电池	
非晶硅电池	10%
铜铟镓二硒(CIGS)电池	12.6%

大大降低了高效且昂贵的多结太阳电池的可用性,这些太阳电池在寿命初期(BoL)的转换效率可以达到 25% ~30%。

2. 太阳能热发电系统

太阳能热发电系统不是直接把光能转换成电能,而是把光能先转换成热能,然后通过热到电力的转换系统将热能转换成电能(Mason,1999 年)。在太阳能热发电系统的应用中,通常利用一个反射镜和透镜系统将太阳能捆绑在接收器元件上。太阳能热发电系统也可以被认为是非聚光型太阳能吸收体,例如,Badescu 和他的同事将低温热能用于驱动热引擎,在火星表面进行工作(Badescu 等,1999,2000 年)。

依据集中的密度等级,太阳能热系统中可以达到非常高的温度。再应用斯特林、朗肯或热布雷顿循环热发动机将可用的热能量能转换成机械能。这基本上类似于一个大规模的地面发电厂。此外,一些静态热—电转换技术已经应用或计划在将来的太空发电中应用。这些静态技术包括热电转换器、放射性同位素热电发生器，以及创新性碱金属热到电动转换器（AMTECs）、微热光电转换器和热离子转换器。

和光伏系统相比，太阳能热发电系统的潜在优势是太阳能电转化效率高、降解效果较小和投资成本较低。太阳热能发电系统必须对准太阳方向，特别是动力学热能—电能转换系统，在转化过程中引入了运动部件，这将导致在轨可靠性下降。

总之，光伏系统的空间应用历史悠久，而太阳能热发电系统应用时间才不久。在性能和成本上，太阳能热发电系统具有潜在的优势；为了使太阳能热发电系统在未来空间的勘探和开采任务中能成为发电器的有效选择，这些潜在的优势相比增加的机械和系统的复杂性显得更为重要。但是，这些潜在的优势目前仍未引导太阳能热发电在空间探索中或在商业卫星市场中得到应用。

10.3.2　核电系统技术

从历史上看，核分裂和放射性衰变技术在航天器发电上的应用已广泛关注。已经有相当数量的核能系统被研制成功并发射。放射性同位素系统已应用在2012 年 8 月 6 日在火星上着陆的"好奇"号火星车上（美国国家航空航天局火星科学实验室"好奇"号火星车 2012 年）。目前人类正积极开发核分裂和放射性衰变的动力源，使得它能在不同的空间探索任务中输出功率。

当前协同效应存在于辐射加热单元（RHUs）的应用（如在火星车和火星探索巡视器双生子计划上的应用），且使用时没有热电转换系统以及下一代核空间推进系统。

在遥远的未来，核融合是一个很好的选择，但目前它的空间发电应用还没有什么实际意义。放射性同位素发电机与核裂变反应堆是未来小行星采矿任务的可选方法，下面进行简要介绍。

1. 放射性同位素发电机

放射性同位素温差发电器（RTGs）利用放射性物质衰变所释放的热能来进行发电。放射性物质通常以一个或多个钚–238 颗粒形式来应用。也可以使用其他同位素，但对于空间应用而言，只有辐射穿透能力低的元素能够适用，可以被屏蔽材料阻挡以保护敏感的设备。特别的是，欧洲空间局正在研究将镅–241 作为欧洲空间电源系统的潜在同位素（Summerer 和 Stephenson，2011 年）。

放射性物质释放高能量辐射，它在第一步就已通过包裹放射性同位素放在适当的容器中将其转换成热能。应用屏蔽来控制放射，这方面不仅仅只和载人飞行任务有关，同时也要防止干扰科学仪器。

放射性同位素的衰变提供了恒定的程度的热量，可以利用热电转换系统直接转换成电力能源，或通过媒介转换成机械能，如斯特林发动机。前者提供了一个强鲁棒性的系统，没有移动部件或发动机的磨损，后者提供了更高的热–电转换效率,但提高了整体系统的复杂性。

RTGs 已经在地面和空间应用中成功应用了超过十年。地面系统主要应用于远程发电,因为供应燃料发电机是不切实际的。同时 RTGs 也已广泛地应用于空间中,尤其是到太阳系外的空间任务中。还有就是应用于相对较低功耗的移动系统,如因为大小的原因而无法使用太阳能光伏板的火星表面探测车。

放射性衰变的时间不是恒定的,有一个确定的半衰期,这是能源系统设计时必须考虑的。输出功率级别可以非常准确地被预测,如表 10.5 所列。

表 10.5 相关同位素数据(Blanke 等,1960 年)

同位素	半衰期	热量输出功率/(W/g)
锶 - 90	29.1 年(EPA 2012)	0.935
钋 - 210	138 天	143
钚 - 238	89.6 年	0.545
镅 - 241	433 年	0.115
锔 - 242	162.5 天	120
锔 - 244	18.4 年	2.73

当前 RTG 系统提供约 5W/kg 的特定电源率,系统效率小于 10%(整个 RTG 和同位素无关)。应用先进的热 - 电转换技术,如斯特林发动机,未来放射性同位素动力系统的效率将增加到约 30%,且特定的功率将增加至约 10W/kg(Surampudi,2011 年)。这同样会大幅度减少同位素质子和能量系统的热排斥反应区,也让放射性同位素动力系统在高电气输出功率水平上更有吸引力。高级放射性同位素动力系统使用更有效的热 - 电转换技术,因此成为小行星表面操作的机器人系统的选择之一。

2. 核裂变反应堆

RTGs 是输出小于几百瓦的电力系统的可靠来源。当前,还不考虑发展放射性同位素能量系统提供 10 ~ 100kW 电力输出功率。另一方面,核裂变反应堆过去就曾被考虑用于提供功率输出。目前,正在研究将其用于未来太空探索任务中。

自 20 世纪 50 年代末美国核火箭计划开发了小裂变反应堆,实现核引擎火箭车的应用计划(NERVA)。当时,美国空间反应堆项目开发 SP 100 反应器。此系统是通过达 100kW(电动输出功率)的热电转换系统实现的 2MW(热输出功率)反应器(Nuclear Association,2012 年)。苏联太空计划也开发了小裂变反应堆与热电转换系统以及之后的使用热离子转换系统的黄玉核裂变功率源(世界核协会,2012 年)。

布什总统在 2004 年提出了"视觉的空间探索"计划,改变了人类在探索月球和火星的兴趣。它提出了 2020 年在月球表面的任务和 2030 年火星表面的任务。早期集结阶段人类基地的电源要求 25 ~ 100kW,到全面运作时,预计会达到 1MW。

核裂变系统被认为是为表面操作任务(美国国家航空航天局裂变表面功率,2010年)提供高功率的最大规模的有效手段。

一般情况下,核电燃料提供远远优于任何电化学储能技术或化学燃料的能量密度。表10.6给出了聚/裂变燃料、化学燃料以及电化学储能技术的能量密度比较,可以清楚地看到,不同技术相差几个数量级。在此表中,不考虑热到电的转化效率。大量的辅助系统(热到电的转换系统、屏蔽等),就像裂变系统相比二次电池系统那样是截然不同的,我们也不用考虑。

表10.6 融合与裂变燃料,化工燃料(氢/氧)和电化学储能
技术的理论燃料能量密度(Houts 等,2001 年)

燃料	能量密度/(J/kg)
裂变	8.2×10^{13}
D – D 核聚变	8.8×10^{13}
D – T 核聚变	3.4×10^{14}
D – He3 核聚变	3.5×10^{14}
H_2/O_2(HHV)	1.6×10^7
二次电池	7.2×10^5

NASA(美国国家航空航天局)实施一个裂变表面功率(FSP)技术项目,用来开发一个小核分裂系统。当前FSP计划使用二氧化铀(UO_2)燃料、钠或钠钾热运输系统和斯特林或热布雷顿循环热发动机实现热电转换(美国国家航空航天局FSP,2010年)。

FSP的单个单位可以提供的净电气输出功率为40kW,设计寿命为8年。图10.3为一位艺术家对未折叠辐射器的裂变表面电力系统的概念图(美国国家航空航天局科学新闻2009年)。

10.3.3 (电)化工电力系统技术

1. 超级电容器

超级电容器,也称为电动或电化学双电层电容器,它在碳电极和电解液之间的接口双电层内存储电能。单独的超级电容器虽然在低电压下操作,但能达到的几瓦时的能量容量,甚至可以通过合并一定量的单个超级电容器来实现几个千瓦时。

超级电容器可以接受很高的输入和输出功率,达到100kW的超级电容器模块目前正在研究。它的生命周期和充电/放电效率也非常有利。因此,超级电容器是中间能源存储和峰值能源应用的一个可选项之一,但它不适合大能量存储应用。

2. 主电池

主电池是只为单次使用设计的非充电式电化学电池。与可充电电池它们可提供优越的能源,包括能源和电力密度,但通常是处在低功率状态。由于它们不能充

图 10.3 艺术家的裂变表面电力系统概念(图像信贷:美国国家航空航天局)

电,其实际的使用仅限于简单的鲁棒电源与中长期的能源存储容量应用,且存储容量对输出功率的水平要求远远低于超级电容器。实际应用也通常限于小型应用;主电池几乎不应用在多千瓦时的情况。

3. 二次电池

二次电池可以充电;因此其电化学电池的具体能量不仅类似主电池可用单次放电获得,还可以多次使用。二次电池的发展性很好,可视为地面和空间应用的标准电力能源存储选项。许多不同的化学电池模块大小可以和空间匹配,该电池模块的发展得益于电动和混合动力电动汽车的发展应用。它增加了我们对电池性能和退化的了解,并为大型电池模块的热量处理提供了工程解决方案。

《未来能源和物质资源》(Fraser,2012 年)一书中对先进的二次电池模块与燃料电池系统的性能数据进行了讨论,读者可以参考。对于电动汽车发展的目标,有文献称大存储容量(>10kW·h)的先进二次电池模型的可用能源含量可达 144W·h/kg,能量密度可达 216W·h/L。上述数据的依据来自普通电动汽车电池未来的目标额定容量。考虑到长寿命要求,电池只能在一定深度范围内进行充放电。此外,由于阻抗损失以及内部过电压的存在,只能在有限放电效率下工作。低地球轨道卫星的充放电速率约为 5000 次/年,放电深度(DoD)约为 20%。这一数值与静止轨道卫星相比要低得多。以 15 年寿命的静止轨道卫星为例,大约需要充放电 1350 次,放电深度达到 80%。

从当前及预测的业绩来看,二次电池仍将是空间应用的能源系统组合的最重要的组成成分之一,也可以应用于未来的小行星资源开采中。唯一的问题是它们是否可以成为的主要能源存储系统并应用在多千瓦时模块中,还是只能用来备份或在较小的模块中应用(如在便携式系统中如电动工具)。

4. 燃料电池

燃料电池是电化学能源转换系统,能够直接将燃料和氧化剂转换成电气连续地输出能量。燃料电池和普通电池之间的主要区别是,燃料电池(即电极和电解液)不是一个封闭的系统。系统被拆分为发生电化学反应的能源转换子系统,需要大量的外围设备、试剂、水和热量处理。燃料电池堆的面积等于活跃电极面积,从根本上决定最大的电力输出功率和相应的转换效率。在加油或充电之前,燃料和氧化罐的面积决定可以从系统中提取多少能量;当然,后者只有再生燃料电池系统可以实现。

考虑到氢只有 $33.33kW \cdot h/kg$,加热值(LHV)较低,小型燃料电池堆栈与大型的燃料和氧化剂罐组合可以提供的特定能量和能量密度会远远优于二次电池。在考虑电化学的反应中所需的氧化剂的质量与容量以及所需的离析物和燃料电池堆的存储罐需求时,燃料电池与二次电池的这种差异会大大降低,但只要储存的能量与输出功率的比率足够大,这样的差异仍会存在(Fraser,2009,2012 年)。

在现实中,能量密度 $>1kW \cdot h/kg$ 的实例已经在美国航天飞机上得到展示。相比之下,二次锂电池在寿命初期的额定容量仅为 $300W \cdot h/kg$。

燃料电池和热引擎(如内燃机或斯特林发动机)之间的主要区别是:燃料化学能转换成电能中间没有转换成热能和机械能的过程,而是直接转换,非常有效且不受卡诺循环限制。

燃料电池系统一般分三种不同类型:

(1)主燃料电池系统:这些燃料电池系统必须通过外部资源补充能量。建议作为主(即非充电)电池而不是二次(即充电)电池系统。

(2)蓄热式(辅助)燃料电池系统:二次再生燃料电池系统可以通过操作综合的电解槽模块充电,从而提供存储,并在以后释放电能。

(3)单位化再生或可逆(辅助)燃料电池系统:这些系统是一个特殊的辅助燃料电池系统。在该系统中燃料电池和电解槽不在两个分开的电化学单元中进行,而是在同一个单元。然而,往返效率是较低,对反应物的存储和热子系统有较大影响。

我们有几种不同类型的燃料电池可以选择,其中一些工作温度较低(与地面环境温度相当),其中的一些工作温度可达的 $700°C$ 甚至更高。

燃料电池系统还可以与不同类型的燃料结合。氢是被选择的主要燃料;烃类燃料可以用于外部改造系统,或和碳,二氧化物(在低温燃料电池);或与合成气(如高温燃料电池)直接应用在一起。特殊的低温燃料电池,甚至设计直接使用液态烃燃料,主要用甲醇,但在某些情况下也用乙醇。

从特定的应用考虑,可以选择最佳组合的燃料、氧化剂、燃料电池和燃料电池系统配置的类型。一方面,能够使能源存储能力和发电能力独立发展;另一方面,可利用气体或液体/低温燃料来存储能量,这对于燃料电池在未来空间勘探和开发中的应用十分重要。1990 年以来,地球的燃料电池系统发展迅猛,同时还对材料科学,诊断和工程探知产生协同作用,成功地转化为下一代合格的空间燃料电池系统。

5. 氧化还原液流电池

氧化还原液流电池(还原/氧化)是所有电活性组件溶化在电解液中的可逆的燃料电池。如氢/氧燃料电池,输出功率和能量的能力完全解耦,并由电化学转换系统(=电源的电极活性区域)的大小决定。例如,钒和聚硫溴液流电池。聚硫溴氧化还原液流电池已广泛应用于地面系统和 Regenesys 系统(2002 年拨款)。

氧化还原液流电池的主要优点是上述的电力和能源解耦简单、循环寿命长、响应时间快,无需均衡的单个单元。某些类型的液流电池还提供方便的充电状态测定、低维护和对过充/过放的高容忍度。缺点是相比常规的二次电池技术,有较低的能量密度和较高的复杂性。

氧化还原液流电池主要用于大型陆地能源存储,$1kW \cdot h \sim 10MW \cdot h$,进行所需的负载调配,用可再生能源进行中心储能,从而满足高峰需求和不间断地能量供应。

到目前为止,氧化还原液流电池技术尚未应用在空间系统发展的研究中。如今,在空间应用方面高性能二次锂电池和初级和/或再生燃料电池系统比氧化还原液流电池更有前景。

6. 混合液流电池

混合液流电池在设计上类似于氧化还原液流电池,它将一个或多个电活性组件作为固体存放于系统内,而氧化还原液流电池的所有电活性组件都溶化在电解液中。

混合液流电池有一个电池电极和一个燃料单元电极。混合是指这种燃料单元和电池特性相互混合。溶解在电解液中的电活性组件数量决定了存放在电池电极上的电活性组件的功能,以及电池电极的大小。因此在混合液流电池中,电力和能源不完全分离。混合液流电池的例子包括锌溴、锌铈和铅 – 酸液流电池。

目前,混合液流电池技术尚未应用在空间中。作者目前还不知道任何适用于空间系统发展的研究。

7. 燃烧电力系统

燃烧是一种燃料和氧化剂进行放热的化学反应,产生热并将析出物转换成一个或多个反应产物的过程。燃烧反应的发生可以有火焰或无火焰;前者,例如发生在一个传统的燃烧引擎;后者可以通过催化燃烧技术实现。

由燃烧反应释放的热量可以通过应用现有的很多不同的热—电转换技术中的一个转换成电能。热—电转换技术包括内外部燃烧引擎的发电机耦合。汽油发动机、柴油发动机、转子发动机和燃气轮机是内燃机的典型例子。蒸汽机和斯特林发动机是知名的外部燃烧引擎。

但是,热电型转换也可以做到不用将热转换成机械能驱动发电机轴这一中间步骤。热电发电机、碱性金属热到电动转换器（AMTECs）（Tournier 和 El－Genk，1999 年；Schock 等，2002 年），热光伏（Coutts，1999 年）和热离子转换系统可以直接转换为电能（Fraser，2001 年）提供系统的热量。

燃烧电力系统利用鲁棒性，实现热电转换技术在空间中的应用。然而，用于直接燃料－电力转换的燃料电池系统可以提供高效的空间能源转换方法，通过电化学转换的方法运行避免燃烧过程。因而应用于空间的先进的热—电能源转换技术主要用于放射性同位素系统，而不是为了将燃烧过程中的热转化为电力输出。

太阳能热发电技术以及放射性同位素动力系统的协同作用可适用于空间的热－电转换技术。然而，如今，这些燃料/氧化剂组合燃烧热量转化为机械能的技术的应用在未来空间的勘探和开采任务中还不是首选的。如果存在需要利用的原始资源存在一定的疑问，例如从一个 C 类小行星能否提取水，这时，基于燃烧的转换过程将不能发挥燃料电池技术的优势。考虑静态热—电转换系统，不仅仅是鲁棒性和安全性，基于燃烧的转换过程的转换效率很可能也难以实现。

10.3.4　物理动力系统技术

目前是化学和电化学储能技术陆地应用中可选择的方法，同时在空间应用电化学技术也是更好地选择。同时，也有人考虑在空间应用物理能量存储技术。我们在下面简要地讨论这些技术中常用的两个。

1. 飞轮储能系统

飞轮可以通过转子的旋转质量将能量储存为动能。能源存储量与转速的平方成正比，转子的旋转速度受到使用的材料拉伸强度的限制。先进的飞轮储能系统的转子设计旨在实现旋转达 100000r/min，从而实现以高效的方法存储一定量能源。

飞轮储能系统在国际空间站的能源存储系统中的应用。当前已做出的初始系统提供 5～30W·h/kg 的储能容量，使用碳纳米纤维转子，其存储容量的理论极限值为 2700W·h/kg（Lyons 等人，2010 年）。然而，如今关于飞轮储能系统在太空中的应用还没建立。

2. 超导磁储能系统（SMES）

SMES 在由特殊合金制成的线圈的磁场中储存能量。通过冷却导线到低温条件，使得材料的电阻几乎为零，从而能够在没有电气损失的情况下产生非常高的电流，但该技术要在低温条件下维护系统。

SMES 有很好的能源利用效率，能够提供非常高的输入和输出功率。然而，当前 SMES 的能源存储能力非常有限，尽管在夜间条件下 NEOs 有一个小的低温和常温的温度差异，当前 SMES 仍仅适用于小型的应用环境。

10.3.5　原始推进剂生产

在每个空间任务的规划中，地球的卫星发射量都是有决定性意义的数字。这对空间探索任务来说是正确的,对空间开发任务来说更准确。在科学研究中不重视投资回报,而在经济维度中却占据主导地位。在不增加任务风险且满足任务要求的前提下,能够减轻发射质量将是极受欢迎的。

在月球和火星的探索计划中设立了两个概念:原始推进剂使用(ISRU)和原始推进剂生产(ISPP)。它们旨在通过使用原始的可利用的资源(在登陆点或其附近)减少从地球转移到月球和火星的系统总重量。如月球或火星的风化层,以火星为例,主要含有超过95%的二氧化碳(Zubrin 和 Wagner,1996 年;Hoffman 和 Kaplan,1997 年;Pipoli 等,2002 年;Fraser,2009 年)。

C – 型小行星往往可以获得大量的水。通过将水分解成氢气和氧气,能直接在小行星的表面上生产推进剂。这减少了从地球上发射的推进剂的量,返程推进剂可以直接在小行星表面产生。当然,我们需要发射水提取、分解和推进剂存储的系统。

水可以作为生命支持系统的消耗品;在选择电源系统时,水还可以用作燃料和氧化剂应用于发电。氢和氧可以在内燃机和燃气轮机中燃烧,也可以用于电化学电池,在电化学电池中生产氢气和氧气的是电解槽,消耗氢气和氧气的是燃料单元。前者需要输入电能来分解水,后者产生电能并生成水。

原始水资源可以作为电能存储的媒介。当有多余的电力时通过电解槽产生氢气和氧气,然后再耗费氢气和氧气实现燃料电池发电,例如,该技术应用于当太阳能光伏板不能提供足够的输出功率级别时。

10.4　动力系统选择

当前小行星表面的周围环境,考虑未来空间探索和空间开发任务中的能力存储和发电技术等动力系统元素,是极具有挑战的。

为对小行星表面应用的航天器电源系统进行设计,必须小心评估每个电源系统的可实现性及其局限。以最佳的方式找到满足特定的小行星表面勘探和/或开发系统的能源存储和发电系统,可以是单个动力系统,也可以是多动力系统元素相混合。不仅要关注重量和体积,同时还要关注操作安全、性能退化和操作条件的兼容性。

最佳电源系统配置显然根据具体任务概述来确定,而电力系统规范从任务概述中推断。

10.4.1　采矿机器人任务概述和运行

在本章内,矿工指的是从小行星表面提取资源,特别是矿物资源的机器人系统。有或没有电磁铁来收集磁性材料都可以通过刮或挖掉表面碎石来实现。采矿机器人设计成可重新定位的移动系统,如果邻近的矿产资源被提取则可自动移动。由于目前的低重力状况,采矿机器人的机动和开挖不能像(因为重力辅助)在地球、月球和火星上那样容易地完成,它不得不包括某种牵制机制,要么安装在移动系统上,要么附着在小行星本身的表面上(Garrick‐Bethell 和 Carr,2007 年)。

采矿机器人从长远角度看需要结合处理矿产的加工设施。这种情况下可视为是一种条带开采,先从小行星表面刮下物质然后收集它们。它利用轴腔系统从地下提取资源,所以更加需要传送带系统而不是载体单元。

固定的加工设施还包括将提取的资源发送到地球的发射站(如提取珍贵铂族金属时),发送到月球(如收集用于月球栖息地生命支持系统的水资源)或发送到在地球轨道运行的空间站。

加工设施还可以考虑连接到一个固定的发电站中。这个电站可以给处理设施提供电能;发电站还可以给移动物体或者便携系统充电补充能量,因此移动和便携式系统在操作阶段不需要实现可持续,即无需从一开始就携带足够的能量或生产足够的能量。移动和便携系统可以更轻更好地构建,只需要以固定频率访问固定的设施就可以充电。

无论这些频繁的访问是否需要卸载材料给固定的处理设施,都不会成为影响移动和固定系统操作性能的负担或者限制因素。

10.4.2 能源系统概括

为小行星表面或者地下的采矿机器人提供设计方案和规范不在本章讨论范围之内。本章的目的是提供有关电力系统技术的总体概述,并对相关的电源系统技术在移动采矿机器人中的应用提供一个简捷的比较性的概括。

表 10.7 给出了这个比较性概括。对 10.3 节讨论的每一个能量系统做了简要的概括,还包括作者给的关于各个能量系统和移动采矿机器人装载能源应用相关的评价。

表 10.7　能源系统总结

能源系统组成部分	总结
太阳能效用	
光电能源系统	固定发电的相关配置,大的表面积($>4m^2/kW$,在近地物体上操作甚至达到 25% TJ 电池)对于移动式应用来说是个限制因素,夜间需要适当的能源存储,这依靠小行星的旋转速度
太阳能热能系统	目前不考虑
核能系统技术	
放射性同位素发射机	小型移动系统的相关配置,状态系统重 200kg/kW,先进的系统预计 100kg/kW。主要优势:多年来提供连续输出功率
核裂变反应堆	目前正在开发的固定式发电设备在 $10\sim100kW$ 输出功率范围;由于对屏蔽和大型的散热器面积的要求,不适合移动应用
电(化工)能源系统技术	
超级电容器	与高功率和低能源存储有关

能源系统组成部分	总结
主要电池	紧急情况能源和单独使用的设备
次要电池	能源存储的主要配置,特别是针对移动设备。可使用的特殊能源和能源密度比 H_2/O_2 系统非常小,电池系统约为 $150W \cdot h/kg$,相对的 H_2/O_2 燃料电池大于 $1000W \cdot h/kg$(Fraser,2012 年)
燃料电池	提供能源存储容量的相关配置(如光电能源系统中间存储的再生燃料电池)和移动系统的主要燃料电池(不可重复充电)
流动电池	目前不可能被考虑到
燃烧能源系统	因为可用的燃料电池系统,不可能选择内部燃烧发动机;外部燃烧发动机的增效作用(如斯特灵发动机);主要用来推进
物理能源系统技术	
飞轮能源存储系统	目前不可能被考虑到
SMES	目前不可能被考虑到
现场推进剂生产	
再生的 H_2/O_2 燃料电池	完全适合 ISPP,作为同样的燃料/氧化剂能作为能源发动机和火箭推动剂

根据特定移动挖掘装置的电源系统要求,单个的能源系统需设计成适当的尺寸,以满足所需的安全和冗余要求的电源配置文件的条件。

10.5 结论

在过去,主电池、二次电池、太阳光电和放射性同位素热电发生器一直是能源系统的组成部分,用在月球和火星表面操作的任务上。这些能源系统技术也是与未来的小行星探索应用紧密相关的。

燃料电池虽然还没有应用在阿波罗着陆器上,如果能源消耗和操作问题一直难以解决,或者在能源较低的电池模块质量受到限制的情况下,燃料电池将是一个有吸引力的选择。通过配备一个氢氧燃料电池系统(与火箭发动机使用的推进剂相同),在(C 类)小行星表面使用的现场推力生成技术也可以用于产生能源。如果不考虑回程的 ISPP,这将提供可观的增效作用,同时还减少了专用的燃料/氧化剂处理和加油设施带来的大规模损耗。

自从 1960 年航天时代开拓以来,我们已经考虑并开发了核裂变反应堆,近几年研究经费一直在迅速增长,因为它被视为人类探索月球和火星的当前任务计划中的核心要素。固定式核裂变反应堆的出现可以持续为客户提供一定的输出功率,从而使移动和便携式系统的电源系统设计环境变得更加宽松。

总之,电力系统工程师为了实现未来的特定应用,将开发更多的电力系统技术。根据对电力输出功率平均值或者峰值的要求,任务进行和持续期间,通过将不同的能源发电和能源存储技术的紧密结合,可以实现重量轻,结构紧凑,安全和稳定的电源系统。

因此,电力系统技术可以实现要求并解决即将到来的小行星探测和开发应用带来的挑战。如其他工程技术一样,关键在于调查和优化,直到找出尽可能最好的解决方案。

参考文献

[1] Badescu V,Popescu G,Feidt M. :Model of optimized solar heat engine operating on Mars. Energy Convers. and Manage. 40,1713 – 1721(1999).

[2] Badescu, V. ,Popescu,G. ,Feidt,M. :Design and optimisation of a combination solar collector – thermal engine operating on Mars. Renew. Energ. 21,1 – 22(2000)

[3] Blanke,B. C. ,Birden,J. H. ,Jordan,K. C. ,Murphy,E. L. :Nuclear battery – thermocouple type summary report. United States Atomic Energy Commission Research and Development Report,US Government contract No. AT – 33 – 1 – GEN – 53(1960),http://www. osti. gov/bridge/servlets/purl/4807049 – 6bvOmJ/4807049. pdf

[4] Coutts,T. J. :A review of progress in thermophotovoltaic generation of electricity. Renew. Sustain. Energy Rev. 3, 77 – 184(1999)

[5] EPA(2012),http://www. epa. gov/rpdweb00/radionuclides/strontium. html

[6] Fraser, S. D. : Non – nuclear power system options for a mission to mars and derived terrestrial applications. Diploma thesis,Graz University of Technology(2001)

[7] Fraser,S. D. :Fuel cell power system options for Mars surface mission elements. In:Badescu,V. (ed.)Mars: Prospective Energy and Material Resources,pp. 139 – 174. Springer,Heidelberg(2009)

[8] Fraser,S. D. :Fuel cell power system options for lunar surface exploration applications. In:Badescu,V. (ed.) Moon:Prospective Energy and Material Resources,pp. 377 – 404. Springer,Heidelberg(2012)

[9] Garrick – Bethell,I. ,Carr,C. E. :Working and walking on small asteroids with circumferential ropes. Acta Astro-nautica 61,1130 – 1135(2007)

[10] Gerlach, C. L. :Profitably exploiting near – earth object resources. In:2005 International Space Development Conference. National Space Society,Washington,DC(2005)

[11] Grant,I. :TVA's Regenesys energy storage project. In:2002 IEEE Power Engineering Society Summer Meeting. Tennessee Valley Authority,Chattanooga(2002)

[12] Hoffman,S. J. ,Kaplan,D. I. (eds.):The reference mission of the NASA Mars exploration study team. NASA Special Publication 6107(1997)

[13] Houts, M. , Van Dyke, M. , Godfroy, T. , Pedersen, K. , Martin, J. , Dickens, R. , Salvail, P. , Hrbud, I. , Rodgers,S. L. :Options for development of space fission propulsion system. In:Space Technologies Applications International Forum Conference,Albuquerque,NM,United States(2001)

[14] Landis,R. R. ,Abell,P. A. ,Korsmeyer,D. J. ,Jones,T. D. ,Adamo,D. R. :Piloted operations at a near – Earth object(NEO). Acta Astronaut. 65,1689 – 1697(2009)

[15] Lewis,J. S. , Hutson, M. L. :Asteroidal resource opportunities suggested by meteorite data. In:Lewis,J. S. , Matthews,M. S. ,Guerrieri,M. L. (eds.)Resources of Near – Earth Space,pp. 523 – 542. University of Arizona Press(1993)

[16] Lyons, V. J., Gonzalez, G. A., Houts, M. G., Iannello, C. J., Scott, J. H., Surampudi, S. : DRAFT Space Power and Energy Storage Road map(2010), http://www. nasa. gov/pdf/501328main_TA03 – SpacePowerStorage – DRAFT – Nov2010 – A. pdf

[17] Matloff, G. L., Wilga, M. : NEOs as stepping stones to Mars and main – belt asteroids. Acta Astronautica 68, 599 – 602(2011)

[18] Mason, L. S. : A solar dynamic power option for space solar power. In : 34th Intersociety Energy Conversion Engineering Conference, Vancouver, British Columbia, Canada(1999)

[19] Nelson, M. L., Britt, D. T., Lebofsky, L. A. : Review of asteroid compositions. In : Lewis, J. S., Matthews, M. S., Guerrieri, M. L. (eds.) Resources of Near – Earth Space, pp. 493 – 522. University of Arizona Press (1993)

[20] NASA Earth Fact Sheet(2010), http://nssdc. gsfc. nasa. gov/planetary/factsheet/earthfact. html

[21] NASA NEO Discovery Statistics(2012), http://neo. jpl. nasa. gov/stats/

[22] NASA Fission surface power(2010), http://www. grc. nasa. gov/WWW/TECB/fsp. htm

[23] NASA FSP Handout, Fission Surface Power System Technology for NASA Exploration Missions(2010), http:// www. grc. nasa. gov/WWW/TECB/FSP_Handout. pdf

[24] NASA Mars Science Laboratory Curiosity Rover(2012), http://mars. jpl. nasa. gov/msl/mission/rover/

[25] NASA NEO Groups(2012), http://neo. jpl. nasa. gov/neo/groups. html

[26] NASA Photojournal, PIA00069 : Ida and Dactyl in Enhanced Color(1996), http://photojournal. jpl. nasa. gov/ catalog/? IDNumber = PIA00069

[27] NASA Science News (2009), http://science. nasa. gov/science – news/science – at – nasa/2009/15may _ stirling/

[28] Popoli, T., Besenhard, J. O., Schautz, M. : In situ production of fuel and oxidant for a small solid oxide fuel cell on Mars. In : Wilson, A. (ed.) Space Power, Proceedings of the Sixth European Conference(2002)

[29] Reddy, M. R. : Space solar cells – tradeoff analysis. Sol. Energ. Mat. Sol. C 77, 175 – 208(2003)

[30] Ross, S. D. : Near – earth asteroid mining. Caltech Internal Report (2001), http://www. nss. org/settlement/ asteroids/NearEarthAsteroidMining%28Ross2001%29. pdf

[31] Sanchez, J. P., McInnes, C. R. : Assessment on the feasibility of future shepherding of asteroid resources. Acta Astronaut. 73, 49 – 66(2012)

[32] Sanchez, J. P., McInnes, C. R. : Synergistic approach of asteroid exploitation and planetary protection. Adv. Space Res. 49, 667 – 685(2012)

[33] Schock, A., Noravian, H., Or, C., Kumar, V. : Design, analyses, and fabrication procedure of Amtec cell, test assembly, and radioisotope power system for outer – planet missions. Acta Astronaut. 50, 471 – 510(2002)

[34] Summerer, L., Stephenson, K. : Nuclear power sources : a key enabling technology for planetary exploration. Proceedings of the Institution of Mechanical Engineers, Part G : Journal of Aerospace Engineering 225, 129 – 143(2011)

[35] Surampudi, S. : Overview of the space power conversion and energy storage technologies (2011), http:// www. lpi. usra. edu/sbag/meetings/jan2011/presentations/day1/d1_1200_Surampudi. pdf

[36] Tournier, J. – M., El – Genk, N. : Performance analysis of Pluto/Express, multitube AMTEC cells. Energ. Convers. Manage. 40, 139 – 173(1999)

[37] World Nuclear Association, Nuclear reactors for space(2012), http://www. worldnuclear. org/info/inf82. html

[38] Zubrin, R., Wagner, R. : The case for Mars : the plan to settle the red planet and why we must. Touchstone, New York(1996)

第 *11* 章

从颗粒物理角度研究碎石堆近地小行星

凯伦 E. 丹尼尔斯
(Karen E. Daniels)
北卡罗莱纳州立大学,Raleigh,美国
(North Carolina State University,Raleigh,USA)

11.1 引言

大多数近地天体(NEOs)是由碎石组成的,时常具有显著的裂隙和孔隙,这些小行星被称为碎石堆(Britt,2001 年;Fujiwara 等,2006 年)。组成小行星的粒子大小从毫米到几十米不等,被微弱的、强度相当的万有引力和范德华力所聚合在一起(Scheers 等,2010 年)。未来无论是有人或是无人探测器,都必须具备在松散结构的小行星附近开展安全作业的能力。至关重要的是,需要在挖掘、样品收集、锚定或剥离等活动时,具备预测和控制 NEO 表面物质的能力。

碎石类材料是颗粒材料物质的一种(Jaeger 等,1996 年),一般定义为宏观颗粒的集合。颗粒间按照经典力学规律相互作用,如力平衡、碰撞、摩擦、无伸缩性等。在自然和工业界常见的例子包括沙/砾石、农业谷物颗粒、药粉等;理想化玻璃球颗粒也常被视为理想化的实验室模型。针对这些材料,开展了大量的实验和计算机模拟(有重力和无重力条件下)。所有这些工作都提高了我们对其动力学理论的理解和认识。然而,针对颗粒物质的综合性理论仍然是难以捉摸的,且大多数的技术都仅在一个大参数范围内有限适用。本章对颗粒物理的研究现状进行了回顾,并对如何将这些理论知识应用于碎石小行星探测进行了讨论。

对于任何一个 NEO 取样任务,都必须设计用于对表面进行可靠锚定的技术,并完成样本收集和回收。该过程的硬件实现是一个典型的技术难点。当载人或无人探测器向小行星表面缓慢靠近时,任何一次发动机点火都将对表面物质造成扰

动。由于小行星引力微弱,受到扰动的物质将在小行星附近飘浮,对探测器造成危害。即使探测器降落在了小行星表面,类似的动作同样会使颗粒产生飘移。此外,如果探测器需要在脆弱的表面进行锚定,任何朝向小行星表面的推力都将造成反作用力,使探测器朝反方向运动,远离小行星表面。如果探测器需要进行挖掘(无论是为了锚定还是采集样品的目的),这必然会破坏小行星表面的物质(Miyamoto等,2007年;Tsuchiyama等,2011年),同样会在临近空间中形成危险的飘浮颗粒。

构成碎石 NEO 颗粒材料与在地球重力场下的地质颗粒材料有许多共同之处,最主要的区别在于小行星上的颗粒不那么容易返回到表面。例如,小行星 25143 Itokawa(图 11.1)的质量为 3.5×10^{10} kg(Fujiwara 等,2006)。在距离小行星质心 150m 处,重力加速度只有 $10^{-5}g$;这意味着任何速度超过 17cm/s 颗粒都将会逃逸小行星;这个速度称为逃逸速度。

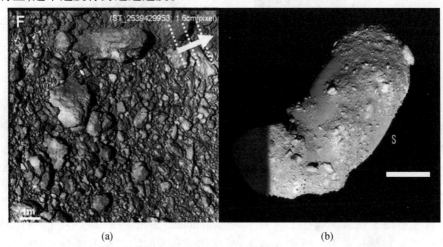

(a)   (b)

图 11.1　Hayabusa 探测器拍摄到的碎石小行星 25143 Itokawa 照片
Hayabusa 是首次对小行星进行采样返回的航天器。照片显示了两种不同尺
度下的颗粒纹理(源自 Fujiwara 等,2006 年;Miyamoto 等,2007 年 b)。

在近地小行星表面或附近的运动过程都是复杂的。尽管已有航天任务已经获得了成功(Fujiwara 等,2006 年),但对于这种新型的探索活动,还没有规律可循。正在进行的月球和火星风化层(Rickman 等,2012 年)及其爆发成因(Metzger 等,2009 年)或许可以提供一些指导,但可能无法适用于小行星的弱引力环境。本章将针对地球引力和弱引力环境下的表面钻取和锚定技术进行讨论,并为了保障在 NEO 上工作的安全可靠,给出一些具体的建议。

11.2　抵制施加的力:力链

干燥的颗粒材料不同于传统的固态物,主要体现在原子间和分子间力造成的内聚力,对聚合体的整体剪切相应影响甚微。相反,此类物质通过摩擦和粒子间弹性力来抵御形变,同时也与颗粒在空间上的独占性有关。通过前期研究,我们知道颗粒间的作用可以产生高度不均匀分布的力。该性质在20世纪50年代首次利用玻璃的光弹性(双折射)进行了可视化(Dantu,1957年)。图11.2对该现象进行了说明。在塑料地板上放置2500个从Vishay PhotoStress得到的圆盘,承受双轴应力:要么各向同性的压力,要么是单纯的剪切力。在任何一种情况下,类链状结构承载了系统中大部分的力,但该力学网络在压力作用下的各向同性特点要比剪切力作用下好得多。剪切力作用具有很强的各向异性,并显示了清晰的主应力轴。

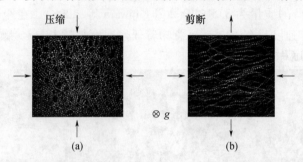

图11.2　由水平放置的圆盘形双折射粒子组成的二维晶体颗粒物质,受到各项同性压力的情况(a)以及受到均匀引力势下纯剪切力的情况(b)。采用极化光线进行观察,受到强应力的粒子将呈现高亮度并具有明显的亮边。图改编自 Majmudar 和 Behringer(2005年)

此类力链网络的性能一直是近来许多研究的主题。值得注意的是,一个静态系统中的各个力的概率分布函数可以是强非高斯函数(Liu等,1955年),并且在很大程度上取决于负载的类型(图11.2和 Majmudar、Behringer,2005年)。而圆形/球形颗粒一直是分布力定量研究的焦点,这样的异构网络在很多场合下存在,甚至对非圆形颗粒同样适用(Geng等,2001年)。此外,小行星内的弱引力势不会破坏上述效应:图11.2中的图像是通过一个在水平面上的恒定重力势获得的。利用气浮台将扁平颗粒浮在空中(Lechenault、Daniels,2010年;Puckett、Daniels,2013年),这样就能够对二维情况下的零重力环境进行动力学研究。当作用在颗粒材料上的负荷增加时,如挖掘或锚定操作,力及其传递网络可以重新排列。只要所有的颗粒保持扭矩和力的平衡,那么颗粒材料可以保持整体完好。然而即使是微小的变化,也无法通过线性的(弹性)过程单独完成,必然造成粒子和力的重排(Cates等,1998年)。如果干扰足够大,如受到高能量冲击,则该材料将被"流体化",并呈现出瞬时的流体状态(Asphaug等,1998年;Daniels等,2004年;Pica Ciamarra等,2004年;Clark等,2012年)。在这些研究中,无论是实验室实验或数学模拟,可以观察到应力在材料内的传播具有分支结构的特点,类似于力链网络。

颗粒物质的状态是类似于气态(受碰撞主导)或液态(持续接触)的程度可以通过无量纲数的惯性参数 $I = \dot{\gamma}d(P/\rho)^{-0.5}$ 进行表示。这里,$\dot{\gamma}$ 为施加的剪切速率;

d 为粒子直径，P 为周围气压；ρ 为颗粒材料的质量密度。这可以看作是两个时间尺度之间的比较：$\dot{\gamma}^{-1}$ 是剪切过程发生的变形（产生缝隙）的宏观时间尺度，$d/(P/\rho)^{-0.5}$ 是描述粒子落入尺寸为 d 的间隙所花费时间的微观尺度（Campbell，2005 年；Forterre、Pouliquen，2008 年）。在碎石小行星的背景下，颗粒造成的下行压力来自重力加速度（$10^{-5}g$），而这一微观时间尺度将变成（d/g）$^{-0.5}$。对于直径从 10cm ~ 10m 不等的颗粒，对应的时间尺度为 30s ~ 5min。因此，除了在最慢的剪切速率下，I 值将变得很大，即对应类气态、快速流动的物质。任何一种情况（类固态、类液态、类气态等）之间的转换将在下面进行详细讨论。

11.3   固态—流态转化

为了探索一种颗粒型小行星，需要对物质的响应进行控制：表面材料是否保持固态（固态对锚固有利、对挖掘不利），或者转换到类液态（液态对挖掘有利、对锚固不利）。近年来的研究对这两种状态（固体状、液体状）以及它们之间的转变进行了讨论。因为可流动颗粒状物质一般是可压缩的，因此在讨论过程中将采用"类液态"一词来同时指代"气体状"（碰撞）和"液体状"（持续接触）。下面对几个关键方法进行回顾，并指出哪些方法可以应用于微重力的近地小行星，而哪些还须进一步研究。

相关研究中的一个关键问题是，颗粒材料可以填充至何种程度上。在物理文献中，该填充程度通常被称为填充率或填充密度 φ，定义为被粒子占据的空间与总空间之比。在地质领域，通常采用空隙率或孔隙率（$1-\varphi$）。下面我们将使用物理学中更常用的填充率 φ。填充率的概念非常重要，因为低填充率（低 φ）表示具有较少的粒子间接触来稳定粒子（Wyart，2005 年），相对于高填充率（高 φ），颗粒具有更大的重新排列可能（Edwards、Oakeshott，1989 年；Song et al. 2008 年）。在一项对 26 个小行星的调查中，Baer 等（2011 年）发现对于有效直径小于 300km 的小行星，在50% ~ 70% 的范围内存在散气孔是相当普遍的；这对应于 $\varphi = 0.3 ~ 0.5$。如下将要讨论的，这一填充率低于约束粒子彼此相对运动所需要的值。

对填充密度与外加应力及其变化联系的研究可以追溯到 Reynolds（1885 年）的经典论文。当对致密颗粒材料进行剪切时，单个颗粒不能穿过彼此，而是该材料必须腾出空间来适应剪切运动。相反，对一个非常松散的颗粒材料进行剪切时，由于重力的作用将会使其崩溃。在地质领域，这项研究被称为临界状态岩土力学。特别需要指出的是，粒子之间的内部摩擦力无法支持更多负载的临界点被称为莫尔—库仑准则（Schofield、Wroth，1968 年；Nedderman，1992 年）。学者已提出了针对膨胀或压缩状态下颗粒流的平均性能的连续模型（Campbell，2005 年），并且在地球的重力场中，通过量化使用 X 射线造影和断层扫描法对粒子尺度进行转换（Kabla、Senden，2009 年；Métayer 等，2011 年）。在微重力环境中，缺乏足够的重力来促成挤压,因此这些特点将出现明显变化。

一个受到剪切力作用的 NEO 往往结构不会紧密,组成粒子仅会由于耗散效应(非弹性碰撞、摩擦作用)而减缓速度。进一步研究中使用了数字模拟(Baran 和 Kondic,2006 年)或实验(Murdoch 等,2013 年)的方法,来寻找在微重力环境下的主导作用。近年来,针对不稳定和稳定形态之间转变关系的研究成为了重点,有文献将这一转变过程称为"干扰"(Liu 和 Nagel,1998 年)。在最近发表的两篇综述中(Liu 和 Nagel 2010 年;Hecke,2010 年)给出了这种方法的详细介绍,这需要在零重力状态下的无摩擦圆球作为出发点,只在接触中互相影响。其中心思想是,每个粒子间相互作用的限制(接触)的平均数量,总的自然振动模式,系统的刚度都是系统表现的基本物理特性。这样就可以对这些特征进行认识,从而理解被"干扰"的材料的剪切模量作为填充密度的函数是如何变化的。当一个球形材料被填充至比其临界(最低稳定)填充率 ϕ_c 更紧密时,其剪切模量将按照函数 $G \propto (\phi - \phi_c)^\alpha$ 增大。指数 α 是由两个颗粒之间的接触力法则函数决定的,而对于无序摩擦,ϕ_c 取 0.64(Hern 等人 2003 年)。符合类似比例关系的参数还有许多,例如体积弹性模量、压力以及平均颗粒接触数目(Liu、Nagel 2010 年,Hecke,2010 年)。

根据最新研究,上述"干扰"法已拓展到摩擦(Somfai 等,2007 年;Henkes 等,2010 年)或椭圆形(Mailman 等,2009 年;Zeravcic 等,2009 年)粒子的范畴,为此 ϕ_c 采用了不同的取值。两个重要的复杂问题是,摩擦力总是引入对历史状态的依赖(摩擦力与运动的方向相反),以及非球形颗粒在 ϕ 和颗粒间接触数量之间的关系变得更加复杂。因此,整体/剪切模量和填充率之间的关系不再是像无摩擦球型颗粒条件下的简单指数情况。围绕剪切刚度是随着剪切方向或原型的不同而增加或减小的研究,是一个有潜力的研究方向(Bi 等,2011 年;Dagois - Bohy 等,2012 年)。最后,使用系统的振动模式作为判断颗粒系统材料在何时产生外部应力并开始流动的经验值(Owens、Daniels,2013 年)或许是可行的。

11.4 颗粒态气体

当将足够的能量输入颗粒态系统中后,单个颗粒将具有足够的动能来克服耗散和引力,可以变成气体状态,其中碰撞作用而非接触作用将占据主导。在探测或捕获过程中,特别是有物质被从小行星表面脱落时,这样的情况可以很容易地在 NEO 附近出现。对于填充率低的材料,碰撞作用将占主导地位,使用普通气体运动理论可以理解颗粒态材料的动力学过程。有评论文章(Goldhirsch,2003 年)和专著(Brilliantov、Pöschel,2004 年)详细介绍了定量理论分析的方法,该方法主要适用于无引力环境和球形颗粒模型。

有人预测,当颗粒态气体在自由空间受冷碰撞通过时,具有聚类不稳定性,(Goldhirsch、Zanetti,1993),每对粒子在碰撞过程中都会损失动能。这种不稳定性的机制是,位于任何低密度波动范围内的颗粒都将(由于增加的密度)受到比周围区域更多的碰撞。这将导致该区域比相邻区域更快地失去能量。因此,任何初始密度波动将呈现增强而非减弱;这种效应已经在数值模拟(Goldhirsch、Zanetti,1993)中观察到了。该效应也存在于真正的颗粒状材料中,一旦任何在 NEO 上的颗粒物质出现脱落,那么就可能会形成一个高度异构的环境。

到目前为止,由于技术难度和经费问题,很少有在零重力或微重力条件下开展的颗粒态气体实验研究。而抛物线飞行、自由落体塔和探空火箭等地面实验的价格则更加昂贵。在对钢铁球体的稀释气体研究中,Leconte 等人(2006 年)发现根据分子运动理论的预测结果与实际结果存在显著差异。Murdoch 等人(2013 年)发现了在地球上的一个重要效应:在受剪切力作用下的颗粒材料中存在对流现象,且在微重力环境下这一现象受到了明显抑制。Harth 等人(2013 年)对棒状颗粒气体中的颗粒的平移和旋转运动进行了定量测量。

有趣的是,没有观察到集聚效应,这与对球形颗粒的情况不同。这些实验都说明了目前理论预测的局限性。针对微重力环境中非球形颗粒的进一步摩擦碰撞动力学实验,将提供小行星受到碰撞或挖掘后可能会出现的情况。

11.5　仿真技术

虽然颗粒材料的连续模型(Goldhirsch,2003 年;Jop 等,2006 年;Kamrin、Koval,2012 年)仅能够覆盖较小的参数空间,但离散化的数值仿真能够覆盖整个范围参数范围,对固体和气体同时适用。Cundall 和 Strack(1979 年)提出的经典方法建立离散的(或独立的)单元(DEM),模型中的单个粒子均服从牛顿定律;这些技术类似于分子动力学模拟系统,但体现了宏观相互作用而不是微观相互作用。对几种最新 DEM 方法的一些评价已经在相关文献中给出(Pöschel、Schwager,2005 年,Vermeer等,2001 年)。其中最典型的方法允许通过球形粒子间的摩擦作用、Hertzian(弹性)接触力以及非弹性碰撞损失来进行建模。此类仿真设计需要在事件驱动模型和柔性球体模型之间进行选择。其中前一种模型运算速度快,但仅允许瞬时边界碰撞;而后一种模型则允许多次持续碰撞。事件驱动的仿真模型对于低填充率的系统(低 φ),而高填充率的聚合物则需要持续碰撞模型。最近提出的 DEM 模拟方法,已经可以对球体的超集,包括椭圆(Zeravcic 等,2009 年;Mailman 等,2009 年)或连体圆/球(Gravish 等,2012 年;Phillips 等,2012 年)等进行模拟。但由于无法解决对任意曲率接触力的建模,存在突出角形状的物体仍然是一个难题。需要区分 DEM 技术和平滑粒子流体力学(SPH)(Asphaug 等,1998 年)。SPH 中连续流体被分为一组比预先确定的长度尺度要平缓的、与角度形状尺度不相关的离散元素。

为了掌握主导的相互作用,在对小行星上的颗粒状材料的模拟过程中,不仅需要持续的、有弹性的接触模型,同时还要考虑远距离的引力和凝聚力。小行星稳定性和小行星碰撞的数值仿真中已经开始包括所有上述的这些效应(Scheeres 等，2010 年，Sánchez、Scheeres，2011 年，Richardson 等，2011 年；Ringl 等，2012 年；Schwartz 等，2012 年)，但这些进步是近期才出现的。到目前为止，这些研究主要侧重于小行星尺度下的动力学，而不是针对用于挖掘和锚固的小范围应用。

为了判断各种模拟中所需要考虑的受力项，有必要分析各个关键能量的大小量级，特别是与施加到任何单个粒子或集合(如向心效应)的动能相比较。两个质量为 m 的相同的微粒之间的引力能量的大小是 Gm/r^2，其中 r 是粒子间的距离，G 是万有引力常数。如果这两个粒子的质量密度为 ρ，半径为 R，则该能量与 R^5 成正比；这表面与颗粒大小具有相关性。与此相反，动能增长与 R^3 成正比。在两个填充率为 δ 的球形颗粒中存储的弹性能量是由 Hertzian 接触定律(Johnson，1985 年)给定的，大小是 $ER\delta$，其中 E 是组成颗粒材料的杨氏模量。尽管干燥的凸状颗粒物可以承受剪切或挤压的负载力，但如果在颗粒之间没有内聚力，那么它们将无法承受拉伸。根据观察，小行星具有拉伸强度，可抵抗旋转(Trigo - Rodriguez、Blum，2009 年)而不发生解体，因此可以推断存在某些类型的内聚力。尽管与范德华粘附力相关的能量很小，其大小是由 Hamaker 常数(典型材料取 $10^{-20} \sim 10^{-19}$ J)确定。Scheeres 等(2010 年)指出，该能量可以支配小天体的静电或辐射压效应。此外，该文章提供了缩放参数，以说明如何在地面使用粉末实验来模拟和推断碎石小行星的行为。

11.6 粒子属性

在针对上述例子的研究中，颗粒状材料通常由高硬度(变形小)、高摩擦、高干燥度(非黏性)和光滑(通常是圆形/球形)的颗粒组成。在数值模拟中，选择表面光滑、无摩擦、无黏性的颗粒模型以便于计算。由于 Hertzian 接触定律是针对小变形条件下已知粒子间力的解析函数(Johnson，1985 年)。在这个框架内，主要参数如颗粒大小、弹性模量等可以被归一化以便于比较。实验研究往往也选择类似的理想化颗粒，既方便直接比较，又可使实验具有重复性。然而，最近的数值仿真和实验已经开始针对变形(Saadatfar 等，2012 年)、多分散性(粒径分布)(Tsoungui 等，1998 年；Wackenhut 等，2005 年；Muthuswamy、Tordesillas，2006 年；Voivret 等，2009 年)、颗粒形状(Azéma、Radjaï，2010 年，2012 年；Torquato、Jiao，2012 年)和凝聚力(Nowak 等，2005 年；Richefeu 等，2006 年；Herminghaus，2005 年；Strauch、Herminghaus，2012 年)等开展研究。在这些情况下，仿真和实验结果与采用单分散的球形颗粒时有所不同。

碎石近地天体是由坚硬，干燥，多分散(图 11.1)，非球形颗粒(Fujiwara 等，2006 年；Michikami、Nakamura，2008 年；Yano 等，2006 年)组成，因此相较于粒状物质必须区分开来研究。从 25143 Itokawa 小行星带回来的表面风化层样品中也发现它具有高度的多分散性,颗粒尺寸在毫米到厘米量级(Tsuchiyama 等,2011 年)。但关于粒径和形状分布(Herrmann 等,2004 年;Pena 等,2007 年;Saint - Cyr 等,2012 年)是如何影响粒状材料从固体状转变成流体状仍是一个有待解决的问题。

11.7 在碎石堆类型小行星上操作

与碎石近地天体的安全接触,需要在以上所描述的约束条件下采用适当的工程技术。虽然由于客观的制度原因,迄今为止针对自引力和范德华力效应的研究仍然较少,但在该领域已有足够的知识可以支持安全地接近或离开小行星等操作。

如上所述,碎石堆类型的近地小行星的逃逸速度可能非常低,cm/s 是其典型量级。为了进行比较,25143Itokawa 的逃逸速度约为 17cm/s(亦即 0.5km/h),这一速度比小孩玩的垒球打罐头游戏中垒球的速度要低两个数量级。对于小行星表面操作而言,重要的是,在小行星表面的所有动作必须以低于此限制的速度运动,以保证探测器和小行星之间能够利用小行星的重力场来进行连接。

除了逃逸速度,还有另一个速度量用以描述小行星的物理特性,通过在小行星内部的声音传播速度确定,其结果目前尚不太清楚。由于脆性聚合物的刚性特征(Liu、Nagel,2010 年;Hecke,2010 年),声波在小行星内部传播时将会在堵塞点消失。因此,对于一个仅略高于堵塞点的小行星(通过重力略微压缩)来说,即使是非常小的扰动都可能会造成通过小行星体的超声波振荡(Gómez 等,2012 年)。当材料被冲击波压缩时,在该区域的声音速度将会增大。同时,正如气体颗粒的相关理论所指出的,粒子间的碰撞会耗散能量,对摩擦的非球形的颗粒,目前还不清楚在什么程度下聚类的不稳定性是可以预测的。而且,对于这些效应的组合是否会导致稳定的(局部损伤)或不稳定的(传播损伤)亦是未知的。对于一个 8m 直径的球状非碎石堆小行星的 SPH 仿真(Asphaug 等,1998 年)指出,损伤会在小行星星体的一定范围内传播。实验室分析或 DEM 仿真也能够通过建模撞击探测器动力学模型的方法,分析碎石堆类小行星可以承受多大的冲击。这些分析有可能指出会导致局部或全局故障的速度或能量阈值。

研究者普遍认为,从探测器上发射一个鱼叉状装置到小行星上将是将探测器与小行星连接或产生溅射物并将其收集的一个有效方式。然而,对于快速还是低速发射该装置能更安全、有效地达到目的仍有待确定。例如,发射该装置的一个指标有可能是产生尽可能小的动量和破坏。因此,有必要对快速(类似射击)与慢速(类似挖掘)接触小行星的区别进行研究。快速发射可被定义为在该速度下,引力弛豫时间$(d/g)^{-0.5}$超过了其倒数剪切速率γ^{-1}。对于在 25143Itokawa 表面上 10cm 大小的碎块,这个时间尺度约为 30s。因此,对于该小行星而言,除非以极慢速度接触它,否则探测器都将会遇到明显的阻力。以往的实验已经验证物体相互接触所遇到的阻力与物体材料的牢固程度有密切关系(及所接触物体的微观结构有多难被重新排列）（Albert 等,1999 年；Geng、Behringer,2005 年；Constantino 等,
2011 年）,因此应对慢速的挖掘技术进行重点考虑。近期的一些实验（Wendell,
2011 年）表明,在地球引力条件下,轻薄/柔性的挖掘装置可以比坚固的更为有效
（彩图 11.3）。对于一个给定的最大挖掘力,接触装置的适应性可以用挖掘深度来
衡量。类似的研究可以用来验证在零重力或微重力环境下,什么形状/灵活度/速
度的接触装置更为有效。

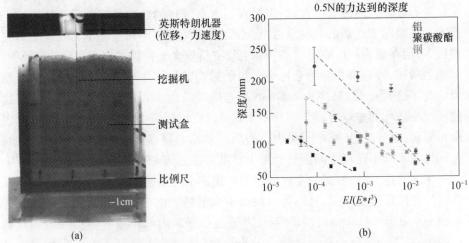

(a)   (b)

图 11.3　在地球的重力场下的桌面实验（Wendell,2011 年）,采用 0.1～1mm 厚度聚碳
酸酯、铝、钢柔性挖掘装置钻入直径为 1～2mm 大小的玻璃珠堆,达到压力阈值为止
(a)为当使用 0.5N 的推力可获得的最大深度;(b)可见最大插入深度随着装置刚度的增加而减少,
E 为与材料相关的杨氏模量,I 为与厚度相关的弯曲力矩。

　　一旦插入接触装置,可能希望以它作为一个锚点,将航天器系于其上或拖动小
行星。基于这种目的,工程上的目标是设计一个在任务过程中可以承受最大拉力
的系统。因为干燥的颗粒聚合结构小行星本身并无伸缩性,因此有必要通过改变
材料属性来达到上述目的。研究者已在地球上探索了两种可能的途径,液膜和磁
力。研究者已得出结论,即使非常薄的流体层都可以显著地改变颗粒物的碰撞特
性（Donahue 等,2010 年）,并且这种耗散效应将对锚定有所助益。此外,在颗粒物
表面上存在的流体层将形成液态的"桥梁",进一步稳定颗粒材料的形态,并提供
抗拉强度（Herminghaus,2005 年）。在该技术领域利用液体的一个关键难题是,如
何找到一种能在任务执行过程中不挥发的液态材料。另一技术途径是利用电磁铁
作为接触装置,可通过类似的铁磁减震器和阀门根据需要控制电磁铁的开合。然
而,该技术仅对那些由铁磁质材料组成的小行星有效（如 M 型小行星）。而所探测
小行星的成分本身又可通过电磁铁接触装置来加以分辨,这本身就是一个典型的
先有鸡还是先有蛋的问题！最后一个值得关注的问题是,任何有利于锚定的小行
星表面颗粒物同时也有可能阻碍挖掘工作的进行。

11.8 结论

本章的重点是完全是颗粒状的碎石堆类小行星,而其他小行星诸如 Eros（Veverka,2000 年;Robinson 等,2002 年;Li 等,2004 年）被认为具有固态内核和颗粒状材料组成的表壤。对两类小行星的的探测都需要在微重力环境下对颗粒状材料进行操作。人类已经成功在小行星 25143Itokawa 上完成了一次取样返回的任务（Hayabusa,"隼鸟"）,同时还在规划未来的各类小行星取样返回任务。NASA 当前正在筹备 2016 年发射的源光谱释义资源安全风化层辨认（OSIRIS - REx）的任务,该任务的主要目标是研究 C 类小行星。作为这一任务的一部分,他们计划对小行星的风化层进行取样返回。与该任务相类似,JAXA 正在考虑"隼鸟"2 号任务,这次任务的目的是探测一颗 C 类小行星并从其表面取样返回。同时,欧空局目前正在评估 MarcoPolo - R 的任务的可行性,其目的也是对一颗近地小行星进行探测。美国航空航天局 NASA（KISS2012）或其他组织将可能规划一次完全捕获一颗近地小行星的任务,这将是非常有挑战性的任务。

因为近地小行星的异质性和未知性,对于特定小行星或风化层任务规划也只能依据人类已获得的知识和数据。为了在小行星上进行挖掘、锚定、采样、上升等操作必须依赖大量提前开展的仿真和地面试验研究。

但我们也应认识到,在地面模拟微重力环境下开展的实验在样本的数量和范围上仍相当有限（Leconte 等,2006 年;Chen 等,2012 年;Murdoch 等,2013 年;Harth 等 2013 年）,欧洲的研究计划支持学生利用现有的微重力设施开展了两项研究（Murdoch 等,2013 年;Harth 等,2013 年）。因此,虽然有许多年轻的科学家致力于解决本章中罗列的许多问题,但到现在为止仍没有持续的研究计划来系统地解决这些问题。尽管重力塔、弹射器、探空火箭和抛物线飞行都可提供短时间的微重力环境,但面向空间颗粒状材料的慢速接触实验需要更长时间的微重力环境。国际空间站是非常适合进行长期实验的平台,新兴的商业航天飞行也可提供中等时长的微重力试验环境。同时,大型的研究设施和基金也决定着人类能否通过未来的研究工作改进对碎石堆类小行星的认知,目前我们已经具备了实现重大跨越的基础。

参考文献

[1] Albert,R. ,Pfeifer,M. A. ,Barabási,A. ,Schiffer,P. : Slow Drag in a Granular Medium. Physical Review Letters 82(1),205 - 208(1999)

[2] Asphaug,F. ,Ostro,S. J. ,Hudson,R. S. : Disruption of kilometre - sized asteroids by energetic collisions. Nature 393,437 - 440(1998)

[3] Azéma,E. ,Radjaï,F. : Stress - strain behavior and geometrical properties of packings of elongated particles.

Physical Review E 81(5),1 – 17(2010)

[4] Azéma,E. ,Radjaï,F. :Force chains and contact network topology in sheared packings of elongated particles. Physical Review E 85(3),1 – 12(2012)

[5] Baer,J. ,Chesley,S. R. ,Matson,R. D. :Astrometric Masses of 26 Asteroids and Observa – tions on Asteroid Porosity. The Astronomical Journal 141(5),143(2011)

[6] Baran,O. ,Kondic,L. :On velocity profiles and stresses in sheared and vibrated granular systems under variable gravity. Physics of Fluids 18(12),121509(2006)

[7] Bi,D. ,Zhang,J. ,Chakraborty,B. ,Behringer,R. P. :Jamming by shear. Nature 480(7377),355 – 358(2011)

[8] Brilliantov,N. V. ,Pöschel,T. :Kinetic Theory of Granular Gases. Oxford University Press,Oxford(2004)

[9] Britt,D. :Modeling the Structure of High Porosity Asteroids. Icarus 152(1),134 – 139(2001)

[10] Campbell,C. S. :Stress – controlled Elastic Granular Shear Flows. Journal of Fluid Mechan – ics 539,273 – 297 (2005)

[11] Cates,M. E. ,Wittmer,J. P. ,Bouchaud,J. P. ,Claudin,P. :Jamming,Force Chains,and Frag – ile Matter. Physical Review Letters 81,1841 – 1844(1998)

[12] Chen,Y. – P. ,Evesque,P. ,Hou,M. – Y. :Breakdown of Energy Equipartition in Vibro – Fluidized Granular Media in Micro – Gravity. Chinese Physics Letters 29(7),074501(2012)

[13] Clark,A. ,Kondic,L. ,Behringer,R. :Particle Scale Dynamics in Granular Impact. Physical Review Letters 109 (23),238302(2012)

[14] Costantino,D. ,Bartell,J. ,Scheidler,K. ,Schiffer,P. :Low – velocity granular drag in re – duced gravity. Phys – ical Review E 83(1),2009 – 2012(2011)

[15] Cundall, P. A. , Strack, O. D. L. :Discrete Numerical – model for Granular Assemblies. Geotechnique 29(1), 47 – 65(1979)

[16] Dagois – Bohy,S. ,Tighe,B. ,Simon,J. ,Henkes,S. ,van Hecke,M. :Soft – Sphere Packings at Finite Pressure but Unstable to Shear. Physical Review Letters 109(9),09570(2012) Daniels,K. E. ,Coppock,J. E. ,Behringer, R. P. :Dynamics of meteor impacts. Chaos 14,S4(2004)

[17] Dantu, P. :Contribution l'étude méchanique et géométrique des milieux pulvérulents. In:Proceedings of the Fourth International Conference on Soil Mechanics and Foundation Engineering,London,pp. 144 – 148(1957)

[18] Donahue,C. ,Hrenya,C. ,Davis,R. :Stokes's Cradle:Newton's Cradle with Liquid Coating. Physical Review Letters 105(3),034501(2010)

[19] Edwards,S. F. ,Oakeshott,R. B. S. :Theory of Powders. Physica A 157,1080 – 1090(1989) Forterre,Y. , Pouliquen,O. :Flows of Dense Granular Media. Annual Review of Fluid Mechanics 40,1 – 24(2008)

[20] Fujiwara,A. ,Kawaguchi,J. ,Yeomans,D. K. ,Abe,M. ,Mukai,T. ,Okada,T. ,Saito,J. ,Yano,H. ,Yoshikawa, M. ,Scheeres,D. J. ,Barnouin – Jha,O. ,Cheng,A. F. ,Demura,H. ,Gaskell,R. W. ,Hirata,N. ,Ikeda,H. , Kominato,T. ,Miyamoto,H. ,Nakamura,A. M. ,Nakamura,R. ,Sasaki,S. ,Uesugi,K. :The Rubble – Pile Asteroid Itokawa as Observed by Hayabusa. Science 312(5778),1330 – 1334(2006)

[21] Geng,J. F. ,Howell,D. ,Longhi,E. ,Behringer,R. P. ,Reydellet,G. ,Vanel,L. ,Clement,E. ,Luding,S. : Footprints in Sand:The Response of a Granular Material to Local Perturba – tions. Physical Review Letters 8703,35506(2001)

[22] Geng,J. ,Behringer,R. :Slow drag in two – dimensional granular media. Physical Review E 71(1),011302 (2005)

[23] Goldhirsch,I. ,Zanetti,G. :Clustering instability in dissipative gases. Physical Review Letters 70(11),1619 – 1622(1993)

[24] Goldhirsch,I. :Rapid granular flows. Annual Review of Fluid Mechanics 35(1),267 – 293(2003)

[25] Gómez, L. , Turner, A. , van Hecke, M. , Vitelli, V. : Shocks near Jamming. Physical Review Letters 108 (5) , 058001 (C2012)

[26] Gravish, N. , Franklin, S. , Hu, D. , Goldman, D. : Entangled Granular Media. Physical Re – view Letters 108 (20) , 208001 (2012)

[27] Harth, K. , Kornek, U. , Trittel, T. , Strachauer, U. , Höme, S. , Will, K. , Stannarius, R. : Granu – lar gases of rod – shaped grains in microgravity. Physical Review Letters 110 (14) , 144102 (2013)

[28] Henkes, S. , Shundyak, K. , van Saarloos, W. , van Hecke, M. : Local contact numbers in two – dimensional packings of frictional disks. Soft Matter 6 (13) , 2935 – 2938 (2010)

[29] Herminghaus, S. : Dynamics of wet granular matter. Advances in Physics 54 (3) , 221 – 261 (2005)

[30] Herrmann, H. J. , Astrøm, J. A. , Mahmoodi Baram, R. : Rotations in shear bands and polydisperse packings. Physica A : Statistical Mechanics and its Applications 344 (3 – 4) , 516 – 522 (2004)

[31] Jaeger, H. M. , Nagel, S. R. , Behringer, R. P. : Granular Solids, Liquids, and Gases. Reviews of Modern Physics 68 , 1259 – 1273 (1996)

[32] Johnson, K. L. : Contact Mechanics. Cambridge University Press, Cambridge (1985)

[33] Jop, P. , Forterre, Y. , Pouliquen, O. : A constitutive law for dense granular flows. Na – ture 441 (7094) , 727 – 730 (2006)

[34] Kabla, A. J. , Senden, T. J. : Dilatancy in Slow Granular Flows. Physical Review Let – ters 102 (22) , 228301 (2009)

[35] Kamrin, K. , Koval, G. : Nonlocal Constitutive Relation for Steady Granular Flow. Physical Review Letters 108 (17) , 178301 (2012)

[36] KISS, Asteroid Retrieval Feasibility Study. Technical Report, Keck Institute for Space Studies, California Institute of Technology, Jet Propulsion Laboratory (April 2012) Lechenault, F. , Daniels, K. E. : Equilibration of granular subsystems. Soft Matter 6 (13) , 3074 (2010)

[37] Leconte, M. , Garrabos, Y. , Falcon, E. , Lecoutre – Chabot, C. , Palencia, F. , Evesque, P. , Beysens, D. : Micro- gravity experiments on vibrated granular gases in a dilute regime : non – classical statistics. Journal of Statistical Mechanics : Theory and Experi – ment 2006 (07) , P07012 (2006)

[38] Li, J. , A'Hearn, M. F. , McFadden, L. A. : Photometric analysis of Eros from NEAR data. Icarus 172 (2) , 415 – 431 (2004)

[39] Liu, A. J. , Nagel, S. R. : Nonlinear dynamics : Jamming is not just cool any more. Nature 396 , 21 – 22 (1998)

[40] Liu, A. J. , Nagel, S. R. : The Jamming Transition and the Marginally Jammed Solid. Annual Review of Con- densed Matter Physics 1 (1) , 347 – 3691 (2010)

[41] Liu, C. H. , Nagel, S. R. , Schecter, D. A. , Coppersmith, S. N. , Majumdar, S. , Narayan, O. , Witten, T. A. : Force Fluctuations in Bead Packs. Science 269 (5223) , 513 – 515 (1995) Mailman, M. , Schreck, C. F. , O'Hern, C. S. , Chakraborty, B. : Jamming in Systems Composed of Frictionless Ellipse – Shaped Particles. Phys- ical Review Letters 102 (25) , 255501 (2009)

[42] Majmudar, T. S. , Behringer, R. P. : Contact force measurements and stress – induced anisotro – py in granular materials. Nature 435 (7045) , 1079 – 1082 (2005)

[43] Métayer, J. – F. , Suntrup Ⅲ, D. J. , Radin, C. , Swinney, H. L. , Schröter, M. : Shearing of frictional sphere packings. Europhysics Letters 93 (6) , 64003 (2011)

[44] Metzger, P. T. , Immer, C. D. , Donahue, C. M. , Vu, B. T. , Latta, R. C. , Deyo – Svendsen, M. : Jet – Induced Cratering of a Granular Surface with Application to Lunar Spaceports. Journal of Aerospace Engineering 22 (1) , 24 – 32 (2009)

[45] Michikami, T. , Nakamura, A. M. : Size – frequency statistics of boulders on global surface of asteroid 25143

231

Itokawa. Earth Planets Space 60,13 – 20(2008)

[46] Miyamoto, H. , Yano, H. , Scheeres, D. J. , Abe, S. , Barnouin – Jha, O. , Cheng, A. F. , Demura, H. , Gaskell, R. W. , Hirata, N. , Ishiguro, M. , Michikami, T. , Nakamura, A. M. , Nakamura, R. , Saito, J. , Sasaki, S. : Rego-lith migration and sorting on asteroid Itokawa. Sci – ence 316(5827) ,1011 – 1014(2007)

[47] Murdoch, N. , Rozitis, B. , Nordstrom, K. , Green, S. F. , Michel, P. , De Lophem, T. , Losert, W. : Granular Convection in Microgravity. Physical Review Letters 110(1) ,018307(2013)

[48] Muthuswamy, M. , Tordesillas, A. : How do interparticle contact friction, packing density and degree of polydis-persity affect force propagation in particulate assemblies? Journal of Statistical Mechanics: Theory and Experi-ment 9(2006)

[49] Nedderman, R. M. : Statics and Kinematics of Granular Materials. Cambridge University Press, Cambridge (1992)

[50] Nowak, S. , Samadani, A. , Kudrolli, A. : Maximum angle of stability of a wet granular pile. Nature Physics 1(1) ,50 – 52(2005)

[51] Owens, E. T. , Daniels, K. E. : Acoustic measurement of a granular density of modes. Soft Matter 9(4) ,1214 – 1219(2013)

[52] O'Hern, C. , Silbert, L. , Liu, A. , Nagel, S. : Jamming at zero temperature and zero applied stress: The epitome of disorder. Physical Review E 68(1) ,011306(2003)

[53] Peña, A. A. , García – Rojo, R. , Herrmann, H. J. : Influence of particle shape on sheared dense granular media. Granular Matter 9(3 – 4) ,279 – 291(2007)

[54] Phillips, C. , Anderson, J. , Huber, G. , Glotzer, S. : Optimal Filling of Shapes. Physical Re – view Letters 108 (19) ,198304(2012)

[55] Pica Ciamarra, M. P. , Lara, A. H. , Lee, A. T. , Goldman, D. I. , Vishik, I. , Swinney, H. L. : Dy – namics of Drag and Force Distributions for Projectile Impact in a Granular Medium. Physical Review Letters 92(19) , 194301(2004)

[56] Pöschel, T. , Schwager, T. : Computational Granular Dynamics: Models and Algorithms. Springer, New York (2005)

[57] Puckett, J. G. , Daniels, K. E. : Equilibrating Temperature – like Variables in Jammed Granular Subsystems. Physical Review Letters 110(5) ,058001(2013)

[58] Reynolds, O. : On the dilatancy of media composed of rigid particles in contact. Philosophi – cal Magazine 20, 469(1885)

[59] Richardson, D. C. , Walsh, K. J. , Murdoch, N. , Michel, P. : Numerical simulations of granular dynamics: I. Hard – sphere discrete element method and tests. Icarus 212(1) ,427 – 437(2011)

[60] Richefeu, V. , El Youssoufi, M. , Radjaï, F. : Shear strength properties of wet granular mate – rials. Physical Review E 73(5) ,051304(2006)

[61] Rickman, D. , Immer, C. , Metzger, P. , Dixon, E. , Pendleton, M. , Edmunson, J. : Particle Shape in Simulants of the Lunar Regolith. Journal of Sedimentary Research 82(11) ,823 – 832(2012)

[62] Ringl, C. , Bringa, E. M. , Bertoldi, D. S. , Urbassek, H. M. : Collisions of Porous Clusters: a Granular – Mechanics Study of Compaction and Fragmentation. The Astrophysical Jour – nal 752(2) ,151(2012)

[63] Robinson, M. S. , Thomas, P. C. , Veverka, J. , Murchie, S. L. , Wilcox, B. B. : The geology of 433 Eros. Meteoritics & Planetary Science 37(12) ,1651 – 1684(2002)

[64] Saadatfar, M. , Sheppard, A. P. , Senden, T. J. , Kabla, A. J. : Mapping forces in a 3D elastic assembly of grains. Journal of the Mechanics and Physics of Solids 60(1) ,55 – 66(2012)

[65] Saint – Cyr, B. , Szarf, K. , Voivret, C. , Azéma, E. , Richefeu, V. , Delenne, J. – Y. , Combe, G. , Nouguier –

Lehon, C. , Villard, P. , Sornay, P. , Chaze, M. , Radjaï, F. : Particle shape de – pendence in 2D granular media. Europhysics Letters 98(4) ,44008(2012)

[66] Sánchez, P. , Scheeres, D. J. : Simulating Asteroid Rubble Piles With a Self – Gravitating SoftSphere Distinct Element Method Model. The Astrophysical Journal 727(2) , 120 (2011) Scheeres, D. J. , Hartzell, C. M. , Sánchez, P. , Swift, M. : Scaling forces to asteroid surfaces: The role of cohesion. Icarus 210(2) ,968 – 984 (2010)

[67] Schofield, A. , Wroth, P. : Critical State Soil Mechanics. McGraw – Hill, New York (1968) Schwartz, S. R. , Richardson, D. C. , Michel, P. : An implementation of the soft – sphere discrete element method in a high – performance parallel gravity tree – code. Granular Matter 14(3) ,363 – 380(2012)

[68] Somfai, E. , Van Hecke, M. , Ellenbroek, W. G. , Shundyak, K. , Van Saarloos, W. : Critical and Noncritical Jamming of Frictional Grains. Physical Review E 75(2) ,20301(2007)

[69] Song, C. , Wang, P. , Makse, H. A. : A phase diagram for jammed matter. Nature 453(7195) ,629 – 632(2008)

[70] Strauch, S. , Herminghaus, S. : Wet granular matter: a truly complex fluid. Soft Matter 8 ,8271 – 8280(2012)

[71] Torquato, S. , Jiao, Y. : Organizing principles for dense packings of non – spherical hard parti – cles: Not all shapes are created equal. Physical Review E 86(1) ,011102(2012)

[72] Trigo – Rodriguez, J. M. , Blum, J. : Tensile strength as an indicator of the degree of primitive – ness of undiffer-entiated bodies. Planetary and Space Science 57(2) ,243 – 249(2009)

[73] Tsoungui, O. , Vallet, D. , Charmet, J. – C. , Roux, S. : Partial pressures supported by granulometric classes in polydisperse granular media. Physical Review E 57(4) ,4458 – 4465(1998)

[74] Tsuchiyama, A. , Uesugi, M. , Matsushima, T. , Michikami, T. , Kadono, T. , Nakamura, T. , Uesugi, K. , Nakano, T. , Sandford, S. A. , Noguchi, R. , Matsumoto, T. , Matsuno, J. , Na – gano, T. , Imai, Y. , Takeuchi, A. , Suzuki, Y. , Ogami, T. , Katagiri, J. , Ebihara, M. , Ire – land, T. R. , Kitajima, F. , Nagao, K. , Naraoka, H. , Noguchi, T. , Okazaki, R. , Yurimoto, H. , Zolensky, M. E. , Mukai, T. , Abe, M. , Yada, T. , Fujimura, A. , Yoshikawa, M. , Kawa – guchi, J. : Three – dimensional structure of Hayabusa samples: origin and evolution of Itokawa regolith. Science 333(6046) ,1125 – 1128(2011)

[75] van Hecke, M. : Jamming of soft particles: geometry, mechanics, scaling and isostaticity. Journal of Physics. Condensed Matter: An Institute of Physics Journal 22(3) ,33101(2010)

[76] Vermeer, P. A. , Diebels, S. , Ehlers, W. , Herrmann, H. J. , Luding, S. , Ramm, E. : Continuous and Discontinuous Modelling of Cohesive – Frictional Materials. Springer, Berlin(2001)

[77] Veverka, J. : NEAR at Eros: Imaging and Spectral Results. Science 289(5487) ,2088 – 2097(2000)

[78] Voivret, C. , Radjaï, F. , Delenne, J. – Y. , El Youssoufi, M. : Multiscale Force Networks in Highly Polydisperse Granular Media. Physical Review Letters 102(17) ,2 – 5(2009)

[79] Wackenhut, M. , McNamara, S. , Herrmann, H. : Shearing Behavior of Polydisperse Media. European Physical Journal E 17(2) ,237 – 246(2005)

[80] Wendell, D. : Transport in Granular Systems. Phd Thesis, Massachusetts Institute of Tech – nology(2011)

[81] Wyart, M. : On the Rigidity of Amorphous Solids. Annales De Physique 30(3) ,1 – 96(2005)

[82] Yano, H. , Kubota, T. , Miyamoto, H. , Okada, T. , Scheeres, D. , Takagi, Y. , Yoshida, K. , Abe, M. , Abe, S. , Barnouin – Jha, O. , Fujiwara, A. , Hasegawa, S. , Hashimoto, T. , Ishigu – ro, M. , Kato, M. , Kawaguchi, J. , Mukai, T. , Saito, J. , Sasaki, S. , Yoshikawa, M. : Touch – down of the Hayabusa spacecraft at the Muses Sea on Itokawa. Science 312(5778) ,1350 – 1353(2006)

[83] Zeravcic, Z. , Xu, N. , Liu, A. J. , Nagel, S. R. , van Saarloos, W. : Excitations of ellipsoid packings near jam-ming. Europhysics Letters 87(2) ,26001(2009)

233

第 *12* 章

小行星：用于支持科学、探索、原位资源利用的锚定和样本采集方法

克里斯·扎西尼[1]，菲利普·楚[1]，伽勒·保尔森[1]，马格努斯·赫德伦德[1]，

（ Kris Zacny[1]，Philip Chu[1]，Gale Paulsen[1]，agnus Hedlund[1] ）

博来客·梅莱罗维奇[1]，斯蒂芬·达克[1]，贾斯汀·斯普林[1]，亚伦 帕内斯[2]，

（ Bolek Mellerowicz[1]，Stephen Indyk[1]，Justin Spring[1]，Aaron Parness[2] ）

唐·伟基尔[3]，罗伯特·米勒[4]，大卫·莱维特[5]

（ Don Wegel[3]，Robert Mueller[4]，David Levitt[5] ）

[1]美国加利福尼亚州帕萨迪纳蜜蜂机器人公司

（[1]Honeybee Robotics，Pasadena，CA，USA）

[2]美国加利福尼亚州帕萨迪纳美国宇航局喷气推进实验室

（[2]NASA Jet Propulsion Laboratory，Pasadena，CA，USA）

[3]美国马里兰州格林贝尔特美国宇航局戈达德太空飞行中心

（[3]NASA Goddard Space Flight Center，Greenbelt，MD，USA）

[4]美国佛罗里达州美国宇航局肯尼迪航天中心

（[4]NASA Kennedy Space Center，Kennedy Space Center，FL，USA）

[5]美国加利福尼亚州圣安塞尔莫 Cadtrak 工程公司

（[5]Cadtrak Engineering，San Anslemo，CA，USA）

12.1 引言

这一章节介绍小行星取样和采矿的技术。讨论小行星表面着陆的多种方式（取样和采矿的先决条件），以及样品采集技术和大面积矿产采集的可选方案。这些技术对于美国宇航局以及一些私人公司进行小行星的探索和利用都是至关重要的。

12.1.1　近地天体的类型

"小行星"是指任何环绕太阳周边轨道运行的一小类太阳系天体。它们包括在火星和木星之间的小行星带内部的小行星,以及与月球或者其他星球(如特洛伊小行星)或近地小行星同轨的小行星。为了使内容更加全面,我们同时考虑了彗星,以及拥有几年到几千万年轨道周期的天体。彗星是由水、冰和粉尘组成的,而很多小行星都是根据它们的特征图谱分类的,大多可以归于以下三大类:C 型(富含碳)、S 型(多石头)、M 型(富含金属)。小行星和彗星都归类于更大的一个种类的小天体。

近地天体(NEOs)是被地球附近天体的引力拉到近地轨道的彗星和小行星。NEOs 同时也指靠近地球的小行星,亦可表示为 NEAs,这是为了将小行星带和特洛伊小行星区分开来。NEOs 离地球很近,航天器也非常容易到达,这使得它更加吸引我们的注意。非常重要的一点是从地球到达小行星带需要花费几年的时间。

12.1.2　从近地天体取样的原因

NEOs 之所以引起我们的兴趣有两个原因:一是为了科学研究,二是它具有丰富的资源(Tsiolkovskii,1903;Lewis,1996 年)。到目前为止,所有关于 NEOs 的任务都是为了科学探索(Veverka 等,2001 年;Yano 等,2006 年;Glassmeier 等,2007年)。目前,随着空间技术的发展,人们更多关注的是其对资源的开采价值。这种价值主要取决于它们的位置;NEOs 中所包含的资源没有必要从它们的表面移动到地球,因为它们可以直接在空间中使用。为了更好地表述这一点,引出一个新的术语:原位资源利用(In situ Resource Utilization,ISRU)。ISRU 通过绘出所需要的资源,如小行星环境中的水资源,能够更好地促进行星探测。因此,彗星和小行星作为一种原材料的来源,引起了我们很大的兴趣。目前,从这些天体中开采资源,原位处理后把有价值的材料运回地球在经济学很高效的。这种方式有利与否取决于专家们的意见,而不是由具体数据得出的的一系列假设。或者,也可能将这些资源原位处理并将处理过的资源使用在太空,相对于把它们带到地球会产生一些经济价值,而且这也很投机。

假设资源经过开采、处理、在太空中使用后是可以产生利益的,小行星就可以提供大量的资源。M 型小行星的原材料可以用于空间的结构发展。彗星和 C 型小行星上的水和碳族分子颗粒可以用来支持生命和产生用于化学推进的液态氢和氧气,这些都可能用来进一步探索和移民太阳系。另外,这些水也可以屏蔽来自银河宇宙射线。开采小行星已经讨论了很长一段时间,直到最近,才有一些诸如行星资源公司和深空的私营企业宣布打算付诸实际行动(Wall,2013 年)。

将水从近地天体(NEOs)运送出来还是很有利的,因为将它运送到低地球轨道(LEO)的成本较低,3000 ~ 4000 美元/kg(Wilhite 等,2012 年)。这些水的潜在市场包括人类的消费(如国际空间站,太空宾馆)或航天器和卫星的空中加油,但是这种水真正市场在于化学推进(液态氧/氢)。人类使用后的水是可以回收的,但作为燃料水是消耗品。

从小行星上提取水比加工金属要容易多。要在空间提取贵金属,在微引力甚至是真空环境下作业的技术有待发展。陆地采矿的方法需要水、各种化学品和重力,因此很难适应太空环境。然而,提取水只需要加热冰封土壤层再采集产生的水蒸气,因此获取这种资源是可行的,并且只需要有限的技术投资(Zacny 等,2012a)。从资源开采的角度看,含碳的 C 型小行星是最满足条件的,因为它们含有大量的挥发物、有机分子、岩石和金属(Gaffey 等,2002 年;Lodders,2010 年)。

对于开采小行星至少有两个选择:第一是将整个小行星捕获并带回地球或月球的附近,第二种是将理想的资源在原位进行提取和加工。不管是将整个小行星带回还是在原位处理资源,都取决于目标小行星的尺寸大小。小的小行星易于捕获,它能停止旋转并被带回地球附近,而大的小行星就只能完全在原位进行处理,或者是仅仅只有小行星的一小部分被带回。此外,非常大的小行星和小型 M - 型小行星在大气层生存并影响地球的可能性更大,因为它们在大气中不容易被分解。最近的一项研究发现,将一个直径 7m 质量超过 500t 的小行星捕获并带回到月球轨道是可行的,在不需要任何新技术的情况下将花费大约 26 亿美元(Brophy 等,2012 年)。另一项研究得出结论说,还可以捕获一个直径 2m 的小行星到国际空间站也是可能的(Brophy 等,2011 年)。

捕获和运送任务作为小行星资源探索的早期任务是很受关注的。在地球附近有颗小行星能够对各种材料的加工技术进行测试和验证。此外,宇航员可进行每周访问,而不是以年为基准,与此同时,可提高并改善自动控制和遥操作技术。一旦所有工业规模的小行星采矿工作所需技术得到开发和验证,将小行星采矿机和精炼机送到不同的采矿目标上,带回经过处理的原材料将更加节约成本。

除了私人投资,国家重点项目的设置也会影响小行星探索的步伐。2010 年,美国总统奥巴马指示美国宇航局在 2025 年之前要送宇航员到一颗近地小行星上,接着在 2035 年左右到火星附近。为了达到这些目标,继"土星"-5 号运载火箭之后,美国宇航局研发了太空发射系统最大的火箭,以及一个被称为 Orion 的乘员舱。SLS - Orion 系统预计在 2021 年开始送宇航员去某个小行星。这种大发射容量也能承担起更大的小行星采矿任务。

12.2 过去的任务

表 12.1 总结了迄今为止小型天体的空间任务,包括成本及反馈的科学信息。空间任务包含了表面操作。从表 12.1 中可以看出 1 美元返回的科学信息相对较低,花费数十亿美元之后,我们仍然对大多数小行星不甚了解。此外,对小行星和

彗星的每十二个探索任务中,只有两个能成功地接触到表面:近地小行星会合(NEAR)和隼鸟任务。这两个任务将在表12.1中详细地描述。其他三个任务:罗塞塔号(正在进行中),"隼鸟"2号,OSIRIS - Rex探测器(OSIRIS - Rex),也计划在原位操作处理。

表12.1 迄今为止小行星探索任务,费用及结果概述

探测星体	探测机构,发射时间/年	任务介绍(与小行星相关)	成本
国际彗星探测(ICE)	美国宇航局,1978	携带了X射线分光计和γ射线爆发光谱仪。飞过了彗星的尾巴,从远处观察哈雷彗星	仅仅是现有任务的一些添加工作就花了300万美元
Vega1和Vega2	斯堪的纳维亚航空公司,1984	在研究了金星之后收集哈雷彗星的图像	
Sakigake	日本太空和航空科学研究所,1985	携带仪器测量了离子体波光谱,太阳风离子和行星际磁场。飞近哈雷彗星进行探测	
Suisei	太空和航空科学研究所,1985	飞近哈雷彗星进行探测,携带CCD紫外线成像系统和太阳风仪器	
Giotto	欧洲航天局,1985	携带10个仪器对哈雷彗星进行探测,尽管仪器有损坏还是提供了数据,同时探测了Grigg - Skjellerup彗星	
Galileo	美国宇航局,1989	携带了10个仪器。飞近了小行星951和艾女星,发现了依达星的卫星达克图,并且目睹苏梅克 - 列维9号彗星的碎片撞击木星	16亿美元
近地小行星会合(NEAR)	美国宇航局,1996	使用成像仪、光谱仪、磁力仪,测距仪识别出厄洛斯小行星。虽然不是原计划进行,最终尼尔 - 舒梅克号降落在厄洛斯小行星上	2.205亿美元
深空一号	美国宇航局,1998	进行技术试验。飞越布莱叶小行星和保瑞利彗星	1.523亿美元
星尘计划	美国宇航局,1999	携带了用于拍照和尘埃分析的仪器。飞近了安妮·法兰克小行星,维尔特2号彗星,坦普尔1号彗星。从维尔特2号彗星上采集回样本	1.996亿美元
彗核旅行(CONTOUR)	美国宇航局,2002	携带了用于拍照,光谱测定和尘埃分析的仪器,宇宙飞船丢失	1.35亿美元

探测星体	探测机构， 发射时间/年	任务介绍（与小行星相关）	成本
隼鸟任务	日本太空和航空科学研究所，2003	登上糸川小行星表面并带回样本	1.7 亿美元
罗塞塔号	欧洲航天局，2004	飞近卡利斯·斯坦斯小行星和司琴星，观察深度撞击，任务计划在彗星表面登陆	12 亿美元
深度撞击号	美国宇航局，2005	携带成像和光谱分析的仪器，使用撞击器撞击坦普尔 1 号彗星并观察碰撞	3.3 亿美元
Dawn	美国宇航局，2005	携带一个成像器，分光仪，γ 射线和中子探测器。目前在探测灶神星，计划即将探测谷神星	4.46 亿美元
隼鸟2	日本宇宙航空研究开发机构，2014	计划在小行星 1999 JU3 创建一个人工坑，并且带回暴露在阳光和太阳风下的样品	3.67 亿美元
源光谱释义资源安全风化层辨认探测器	美国宇航局，2016（计划）	计划研究 C 型小行星 1999RQ36 并且带大于 60g 的表面样品回地球	7.5 亿美元

非接触式仪器提供很大的科学价值，但它们并不能替代接触型仪器，或返回的样本。所以如果任务中可以将宇宙飞船着陆在表面进行样本原位分析，甚至是将样本带回地球，我们将会获得很多信息。地面实验室所允许分析能力远远超过一个航天器所能承担的。此外，这些返回的样品可以给今后先进的技术做进一步的研究。在小行星表面的着陆固定和样本采集对于小天体的探索是极为重要的技术。

12.2.1 近地小行星会合（NEAR）"鞋匠"号探测器

近地小行星约会（NEAR）计划中的"鞋匠"号航天器（Veverka 等，2000 年）并不是原计划与小行星进行直接接触的。在它的生命即将结束时，冒风险让它在 433 厄洛斯小行星表面软着陆。一旦出现了什么差错（航天器碰撞，或太阳能电池板、天线损坏），由于任务已经完成了预定的目标，因此产生的负面影响相对较少。

飞船成功地以 1.9m/s 的速度在延时表面着陆，这证明了在小行星上软着陆是可能的（Veverka 等，2001 年）。图 12.1 显示了"鞋匠"飞船在小行星 433Eros 上的最终停留之处。可以注意到，在 200km 的距离处，难以看清表面上的任何细节。

第二个图像是从距离表面只有 250m 的地方拍摄的,反映了小行星表面覆盖着细小突出的岩石风化层。

缺乏对小行星表面的情况了解给我们接触小行星并采样的任务带来巨大的挑战。对于已知表面的情况,采样工具能够适应飞船的质量、体积和能量等方面的可能性最高。对于未知的表面情况,不能有效地定制样品采集设备。如果近地小行星约会"鞋匠"号任务将登录和表面操作任务(如样本采集)作为需要执行的基本任务的一部分,选择一个锚定系统是比较困难的。选择或开发一种能够工作在任何结构小行星上的锚定系统是更加困难。如果使用一个类似于鱼叉的结构,它很有可能击中岩石并弹回而影响到航天器,或破坏其太阳能电池板、天线或结构。如果锚定系统使用某种类型的夹具,这又不适合松散土壤。

 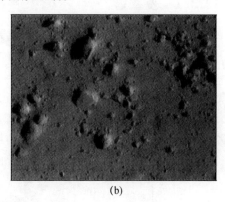

(a)   (b)

图 12.1　近地小行星会合计划"鞋匠"号探测器拍摄的小行星 433 的图像
(a)从一个轨道高度为 200km 的地方拍摄的近地小行星会合"NEAR"号探测器
(箭头的指示),图 015246034 - 015246840　图片来源:Courtesy NASA/JHU/APL;
(b)从 250m 的范围内拍摄的小行星约会"鞋匠"号在小行星上的印记。
成像面积直径达 12m(39 英尺),在右上角的汇聚的岩石直径有 1.4m
(5 英尺)。图片来源:Courtesy NASA/JHU/APL。

12.2.2　"隼鸟"号

第二次小行星着陆是由日本宇宙航空研究开发机构(JAXA)的"隼鸟"航天器完成的。它执行的目标是 S 型 25143 号小行星"系川"。"隼鸟"号在 2003 年被发射到目的地,在 2005 年与小行星会合,着陆并采集样本。在 2010 年将样本返回地球(Kawaguchi 等,2008 年)。宇宙飞船没有执行持续降落,而是通过一带而过的方式进行操作。在短暂的表面接触过程中,采样系统获得了差不多 1500 个颗粒,尺寸比 10μm 还要小。

"隼鸟"号还携带一个名叫"密涅瓦"的小型着陆器(对小行星的微/纳米机器人试验工具)。然而,当"隼鸟"号飞船上升时密涅瓦被释放到一个比计划更高的高度,因而逃脱了"系川"小行星的引力,跌进宇宙中去了(Normile,2005 年)。

目前 JAXA 正在开发一个名为"隼鸟"2 号的后续任务,此任务用于对小行星
1999 JU3 的探索和采样。

12.3 当前和未来的任务

表 12.1 包括当前正在开发的两个任务:隼鸟 2 和源光谱释义资源安全风化层
辨认探测器。这两个任务具有一个共同的目标:从小行星获得样品,将样品返回地
球。另一个取样任务是罗塞塔号的任务。宇宙飞船已经启动,并将获得一颗彗星
地表下的样本进行原位分析。这些任务将在接下来的小节中将做进一步描述。

12.3.1 罗塞塔

罗塞塔任务的目标是借助轨道航天器和菲莱着陆器与 67/P 彗星楚留莫夫 – 格
拉希门克会合并获取科学数据(Biele 等,2002 年)。96kg 的菲莱着陆器将成为第一
个在彗星核表面软着陆的探测器。当它触及到彗星时,罗塞塔号的着陆器将使用
三个不同的技术吸收着陆的冲击力使它能够安全到达表面。如图 12.2 和 12.3 所
示,这三种技术分别是自动调节的起落架、鱼叉和起降场上的冰螺丝(Ulamec 等,
2006 年)。这三种技术是连续快速使用的:首先自我调节起落架吸收了能量,然后
冰螺栓接触(可能是软的)表面,最后鱼叉来接触(可能有点坚硬)表面。

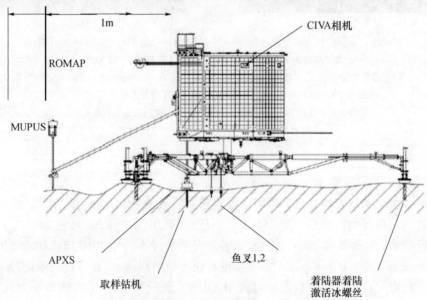

图 12.2　罗塞塔菲莱着陆器(Biele 等,2009 年)

着陆器初始登陆固定将通过在航天器的每个脚边展开三个或一个"冰螺丝"。
小于 1.5m/s 的冲击的初始冲击能量应该足以推动螺丝到地面。每个冰螺钉通过

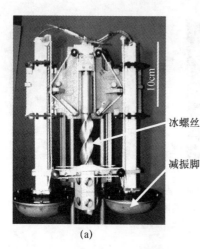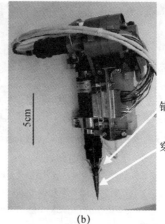

冰螺丝

减振脚

锚定倒钩

穿透尖端

(a)   (b)

图 12.3　菲莱冰螺丝(a)和鱼叉(b)(Biele 等,2009 年)

线缆与自调节登陆装置的两个足部连接在一起,通过这种方式一半的冲击力作用在冰螺丝上,另一半冲击力均匀作用在两个足上,并且这两个足可以上下相对独立运动。

着陆后,有一个特定的鱼叉将自动燃烧,并穿越 2.5m 到达彗星表面。燃烧后,线缆会在 8s 之内立即收紧到 30N。30N 远低于 100N 的倒带电缆系统强度和 330N 的锚索断裂强力。另一个相同的鱼叉被当做备份,以防第一个没有能够成功将飞船固定到星球表面。

鱼叉的设计是使用了一个尖角和铲状锚爪,以确保在高张力和低密度的表面的锚定。尖角可以穿过彗星表面的冰层,这种冰层具有高张力,铲状锚爪可以增强对地壳下层的低密度的材质。

需要注意的是冰螺丝将无法穿透硬质材料,而鱼叉在较软的材质上的锚定效果是非常差的。这种双锚定的方法,旨在通过设计适用于各种表面类型的锚定机构,来应对缺乏彗星表面性质知识的挑战。

12.3.2　源光谱释义资源安全风化层辨认探测器

图 12.4 显示了阿波罗 1999 RQ36 小行星。该小行星直径约 500m,具有潜在撞击地球的可能性。由阿雷西博天文台行星雷达和戈德斯通深空探测网获得的数据表明,该小行星将可能会在 2169 年和 2199 年间 8 次靠近地球,且其中一次撞击地球,概率为 0.07% 或者更低(Andre 等,2009 年)。

这颗小行星是源光谱释义资源安全风化层辨认探测器任务(OSIRIS - REX 2012 年)的目标。这次任务是为了将小行星表面的样本返回地球作进一步研究。小行星 1999 RQ36 被选定为这次任务的目标,不是因为其相对较高的撞击地球的概率,而是由于到达它所需的低 ΔV。该航天器计划于 2016 年发射升空,2019 年

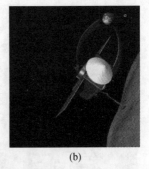

(a)   (b)

图 12.4   OSIRIS – REX 小行星取样返回任务

(a)小行星目标的多普勒成像:1999 RQ36(美国宇航局的戈德斯通雷达)。

(b)OSIRIS – REX 飞船。飞船将采用"一触就走"采样方法。

到达小行星,在 2023 年的也就是发射之后仅 7 年将样本返回地球。

该任务中航天器将不会在小行星上登陆。相反,采样器将会放置在一个细长的机械臂上,以 0.1m/s 的速度接近地表,采用气体流化土表层并在大约 5s 内采集样本。气动取样器看起来像一个汽车空气过滤器;过滤器将收集到至少 60g 的样本,而一些粉末也将被有黏性的采样器表面黏住。采集完成后,采样器将被插入到地球返回舱。星尘任务也是使用与之相同的设计。

有趣的是,7.5 亿美元是花在去一个我们对其知之甚少的小行星。那是相当有挑战性的,但是,小行星探索任务的事实是这样的:除非我们到达那里,否则我们对它的了解的很少。采样任务必须要能够对一系列未知的表面样本成功地采集。

12.3.3   "隼鸟"2 号

"隼鸟"2 号是"隼鸟"的继承者,它与隼鸟有相同的任务,是与把碳质或 C 型的小行星 1999 JU3 的样本带回地球的(Kawaguchi,2008 年;Campins 等,2009 年)。"隼鸟"2 号将在 2014 年或 2015 年发射,在 2018 年到达小行星,进行一系列的研究和实验,如图 12.5 所示,并将于 2020 年底返回地球。"隼鸟"2 号将通过创建一个由爆炸物加速的铜板撞击形成一个人造大坑,然后从大坑采集完全暴露的表面材料。这种更原始材料的科学价值在于它没有暴露在阳光和太阳风下。

"隼鸟"2 号比"隼鸟"飞行任务更加具有挑战性。它将携带三个登陆器到达小行星,而不是隼鸟的一个。前两种是基于可拆卸密涅瓦着陆器开发和建造的为隼鸟飞行任务准备的,但错过了小行星表面,渐渐地进入太空。第三个着陆器称为 MASCOT(移动小行星表面侦察员)。它是由德国航空航天中心(DLR)开发了一个独立的着陆器。

"隼鸟"2 号的飞船将会合理展开铜制取样器并且猛烈撞击小行星,以形成一个大坑。为了防止大坑口喷出物对太空船由的潜在损害,在撞击过程中,"隼鸟"2

图 12.5 日本的"隼鸟"2 号飞船概念图

"隼鸟"2 号将投掷一个悬浮微粒的取样器到小行星 1999 JU3,提取暴露在大坑口
的材料,并把它带回地球。来源:JAXA/A. Ikeshita. http://www. space.

com/14759 – asteroid – sample – mission – hayabusa – 2. html。

号将隐藏在小行星的另一边,而展开独立的摄像机将记录整个撞击过程。在撞击
事件之前,我们将获得两个样本,之后"隼鸟"2 号将尝试降落在新的大坑口,并将
第三次采集的样本返回地球。

12.4 小行星表面环境

由于检测表面特征所要求的距离较近,我们对小天体表面特征或表面特性大
部分信息的了解,来自于过去的任务中对这些小天体的访问。特别是从深度撞击
(DI)任务中我们了解到,玛蒂尔德彗星的表面高度多孔,孔隙率估计为 60% 左右
(图 12.6 和图 12.7)。表层土壤的抗剪强度也被认为是非常弱的,范围在 1 ~
10kPa(Richardson 等,2007 年)。这对任何锚定系统提出了一个挑战,因为航天器
需要将自身锚定到一个和松雪面粉一样的表面上去。

罗塞塔任务的菲莱登陆器的任务是在 2014 年锚定,然后在彗星 67P 上取样。它
用鱼叉和冰螺钉将自身固定在一个局部重力加速度是 $3 \times 10^{-4} m/s^2$ 的环境中。据估
计,小行星 67P 的标称容积密度是 100 ~ 370g/cc,上限是 500 ~ 600g/cc(Hilchenbach
等,2004 年)。为了便于比较,这里给出数据:初降雪密度为 160g/mL,而压实雪为
480g/mL。

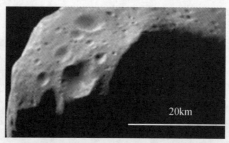

图 12.6　在多孔材料形成的大坑中典当耗散是显而易见的

在多孔小行星玛蒂尔德（一个 C 型小行星）的大坑紧密地聚集在一起，

几乎没有证据表明相邻的大坑冲击引起干扰（图片来源：NASA）。

图 12.7　材料的孔隙率为 60%

第一个大坑的图像（与照相机相距最远的）在第二次撞击之前和

之后没有明显的由第二次冲击所造成的损坏，尽管大坑的边缘几乎

靠近。这意味着多孔材料有效地抑制冲击压力（Britt 等，2002 年）。

　　"隼鸟"号飞船给系川 S 型小行星拍的照片如图 12.8 所示。这个例子表明，小行星的表面性质的可变动性很大：从蓬松粉状和松散的沙砾到坚硬的岩石。因为它的低堆密度，高孔隙率，巨石丰富的外观，系川被认为是"瓦砾堆"天体。非常大的巨石点存在显示了一个父小行星的早期碰撞问题（Fujiwara 等，2006 年）。很明显，由于表面地形的高可变性，航天器试图将自己固定在小行星系川上将面临不同的挑战，这同时也取决于它的实际着陆地点。

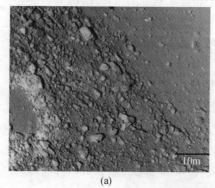

(a)　　　　　　　　　　　　　　　　　　(b)

图 12.8　系川小行星（S 型小行星）

注意右下角的比例尺（图片提供：JAXA 的）。

12.5 小行星锚定的概念

对一个锚定系统是否有效,低风险的判定有很多标准。首先,锚定的主要目的是对机械臂或其他展开资源或飞船上的采样系统所产生的力或者力矩产生对抗作用。由于我们对于小行星表面性质缺乏先验知识,因此锚定系统必须适应不同的表面类型,包括粉,碎石和岩石的功能。如果任务需要采样返回。无论是从表面分离,还是从飞船分离,锚必须提供释放飞船的能力。如果任务需要多次着陆,锚必须是可重复使用的或轻便简单的,多组锚可以集成在一个飞船内部。

降落在一个小天体可以对航天器构成很大的风险,特别是当该天体具有很高的旋转或翻滚速度。在这些情况下,飞船必须具备很强的制导能力,导航与控制(GNC)系统来测定飞船在小天体在具有一定转速时的下降的时间,同时保持飞船在正确的方向。当存在太阳能电池板或其他突出结构时,这一点尤其重要。如果不能保持航天器的高度,太阳能电池板可能会撞击到表面造成永久性损坏。

为了减小与着陆相关的风险,任务可能会选择一个一碰就走的操作。例如"隼鸟","隼鸟"2,和源光谱释义资源安全风化层辨认探测器任务都包含一触就走的操作。"隼鸟","隼鸟"2 号和罗塞塔将登陆的尝试交付给密涅瓦子飞船,密涅瓦的衍生物,福星和菲莱。2005 年 11 月 25 日"隼鸟"任务中在对探测展开的过程中密涅瓦的丢失说明了着陆的风险。"隼鸟"飞船上升后在一个比原计划更高的高度释放密涅瓦飞船。正如前面提到的,密涅瓦逃脱系川的引力,与小行星表面失之交臂。

至今为止在小行星上成功着陆的唯一案例是舒梅克号在小行星 433 厄洛斯上的着陆。不过,值得一提的是,任务组在完成基本任务的目标后,尝试着陆冒了很大的风险。考虑所有的情况后,认为失去航天器的风险是最小的,研究团队没有退路!飞船成功登陆 433Eros,证明了小行星上的软着陆,并提供有小行星表面情况的有价值的信息。虽然成功登陆小行星没有证明什么,但是多年来诸多锚定的概念被陆续提出,并将各种技术发展到可以使用的程度(Mankins,2005 年)。

表 12.2 总结了其中的一些锚定的概念,其中任何飞船锚固系统的一个基本要求,是适应一系列表面的能力,除非两三个不同的锚定概念被应用,每组设计都针对一种特定的表面情况。这种多面的要求是相当具有挑战性的。绝大多数通用锚固系统在很大程度上依赖于航天器的资源,如推进器的燃料、控制时刻陀螺仪或控制力矩陀螺的动力。然而,这些方法可能是在一些连续渐进方法中理想的临时策略,为更牢固的锚固装置展开挣得时间。

表 12.2　锚定方法的比较评估

方法	描述	优势	劣势	可适用的表面
推进器	火焰推进器推动飞船到表面	· 利用已经有的飞船技术; · 作为一个候补方案或支持永久锚定较好	需要额外的燃料,因此只是用于短期或样本取样期间	任何
支配轮	支配轮旋转起来抵消取样系统(如钻孔)或展开机械臂的反作用力	· 利用已经有的飞船技术; · 可重复使用; · 作为一个候补方案或支持永久锚定较好	· 可能需要大型的反力轮来获得较高的稳定性	任何
宇宙飞船的动力	当飞船以一定的速度移向小行星,展开在小行星表面方向任何采样器将反作用于太空船前进的动力	· 利用已经有的飞船技术; · 该方法可重复使用; · 作为一个候补方案或支持永久锚定较好	在表面作业时被高度限制,这种方法比较适用于一碰就走的任务	任何
夹持器	锚的锋利"指头"或微型脊柱位置相反;系统由美国宇航局喷气推进实验室开发	· 提供了岩石中很大的锚定力; · 可以被重复使用	只能在坚硬的表面工作,而不适用于粗糙表面和土壤中; 在部署的过程中需要附加硬件(夹持器)和能量	岩石
鱼叉或钉子状的枪	将鱼叉投向表面并使用一个绞车将飞船拉向表面;由飞船的动力能量喷出的气体与鱼叉方向相反产生反弹,该系统是为罗塞塔菲莱登陆器开发的	· 如果表面风化层允许,该系统能产生较高的锚定力; · 罗塞塔菲莱登陆器成为未来的技术财富	· 需要附加硬件(如鱼叉)。不太可能工作在更坚硬的岩石、非常松散的碎石或土壤表面; · 如果鱼叉撞击到岩石,它将会反弹到飞船; · 不能重复利用(也就是为了使飞船移动到另一个位置或返回地球,必须剪断栓绳)	砂砾/土壤
钻孔机/螺旋钻	深凹槽螺旋钻打入地下	· 提供很大的锚定力; · 可以重复利用; · 可以使用两种反向旋转的钻头来抵消反作用扭矩; · 可以使用锥形的螺旋钻帮助移动; · 可以使用深凹槽来占用大的表面积	· 在展开过程中需要出示反应补偿器; · 需要附加硬件(钻孔机); · 如果岩石太过坚硬,反应补偿器在初始展开过程中不够坚硬,系统可能会无法工作	岩石和更加牢固的砾石或土壤

方法	描述	优势	劣势	可适用的表面
自我对立系统	钉子和钻头以一定的倾斜角穿过表面,提供一个抓握力	· 充分利用了岩石上或者岩石之间的粗糙性和多孔性; · 可以和鱼叉或者螺旋钻一起使用	· 需要多个锚来提供锚定力; · 受到与元件子系统同样的穿透限制	任何
流体系统	· 液体被注入到支撑脚的下面,流进表面和岩石; · 除了和表面接触,类似于粘扣带	· 可以工作在任何表面; · 一个锚就足够了	不可重复利用	任何
包络	使用电缆或者一个完整的包来将目标环绕起来	不需要穿透表面	和其他的锚定概念是相关的	相对较小和固结的天体
磁锚定	用磁垫来吸附铁磁的表面	不需要穿透表面	不能适用于非铁磁性的天体	铁磁性的天体

以下各节介绍了一些更详细的锚定概念。

12.5.1　坚硬岩石的钻进

钻孔往往是穿透坚硬岩石的方法。在绝大多数应用中,钻孔采用硬化部分压入岩石,研磨小颗粒。然而,一旦钻头变钝,在该钻头穿透岩石的速度急剧下降,除非施加不断增加的下压力(在垂直向下钻孔的情况下),产生越来越多的摩擦热。这种施加的下压力量称为"钻压"(WOB)。在低重力环境下,钻压是非常有限的,必须由航天器推进器或锚定"基地"来提供动力来推钻。旋转冲击钻进动作可用来规避过高的钻压。撞击系统将消耗更多的功率,但能够将冲击力减少一个数量级,在坚硬岩石的情况下尤其如此(Zacny 等,2013 年)。

科学家对采用低冲击方法对小天体进行钻取的可行性进行了测试。测试利用性质相似的岩石模拟小行星表面,如图 12.9 所示(Bar Cohen、Zacny,2009 等)。这样的测试表明,低钻压钻进一个小天体的可行性取决于小天体材料的强度。

例如:使用市售的直径为 1.6mm 和至少 5N 钻压的钻头钻进一个诸如石灰或石灰石的低强度材料是可行的。石膏和石灰石分别具有 8MPa 和 40MPa 的无侧限抗压强度(UCS),这是 C 型小行星材料的典型代表。然而,较高强度的材料,如那些 S 型小行星的代表不能在相同条件下钻孔。例如,120MPa 的玄武岩代表了以上范围的 S 型小行星材料,它不能在上面列出的条件下被穿透。这并不是说,在 S 型小行星的材料上钻孔是不可能的,但它确实表明,钻孔系统的设计必须考虑到目标材料。

图 12.9　玄武岩上的低钻压钻孔测试

12.5.2　硬石锤钉

将锚固定在坚固或疏松地层的另一方法是将锚锤进表面。将锚锤入疏松地层是比较容易的,但是在岩石中固定一个锚可能是很困难的。

随着钻进,初步的可行性测试得出有趣的结果:测试使用 3.8mm 钉子、传统的锤子和一个现成的射钉枪(图 12.10),以及相同的三个类型的岩石为钻探((a)8MPa 的石膏;(b)40MPa 的石灰石;(c)120MPa 的玄武岩)。只要钉是垂直于表面的,锤击钉子工作都能进行。而与垂直方向有任何偏差,都会导致侧向力和力矩使钉子弯曲。更硬的钉子会抵抗弯曲,但有必要考虑离轴负荷。钉子没有穿透玄武岩或石灰岩,但成功穿透了石膏。另一方面,射钉枪的力量足以让一个短钉穿透三种岩石类型。然而,射钉枪还需要进行预先冲击 10s。射钉枪内的反弹能量被内部的弹簧吸收了。

(a)

(b)

248

(c)

图 12.10　钉钉试验

用射钉枪锤击到 120MPa 的玄武岩和 8MPa 石膏中去。

这些测试表明,将钉子限制以防止其弯曲就能将其成功地撞击进硬如玄武岩的岩石中。然而在锚的设置过程中,飞船必须使用一些其他手段来提供反作用力,如通过朝相反的方向激励推进器。

12.5.3　流体锚

在流体锚的方法中,润湿液(如泡沫,水泥,环氧树脂等)通过支脚下方的中空针头被注射到表面或渗入土壤。如果应用到表面,流体锚定的目标是注入黏合垫到岩石表面和飞船足垫之间从而提供一个锚。如果注入到地面,流体就会进入更深的松散的砾石或土壤,使锚与更大面积的小行星材料形成复合体(胶土和碎石混合)。

为了从这样的锚中释放空间飞行器,要求整个支脚被分离(在这种情况下,该航天器的每条腿上可以有 2 个或 3 个支脚)或支脚可以被加热到熔化下面的黏合剂并脱开锚。通过研究蜂蜜机器人可以得出该方法的一个好处是锚的展开不会产生任何需要航天器来平衡的力。也就是说,在软接触下,流体排出后可以立即将飞船黏附到小行星表面上。

在太空恶劣环境中应用环氧类物质已被证明是可行的。2005 年 7 月,在航天飞机执行 sts－114 航天任务的舱外活动过程中,宇航员将被称为 NOAX(非氧化物黏合剂)的浸渍碳硅电石粉的预陶瓷聚合物密封胶应用到试样中(图 12.11)。这种材料在开始用于航天飞机诸如机翼前缘的增强碳－碳板有潜在裂缝和罅隙时具有花生酱一样的稠度,机翼前缘在重返大气层时是经历最高温度的区域。

12.5.4　自我对立系统

随着概念的发展,飞船所需的反作用力一般用锚定的策略。有点像一顶帐篷的引导线,这些锚各自向相反的方向拉,从而提供了锚定的平衡力。这里提出的自主开发的例子都采用这种基本战略,只是使用一些不同的手段来固定到目标表面。

图 12.11　宇航员 Soichi Noguchi 在 STS－114 任务的舱外活动过程中
应用密封胶到大量的测试试样中(NASA 供图)

12.5.5　自我对立钻(Cadtrak 工程的低重力锚固系统)

　　Cadtrak 工程开发了一种新颖的低重力的锚定系统,该系统可以锚定的取样工具,如图 12.12 所示,整个宇宙飞船如图 12.13 所示。这个设备将减少预压的要求,峰值反作用力和展开设备的振动程度,会显着减小航天器推进系统的质量和复杂性。它采用多个倾斜锚以产生垂直于该表面的净锚固力,而同时横向力都被平衡抵消了。

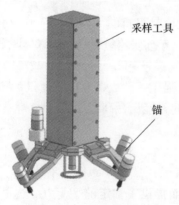

采样工具

锚

图 12.12　Cadtrak 工程中
集成了采样钻的锚定系统

图 12.13　航天器在小行星或彗星
着陆期间 Cadtrak 锚的存放与展开

250

在对小行星或彗星任务无锚的情况下,取样工具的预紧力必须由推进系统提供。例如,采样任务需要一个来自飞船15min的100N预压力,它的推进系统具有350s的推动力(ISP),推进剂质量就会是26.2kg。作为一种替代,这种特殊的锚定系统可在30s内设置完成,并且需要20N的预压。用于设置锚的推进剂质量将等同至0.2kg。如果锚固系统重5kg,则节省的质量为21kg。

锚使用多个锚臂协调工作以保持力量均衡水平,从而保持系统在各自的位置上。每个臂的基部铰接在工具主体或航天器上,并且每个臂的远端包含一个小的定心钻。锚是通过旋转锚臂对准主体岩石钻入来固定的。臂通过一个新颖的传动装置连接,由单个致动器来驱动,适应于任何表面轮廓。每个钻头能够工作在10N的钻压下。当任何两个相对的钻头穿透岩石,锚就被固定了,为取样和其他的原位操作创建了一个稳定的平台(如用机械臂部署一个仪器)。

锚定系统能够适应大的表面变化,并且对它的设置比对采样工具需要更少的精度和预紧力。在原位操作前就可以将锚固定住。锚还允许多次使用,因此可以作为航天器在小行星上进行多次着陆的临时系统。

Cadtrak开发了一种台式锚试验台,它将锚定平台和垂直安装的滑动模拟采样系统相结合。设置包括几个带有钻头马达和球头钻石毛刺的锚臂。2mm直径的钻头由球面钻石收尾。锚定过程是同时驱动锚钻电动机和锚臂执行器直到钻头穿透岩石到达一定深度。当单个的钻头遇到岩石表面会在岩石表面徘徊,直到所有的钻头都碰到岩石。锚臂的差分齿轮系统确保能量总是转移到自由臂或全部的臂上,如图12.14所示,这使得机构能够适应不同的表面形态。对于飞行系统,固定在锚上的接近传感器或接触开关来指示目标深度是否已经达到。

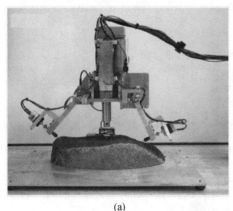 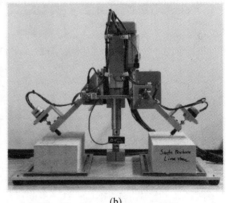

(a)　　　　　　　　　　　　　(b)

图12.14 (a)符合任意岩石表面锚测试平台;(b)与标准化的
岩石样本的钻压和拔出力锚试验平台

石灰石,玄武岩,砂岩,高岭石的大量的测试中数据如图12.15所示。可以确定的是在大约3mm的深度,单个锚臂的拔出力在玄武岩中可以达到200N,在高岭石中约为100N。当锚臂拔出时,岩石断裂沿剪切面形成小坑(图12.16)。一般来说,锚的拔出力至少是钻孔强度即钻压的10倍。

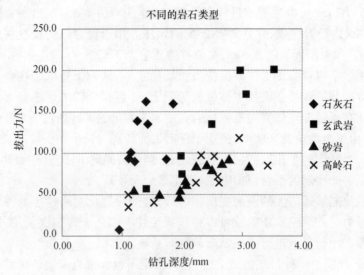

图 12.15　拔出强度与在不同岩石类型钻孔深度的关系

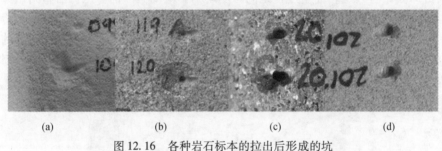

(a)　　　　　　(b)　　　　　　(c)　　　　　　(d)

图 12.16　各种岩石标本的拉出后形成的坑
(a)高岭石;(b)砂岩;(c)马鞍玄武岩;(d)圣巴巴拉石灰岩。

12.5.6　自我对抗多模式锚(蜜蜂机器人公司的支撑锚)

该支撑系统使用两个或更多个多模式的岩石和土壤的锚,这些锚定位在有一定倾斜角的表面,如图12.17所示,使其沿小行星表面有一定的净力组成部分。这种合力能将飞船拉到表面。这种方法的优点是,在锚展开期间只需要克服垂直方向上的力,例如,激励火箭推进器要朝相反的方向。

蜜蜂机器人支撑的方法是使用一个有三层系统的"钻",每层的设计分别针对不同的表面状况(图12.18)。

首先,钻尖有一个尖锐的布拉德点,其目的是为了在表面上施加最大的压力,并最终找到像裂缝或凹处较小的表面特征(如果存在大石块)。这类似于微脊柱锚。进一步来说是一个自攻螺旋钻(锥形螺旋推进器),将锚推进瓦砾或碎石桩。最后,在最弱的材料,如粉末,钻头终端的非旋转叶片将分散侧向力来发挥材料剪切强度的优势。锚钻头适用于所有可能的地面材料:岩石,碎石桩和疏松土壤,它大大降低了由缺乏小行星表面状况知识造成的风险。

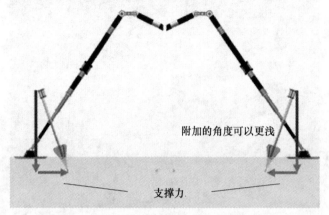

图 12.17　支撑锚固定到有一定倾斜角的表面

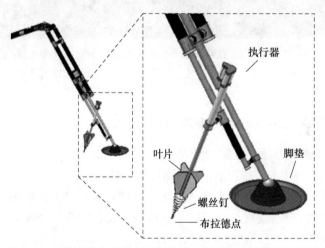

图 12.18　能够适应不同表面条件的 3 层系统支撑锚的概念图

　　在着陆时收到指令,锚将旋转钻头,同时以线性方式向表面方向移动,进入表面。钻头的旋转和平移由单一可逆致动器来提供动力。在飞船起飞之前,锚固系统将会脱离表面,每个驱动器会收回至安全位置。该锚展开非常缓慢,因为力与应变速率的值会比准静态强度相同材料的值高一个数量级(甚至更多)(Biele 等,2009 年)。

　　这种特殊的锚定概念已应用于一种被称为 Amor 的 NASA 探索任务,如图 12.19 所示。这次任务的目标是会合、着陆及探究 C 型三近地小行星(NEA)系统 2001

SN263(Jones 等,2011 年)。

图 12.19　用于在着陆任务中探索 C 型三近地小行星系统
2001 SN263 的通用组合锚定系统(Jones 等,2011 年)

12.5.7　自我对立尖端(JPL 的微型脊柱锚)

　　NASA 喷气推进实验室(JPL)开发了基于小尖端的自我对抗锚定系统,被称为微型脊柱锚(Parness 等,2012 年 a)。微型脊柱锚的尖端的发明最初用于斯坦福大学的爬壁机器人,它可以攀登建筑物的外壁,但建筑物外壁必须用粗糙的材料,如砖,粉刷,煤渣砖,土坯制成(Asbeck 等,2006 年;Spenko 等,2008 年)。首先,美国航天局喷气推进实验室已通过扩大这种技术的应用范围,应用在天然岩石表面,使用相对微型脊柱可以抵抗在任何方向的力的新配置;第二,这种技术采用了分层设计,符合多个尺度的岩石;第三,这种技术的替代材料和机构能够适应极端的空间环境。

　　一个微型脊柱的足尖由嵌入在一个刚性框架中的一个或多个钢钩构成,并且包含由弹性元件制作成的柔性悬挂系统(图 12.20 和图 12.21)。通过排列几十或几百个微型脊柱足尖,连接点之间可以承载大负荷。因为每个足尖都有自己的悬架结构,相对于其旁边的足尖可以伸展和拖动,找到一个合适的凹凸面紧紧握住。该悬架系统能够自动将整体的负载分配到所有的足尖阵列中去。

254

拉伸弹簧　锚定倒钩

图 12.20　集成了旋转冲击式取芯钻头的微型脊柱锚,可以在不需要施加
任何外力的情况下,从坚硬的岩石中获得地核的样本

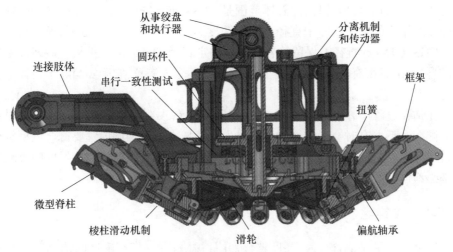

从事绞盘
和执行器　　　分离机制
　　　　　　和传动器

连接肢体　　圆环件　　　　　　　　　　　框架
　　　　串行一致性测试　　　　　　　扭簧

微型脊柱

棱柱滑动机制　　滑轮　　偏航轴承

图 12.21　基于微型脊柱的锚定系统的细节

对于不受重力约束的攀岩机构和钻头,全向锚使用了具有一定张紧度并径向
排列的微型脊柱。分层系统包含 16 个符合厘米级的粗糙度的框架。每个框架有

255

16 个微型脊柱,它们都符合毫米级的粗糙度甚至精度更高。不论重力朝哪个方向,扭簧都会带动每个框架偏置到岩壁,使指尖被拖动到岩石表面,并产生握力,即使是一个倒置的配置。径向对称能保证锚的安全性,可以在任何方向抵抗远离表面的力的作用。图 12.21 显示了夹具许多重要的组成部分,并且都附有各自的说明。

当用在诸如多孔玄武岩和火山岩粗糙的岩石上时,这些锚支持负载超过 180N 与表面相切或垂直的力。锚定强度随着岩石的表面粗糙度下降而降低,这是由于用于抓握的潜在的凹凸处数目减小了。在主教凝灰岩上超过 100N 的锚定强度是非常常见的,在更光滑的马鞍玄武岩样品上也能产生 50N 的锚定强度。对于没有固结的材料,如石子和沙子,能测得的锚定强度可以忽略不计(< 10N)(Parness 等,2012 年 c)。

微型脊柱集成了旋转冲击式取芯钻头,以产生可以从固结岩中获得地下核而不需要任何外部施加的力的样品采集仪器(见图 12.20)。该仪器是独立的;可以为返回岩石的负载路径重新定向,力是由微型脊柱的抓手产生的。钻头使用了附加的两个制动器,一个用于启动旋转撞击式运动,另一个将钻送入岩石。装有运送制动器的压缩弹簧串联使用,能够给它预加载 50 ~ 100N 的钻压使其钻入岩石(Parness 等,2012 年 b)。

该基于微型脊柱的钻能够顺利地通过多种方式获取核,包括钻入天花板上,钻入垂直的墙壁,使用宇航员微型脊柱钻头,将岩石向上抬起,便钻了进去。这些测试在多种岩石类型包括气孔玄武岩和块熔岩上进行过。钻孔速度取决于钻压,钻头转速,和岩石的材料特性,但总体范围是 15 ~ 45mm/min。在反向钻测试中硬质合金取芯钻头能够钻出一个直径 20mm 深度为 25 ~ 82mm 的钻孔,垂直和水平钻测试中钻孔 15mm 直径。保留的岩心样品测定直径 12mm,通常是从一些残片中提取,但岩石组成没有改变。虽然破碎的内核并不令人满意,它确实消除了将样本分开的需要。

在钻孔过程中,故障经常发生在初始阶段。钻头在开始钻一个较好的孔时往往会徘徊一下。有时会引起微型脊柱锚失去抓地力。这强调内置要符合微型脊柱锚,它必须能够抵制漂移。它同时也可以抑制振动力,并且对于夹持器内的负载分担是必不可少的。

12.5.8　磁锚定

如果小行星是富含金属,高度整合,并且被磁化的,带有磁性的锚是非常有效的。由伽利略号探测器发现的小行星 Gaspra 就是这样的一个典型的例子(Kerr, 1993 年)。

12.5.9 包络

包络模糊了锚定到小行星上和从上面提取样本带回之间的区别。在一个以包络为基础的任务的架构中，飞船能抓住整个小行星！在一般情况下，包络概念的适用性取决于小行星的大小和组成，以及航天器包络小行星后的控制能力。一个包络系统可能会用到小天体周围的锚索(图12.22)，或瘦长的腿拥抱小天体，如同蜘蛛捕捉猎物的方式。如果小行星相对来说是比较小的，整个天体会被捕获到一个如图12.23所示包内。

图12.22　深层太空产业(DSI)有关小行星收集任务的概念(图片来源:DSI)

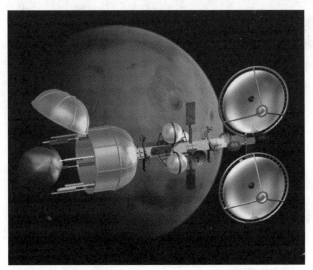

图12.23　捕获的小行星的过程小行星收回飞船的图片
(蜜蜂机器人和V无穷大研究)

12.6 小天体的取样和挖掘途径

从小行星或彗星获取材料主要有两方面的原因:为了科学调查和提取资源。这两种不同的动机对于系统获取材料有不同的性能要求。

为了科学调查的目的,彗星和小行星是太阳系形成的残留物,从中我们能得到行星形成的化学混合物的线索。科学调查通常需要相对较小(以克为单位)但没有污染原始样本。因此取样系统必须被设计成能承受不同的灭菌方法,例如干热微生物还原。对于一个采样返回任务,样品(在大多数情况下)必须被放置在一个密封容器中,并一直保持在指定温度范围内。为了防止挥发性物质或可能的化学反应,热条件是特别重要的。

对于资源开采和提取,再次去采集的被检索和处理的材料量要大得多。在一般情况下,有两种资源提取的选择:将原料运送到一个处理器,或将处理器运送至原料地。第一种情况下,无论是小行星的一小部分或整个小行星都可能会被带回地月轨道空间,如地球月亮拉格朗日点 1(EML1)。在第二个方案中,小行星材料可以就地进行处理,只有有用的材料被带回,这两种方法各有利弊。应当注意的是,为了实现就地取材,只能考虑近地小行星,因为它们更加靠近地球。

原位处理加工材料并返回最终产品意味着大大节省了火箭燃料。如果需要资源继续探索其他的行星,而不是将资源返回地球,这种方法也将是可取的。然而在这种情况下,采矿和材料处理系统必须非常完善并且全自动化。

运送整个小行星或者它的某些部分,甚至是一块矿石到地月轨道空间都需要更多的燃料,并会花费更多的时间。然而,它也将允许远程操作或人为操作以及一系列采集处理技术的测试和验证系统。后一种方法将是特别有利的,因为这种系统更加容易安装和固定。在 2011 年的凯克空间研究所(KISS)赞助的一项研究,该研究是为了验证返回一个直径为 7m,质量约为 500t 的小行星到地球附近的可行性。一个 500t 的 C 型小行星可能含有高达 200t 的挥发物,例如水和含碳的化合物(每个100t),90t 金属(83t 铁,6t 镍和 1t 钴),200t 硅酸盐残渣,这和月球表面的材料大概一致。研究发现,花费 26 亿美元来获取这样一个小行星是可行的(Brophy 等,2012 年)。

捕捉一个小行星,并把它带回地球的附近,是开采小行星最好的第一步。采矿和加工技术,也就是操作的概念,在合理范围内可以进行测试和进一步发展。一旦强大的开采小行星的采矿技术被验证了,原位处理材料的成本效率将会很高。是否带材料(如金属或水)回地球的附近,或者用它在原地兴建新的航天器部件的决定最终取决于每种方法的成本。此外,目前还缺乏相关的数据和信息,使得这些建模方法尤其具有挑战性。然而可以假设,将材料带回地球将不会比从地球上深处挖掘它更省钱。目前南非几个金矿有 4000m 深,并且人们正在向 5km 的深度去探索新的黄金储备。从这些深度开采黄金,甚至在低至每吨几克,仍然是有很高利润的。开采空间商品在经济上将不得不与开采地球上的商品竞争。最终使用的目标地点对空间开采资源的相对经济吸引力相当重要。如果该资源是在太空中使用,那么空间的资源就会变得更有吸引力。将在空间中得到广泛应用的提取和处理材料技术(如铝或钛创建空间结构)将会比在地球提取材料的技术更加有价值,并且还没有太空中的那么有用。打个比方,沙漠中 1 公斤的水比超过 1 公斤黄金更有价值。

在过去的几十年里,一些采矿和取样技术得到长足的发展(Bar - Cohen 和 Zacny,2009 年;Zacny 等,2008 年;Ball 等,2007 年)。侧重于小行星勘探技术的绝大多数都是在概念性阶段,只有有限数量的技术在地面条件下被试验、测试和验证。一些采样方法在过去的任务中已经被测试过,另一些将会在未来的的任务中进行测试(Marchesi 等,2001 年;Yano 等,2002 年;Fujiwara 和 Yano,2005 年)。在一般情况下,由于在失重和真空中进行测试的困难和费用,进展一直都比较缓慢。以下各节描述了一系列有希望的采样,采矿和加工技术。应当指出的是这些提出的方法是不全面的,而是旨在给读者提供一定范围的方法的概念。

12.6.1 "隼鸟"

"隼鸟"是第一个从其他非月球的天体表面返回样品材料任务。由于姿态控制装置的多个故障,采样器没有能够按照原本的设计进行工作。然而任务最终还是成功地从近地小行星(25143)系川(图 12.24)取回样品材料。

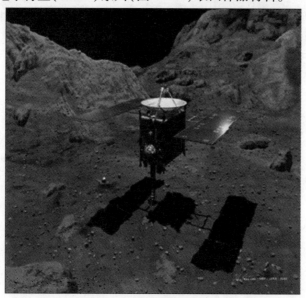

图 12.24　隼鸟号飞船从系川 S 型小行星获取
样本的图(图片来源:JAXA)

如图 12.25 所示,隼鸟号飞船利用一个燃烧的 5g 的钽子弹以 300m/s 的速度到达小行星表面取得一些样本颗粒(Barnouin - Jha 等,2004 年)。子弹撞击小行星表面喷射出的物质由一个双重作用收集器收集起来,这种收集器适用于一系列目标物质,包括金属硅酸盐硬质基岩、砾石和微颗粒风化层。该取样器包括一个 1m 长的铝制角,角的前端直径为 15cm,放置角的目的是指示样品放入样品室中。

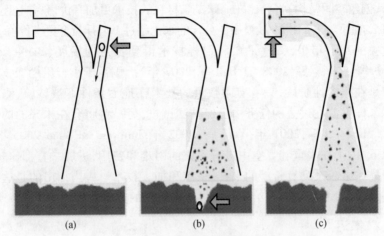

图 12.25　隼鸟样品采集步骤

(a)子弹发射到小行星表面;(b)颗粒撞击表面,散射出材料;

(c)一些材料被捕获带回(Barnouin – Jha 等,2004 年)。

选择这种方法是因为该任务计划人员不可能事先知道表面性状是怎么样的,是坚硬的固结的还是柔软的粉状的。这不像诸如月球,火星或金星等在相对短的时间内已被访问了多少次的星球。另外,即使有大量的地面观测实验,关于目标小行星的信息还是非常有限。这意味着,只有飞船到达目标,才有可能进行详细的试验分析。

要确定计划用于样本操作的样品特征,在各种模拟材料的发展阶段就进行了一系列影响实验,如耐热砖、200mm 玻璃珠和模拟的月球风化层。测试是在一个正常的和具有斜度影响以及使用一个 140m 高的真空落塔在 1g 和微重力环境下进行。结果表明,采样器每次发射能获得几百毫克至几克的样品。然而,在 45°或更大的倾斜影响下,收集质量为每次发射小于 100mg。

对于在小行星标本采样过程中,一旦采样角碰到了表面,一对 5g 钽颗粒以 300m/s 的速度射向表面。这些小球会撞击表面,喷出物被散落到圆锥形角上。在实际的任务中,采样操作发生异常会影响发射炮弹和捕捉风化层材料(Yano 等,2006 年)。然而,在两次尝试中的第一次当角碰到表面时,一些表面的颗粒按一定的方式进入角,并进入样品室。

12.6.2　罗塞塔

欧洲航天局的罗塞塔任务的目的是研究彗星 67P/Churyumov – Gerasimenko。罗塞塔使命包括两个航天器:罗塞塔轨道器和菲莱着陆器。该任务于 2004 年 3 月

2 日发射,将于 2014 年年中到达该彗星。菲莱登陆器计划在 2014 年 11 月登陆该彗星并对其表面进行研究。为了能够调查该彗星,着陆器配备了一个取样钻机,命名为采样、钻探和分配(SD2)子系统。SD2 重 5kg 并可以穿透至表面下 250mm,并在预定的深度获取样品。样品可达几十立方毫米,然后可以被输送到传送带并被分发到各种机载工具上去(Finzi 等,2007 年)。

SD2 的设计和建造由伽利略航空电子完成,它包括三个子体系:一个工具箱,一个传送带和本地控制单元(图 12.26)。

图 12.26 罗塞塔的钻、样品和分布,称为 SD2
(SD2,2012)。来源于欧洲航天局

该工具盒包含实际的钻头和采样器,并且可以绕其垂直轴旋转。钻具有两个自由度:沿 Z 轴方向的平动和旋转。为了能够自动操作,钻头头部配备了一个紧凑的力和扭矩传感器。该钻头被设计成能够穿透各种材料,从蓬松的雪状材料,到具有几兆帕强度的材料。平均钻孔功率在 10W 的范围内。钻头还可以承受低至 -160℃ 的储存温度,并可以在低到 -140℃ 的温度下进行操作。

在到达目标深度后,样品被吸入钻头的内部,该钻头从钻孔中取出,将样品输送到一个传送带。传送带由 26 个带有科学仪器的箱子和助手组成(FINZI 等,2007 年)。

12.6.3 样本采集和传输机构(STAM)钻

样品采集和传输机构(SATM)是一个四轴的,高度仪表化的钻井系统,具有样品制备和处理以及样本返回容器特点的系统。为了验证 NASA 的 ST/4Champollion 任务的性能要求,蜂蜜机器人公司开发了一套原型系统并进行了测试(图12.27)。

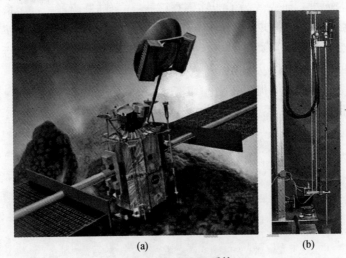

图 12.27　SATM 系统
(a)Champollion 系统的 SATM 的图片(图片来源:NASA);
(b)蜂蜜机器人公司开发和测试的原型系统。

　　钻头的设计是为了从彗星表面在深达 1.2m 的可选择的深度有较少交叉污染的地方获取样本。样品尺寸为 $0.1 \sim 1.0 cm^3$ 之间连续可变的,以满足各种分析仪器的需求。该 SATM 钻出了一个直径为 13mm 的钻孔。在图 12.28 中所示的原型的质量为 9kg,其体积为 $60 \times 60 \times 138 cm^3$。

　　不管采样的材料类型是怎样的(即固结或不固结),STAM 系统的样品都以粉状的形态传递。粉末样品可以运输和传送到诸如化学分析烘炉、显微镜/红外光谱仪等工具或容器中在,样品返回容器位于基底上。为了维持样品温度在 5°C 的自然环境中 SATM 的钻保持低速运转。

　　该 SATM 设计的主要组成部分如图 12.28 所示。图(a)显示了样品入口的钻尖的特征。这个门可以打开到所需的深度,以允许粉屑流入到样品室中。该系统在样品室中还具有一个样品排出机构,以确保样本被运送到原位处理仪表中。样品也可以通过设置在钻具一侧的蓝宝石窗口中呈现以供分析。SATM 可以在钻头前端容纳一个小型的铯 – 137 源,可以测量浓度。钻尖也可以作为一种打开和关闭所述样品返回容器的工具,省去了一个单独的驱动器。

　　为了允许在低重力环境下的自适应操作,开发了专用控制算法。该算法还可以被调整用于偏离垂直角度的钻取,以最小化轻微的晃动。利用石灰石,玄武岩和一个低温壤模拟物在实验室进行了测试(图 12.29)。研究表明,以 0.88cm/min 的速率与 194r/min 的螺旋推运器速度,55.6N 的钻压,325mN·m 的钻进扭矩采样石灰石需要 25W 时的能量(40MPa UCS)。石灰石足以用来模拟冰,因为在低温下冰的强度与石灰石类似。

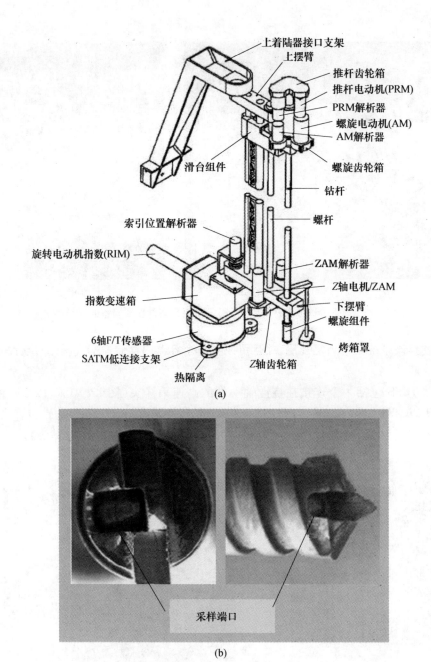

图 12.28　SATM 系统
(a)系统组成部分;(b)样品入口的特性。

12.6.4　一触就走的表面采样器

由蜜蜂机器人公司开发的"一触就走的表面采样器"(TGSS),可以钻入并取得风化层的样本(最多 50mL)或弱固结材料(UCS < 10MPa),而刀具穿入 1~4cm

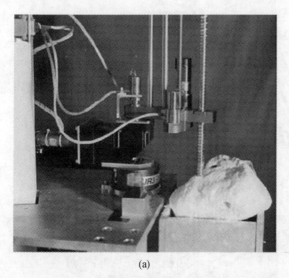

(a)   (b)

图 12.29　使用(a)石灰石及(b)低温风化层兴奋剂在实验室的标准测试

的深度。该系统是可重复使用,并且可以在单个容器内存储样本,进行原位分析或样本返回。

　　该 TGSS 包括一个连接在挠性轴一端的高速采样头(图 12.30 和 12.31)的。采样头以 5000 ~ 8000r/min 速度,20 ~ 30W 的功率绕着逆向旋转刀具旋转。当前原型的质量为 450g,包络体积为 50mm × 75mm × 150mm(不包括中心钻头)。

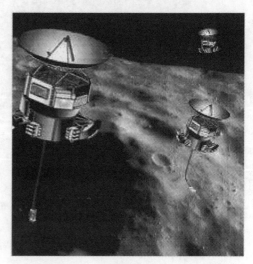

图 12.30　有蜂蜜机器人开发的　　　　　图 12.31　一触就走的表面采样器
一触就走的表面采样器(TGSS)　　　　　　　　(TGSS)的概念

　　该 TGSS 包括三个子系统:一个展开机构,一个采样头和一个样品容器子系

264

统。展开机构由悬臂延伸至表面来展开采样头。采样头包含由单电机驱动的5个高速铣刀(中心钻侧装式带齿轮子)。这些高速铣刀抛出与之接触的表面样本材料,两个安装刀具上的引导线将样品碎片引导到一个样品室。样品控制子系统能够传输和密封多个样品。采样头在切割器顶端有一个可移动的样品室。

原型的开发和测试在实验室环境中采用各种目标材料进行。研究证明,采用TGSS 的方式,样本风化层需要 30mL/s 的速度,固结的粉笔需要 10MPa 的力和和0.5mL/s 的速度。许多微重力试验表明,TGSS 方法可以采样固结材料和非固结材料,并包括一个样品容器更换系统,来保证最小交叉污染的多个站点的采样。

12.6.5 刷轮采样器

如图 12.32 所示,另一个一触即走的采样概念是使用刷轮机构而非刀具的概念已经在 NASA 喷射推进实验室研制出来了(Bonitz,2012 年)。使用刷轮(而不是切割轮或其他更复杂的机械)的主要优势是当遇到比预期更坚硬的土地时刷子可以很容易弯曲,电动机可以继续旋转。就是说,足够灵活的刷子可以减少电动机的堵塞和过载。因此,电动机可以造得更轻且对电能的需求更低。因此,人们可以选择刷子的硬度以及电动机的转矩和转速来使取样特定的预期硬度的土壤这一任务能取得最佳效果。用最简单的话来说,这种机构能够使反向旋转的刷轮保持相对高的转速。这种机构能从一个航天器或其他勘探工具上降低到地面。接触到地面后,这种反向旋转的刷轮能将土壤踢进收集室内。因此,从形式和功能上来说,这种机构有点像传统的街道和地毯清洁工。

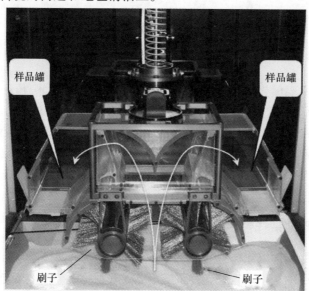

图 12.32　第二代刷轮采样器的原型,用来在 NASA 的微重力航空器上的
微重力环境中(2004 年)以及地球上的真空环境中(Bonitz 2012)测试

12.6.6　采样返回探测器

　　与传统小行星采样方法略有不同,可以采用一个配备了采样系统的单独小型航天器来完成采用。这个概念包括几个采样探测器,它们在一个母航空器上行至一个小天体。在到达感兴趣的小天体、建立轨道、选择感兴趣的地点后,其中一个探测器会从母航空器上分离,使用姿态控制系统来稳定旋转,并将自己向地表推进。冲撞后,该探测器会收集样品并将样品传送至它的上一级,并在此进行密封。装有收集到的样品的探测器的上一级会与探测器的其余部分分离从地表起飞,使用的是与引导它到地表时所用的相同的姿态控制系统。然后,装有样品的探测器会停靠在母航空器上并传递密封的样品(图12.33)。多个探测器可以用该方法来确保任务的成功或同时采样多个地点。

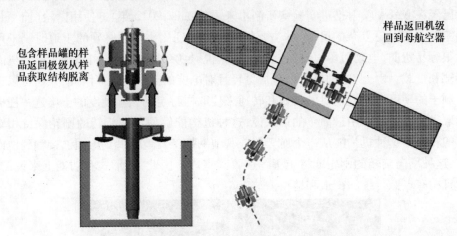

包含样品罐的样品返回极级从样品获取结构脱离

样品返回机级回到母航空器

图12.33　一个单独的样品返回探测器。一旦获得样品,上一机级就会释放并与母航空器回合

　　该方法的主要优势是采样系统与航空器完全独立。因此,传统方法中近距离操作所带来的危险被消除了。研制小型航空器很可行。例如,"隼鸟"号携带了重591g,高约10cm,直径12cm的"弥涅尔瓦"着陆器。另一方面,"隼鸟"2号至少会携带一个"弥涅尔瓦"着陆器以及另一个来自德国宇航中心的移动小行星表面侦查小型着陆器(Mobile Asteroid Surface Scout,MASCOT)。考虑到采样返回探测器的小尺寸,用于纳米卫星的技术可以直接应用。

12.6.7　鱼叉式采样器

　　鱼叉式采样器可以快速的从微重力体上采集样本,采样器与微重力体间的距离仅由缆索系统的长度确定。这种系统不需要在目标上着陆或者将航空器保持在表面上。使用一个抛射体来获得一个样本的时间会在几秒到几分钟的范围内变化,因此能与一个缓慢移动的科学平台相兼容。这就允许在特定的感兴趣的区域收集样本,例如在一个活动的彗星的裂缝或通风孔中。在一个小天体的地表中发射进鱼叉式采样器,在进入地表下面岩石的过程中获取样本,然后使用缆索卷回航空器。所有这些操作可以在与小行星保持一个相对安全的距离的情况下完成。

目前存在一定数量的用于获得并取回样本的潜在概念(Bar–Cohen 和 Zacny,2009;Nuth 2011),例如从航空器放下鱼叉式采样器,再如使用压缩空气或存储的机械或化学能量来降低机械用于将采样头发射进地表。一些鱼叉加速概念可使采样头有足够的能量来应对坚固的地质构造以完成采样。但是,所有高功率鱼叉式采样器都有一个缺点,若地质构造很软,则鱼叉插入的深度就会超出预期,使得取回样品更加困难。

蜜蜂机器人公司研发了一些鱼叉概念可以用于多种地质构造(图 12.34)。最终的鱼叉面包板在约 –150℃的低温冰中测试。进行这项测试是为了测试采样头在以 45°和 0°撞击时的采集冰的能力。在这些测试中鱼叉采样头成功地获得了低温冰的样本,其撞击的角度可达偏离垂直方向 45°。

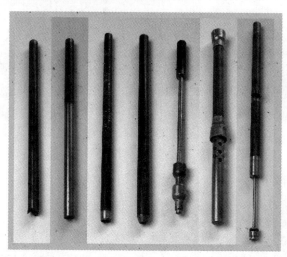

图 12.34　蜜蜂机器人公司的鱼叉面包板

NASA 戈达德空间飞行中心已经研发了一种基于抛射体的样本获取系统(SAS)用于彗星采样。该系统包括一个发射器,一个缆索的释放和取回系统,以及一个样本取回抛射体(SaRP)。戈达德空间飞行中心的第三代样本取回抛射体(SaRP)原型(图 12.35)包括一个外壳和一个内部的样本收集筒。样本收集筒使用一个装载的弹簧来旋转锋利的密封来容纳收集到的样本。该原型已经过测试并连续地收集和取回了几百克的样本(Wegel 和 Nuth,2013)。

12.6.8　气动方法

许多陆地应用使用真空吸尘器来清理灰尘。其原理是拾物软管末端的气压要

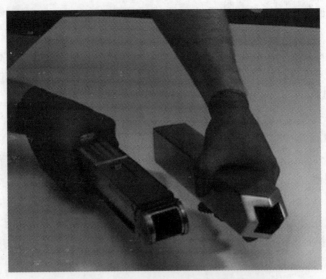

图 12.35 NASA GSFC 样本取回抛射体。
照片显示了一个采样头原型(右)和样本收集筒(左)

比前端的低,从而迫使外面的空气带着颗粒流进来。这种系统在真空环境下无法使用。然而,人们可以用如下方式创造气压差:将气体注入地表,然后引导气体,使其离开地表,进入合适的拾物管(Zacny 等,2004,2008,2010 年)。图 12.36 显示了两种潜在的方法。第一种方法依赖于将压缩气体注入地表的几厘米深处,然后利用气体离开并进入转移管道而将表皮土推上来并捕获。第二种方法用到了一种有

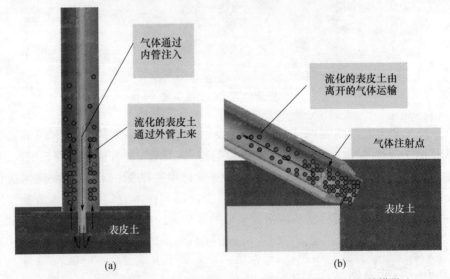

图 12.36 (a)气动的举起/挖掘的投入法,(b)气动的举起/挖掘的横贯法

着注射孔的半封闭管,一旦表皮土进了管中,气体就被注入管中并将获得的表皮土通过注射孔送至管中。一些气体会逃离至周围的真空中,减少挖掘的效率。失去气体的准确体积是表皮土渗透性、埋入表皮土的外部管的长度和表皮土内注射孔深度的函数。

气动法理论上既适用于获得用于科学分析的小样本,也适用于获得用于采矿或资源加工的大样本。工作气体可以通过将水电解为它的组成元素:氢和氧来提供。因为气动系统包括固定的孔和一系列管道来提供气体,用于采矿和指导挖掘表皮土到存储容器,或可能几百米外的存储区域里。他没有马达、轴承等可以动的部分,因此适合于落满灰尘的环境。通过调整气压和流速,它可能能区分更小的和更大的颗粒,从而优化特定的现地资源利用(ISRU)处理系统(Zacny 等,2008)。要是更小的颗粒能从地表移除就好了,这样就可能移除对表皮土的苛求,因此减少在表皮土处理阶段能量的消耗。此外,因为更小的颗粒有更大的表面积/体积比例,提取效率自然会增加。

气动挖掘在太空中的应用已经不是一个新的概念了。David McKay 在 NASA 约翰逊太空中心已经就月球采矿提出了气动挖掘(图 12.37),并在 NASA 的 KC -135 减重力飞船(Sullivan 等,1994 年)上评估了在月球的重力环境下用气动传输技术移动月球表皮土的可行性。它们发现在月球重力场下垂直转移中的拥塞速度和水平转移中的跃动速度都减少到重力加速度 g 的 1/2 到 1/3(拥塞速度和跃动速度是将颗粒保持在空中的最小气体速度)。

图 12.37　带有生产规模系统的月球气动挖掘:LUNOX Pilot Plant。
NASA 图片:S91 -25382 由 Pat Rawlings 拍摄

额外的在真空环境中的测试显示,在高速、1g 重力下,1g 气体在 101kPa 气压(即大气压)下可以成功举起 600g 的土壤颗粒(Zacny 等,2008,2010 年)。在不同

气压下实施的测试表明气体的效率会随着环境气压的降低而增加,最大可达约
1mTorr[①]。

真空条件下的测试表明,在101kPa(1个标准大气压)、1g的引力条件下,1g气
体(空气)能够快速吸起6000g的土壤微粒(Zacny等,2008,2010年)。气动表皮
土开采机类似于一个传统的真空吸尘器。然而,区别于在管口制造吸力,一种压缩
气体被注入,将捕获到的土壤从管口移动到关内,经过旋风分离器进入土壤容器
内。图12.38显示了一个整合到NASA艾姆斯研究中心K10-mini平台上的气动
挖掘机。该系统已经在一个3m长的GRC-1模拟土壤测试床上通过了测试,测
试过程中的真空腔长3.5m(Zacny等,2008年)。

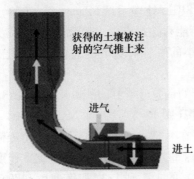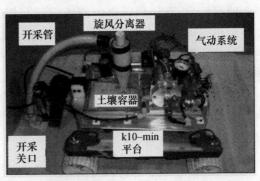

图12.38　气动开采漫游者的组成

例如,为了获得用于科学分析的小样本,气动系统可以整合到着陆器的每个脚
垫内。采样管既可以固定也可以是可配置的,与脚垫平齐或从脚垫下面伸出
(图12.39)。可配置的管子适用于着陆器不一定能完全垂直地接触地表的情况。
如果对靠近地表的表皮土感兴趣,与脚垫平齐的管子会是很好的选择(Zacny等,
2008,2012年)。

这种类型的配置会带给系统一定的冗余度。例如,即使有一条腿落在了石头
上,另外两个或三个气动管(如果着陆器有4条而不是3条腿)仍能工作。着陆
后,每个脚里的管子会充满表皮土。气体可以将获得的土壤送到飞船上的样本室。
因此,该采样系统只需要一个值来开关气缸,和一个执行器来开关样本室。

气动采样系统将会在OSIRIS-REx小行星样本返回任务中第一次演示
(图12.40)。最近,NASA选择了OSIRIS-REx飞到近地的碳质小行星(101955)
1999 RQ36,详细的研究它,然后带着至少60g的样本材料返回地球(OSIRIS-REx,
2012年)。该采样任务会用Touch-And-Go样本获得机械(TAGSAM)系统来实施。
一旦接触到地表,一个环形喷口会向地表喷出氮气将表皮土流化。灰尘气体通过圆

采样管与脚垫平齐   采样管在着陆后被配置   采样管被固定在脚垫下

管口被保护在脚垫内   在着陆时保护   最简单的选择(没
                       管子以免弯折   有管子配置)

只有靠近表面的表皮   通过被动系统(气   传输管内的土壤
土被采样   体，弹簧)配置

                       传输管内的土壤

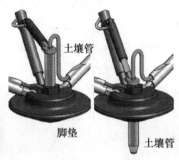

图 12.39　使用嵌入到着陆脚垫内的气动系统来获取样本的多种方法

形采样器里的过滤器开。过滤器然后获得表皮土并让氮气离开只太空中。在这段时间，表面接触垫也会收集细颗粒物。获得样本后,采样器被放进样本返回舱返回地球。

图 12.40　OSIRIS – REx 小行星样本返回任务会使用气体力学来获得至少 60g 的
小行星物质。来处:NASA/Goddard/University of Arizona

12.6.9　可移动的原地水提取机

　　许多从冻土中提取水的方法都遵循地球上的开采法,它们包括开采冰或带冰的土,将原料转移到水复原车间,然后提取和存储水。可移动的原地水提取机

271

（MISWE）免去了转移或加工原料的步骤,因此简化了提取水的过程。MISWE 方法是将开采和水提取系统整合到一个单元,还包括钻头。水提取步骤包括:①使用深沟槽钻挖土;②在沟里的土中提取水;③扔掉土。因此只有水被运回来,干燥的土被扔掉。

一种可移动的质地水提取机(MISWE)反应器包括冰土获得和传递系统(ISADS),以及挥发物提取和捕获系统(VECS)。ISADS 是一种深沟槽钻,能钻井冰或冰土中并将材料保持在沟内。一旦获得材料,ISADS 就会缩回 VECS 并密封。VECS 包括圆柱形的热交换机和挥发物转移系统(反应器)。深沟槽中的材料最初会被加热,得到的水蒸气会通过一个单向阀流入一个水收集桶,然后压缩。水收集桶中的热量可以通过热交换机循环回反应器。水提取完成后 ISADS 就会降低到地面,通过高速旋转利用离心力将干燥的土丢弃。同时,收集到的水从筒里泵进收集器。然后 MISWE 会移动到下一个地点然后重复以上操作。一旦水箱满了,飞船就会发射回地球或前往其他目的地。

因为地表土实际上并没有被转移,所以并不需要转移系统和相关的机械。而且,如果飞船的能量来自 Radioi - sotope 热发电机(RTG)或效能更高的 Advanced Stirling Radioi - sotope 发电机(ASRG),该单元产生的热量可以被转移到反应器。例如,2011 MSL Curiosity rover 上的 RTG 可以产生约 120W 的电能和大于 1000W 的热量。

图 12.41 是小行星 MISWE 的一个概念,它的着陆器的每条腿都有 8 个水反应器。反应器倾斜放置以提供锚固。因此,反应器有两个用途:锚固和水提取。

图 12.41　一种称为可移动的原地水提取机(MISWE)的小行星水提取
系统的概念,它的着陆器的每条腿都有 8 个水反应器。反应器倾斜放置
以提供锚固。因此,反应器有两个用途:锚固和水提取

为了确定该水提取方法的可行性,大约 50 个测试已经在真空室中完成了,如图 12.42 所示(Zacny 等人,2012 年)。最佳配置的 MISWE 面包板已经证明能从冻土中提取 19g 的水。水提取的效率是 92%,剩下 8% 的水永远丢失了。30min 的过程使用了 34W 的能量,等价于 17Wh 的能量或 0.9Wh/g 的水或约 80% 的能量效率。

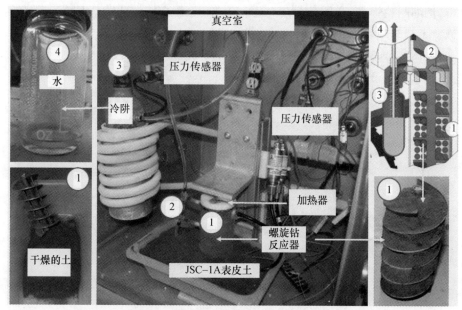

图 12.42　MISWE 水提取系统在真空室中被测试:①冻土被收集在螺旋钻的沟槽间;
②螺旋钻被加热,使水蒸气从土中释放;③水蒸气在指形冷冻器中压缩后
收集进筒内;④液态水从筒中泵出到收集器内

测试发现土壤的温度可以用来监视干燥循环。一旦温度开始增加,就说明土干了且热量不再被水的升华所吸收,因此可以终止加热以提高提取过程的效率。为了使过程更高效,应用的热量的能量和持续时间以及加热循环后的保持时间都可以改变。

带有 1m 长直径为 20cm 的螺旋钻的 MISWE 反应器每 40min 可以从含有 10wt% 水的表皮土中恢复约 3kg 的水。假设余下的任务(钻到 1m 深,丢掉干燥的土)还要花费 20min,则每小时总共可以恢复 3kg 的水。因此带有 8 个反应器的小行星 MI-SWE 系统每小时可以恢复的水的质量是 $8 \times 3kg/h = 24kg/h$,或 16t 每月。在 EML1 上消耗 1kg 的水的费用至少为 1 万美元,因此一个月提取水的价值为 1.6 亿美元。

12.6.10　冲击和振动系统

Craft 等(2009),Zacny 等(2009、2012),Green 等(2013)单将冲击和振动系统应用于减少挖掘力是首先需要考虑的场合。适用于轻小型挖掘机,例如小机器人和/或低重力环境。这些系统的缺点主要是冲击和振动系统需要额外的能量,因此会给飞船的能量供给带来负担。

冲击和振动操作的区别是前者使用锤击(即铲子或其他被某种锤子周期性冲击的挖掘末端执行器),而后者使用例如离心旋转质量来在多个平面引起振动。值得注意的是冲击系统也会振动,但振动沿着锤击的方向。有很多方法能产生振动和锤击,例如凸轮弹簧,音圈,磁力等。图 12.43 显示了 Honeybee Robotics 研制的在机械臂末端的振动铲的例子。

图 12.43　振动铲可以大幅减少挖掘力

12.6.11　表皮土高级表面系统操作机器人(RASSOR)

在 NASA 肯尼迪航空中心研制的表皮土高级表面系统操作机器人(RASSOR)挖掘机器人(图 12.44)是有太空表皮土挖掘能力的遥操作移动平台。这个更紧凑、轻巧的设计(小于50kg)已经攻克了会旋转筒鼓,它会导致由于对称、相等却相反的挖掘力的自我取消而造成的零增长反应水平力。

该机器人可以在极低重力的环境下操作,例如在月球、火星、小行星或彗星。此外,RASSOR 系统的设计目的是在机器人先导着陆任务中能被轻松地运到太空目标。该机器人能越过陡坡和复杂的表面地形,并且由于有逆向操作模式因此可以通过优雅的复原来克服意外翻倒,使表皮土挖掘操作得以继续。

RASSOR 挖掘机包括一个移动平台,平台左右舷各有一个由电动机驱动的履带,但它也可以装上轮系统来进一步减少质量。每一边的"鞍囊"都装有两个电池。两个反向旋转的筒鼓挖掘工具装在位于移动前端和尾端的可旋转悬臂上。悬臂可以升起和降下是筒鼓进入土壤或表皮土。通过控制悬臂的角度可以改变切割的深度。

274

图 12.44　表皮土高级表面系统操作机器人（RASSOR）

该单元有三种操作模式：装载、拖拉、倾倒。装载时，筒鼓会用旋转动作挖掘土壤/表皮土，通过鼓的表面上的铲子在 20r/min 的速度下连续地多次切土/表皮土。在拖拉时，旋转臂升起筒鼓以清理挖过的表面。然后移动平台可以开始移动，土/表皮土这时保持在升起的筒鼓里。最后，当挖掘机到达倾倒点，筒鼓就会被命令以与它们挖土时相反的旋转方向，使收集到的材料从每个连续铲中排出。它还能用垂直模式站起来在漏斗形容器的边缘递送表皮土。对于从捕获到的表皮土中恢复的矿石，筒可以设计成反应器。尤其是，一旦获得表皮土，筒鼓就可以密封，里面的被加热来恢复有价值的挥发物，如水—冰。

当上表面或下表面与地面接触时 RAASOR 都可以工作，而且 RAASOR 可以自己翻筋斗。这意味着 RAASOR 可以直接从着陆器的甲板上开下来并在低重力环境下部署，免去了部署机械，从而节约了质量，并用复杂度换取了可靠性。RASSOR 的尺寸是可变的，其可以搭载到不同尺寸的移动平台上。

12.7　总结

近十年来，小行星开采是非常流行的研究课题（Ross 2001 年；Sonter 1998 年；Lewis 1996 年）。然而，只有最近的一些研究证明在现有的技术条件下捕获一个小的小行星并将它带回地月空间是可行的（Brophy 等，2011，2012 年）。

此外，In situ 资源利用（ISRU）委员会已经很积极地研发多种行星开采和加工技术。该委员会在多个会议上公开了他们的研究，因此在该课题上存在大量信息。更多的信息可以通过诸如空间资源圆桌会议、行星和地球矿业科学研讨会、AIAA 空间会议和博览会，以及 ASCE 地球和太空会议等获得。

然而,当查阅文献时,发现存在大量的关于月球和火星的技术发展,却很少有小行星的。一些针对月球的技术也能应用于微重力环境(即小行星),但每种技术都要就事论事。这一章试图巩固与锚定、开采、挖掘有关的小行星焦点技术。这些技术的一个著名的共性是不成熟。只有一小部分在相关环境中测试过。如果NASA或一个商业部门计划探索这些部分,则挖掘和加工技术将不得不从头开始研发和测试。在技术研发中,所有的潜在投资者毫无疑问都关系提高技术成熟度的相关花费。然而,研发和培育适用于空间的技术以致能用于商业应用(即多个而不是一个操作)需要许多年的时间。这个时间无法简单地通过投入更多的资金来缩短。因此,长期来看,有一个稳定的研究且有适度的资金提供将使花费更有效,而不是在巨大的垃圾投资下多年没有进展直到截止期限。

参考文献

[1] Andrea,M. ,Chesley,S. ,Sansaturio,M. ,Bernardi,F. ,Valsecchi,G. ,Arratia,O. ;Long term impact risk for (101955)1999 RQ36. Icarus 203(2),460 – 471(2009)

[2] Asbeck,A. T. ,Kim,S. ,Cutkosky,M. ,Provancher,W. ,Lanzetta,M. ;Scaling hard vertical surfaces with compliant microspine arrays. Int. J. Robot. Res. 25(12),1165 – 1179(2006)

[3] Ball,A. ,Garry,J. ,Lorenz,R. ,Kerzhanovich,V. ;Planetary Landers and Entry Probes. Cambridge University Press(2007)

[4] Bar – Cohen,Y. ,Zacny,K. (eds.);Drilling in Extreme Environments Penetration and Sampling on Earth and Other Planets. John Wiley & Sons,New York(2009)

[5] Barnouin – Jha,O. S. ,Barnouin – Jha,K. ,Cheng,A. F. ,Willey,C. ,Sadilek,A. ;Sampling a Planetary Surface with a Pyrotechnic Rock Chipper. In;Proc. IEEE Aerospace Conference,March 6 – 13(2004)

[6] Bonitz,R. ;The Brush Wheel Sampler – a Sampling Device for Small – body Touch – and – Go Missions. In;2012 IEEE Aerospace Conference,Big Sky,MT,March 3 – 10(2012)

[7] Campins,H. ,et al. ;Spitzer Observations of spacecraft target 162173(1999 JU3). Astronomy and Astrophysics 503,L17 – L20(2009)

[8] Fujiwara,A. ,et al. ;The Rubble – Pile Asteroid Itokawa as Observed by Hayabusa. Science 312,1330 – 1334 (2006)

[9] Gaffey,M. J. ,Cloutis,E. A. ,Kelley,M. S. ,Reed,K. L. ;Mineralogy of Asteroids. In;Bottke Jr. ,W. F. ,Cellino,A. ,Paolicchi,P. ,Binzel,R. P. (eds.) Asteroids III,pp. 183 – 204. University of Arizona Press,Tucson (2002) Biele,J. ,et al. ;Current status and scientific capabilities of the Rosetta lander payload. Advances in Space Research 29,1199 – 1208(2002)

[10] Biele,J. ,et al. ;The putative mechanical strength of comet surface material applied to landing on a comet. Acta Astronautica 65,1168 – 1178(2009)

[11] Biele,J. ,Ulamec,S. ;Capabilities of Philae,the Rosetta Lander. Space Sci. Rev. 138,275 – 289(2008)

[12] Britt,D. T. ,Yeomans,D. ,Housen,K. ,Consolmagno,G. ;Asteroid Density,Porosity,and Structure. In;Bottke Jr. ,W. F. ,Cellino,A. ,Paolicchi,P. ,Binzel,R. P. (eds.) Asteroids III,pp. 485 – 500. University of Arizona Press,Tucson Brophy,J. R. ,Gershman,R. ,Landau,D. ,Yeomans,D. ,Polk,J. ,Porter,C. ,Williams,W. ,Allen,C. ,Asphaug,E. ;Asteroid Return Mission Feasibility Study. AIAA – 2011 – 5665. In;47th AIAA/ASME/

SAE/ASEE Joint Propulsion Conference and Exhibit, San Diego, California, July 31 – August 3 (2011) Brophy, et al. ; Asteroid Retrieval Feasibility Study. Keck Institute for Space Studies, California Institute of Technology, Jet Propulsion Laboratory (2012), http://kiss. caltech. edu/study/asteroid/asteroid_final_report. pdf

[13] Craft, J. , Wilson, J. , Chu, P. , Zacny, K. , Davis, K. ; Percussive digging systems for robotic exploration and excavation of planetary and lunar regolith. In: IEEE Aerospace Conference, Big Sky, Montana, March 7 – 14 (2009)

[14] Finzi, E. , Zazzera, B. , Dainese, C. , Malnati, F. , Magnani, P. , Re, E. , Bologna, P. , Espinasse, S. , Olivieri, A. ; SD2 – How to Sample a Comet. Space Science Reviews 128, 281 – 299 (2007)

[15] Fujiwara, A. , et al. ; The Rubble – Pile Asteroid Itokawa as Observed by Hayabusa. Science 312, 1330 – 1334 (2006) Fujiwara, A. , Yano, H. ; The asteroidal surface sampling system onboard the Hayabusa spacecraft. Aeronautical and Space Sciences Japan, 8 – 15 (2005)

[16] Glassmeier, K. , Boehnhardt, H. , Koschny, D. , Kührt, E. , Richter, I. ; The Rosetta Mission: Flying Towards the Origin of the Solar System. Space Science Reviews 128, 1 – 21 (2007)

[17] Green, A. , Zacny, K. , Pestana, J. , Lieu, D. , Mueller, R. ; Investigating the Effects of Percussion on Excavation Forces. J. Aerosp. Eng. (2013), doi: 10. 1061/ (ASCE) AS. 1943 – 5525. 0000216

[18] Hilchenbach, M. , Rosenbauer, H. , Chares, B. ; First contact with a comet surface: Rosetta lander simulations. In: Luigi, C. , et al. (eds.) The New Rosetta Targets. Observations, Simulations and Instrument Performances. Astrophysics and Space Science Library, vol. 311, p. 289. Kluwer Academic Publishers, Dordrecht (2004)

[19] Jones, T. , et al. ; Amor: A Lander Mission to Explore the C – Type Triple Near – Earth Asteroid system 2001 SN263. 42nd Lunar and Planetary Science Conference, The Woodlands, Texas, March 7 – 11, p. 2695. LPI Contribution No. 1608 (2011)

[20] Kawaguchi, J. , Fujiwara, A. , Uesugi, T. ; Hayabusa – Its technology and science accomplishment summary and Hayabusa – 2. Acta Astronautica 62, 639 – 647 (2008)

[21] Kerr, R. ; Magnetic Ripple Hints Gaspra Is Metallic. Science 259, 176 (1993)

[22] Lewis, J. S. ; Mining the Sky, Untold Riches from the Asteroids, Comets, and Planets. Helix Books (1996) ISBN 0 – 201 – 47959 – 1

[23] Lodders, K. ; Solar System Abundances of the Elements. In: Goswami, A. , Eswar Reddy, B. (eds.) Principles and Perspectives in Cosmochemistry. Lecture Notes of the Kodai School on ' Synthesis of Elements in Stars ' held at Kodaikanal Observatory, India, April 29 – May 13. Astrophysics and Space Science Proceedings, pp. 379 – 417. Springer, Berlin (2010)

[24] Mankins, J. ; Technology Readiness Level (2005), http://www. hq. nasa. gov/office/codeq/trl/trl. pdf

[25] Marchesi, M. , Campaci, R. , Magnani, P. , Mugnuolo, R. , Nista, A. , Olivier, A. , Re, E. ; Comet sample acquisition for ROSETTA lander mission. In: Proceedings of the 9th European Space Mechanisms and Tribology Symposium, Liège, Belgium. Compiled by Harris, R. A. ESA SP – 480, September 19 – 21, pp. 91 – 96. ESA Publications Division, Noordwijk (2001)

[26] Normile, D. ; Rover Lost in Space. Science 310, 1105 (2005)

[27] OSIRIS – REx (2012), http://www. nasa. gov/topics/solarsystem/features/ OSIRIS – rex. html (accessed January 10, 2012)

[28] Parness, A. ; Microgravity Coring: A Self – Contained Anchor and Drill for Consolidated Rock. In: IEEE Aerospace Conference, Big Sky, MT, USA (2012)

[29] Parness, A. , Frost, M. , Thatte, N. , King, J. ; Gravity – Independent Mobility and Drilling on Natural Rock Using Microspines. In: IEEE ICRA, St. Paul, MN, USA (2012)

[30] Parness, A. , Frost, M. , King, J. , Thatte, N. ; Demonstrations of Gravity – Independent Mobility and Drilling on

Natural Rock Using Microspines, video. In: IEEE ICRA (2012), http://www. youtube. com/watch? v = 0KUdyBm6bcY

[31] Richardson,J. ,Melosh,H. J. ,Lisse,C. M. ,Carcich,B. :A ballistic analysis of the Deep Impact ejecta plume: determining Tempel 1's gravity,mass and density. Icarus 190,357 - 390(2007) Ross,S. :Near - Earth Asteroid Mining. Space Industry Report(December 14,2001), http://www. esm. vt. edu/ ~ sdross/papers/ross - asteroid - mining - 2001. pdf

[32] SD2(2013),http://www. aero. polimi. it/SD2/? SD2(accessed January 10,2013)

[33] Sonter,M. :The Technical and Economic Feasibility of Mining the Near - Earth Asteroids. In:49th IAF Congress,Melbourne,Australia,September 28 - October 2(1998)

[34] Spenko,M. ,Haynes,G. ,Saunders,J. ,Cutkosky,M. ,Rizzi,A. :Biologically inspired climbing with a hexapedal robot. J. Field Robotics 25,223 - 242(2008)

[35] Sullivan,T. ,Koenig,E. ,Knudsen,C. ,Gibson,M. :Pneumatic conveying of materials at partial gravity. Journal of Aerospace Engineering 7,199 - 208(1994)

[36] Tsiolkovskii,K. :The Exploration of Cosmic Space by Means of Rocket Propulsion. Nauchnoe Obozrenie(Scientific Review) Magazine(5) (1903) (in Russian)

[37] Yano,H. ,et al. :Touchdown of the Hayabusa Spacecraft at the Muses Sea on Itokawa. Science 312,1350 - 1353(2006)

[38] Ulamec,S. ,et al. :Rosetta Lander—Philae:Implications of an alternative mission. Acta Astronautica 58,435 - 441(2006)

[39] Ulamec,S. , Biele, J. : Surface elements and landing strategies for small bodies missions - Philae and beyond. Advances in Space Research 44,847 - 858(2009)

[40] Veverka,J. ,et al. :NEAR at Eros:Initial imaging and spectral results. Science 289,2088 - 2097(2000)

[41] Veverka,J. ,et al. :The landing of the NEAR - Shoemaker spacecraft on asteroid 433 Eros. Nature 413,390 - 393(2001)

[42] Wall,M. :Is Space Big Enough for Two Asteroid - Mining Companies? SpaceNews(January 22,2013)

[43] Wegel,D. ,Nuth,J. :NASA Developing Comet Harpoon for Sample Return(2013),http://www. nasa. gov/topics/ ~ solarsystem/features/comet - harpoon. html(accessed on January 13,2013)

[44] Wilhite,A. ,Arney,D. ,Jones,C. , Chai,P. :Evolved Human Space Exploration Architecture Using Commercial Launch/Propellant Depots. In:63rd International Astronautical Congress,Naples,Italy,October 1 - 5(2012)

[45] Yano,H. ,Hasegawa,S. , Abe,M. ,Fujiwara,A. :Asteroidal surface sampling by the MUSES - C spacecraft. In: Proceedings of Asteroids,Comets,Meteors,pp. 103 - 106,(2002)

[46] Zacny,K. ,Chu,P. ,Avanesyan,A. ,Osborne,L. ,Paulsen,G. ,Craft,J. :Mobile. In situ Water Extractor for Mars, Moon,and Asteroid. In situ Resource Utilization. AIAA Space 2012,Pasadena,CA,September 11 - 13(2012)

[47] Zacny, K. , Huang, K. , McGehee, M. , Neugebauer, A. , Park, S. , Quayle, M. , Sichel, R. , Cooper, G. : Lunar soil extraction using flow of gas. In:Proceedings of the Revolutionary Aerospace Systems Concepts - Academic Linkage(RASC - AL) Conference,Cocoa Beach,FL,April 28 - May 1(2004)

[48] Zacny,K. ,Paulsen,G. ,Szczesiak,M. ,Craft,J. ,Chu,P. ,McKay,C. ,Glass,B. ,Davila,A. ,Marinova,M. ,Pollard,W. ,Jackson,W. :LunarVader:Development and Testing of a Lunar Drill in a Vacuum Chamber and in the Lunar Analog Site of the Antarctica. J. Aerosp. Eng. (2013),doi:10. 1061/(ASCE) AS. 1943 - 5525. 0000212

[49] Zacny,K. ,Bar - Cohen, Y. , Brennan,M. , Briggs,G. , Cooper,G. , Davis,K. , Dolgin,B. , Glaser,D. , Glass, B. ,Gorevan,S. ,Guerrero,J. , McKay,C. , Paulsen,G. , Stanley,S. , Stoker,C. :Drilling Systems for Extraterrestrial Subsurface Exploration. Astrobiology Journal 8,665 - 706(2008)

[50] Zacny,K. ,et al. :Pneumatic Excavator and Regolith Transport System for Lunar ISRU and Construction. Paper

2008 −7824, AIAA Space 2008(2008)

[51] Zacny, K. , et al. : Investigating the Efficiency of Pneumatic Transfer of JSC − 1a Lunar Regolith Simulant in Vacuum and Lunar Gravity During Parabolic Flights. AIAA Space 2010(2010)

[52] Zacny, K. , Beegle, L. , Onstott, T. , Mueller, R. : MarsVac: Actuator free Regolith Sample Return Mission from Mars. Abstract 4263, Concepts and Approaches for Mars Exploration, Houston, TX, June 12 − 14(2012)

[53] Zacny, K. , Mueller, R. , Galloway, G. , Craft, J. , Mungas, G. , Hedlund, M. , Fink, P. : Novel Approaches to Drilling and Excavation on the Moon. AIAA − 2009 − 6431, AIAA Space, Conference and Exposition, Pasadena, CA, September 14 − 17(2009)

[54] Zacny, K. , Mueller, R. , Paulsen, G. , Chu, P. , Craft, J. : The Ultimate Lunar Prospecting Rover Utilizing a Drill, Pneumatic and Percussive Excavator, and the Gas Jet Trencher. AIAA Space 2012, Pasadena, CA, September 11 − 13(2012)

第 *13* 章

用于小行星风化层开采的闭式循环气动技术

莱昂哈德·E. 伯诺尔德(Leonhard E. Bernold)

澳大利亚悉尼新南威尔士州立大学

(University of New South Wales, Sydney, Australia)

13.1 引言

　　尽管有人认为,有超过 110 万的小行星在环绕太阳运动,但根据美国宇航局(NASA)的测算,直径在 1km 及 1km 以上的近地小行星仅有 853 颗。这些天体上没有空气,其中大部分是干燥的。就产业化采矿而言,重要的是这些干燥的小行星上面覆盖着类似于月球表面的细微风化层。Bates 和 Jackson(1980)把风化层定义为"残余的或是迁移来的,物理特性多变的,几乎在任何地方都可能存在的,覆盖着地表或在基岩中存在的一种破碎松散的岩类材料层或地幔。"

　　在 46 亿年间,空间气象、太阳和银河系微粒、陨石的撞击、辐射以及频繁的地震把原本岩石型的月球表面变成了细粉型,现如今其表面覆盖着花状的尘埃层,并得以留下奇妙的靴印。Miyamoto 等人(2007)发布了日本的"隼鸟"号针对一颗直径 300m 的小行星的探测任务。该小行星上覆盖着毫米级大小的和直径更大的碎石层,风化层填充在碎石层中间。研究人员推测更细微的微粒已迁移到岩石下。麦凯和他的同事们推测这样的颗粒形成过程也同样发生在月球上。

　　"表皮层的形成可大体分为早期和晚期两个阶段。在早期阶段,在最初暴露时,风化层还相对较薄(少于几厘米),大大小小的影响都能穿透风化层,开凿出新的基岩。风化层持续地被微流星体冲击、高能太阳微粒和宇宙带电粒子改变着。在晚期阶段,持续的撞击会翻转风化层,将埋藏在下面的风化层翻转至表面,这一过程持续着不断地发生。"(麦凯等 1991)。

修整的结果是形成一个深度在4m～15m间的粒状风化层。此外,Kargel(1994)报道了他们的观察结果:小行星艾达和加斯普拉也证实了,的确存在一层粉状的风化层,这种风化层大概至少有100m深。麦凯等人(1991年)也报道一种粒状分布,其中大约90%小于500μm,50%小于100μm。Tsuchiyama等人推测,100μm以下的细微粒子占相对较低的比例是由于:①较小的微粒具有较高的喷射速度,因此受到影响后具有较高的损失率;②小颗粒的选择性静电悬浮和(或)③由振动引起的依赖于大小的分离。这种颗粒在流效应作用下,其中较大的颗粒或石块在振动中慢慢升到表面,这是Mckay等人(1991年)所讨论的地质成型效应的一部分。

风化层采矿的另一重要特点是它的密度(g/mm^3),可以用体积或相对密度表示。随着深度的增加,颗粒堆积得更紧密,体积或相对密度都会增加。Carrier等人(1991年)证实:已经发现月球土壤在距顶部15cm的位置相对密度大约是65%(中等密度),30cm以下增加到90%(非常密集)。更大的深度具有极高的密度不能用上层压缩下层的增重道理来解释。Carrier等(1991年)通过月球模拟实验认为这种现象一定是物质沉积后振动的结果(如与陨石撞击相关的地震波),这种振动产生了初始相对密度为90%甚至更高的一种物质。对预测小行星上风化层密度很关键的观察结果是随着深度的增加,密度的迅速增加不可能仅是自我压缩的结果。换句话说,低重力的小行星自动产生的致密的风化层可能也不会少。

和土壤相对密度密切相关的是土壤的多孔度、扩散性及透气性。后两种是和流过多孔介质的气体量相关,如密集的风化层,这一特点是人们关注的问题,正在被广泛研究。例如,丹麦的一组研究人员最近研究在粉土和火山灰中这两个系数的因果关系。Deepagoda等人(2011年)发现,"控制气体扩散性更为重要的因素是土壤板结而不是土壤类型,在一定程度上也有透气性这一因素"。要计算以m^3/s为单位的气体流速,可使用达西定律最简单的形式,体积通量,一个透气性的函数,乘以压力梯度除以气体粘度。

13.2 采矿对经济发展的推动

开采珍贵的材料,无论是琥珀,燧石或铜,是古已有之的文明。世界各地的淘金为农业开辟了新的领域,同时也创造了财富。在当今,我们依然要开采小行星碰撞带来的铜、铁或铂。为追求更高的产量,需要越来越大的设备以及更有效的方法。现在地表采矿偏向于地下开采,尽管必然要消耗很多精力除去覆盖在矿床上的大量物质。当然,好莱坞喜欢能快速带来财富、黑暗的隧道和深井以及致命的爆炸的地下采矿。不过,在影片中木材支撑的狭窄隧道已经被长壁的采矿机、供料机、遥控压碎器、输送带甚至机器人卡车替代。

我们能把我们国家最先进的采矿技术延伸到月球和小行星吗?在地球上可以使用的机器和工具会有效吗?回顾一下人类开采的历史应该能给我们提供些提

示。在澳大利亚悉尼,英国殖民者灾难性的开端眨眼间过去了,警示了适合一种环境的工具被转移到另一种环境中使用的危险性。他们只有非常少的建筑材料,政府仅提供非常有限的工具,而且这些工具的质量也很差。由于当地树木巨大,木质坚硬,这些工具很快变钝甚至断裂,建筑速度变慢(Dunn 和 McCreadie,2005 年)。18 年前,英国探险家 James Cook 已经绘出了澳大利亚东海岸地图。类似于当今的绘图航天器,库克通过他的轮船奋力号绘出海岸草图。然而,看起来像榆树或松树的树木,实际上是极其坚硬的桉树和橡胶树,在英国是没人知道这些树木。这个小故事以船只第二次将第一舰队从饥饿中拯救做结,强调了当我们冒险进入太空去开采小行星时,认识"就地资源利用"(ISRU)的重要意义。

13.3　小行星采矿的人为方式

Carrier 的人(1991 年)警示,30cm 以下的月球风化层具有介于 90% ~100% 的相对密度。虽然这种高度压实的土壤并没有对地球上笨重的柴油动力的推土机或挖土机造成威胁,但由于高的交通运输成本和低重力,使用蛮力并不可行。在 1989—1993 年期间,美国马里兰大学(UMCP)的一个研究小组开始研究月球上的节能采矿问题(Bernold、Sundareswaran,1990 年;Bernold,1992 年)。要将 0.5t 月球土壤模拟物压缩到所需的 90% 的相对密度,不得不使用一个大型的液压机和一个钢筋容器,地面开挖方法未能成功使用。例如,缩放机器人反铲挖掘机(Bernold,1991 年),模拟一个在月球上 6 倍的铲斗,无法穿透致密的土壤表面。基于地球的实验设计必须考虑小行星上变化的环境,这个过程要确保相似性。对于空间挖掘,要考虑的最重要因素,除重力外,就是风化层和月球土壤模拟物的黏合和摩擦角(Bernold,1991 年,Zacny等,2010 年)。基于 Carrier 等人(1973 年)的测量,我们知道返回样品的内聚力峰值介于 0.1 ~1.0kN/m^2,我们通常认为这是非常低的。

另一方面,摩擦角峰值散布在 30° ~50° 之间,用于测试的模拟玄武岩的内聚力峰值达到 14kN/m^2,我们认为这也是较小的值,而它的摩擦角 39°很好地介于测试风化层的边界间。因此,可以相信,很高的相似度是通过将尺寸和重量减少 1/6 实现的。使用的第二个挖掘工具,拉索挖土机铲斗也模拟了月球上的 1/6g 条件,它使用了轻质青铜材料,体积只有月球体积的 1/6。它只能触及压实的表面,而第三种工具,一种蛤壳式铲斗,不能钳任何土壤。很明显,需要另一种方法来松动土壤。

有一种和诺贝尔有关的技术,用来疏松致密物质极其有效安全、高度密集,他发明了能安全、有力地把化学能量转化为机械力的炸药。事实上,为在真空环境下没有任何失误,每个航天飞机离开零部件飞行要用超过 250 个爆炸物。马利兰大学研究小组的假设是,小量的安全爆炸物在垂直钻在月球模拟物的孔内爆炸,将会显著的降低提取土壤材料所需的动力和能量。图 13.1 呈现了该过程。

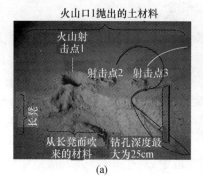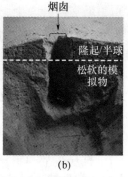

图 13.1 100% 相对密度的月球土壤模拟物的疏松和挖掘
(a)1gPETN 在土层下引爆;(b)清理烟囱和凸起;(c)机器人挖掘机。

炸药使用了 0.25g 或 1.0g 的 PETN。化学反应产生大量的气体,如果这些气体被固体所限制,将产生压力,这可以用来完成工作。把 PETN 嵌入大岩石中的小孔中,如果设计适当,由气体产生的压力足够使岩石开裂并破碎成小碎片。在小行星的真空环境下,这种效果非常类似于发生在大气压为 1atm 的地球上。

为了把 PETN 放在适当的深度而不影响它周围土壤的密度,需要造一个小垂直立杆来埋藏少量炸药以及细小的雷管帽和线,如图 13.1(a)所示。场景显示了在坡面背面 25cm、深度 1gr 位置处,PETN 点火之后形成的一个 20cm 高的坡面。另外还有两个点即将炸开。图 13.1(b)是远离工作台的 PETN 产生的烟囱、圆屋顶弹坑的横断面视图。当喷出物质时松散作用导致表面明显膨胀。使用安装在挖掘机斗后面的力/扭矩传感器的机械臂测量不同 PETN 的作用(Bernold,1992 年)。顺着一个程序化的挖掘路径,在实验之后,检测出能量使用和挖掘土壤量。正如预料,炸药松散产生了明显的力量和能量节约(Goodings 等,1992 年;Lin 等,1994 年)。

一个侧面问题导致我们产生一种新想法,创造垂直的小凿洞对埋藏小 PETN 是必须的。检测了不同的机械钻头,都不能产生小直径的长凿洞。最终,这个研究小组发现,依附在真空吸尘器上的吸管能够迅速制造可以快速到达期望深度的合适小洞。环顾四周,会发现施工常采用开挖这种非机械方法在地上挖几个洞来视觉定位埋藏的设备。它被称作抽吸,或者真空挖掘。依然存在一个问题,需要找到一种质量轻、低能量方法把土壤从抽取地方运输到处理地方。下文介绍了一种输送系统,这种系统用来建立小行星矿井具有许多令人满意的特点。

13.4 气动输送原理

术语"pneu"总是使我想起我的瑞士德语时代,在德语中没有这个单词。尽管术语 pneumatic 源于希腊单词 pneuma,意思是风或呼吸,但"pneu"源自法语,它的意思是汽车轮胎。当然,风移动物体的效果在海上航行的商人中是受欢迎的,但是沙漠中沙暴能埋藏车辆和城镇,风在沙漠中会令人畏惧。

　　沙丘和雪堆都是气动传输固体的实例。长期以来,人们采用这个概念的原理创建有效、可靠的运输能力。气动输送系统是一种已有百年历史的管道运输技术,美国的一些地方已经证明这种技术能成功地传送邮件、电报、文件、现金和其他轻质材料。此外,这种系统也被用来长距离地运输颗粒状的材料和粉末(Cohen,1999 年)。实际上,这项技术已被广泛地用于移动大小从粉末到丸片,溶剂密度从 $15 \sim 3000 kg/m^3(0.9 \sim 185 lb/ft^3)$ 的颗粒。

　　现代气动输送定义为:一种在水平和垂直管道中,通过气体移动,从高压到低压位置移动悬浮固体的方法。常见的直径能达到 $40mm(1.6in)$ 的颗粒是水泥、面粉、糖、锯末、塑料丸片、大豆和杂粮。在干燥、稀释的条件下,这些材料能以 $5 \sim 30m/s(16 \sim 100ft/s)$ 的速度被长距离的吹动。就空气本身而言,快速气动输送需要的能量相对较高,但是由于容易处理,这种设备更有价值,在精心设计的系统中也没有粉尘。

　　气流是管道系统中气压不同形成的。气压差能通过在入口段形成高气压或在出口端形成低气压实现。

　　这种运转的基本物理原理是理想气体定律:

$$pV = nRT \tag{13.1}$$

式中:p 为气体压力;V 为气体体积;n 为气体的物质量(以摩尔计算);R 为气体常数($8.314J/K \cdot mol$);T 为绝对温度(K)。

　　波义耳定律完善了在温度保持恒定的非流体条件下的的一般定律:

$$p_A V_A = p_B V_B \tag{13.2}$$

　　式(13.2)说明在一个闭环系统中,条件 A 和条件 B 下 pV 的值相等。换句话说,如果 A 和 B 之间的气压下降,气流量一定遵循一条非线性凸曲线上升。

　　密封或者真空型的容器都会影响气体物质量 n 的值。在微粒泵的帮助下可以向容器中增加或者抽出具有混合温度的混合气体。移除微粒会导致气压降低而增加微粒会导致其升高。当和一个外部压力为 $101.3kPa(1atm)$ 的管道相连时,具有高压力或高气体物质量的空气的压力 p 将会从 120 减小到 $101.2kPa$,而根据博伊尔定律,空气将会离开容器以扩大它的体积。在管道两端产生了压力差,这为建造一个能够长距离传输小颗粒的封闭系统提供了可能。适用于不同种材料和物体的气动运输具有简单、可靠、密闭、自动化、经济的特点,它已经获得在地球上应用的认可。

13.5　吸取机制

　　许多现有技术都可以把材料从高压侧装进气动系统。我们的目标是提供微粒供给,需要满足从一个大气压下进入管道的流动空气不会失去压力差的条件。旋转气塞加料器是一个实例。尽管如此,在一个大气压下使用一个开放的管道或软管吸收储藏在地面上的固体有时更令人期待。真空吸尘器是一个很好的例子,在它里面一个吸气泵产生低压,周围的空气能推动物质进入管道并沿着管道到被送至可以分离固体的气旋或空气过滤器。图 13.2 展示了一种改进的方式,它是基于空气喷射器吸收系统的文丘里管设计的。

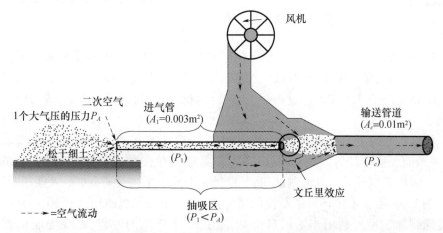

图 13.2　带有空气喷射器的装料风力输送机

空气喷射器能利用内含流动空气的管道改变其直径时产生的文丘里效应。这种重要的现象能通过保持恒定的体积流量速率(Q 为速度 × 管道的表面积)和伯努利的流体动力学方程来解释(见式(13.3))。

图 13.2 显示了在一个大气压下,松散干燥的细料通过 $1atm(p_A,1atm = 101.325kPa)$ 的高压被推进管道入口的情况。空气的二次涡旋和高速有助于这种吸入过程。鼓风机将空气注入内联文丘里室内,它接着输送到假定横截面积 $A_C = 0.01m^2$ 的传递导管中。假如鼓风机产生 $v_c = 12m/s$ 的速度,那么流速 $Q_c = 0.12m^3/s(4.24ft^3/s)$。由于 Q_c 一定和入口处的 Q_I 匹配,在较小面积入口处的空气速度是 $v_I = Q_c/A_I = (0.12/0.003)$ m/s $=40m/s(131ft/s)$。为计算两个管道间的压力不同,使用伯努利的动力流体方程:

$$\frac{v^2}{2} + gz + \frac{p}{\rho} = \mathrm{const} \tag{13.3a}$$

式中:v 为流体/气体速度;g 为重力加速度;z 为参考平面上的高度;p 为静态压力;ρ 为流体/气体密度(20℃时空气密度 $\rho = 1.2041kg/m^3$)。

由于高度差是 0,这个函数简化为

$$\rho \frac{v^2}{2} + p = \mathrm{const} \tag{13.3b}$$

因此

$$\rho \frac{v_I^2}{2} + p_I = \rho \frac{v_c^2}{2} + p_c$$

$$p_c - p_1 = \frac{\rho}{2}(v_1{}^2 - v_c{}^2) = \frac{1}{2} \times 1.2041 \frac{kg}{m^3}\left(1600 \frac{m^2}{s^2} - 144 \frac{m^2}{s^2}\right) = 876Pa$$

很显然,通过增加鼓风机的速度或者改变管道直径来增加两个管道内的速度,将会改变动力和整体的压力。这将会影响整个系统的输出。

13.6 闭环气动输送系统

Zacny 等人(2009)写到:"气动风化层采矿系统是类似于地球上使用的真空吸尘器,其气体动量用于移动固体颗粒进入垃圾箱。在月球上没有空气,传统的鼓风式系统将无法正常工作。不过压缩气体送至喷嘴而推起获得的土壤,通过管道进入储藏箱。"

标准的系统的原型是固定的(Zacny 等,2008 年),但可以安装在一个流动站上,在地面上移动(http://goo.gl/UjB0L)。考虑到存在激起灰尘以及需要能量补充的轻量级车辆开采量受限制的问题,设计一个静止采矿系统会更令人期望。

图 13.3 展示了闭环采矿系统的概念图:由一个鼓风机驱动,把风化层从抽取点传递到加工厂。利用丰富的硅酸盐,通过一个挤压的过程,在现场制成玻璃管道。

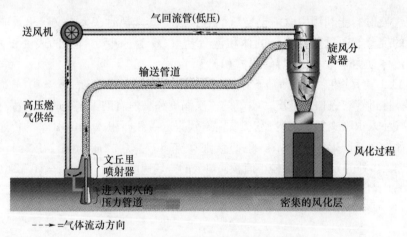

图 13.3 封闭循环气动风化层输送概念图

封闭气体循环是利用气旋分离器来实现的,可能的话,可并列放置几个,除去气流中的所有细微颗粒。不同于图 13.2,空气并不是来自于周围大气,相反,保存的气体从气旋流到低压返回管道,最后回到鼓风机。

由于在真空中缺乏大气压力,伯努利方程的静压值等于0Pa。由于输送系统依赖于压力的差异,这不会影响效率。最后,为了加速和提升颗粒,需要顺着管道安装文丘里管注射器。

13.7 创造地下"大气"

很早就有人讨论过,月球风化层历经过数百万年振动,达到了90%~100%的相对密度。由于大大小小的陨石撞击着小行星,同样的情况也可能出现在小行星上。因此,既受密度影响又受压力梯度影响,气体扩散率和渗透率将变低。自然,维持着压实风化层内较深洞穴的压力,能最大程度的减小通过土壤气孔的气体损失。

在向岩石钻孔或固定锚周围的土壤或岩石中灌浆时,在土壤或者岩石以及管道间创造可加压的密封是至关重要的一个问题。这样做的目的用水泥浆填补松散或破裂的地面间隙以增加它的密度,降低不挖掘时它的通透性。为了实现这个目的,绕着中心管安装一个或两个可膨胀封隔器,如图13.4(a)所示,向下放到钻孔中到所需的深度。气体或者液体通过一个单独的导管被泵入套筒,使其膨胀并压靠在钻孔的孔壁上。这样做的目的是形成密封,阻止水泥浆通过另一个管道进入下面空间。

当用陆用地封隔器系统创建可注入高压灌浆的空间时,人们可以很容易地看到,物理原理可以转移到大气压为0的环境中。如图13.4(b)所示,为了驱动水泥浆进入需要密封的裂缝,由封隔器套筒形成的紧密密封层能允许其下的空间加压。接下来这节将要讨论在地面条件下试验如何运用这种原理装配一个气动采矿系统原型。

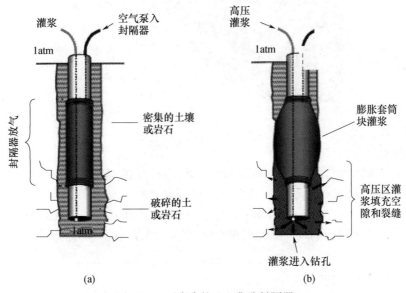

图13.4 可膨胀的地上凿孔封隔器

(a)钻孔上安装的封隔器;(b)封隔器包含的加压灌浆。

13.8 一套试验性的气动风化层采矿系统

在地面条件下开展空间技术规模试验需要考虑两类的模拟条件:第一个是涉及到实际情况的模型大小;第二个是地球和天体(如小行星)间的差别。对气动输送来说,两个主要参数是:①气体速度;②重力。正如前面所讨论的,封闭循环内的气体速度是气压梯度和管道横截面积的函数。Sullivan 等人(1994 年)陈述了水平和垂直运输时缩减气动系统内颗粒重力加速度的效果。通过一台安装在 NASA 的 KC – 135 航天器的实验仪器,研究小组能证实在月球重力下,在 $1/3 \sim 1/2$ 的 $1g$ 所需速度下的堵塞速度预测值。关于如何模拟地球上的质量为 $m(F_{gA} = mg_A)$ 土壤颗粒在小行星上的微重力加速度 g_A 这个问题仍然是开放的。为了这个初步研究目的,使用了小于 $75\mu m$ 的玄武岩模拟颗粒。

展现在图 13.5 上的采矿系统原型由七个模块组成:①振动模拟压实机;②提取器气体供应装置;③模拟分离器;④气力输送机;⑤过滤分离器;⑥低压气体返回装置;⑦鼓风机。

图 13.5 风化层采矿机原型

开始于底部的变速鼓风机的箭头指示着空气流动的封闭循环模式。通过来自工作台右侧的模拟分离器输入回流空气,它能推动空气进入导管,流向安装在压缩模拟物内的采矿喷嘴。显而易见,输送导管比用来从地下洞穴垂直拉起土壤的导管大。下面将详细说明抽取实验准备模拟物所使用的方法。

13.9 振动压缩

Bernold 的一个研究(1994 年)发现,在一个超载模具里进行的振动压缩是压缩细微非黏合风化层模拟物的有效方法。图 13.6(a)呈现了一个初步设计图,容器安装在振动工作台(超负荷 175kg)上,这种装置在振动期间可提供 0.14kg/cm² 的标准负荷压力。由于资金的限制,对初步构想,应有效利用可利用的容器部分和重量。新的 1HP 振动台能够在 3000 次振动/分钟(VPM)下创建 4.92kN 的离心力。图 13.6(b)显示了系统装配图。

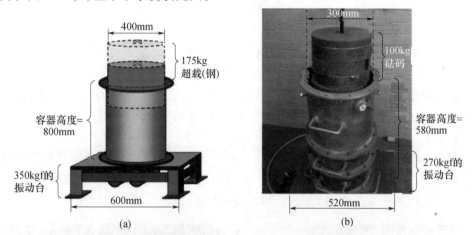

图 13.6　模拟压实器的构想和装备

(a)振动压实器的设计;(b)有可用的元素和新的振动器的实际系统。

　　用玄武岩细粒和灰尘混合来代替一般的月球模拟物,把它装进一个安装在振动器上的深容器内。正如 Bernold(1994 年)所观察到的,振动的细微颗粒模拟物密度增加着,一直到较小的颗粒填满较大颗粒的空间,这既增加了相对密度,又增加了绝对密度。

　　振动超过这一点,最终或许会导致土壤及时被压实,特别是在非常细小的颗粒很多的情况下。为了绘制制备的模拟物的密实化曲线,完成了几个基于时间的实验来比较振动时间和进入容器内的沉降质量。检测的结果展现在图 13.7 中。

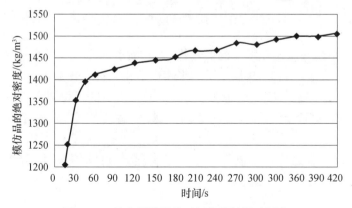

图 13.7　风化层模拟物时间依赖性振动压实

正如所预料的,一段时间后压缩的增长率逐渐稳定下来,最终达到平台期。图 13.7 显示了前 7min 的结构,这是初步试验,代表了 90% 相对密度的土壤。因而,这种模拟混合物密度将达到 1750kg/m³。不过,为了进行开采实验,振动 7min 应达到接近 1500kg/m³ 的密度。

13.10　气动土壤提取器的安装

类似于在地面上应用的供土壤或岩石灌浆使用的起动机,一定要在能使其安全膨胀的深度处形成一个比供应管稍微大一些的封隔器孔。目的是找到一种压力足够密集的土壤层,以耐受由膨胀的封隔器套筒施加的压力。当然,封隔器套筒施加到周围土壤的压力和为有效进行气动输送选择的内压直接相关。

正如我们前面所了解到的,随着快速密实化进一步下降,小行星上风化层的顶层将变松。在小行星上,通过使用一个合适的钻孔机,产生的发动机孔会留下一个小矿井安装操纵器,它将生成一个开口,类似于图 13.8(a) 所示意的。

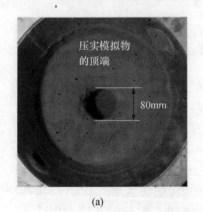
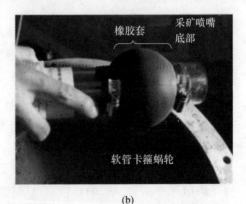

图 13.8　安装采矿喷嘴的准备
(a)开口完整的鸟瞰图;(b)封隔器套筒压力测试。

最后,用附带在采矿喷嘴上的供气管,采矿喷嘴能安装在发动机开口里,垂直导管注入输送管道。图 13.9 显示了一张缩略图和完整安装提取器图。

图 13.9(b) 展现了竖直管原型,这种管子由透明的可弯成 90° 弯头的树脂玻璃制成。竖直管末端接上直径为 50mm 水平输送管道,输送管道与滤尘器相连。

膨胀的封隔器套筒和管道与鼓风机连接,空气过滤器关闭气流循环。13.11 节将介绍采矿机性能和实验结果。

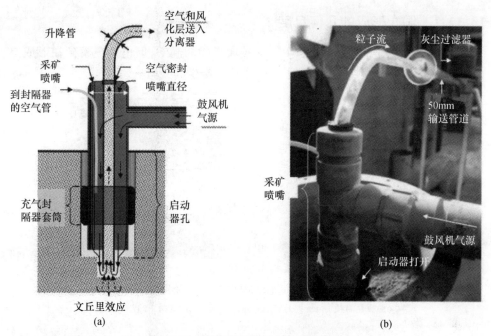

图 13.9 采矿喷嘴的设计和最终装配

(a)安装采矿喷嘴的断面;(b)准备用于实验的土壤提取物。

13.11 开采喷嘴设计的性能

与原型有关的第一个试验的目的是比较基本的直末端和锥形漏斗扩展端。为了这些基本实验,竖直管下降30mm,起动机的开口底部深度定为0mm。每步完成后,加压封隔器套筒,打开鼓风机,直到竖直管内的空气变清。接下来要做的是去掉整个采矿管口,以此来测量生成的附加洞的大小、图像文件,最后使用电子秤称量移除模拟物的重量。由于450mm深的钻探管在顶截面直径为75mm,底部直径仅为27mm,进行精确的测量是不可能的。正如下文讨论的,不过发射值和精确测量物质的相关性提供了它的精确性评价。用较大直径喷嘴做进一步实验应当允许利用扫描装置来检测轮廓。

测量静态和动态压力来计算空气速度的初步实验表明:大气压力可供应充足的空气来抽取和提升模拟颗粒进入较大的传输管道。因此,在过滤器侧鼓风机产生了差别于鼓风机速度的负压(低于一个大气压)。由于实验目的不包括检验采矿产物,鼓风机保持在25Hz,在横截面积为1520mm² 输送管道里产生了接近40km/h的空气速度。相同的速度可用于工业生产中可液化的适度研磨物质的稀释相输送,如二氧化硅粉,飞灰或水泥。当然,水泥和氧化硅粉末的颗粒大小与小行星风化层玄武岩匹配,可以用来模拟。

13.11.1　洞穴形成的几何尺度

尽管可以预测锥形漏斗能产生一个较大直径的洞穴,但也可观察到在形成空腔上的显著不同。图 13.10 显示了由两个接口产生的开口。

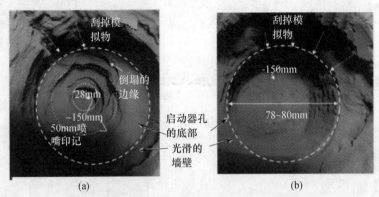

图 13.10　用不同形状的喷嘴挖掘的俯视图比较
(a)采用直板 18mm 提升管的竖井;(b)具有 73mm 漏斗的开采轴。

虚线区域中光滑的墙壁上的擦痕是显而易见的,显示了发动机孔底部位置。这些凹槽是封隔器装配不完美导致的,尤其是使用带有螺旋齿和钢带软管钳打造的封隔器套筒(图 13.8)。每次增加后为了使封隔器膨胀,需要对其套筒加压,这会产生新的划痕。当然,把长的喷嘴插入窄的开口也会导致意外损坏。当然,每次疏松的模拟物掉进它下面的洞穴都会被采矿机捡起。分析开采数据的结果显示,这些对垂直墙壁的损坏容易识别。每一个层次都会产生一个至少为 28mm 的开口,在气流降低到下一个层次之后,流向导管出口的空气部分会在一定程度上磨损开口。

两种开采作业都达到了 150mm 的预期深度。壁面形状是显著不同的。图 13.10(a)显示直径 18mm 的直管道产生了一个深深的根切,类似于海滨被海浪冲刷出的悬崖。这是由于 30mm 的吸入管逐渐下降引起了湍流。用 73mm 的大开口倒置漏斗,可产生一个几乎完全光滑的壁面,如图 13.10(b)所示。空气流动和来自壁上的磨损呈现出面积为 970mm² 圆形区域。不考虑传送管道和采矿喷嘴间较小的压力差,可近似估计出参数为 40km/h($1519mm^2/970mm^2$) =62km/h 的空气速度。从某种意义说,这种速度构成了模拟物密度和流动空气动力间的平衡状态。为了在更深层次探索这种情况需要更多、更好的观察结果。

13.11.2　产量比较

本节讨论每隔 30mm 测量的采矿作业的产量,结果如图 13.11 所示。

再一次比较直末端导管和漏斗。如图所示,Y 轴代表在吸嘴管降低 30mm 后计算出的产量,以开采模拟物的质量计算。起始点设置在起动机(发射装置)开口

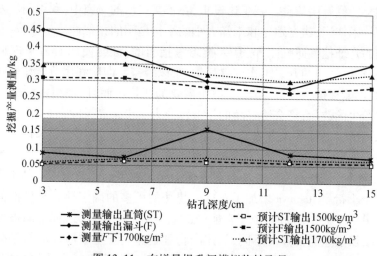

图 13.11　在增量提升间模拟物抽取量

的底部。因此,钻孔深度 3cm 处显示的数据代表 0~30mm 间开采的土壤量。

对于每个喷嘴设计,给出三个值。实线描绘出了利用电子秤测量的输送管道和过滤器的重量增量。虚线代表由最近创建的空腔(两个密度:1500 和 1700kg/m³)计算出的预测值。

可以预计,使用漏斗时,深度每增加 30mm 产量增量很大(平均 0.33kg)。正如前面所提到的,光滑腔表面的意外损坏的效果是很明显的,由于在特定深度下进行重量测量,结果偏大(原因不明)。需要注意的是直导管在 9cm 深度处的结果。电子度量的值显示了以体积度量的模拟物的量。比较俯视图中 6cm 和 9cm 处的结果,图 13.10(a)表明脱落的边缘具有发生小型塌陷的可能性。

对于测量 3cm 深度处的产出量,两种方式都能够观察到类似的下降现象。最为明显的是 0.15kg 的下跌,这是第一次安装封隔器时从孔壁上脱落导致的。对于直管情况,类似的下降也可能会发生,但仅有很少量的脱落掉进导管到达的区域。

总之,采用两种不同的抽吸喷嘴设计进行实验证明了用相对密度在 90~100%的土壤模拟物模拟气动采矿的效果。它们也显示:随着喷嘴的改变,产量会发生较大的变化。实验结果也显示了小规模的原型设计限制了测量精度,但如果观测仔细,这种缺点是可以克服的。

13.12　结论

小行星采矿机的设计和开发,既受到缺乏设计标准的限制(在地球上进行矿物开采时工程师需要依靠这些设计标准),也受到对所要开采的土壤和岩石的相关特性的模糊认识的限制。另外,从月球和一些小行星上搜集到的数据表明月球环境可能会提供有用信息。基于这设想,在本文提出的研究中,利用阿波罗计划获得的地理技术知识,建立地球和未知大小的小行星间的相似性。

早期的月球挖掘研究工作,是人类思考指引的,证明使用蛮力来挖掘细微颗粒,会是密集风华层的开采工作变得昂贵、难以维持。即使利用节能炸药疏松压实的模拟物,仅能提供供挖掘、运输土壤所需的能量。而且,使用机械运土技术产生的悬浮粉尘的数量,将会给移动的设备以及人员带来高风险。

本章提出了一种替代方法。小行星上的气动封闭循环风化层采矿利用了几种ISRU's,如缺乏黏土以及土壤中含有大量硅酸盐的高密集化的风化层。类似于月球的情况,我们可能会发现,在小行星表面的园艺效果创建紧密压实的细微土壤区域。来自于小行星 Itokawa 增加了对这一想法的更多的确定性。其极低的透气性是考虑的另一个 ISRU 资源,由于它能创造地表面下的空洞,这种空洞被加压建立人造大气。虽然重力加速度不同,气体的物理定律文丘里效应和伯努利公式的流体动力学都可以适应。把物理学的原理定律运用到致密细微风化层模拟物上,构建闭环气动挖掘原型系统并对其进行测试。土壤的模拟物的建立仅使用有类似的低凝聚力的玄武岩粉尘。

在压实模拟实验中使用两种不同开采喷嘴设计的测试结果强调了与小比例模型精确测量相关的问题。不过,把气动采矿机设置为 40km/h 的空气速度,容易除去喷嘴周围的土壤,把土壤提升到传送管道。正如所料,与直末端管子相比,较大尺度的漏斗式喷嘴能产生较大的输出量。

上述结果表明:小行星气动采矿提供了能有效利用 ISRU 的技术。丰富的硅酸盐可以被加热然后喷入任何形状的运输管道,密集风化层的低重力、低渗透性以及太阳能于此同样重要。所需的气体能从土壤中获得或者以液体的形式从地球上带来。

致谢

我衷心地感谢我的学生 Hock Keong Tan,他在该领域探索过程中,一直勤奋地开展试验和分析数据,并取得了一定的成果。

参考文献

[1] Bates, R. L. , Jackson, J. A. (eds.): The Glossary of Geology, 2nd edn. , p. 751. American Geological Inst. , WA(1980)

[2] Bernold, L. E. , Rolfsness, S. L. : 'Earthmoving' in the Lunar Environment. In: SPACE 1988, Albuquerque, NM, USA, pp. 202 – 216(1988)

[3] Bernold, L. E. , Sundareswaran, S. : Laboratory Research on Lunar Excavation. In: Proc. SPACE 1990, pp. 305 – 314. ASCE, Albuquerque(1990)

[4] Bernold,L. :Experimental Studies on the Mechanics of Lunar Excavation. J. Aerospace Eng. ASCE 4(1),9 – 22 (1991)

[5] Bernold,L. E. :Principles of Control for Robotic Excavation. In:Proc. SPACE 1992,May 31 – June 4,pp. 1401 – 1412. ASCE,Denver(1992)

[6] Bernold,L. E. :Compaction of Lunar – Type Soil. J. Aerospace Eng. ASCE 7(2),175 – 187(1994)

[7] Carrier III,W. D. ,Mitchell,J. K. ,Mahmood,A. :The nature of lunar soil. J. Soil Mech. And Found. Div. ,ASCE 99(10),813 – 832(1973)

[8] Carrier III,W. D. ,Olhoeft,G. R. ,Mendell,W. :Physical Properties of the Lunar Surface. In:Heiken,G. ,Vaniman,D. T. ,French,B. M. (eds.) Lunar Sourcebook,A User's Guide to the Moon,pp. 475 – 594. Cambridge Univ. Press,NY(1991)

[9] Cohen, R. : The Pneumatic Mail Tubes:New York's Hidden Highway and its Development (1999),http:// www. coneysstamps. com/files/PneumaticTubes2 – 09. pdf(downloaded October 12)

[10] Deepagoda,T. C. ,Moldrup,P. ,Schjønning,P. ,Wollesen de Jonge,L. ,Kawamoto,K. ,Komatsu,T. :Density – Corrected Models for Gas Diffusivity and Air Permeability in Unsaturated Soil. Vadose Zone J. 10(1),226 – 238(2011)

[11] Dunn,C. ,McCreadie,M. :The founders of a nation,Australia's first fleet – 1788 (2005),http://www. ulladulla. info/historian/ffstory. html(downloaded October 10)

[12] Goodings,D. J. ,Lin,C. ,Dick,R. ,Fourney,W. L. ,Bernold,L. E. :Modelling the Effects of Chemical Explosives for Excavation on the Moon. J. Aerospace Eng. ASCE 5(1),44 – 58(1992)

[13] Kargel,J. S. :Asteroid:Sources of Precious Metals. J. Geophysical Res. 99(E10),129 – 141(1994)

[14] Lin, C. P. ,Goodings, D. J. ,Bernold, L. E. ,Dick, R. D. ,Fourney, W. L. :Model Studies of Effects on Lunar Soil of Chemical Explosions. J. Geotechnical Eng. ASCE 120(10),1684 – 1703(1994)

[15] McKay,D. S. ,Heiken,G. ,Basu,A. ,Blanford,G. ,Simon,S. ,Reedy,R. ,French,B. M. ,Papike,J. :The Lunar Regolith. In:Heiken, G. ,Vaniman, D. T. ,French, B. (eds.) Lunar Sourcebook,A User's Guide to the Moon,pp. 285 – 356. Cambridge Univ. Press,NY(1991)

[16] Miyamoto,H. ,Yano,H. ,Scheeres, D. J. ,Abe, S. ,Barnouin – Jha, O. ,Cheng, A. F. ,Demura, H. ,Gaskell, R. W. ,Hirata,N. ,Ishiguro,M. ,Michikami,T. ,Nakamura,A. M. ,Nakamura,R. ,Saito,J. ,Sasaki,J. :Regolith Migration and Sorting on Asteroid Itokawa. Science 316,1011 – 1014(2007)

[17] Sullivan,T. ,Koenig,E. ,Knudsen,C. ,Gibson,M. :Pneumatic conveying of materials at partial gravity. Aerospace Eng. ASCE 7(2),199 – 208(1994)

[18] Tsuchiyama,A. ,Uesugi,M. ,Matsushima,T. ,Michikami,T. ,Kadono,T. ,Nakamura,T. ,Uesugi,K. ,Nakano, T. ,Sandford,S. A. ,Noguchi,R. ,Toru Matsumoto,T. ,Matsuno,J. ,Nagano,T. ,Imai,Y. ,Takeuchi,A. ,Suzuki,Y. ,Ogami,T. ,Katagiri,J. ,Ebihara,M. ,Ireland,T. R. ,Kitajima,F. ,Nagao,K. ,Naraoka,H. ,Noguchi, T. :Three – Dimensional Structure of Hayabusa Samples:Origin and Evolution of Itokawa Regolith. Science 333 (26),1125 – 1231(2011)

[19] Zacny,K. ,Mungas, G. ,Mungas, C. ,Fisher, D. ,Hedlund, M. :Pneumatic Excavator and Regolith Transport System for Lunar ISRU and Construction. In:Proc. AIAA SPACE Conf. & Exp. ,AIAA – 2008 – 7824,San Diego,California,September 9 – 11(2008)

[20] Zacny,K. ,Craft,J. ,Hedlund,M. ,Wilson,J. ,Chu,P. ,Fink,P. ,Mueller,R. ,Galloway,G. ,Mungas,G. :Novel Approaches to Drilling and Excavation on the Moon. In:AIAA SPACE Conference & Exposition,pp. 6431 – 6443(2009)

[21] Zacny, K. ,Mueller, R. P. ,Craft, J. ,Wilson, J. ,Hedlund, M. ,Cohen, J. :Five – Step Parametric Prediction and Optimization Tool for Lunar Surface Systems Excavation Tasks. In:Proc. ASCE Earth and Space 2010,Honolulu,HI,USA,March 15 – 17(2010)

第 *14* 章

提取小行星物质构造机器人

纳拉亚南・科迈瑞斯,斯力密・然格德阿和斯科特・本尼特
(Narayanan Komerath,Thilini Rangedera,Scott Bennett)
美国佐治亚州亚特兰大佐治亚理工学院
(Georgia Institute of Technology,Atlanta,GA,U.S.A)

14.1 引言

近地天体提供了低重力资源,供人类向地球以外的扩展居住地。有研究工作(Wanis,2005 年)设想了空间中形状随机、具有多散粒度分布的固体形成了封闭墙(如圆柱形)的情况,这种现象可以用"裁缝力场"来解释。这就是构建在轨道上运行的 1-G 栖息舱辐射屏蔽层的第一个干扰。建造长期辐射屏蔽层需要来自低密度地方的材料,如近地天体。Vanmali(2005 年)提出了利用近地天体构建地-日L-4这个设想以及它的一些要求。Rangedera 等人(2005 年)构思了在典型的近地球天体上做表面挖掘工作的机器人。本章源自于 Rangedera 等人在 2005 亚特兰大太空系统会议上的所作的报告,但基于以将物质送至地球轨道为目的作了修改,而不是建立栖息地。

以前关于地球外资源开采的研究工作提出的设想是用一个类似于叉子的工具固定在近地天体表面,钻孔以开采矿物。Muff 等人(2004 年)提出了一种核动力斗轮式挖掘机。这种机械沿着月球表面滚动,用斗轮铲取物质。这种机械利用其自身的重力,用每个铲斗的锯齿和向下的压力进行挖掘。这样的设备适合在行星表面上寻找疏松、含沙的物质。美国宇航局的深度撞击任务显示高速下导航自动调整可以拦截到一个彗星。这个结果可以给近地天体的自动会合问题提供一定的解决策略。Barucci 等人(2008 年)描述了马可・波罗任务,它从近地天体采样并返

回样本的。我们的兴趣是开发一个太阳能方案,在远离地球的能源探索中能重复使用。图14.1所示的碎石机是一台多用途的机器飞行器,设计目的是切割岩石、构建栖息场所。这台机器能够独立与NEO会合并依附在它上面。该机器采用等离子体射流和激光切割机切出20cm立方块,让它们漂浮进脱离近天体的螺旋云中。这个设计适合在低重力近地天体上进行的外太空资源开采。在本章,我们详细说明典型的近地天体上的任务。

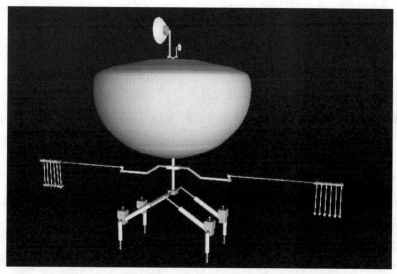

图14.1　自动近地天体资源开采飞行器上的碎石机概念图

14.2　近地天体群

近地天体的大小从灰尘般的片段到数千米直径,直径在数百米以上才可以被检测到。琼斯等人(2002年)讨论了探测直径为几米的小近地天体的飞行任务,只消耗非常少的能量。Mainzer等人(2012年)利用广角红外探测飞行器,研究了可能对地球产生威胁的NEO亚群。研究发现,可能对地球产生威胁的近地天体大约有4700个,它们直径远大于100m,其中有大约100个可进行ΔV任务,与探月任务有类似之处,尽管任务时限可能长达数年。Alotabi等人(2010年)开发了一种进行小行星采矿的技术应用。Christou(2003年)提供了如何选择NEO任务目的地的指导。和地球情况类似的在轨天体是最容易、快速到达。限制轨道离心率范围在$0.3 < e < 1.2$之间,倾斜角度限制在5°内,加之对天体大小的要求,存在几十个天体符合要求。其中一个就是1996FG3。

小行星采矿和资源开采需要许多步骤(Alotabi,2010年)。在利用自动航天器进行精细勘探之后,仍然需要许多专门的工具和系统提取所需物质并把它们运输回地球。在另一方面,基于太空经济的其他需求,需要从低重力天体(如近地天体)上获得物质。例如,为栖息地建立辐射屏蔽层或者缆索系统的扎杆矿物就是加工废料重复利用的应用实例。因此我们设想了一个可以把大量物质输送到地球轨道的系统,具体的进程由不同设备分担。这就需要设计一种体系结构,物质可以不用分类而是直接运送回地球轨道利用。

Alotabi(2010 年)设想了几种用于近地天体采矿的结构体系,并选择了一种可将整个近地天体送至地球轨道进行资源开采的结构。这就要求近地天体足够小才能依附在推进器上。

如果碰到地球大气层的拖拽,它可能会产生一定危险性。不过,为了解决在开展不同类型的探测、返回采样物任务中以及在资料开采过程中涉及的机械、化工进程中所遇到的困难,我们也会选择其他处理方式。

我们推测:一旦建立一个连续的系统,物质返回会在今后几年内实现。我们必须补充采矿航天器的耗材,及时发射封装器来替换那些已经被送回地球的物质。但是假如轨道能量和传输次数是合理的,这个资源开采航天器也许在近地天体间转移。Rangedera(2005 年)等人提出了对碎石机的技术要求,经过修改呈现于表 14.1。考虑到最早的 NEO 计划是靠近地球轨道进行的,它对时间的要求不像太空飞行那样苛刻,太阳能帆推进是一个很好的选择。由于太阳能帆是一种连续推进系统,如果没有精准的最优控制方式难以找到最佳轨道。为避免这个问题,Rangedera 等人(2005 年)仅仅使用由太阳帆轨道专家获得的结果,对要求载荷下的帆面积进行测量。

表 14.1　碎石机技术要求

要求	假设/选择
从地球上单一机组发射	免去在轨组装成本
利用太阳能推进到 L-4	最小发射质量并利用 1A. U. 目的地的优势
与低引力 NEO 会和	NEO 大小至多几千米
为在切割时固定将其依附在 NEO 上	可移动的依附方式可适应不同表面
短时间内切割下大量分离的材料并使其足够松弛以控制速度令其浮动分离	分离材料是一个保守的选择;由于不能良好地控制喷出速度,爆炸这种方式不可取
自身脱离以转移到下一个地点或脱离该 NEO	用于重复开采过程/资源提取,可续加用于开采和操作的燃气

14.3　需求定义

Dachwald 和 Seboldt(2005 年)利用人工神经网络与进化神经控制算法来优化太阳帆飞行器轨道设定。我们使用他对 1996FG3 "In Trance" 计划的计算结果。总质量达 148kg(75kg 有效载荷和太阳帆 73kg)的太阳帆面积为 2500m²,加速度达到 0.14mm/s²。从地球上发射后在太空中行进了 4.15 年。其加速度取决于垂直作用于帆面上的太阳能压力。在总重不变的情况下,利用技术的进步可以增加帆面积,进而提升加速度、减小行进时间(Barucci 2008,也可以选择性的降低飞行器的总重。Dachwald/Seboldt 设计方案假定飞行器的负载能力可以达到 0.0592kg/m²。为了在同一个轨道上运作,帆的面积需要达到 833000m²,飞行器总重达到 25000kg。碎石飞行器重量为 49333kg。近来的实验(Wilcox,2000 年)提出一种巢式帆方案,这种方案可以实现 0.01kg/m² 的面积密度,飞行器总重可以更轻,不到 510000sq. m 的帆面积就可以满足需求。从地球上发射时,总质量约为 30000kg,包括 25000kg 的碎石机飞行器和一个 5080kg 的太阳帆。

14.4 系统

14.4.1 系统供电和输电

当飞行器到达目的地时,系统启动。一个 0.5km² 的太阳能帆转换成一个太阳能集热器,把太阳光聚集到激光系统的能量供应上,并利用高强度的太阳能单元驱动其他系统。

利用铬纤维激光器,将宽波段太阳光转换为 1064nm 的激光,在实验室中已经实现了 38% 的转换效率(Saiki,2005 年)。由于碎石机使用的主要工具是一个 Nd – 纤维激光切割工具,这个突破性进展非常适合于我们的应用。

14.4.2 切割系统

用于从近地天体表面切割材料的系统包括留个 25kW 的激光器,向排布在指端的 60 个喷嘴输送调制脉冲,系统共有 12 个切割臂,每个切割臂有 5 个喷嘴,每个激光器被封入一个等离子喷射器内。使用激光切割工具,设备磨损率低,切割大量材料后不需要对设备进行维护。在工业生产中,激光可以提供最高的能量密度,比起旋转钻头钻孔这种方式,它可以快两个数量级。Nd 纤维激光提供 10W/kg 的功率,运作寿命超过 100,000h,而 Nd – YAG 和 CO_2 激光器的运作寿命分别只有 10000h 和 25000h。几微米粗的单个纤维线就可以产生超过 1kW 的输出功率,这个功率值仍有很大的提升空间。一种典型的 700W 纤维激光器可产生强度超过 50MW/cm² 的光束。一束强度小于 1kW/cm² 光束就能够产生足够的热量切开与二氧化硅密度接近的砂岩和泥板岩。对于近地天体来说,不确定性主要体现在组成成分上。由于这种不确定性,我们在计算中利用了熔化二氧化硅的内热,假定其 25% 可以切开矿料。在熔化切割中,使用激光能量熔化、切开材料,利用气体喷射机吹掉碎片,所需的能量仅仅是蒸汽切割的 10%,所需的时间是蒸汽切割的 3%。

14.4.3　等离子体切割机制

利用激光光束周围的等离子体喷射鞘吹去激光加热中断裂的材料,把未被切割的材料暴露出来供激光光波切割。当喷嘴变成阳极时,非金属物质不受等离子体的影响。为把切割物移动到设定的距离,需要对其表面施加滞留压力,优化切割沟宽度和滞留压力参数时需要使用压力、间隔距离、喷嘴膨胀比率等参数(见图 14.2)。

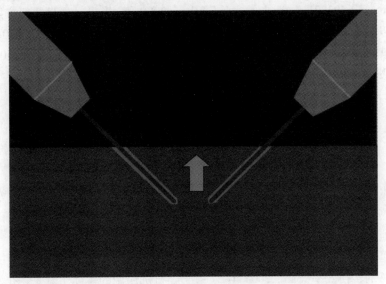

图 14.2　HACS 运作,显示了等离子体喷射器施加在块岩上的力

电极会被消耗,因而需要定期更换,目前电极的寿命普遍少于 1000h。在真空中产生一个薄薄的射流薄片有很大的困难,激波针喷管可以在一定程度上解决这个问题。航天器上的存储容积和载荷量限制了可承载的等离子流,因此把物质流速降至最低是至关重要的。电极磨损和有限的气体质量严格限制了等离子体喷射器的使用。

14.4.4　混合激波针切割系统

为了切割岩石,我们提出了一种混合激光和等离子体切割系统。激光是切割表面固体的主要工具,等离子体喷嘴把废料从沟槽中移除。通过一个垂直的梁柱把 HACS 从飞行器上降下。HACS 由两个主要的吊杆,它们可以伸缩能从机器上向外延伸。在每一个吊杆的末端有 6 个切割臂,可以把切割喷嘴降到地面上,每一个切割臂都包含一个激光发射器。两个切割臂围绕垂直的支柱转动,形成了一种旋转切割模式。转子设计、旋转模式和可伸缩的机械臂可以将 HACS 的覆盖面积最大化,保证了飞行器固定在一个位置也可以切割下大量材料。Vanmali(2005年)陈述了一种可以在最短时间内实现最大产出的优化设计方案,与转子/伸缩机械臂设计和多指尖设计思路相吻合。

14.4.5　缩短激波针切割喷嘴

我们采用了一种线性缩短激波针喷嘴的设计方案,与 X – 33 小车上采用的方法类似。这种线性设计方案把几个模块堆叠在一起,生成了一个有效的"刀锋"。激光通过缩短的底座直接射入回路的下游,在这个过程中它可以自动调节以适应喷嘴的压力,最终形成一个虚拟长钉。一个高速等离子体喷嘴覆盖着激光波,而与激光透镜接触部分的仍保持低速流动状态。喷嘴和回路基座的环流区域保护了透镜不受磨损。

14.4.6　集成交会—锚定机动系统

由于近地天体的旋转运动,与其交会是一个复杂的过程,需要大量机动速度增量 ΔV。必须将小车固定在近地天体表面来吸收切割作业的反作用力。我们利用了一种冲击螺丝刀理论,它把轴向的脉冲负载转化为扭矩,使系统动力与等离子推进器的脉冲微粒相匹配。小车的每条腿都装配了一个 IRAMS 脉冲等离子推进器,它可以向任何方位定向移动。在会和过程的最后阶段,每条腿都通过一个宽间距、深螺纹钻或者螺旋钻接触近地天体的地表。碰撞时,系统惯性转化为初始扭矩。着陆后,等离子推进器喷射短脉冲,促使固体燃料颗粒进入扭矩锤槽,导致弹簧螺纹工具产生很高的扭矩(图 14.3)。依靠它的刚度和脆性深入地表 10 ~ 20cm 的位置,就能够固定住飞行器。

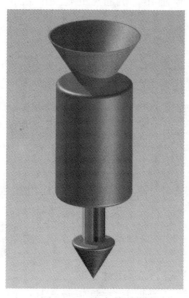

图 14.3　撞击传动器

等离子推进器能喷射精确控制的固体颗粒(可存储)脉冲,进行冷启动,它的工作周期是间歇性的。如果需要进行长期作业,这是最合适的工作方式。作业过程会消耗固体颗粒但这不会显示飞行器的寿命周期。作为一种质点弹簧系统,我们可以优化 IRAMS。我们使用 IRAMS 动力学模型来组合固有频率,进而获得最大的振幅。正如在 Vanmali(2005 年)所提出的,脉冲间隔取决于系统固有频率,为了最大程度的降低推进转化为扭矩过程中的能力量损失,推动脉冲的频率应当与其匹配。

14.5 辅助系统

14.5.1 主动横梁动力学

等离子体喷射机的 60 个独立喷嘴发出脉冲推力,在切割运作期间,该推力控制碎石机臂达到最低弯曲度。这种控制方法也将在使用时作为操纵杆来控制机械臂。

14.5.2 传感系统

这台机器所用的传感器系统是特有的,包含用来测量地面下地球物理性质的探地雷达(GPR),这已超出标准太空船的需要。

传感系统在碎石机上的作用是在固定到一个位置前发现天体表面上的有利区域。高分辨率无线电探测器测量所使用的系统拥有 $0.5 \sim 1GHz$ 的天线频率范围。该系统使用光学传感器来控制碎石机加热的物质的温度,分辨障碍物和样品。

14.5.3 推力燃料箱

等离子体喷射机从推进燃料箱获取氩气(Hypertherm,2012 年)。估算的箱体结构质量占总体推进装置质量的 5%。在目前的系统中,该等离子体喷射器功率大小在 $1 \sim 10kW$,电流不超过 200A(Bauchire,2004 年)。由于这些限制,物质流速范围应在 $0.03 \sim 1.2g/s$ 之间(Kelly,2004 年;Gibbs,2002 年)。

14.5.4 机械臂运作

在基于太空操作的建设中,作为操作杆臂使用的机器人手臂必须具有足够的灵活度。四个带有 IRAMS 可展开支架使机器能够准确传达命令。

14.5.5 命令和控制

Hayabusa 计划表明,当进行 NEO 计划时,在命令和控制时会遇到艰巨的挑战。在这里为了准确描述,我们必须假定,在靠近及着陆阶段一旦系统确定实际观察结果,机器是在完全自动控制条件下着陆的。这无疑需要完全自主的航天器操作,

DARPA 的轨道快车任务在环绕航行、在轨航天器之间的交换组件上的成功例子已经证明了我们科技水平的进步。指挥和控制功能并不会大量增加在目前准确估计下的预算。

14.6 样品返回地球轨道

收集功能由碎石机上的材料收集器完成,该收集器形状像一个附着在太阳能帆上的降落伞。最初,降落伞被固定在碎石机上,它能够利用气体膨胀进行伸展。

从 NEO 上飘起的大块材料可以提供完全打开材料收集器的动量。在返回途中有几种推进方法可供选择。考虑到返回地球轨道所需的速度增量 ΔV 较小,我们再次选择了太阳帆轨道。此外,为了最初的推力,我们使用收集到的物质提供物质驱动,太阳能帆通过再变形把太阳光聚焦在加热器上来增加气体箱内的压力。气体通过喷嘴提供推力驱动大部分固体材料。这个阶段后太阳能帆板将返回轨道上。

14.7 质量估算

针对以前的任务,表 14.2 估算了碎石机各种组件的质量,包括切割和发送材料进入轨道,但这不包括收集材料和返回地球。在持续时间挖掘运作下,粉碎二氧化硅类材料的块状物,能够挖掘形成一个直径 50m,长 50m,厚 2m 的封闭的圆柱体墙。假定损耗为 50%,则被发掘的物质是这个数值的两倍。因此,运送进入太空的材料质量一般都会超过 1400000kg。通过计算,可以得出在日—地 L_4 点连续运行 19h,生成这么多物质所需的材料质量、喷嘴数量和功率传输速率。作为一个通用的资源提取工艺设计,表 14.2 中规定的参数是足够的。

根据当前现有的系统,假定功率质量比为 10W/kg,绝大部分质量是激光/等离子体切割系统。建立 HACS 的材料是中空铝合金棒,该材料足以承受等离子体射流在两端的力,用如上所示有源补偿网络,它的重量是由它的密度(2700kg/m³)和每部分的长度决定的。目前有一个航天飞机机械臂(加拿大 2 号)质量为 410kg,大小能够使整个航天飞机的 STS(120,000kg)与国际空间站交会,所以,HACS 估算出合理的太阳能帆构建目标密度为 0.01kg/m²。使用 60 个喷嘴的推送 0.03g/s 氙气质量流速比,工作时间在 460h 以上。在智能随机存取存储器元件固定和重新锚定的推进剂质量需要使用钻孔;将岩石粉碎机从交会点运送到 NEO 表面以及其他机动操作所需的质量都计入推进剂。

表 14.2 中的质量估计分成两个部分。其中推动部分质量足够一个电动推进器系统发射航天器进入地球逃脱轨道。以上质量估计不包括返回系统物质的质量。

表 14.2　组成质量分解

成分	质量/kg
IRAMS,推进器(包括推进燃料)	1000
HACS	2000
(不同于激光)高强度太阳能蓄电池	1200
等离子体/激光切割系统	15000
推力燃料箱(氩气)	200
氩气体	4000
通信天线	50
传感器组件	300
操纵臂	500
保护层	200
推进器推力(供会合)	500
整体负荷	24950
太阳能帆	5080
升压机 + 辅助推力	7500
全部推进包裹	12580

14.8　成本估算

考虑项目任务的复杂度与所提出的太阳帆艇,可以从火星科学实验室的情况下进行一个近似的估计成本。火星科学实验室和碎石者项目之间的巨大质量差主要是在矿业包,所以开发成本应具有可比性。

估算发射成本时假定使用重型工程车辆,如 SpaceX 公司的"猎鹰",其大小采取 50000kg 有效载荷送入低地球轨道。运载火箭的成本保守估计介于 80 ~ 125 百万美元。

我们采用美国航天局 2011 年 6 月 8 日的审计报告来制定开发和运营成本方案。在方案审计时,将提供的值乘以 1.5 的不确定性因素。

最后,根据 Cosmos1 号的经验来估计太阳帆推进的成本。假设在该成本之上有 75% 的增长。确定每个这种帆面的开发成本和规模然后计算得出总帆面积成本,再乘以 1.3 的不确定性因素。基于此模型的低保真度费用使得模型保真成本降低,因为该任务是发展基础设施,预算将用于在轨道上制造和建筑部分。所以该计划的总成本是合理的。表 14.3 显示了该项目首次成本估算的结果。

表 14.3　成本估算

要素	成本（USFY2012$M）
发射成本	125
规划	803
开发成本	1413
运作成本（每年）	101
总计（10 年运作）	3643

14.9　ΔV 的考虑因素

太阳帆任务对速度增量 ΔV 的要求要远大于使用赫曼转移的任务对 ΔV 的要求。以 1996FG3 NEO 为例，我们可以计算 ΔV。使用 Shoemaker（1978 年）研究的技术来计算任务的最小可能 ΔV。飞抵 1996FG3 所需的 ΔV 是 6.609km/s。计算过程假设宇宙飞船在 LEO 中，使用射入轨道和交会轨道两种机动方式。如果宇宙飞船不在 LEO 中而是已经不受地球重力束缚，所需 ΔV 会更小。在理想情况下，返回所需 ΔV 和交会轨道过程所需 ΔV（计算值为 3.033km/s）是相等的。

这种计算方式适合低推进力系统，如太阳帆系统。如果接受长时间的辐射压力加速度，可以通过太阳帆获得所需 ΔV。返回过程所需 ΔV 可以通过一个固体驱动系统实时获得，以保证飞行器能轻松的向其他近地天体转移或者返回 LEO。

14.10　相关飞行任务

在 2003 年进行的"隼鸟"号任务（川口 2006）展示了从 Itokawa（1998SF36）（阿波罗星群中的一个近地天体，直径约为 500m）上返回采样样本的技术。在巡航阶段，隼鸟号使用了低动力推进离子引擎。隼鸟号装备了使用光学测量设备的自主导航软件，可被机载星体摄像头探测到。一旦光学导航摄像头探测到 Itokawa，飞行器就能够完成自主导航，到达 Itokawa。在 9 月 12 日，"隼鸟"号成功地与 Itokawa 实现轨道对接。"隼鸟"号的采样过程并不稳定，它向小行星表面发射一个投射物，从取样角中收集喷出的碎片。完成取样后从小行星表面升起，以免太阳能电池板与小行星表面碰撞。

"隼鸟"号任务克服了许多困难。岩石和峭壁覆盖着 Itokawa 表面，给着陆地点的选择带来了困难。而小行星表面的阴影和来自姿态控制系统的轨道干扰给自主光学导航着陆带来了困难。飞行器使用手动控制方式进行单独样本取样，大约分为 100 次完成了对小行星的取样任务（川口 2006）。

14.11 结论

本章描述了一种用于在地球外进行资源勘测的飞行器设计方案。研究了太阳能推进、发射微波功率、光纤激光、等离子射流切割工具等装置的组合固定，以及相应的对接、固定和操纵系统。

主要结论：

（1）太阳帆推进方式适用于对近地天体进行资源开采和返回。

（2）使用光纤激光器进行开采，一个单一太阳帆上的太阳能集热器就足以提供连续操作的功率。

（3）随着我国宣布了针对月球—火星的新一代运载火箭计划，将在放射台向低地球轨道发射一个碎石机和升压推进力封装包。

（4）捕获返回地球的物质是相对简单的。方案的选择取决于返回任务的紧迫性，我们有很多选择，比如可以使用一个低速、低价的太阳能航行系统，或者使用物质驱动引擎，将部分所收集的物质作为其能力来源。

（5）如果按照构想的碎石机方案，在搭载耗材损失 50% 的情况下，也可收集多达 1400000kg 材料。

致谢

这项工作最初由 Phase 2 NIAC（Robert Cassanova 博士，监控技术）和来自佐治亚理工（NS）的 President's Undergraduate Research 资助。在此对参与项目的学生以及空气动力研究部的校友表示感谢。特别感谢 Ravi Vanmali 在 IRAMS 动力学计算中所做的贡献。

参考文献

[1] Alotabi, G., Boileau, J., Bradshaw, H., Criger, B., Chalex, R., 40 co – authors: Asteroid mining Technologies Roadmap and Applications. Final Report, Space Studies Program, International Space University. Publications Library, Parc d' Innovation, Strasbourg Central Campus(2010), http://Mendeley. com

[2] Barucci, M. A., et al.: Marco Polo: A near Earth object sample return mission. In: 39th Lunar and Planetary Science Conference, League City, Texas, USA, March 10 – 14(2008)

[3] Bauchire, J. M., Gonzalez, J. J., Gleizes, A.: Modeling of a DC Plasma Torch in Laminar and Turbulent Flow. Plasma Chemistry and Plasma Processing 17, 409 – 432(1997)

[4] Bottke, W. F., Morbidelli, A., Jedicke, R., Petit, J., Levison, H. F., Michel, P., Metcalfe, T. S.: Debiased Orbital and Absolute Magnitude Distribution of the Near – Earth Objects. Icarus 156, 399 – 433(2002)

[5] Christou, A. A.: The Statistics of flight opportunities to accessible Near – Earth Asteroids. Planetary and Space Science 51, 221 – 231(2003)

[6] Dachwald, B. , Seboldt, W. : Multiple Near – Earth Asteroid Rendezvous and Sample Return Using First Generation Solar Sailcraft. Acta Astronautica 57 ,864 – 875 (2005)

[7] Gibbs, G. , Savi, S. : Canada and the international space station program: Overview and status. Acta Astronautica 51 ,591 – 600 (2002)

[8] Huzel, D. K. , Huang, D. H. : Design of Liquid Propellant Rocket Engines. NASA SP 125 (1967)

[9] Hypertherm. Hypertherm Inc. Product Line (2012) , http://www. hypertherm. com (viewed November 30 ,2012)

[10] Jones, T. D. , Davis, D. R. , Durda, D. D. , Farquhar, R. , Gefert, L. , Hack, K. , Hartmann, W. K. , Jedicke, R. , Lesis, J. S. , Love, S. , Sykes, M. V. , Vilas, F. : The Next Giant Leap: Human Exploration and Utilization of Near – Earth Objects. In: Sykes, M. V. (ed.) The Future of Solar System Exploration. ASP Conference Series, vol. 272 , pp. 141 – 160 (2003 – 2013)

[11] Kawaguchi, J. , Fujiwara, A. , Hashimoto, T. : MUSESC (HAYABUSA) : The mission and results. In: Proceedings of the IEICE General Conference, BK – 2 – 1 (2006)

[12] Kelly, H. , Mancinelli, B. , Prevosto, L. , Minotti, F. O. , Marquez, A. : Experimental Characterization of a Low – Current Cutting Torch. Brazilian Journal of Physics 34 (4B) ,1518 – 1522 (2004)

[13] Leonard, D. : Planetary Society's Cosmos 1 Solar Sail Ready for Flight (2004) , http://www. space. com/524 – planetary – societys – cosmos – 1 – solarsail – ready – flight. html

[14] Mainzer, A. , Masiero, J. , Bauer, J. , McMillan, R. S. , Giorgini, J. , Spahr, T. , Cutri, R. M. , Tholen, D. J. , Jedicke, R. , Walker, R. , Wright, E. , Nugent, C. R. : Characterizing Subpopulations within the Near Earth Objects with NEOWISE: Preliminary Results. The Astrophysical Journal 752 (2) ,110 (2012)

[15] Muff, T. , Johnson, L. , King, R. , Duke, M. B. : A Prototype Bucket Wheel Excavator for the Moon, Mars and Phobos. In: Proceedings of STAIF 2004 , Institute for Space and Nuclear Power Studies, p. 214 (February 2004)

[16] Olhoeft, G. R. : Applications and frustrations in using ground penetrating radar. IEEE Aerospace and Electronics Systems Magazine 17 (2) ,12 – 20 (2002)

[17] Rangedera, T. , Vanmali, R. , Shah, N. , Zaidi, W. , Komerath, N. M. : A Solar – Powered Near Earth Object Resource Extractor. In: Proceedings of the 1st Space Systems Engineering Conference, Atlanta, GA (December 2005)

[18] Saiki, T. , Motokoshi, S. : Development of Solar – Pumped Lasers for Space Solar Power. In: IAC – 05 – C3. 4 – D2. 8. 09 ,56th International Astronautical Congress, Fukuoka, Japan (October 2005)

[19] Shoemaker, E. M. , Helin, E. F. : Earth – Approaching Asteroids as Targets for Exploration. In: Asteroids: An Exploration Assessment, NASA CP – 2053 , pp. 245 – 256 (January 1978)

[20] Vanmali, R. , Li, B. , Tomlinson, B. , Zaidi, W. , Wanis, S. , Komerath, N. : Conceptual Design of a Multipurpose Robotic Craft for Space Based Construction. In: AIAA Paper 2005 – 6733 , SPACE 2005 Conference, Long Beach, CA (August 2005)

[21] Venkatramani, N. : Industrial plasma torches and applications. Current Science 83 (3) ,254 – 262 (2002)

[22] Wanis, S. , Komerath, N. : Advances in Force Field Tailoring for Construction in Space. In: IAC05 – D1. 1. 02 , 56th International Astronautical Congress, Fukuoka, Japan (October 2005) Wilcox, B. H. : Nesting – Hoop Solar Sail. NASA Tech Briefs 24 (9) (September 2000)

307

第 *15* 章

小行星中建筑物复合材料的固化

阿列克谢·康戴瑞(Alexey Kondyurin)
澳大利亚悉尼大学(University of Sydney,Australia)

15.1 小行星建筑业

小行星上的人类活动都需要建筑物。可以作为人类的栖息地,矿山机械基地,用于通信、观测或深空飞行任务的空间站。第一个建筑可以从地球送过去,但空间载体的能力是有限的,限制了传送建筑的尺寸和质量。因此,需要广泛、深入地开发在小行星表面、内部或附近建造新建筑技术。

在空间环境中搭建建筑的最有希望的方式是使用聚合复合材料,它由纤维填充的复合材料和适用于小行星上的反应基质组成。在地面建设了长寿命矩阵的织物,折叠后,可装入航天器进入轨道,并在飞行期间保持折叠状态。在小行星上,预浸料坯在自由空间展开,例如,膨胀内部口袋。太阳光线照射或附加的加热器达到一定的温度,材料开始发生矩阵聚合同修的反应。当聚合反应完成后,建筑的耐用结构就可以使用了。

尽管在小行星上,对结构大小和未来空间结构的形式没有任何限制,且在小行星上连接运载火箭也不是个危险和复杂的程序,但对于在小行星上创建大型空间站,运载火箭,太阳能电池板或天线也是没有必要的。

基于自由空间的聚合过程的大型空间建筑的建造、充气的空间结构的发展、在低地球轨道和地球静止轨道空间环境的高分子材料的研究、在太空站微重力的聚合过程的研究和在密封壳内未来充气结构的聚合过程的研究历史悠久。空间应用的充气结构起始于20世纪60年代的"Echo","Ex-plorer","Big Shot"和"Dash"的气球卫星(Wilson,1981年)。Echo卫星是由铝涂层的良好反光的Mylar气球建造的。利用地球实验和飞行结果部署充气大结构的技术得到了发展。基于气球卫星的成功，自20世纪60年代以来，针对于天线，反射器，月球和火星的房屋和基地，气闸和基于光聚合物薄膜模块的充气结构的新项目逐渐展现出来(Cadogan 和 Scarborough,2001年;Cadogan 等人,1998年;Grahne 和 Cadogan,1988年)。例如，1965年的宇航员 Alexey Leonov 首次从航天器进入自由空间的航天器太空气闸舱。从此，基于新的独特材料的充气结构得到了发展并应用于空间应用(Allred,2002年;Bar–Cohen,2001年;Cadogan 等人,2002年;Darooka 和 Jensen 2001年;Darooka,2001年;Grossman 和 Williams,1990年)。空间充气结构生产的世界领导者是美国公司 ILC Dover 和 L′Carde 公司，与美国航天局 NASA 工作紧密联系(Veldman 和 Vermeeren,2002年)。在2006年和2007年 Bigelow Airspace 公司(http://www.bigelowaerospace.com/index.php)已经推出了两个绕行原型创世纪Ⅰ和Ⅱ。这些充气结构已于7年前在地球轨道上测试成功。美国航空航天局 NASA 让 Bigelow Airspace 创建作为国际空间站的模块的充气建设，该充气筒模块长4m,直径为3m。

空间部署结构后可以使用钢化的方法来增加充气结构的耐久性。钢化方法包括:通过加热或紫外线引发化学反应(固化,聚合)进行钢化;或者通过膨胀的气体反应进行钢化;机械钢化是由于铝层外壳受压力、泡沫膨胀、冷却致材料凝固温度 T 以下 T_g、液体从凝胶状膨胀(Grahne 和 Cadogan,1988年;Cadogan 等,1998 上半年,1999;Cassapakis 和 Thomas,1995年;Derbes,1999年;Guidanean 和 Williams,1998年;Kato 等,1989年;Sandy,2000年)。因此开发硬且钢化的组合结构(Simburger 等,2002年;Willey 等,2001年)。尽管投入了巨大的财力和时间，但只有一个钢化装置在真实空间条件下进行了测试——铝应力层测试(Freeland 和 Veal,1998年;Semenov 等,2000年)，其余很多方法都在地面实验室实验中使用。

空间站和卫星任务的太空实验的重点是固体(固化)高分子材料的应用。在近地轨道(LEO)空间飞行期间，聚合物暴露在原子氧、VUV 光、X 射线、电子和离子流、热循环和高真空下，可以分析自由空间环境对聚合物材料的影响(SETAS,LDEF,MEEP,SARE,AORP,DSPSE,ESEM,EuReCa,HST,MDIM,MIS,MPID 和 MISSE 任务)。在深空飞行任务的调查中，均未发现高分子材料。

在文献中，仅发现了一项与在自由空间中聚合反应的环氧复合材料有关的太空计划:美国航空航天局 NASA 的"高分子固化实验"、Consort–02(1989年)、Consort–03(1990年)、Consort–04(1992年)、"高分子复合材料固化实验"和 Joust–01(1991年)。实验结果描述不完整，且由于太空中电池温度低，使得供热系统不能正常运行，造成实验失败。

空间材料聚合是由高分子材料的自由空间环境的特殊条件造成的。自由空间的条件对高分子材料有极大的破坏性，特别是对液体聚合物基质。在自由空间中，由宇宙射线，太阳辐射和原子氧(低地球轨道)，微陨石流和微重力等环境特性，未固化的复合材料会遇到高真空，温度急剧变化(Briskman 等人,2001年;Kondyurin,

2002年)。

因为在自由空间环境中缺少聚合过程研究不充分,在自由空间中的聚合过程暂不考虑间机构聚合中被认为是不可能的。由于创造大空间建筑不是空间机构的优先任务,而且也不支持在自由空间环境中的聚合过程的研究"不可能"的科学和技术原因是不存在的,只能是除了政治和财政问题。我们认为,聚合技术适用于深空中的小行星表面上。

15.2　小行星的空间环境条件

对于小行星的直接探测较少,因此我们对于小行星的认识较少。获得的实验数据不足以分析小行星附近的空间环境。然而,由于小行星表面附近的环境条件对于了解聚合物变化是重要的,我们可以考虑靠近地球和月球的空间环境,在太空飞行和送到小行星环境中进行了环境测量的实验。

空间环境最大特点是真空。人类大多数的飞行在海拔 $300 \sim 400km$ 的低地球轨道(LEO)上,可以测量那里的残留气压,例如,到 $10^{-5} \sim 10^{-3}$ Pa(Lee 和 Chen,2000年),或 10^{-5} Pa(Walter,1987 年),甚至 2.47×10^{-7} Pa(ECSS 空间环境标准2000)。不同的结果很大程度上取决于海拔气压、地球的季节和时间、太阳光的照射、航天器的材料、结构和发动机的活性。航天器或空间建设附近的气压取决于从地球开始的时间。在飞行过程中解吸气体,排气,释放出的灰尘和冰粒都会增加新的空间建设附近的压力。在 $400km$ 高空的大气组成是(不含人造空间建设的影响):根据 ECSS 空间环境中标准 2000 的数据,O(86.6%),He(9.6%),N_2(1.5%),H(1.3%),O_2(0.01%),Ar(0.00001%)。

随着航天器到地球的距离的增加气压衰减,在 $36000 \sim 42000km$ 高的地球同步轨道(GEO)上,在没有航天器干扰的条件下气压等于 $10^{-9} \sim 10^{-11}$ Pa。卫星或航天器附近的压力可高达 $10^{-3} \sim 10^{-5}$ Pa。

月球表面的纯压在晚上约为 10^{-9} Pa(http://nssdc.gsfc.nasa.gov/planetary/factsheet/moonfact.html)。月球大气成分是(每立方厘米的颗粒):氦 $4 \sim 40000$、氖 $20 \sim 40000$、氢 ~ 35000、氩气 $40 \sim 30000$、氖 $22 \sim 5000$、氩气 $36 \sim 2000$、甲烷 -1000、氨 -1000、二氧化碳 -1000。由于月球土壤的加热和脱气,白天和黑夜的气压是不同的。由于航天器发动机排气和航天器材料的脱气的原因,在航天器或其他人类活动区域测得的气压要更高些。

小行星附近的纯气压约 10^{-9} Pa 接近月球的小行星夜间气压。但是,在航天器或任何其他人造工程附近的气压预计更高些,类似于在 LEO,GEO 和月球表面上观察到的 $10^{-5} \sim 10^{-3}$ Pa。

第二个重要的因素是温度。我们认为由于地球经历而产生温度变化是错误的。空间建筑是由太阳从一个侧面加热并向四面八方辐射热量的。如果建筑不具有内部热源和有限的热传导性,建筑的阴暗面可以冷却到 -150~200℃。

在太阳到地球的距离上,太阳幅照强度为 1362 ~ 1367W/m² (Walter,1987年)。太阳辐射水平取决于季节(地球在太阳轨道中的位置),并在最小太阳幅照强度(夏至)1316W/m²到最大太阳能通量(冬至)1428W/m²上变化(ECSS 空间环境标准 2000)。太阳光线通过地球表面和大气层辐射水平等于 240W/m²。航天器表面的温度依赖于阳光的方向、表面和内部热源的吸收和发射指数(Favorskii 和 Kadaner,1972年)。在低地球轨道上的航天器表面实验测得的温度在大范围的不同数据上变化: -56 ~ 77℃ (Teichman 等,1992年), -90 ~ 120℃ (Barbashev,1982年), -100 ~ 200℃ (Fu 和 Graves,1985年); de Groh 和 Morgana,2002年, -150 ~ 150℃ (Haruvy,1990年)。NGST 太空任务(光圈轨道,距地球 1.5×10^{-6} km)的估计温度等于 -223 ~ 122℃ 由(Dever 等人,2002年)。

月球表面的建筑温度取决于太阳辐射性能、在月球上位置高度、太阳光方向、月球岩石的阴影、墙体表面和内部热源的吸收和排放指数。降落在月球上的航天器的表面温度在 -150 ~ 150℃上变化(Kondyurin,2012年)。

影响小行星探测器表面温度的因素与月球和地球轨道相似。然而,太阳辐射强度取决于小行星与太阳的距离。地球和月球的轨道具有低的离心率,近日点和远日点位置的温度变化不大。小行星的轨道通常具有较大的离心率,甚至形状不规则。在小行星绕太阳一周的时间里,小行星将经历较大的温度变化,这取决于它的轨道。当航天器接近小行星的近日点位置时,由于距太阳不远,航天器的表面温度较高。当航天器距离小行星的远日点位置较近时,航天器的太阳的照射温度将很低。如果航天器太阳一侧的地球轨道温度(T_e)已知,在小行星附近的相同的照射条件下的航天器的温度(T_a)可以计算如下:

$$Ta = Te \cdot \sqrt{\frac{D_{Earth-Sun}}{D_{asteroid-Sun}}} \tag{15. a}$$

表 15.1 中是一些小行星在近日点和远日点位置时太阳照射下的航天器温度。

表 15.1　在相同光线条件下,使地球轨道上的航天器加热到 100℃(标记为 *),
计算小行星在近日点和远日点附近的通过太阳光照射的航天器的温度

小行星	到太阳距离/km		温度/℃	
	近日点	远日点	近日点	远日点
Adonis	66	495	283	-66
Apollo	97	343	187	-25
Apophis	112	164	155	86
Bacchus	105	218	169	39
Cerberus	86	237	215	26
Eros	169	267	75	9

小行星	到太阳距离/km		温度/℃	
	近日点	远日点	近日点	远日点
Golevka	148	600	99	−85
Hephaistos	54	595	345	−84
Hermes	93	402	196	−44
Icarus	28	294	581	−5
Itokawa	143	254	106	16
JM8	142	668	106	−95
Midas	93	266	196	9
Nereus	143	303	106	−9
Phaethon	21	360	716	−30
Sisyphus	131	436	123	−53
Toutatis	140	617	109	−88
VE68	64	153	293	99
YU55	98	244	185	22
Earth	147	152	100 *	100 *

可以认为航天器在小行星表面受到的热环境与地球轨道上加热到100℃时的情况是相当的。在不同的小行星的航天器温度,对于在近日点位置的 Phaethon 为716℃,对于在远日点的位置的 Toutatis 为 −88℃。该温度差对于高分子材料和固化反应来说是非常高。

空间离子体是由银河系和太阳质子、电子、中子和一些具有宽音域能量为几个电子伏至 10^6 电子伏的重粒子、红外线、可见光、紫外线、真空紫外线和 X 射线光子产生的。对于太空聚合物的最多研究是在低地球轨道上,与其他空间离子体的因素相比,原子氧(AO)流对聚合体来说是最显著的因素(Walter,1987 年)。在真正的高分子材料中,低地球轨道(接近 300km 高度)上的平均 AO 通量的估计约为 2.88×10^{13} at/cm²/sec(Walter,1987 年),在 LDEF 任务中为 3.88×10^{13} at/cm²/sec(Klein 和 Lesieutre,2000 年),在 MISSE 任务中等于 10^{14}(de Groh 等,2001 年),等同于在 ESEM 中(Pippin,1999 年)的 4.3×10^{14} at/cm²/sec 和理论值 5×10^{14} at/cm²/sec,在 ESEM 中的 5×10^{13} at/cm²/sec(Connell,1999 年)、$10^{12} \sim 10^{15}$ at/cm²/s(Kiefer 等,1999 年)和 $10^{13} \sim 10^{15}$ at/cm²/s(Czaubon 等,1998 年)。在 Habble 任务中(596km 高度)的 AO 通量等于 6.86×10^{11} at/cm²/sec 由(Dever 等,1998 年)。由于太阳活动、季节、位置、航天器的经度—纬度和高度,地球大气的变化和航天器材料放气过程,AO 的磁通产生变化。在(ECSS 空间环境标准 2000)已有模型中估算显示在 400km 高空的 AO 通量为 2×10^{11} atoms/cm²/s。小行星环境不包括 AO 通量。由于没有关于小

行星聚合物的宇宙射线的作用的实验数据,因此为了利用聚合物的飞行结果和预测小行星周围的聚合物变化,我们不得不考虑环境对 LEO 的影响。

真空紫外(VUV)照射是太阳能光谱的一部分。VUV 光的强度是低的,但 VUV 光对聚合物的影响比可见光和 UV 光更高。在地球轨道上 VUV 光的电平可以估计为每平方厘米每秒约 4×10^{11} 个光子,且波长为 121.6mm(Koontz 等,1991年)。在真空紫外 100 ~ 150nm 波长音域的太阳照射相当于 $0.75\mu W/cm^2$ 由(Koontz 等人,1989 年),在低于 200nm 波长的真空紫外光音域相当于 $11\mu W/cm^2$ 由(Lura 等人,2003 年)。在地球上轨道上的 X 射线的电平,对于 1 ~ 8Å 的波长光等于 $2.3 \times 10^{-9}W/cm^2$,对于 0.5 ~ 4Å 的波长等于 $1.43 \times 10^{-10}W/cm^2$(de Groh 和 Morgana,2002 年)。大多数 X 射线流是直接来自太阳的,并比星星要少。

在低地球轨道和地球静止轨道的电子和离子通量的高能光谱十分复杂。带电粒子的高能光谱和通量取决于粒子的种类、季节和太阳活动。带电粒子的能量在 0.1 eV 到 10^9 eV 上变化。

大多数高分子飞行实验是在低地球轨道进行的,其中粒子的显著部分磁通被地球磁场屏蔽。在 400km 高的低地球轨道的电子密度等于 10^5 ~ 10^6 个电子每立方厘米(夜侧)和 10^6 个电子每立方厘米(日侧)(Walter 1987),能量为 0.1eV(Koontz 等人,1991 年)。在静止地球轨道任务中的总的能量为 0 ~ 12 keV 的电子通量等于 $10^9 e/cm^2/sec$(Lai 和 Della – Rose,2001 年)。在静止地球轨道任务中,平均能量为 1.2×10^4 eV 电子密度为 $1.12e/cm^3$ 和平均能量为 2.95×10^4 eV 电子密度为 $1.2e/cm^3$ 用作离子体的分析样本(Purvis 等人,1984)。最常见的离子是氢离子(90%),其他 10% 对应较重的离子。

小行星没有足够改变带电颗粒的轨迹磁场。因此,深空中的粒子通量将轰击航天器。银河射线通量不依赖于小行星的轨道,而太阳风的强度取决于轨道和轨道上的小行星的位置。太阳风的平均强度取决于到太阳的距离平方的函数。然而,太阳风的强度可以在太阳活动的情况下显著改变。来自太阳粒子通量的变化范围可达 2 ~ 3 个数量级,这使航天器在轨幅射通量的估计变得十分困难。

小行星引力非常小,在与地球重力相比时可以忽略。因此,在聚合技术中小行星的全部重力的影响可以忽略不计。

陨石流对脆性材料有强烈的影响。它可能会导致材料或整个建筑的开裂和机械损坏。在地球轨道聚合体的情况下,由于低的陨石流通量,陨石流的影响是小的。在深空中陨石流的聚合物的侵蚀对应于 0.1μm/年,对于 20 ~ 30 年的开发复合材料是不显著的。

小行星的组成还不为人所熟知。假设所有的天体具有总体相似性,地球和月亮的组合物可以做为样本。月壤中包含的氧、硅、铁、钙、铝、镁、钛、钠、铬、锰、钾,以及有硫、碳、氮、氢、氦 4 和氦 3 的痕迹。在小行星表面和附近的这些元素及其氧化物的存在,不具有与聚合物基质的特异性相互作用,并且不妨碍固化反应。

这一分析表明,真空、空间等离子体和温度的变化是小行星聚合过程中的最关键的因素。

15.3 真空中的固化反应

如果压力低于聚合物基质的各组分气压,会使组分蒸发。由于蒸发降低了成分的浓度使得固化反应不能进行。当在空间环境中考虑固化反应时,此效果不能被忽略。

空间机构发布了挥发性成分的除气标准测试法。例如,欧空局标准 ECSS – Q – 70 – 02A 在 125℃ 的温度下 24h 需要将聚合物材料真空度提高至 10^{-3} Pa。必须对总的质量损失(TML),回收的质量损失(RML),以及收集挥发性凝材料(CVCM)进行测试。可接受的材料必须显示 RML < 1,0% 并且 CVCM < 0,10%。对于测试该标准需要稳定的固体材料。未固化的预浸料是不稳定的,并包含液体成分。因此,这些气体释放标准不能被应用。应该发展真空中固化材料的另一种标准。

实验室进行了大量聚合体的真空模拟实验。模拟空间环境试验的压力是多种多样的:$10^{-8} \sim 10^{-7}$ Pa(Grossman 等,1999 年),10^{-5} Pa(Bilen 等,2001;Iwata 等,2001 年),7×10^{-5} Pa(de Groh 等,2001 年),2.33×10^{-4} Pa(Koontz 等,1989 年),6.65×10^{-4} Pa(Dever 等,2002 年上),10^{-4} Pa(ECSS 空间环境标准 2000 年;Lura 等,2003 年;Gonzales 等,2000 年),73Pa(Golub 和 Wydeven,1988 年)。实验中的温度通常是在 -150 ~ +150℃ 甚至 +800℃ 之间变化。高真空和高温的组合用于太空材料的放气过程分析。

真空影响观测主要表现为低分子质量部分的消失。转变为高真空的速率可以描述为 Langmuir 公式:

$$W = P \sqrt{\frac{M}{T}} \tag{15.1}$$

式中:M 为蒸气部分的分子质量;T 为温度;P 取自 Klausius – Klapeyron 方程的部分平衡蒸气压(Kroshkin,1969 年)。在很长一段时间的真空作用下,可以改变基质中的轻分子组分(Kondyurin 等,1998,2001 年)。对于生产高耐用性的塑料来说,活性成分浓度的低聚物组成的变化是重要的。

大多数用于空间应用的高分子复合材料是基于碳、有机物或玻璃纤维的环氧树脂组合物。固化包括环氧基团与胺、酰胺、酸酐、有机金属配合物或羧基酸作为固化剂的化学反应。在发现用于建筑材料的环氧树脂之后,开发了大量的不同的环氧基团。在固化反应中,分离两种或多种组分的低分子量,并在分子间形成交联键。通常设计的反应如下:

伯胺固化剂

$$R_1-\underset{\underset{O}{\diagdown\diagup}}{CH}-CH_2+H_2N-R_2 \rightarrow R_1-\underset{\underset{OH}{|}}{CH}-CH_2-HN-R_2 \qquad (15.2)$$

仲胺,酰胺和氨基甲酸乙酯固化剂

$$R_1-\underset{\underset{O}{\diagdown\diagup}}{CH}-CH_2+H\overset{\overset{R_3}{|}}{N}-R_2 \rightarrow R_1-\underset{\underset{OH}{|}}{CH}-CH_2-\overset{\overset{R_3}{|}}{N}-R_2 \qquad (15.3)$$

叔胺类固化剂

$$R_1-\underset{\underset{O}{\diagdown\diagup}}{CH}-CH_2+HO-R_2 \rightarrow R_1-\underset{\underset{OH}{|}}{CH}-CH_2-O-R_2$$

$$\overset{\underset{|}{\vdots}}{\underset{\diagup\,|\,\diagdown}{N}}$$
$$R_3 \quad R_4 \quad R_5 \qquad\qquad (15.4)$$

这些反应需要两种或更多种具有一定浓度的组分。如果将未固化的预浸料坯置于真空中,预浸料坯组分将蒸发。蒸发速率取决于组件的分子质量、相邻分子的相互作用和温度。如果预浸料坯足够厚,蒸发速率取决于扩散到预浸料坯的表面的成分。

各组分的蒸发速率也不同。因此,曝晒在真空中组分的浓度是从初始浓度随时间变化的。在更糟的情况下,由于高挥发性组分的赤字,不能完成固化反应。在这种情况下,预浸料坯变得无法矫正,则复合材料的开发所需的特性不能实现。

当一些组分的蒸发速率过高时,可以观测到空化效应。该基质包含泡沫,甚至气泡。固化的复合材料的机械强度会下降。

然而,已经在真空中发现了许多可固化的组合物。在实验中,我们测试了蒸发率由高和低的各种环氧树脂基体。在图 15.1 和 15.2 中显示了在真空中复合材料固化的代表性示例。

这些复合体并未从顶部开始覆盖低分子量组分在真空中的挥发。当该固化复合体置于气密密封件之间时(如保护膜),气泡会更多并且基质被完全转移到气泡中。在 LEO 的飞行试验中已观测到这种效应。

当所有组分的蒸发率太高时,该聚合物的基质可能会消失,纤维可以是无保护的并且复合材料不能被固化。

在不同温度下的真空中,我们的蒸发动力学及固化动力学的实验和理论研究表明,高真空条件下适当蒸发率的组件固化可以被发现(Kondyurin1997,2011,2012 年;Kondyurin 等,2004,2009,2009 上,2010 年;Kondyurina 等,2006 年)。

图 15.1 在真空中的复合 1 的显微照片。环氧基体包括浓度低蒸发率
组件。固化后的基质是光滑的,无缺陷的合成纤维。在空气和
真空中复合固化后的强度是完全相同的

图 15.2 在真空中的复合 2 的显微照片。环氧基体由高蒸发强度的
硬化剂组成。固化后的基质泡沫化。观测到不同大小的气泡。在
真空中固化后的复合材料的强度低于在空气中固化的强度

选择的一般原则如下:

(1) 组分的分子质量应足够高,以保证低的蒸发速率。然而,各组分的高分子质量也意味着高的粘度。基质的粘度应足够低,以保持展开的半固化片的弹性。因

此,组分的选择需要分子质量和粘度的最优化,以保证展开能力和低的蒸发速率。

（2）各组分的蒸发速率应该是相同的,以排除在蒸发活性成分中的不足。

（3）在预浸料坯制备的任何阶段应排除任何溶剂。即使是溶剂或其他低分子量组分的微小痕迹,都可以在真空中的固化中得到基质的泡沫结构。

（4）在一个高分子中,具有 3 个或更多的活性基团的多功能组分是优选的。当其他的活性基团可以在以后的反应提供所需的机械强度,在固化反应的第一阶段的该分子对固化剂的一个链路可以显著降低蒸发速率。

（5）预浸料坯的几何形状应允许低分子量组分来自由蒸发。任何封闭的体积和盖子必须排除在外。如果其中的预浸料的某些区域是覆盖的,蒸发部分可形成泡沫和泡沫结构。在半固化片的聚合物基体的最大厚度取决于组分的挥发性。它限制了预浸料坯聚合物基质的厚度。

有了这些原则,我们选择和固化的环氧树脂基体成分在没有泡沫情况下在高真空中可达 10^{-3} Pa。在(Kondyurin,2012 年)中描述了一些适宜的组合物。在高真空中固化的具有低蒸发速率的环氧树脂基体的 5mm 厚的复合板样品如图 15.3 所示。

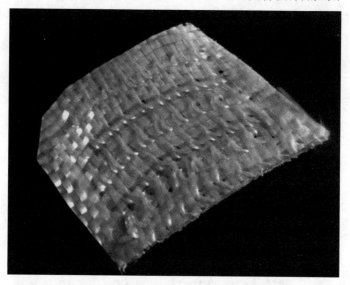

图 15.3 　在真空中固化的环氧树脂基体的玻璃纤维复合材料

因此,如果选择聚合物基质的组合物并正确使用,小行星环境的高真空因素也不是一个问题。

15.4 　宇宙射线和太阳风的影响

空间辐射对高分子材料的影响已在低空轨道上的近地空间飞行中进行了深入研究。正如这些飞行任务所观察到的一样,在低地球轨道上,对于自由空间环境来说原子氧通量(AO)的影响是最为显著的。在 AO 流的聚合物博览会中,蚀刻的工艺和化学反应导致形成蚀刻表面氧化层。已在等离子和离子束反应器完成了模拟 AO 对聚合物的影响。对于未固化的预浸料坯,由于树脂和硬化剂缺乏大分子,液态阶段是个临界状态。在这种情况下,未来的氧原子破坏了重要的化学键,并且大分子的缩短的分子部分可以快速释放。

聚合反应的第一阶段对高能粒子的侵蚀作用非常重要的。在另一方面,我们的实验表明,通过自由基的形成和液体组合物的处理层到个体层的运动转换方式,等离子体作用影响着固化反应。在这种情况下,自由基大分子可以参与聚合反应,在复合的、完整的本体层形成的附加的交联分开。因此,在固化环氧树脂基质等离子体状态下发生两个相反的竞争过程:降解(断链)和大分子的短键的消失、以及由于自由基反应产生的大分子的交联。

自由基的化学性质非常活跃,参与一连串的化学反应。例如,下面的反应已在照射烃聚合物中观察到:

自由基沿大分子的运动

$$—CH·—CH_2—CH_2—CH_2- \rightarrow —CH_2—C·H—CH_2—CH_2- \rightarrow —CH_2—CH_2—CH·—CH_2- \tag{15.5}$$

大分子之间自由基的跳跃

$$—CH_2—CH·—CH_2- + —CH_2—CH_2—CH_2- \rightarrow —CH_2—CH_2—CH_2- + —CH_2—CH·—CH_2- \tag{15.6}$$

当两个自由基相遇,它们形成双键

$$—CH·—CH_2—CH_2- + —CH·—CH_2—CH_2- \rightarrow —CH = CH—CH_2- + —CH_2—CH_2—CH_2- \tag{15.7}$$

和交联

$$—CH_2—CH·—CH_2—CH_2- + —CH_2—CH·—CH_2—CH_2- \rightarrow —CH_2—CH— \\ CH_2—CH_2- \tag{15.8}$$

$$CH_2—CH—CH_2—CH_2-$$

自由基会打破烃主链

$$—CH·—CH_2—CH_2—CH_2- \rightarrow —CH = CH_2 + ·CH_2—CH_2- \tag{15.9}$$

和含氧链路

$$—CH·—O—CH_2—CH_2- \rightarrow —CH = O + ·CH_2—CH_2- \tag{15.10}$$

反应式(15.7)~式(15.10)产生稳定的组分。反应式(15.8)产生了聚合物交联。该反应与固化反应具有相同的加强效果。反应式(15.9)和式(15.10)使得大分子断裂,作为固化反应的反作用。交联/断链反应的比率取决于大分子,环境气体,温度,种类和自由基密度的化学结构。

除此之外,环氧基团可以直接与自由基反应(Klyachkin,1992 年;Mesyats,1999 年):

$$R_1-CH-CH_2+\cdot R_2 \rightarrow R_1-CH-CH_2-R_2 \rightarrow$$

$$\backslash\quad/\qquad\qquad\qquad |$$

$$O\qquad\qquad\qquad\qquad O\cdot$$

$$R_1-CH-CH_2-R_2+\cdot R_3 \rightarrow R_1-CH-CH_2-R_2 \tag{15.11}$$

$$|\qquad\qquad\qquad\qquad\qquad |$$

$$O\cdot\qquad\qquad\qquad\qquad O-R_3$$

作为自由基反应的结果,该聚合物基质的纤维(若蚀刻作用占据主导)消失或由于内部应力(如若交联作用占据主导),保留并发生变形。这两种情况都在实验中观察到。

在实验室发光放电等离子体和离子束的环氧树脂基体的固化反应试验中,观测到空间等离子体的效应(图 15.4 ~ 图 15.8)。

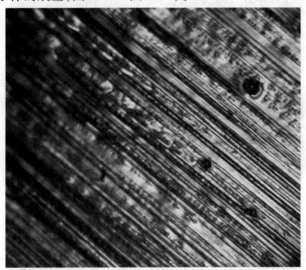

图 15.4　在等离子体放电中固化的碳纤维复合材料的显微照片。
纤维上的环氧树脂基体的量是低的。固化的基质是平滑的

通过一些实验方法,如凝胶分数的分析,光谱学,机械和热机械分析(Kondyurin 和 Bilek,2008 年)进行观察和研究了附加交联影响到表面层的碳化效应。这些效果取决于等离子体和离子束条件以及环氧基体的组合物。

小行星上的高能电子和 VUV 照射的离子是对自由空间环境中聚合物的主要破坏性因素。高能粒子比 AO 通量渗透到聚合物更深,并导致大分子更多缺陷。在这种情况下,聚合物基体的结构变化在个体层中是可行的。

真空紫外和高能电子对聚合物中的自由基的影响相似。这种自由基可以参与固化反应并提高固化速率。固化反应的动力学速率不直接取决于反应混合物的活性基团的浓度。因此,AO 作用、真空紫外、电子束和固化反应的混合液体基质的过程不能通过不同类型的照射组合的实验预测。考虑到离子、真空紫外光和聚合

物中的电子的浓度的非均匀性分布,固化过程中的聚合物基体的变化取决于基体和存在的纤维厚度。对辐射空间环境因素仅靠理论研究是非常困难的,真正的太空实验对估计空间环境的影响将具有重要意义。

我们的实验表明,高能量粒子的动能作用对减轻液体组合物的堆积层的变形是重要的。宏观分子得到即将到来颗粒的机械冲击而进入更深一层。通过该运动,大分子分解的基础产物移动到树脂的本体层中,并与原来的大分子发生反应。

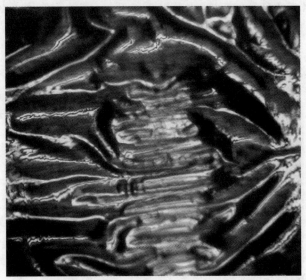

图 15.5　在等离子体放电中固化的碳纤维复合材料的显微照片。如果环氧基的量是高的,则基体的面层将发生变形

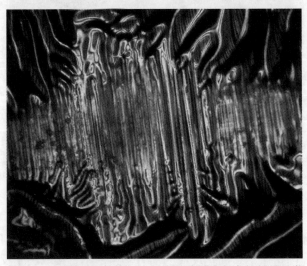

图 15.6　在等离子体放电中固化的碳纤维复合材料的显微照片。如果环氧基的量分布不均匀的(如箱子中的缎织物),基体顶层的变形也是不均匀的

图 15.7　在离子束中固化的碳纤维复合材料的显微照片。
对环氧树脂的部分进行蚀刻并使某些纤维的顶端裸露。
在层厚较大的情况下,基体将发生形变

图 15.8　在通量为 5×10^{15} 个离子/cm^2 的离子束中固化的
碳纤维复合材料的显微照片。将环氧树脂的部分蚀刻
并使一些纤维裸露。在厚层的情况下,基体发生变形

　　在比臭氧层更高的平流层飞行中观察到了宇宙射线对可固化复合材料的影响。2010 年,在平流层(40km 高度)气球飞行中进行了第一个关于在平流层中的未固化的组合物的实验(Kondyurin 等,2010a,2013 年)。将带有固化(控制)和未固化的不同成分的环氧树脂基体的盒子暴露在平流层中 3 天(图 15.9 和图 15.10)。

图 15.9　盒式带固化(控制)复合材料和未固化复合
材料(预浸料)在有效载荷的 GPS 天线杆上。将在
Alice Springs 的 NASA 平流层飞行(澳大利亚)

图 15.10　未固化环氧树脂盒在平流层(40km 高度)的遥测图像

　　在飞行过程中的残余气压为 2～4Torr,小于环氧树脂组分的水汽压(10～20Torr)。由于飞行高度比臭氧层还要高,真空紫外光和高通量的宇宙射线在飞行过程中轰击未固化的环氧树脂基体和碳纤维复合材料的玻璃。由于缺乏 AO 助焊剂,相对于低空轨道来说,在平流层飞行的条件更接近在深空的条件。
　　在飞行后,对样品结构进行了大量分析。由于宇宙射线影响,自由基反应,附加的交联,氧化,解聚的影响可以在飞行样品中清楚地观察到(Kondyurin 等,2010a,2013 年)。

结果表明,飞行样品的机械性能满足复合材料的开发性能,并对于一些选定的组合物来说,与控制地面样品的性质相差不远。类似的辐射效应在小行星上可用于复合材料固化。

2012 年,第二个未固化复合材料平流层飞行试验于澳大利亚南部完成。该复合材料在飞行过程中完全固化。宇宙射线对环氧树脂基体的交联的影响与低分子量组分蒸发效应同时被观察到。复合材料表面的显微照片显示了在环氧树脂基体中的气泡的形成,其中该基体层是厚的(图 15.11)。

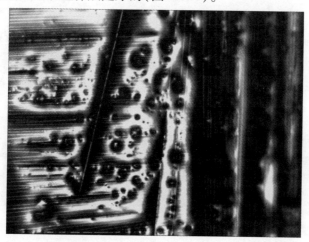

图 15.11　固化碳纤维复合材料在平流层(27km 高度)的显微照片。环氧基体中的某些部分由于在固化期间在平流层的低压产生鼓泡

因此,来自宇宙和太阳的宇宙射线起到额外的硬化剂的作用,如果聚合物基质成分的选择是正确的,它可以加速固化效果。

15.5　小行星上的建筑业

小行星探测现在被视为一个奇妙的想法。然而,在科学书刊和书本中,已经开始讨论并评论一些这样的项目。人类要在小行星上生存,需要具有再生生态系统的食物,水和空气。基站和航天器需要生命支持系统,所有设备、生命支持系统、存储和飞行员生活都需要基站和飞船来提供足够的空间。因此,在地球轨道或小行星上必须装配大空间建筑。在空间环境中组建大型空间建筑有效办法就是使用建设复合材料的聚合技术。

小行星无人探测时,在小行星上装配大空间建筑可以作为以下不同的目的:

(1)望远镜科学任务。小行星是唯一的可以携带高灵敏度太空望远镜的天体。大尺寸的天线可以展开并固化在小行星表面,以提供测量和通信的高灵敏度。

(2) 用于深空通信信号转导。大尺寸的天线可以展开并固化在小行星表面,用于传送深空飞行任务的通信信号。

(3) 开采基地。计划用机器人在小行星采矿,存储,防护,可以通过聚合技术进行组装和固定机器人的不同结构。

如果聚合技术被认为是创造大空间结构来替代目前准备使用的发射技术,一系列的小行星探测项目将变得更加现实。

致谢

感谢美国航空航天局,欧空局,RFBR 和洪堡基金会对项目的资助。

参考文献

[1] Allred,R.,Hoyt,A. E.,McElroy,P. M.,Scarborozgh,S.,Cadogan,D. P.:UV rigidizable carbon – reinforced isogrid inflatable booms. AIAA – 2002 – 1202(2002)

[2] Bar – Cohen,Y.:Transition of EAP material from novelty to practical applications – are we there yet? In:SPIE's 8th Annual International Symposium on Smart Structures and Materials,Newport,USA,March 5 – 8,Paper No. 4329 – 02(2001)

[3] Barbashev,E. A.,Dushin,M. I.,Ivonin,Y. N.,Kozin,V. I.,Nikishin,E. F.,Panshin,B. I.,Perov,B. V.:Some results of tests of polymer materials after exposition in conditions of free space. In:Space Technology and Material Science,Moscow,Nauka(1982)

[4] Bilen,S.,Domonkos,M.,Gallimore,A.:Simulating ionospheric plasma with a hollow cathode in a large vacuum chamber. J. of Spacecraft and Rockets 38,617 – 621(2001)

[5] Briskman,V. A.,Yudina,T. M.,Kostarev,K. G.,Kondyurin,A. V.,Leontyev,V. B.,Levkovich,M. G.,Mashinsky,A. L.,Nechitailo,G. S.:Polymerization in microgravity as a new process in space technology. Acta Astronautica 48,169 – 180(2001)

[6] Cadogan,D.,Stein,J.,Grahne,M.:Inflatable composite habitat structures for Lunar and Mars exploration. In:49th International Astronautical Congress,Melbourne,Australia,September 28 – October 2,IAA – 98 – IAA. 13. 2. 04(1998)

[7] Cadogan,D.,Grahne,M.,Mikulas,M.:Inflatable space structures:a new paradigm for space structure design. In:49th International Astronautical Congress,Melbourne,Aus – tralia,September 28 – October 2,IAF – 98 – I. 1. 02(1998a)

[8] Cadogan,D. P.,Lin,J. K.,Grahne,M. S.:Inflatable solar array technology. AIAA – 99 – 1075(1999)

[9] Cadogan,D. P.,Scarborough,S. E.:Rigidizable materials for use in Gossamer Space Inflat – able structures. AIAA – 2001 – 1417(2001)

[10] Cadogan,D. P.,Scarborough,S. E.,Lin,J. K.,Sapna,G. H.:Shape memory composite devel – opment for use in Gossamer space inflatable structures. AIAA 2002 – 1372(2002)

[11] Cassapakis,C.,Thomas,M.:Inflatable structures technology development overview. AIAA – 95 – 3738(1995)

[12] Connell,J. W.:The effects of low – Earth orbit atomic oxygen exposure on Phenylphosphine oxide – containing

polymers. Final report. Evaluation of Space Environment and Effects on Materials(ESEM). Appendix D,NASA Technical Report(1999)

[13] Czaubon,B. ,Paillos,A. ,Siffre,J. ,Thomas,R. :Mass spectrometric analysis of reaction products of fast oxygen atoms – material interactions. J. of Spacecraft and Rockets 35,797 – 804(1998)

[14] Darooka,D. K. , Jensen, D. W. : Advanced space structure concepts and their development. AIAA – 2001 – 1257(2001)

[15] Darooka,D. K. ,Scarborough,S. E. ,Cadogan,D. P. :An evaluation of inflatable truss frame for space applications. AIAA 2001 – 1614(2001)

[16] de Groh, K. K. , Banks, B. A. , Hammerstrom, A. M. , Youngstrom, E. E. , Kaminski, C. , Marx, L. M. , Fine, E. S. , Gummow,J. D. ,Wright,D. :MISSE PEACE Polymers:An International Space Station Environmental Exposure Experiment. In:Proceedings of the Confe – rence on ISS Utilization – 2001,Cape Canaveral,Fl,AIAA 2001 – 4923(2001);also in NASA TM – 2001 –211311

[17] de Groh,K. K. ,Morgana,M. :The Effect of Heating on the Degradation of Ground Labora – tory and Space Irradiated Teflon FEP. NASA TM – 2002 –211704(2002)

[18] Derbes,B. :Case studies in inflatable rigidizable structural concepts for space power. AIAA –99 – 1089(1999)

[19] Dever,J. ,de Groh,K. K. ,Townsend,J. A. ,Wang,L. L. :Mechanical Properties Degradation of teflon FEP Returned from the Hubble Space telescope. NASA report 1998 –206618,AIAA –98 –0895(1998)

[20] Dever,J. ,Semmel,C. ,Edwards,D. ,Messer,R. ,Peters,W. ,Carter,A. ,Puckett,D. :Radia – tion durability of candidate polymer films for the next generation space telescope sun – shield. NASA TM 2002 –211508 and AIAA – 2002 – 1564(2002)

[21] Dever, J. A. , Pietromica, A. J. , Stueber, T. , Sechkar, E. , Messer, R. : Simulated space vacuum ultraviolet (VUV) exposure testing for polymer films. NASA TM –2002 –211337 and AIAA –2001 – 1054(2002a)

[22] ECSS Space Environment Standard,ECSS E – 10 – 04, Guide for LEO mission,ECSS – Q – 70 – 04 (outgassing) ,ESA(2000)

[23] Favorskii,O. N. ,Kadaner,Ya,S. :About heat transfer in space. Visshaya Shkola,Moscow(1972)

[24] Freeland,R. E. ,Veal,G. R. :Significance of the inflatable antenna experiment technology. AIAA –98 – 2104 (1998)

[25] Fu,J. H. ,Graves,G. R. :Thermal Environments for Space Shuttle Payloads. In:AIAA Shut – tle Environment and Operation II Conference Proceedings,p. 18(1985)

[26] Golub,M. A. ,Wydeven,T. :Reactions of atomic oxygen(O(3P)) with various polymer films. Polymer Degradation and Stability 22,325 – 338(1988)

[27] Gonzales,R. I. ,Phillips,S. H. ,Hoflund,G. B. :In situ oxygen atom erosion study of polyhe – dral oligomeric silsesquioxane – siloxane copolymer. J. of Spacecraft and Rockets 37,463 –467(2000)

[28] Grahne,M. S. ,Cadogan,D. P. :Inflatable solar arrays:revolutionary technology? ILC Dov – er,Inc. ,1999 –01 – 2551 and Sasakawa International Center for Space Architecture,SICSA outreach,Special Design Project Issue 1, No. 7(1988)

[29] Grossman,E. ,Lifshitz,Y. ,Wolan,J. T. ,Mount,C. K. ,Hoflund,G. B. :In situ erosion study of Kapton using novel hyperthermal oxygen atom source. J. of Spacecraft and Rock – ets 36,75 –78(1999)

[30] Grossman,G. ,Williams,G. :Inflatable concentrators for solar propulsion and dynamic space power. Journal of Solar Energy Engineering 112,299(1990)

[31] Guidanean,K. ,Williams,G. T. :An inflatable rigidizable truss structure with complex joints. AIAA –98 – 2105 (1998)

[32] Haruvy,Y. :Risk Assessment of Atomic – Oxygen – Effected Surface Erosion and Induced Outgassing of Poly-

325

meric Materials in LOE Space Systems. ESA Journal 14,109 – 119(1990)

[33] Iwata,M. ,Ohnishi,A. ,Hirosawa,H. ,Tohyama,F. :Measurement and Evaluation of Ther – mal Control Material with Polyimide for Space Use. J. of Spacecraft and Rockets 38,504 – 509(2001)

[34] Kato,S. ,Takeshita,Y. ,Sakai,Y. ,Muragishi,O. ,Shibayama,Y. ,Natori,M. :Concept of inflatable elements supported by truss structure for reflector application. Acta Astronau – tica 19,539 – 553(1989)

[35] Kiefer,R. L. ,Orwold,R. A. ,Harrison,J. E. ,Ronesi,V. M. ,Thibeault,S. A. :The effects of the space environ – ment on Polyetherimide films. Final report. Evaluation of Space Environ – ment and Effects on Materials(ES – EM) ,Appendix C,NASA Technical Report(1999)

[36] Klein,T. F. ,Lesieutre,G. A. :Space environment effects on damping of polymer matrix carbon fiber composites. J. of Spacecraft and Rockets 37,519 – 525(2000)

[37] Klyachkin,Y. S. ,Trushnikov,V. A. ,Kondyurin,A. V. ,Imankulova,S. A. :Study of the na – ture of interaction of EPDM – 40 rubber with an epoxy adhesive. J. Adhesion Science and Technology 6,1137 – 1145(1992)

[38] Kondyurin,A. V. :Building the shells of large space stations by the polymerisation of epoxy composites in open space. Plasticheskie massy 8;25. Translated in Int. Polymer Sci. and Technol. 25(4) ,T/78(1997)

[39] Kondyurin,A. :Large size station on Mars surface by the way of polymerization of compo – site polymer material. In:Fourth Canadian Space Exploration Workshop. Science Payloads for Mars,Abstracts,Ottawa,Canada,November 15 – 16(2002)

[40] Kondyurin,A. :Direct Curing of Polymer Construction Material in Simulated Earth's Moon Surface Environment. Journal of Space Craft and Rockets 48,378 – 384(2011)

[41] Kondyurin,A. :Curing of composite materials for an inflatable construction on the moon. In:Badescu,V. (ed.) Moon. Prospective Energy and Material Resources,vol. 102,pp. 503 – 518. Springer,Heidelberg(2012)

[42] Kondyurin,A. ,Mesyats,G. ,Klyachkin,Y. :Creation of High – Size Space Station by Poly – merization of Composite Materials in Free Space. J. of the Japan Soc. of Microgravity Appl. 15,61 – 65(1998)

[43] Kondyurin,A. ,Kostarev,K. ,Bagara,M. :Polymerization processes of epoxy plastic in simulated free space conditions. Acta Astronautica 48,109 – 113(2001)

[44] Kondyurin,A. ,Lauke,B. ,Richter,E. :Polymerization Process of Epoxy Matrix Compo – sites under Simulated Free Space Conditions. High Performance Polymers 16,163 – 175(2004)

[45] Kondyurin,A. ,Bilek,M. :Ion Beam Treatment of Polymers. Application aspects from medicine to space. Elsevier,Oxford(2008)

[46] Kondyurin,A. V. ,Komar,L. A. ,Svistkov,A. L. :Modelling of curing of composite materials for the inflatable structure of a lunar space base. Mechanics of Composite Materials and Constructions 15,512 – 526(2009)

[47] Kondyurin,A. V. ,Nechitailo,G. S. :Composite material for Inflatable Structures Photocured under Space Flight Conditions. Cosmonautics and Rockets 3(56) ,182 – 190(2009a)

[48] Kondyurin,A. V. ,Komar,L. A. ,Svistkov,A. L. :Modelling of curing reaction kinetics in composite material based on epoxy matrix. Mechanics of Composite Materials 16,597 – 611(2010)

[49] Kondyurin,A. ,Kondyurina,I. ,Bilek,M. :Composite materials with uncured epoxy matrix exposed in stratosphere during NASA stratospheric balloon flight(2010a) ,http://arxiv. org/pdf/1008. 5236

[50] Kondyurin,A. ,Kondyurina,I. ,Bilek,M. ,de Groh,K. :Composite materials with uncured epoxy matrix exposed in stratosphere during NASA stratospheric balloon flight. NASA TM 216512(2013)

[51] Kondyurina,I. ,Kondyurin,A. ,Lauke,B. ,Figiel,L. ,Vogel,R. ,Reuter,U. :Polymerisation of Composite Materials in Space Environment for Development of a Moon Base. Ad – vances in Space Research 37,109 – 115 (2006)

[52] Koontz,S. ,Leger,L. ,Albyn,K. ,Cross,J. :Vacuum ultraviolet radiation / atomic oxygen synergism in materi-

als reactivity. J. of Spacecraft 27,346 – 348(1989)

[53] Koontz,S. ,Albyn,K. ,Leger,L. :Atomic oxygen testing with thermal atom systems:acritical evaluation. J. of Spacecraft 28,315 – 323(1991)

[54] Kroshkin,M. G. :Physical – chemical bases of space studies. Mashinostroenie,Moscow(1969)

[55] Lai,S. T. ,Della – Rose,D. J. :Spacecraft charging at Geosynchronous altitudes:new evidence of existence of critical temperature. J. of Spacecraft and Rockets 38,922 – 928(2001)

[56] Lee,C. – H. ,Chen,L. W. :Reactive probability of atomic oxygen with material surfaces in low Earth orbit. J. of Spacecraft and Rockets 37,252 – 256(2000)

[57] Lura,F. ,Hagelschuler,D. ,Abraimov,V. V. :The complex simulation of essential space environment factors for the investigation of materials and surfaces for space applications. KOBE. DLR paper,Berlin,Germany(2003)

[58] Mesyats,G. ,Klyachkin,Y. ,Gavrilov,N. ,Kondyurin,A. :Adhesion of Polytetrafluorethy – lene modified by an ion beam. Vacuum 52,285 – 289(1999)

[59] Pippin,H. G. :Final report on analysis of Boeing specimens flown on the effects of space environment on materials experiment. Boeing Phantom Works(1999)

[60] Purvis,C. K. ,Garrett,H. B. ,Whittlesey,A. C. ,Stevens,N. J. :Design guidelines for assessing and controlling spacecraft charging effects. NASA TP – 2361(1984)

[61] Sandy,C. R. :Next generation space telescope inflatable sunshield development. ILC Dover,Inc. (2000)

[62] Yu,S. ,Efremov,I. ,Blagov,V. ,Cherniavskiy,A. ,Yu,K. ,Tziganko,O. ,Medzmariahvili,E. ,Kinteraya,G. , Bedukadze,G. ,Datashvili,L. ,Djanikashvili,M. ,Khatiashvili,N. :Space Experiment REFLECTOR on Orbital Station MIR. In:European Conference on Spacecraft Structures, Materials and Mechanical Testing. ESTEC, Noordwijk,The Netherlands(2000)

[63] Simburger,E. J. ,Matsumoto,J. ,Lin,J. ,Knoll,C. ,Rawal,S. ,Perry,A. ,Barnett,D. ,Peter – son,T. ,Ker- slake,T. ,Curtis,H. :Development of a multifunctional inflatable structure for the powersphere concept. AIAA 2002 – 1707(2002)

[64] Teichman,L. A. ,Slemp,W. S. ,Witte Jr. ,W. G. :Evaluation of selected thermal control coat – ings for long – life space structures. NASA TM – 4319(1992)

[65] Veldman,S. L. ,Vermeeren,C. A. J. R. :Inflatable structures in aerospace engineering – an overview. ESA pa- per(2002)

[66] Walter,H. U. :Fluid sciences and materials science in space. A European Perspective. Springer,Berlin(1987)

[67] Willey,C. E. ,Schulze,R. C. ,Bokulic,R. S. ,Skullney,W. E. ,Lin,J. K. H. ,Cadogan,D. P. ,Knoll,C. F. :A Hybrid Inflatable Dish Antenna System for Spacecraft. AIAA 2001 – 1258(2001)

[68] Wilson,A. :A history of balloon satellites. J. of the British Interplanetary Society 34,10 – 22(1981)

第 *16* 章

小行星采矿飞行器构架

海姆·贝纳罗亚(Haym Benaroya)
美国新泽西州罗格斯大学(Rutgers University,New Jersey,USA)

16.1　引言

本章给出一个飞行器概念:对不同类型、形状和大小的小行星进行作业时,这个概念是一个较好的通用框架。不考虑是在现场进行,还是在飞行器进入月球轨道时进行,该通用框架通过简单直接的方式进行采矿作业。

已被人们所知晓的资源促进了小行星矿藏的开采。读过科幻小说的人都知道,未来太阳系和星际间的经济支柱将依赖于小行星提供的资源。但随着现代人类登月工程的开始,将采矿机送到小行星被视为人类能够克服地球引力居住在太空的关键。任何可行的"就地取材"资源开发利用(ISRU)的框架均依赖于如何到达并处理小行星元素。

Pignolet(1980 年)简要概括了小行星资源再生的优点,尤其在太空工业化的建立中。提出小行星作为大型空间结构建造的原材料,是太空中水的一个主要来源,以及有用的矿渣,矿渣是提炼矿石过程中的一种副产品,例如,矿渣可用于屏蔽辐射。他指出有著作中提出使用太阳帆或质量驱动器进行小行星捕获返回,同时,也提到了一种变体驱动:旋转发射器。

Pearson(1980 年)提出一种技术进行小行星资源回收,该技术通过一个旋转火箭推进系统进行配置,这是一个高强度质材制成的可快速旋转的锥形管,它通过太阳能或核能电气驱动。

"小行星物质的颗粒将以每秒几千米的速度从管道末端释放,得到的比冲量值可以与最好的化学火箭相比较。"

喷射出的颗粒能够被放置在运动轨迹上,以便在操作过程中能够靠近地球空间进行抓取,或被用作反应介质将小行星带入绕月或绕地轨道中。

O'Leary(1982 年)给出了一个关于太空工业化的概述。由于许多人始终对太空探索和在太空定居保持乐观态度,所以下面引用序言中的一段话来强调:我们必须将太空工业化看作是一项需要多代共同完成的任务:

"近期的计划将在 20 世纪 80 年代间开始,同时为月球材料/小行星材料加工企业形成一个 10 年前就可开始的演化基础,政治性而非技术性上的考虑很可能将决定太空工业化发展的速度。太空工业化的各个方面可以通过令人信服的经济案例给出,但是,在大多数情况下,对于产业来说冒这些必定的风险依然为时过早。"

虽然产业已经开始了迈向太空的脚步,但大部分评估要求最好于 30 年后开始进行。

Gertsch(1992 年)对小行星采矿、矿藏的材料特性、如何鉴定一颗小行星的前景、人工与自动完成任务间的折中和一种概念性采矿方法作出概述。其中的一条结论是"因为需要更加简单和低成本地完成任务,所以较好的首选方案是先开发月球上的矿藏而不是开发小行星上的。"

这在当前的政治和技术环境下是一件很有趣的事,当前的政治和技术环境中月球已不像从前那样被重视,尽管人们都很清楚:现在最好的选择与人类在太空定居要求的所有标准相违背,同时,就所需的技术发展和生理学现状而言,我们更倾向于选择火星和其他小行星。

Lewis(1992 年)总结了小行星的成分和可能适合采矿的小行星的名单。

Sonter(1997 年)建议将近地小行星(NEA)作为获取资源的主要目标来支撑太空工业化。本章讨论了工程和任务规划选择,并验证优化小行星采矿计划的随机净现值概念。

Gertsch 等人(1997 年)讨论了太空环境对地球采矿技术的影响和如何将地球采矿技术应用于近地天体(NEO)采矿中。包括以下内容:近地天体场地预备:锚定和系链,运动控制,采矿操作中约束包涵体,操作平台,装袋对于各类岩石的 NEO 采矿方法,包括全近地行星碎石化技术,以及近地行星资源市场营销。

Ross(2001 年)讨论了能够从近地小行星得到的资源和潜在的采矿项目设计的工程的各个方面,包括任务方案的调研,采矿和提取技术,他强调"…开采低强度和松散的材料非常困难,如覆盖在一颗休眠或灭绝彗星表面的疏松小行星风化层或可能存在的松散灰尘。…这需要在扩展足迹上进行广域锚固,包括通过使用一张网或薄膜包裹的完全环绕目标体法。"

Huebner 和 Greenberg(2001 年)回顾了确定近地天体体特性和地质结构的方法。

Kecskes(2002 年)描述了四个能够促使技术开化的小行星兴起的方案:(1)一个基于小行星群的个体发展;(2)、(3)利用已经创造的基于小行星的群落,最终将其用作动力武器;(4)利用向地球轨道移动的小行星,将其用作一个生成和传输太阳能的平台。

Garrick - Bethell 和 Carr(2007 年)讨论了在一颗小行星表面进行操作的挑战,特别是宇航员尝试在其表面行走。给出的建议是使用已经围绕小行星一周的系绳。这些系绳为宇航员提供向下的力,并允许如钻孔、挖掘、捶打和记录材料的采矿操作能够安全进行。

Taylor 等(2008 年)和 Taylor 和 Benaroya(2009 年)指出在恶劣环境中进行石油钻探等业务是殖民彗星 Wilson - Harrington 的基础。本方案中,需要在彗星上建设隧道和地下井,为 10000 人规模的社区创造一个足够大的空间,并提供一个辐射屏蔽的、适宜可居住、自给自足的环境。

Blair 和 Gertsch(2010 年)提供了一个关于小行星采矿的概述,他讨论了行星采矿的要求和限制,并提出小行星采矿和行星防御是息息相关的。首先需要进行场地准备:锚定、近地天体运动控制、整体/碎片限制系统的放置、操作平台的构建和处理系统。

Misra(2010 年)评估了小行星采矿选择的可行性和使用净现值(NPV)处理的过程。小行星需要绕一个修正形圆环面轨道飞行。

Sanchez 和 McInnes(2012 年)讨论了对于太空工业化而言,牧羊近地天体(NEO)作为有用的源材料的利用价值。相比从地球发射相同的材料,大大节约了能源。本章估计了找寻一个能够在特定速度增量约束下的小行星的可能性,得到一张资源分布地图,该地图提供了近地空间物质资源质量的评估,该评估可应用于能源投资。

Hasnain 等人(2012 年)发展和实施了一个决定弹道特性的算法,这个算法对将近地小行星(NEA)送入绕地捕获轨道很有用。考虑到投入的返回时间,捕获返回的总时间限制在 10 年。有 23 颗小行星被建议在将来进行该捕获。

Keck 太空研究所通过一项近期的研究在细节上探索了小行星捕获返回。该研究中包括 34 个方面,有目标探索、飞行系统设计和任务设计等。用一个小行星捕获返回飞行器对一颗 7m、500t 的小行星进行捕获,将它捕获进一个仓内。

NASA 的自主纳米技术(ANTS)计划和它的承包商已致力于分布式系统的各种应用,如表面迁移率和小行星勘探任务(PAM)。尽管分布式构架哲学与本章的目标构架相似,但我们需要指出这是两个不同的概念。

16.2　小行星上操作的挑战

人们提出了大量关于获取小行星资源的构架。这些资源能够从根本上开发,或者小行星被移动到一个更加有效的位置,如月球轨道,移动到月球轨道上的优点是月球引力场能够有效地用来控制小行星上的采矿操作。也有人提出将小行星移动到地球轨道,但这种提议有一个明显的风险就是小行星可能会进入大气层而不是在地球轨道上飞行。尽管这种可能性也许很小,但带来的结果代价太高,以至于整体风险成本超出了当前或近期的技术能力范围。

在一颗小行星上进行采矿操作的工程挑战的关键点大部分是因为不存在引力场。这不是在弱化其他方面的困难,只是元量为($0g$)操作影响了涉及到的工作的所有方面。下面我们给出一份环境问题的总结(Benaroya 和 Bernold,2008 年)。

· 微/纳米 - 重力环境影响所有操作——包括恒/活载荷如何在一个设计框架中修改。

· 安全性和可靠性——安全设计、可靠性的设计程序和要素的影响对在特定的、苛刻的环境中操作起关键性作用。

· 化岩——影响操作和基础设计,媒介物质的负载能力均依赖于环绕周围的侧限应力;许多小行星都太不均匀,以至于基础操作是不可行的。

· 内部加压送风对可居住体来说是一个很大的课题;对机器人操作的采矿作业来说这不是很重要,但选矿过程这一方面有严格的需求。

· 辐射与微流星体防御——银河系和太阳系的辐射对机电系统而言是一个设计考虑方面。

· 建设过程中真空的影响——钻孔、爆破和原料释气;因为极端高压和不可预测的喷出物,小物体上爆破是一种不可能的方法。

· 灰尘颗粒——是否带电荷以及是否附着在表面取决于特定的小行星。

· 温度循环和昼夜渐变——如果小行星离太阳较远,那么渐变就不是问题了。

· 超低温对原料的影响,特别是外来材料——排气也许是个需要担心的问题。

· 真空环境下热管理——很可能是宇宙飞船类型的热回退体系,是除了因采矿操作造成的更大的负载。

在我们认为人类是采矿操作现场的一部分的情况下,以上这些考虑方面都很重要。如下所示,在延迟下通过最小的人类监察,我们很大程度上将小行星采矿看作是自动的,但也需要一个复杂精确的机器人小行星采矿系统来承受上面列出的各种环境因素影响。

16.3 飞行器结构

用于小行星采矿操作的结构设计与那些打算用于月球或火星表面的结构设计有一些相似点,主要在于固定还是漫游。在零重力(和极不均匀的)状态下,在一个体上进行操作的困难与宇航员在存在微重力的绕地轨道空间站工作遇到的困难相似。但是在绕地轨道上工作时,优点是中央体位于轨道上并且存在重力场。基于此,我们在操纵小行星周围的飞行器过程中可以利用万有引力,这能够帮助我们在长距离轨迹中节省很多燃油。但是一颗绕太阳轨道公转的小行星不具备这个优点。

当采矿作业在绕小行星轨道或固定在小行星上的情况下开始时,我们可以构想一种设备,该设备能够把采矿工具栓到一个轨道飞行器上,但这并不能让轨道小行星采矿变得理想。小行星大小决定了文献中提到的各种可能性,该文献主要是针对如何进行采矿操作。所谓的"正确"的答案尚未找到——这可能不是一种单一的空间采矿类型,取而代之,需要的是一种稳健并且适应性强的设计。

针对这样的飞行器,我们的通用标准是:

· 它的设计要稳健,这样能够适用于各种尺寸、形状和自转速率的小行星。同时,特别需要飞行器能够适应合理范围的维度和长宽比,这样就不需要针对性的定制设计,除非存在特殊的情况。

· 飞行器体积通常要相对较小。

· 无论小行星是在原地进行处理还是迁移到另一个运行轨道上,设计都应该是适用的,就地处理需要一个更大的飞行器。

· 假设飞行器是自主的,以目前的技术水平,也不太可能实现身着太空服的宇航员在几乎零重力、高辐射环境下进行太空岩石处理工作。即使是机器人帮助式采矿,也不能证明宇航员在那样的场地中操作是合理的。除此之外,含有生命支持的采矿飞行器设计将明显提高采矿的风险成本和复杂程度,以及操作延迟并提升风险。

16.4 一个可部署概念

针对我们讨论的目标,我们认为靠近中期时间段的采矿活动缺少的不是未来的和科幻的解决方法,而是现代技术和工程纽带。近期这个时间概念定义为未来20年,中期定义为未来40年,长期定义为未来60年。预测未来很远的事情是不可能的,如下面这些。

针对提出的飞行器的具体的机械设计议题/限制有:

· 能源系统(太阳能或核能);

· 材料处理设备;

· 针对可部署的遏制设备机制;

· 飞行器动力学和控制;

· 将各部件组装成一个紧密的完整体;

· 热抑制系统;

· 屏蔽设备。

因为理想化设计的飞行器较小,所以紧凑型技术非常必要。可执行的太阳帆技术对太阳系内的操作是可行的,同时太阳能热推进也是可行的。对于太阳系外的操作和时间预期很长的项目,或那些需要足够动力将小行星移至较近轨道的工程,很可能需要核能动力系统。

已经提出各种各样用来钻孔、压碎、溶解和喷射部分小行星的技术,这些技术在同一个框架运作,能将最终端产品送入市场上或进一步加工,这需要一套完整的技术。NASA 的 Cruriosity 设计和展开给出了将各类设备打包进一个相对较小的飞行器的可能性。尽管设想的小行星采矿器要大一些,我们依旧希望飞行器的各模块能够比较小。

我们确定小行星采矿器机械装置的质量和稳健性将决定概念是否可行。采矿操作和采矿生命力中有太多取决于机械装置的因素,这些机械装置包括将飞行器靠近小行星的,在小行星上操作的和维护系统的机械装置。项目的可行性将依赖于机械装置的创造性设计和协同性的一体化。

飞行器的动力和控制是非常关键。尤其是当飞行器必须在绕轨和含有一颗小行星环境特征的星体上操作时。不仅将小行星采矿器送到星体上的动力和控制,而且当采矿器靠近小行星并且开始采矿操作,将会存在动力和控制的问题,采矿操作将会影响小行星的动力学特性。当处理材料时,小行星的质量特性将会改变,需要一个自适应控制系统。如果喷射出物质,要么是将星体移入一个较近的轨道,要么是将采矿星体推动到另一个位置,这些情况下,小行星将会作出反应。我们必须理解和适当控制小行星的反应行为。

飞行器和它的设备必须能正常防御辐射破坏。这需要加强电力系统和宇航员的后备能力。人们不清楚在这样的操作中,微陨石的影响究竟有多严重。小行星上岩石松动这样的意外造成的影响很可能是一个非常严重的问题。

飞行器的可靠性和可维修性是以上全部内容的基础。如今我们还不清楚如何在极端的小行星环境下进行采矿。但可以肯定的是,必须对地球上或海洋中的钻孔系统进行适应性改造,并保证技术人员的能力。如何将一个机器人小行星网站转移如今尚不知晓。目前收集了一些想法,这些想法的灵感来源于地球寒冷地区的采矿和钻孔活动,以及在火星上收集到的有限却很宝贵的经验。

16.4.1 四面体采矿器

为了让中等体积的小行星从本质上不存在重力牵引,我们需要一种新的结构范例。提出一种将机器与人类一起送至小行星的概念。我们建议一种由多部分组成的飞行器/采矿器,它能够在靠近小行星时分离,并在小行星所在的位置创造一定体积。然后,由超强碳纳米管连接的飞行器部件共同作用,最终降落在与飞行器部件相同数量的小行星表面。

在这个位置,多部分组成的采矿器能够在被安全固定的情况下开始操作。取决于小行星大小,在缆车能够通过和进行采矿操作的地方部署连接绳索是较为可行的,并通过斜拉桥在小行星表面和缆车上传送。

我们描述的这个飞行器概念能够满足以上列出的约束条件。但这一概念元素很难在已知参考文献中找到,希望能在近期关于部署飞行器的整体概念中出现。

图 16.1 中给出了这种飞行器的概念模型。正方体采矿飞行器被分成 6 个四面体单元。如果飞行器是长方体或特殊形状,分解方式相同,也就是将该立体形状分为任意数量的任意形状,分割后能够被打包入一个合理且可传输的体。这里将正方体分割成四面体仅仅是为了方便描述。但是对一个形状不规则的小行星来说,四面体是一种能够为网格划分提供更多选择的形状。虽然我们希望这些正方体相对较小,能够在有效载荷整流罩内相匹配,但是,我们无法将打包燃料箱、天线和敏感元件的风险降到最低。

图 16.1 分割成四面体时立方体飞行器概念模型。每个四面体单元与其他的相连接,一旦
位于小行星周围的位置,这些单元会呈辐射状移动出来形成一个在小行星位置内的体。
然后这些四面体单元共同作用,直到所有单元与小行星表面相接触。内部的
每个单元均是能够在小行星上进行预期操作的专业化设备

可展开结构有的历史悠久,设计具有挑战性,同时也是在恶劣环境中解决复杂工程问题的一种重要途径。四面体结构在各种应用中都存在。与这里的需求不同,四面体结构在大多数应用条件下都能够提供较优的性能,例如,在 Herrand 和 Horner(1980),Clart 等(2007)和 Capo – Lugo 和 Bainum(2009)的文献中提到的那样。

假如我们能够设计上述提到的飞行器采矿器,那么它的组成部分能够被装入一个正方体的四面体单元里。为了飞向小行星,这些单元被紧紧装在一起。当立方体靠近它的目标时,它将分开成分离单元,这些单元通过高强度拉绳如纳米管拉伸连接。作为小行星捕捉可能的演习,通过使用旋转的立方体将旋转的能量转换为用于为之前提及过的打开运动,这样就不需要额外的能量了。保持角动量大小是指导原则,同样,飞行器的旋转与小行星旋转速率和轴线相匹配将会简化捕捉过程。

四面体结构将在尽可能远的地方打开,以完全包围目标小行星。一旦小行星装入由四面体结构包围的空间内,结构中的每个单元将会收缩并固定于小行星表面。然后,碳纳米管绳索将包裹在小行星表面。如果必要的话,还装部署一个细孔网,对由小岩石块组成的小行星进行包围。图 16.2 和 16.3 给出了这个概念。

在这个最终的锁定结构中,作为每次处理小行星的设计,钻孔、加工和喷射机

以及单元将开始进行操作。当设计目的是将小行星移动至当前轨道时,这些四面体单元将配备有推进器和/或可部署的太阳帆来推动小行星,将其移动到相应位置。

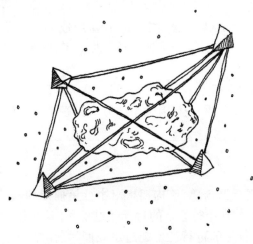

图16.2　图中我们看到在已部署的相连接的结构内的四面体单元,
这些单元包围着小行星(版权所有2012Ana Benaroya,经同意转载)

图16.3　四面体单元通过小行星表面。每个单元向下安置作为一个设计。
钻孔或其他步骤的进行可以通过小行星表面或暴露在外的表面实现。
缆绳连接了这些元素;一旦一根缆绳悬挂起,就开始缆车操作。
(版权所有2012Ana Benaroya,经同意转载)

某些结构和动力学设计问题在这个结合点处很明显:

· 需要设计将这个立方体飞行器发射到被选择的小行星的轨道机器,为它提供足够的旋转能量,并能传送到每个四面体单元,这样就可以如上述所说,允许环绕在小行星周围。

· 连接四面体结构单元的绳索中需要考虑其强度、可展开性，和用来将所有元素推动至小行星表面的"绞车"的连接。这些绳索可用作力学连接和通信信号传输。

· 优化四面体单元内的飞行器固定和小行星组成部分。设计的稳健性要求四面体有额外的功能，这样即使一个或两个单元失效了，其他的依然能够进行主要任务。

基于这个框架，我们进行了一个概念性设计，这个设计将解决上面列举的一些问题。对于上面的标准和限制，应该有大量的方法能够解决它们。

16.5 总结

我们提出了一个飞行器构架，该构架指出小行星捕捉和采矿中的关键问题。将一个机器人的采矿器放在小行星上的目标超过了我们目前的技术水平；以采矿为目的，将人类送上小行星的可行性也超过了我们目前的水平。（对当前技术水平在外太空如何维持人类生命是主要的问题。完全的机器人控制为自动化控制增加了负担。）我们能够将火箭发送到小行星上，通过对岩石进行采矿交互和小规模操作，并带回从这些岩石上采取标本的，例如，2003 年发射至的 Hayabusa 飞行器 Itokawa，于 2005 年到达，于 2010 将标本带回地球。这里提出的框架能够适应飞行器的一代代变更，其目的是与目标小行星结合并开始操作，操作可以是采矿或迁移。即使精确预测何时能够开始一个新的技术是很难的，但是在下一个十年内，我们依旧期待所提出的结构能够成功。

致谢

对审稿人提出意见，我表示衷心的感谢，尤其是指引我思考 ANTS 和 Keck 的研究。同时感谢本卷编辑提出合适主题，促使本卷的完成。

参考文献

[1] Benaroya, H., Bernold, L.: Engineering of lunar bases. Acta Astronautica 62, 277 – 299 (2008)

[2] Blair, B. R., Gertsch, L. S.: Asteroid mining methods. Presentation at the SSI Space Manufacturing 14 Conference. NASA Ames Research Center (2010)

[3] Capo – Lugo, P. A., Bainum, P. M.: Deployment procedure for the tetrahedron constellation. J. of Mechanics of Materials and Structures 4, 837 – 854 (2009)

[4] Clark, P. E., Curtis, S. A., Rilee, M. L., Cheung, C. Y., Wesenberg, R., Brown, G., Cooperrider, C.: Extreme mobility: Next generation tetrahedral rovers. Space Technology and Applications International Forum – STAIF,

CP880(2007)

[5] Garrick – Bethell,I. ,Carr,C. E. :Working and walking on small asteroids with circumferential ropes. Acta Astronautica 61,1130 – 1135(2007)

[6] Gertsch,R. E. :Asteroid mining. In:McKay,M. F. ,McKay,D. S. ,Duke,M. B. (eds.)Space Resources – NASA SP – 509,vol. 3,pp. 111 – 120(1992)

[7] Gertsch,R. ,Gertsch,L. S. ,Remo,J. L. :Mining near – Earth resources. In:UN International Conference on Near Earth Objects,Annals of the New York Academy of Sciences,vol. 822,511 – 537(1997)

[8] Hasnain,Z. ,Lamb,C. A. ,Ross,S. D. :Capturing near – Earth asteroids around Earth. Acta Astronautica 81,523 – 531(2012)

[9] Herr,R. W. ,Horner,G. C. :Deployment tests of a 36 – element tetrahedral truss module. Second Annual Technical Review,NASA Langley(1980)

[10] Huebner,W. F. ,Greenberg,J. M. :Methods for determining material strengths and bulk properties of NEOs. Adv. Space Res. 28,1129 – 1137(2001)

[11] Keck Institute for Space Studies,Asteroid Retrieval Feasibility Study,Cal Tech,JPL,Pasadena(2012)

[12] Kecskes,C. :Scenarios which lead to the rise of an asteroid – based technical civilization. Acta Astronautica 50, 569 – 577(2002)

[13] Lewis,J. S. :Asteroid resources. In:McKay, M. F. , McKay, D. S. , Duke, M. B. (eds.) Space Resources – NASA SP – 509,vol. 3,pp. 59 – 78(1992)

[14] O'Leary,B. O. :Space Industrialization,vol. 1. CRC Press(1982)

[15] Pearson,J. :Asteroid retrieval by rotary rocket. In:AIAA 18th Aerospace Sciences Meeting,AIAA – 80 – 0116 (1980)

[16] Pignolet,G. :Retrieving asteroids. L5 News(1980), http://www. nss. org/settlement/L5news/1980 – retrieving. htm

[17] Ross,S. D. :Near – Earth asteroid mining. Space Industry Report(2001), http://www. esm. vt. edu/ ~ sdross/ papers/ross – asteroid – mining – 2001. pdf

[18] Sanchez,J. P. ,McInnes,C. R. :Assessment on the feasibility of future shepherding of asteroid resources. Acta Astronautica 73,49 – 66(2012)

[19] Sonter, M. J. :The technical and economic feasibility of mining the near – Earth asteroids. Acta Astronautica 41,637 – 647(1997)

[20] Taylor,T. C. ,Benaroya,H. :Developing a space colony from a commercial asteroid mining company town. In: Bell,S. ,Morris,L. (eds.)Living in Space,Aerospace Technology Working Group Book,pp. 155 – 126(2009) Taylor,T. C. ,Grandl,W. ,Pinni,M. ,Benaroya,H. :Space Colony from a Commercial Asteroid Mining Company Town. In:AIP Conf. Proc. ,vol. 969,pp. 934 – 941(2008)

第*17*章

勘探轨道偏转、采矿与居住

沃纳 格龙德尔[1] 和阿科什 巴兹索[2]（Werner Grandl[1] and Akos Bazso[2]）
[1]奥地利图尔恩县咨询建筑师（[1] Consulting architect，Tulln，Austria）
[2]奥地利维也纳大学（[2] University of Vienna，Austria）

17.1 引言

已知的近地小行星（NEAs）数量在过去 20 年里持续增加。我们现在已经了解了小行星撞击对地球生命演化的影响（Alvarez 等，1980 年）。为确保人类的长期生存，我们不得不正视"小行星威胁论"。

一方面，我们必须开发如何检测有威胁的小行星并使其轨道发生偏转的方法；另一方面，也可以用这些方法来改变它们的轨道，进而开采其资源。与地球土壤相比，从小行星上可能更容易获得如铂族元素等的稀土资源，因为小行星上不存在污染环境，也不存在政治和社会问题等因素的干扰。

要改变近地小行星的轨道，必须有先进的推进系统（如氘－氦三聚变发动机）来为质量巨大的小行星提供动力。

在月球轨道以远的空间内进行小行星采矿，能使开采速度与往返货物运输的速度基本相当。

采矿结束后，可以在直径超过 400m 的小行星的外壳内部构建居住场所。氧、碳、氢可以从 C 型或类似的小行星来提取。

小行星资源开发将是人类进化过程中的关键一步，将会在空间中明确建立人类文明。可以不依赖地球生存，这对人类来说是一种"生命保障"，以应对由大自然引起的全球性灾难，如超级火山、冰川时代、新星和一些将来可能发生的灾难性事件。

17.2　近地小行星

本节讨论近地小行星(NEAs)及其对人类太空活动的潜在作用。首先回顾一下太阳系形成过程中的小行星起源问题。然后阐述与近地小行星相关的物理特性以及矿物资源。随后,基于轨道特征对近地小行星进行详细分类,最后考虑小行星的可达性和未来潜在的探测目标。

17.2.1　背景介绍

现代理论分析提供了太阳系内和系外行星形成的模型,也解释了小行星和彗星的起源问题(Morbidelli 等,2012 年;Weidenschilling,2011 年;Alibert 等,2010 年)。

行星形成的基本步骤包括:首先星际尘埃颗粒嵌入到行星原型系统的星云气体中,从纳米量级增加到厘米量级。通过连续的生长(如粘附和碰撞),形成米级的巨石颗粒,反过来趋于在不同时间尺度上进一步增长。一旦这些行星达到公里级大小,其引力将促进尺寸的继续增长,它们将不断聚集更小的天体,并表现出"失控的增长"(Aarseth 等,1993 年)。由这些最大的行星形成原行星,尺寸达到数千千米。该过程中遗留的碎片,即尺寸从几米到几百千米的小天体,形成了太阳系中的小行星和彗星群。

但如果没有已知的对今天的小行星群现有特性作出贡献的附加作用,上述过程仍将是不完整的。首先,并不是所有的小行星都是太阳系早期的原始天体,其中相当一部分在太阳系的演化过程中经过动力学演化形成。这些过程包括小行星之间的碰撞、潮汐破坏和不稳定旋转等(Wyatt 等,2010 年)。

必须补充一点,作为上述进程中最重要的,虽然位于火星和木星的轨道之间的主带小行星的动力学寿命时间可以达到数百万甚至数十亿年(Morbidelli 和 Nesvorny,1999 年),在它们之间有时也会发生碰撞。碰撞后小行星的命运取决于相对碰撞的速度,碰撞质量,以及组合体质量等参数(Leinhardt 等,2000 年;Durda 等,1998 年)。大质量小行星和小质量小行星之间的碰撞可能只是形成一个撞击坑,类似大小的碰撞也可能导致两者的灾难性破坏,形成具有其他小行星进一步碰撞的碎片。有人可能会问,为什么在太阳系中很少存在很多一千千米大小的小行星。谷神星(Ceres)是主带上最大的小行星,直径约 1000km(或矮行星),灶神星(Vesta)和婚神星(Pallas)的直径次之,约有 500km 大小,似乎是早期太阳系形成阶段留下的仅有的三个大体积小行星。其他尺寸超过 100km 的小行星遭受了无数次撞击和碰撞,很大程度上减小了它们的尺寸(Asphaug 等,1998 年)。

17.2.2　物理性质和矿物学

区分不同类型的小行星最重要一点是要分析其起源。由于原行星聚集越来多的质量,其表面受到频繁的撞击。在其内部的短半衰期放射性同位素(如铝 – 26)将产生足够的热量来完全熔化它们,从而区分出重元素和轻元素(Moskovitz 和 Gaidos,2011 年)。

通过对地球上陨石的化学分析可以看出某些典型元素的聚集(Heide 和 Wlotzka,1995 年;Mittlefehldt,2003 年)。其中一类是镍—铁相关的"亲铁元素"。另一类与硫化亚铁(铁硫化物)相关的"亲硫元素";除此之外,也存在一类与氧气有关的"亲石元素",主要集中在陨石和小行星的硅酸盐部分。通常情况下小行星上的挥发性元素,如氢和氦等,都已经挥发耗尽了,这些元素是原太阳系星云的主要组成部分。

镍、铁与亲铁元素等重元素沉入到熔融的原行星中心并形成金属芯,石元素等轻元素保留在地幔层并形成的各种硅酸盐矿物。最终,地幔的最上层和包含有轻质矿物质的部分形成了地壳(表 17.1)。

表 17.1 陨石中出现的典型矿物元素聚合

群组	元素(部分)
亲铁元素	Fe、Ni、Co、Cu、Au、Pd、Pt、Os、Ir
亲硫元素	Fe、Ag、Cd、In、Th、Pb、Bi、S、Se、Te
亲石元素	Rb、Cs、Be、Al、Sc、稀有元素、Th、U、Ti、Nb、Ta、Cr、Mn

观测到了说明不同类型小行星的壳结构,金属芯,硅酸盐地幔和地壳,以及收集和研究的陨石的类型。低速碰撞将使天体的地壳发生移动并产生低密度的碎片,而高速的碰撞从地幔中挖掘到额外的物质,并可以混合不同的硅酸盐矿物,就像在无球粒陨石中找到的这些。超高速撞击和灾难性的碰撞可以导致整个被撞击天体的解体,同时还会释放出撞击天体内核,也就是现在被发现的铁质和石 – 铁质陨石。

在具有足够低的速度发生碰撞后,碎片可以在相互重力的作用下重组形成一个松散边界"瓦砾堆"。这个模型可以解释一些小行星的小于 $1 \sim 1.5 g/cm^3$ 的异常低堆积密度,而值大约为 $3g/cm^3$ 的固体天体(由硅酸盐矿物组成)有待发现(Baer 和 Chesley,2008 年;Britt 等,2002 年)。对挖掘任务来说,具有这种碎石桩结构的小行星将增加额外的难度,如内部结构可能不允许深部开采。

17.2.3 小行星分类

陨石通常可分为三大类:石陨石、石铁陨石和铁陨石,每一类都包含若干子类(Heide 和 Wlotzka 1995,Krot 等,2003 年)。这意味着从来自同一个小行星的陨石具有相同的特性。然而,根据小行星的光度和光谱研究,天文学中逐渐出现了一种新的分类方法。通过观察从小行星表面反射的太阳光,并与地球矿物进行实验室光谱对比,可以确定小行星表面的物质成分。

Tholen 和 SMASS 分类法是两种广泛使用的分类方法(Tholen,1989 年;Bus 和 Binzel,2002 年)。两者均定义了包含了多数小天体的三个大类。在 C 类包含碳质小行星,即富含碳元素且有一定含水量和有机分子的小行星。这一类包括了约 75% 的小行星;它们主要分布在主带外侧(Gradie 等,1989 年)。S 类小行星为硅质小行星,占小行星总数的 17%。第三类是 X 型小行星,包括一般的富含金属的小行星,但同时也包括其他不同组分的天体。因此基于天文学和地球化学的分类法之间存在关联:C 型对应碳球粒状陨石,S 型对应石陨石,而 X 型对应铁陨石。

17. 2. 4 小行星群

1801 年就被 Piazzi 发现的谷神星(Ceres)是人类发现的第一个小行星。Piazzi 对火星和木星之间空间进行了研究,因为根据提丢斯—波得定律(Titius – Bode),火木之间应该有一颗未被发现的行星。从那时起,人们使用地基和天基设施发现了更多的天体。很明显,这些小天体的分布存在其固定的"模式",其中有一部分可以通过动力学来解释(Knezevic 等,1991 年;Dvorak 等,1993 年),但也可认为是太阳系早期结构所保留的印记。

在内太阳系,存在与类地行星水星、金星、地球和火星轨道相交的近地小行星(NEA),将稍后进行介绍。绝大多数的小行星都位于从 2AU 到 4 AU 的主带区域(AU 为一个天文单位,等于地球到太阳的距离)。数以百万计大小各异的小天体绕太阳运行,偶尔会进入可以到达内太阳系的轨道,作为近地小行星群的补充。在巨行星轨道之间,可以找到半人马小行星群(Centaurs)。这些小天体与彗星具有某些相同的特征。海王星轨道以外,有柯伊伯带(Kuiper)带小行星,冥王星是其中的代表。这些天体温度极低且含水量高,密度低,这一特点从太阳系诞生开始就不曾改变。在太阳系外的奥尔特 Oort 云中包含数十亿颗彗星,其中一些偶尔会进入到到太阳系内。

17. 2. 5 近地小行星群

对小天体分类进行简要介绍后,我们重点讨论近地小行星。从观测的角度来看,近地小行星与主带小行星不存在根本的区别。但近地小行星还是有其特点。首先,近地小行星通常比主带小行星的体积小。最大的近地小行星 Ganymed 直径为 32km,与大部分主带小行星相近。而大多数近地小行星的直径小于 2km(Durda 等,1998 年)。彩图 17. 1 为有潜在威胁小天体大小分布图。

在过去几十年中,宽视场自动望远镜已经有了许多新的发现。这些观测目的(如 LINEAR、卡特琳娜巡天等)是对所有直径为 1km 以上的近地小行星进行 100% 检测(Stokes 等,1998 年)。

近地小行星可分为三大分类(图 17. 2):Amors 类、Apollos 类和 Atens 类(Shoe-maker 等,1979 年)。这些分类是从轨道动力学角度定义的,取决于小行星的轨道

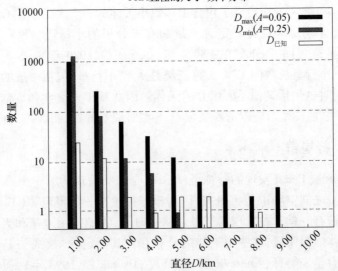

图 17.1　有潜在威胁小天体大小分布图。直径是基于绝对星等和反照率 A 得到的：
$A = 0.05$(紫色)，$A = 0.25$(红色)；绿色表示已知直径的小天体

要素，需要数千年到百万年的时间尺度才会发生变化（Milani 等，1989 年）。

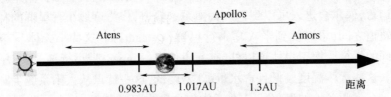

图 17.2　三大类近地小行星。箭头表示该类型所处的位置范围

　　Amor 类小行星是一种介于主带小行星和飞越地球的小行星之间的中间类型。虽然它们的半长轴（到太阳的平均距离）与主带小行星相当，但却能穿过火星轨道并到达距离太阳小于 1.3AU 的位置（天文单位（AU）＝平均日地距离，1.5×10^8 km）。这一距离仍能确保它们不会给地球带来任何直接风险，除非它们不会成为 Apollo 类近地小行星。Apollo 类小行星距离太阳的最小距离不会超过 1.017AU。该距离为地球与太阳的最远点距离，因此 Apollo 类小行星可能与地球轨道相交，并可能发生碰撞。Atens 类小行星包括具有平均距离小于 1AU 的小行星，即它们在地球轨道内运动。Atens 类小行星与太阳的距离最大可能超过 0.983AU，会穿过地球轨道上的近日点，也像 Apollo 类小行星一样，可能与地球发生碰撞。如果它们具有较高的速度，则将变得更加危险。Apollos 类小行星是数量最多的近地小行星，Atens 类则相对较少（http://neo.jpl.nasa.gov/stats/）。

17.2.6 近地小行星的可达性与可能的探测目标

虽然被称为近地小行星,但它们之中只有少数能真正接近地球,并造成一定危险。要知道 Amor 类小行星处于距离地球约 0.3AU(或 4.5×10^6 km)的区域。

NEA 要想成为人类探测的目标,必须符合一定条件。根据美国航天局的 NHATS(Near-earth Object Human space flight Accessible Targets Study(NHATS),http://neo.jpl.nasa.gov/nhats/)数据库,我们选取了几个小行星作为潜在目标。对我们来说,有潜在危险的小行星(PHAs)似乎是一个有利的选择,原因有以下几点:①它们经常会近距离交会地球;②最小轨道相交距离(MOID)小于 0.05AU(约 7.5×10^6 km);③直径超过 150m。根据先前的观点,NHATS 列表中要到达目标的深空探测器需提供的速度增量(ΔV)小于 12km/s。

可以在 PHA 任务中对不同轨道偏转策略进行可行性试验,以防有一天小行星与地球相撞。

除了特别关注的 Apophis 和 Itokawa 以外(Chesley,2006 年;Bancelin 等人,2012 年;Yoshikawa,2004 年),小行星的密度和质量很难确定。我们将目标直径限制在 150~500m 之间,较小目标可能不适合开采,而更大体积的目标轨道机动则需要更多的能源和推进剂。在假设密度为 3g/cm^3 的前提下,计算小行星的最大质量(表 17.2)。

表 17.2 潜在开发 NEA(PHA)目标列表,及其物理特性和轨道参数。
为了计算质量,假设其为平均密度等于 3g/cm^3 的球体

名称	直径/m	质量/kg	轨道半长轴/AU	偏心率	光谱类型
2004 MN4	270	3.092×10^{10}	0.922	0.191	Sq
1982 DB	330	5.645×10^{10}	1.489	0.360	Xe
1998 SF36	330	5.645×10^{10}	1.324	0.280	S
2005 YU55	400	1.005×10^{11}	1.157	0.430	C
2008 EV5	450	1.431×10^{11}	0.958	0.084	S
1982 XB	500	1.963×10^{11}	1.835	0.446	S
1999 RO36	493	1.882×10^{11}	1.126	0.204	C

17.3 近地小行星的机器人探测

人类对小行星的认识主要得益于深空探测器。这些任务包括飞越、长期伴飞或取样返回。目前,这些任务中只有两个对 NEA 进行了探测,而主带小行星是更常见的目标(Shevchenko 和 Mohamed,2005 年)。

17.3.1 已完成的探测任务

"伽利略"号是首个小行星探测器,对小行星 Gaspra 和 Ida 完成了飞越探测。"伽利略"号在飞往木星的途中,于 1991 年经过了 951 号主带小行星 Gaspra(Veverka等,1994 年),于 1993 年经过了 243 号小行星 Ida(Belton 等,1996 年)。探测数据证明,这两颗天体都是不规则形状的 S 型小行星,且小行星 Ida 拥有一颗名为 Dactyl 的卫星,同时还有其他的物理性能,如反照率、自转周期和质量,其表面矿物质被确定为橄榄石和辉石,平均密度约为 $2.6g/cm^3$,这一点表明其与普通陨石存在关联。

几年后,"近地小行星交会"(NEAR – 舒梅克号)飞船首次对 NEA 进行了探测。1997 年,NEAR 号飞越主带小行星 253 Mathilde(Clark 等,1999 年),并拍摄了照片。Mathilde 的低反照率和仅为 $1.3g/cm^3$ 的低平均密度表明,其可能是碳质球粒陨石类型的天体。NEAR 号在 1998 年飞越近地小行星 433 Eros 之后,最终于2000 年进入 Eros 的伴飞轨道。Eros 是 Amor 类小行星,其体积在近地小行星中位列第二。在接下来的一年中,探测器对 Eros 表面和重力场进行了探测,测得其平均密度为 $2.67g/cm^3$,同样属于普通球粒陨石类小行星(Miller 等,2002 年)。

几乎在同一时间,"深空"1 号任务成功飞越了主带小行星 9969 Braille(BU-RATTI 等,2004 年),并测得了该小行星的尺寸、反照率和光谱。光谱类型表明其与小行星 4 Vesta 相类似。此后探测器继续对彗星 19P/Borelly 开展了探测。

Stardust 号探测器对彗星 81P/Wild – 2 进行了探测,同时飞越了主带小行星5535 Annefrank,确定了该天体的大小及反照率。

日本"隼鸟"号探测器(原名 MUSES – C)对 Apollo 类小行星 25143 糸川开展了探测。2005 年,"隼鸟"号成为第一个成功入轨小行星轨道并成功完成表面取样返回任务的探测器。从收集到的灰尘颗粒的分析结果来看,糸川是在宇宙射线下暴露了 800 多万年前的 LL 型普通球粒陨石,这意味它从母天体中独立的时间并不长(Nakamura 等,2011 年)。

最后,欧洲"罗塞塔"号探测器在飞往彗星 Churyumov – Gerasimenko 的途中,飞越了主带小行星 21 Lutetia。图 17.3 为主带和近地小行星探测任务时间轴。

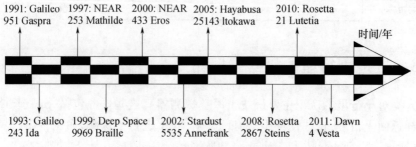

图 17.3 主带和近地小行星探测任务时间轴。同时给出了
探测器和小行星的名称及相应年份

17.3.2　未来的小行星探测任务

美国航空航天局的 OSIRIS – REx 任务计划于 2016 年发射升空,对小行星 1999 RQ36(Lauretta 等,2011 年)进行探测。该探测器计划在 2020 年左右进入这颗 C 型小行星的轨道,并在表面收集。如果样品将被成功送回地球,可与地球上目前发现的陨石相比较,这将给地面研究碳天体及其组成带来契机。

2012 年夏天,"黎明"号探测器完成了对小行星 4 Vesta 的探测,并在 2015 年到达了小行星 1 Ceres。这次任务将提供两颗体积最大,但组成明显不同的主带小行星的宝贵数据。

17.3.3　NEA 勘探与采矿的概念任务

为实现未来近地小行星开采,必须研究对目标小行星进行开采的标准方法及相应的人造飞行器。目前的任务,如 Dawn 或 OSIRIS – REX 任务,单独设计并建造一个探测器就需要 5 亿美元。如果能够将类似的探测器进行标准化,那么费用就能显著降低。

在做出开采 NEA 的决定后,还必须进行一系列的前期尝试。在第一阶段,需要对探测目标进行深入调查,并彻底确定其物理特性。在可能情况下,用地面观测(光学和射电观测)对小行星的形状和旋转状态进行确认;观测获得的光谱将反应出小行星的表面特性(光谱类型),为任务规划提供帮助。如果 NEA 的轨道已知且精度够高,那么就可能在最小的距离上开展上述测量,并具有足够的精度,那没这些测量值就可以在用于计算最佳偶的探测窗口;否则下一个窗口机会将由 NEA 的轨道周期决定,通常为 0.7 ~ 3 年。出于这些方面的考虑,前期工作可能需要 10 年的时间。

在第二阶段,小型的轨道器将发射至目标 NEA(最好是直接转移),对小行星表面进行成像、绘制地图并探测其引力场。精确确定小行星的质量、密度和孔隙率至关重要,这样就能够排除结构非常松散、以碎石为主的的小行星。若不考虑转移飞行时间,那么第二阶段可在一年内完成(参考了 Dawn 号探测器对 Vesta 小行星探测任务的实际情况);最终可以取回一些简单的样品。若将前期准备、转移飞行和任务执行时间均考虑在内,那么第二阶段也同样需要 10 年左右。

在第三阶段和主阶段,一组太空拖船(请参见相关章节)将接近目标小行星,并与之发生接触。随后,通过携带的或由小行星表面物质转换而来的燃料,对 NEA 的轨道进行偏转,以达到将目标小行星转移到地球轨道的目的。这样就能够在地球轨道进行载人采矿的工作。小行星将被拖拽到月球轨道以外的轨道上,或置于地月拉格朗日点 L_4 或 L_5 点。这一阶段的持续时间在很大程度上取决于小行星轨道参数和小行星的质量。因此,在这里只能给出一个粗略的评估。假设推进系统具有技术可行性,那么在小行星到达绕地球轨道之前可能需要 10 ~ 20 年时间。

鉴于个别任务持续时间特别长,这里提出了"流水线"的概念。对近地小行星的地面观测可以并行开展,下一阶段的先导任务可以在短时间间隔内发射,给技术修正和升级充足的时间。在这样就建立了一个连续的数据流,并且对于航天员来说将没有空闲的时间。同样对于最后一个阶段,并行任务比串行任务更为合适。

17.4 轨道机动

17.4.1 机动类型

对于 NEA 无人探测器来说,飞行时间并不是主要问题,最重要的是降低燃料消耗。相反的,将小行星从绕日轨道移动到地球轨道更有难度,有一些转移方式可供选择(Chobotov,1991 年)。

1. 霍曼转移

假设 NEA 处于圆轨道上(这个假设一般无法满足,许多近地小行星处于高偏心率的轨道上),通过一个简单的霍曼转移就可以到达地球轨道。如果认为速度增量是脉冲式的,那么发动机必须提供一个高的峰值性能(大推力)。对于小推力发动机,可以逐渐改变轨道且效率更高,但所需提供的速度增量将是原来的141%,持续时间也将更长(Hohmann,1960 年)。

2. 双椭圆转移

双椭圆转移涉及到两个椭圆转移轨道,但只需运行其中的一半。发动机需要三次点火,第一次点火后离开原来的轨道,第二次改变椭圆转移轨道,最后一次进入目标轨道。在某些情况下,双椭圆转移需要的燃料比霍曼转移更少,但飞行时间通常更长(Chobotov,1991 年)。

3. 改变轨道平面

一些 NEA 轨道相对于地球轨道平面的倾角较大。为使其进入地球轨道,必须减小轨道倾斜。为了节省燃料,一般在远日点实施改变平面的机动,因为此时小行星的飞行速度幅度是最小的。

17.4.2 借力飞行

对行星的借力飞行不仅获取图像和科学数据的机会,也让探测器得以获得额外的速度增量。借力飞行(或称为重力辅助、引力甩摆)利用了简单的动量守恒和能量守恒物理原理。借力飞行将行星少量的动量转移到探测器上,对探测器进行加速,与此同时行星也被减速。根据不同的飞越形式,探测器既可以加速也可以减速(http://www.dur.ac.uk/bob Johnson/SL)(Johnson,2003 年)。

通过借力飞行能够节省大量燃料,Galileo 号和 Cassini 号已经证明了这一点。建议可以采用借力飞行轨道来使 NEA 接近地月系统。小行星与月球的质量比大约是 10^{-12},因此可以认为小行星对月球轨道的稳定性不会产生负面影响。

17.4.3　未来的推进系统

从表 17.2 可知,计划中的 NEA 目标质量大于 10^{10}kg。这对常规推进系统具有极大的难度。这对大推力和高比冲的先进推进系统提出了需求。这样的系统将是巴萨德融合系统,也被称为静电放电(QED)发动机(Bussard1997,2002 年)。

本系统采用静电融合装置产生电能。燃料将氘和氦 -3 进行融合后形成氦 4 和质子,每个反应将释放出 18.3 MeV 的能量。带电质子脱离禁锢,其动能可以转换成电力或用来直接作为等离子束产生推力。氘 - 氦反应的优点是具有较低的中子产生率(通过氘 - 氘反应),而中子不可用于产生推力;其缺点是氦 -3 在地球上相当罕见。然而,在月球上氦 -3 却非常丰富(通过太阳风沉积),所以首先必须从月球收集氦 -3,这也可能会提高任务的成本。可以计算出该反应的比能量为 3.5×10^{14} J/kg(Bussard,1997 年,2002 年),比任何现有推进系统都要高出几个数量级。

我们计算了表 17.2 中的近地小行星的轨道和地球轨道之间的开普勒能量之差,用以估计转移所需要的能量(Roy 1988,11.3 节)。然后将所得的能量差乘以小行星的质量(假设的 3g/cm³ 的小行星密度)。对应的速度增量 ΔV 可由 Benner(JPL)的表格给出(http://echo.jpl.nasa.gov/lance/delta_v/)。

表 17.3 给出了燃质量的详细信息。计算方法是将能量值除以 De – He – 3 反应的比能量 3.5×10^{14}J/kg。

表 17.3　将 NEA 转移至地球轨道所需要的能源和燃料量。
速度增量值 ΔV 来自 JPL 的表格

小行星名称	质量/kg	能量/J	燃料质量/kg	速度增量/(km/s)
2004 MN4	3.092×10^{10}	1.161×10^{18}	3317	5.687
1982 DB	5.645×10^{10}	8.265×10^{18}	23614	4.979
1998 SF36	5.645×10^{10}	6.164×10^{18}	17611	4.632
2005 YU55	1.005×10^{11}	6.094×10^{18}	17411	6.902
2008 EV5	1.431×10^{11}	2.778×10^{18}	7937	5.629
1982 XB	1.963×10^{11}	3.984×10^{19}	113829	5.490
1999 RQ36	1.882×10^{11}	9.392×10^{18}	26834	5.087

17.4.4　应用举例:小行星 2008 EV5

小行星 2008 EV5 属于 Aten 类小行星,平均直径为 450m,光谱类型为 S 型(石质小行星)。质量估计约为 1.4×10^{11}kg(假设密度 3g/cm³)。将其带到地球轨道($a = 1$AU,$e \sim 0$)所需的能量约为 2.8×10^{18}J 量级;采用巴萨德融合推进系统的推进剂消耗量约为 8000kg(彩图 17.4)。

彩图 17.5 给出了小行星 2008 EV5 和地球轨道的空间关系。红色代表小行星

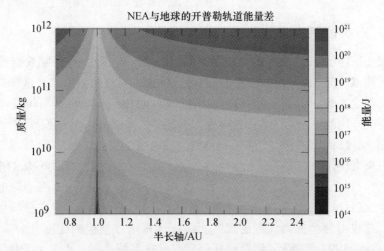

图 17.4 近地小行星轨道和质量与将其转移到地球轨道所需能量之间的关系

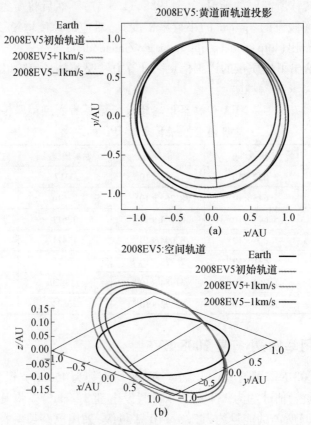

图 17.5 小行星 2008 EV5 与地球轨道在黄道面(a)投影和空间视图(b)。此外,显示了当 NEA 速度增加或减少 1km/s 后形成的修正轨道

轨道低于黄道面的部分。同时给出了当小行星速度增加(或减少)1km/s后所形成的轨道以及节线。如表17.3所列,该小行星需要的总 ΔV 约为5.5km/s。通过从巴萨德融合推进系统所提供的速度增量,刚刚足以将其节线调整至与地球轨道相同的方向。其轨道的远日点距离为1.038 AU,该距离足以允许其在经过升交点时与地月系发生近距离碰撞。如果到达这样一个轨道,那么小行星在其最接近地球位置仍大于月球轨道的安全距离,同时又能够在足够近的距离施加一次轨道机动,剩下的 ΔV 则可以由月球借力来提供(彩图17.6)。

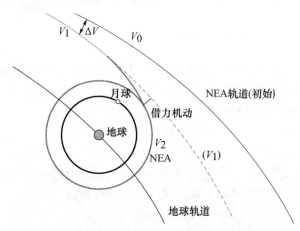

图 17.6　利用月球借力飞行的轨道机动示意图

17.5　小行星太空拖船

正如在17.3.3讨论的那样,为实现"流水线"式任务,不仅需要开发和测试巴萨德融合推进系统,同时也要研制出由巴萨德引擎推动,并可携带足够燃料的无人太空拖船。该飞船的所有组件应能够系列化生产以降低成本。因此,所有的部件应是模块化的,使其易于在近地轨道(LEO)组装。建立采用铝梯形板、桁条、框架和舱壁的圆柱形模块作为主要结构。考虑到未来重型火箭很可能从 Ariane 5 进行升级,考虑将拖船的长度和直径限制在24m和8m。载荷体总质量为20~25t,其中包含一个融合式发动机、一个钻孔锚和配套的技术设备。

可以在近地轨道上由四个模块对空间拖船进行组装(图17.7)。因为氦-3是从月球土壤中提取出来的,因此燃料可以在轨加注,以减小从地面发射的质量。这意味着必须在发送太空拖船之前就已经建立了月球基地(Grandl,2012年)。

针对小行星 2008 EV5,改变其轨道所需要的燃料量约为8000kg(见表17.3)。但除此之外,还必须加上将拖船送到 NEA 所需的燃料,此外也需要存储少量燃料用于修正。我们需要第二艘空间拖船来为稳定 NEA 提供额外的推力,可以与第一

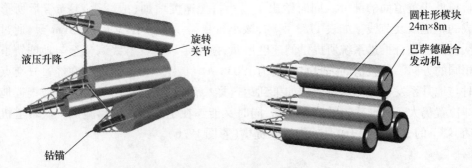

图 17.7 小行星太空拖船(初步设计)

液压升降
旋转关节
钻锚
圆柱形模块 24m×8m
巴萨德融合发动机

艘拖船的推力成对出现。因此 2008 EV5 任务的总燃料量约为 9000kg。对于某些小行星任务,所需要的燃料量要比表 17.3 中给出的更多。在这种情况下,就必须在模块之间加入额外的燃料储箱。

因此,需要发射多个小行星太空拖船到目标小行星上。当拖船将达到 NEA 后,将发射钻探锚并穿透目标,如图 17.8 所示。一旦与小行星岩石固连,拖船可以向任何方向移动。携带大部分燃料的第一艘拖船负责提供变轨所需要的主要推力。第二艘拖船通过短脉冲推力来对飞行轨道进行微调。

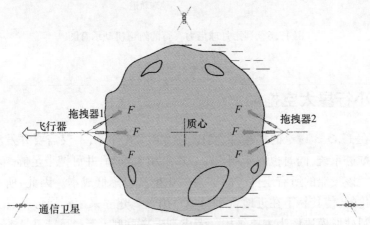

拖拽器1
飞行器
通信卫星
质心
拖拽器2
F

图 17.8 在太空拖船和中继通信卫星包围下的小行星

所有机动都将通过地面中心进行控制。拖船周围都配有三个通信小卫星,保证从地球或月球基地的远程控制。

17.6 开采和加工处理

当 NEA 在月球以远的轨道上稳定后,载人采矿站将会停靠在小行星上(图 17.9)。采矿站由圆柱形模块和节点组成。包含一个主动采集头的钻孔机(Taylor,Zuppero,

Germano,Grandl,1995 年）、输送加工机械、仓储与对接模块。人工重力模块为宇航员提供了一个小型的人造重力场。由太阳能电池和一个小型的核电池提供能源。

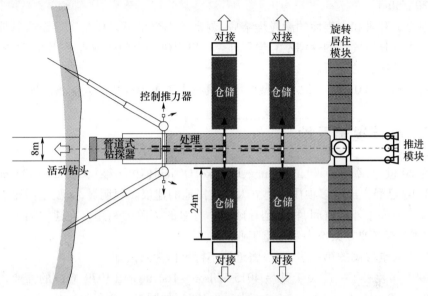

图 17.9　载人采矿站示意图

因为低重力或零重力,在小行星上进行开采会与地球上有很大区别。一方面会比较容易挖掘隧道和洞穴,因为仅需要更少和更小型的环梁、锚杆装置等来稳定岩石。另一方面,在低重力环境下更难以传送由主动采集头(AMH)挖掘出的岩石颗粒,这些颗粒也被称为"淤泥"。在小行星表面,这些岩石颗粒会轻易飘走和丢失。

出于上述原因,地下开采比表面开采更加可行。所选择目标小行星,例如 2008 EV5,其密度至少达到 $2\mathrm{g/cm^3}$。当密度太低时,钻孔可能破坏土壤结构,并有导致 NEA 破碎的危险。

主动采集头是一个灵活的钻井、挖掘和隧道掘进机器。该钻头都配有烧结人造钻石的切割部件。为了不影响小行星岩石的结构稳定性,AMH 必须比在地球上更缓慢、更流畅、更准确地工作。首先,AMH 需要在小行星中轴钻取出一个 8m 直径中央主隧道,然后逐步扩展出一个约占 NEA 体积 50% 的球形空间。

挖掘出的洞穴空间将永久性地填充加压气体。因此,淤泥等可以通过真空输送管的方式轻易地除去。

开采获得的物质在载人采矿站中被处理、存储,并做好运输准备。无人货船将材料运送到 LEO 或地月系统的拉格朗日点,以用作其他工业用途,如冶金工厂等。挖掘推进、淤泥清除和存储的速率必须保持与运输的速率相同,当 NEA 处于地球轨道上时,这些操作将更容易完成。

因为缺乏空气和水,隧道和洞穴的内表面不能像地球上那样,使用混凝土(喷浆)进行喷刷。采矿过程结束后,可以通过在岩石表面的激光烧结制成平滑的墙体。

保留的 NEA 地壳厚度取决于岩石密度,以及天体与洞穴的直径。一般至少应达到 30 ~ 50m。

在完成开采和内表面的激光烧结后,剩余的小行星可以作为工业设施基地或生产氧气或其他气体的存储室。岩石外壳可以提供一个免受微流星、宇宙射线、太阳耀斑以及保温的场所。

直径超过 400m 的近地小行星可用作具有人工重力环境的人类殖民地。

17.7 小行星殖民地

在 20 世纪,Ziolkovsky、Noordung、Ehricke、O'Neill(1989 年)、Germano 和 Grandl(1993 年)已经提出了多项用于建立太空殖民地的建议。很明显,大型空间殖民地的建设将取决于外层空间,特别是月球和小行星的资源的利用。在建立第一个殖民地之前,有必要在太空中建立重工业。

作为太空移民的第一步,可以将近地小行星作为殖民地。

1995 年发表了一篇关于彗星 4015 Wilson – Harrington(1979 VA)的商业资源开发论文(Taylor,Zuppero,Germano,Grandl,1995,如图 17.10 所示)。

图 17.10　彗星 4015 Wilson – Harrington 内部的人类栖息
环境结构(出自 A. Germano,W Grandl,1995 设计)

在挖掘过程完成后,彗星洞穴将用来建立一个旋转的环形栖息地。这一概念描述了像 AMH 的一些关键技术。

17.7.1　小行星殖民地原型:2008 EV5

当 NEA 已开采体积达到 50% 后,就可以在洞穴内建立起一个旋转的环形殖民地。小行星的外壳提供了一个免受陨石、宇宙射线和太阳耀斑影响的场所。旋转圆环的半径至少应为100m,以尽量减小科里奥利加速度的影响(Puttkamer,1987年)。

因此,我们选择一个最小直径为400米,如2008 EV5那样的小行星作为小行星殖民地的原型(图17.11和图17.12)。

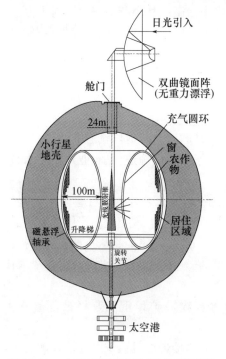

图17.11 小行星殖民地原型(截面视图)

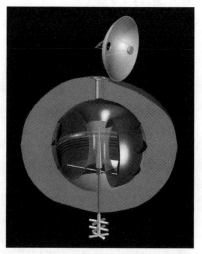

图17.12 小行星殖民地原型(截面/透视图);
旋转圆环由小行星真空洞穴中的电磁轴承驱
动。在太空中自由浮动的反射镜阵列将太
阳光光束导入进小行星内部,并最终
通过中央锥角镜进行光路分配

圆环面可以通过气动部件建造。组装元件后,整个圆环面将会膨胀。一旦被NEA外壳遮挡,可以用大玻璃面板进行照明。可以通过抛物面反射镜阵列将自然光反射到洞穴的中心。聚焦的太阳光通过一个中央锥角镜进入环形面。抛物面反射镜阵列被设计成具有独立旋转功能的自由浮动结构,用以在小行星外部空间收集太阳光。中央锥角镜配备有小型抛物面来疏导光线。

圆形电磁轴承(磁悬浮)形成90%的地球引力,整个环形结构每分钟旋转3~4圈。为防止故障,居住空间将由额外的机械轴承支撑。科里奥利加速度约0.05g,对人类来说可以忽略不计。

小行星表面的非旋转式航天发射场能够提供对接和存储模块,这主要继承自以前的载人采矿站。

环形面的内表面被用于建设房屋、园艺、农业和公共中心。垂直农场和水产养殖产业可以供给约 2000 位居民。所有内部建筑和家具将具有轻质量结构,部分采用 3D 绘图或相似的方法建造。碳纤维和泡沫金属等轻质材料将被广泛使用。

为了避免洞穴内部发生热过载,将在小行星的内外部安装吸热装置和热交换器系统。剩余的热量将被吸收,转化为电力或作为微波从小行星表面辐射出去。

可在资源开采过程中或空间工厂中提取出氧气和水。未来的目标是在自给自足的空间聚居地中形成一个"封闭水循环"。

17.8 未来展望

到 2200 年,将会有几十个小行星殖民地在月球以外的地球轨道上运行。那些体积太小不足以作为殖民地的近地小行星将用于工业设施建设、农业建设和水、氧气等产品的储藏。

几十万人将会在地月系统中定居,并构成一个地面之外的新社会。太阳能发电卫星和工业设施将围绕地球和月球旋转,为不断增长的人类生产提供稀有产品。太空电梯将在地球和近地球轨道之间运输材料和产品。飞船将从月球轨道和拉格朗日点出发飞往火星、小行星带和木星的卫星,在科学探索的同时,利用整个太阳系的资源为人类造福。

地球则会成为一个"绿色星球",因为大多数采矿和重工业将被部署在太空中。

太空望远镜阵列可以探测太阳系,当危险天体接近地月系统时提前侦测,并将它们转移。

致谢

对维也纳天文研究所的 Rudolf Dvorak 教授表示衷心的感谢。同时特别感谢我们年轻的工程师 Clemens Böck 提供的技术咨询和出色的图纸。

参考文献

[1] Aarseth, S. J. , Lin, D. N. C. , Palmer, P. L. : Evolution of Planetesimals. II. Numerical Simula – tions. ApJ 403, 351(1993)

[2] Alibert, Y. , Broeg, C. , Benz, W. , Wuchterl, G. , 22 coauthors: Origin and Formation of Planetary Systems. Astrobiology 10, 19 – 32(2010)

[3] Alvarez, L. W. , Alvarez, W. , Asaro, F. , Michel, H. V. : Extraterrestrial cause for the Creta – ceous – Tertiary extinction. Science 208, 1095 – 1108(1980)

[4] Asphaug, E. , Ostro, S. J. , Hudson, R. S. , Scheeres, D. J. , Benz, W. : Disruption of kilometre – sized asteroids by energetic collisions. Nature 393, 437 – 440(1998)

[5] Baer, J. , Chesley, S. R. : Astrometric masses of 21 asteroids, and an integrated asteroid ephemeris. Celestial Me-
chanics and Dynamical Astronomy 100 , 27 – 42 (2008)

[6] Bancelin, D. , Colas, F. , Thuillot, W. , Hestroffer, D. , Assafin, M. : Asteroid (99942) Apo – phis : new predictions
of Earth encounters for this potentially hazardous asteroid. A&A 544 , A15 (2012)

[7] Belton, M. J. S. , Chapman, C. R. , Klaasen, K. P. , Harch, A. P. , Thomas, P. C. , Veverka, J. , McEwen, A. S. ,
Pappalardo, R. T. : Galileo' s Encounter with 243 Ida : an Overview of the Imaging Experiment. Icarus 120 , 1 – 19
(1996)

[8] Britt, D. T. , Yeomans, D. , Housen, K. , Consolmagno, G. : Asteroid Density, Porosity, and Structure. Asteroids
III , 485 – 500 (2002)

[9] Buratti, B. J. , Britt, D. T. , Soderblom, L. A. , Hicks, M. D. , Boice, D. C. , Brown, R. H. , Meier, R. , Nelson,
R. M. , Oberst, J. , Owen, T. C. , Rivkin, A. S. , Sandel, B. R. , Stern, S. A. , Tho – mas, N. , Yelle, R. V. : 9969
Braille : Deep Space 1 infrared spectroscopy, geometric albe – do, and classification. Icarus 167 , 129 – 135
(2004)

[10] Bus, S. J. , Binzel, R. P. : Phase II of the Small Main – Belt Asteroid Spectroscopic Survey : A Feature – Based
Taxonomy. Icarus 158 , 146 – 177 (2002)

[11] Bussard, R. W. : System Technical and Economic Features of QED – Engine Drive Space Transportation. In :
33rd AIAA/ASME/SAE/ASEE Joint Propulsion Conference, AIAA 97 – 3071 (1997)

[12] Bussard, R. W. : An Advanced Fusion Energy System for Outer – Planet Space Propulsion. Space Technology
and Applications International Forum 608 (2002)

[13] Chesley, S. R. : Potential impact detection for Near – Earth asteroids : the case of 99942 Apo – phis (2004
MN4). In : Daniela, L. , Ferraz – Mello, S. , Angel, F. J. (eds.) Asteroids, Comets, Meteors. IAU Symposium,
vol. 229 , pp. 215 – 228 (2006)

[14] Chobotov, V. A. : Orbital mechanics. AIAA Education Series. AIAA, Inc. , Washington, DC (1991)

[15] Clark, B. E. , Veverka, J. , Helfenstein, P. , Thomas, P. C. , Bell, J. F. , Harch, A. , Robinson, M. S. , Murchie,
S. L. , McFadden, L. A. , Chapman, C. R. : NEAR Photometry of Asteroid 253 Mathilde. Icarus 140 , 53 – 65
(1999)

[16] Durda, D. D. , Greenberg, R. , Jedicke, R. : Collisional Models and Scaling Laws : A New Interpretation of the
Shape of the Main – Belt Asteroid Size Distribution. Icarus 135 , 431 – 440 (1998)

[17] Dvorak, R. , Müller, P. , Kallrath, J. : A Survey of the Dynamics of Main – Belt Asteroids. I. A&A 274 , 627 –
641 (1993)

[18] Germano, A. , Grandl, W. : Astropolis – Space Colonization in the 21st Century. In : Faugh – nan, B. (ed.) Pro-
ceedings of the Eleventh SSI – Princeton Conference on Space Manufacturing 9 : The High Frontier, Accession,
Development and Utilization, May 12 – 15 , pp. 252 – 268. American Institute of Aeronautics and Astronautics
(1993)

[19] Gradie, J. C. , Chapman, C. R. , Tedesco, E. F. : Distribution of taxonomic classes and the compositional struc-
ture of the asteroid belt. In : Binzel, R. P. , Gehrels, T. , Matthews, M. S. (eds.) Asteroids II, pp. 316 – 335
(1989)

[20] Grandl, W. : Building the First Lunar Base – Construction, Transport, Assembly. In : Bades – cu, V. (ed.)
Moon – Prospective Energy and Material Resources, pp. 633 – 640. Springer (2012)

[21] Knezevic, Z. , Milani, A. , Farinella, P. , Froeschle, C. , Froeschle, C. : Secular resonances from 2 to 50
AU. Icarus 93 , 316 – 330 (1991)

[22] Krot, A. N. , Keil, K. , Goodrich, C. A. , Scott, E. R. D. , Weisberg, M. K. : Classification of Meteorites. Treatise
on Geochemistry 1 , 83 – 128 (2003)

355

[23] Lauretta, D. S. , Drake, M. J. , OSIRIS – REx Team: OSIRIS – REx – Exploration of Asteroid (101955) 1999 RQ36. AGU Fall Meeting Abstracts(2011)

[24] Leinhardt, Z. M. , Richardson, D. C. , Quinn, T. : Direct N – body Simulations of Rubble Pile Collisions. Icarus 146, 133 – 151(2000)

[25] Milani, A. , Carpino, M. , Hahn, G. , Nobili, A. M. : Dynamics of planet – crossing asteroids – Classes of orbital behavior. Icarus 78, 212 – 269(1989)

[26] Miller, J. K. , Konopliv, A. S. , Antreasian, P. G. , Bordi, J. J. , Chesley, S. , Helfrich, C. E. , Owen, W. M. , Wang, T. C. , Williams, B. G. , Yeomans, D. K. , Scheeres, D. J. : Determina – tion of Shape, Gravity, and Rotational State of Asteroid 433 Eros. Icarus 155, 3 – 17(2002)

[27] Mittlefehldt, D. W. : Achondrites. Treatise on Geochemistry 1, 291 – 324(2003)

[28] Morbidelli, A. , Lunine, J. I. , O' Brien, D. P. , Raymond, S. N. , Walsh, K. J. : Building Terre – strial Planets. Annual Review of Earth and Planetary Sciences 40, 251 – 275(2012)

[29] Morbidelli, A. , Nesvorny, D. : Numerous Weak Resonances Drive Asteroids toward Terrestrial Planets Orbits. Icarus 139, 295 – 308(1999)

[30] Moskovitz, N. , Gaidos, E. : Differentiation of planetesimals and the thermal consequences of melt migration. Meteoritics and Planetary Science 46, 903 – 918(2011)

[31] Nakamura, T. , Noguchi, T. , Tanaka, M. , Zolensky, M. E. , 18 coauthors: Itokawa Dust Particles: A Direct Link Between S – Type Asteroids and Ordinary Chondrites. Science 333, 1113(2011)

[32] O'Neill, G. K. : The High Frontier – Human Colonies in Space. Space Studies Institute Press, Princeton(1989)

[33] von Puttkamer, J. : Der Mensch im Weltraum – eine Notwendigkeit. Umschau – Verlag, Frankfurt am Main(1987)

[34] Roy, A. E. : Orbital motion. Institute of Physics Publishing, Bristol(1988)

[35] Shevchenko, V. G. , Mohamed, R. A. : Spacecraft exploration of asteroids. Solar System Research 39, 73 – 81 (2005)

[36] Shoemaker, E. M. , Williams, J. G. , Helin, E. F. , Wolfe, R. F. : Earth – crossing asteroids – Or – bital classes, collision rates with earth, and origin. In: Gehrels, T. (ed.) Asteroids, pp. 253 – 282(1979)

[37] Stokes, G. H. , Viggh, H. E. M. , Shelly, F. L. , Blythe, M. S. , Stuart, J. S. : Results from the Lincoln Near Earth Asteroid Research (LINEAR) Project. In: AAS/Division for Planeta – ry Sciences Meeting Abstracts # 30. Bulletin of the American Astronomical Society, vol. 30, p. 1042(1998)

[38] Taylor, T. , Zuppero, A. C. , Germano, A. , Grandl, W. : IAA – 95 – IAA. 1. 3. 03. In: Commer – cial Asteroid Resource Development and Utilization. 46th International Astronautical Congress, Oslo, Norway(1995)

[39] Tholen, D. J. : Asteroid taxonomic classifications. In: Binzel, R. P. , Gehrels, T. , Matthews, M. S. (eds.) Asteroids II, pp. 1139 – 1150(1989)

[40] Veverka, J. , Belton, M. , Klaasen, K. , Chapman, C. : Galileo' s Encounter with 951 Gaspra: Overview. Icarus 107, 2 – 17(1994)

[41] Weidenschilling, S. J. : Initial sizes of planetesimals and accretion of the asteroids. Ica – rus 214, 671 – 684 (2011)

[42] Wyatt, M. C. , Booth, M. , Payne, M. J. , Churcher, L. J. : Collisional evolution of eccentric planetesimal swarms. MNRAS 402, 657 – 672(2010)

[43] Yoshikawa, M. : Orbital Evolution of (25143) ITOKAWA, the target asteroid of HAYABUSA(MUSES – C) mission. In: Paillé, J. P. (ed.) 35th COSPAR Scientific As – sembly. COSPAR Meeting, vol. 35, p. 3689 (2004)

356

第*18*章

地球附近可利用的小行星资源

琼－保罗 桑切斯和科林 R. 麦克因斯（Joan－Pau Sanchez,Colin R. McInnes）
英国格拉斯哥斯特拉斯克莱德大学（University of Strath）

18.1 引言

  任何针对太空探索的未来展望包括两个部分,一个是在大空间结构中的发展,另一个是让人类存在于太空中。未来空间活动的可行案例有大空间太阳能人造卫星,太空旅游或更多是幻想中的人类太空定居。这在某种程度上,暗示了太空中有大量的材料可用来进行结构质量和生命支持。将材料送入轨道的传统方法是通过克服地球引力,可以证明的是,到达近地轨道(LEO)的能量消耗是到达其他任何地方一半路程时所消耗的能量,则这种方法不是最有效的,[“太阳系中,一旦你进入地球轨道,你便到达了去任何地方一半路程”——Robert A. Heinlein]。

  太空中已有资源的利用率已经不是降低进入太空高成本的新方法了,但是代替了首个火箭开拓者的构想,因为太空殖民需要这样的逻辑步骤(Tsiolkovsky,1903 年)。小行星,尤其是靠近地球的小行星,因为它们既容易到达又富含资源,所以是引人注目的资源的来源(Lewis,1996 年)。(这些天体的微重力环境也是有价值的,与到达这些轨道的可行性一起,确保了这些资源能够放置在弱束缚地球轨道,这种轨道位于能量损耗比从地球表面传递的材料低的地方,或可能在月球上)。然后大量不同材料将在太空中传输和利用。水和其他易挥发物质,将从水化含碳小行星萃取并且用来进行生命支持和提供给推进器(Nichols,1993 年)。人类每天大约需要水 3L,即使这些水的一小部分进行水循环,当前的水循环系统依然需要周期性的水补给,水和其他易挥发物质同时会用于火箭推进器。轨道加油站补给,如在地球－月球 L1 点给去火星或其他外星系行星加油,可大大减小任务成本。水的另一种应用方式是防辐射,这种用途有很高的效率。同时需要在特定

357

类型的小行星上寻找针对空间结构的金属材料或针对电子应用的半导体材料,甚至需要为太阳能电池寻找高度加工的材料如硅晶,发射成本始终是太空中材料成本中最多的。稀有金属,如铂族金属,因为稀有,能够在市场上找到潜在价值。最后,即使一些没有加工过的材料也会因为具备防辐射能力而有应用价值。

小行星和彗星,尤其是近地小行星(NEO),对于科学研究同样非常重要。这些天体很可能解开太阳系形成、进化和构成的奥秘。一些如地球上水的来源,或胚种论理论的基础性研究能够通过在小行星上进行科学研究解决。最后,地球对小行星和彗星的影响将一直在各种方面改变我们小行星的特性,同时将在很长的时间内持续下去(Chapman,2004 年)。

这些星体持续增长的利益转变为需求上升到 NEO 的任务,如通过 NASA 的星尘计划或 JAXA 的隼鸟号进行的任务中带回的样本,未来样本返回任务如 OSIRIS - REx 和撞击器任务,如深度撞击或堂吉诃德小行星防卫任务(http://www. esa. int/ SPECIALS/NEO/SEM9 ST59CLE_0. html)。近期对在 LEO 以外的地方进行一些人类探险,小行星有基础性重要作用。在 NASA 的灵活路径规划下(摘自 U. S. Human Spaceflight Plans 理事会,2009),小行星表面是可以轻易就起飞逃逸的,不像月球、火星那样具有很深的引力井。

这几年,关于未来探索 NEO、科学的综合性应用(Elvis,2002 年)和行星保护的讨论不断强化。我们可以在不断增多的科学文献中找到关于小行星探索的蛛丝马迹,同时,可以在最近的任务提案如 Keck 小行捕捉返回任务(Brophy 等,2012 年)中发现商业空间站的潜在资源,从而找到利益(http://www. planetaryresources. com)。

本章将为未来小行星探索提供深远的建议。我们讨论有多少近地小行星材料是已知的,有多少还需要探索开发,甚至有多少是能够为将来小行星探索任务提供利用价值的。本章通过分析 Keplerian 轨道要素空间体来评估这些问题,这些空间体是地球在某个特定能量防护下能够到达的地方,同时将它们映射到一个靠近地球的物体统计学模型(Bottke 等,2002 年,Mainzer 等,2011 年)。所需的将资源带回地球的特定能量能够通过一个多脉冲转移得到:需要一个脉冲来调整地球与小行星之间的相位,同时要在最小临界距离下减少最低轨道相交距离(MOID)。这使得最后的第二插入点在地球双曲线轨道的近地点处点火。然后能够形成一张资源地图,该地图评估了能够用来进行能源投资的材料总量,这些投资用来评估不同类型的资源。

用来将已知质量的资源送回地球的比能量或每个单元质量存在的能量与轨道速度 Δv 的平方成正比,这样的关系能够让这些资源用于前往地球附近的轨道中。因此,通过使用 Δv 作为品质因数,我们对于未来材料的探索研究了两个不同的方案:把提取的物质传送到地球附近,和把整个用来开发的小行星进行传送。第一个方案传送资源需要较少的能量,因此传输的质量也较少,它需要的是在原地进行采矿操作,这表明在很复杂的情况下将宇航员送至较远的距离或通过机器人操作进行采矿这两种情况下,对先进自动化系统的需要源于小行星和地球之间的通信延迟以及采矿操作的复杂程度。将一颗小行星全部传送至地球旁边需要移动很大的质量,同时还存在困难,主要的困难有:这样的操作包含并需要在地球附近进行更加灵活地采矿和科学操作。对近期的任务而言,近期空间推进技术的发展(Brophy,2011 年),与高效的轨道转移技术(Sanchez 等,2012 年)相结合,为这个很大胆的方案呈现了一个更好的选择。

理想情况下,一般会通过优化冲击力或通过小推力轨道来计算从一颗初始小行星轨道将资源运输到地球的成本。这是一个非常复杂的计算过程,如果考虑如多重重力推助和多样动力,难度会进一步增加(Ross,2006 年)。但是,这里我们使用估计一阶统计,通过该统计得到地球周围可能存在的小行星资源总量。这样,我们计算出可能存在的材料总的运输成本,并且没有必要一定针对当前测量目标。为了定义存在 Δv 限制的可评估的资源的轨道单元空间范围,以及将它映射到近地小行星模型以更好了解材料的可用度,一种解析冲击传递模型开始被应用。当然,这提供了运输成本的保守估计。

18.2 小行星运输的能量成本

这里通过脉冲传输的方法估计了传送的成本,该成本包括拦截和附着操作。为了将小行星移动近地轨道,并为与地球相遇提供必要的时机,初始的拦截操作是很必要的。在与地球相遇的点再次点火,也就是附着操作,可以提供最后的附着以确保相对地球轨道或一个暂时性捕捉轨道的能量为零(Sanchez 和 McInnes,2011年)。这个最终的附着点在地球的近中心点处,由近似为双曲线和抛物线速率之间的不同点估计:

$$\Delta v_{\text{insertion}} = \sqrt{\frac{2\mu_{\oplus}}{r_p} + v_{\infty}^2} - \sqrt{\frac{2\mu_{\oplus}}{r_p}} \tag{18.1}$$

式中:v_{∞} 为小行星在到达地球时双曲线超越速度;r_p 为飞越的近中心点高度,约 200km;$\mu_{\oplus}$ 为地球的重力常数。小行星与地球相遇时双曲线超越速度通常由一个表达式描述,表达式中包括半场轴 a,离心率 e 和小行星的倾角 i,通过 Opik 相遇理论(Opik,1951)可写成:

$$v_{\infty} = \sqrt{\mu_{\odot}(3 - 1/a - 2\sqrt{a(1 - e^2)} \cdot \cos i} \tag{18.2}$$

其中,$\mu_{\odot}$ 是太阳的重力常数,同时,该常数与小行星的长半轴一起,必须用天文长度单位(AU)表达。

考虑最初的截取方案,我们注意到,即使是过地球的小行星,它所定义的近地点与远地点分别小于和大于一个天文单位(AU),这使得通常情况下,这些小行星不经过地球轨道,除非与它的轨道面共面。所以,除非椭圆地球轨道有一个非常固定的方式(或与地球公转轨道共面),否则对于将小行星资源传送到地球,一个截取方案总是必要的。这里执行的截取模型假设了一个这样的方案:小行星轨道方向通过修改可以允许小行星离地球足够近,这样能够承受一次双曲线飞越。方向的改变建模成轨道的近心点角的即时变化率 ω,轨道平面上轨道的旋转或一个平面的变化轨迹,这样产生轨道平面倾斜角 i 的旋转(如图 18.1)。

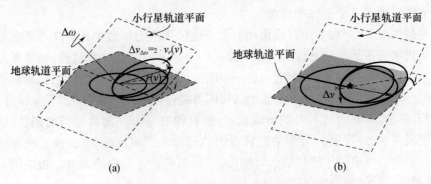

图 18.1　截取方案的示意图

(a)方案提供了轨道的方向变量 $\Delta\omega$ 交替性变化,通过 Δi 表示的轨道平面的
旋转量也在方便的情况下考虑在内。(b)呈现了针对非过地小行星的方案。

为了计算所需的近心点角 $\Delta\omega$ 的变化,我们首先需要确定四个不同的近心点角方向 ω_{enc},这些方向使得一颗包含开普勒轨道参数 $\{a,e,i\}$ 的小行星与地球轨道相交:

$$\omega_{enc} = \{\pi - \theta_{enc}\ \theta_{enc} - \pi\theta_{enc} - \theta_{enc}\} \tag{18.3}$$

其中 θ_{enc} 表示小行星轨道异常的变量,如太阳位于一个天文单位处,有:

$$\theta_{enc} = \pm \arccos^{-1}\left(\frac{p-1}{e}\right) \tag{18.4}$$

式中:p 为小行星的半正交弦。

因此,对于近地点 ω_0 这样一个初始自变量,轨道方向需要通过 $\Delta\omega = |\omega_0 - \omega_t|$ 改变,其中 ω_t 是 ω_{enc} 与 ω_0 两个值最靠近的值,或是允许一个飞越时的近似值,这个飞越伴随着一个给定的最小轨道相交距离(MOID),该距离能够确保此飞越包含给定的近地点高度(Sanchez 和 McInnes,2012a)。需要指出的是 ω_{enc} 的四个值使得 MOID 值为零,这对于确保飞行不是必须的。

将近心点幅角旋转 $\Delta\omega$ 的角度,所需的速度增量(如图 18.1a)可通过下式计算

$$\Delta v_{\Delta\omega} = 2\sqrt{\frac{\mu_s}{p}}\ e\sin\left(\frac{\Delta\omega}{2}\right) \tag{18.5}$$

上式提供了一个传输成本的保守估计。在低倾斜大偏心率的情况下,式(18.5)给出了计算结果将出现偏差。同时,简单改变地平面,如将小行星附着在地球轨道

平面成为了一个改变轨道方向的更好选择。对于这样的情况,控制成本为:

$$\Delta v_{inc} = 2v_{LoN}\sin\left(\frac{i}{2}\right) \tag{18.6}$$

式中:v_{LoN}与小行星在交点线处的速率一致。

到目前为止,我们仅仅考虑了过地小行星。非过地小行星,它们的参数:$a<1$ 且 $r_a<1$ 或 $a>1$ 且 $r_p>1$,同样能够通过在其中一个拱点处提供方法而送到靠近地球的地方,例如,在某种方式下与地球轨道相交发生相反的拱点的变化(见图18.1b)。

给定一个非过地小行星$\{a,e,i,\omega\}$,拱点方案对得到一个与地球相交的轨迹是必要的,可以通过下式计算:

$$\Delta v = \sqrt{\mu_s}\left|\sqrt{\frac{2}{r_m}-\frac{1}{a_f}}-\sqrt{\frac{2}{r_m}-\frac{1}{a}}\right| \tag{18.7}$$

其中,r_m 是脉冲方案作用时的拱点处,也就是当 $a<1$ 时的近心点和 $a>1$ 时的远心点;a_f 是转移轨道的半长轴,由下式给出:

$$a_f = \frac{a(1\pm e)}{(1\pm e_f)} \tag{18.8}$$

其中 e_f 是转移轨道的偏心率,定义为:

$$e_f = \frac{r_m-1}{\cos\theta\pm r_m} \tag{18.9}$$

以上的计算公式能够估计将小行星材料从它的初始轨道移动至地球轨道运输成本,但同时在$\{a,e,i,\omega\}$ – 空间定义一个 4 – D 外壳,用来确保运输到地球的量小于给定的 Δv 限制。于是,如图 18.2 中所示,通过一个 2.37km/s(月球的逃逸速度)的 Δv 阈值定义的$\{a,e,i\}$开普勒元空间,同样定义一个可估计的$\{a,e,i\}$空间,这个空间能够在能量等效情况下利用月球资源。

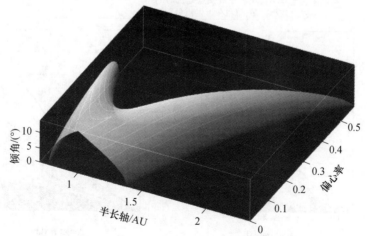

图 18.2　通过分析运输模型定义的 2.37km/s 的 Δv 阈值的可评估开普勒空间

截止到 2012.9.1,存在 9000 多个已知的近地天体(http://neo.jpl.nasa.gov/stats/),已知的 660 个来自于$\{a,e,i,\omega\}$空间内,这些空间保证了 Δv 运输成本小于 2.37km/s,并等同于从月球表面运输的成本,通过上述公式表达。但是我们对尚未被发现的那些近地天体感兴趣,所以替代使用了一个 NEO 轨道分布模型(Bottke 等,2002 年)。Bottke 等人的模型由数值传播测试机构和计算不同开普勒区域的稳态密度建立,在一个 4 – D 体中估计这个轨道分布,如上面所说,这将让我们能够估计 NEO 群的一部分,同时得到资源总量,并可访问给定的 Δv 阈值。

18.3 可利用的资源

截至 2012 年 9 月 1 日,共有 9144 个天体被划分为近地天体(NEO)。按照惯例,如果一个天体的近日点小于 1.3 个天文单位同时它的远日点大于 0.983 个天文单位,那么就可以认为是 NEO。这是一个广义定义,包括了主要的小行星,但同时包括一小部分彗星(如 92 彗星)。于是 NEO 成为离地球最近的天体,因此成为了资源探索任务的首要目标(不包括月球)。

针对所有调研的小行星传输成本的分析,通过上述的模型方法,已经给出了一系列针对未来探索任务的目标天体,这些任务需要每秒几百米量级的 Δv。图 18.3 总结了给定 Δv 下能够利用的天体的数量。图中同样给出了不同传送类型的颜色带,这些运输被看作是使用脉冲传输模型的一部分(如 ω 改变量与 i 改变量的对比,过地小行星类型或非过地小行星)。

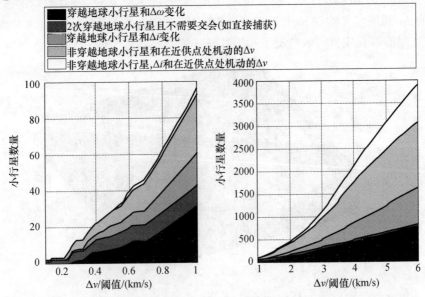

图 18.3 给定 Δv 阈值的可访问资源的已知天体数量。本章简要描述了策略集,
更多细节可在(Sanchez 和 McInnes 2012a)找到

转移模型的目的不是计算存在的天体的运输成本,而是考虑更加复杂和较不保守的转移(Sanchez 等,2012 年),但是为了在小行星能够运输到地球的地方限制开普勒元空间区域,如图 18.2 所示,一旦可靠近的开普勒元空间已知,就能够通过一个 NEO 模型进行资源总量的估计,这个模型能够提供希望在这些区域内发现的天体数量和大小。

18.3.1　NEO 轨道和大小分布

为了估计可得到的资源总量,我们需要一个能完整统计 NEO 数量的模型。这里使用的这个 NEO 模型由两个部分组成:轨道和大小分布。NEO 大小模型基于 NEOWISE 观测(Mainzer 等,2011 年),但是 NEO 轨道分布基于(Bottke 等,2002)发表的理论分布模型。

大小分布模型允许我们估计一个天体拥有给定大小的可能性。如前面所说,这给予最近期的一些评估,这些评估作为 NEOWISE 空间红外巡天观测的宣传进行出版,它们与之前假设的单坡幂分布有一点偏差(Stokes 等,2003 年)。另一方面,使用的 NEO 轨道分布基于(Bottke 等,2002 年)提出的理论分布模型中的差值模型。使用的数据均由 W. F. Bottke 提供。

Bottke 等人(2002 年)通过成千上万次的测试构建了 NEO 轨道分布,这些测试机构最初放在所有小行星的主要源区域内(即 v6 谐振,中间源火星传送者,3∶1 谐振,外主带和海王星盘)。通过利用太空监测找到的一组小行星,不同小行星(或彗星)起源的相关重要性将最佳匹配。这个过程产生一个近地天体的稳态分布,这些近地天体来源一个轨道分布,作为半周长 a,离心率 e 和倾斜角 i 进行的差值数值模拟公式。彩图 18.4 给出了 Bottke NEO 密度函数 $\rho(a,e,i)$ 表达式。

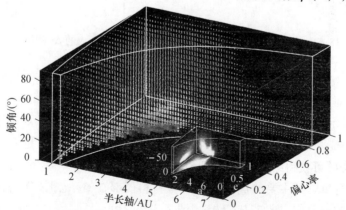

图 18.4　(Bottke 等,2002)NEO 分布。图中给出了 NEO 密度公式 $\rho(a,e,i)$。第四维度,即给定点 (a,e,i) 处的密度 ρ,通过一组带色网格点表示并通过 ρ 值的公式给出大小。较小的一组轴线代表了面 $a=0.5\text{AU}$ 上 ρ 值的总价值投影,$e=1,i=0°$。要注意的是颜色代码为了更小的投影图而反向

彩图 18.4 中没有给出剩下的三个开普勒元素,上升点的赤经 Ω,拱点 ω 的争议和平均异常 M,均能够被假设为均匀分布的随机变量(Stuart,2003 年)。

18.3.2 可获得资源的质量

据 Sanchez 和 McInnes(2012 年 a)估计,直径大于 1m 的小行星的总质量大约为 5×10^{16} kg。如今的问题是多大的质量能够充分地获取和开发,这可以通过脉冲转移模型和图 18.5 所示的上述总小行星质量部分估计,总的小行星质量可以通过给定的 Δv 阈值得到。同时图中也显示了,细虚线下是已被调查的可得到的质量分数。后者仅是考察天体(2012.9.1)总质量的一个大概估计,通过大量数据(Bowell 等,1989 年)和平均密度值(Chesley 等,2002 年)计算得到。

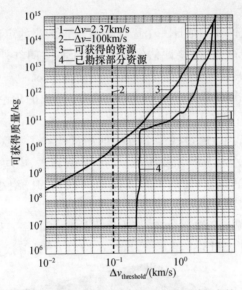

图 18.5　总估计和可得到的小行星资源调研数量,形成的 Δv 阈值公式

图 18.5 给出了一种衡量资源可达性的方法。评价指标与小行星质量以及达到小行星的难度相关(不对小行星成分进行区分(Lewis and Hutson,1993 年))。例如,图中显示获得月球资源所需的代价(速度增量为 2.37km/s)如果用于开采小行星,那么只能获得约 10^{14} kg 的小行星资源。这与月球资源在质量上少了几个数量级(月球资源可获得约 7.36×10^{22} kg),但仍然是很可观的一笔资源。

但是小行星资源主要的优点是小行星材料能够在 Δv 范围内被利用,而不是在一个很小的阈值内,即如月球材料(即 2.37km/s)。所以在 Δv 为 100m/s 的情况下,大约 8.5×10^9 kg 小行星资源能够被利用。但是,在图 18.5 中,为了使用较高的 Δv 阈值,在被研究的部分小行星分数完成时,仍需探索许多很低的 Δv 阈值对应的利用目标。

18.4 小行星资源地图

图 18.5 中给出了一个非常重要但尚未解决的问题,即:任务的数量需要利用所有或部分可利用的小行星资源池完成。这个问题很关键,因为如果给定的资源通过大量非常小的天体传播,它们聚集起来可能会形成一个繁琐的任务,因此不够经济划算。本节通过讨论图 18.6 中给出的结果来解决这个问题,并将这个称作小行星资源地图。这张地图同样提供了一个有趣的视角,该视角是针对目前和近期从近地小行星群取回小行星材料的可能性。

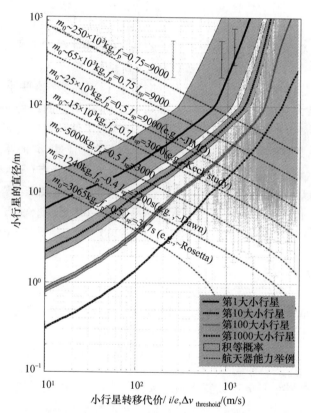

图 18.6 预计的可得到的小行星数量大小作为 Δv 预算的函数。图中给出了四个代表总数量的天体的中值小行星大小:第 1 大的,第 10 大的,第 100 大的和第 1000 大的。重叠的灰色区域代表每个天体 90% 的置信区间。90% 的置信区间仅占一个天体数量统计方差,与数量估计(Stokes 等,2003 年;Mainzer 等,2011 年;Brown 等,2002 年)相匹配,而不是通过假设的分布中所认为的可能性(源自 Sanchez 和 McInnes,2012 年)

图 18.6 由三个不同的元素组成。基础元素是所有小行星种群直径的统计学估计,这些天体可以通过一个给定 Δv 运输成本得到。通过第 1 大的、第 10 大的、

365

第 100 大的和第 1000 大的天体直径中值来表示,这些天体是通过给定的 Δv 阈值得到的小行星。可以通过计算得到结果,首先,结合可获取空间体内的 Bottke NEO 模型(Botte 等,2002 年),这些空间体通过解析传输公式(Sanchez 和 McInnes, 2012a)和参数 Δv 阈值定义,这将产生一个小行星概率 P 和一个给定 Δv 任务预算。然后我们假设每个小行星在访问区域内有相同概率 P,这能够让我们在 n 个二项式分布的小行星内定义得到 k 个小行星的概率。在这个特定的例子中,P 是个很低的概率,n 是非常庞大的小行星数量,所以泊松分布(当 n 趋于无穷大时的一个二项式分布极限情况)代表了该问题统计学行为的很好近似。因此,当有理想的 λ 值时,用来计算 k 颗小行星的概率 $g(k,\lambda)$ 表示为

$$g(k,\lambda) = \frac{\lambda^k e^{-\lambda}}{k!} \tag{18.10}$$

预期数量 λ,或可访问的小行星数量的平均值,能够通过下式计算:

$$\lambda(D_{\min}) = \Delta N(D_{\min} < D \leqslant D_{\max}) \cdot P \tag{18.11a}$$

其中 ΔN 是直径大于 $D_{\min}$ 小于 $D_{\max}$ 时的小行星总数,这些小行星固定在以 32km 大小为最大直径的 NE01036Ganymed 处,P 是在给定的的可访问轨道区域内找到天体的概率。直径在 $D_{\min}$ 和 $D_{\max}$ 之前的天体数量估计可以通过天体大小分布进行估得到,天体大小估计通过 NEOWISE 观察给出(Mainzer 等,2011 年)。如早些提及过的,这里的天体大小分布模型是在多幂次率分布(Stokes 等,2003 年,Mainzer 等,2011 年)的基础上建立,该分布与最近的数量估计匹配,这些估计来自 NEOWISE 在天体大于 100m(即 981 天体大于 1km,20500 天体大于 100m)(Mainzer 等,2011 年),与 Brown 等人一起(Brown 等,2002 年),估计了小于 10m 的天体一个集成如:

$$\int_{n_{\text{NEA}}}^{\infty} g(k,\lambda) \cdot \mathrm{d}k \tag{18.11b}$$

当期望值或平均值为 λ 时,产生找到最小 n_{NEA} 的概率。然后通过找到 λ 值,产生 50% 的累积概率,

$$\int_{n_{\text{NEA}}}^{\infty} g(k,\lambda(D_{\min})) \cdot \mathrm{d}k = 50\% \tag{18.12}$$

然后我们能够估计 n_{NEA} 设置下最小天体的中间直径大小。这个过程可以通过 95% 累积概率和用 5% 以获得 90% 的置信区间进行重复,图 18.6 中给出。

小行星资源地图中的信息可以解读为以下内容:在 100m/s 时设置,如 Δv 运输预算,或阈值。在这个 Δv 下最大的可访问天体值等于或大于 22m 直径的概率为 50%,并且,我们有 90% 的置信区间是它的大小在 47 ~ 14m 范围内(即环绕中位经线的灰色区域)。接下来纵轴下降部分数据的设置要根据可行捕获区域内找到的第 10 大天体,这个捕获区域通过 100m/s 的 Δv 阈值给出。它直径的中值是 10m。这样,10 个大于或等于 10m 的天体将在 100m/s 预算下被访问。依次类推,得到第 100 大的天体直径为 4m,第 1000 大的天体直径为 1m。这对所有天体提供

了一个概观,也就是所有天体能够在 Δv 为 100m/s 或更低的情况下被使用。

然后,小行星资源地图提供了中值小行星数量值的简单描绘,这个数量值希望能够在开普勒元素空间中被找到,以确保在给定 Δv 成本情况下运输。对比图 18.6 中的统计评估与越来越多的近地天体列表是很有趣的。基于此目的,我们同样能通过分析运输公式,在图 18.6 中叠加所有已知小行星的可到达性(即 Δv)。列表中的每个天体的大小平度通过下式给出(Bowell 等,1989 年):

$$D = 1329\text{km} \times 10^{-H/5} p_v^{-1/2} \tag{18.13}$$

其中,通过小行星中心数据库得到绝对量 H,假设星体反照率 p_v 在 0.06 ~ 0.4 范围内并且均值为 0.154(Chesley 等,2002 年)。这样的对比说明了统计评估是如何调整针对高调查的尺寸已知天体的总量。

最后,在当前或近期的能力范围内使用地图获得更多的可行性,来捕获返回和利用可接近的小行星数量。为此,在图中显示空间 m_0 中规定质量的运输能力处叠加一系列等值线,推进系统的推进质量分数为 f_p 和比冲量为 I_{sp}。给定一个空间系统如(m_0, f_p, I_{sp}),并假设向外开(从地球到小行星)和向内开(从小行星到地球)的轨道有通过分析运输公式给定的成本,我们使用火箭方程式来计算一个(m_0, f_p, I_{sp})飞行器能够带回地球的最大小行星(假设所有小行星平均密度为 2600km/m³ 并且为球形(Chesley 等,2002 年))。一些经过考虑的(m_0, f_p, I_{sp})设置是基于如 ESA Rosetta[http://www.esa.int/esaMI/Rosetta/index.html] 和 NASA 曙光号飞行器(Rayman 等,2006)这样现有的飞行系统,或如近期 Keck 研究成果(Brophy 等,2012)这样任务中给出的建议,或被取消的 NASA 木星冰月球轨道(Langmaier 等,2008)。

18.5 讨论

根据图 18.6 中给出的结果,一个全方位的小行星尺寸需要在不同能量级收获(即 Δv 成本)。许多任务已经尝试着从这个量值中返回样本(例如,Itokawa 的 Hayabusa 飞行器(Kawaguchi 等,2008)),其他的仍在发展中(如,199RQ36 的 OSIRIS – Rex)。图 18.6 提供了未来小行星采矿风险的能量成本框架,或称作资源地图,它可以作为工具用于初步可行性研究和任务规划努力中。所以,小行星捕获返回能力等值线给出了现在已有的飞行器如 Rosetta 或 Dawn(Rayman 等,2006)能够提供足够的动力将直径 10m 的小行星带回。一些人已经提出如 Keck 小行星捕获返回任务(Brophy 等,2012)和 JIMO(Langmaier 等,2008),提高小行星带回能力,使直径在 30m 范围内的小行星带回。

因此,给定期望用于近地小行星群且最便于靠近天体的低运输成本,将整个天体运输到地球附近,对于目前或近期的技术而言,是一个可行的选择。小行星捕获返回任务的终极价值将很大程度取决于小行星类型和关键技术,如自动采矿操作。

但是在近期,这种任务被看作是迈向更多有挑战性采矿任务的踏板,它们成为了技术展示性任务的唯一机会,并且有很高的科学产出。但是,我们也期望,伴随着技术的发展,能够在现场进行最低限度处理(钻孔,磁场或 SRP 分离等),并且将较大比例的有用材料传回地球。

小行星捕获返回任务的运输成本通过分析脉冲传输进行评估,这是必须讨论的,这为货运任务所需要的速度增量提供明确的估计。更多针对材料运输建模的复杂方法,如多地球飞越、月球引力帮助或流行动态,被期望能够减少小行星材料传到地球附近的成本。因此这里给出的结果是可获取资源的保守估计。例如,Sanchez 和 McInnes(2011 年)研究,超过 1km/s 速度的弹道逃脱和捕捉轨迹从地球上都是可行的。一条通往地球的轨迹,在超过 1km/s 的 v_∞ 下,需要 45m/s 的 Δv,并伴随二次曲线拟合与地球关联(即插入一个抛物线轨道)。这表明这里考虑的所有天体在小于 45m/s 时可能成为弹道捕捉的合适目标。正如在其他章节所讨论的,许多天体已经能够被认证,如这里用的圆锥曲线拼接近似,在小于预期成本的情况下被捕捉。

对于更多关于小行星探索的有创造力的方案,再一次作为可行的新的技术,能够展望多种概念,这些概念可能甚至能够降低靠近小行星资源可用池的成本。从小行星提取推进器受益,如对于太阳能推进系统的水资源或通过擦过地球大气层以降低小行星轨道能量(Sanchez 和 McInnes,2012b)。

图 18.5 和图 18.6 中用来计算可利用的小行星资源的方法论的重要内容是 NEO 轨道和大小分布。可能存在关于这些模型精度的担忧,这些担忧也许会与小行星轨道分布假设一起提出,其中轨道分布与小行星大小无关(Bottke 等,2002 年)。非引力摄动会在各种方面影响不同大小的小行星天体,这表明不同小行星资源(如 v6 资源,3∶1 共振等)可能会提供不同小行星大小分布,因为非引力摄动是满足小行星来源的主要机制。但是,令人惊讶的是,通过这里描述的 NEO 轨道和大小分布模型(Opik,1951 年)计算的预期火箭冲击频率,与通过卫星测量(Brown 等,2002 年)得到的火箭冲击频率是相似的。如 Brown 等(2002 年)所描述,估计地球每年平均吸收 5kt 能量,该结果在假设 NEO 轨道和大小分布均如此处所表述的为 4.2kt 情况下计算出。类似的,这里计算出月平均能量与 0.3kt(Brown 等,2002 年)和 0.2kt 比较,同时,这里计算出的十年平均能量大约 50kt(Brown 等,2002 年)和 78t。所以,尽管可能存在误差,本章给出的结果仍然代表了估计可利用的小行星资源的较好的量级。

18.5.1　可利用的资源

小行星有各种各样的成分,因此,各种可利用小行星天体的使用(如图 18.6 所示)将总是取决于特定天体特征。但是,任何可利用的空间资源能够被设想进行很好的使用,尽管在如缺少更好选择的情况下,它的重力地区稳定性或大块的材质

（风化层和未加工材料）能够让一颗小行星被简单地用作一个"停泊处"用以防御辐射，这将减少太空中赖以生存的硬件需求。尽管如此，可以对一些特定的资源想象出更多破坏性使用，如水和其他易挥发物质，它们能够在太空中维持人类的生命，这与推进器和半导体一样，推进器和半导体能够为太空结构用以构建原位太阳能电池和金属。

为不同珍贵资源提供资源总量上的统计估计，统计估计来源于光谱调查和流星体回收率。尽管近地小行星的光谱给出了一个非常广的频谱多样性（Bus 和 Binzel，2002），但仅有流星体回收率能提供太空可利用的资源总数的精确值（Lewis 和 Hutson，1993）。但是，后者有一个明显的本体偏转（即大气层中较弱的天体会融化），以及如果进入大气层后不能较快恢复就会风化。

本章的目的不是提供天体类型和可利用资源精确的统计，因为目前关于不同轨道小行星成分的认知和它们的可利用性是不精确的。另一方面，不同 Δv 阈值下可用资源利用的例子很少，这可能会在小行星资源利用的有效性和可行性上增加更多的难度。表 18.1 仅作为材料总量的例子给出，这能够在不同大小小行星天体内找到。表 18.1 假设水从水碳合质的小行星提取，金属和铂族金属（PGM）将从 M 类小行星提取。这不能表明这些资源仅可在这些小行星类型下应用，相反的，其他级别小行星，如 S 类的（Nakamura 等，2011），可能能包含更多有意思的成分，这些成分可能是易挥发物质、金属和半导体（Lewis 和 Hutson，1993 年），即使挥发性液体和金属可能在比表 18.1 描述的例子更低的丰度处找到。另一方面，一些小行星可能以一种更加有效的形式提供给定资源的低丰度。例如，原始的 LL 球粒陨石仅包括 1%~5% 的 Fe - Ni 金属，但在粉壤形态下，可通过电磁梳轻易地从非金属壤分离出来。（Kargel，1994）

表 18.1　不同类型小行星上的可能资源案例

资源					小行星尺寸		
	小行星类型	数量比例	密度/ （kg/m³）	资源所占 质量比	10m	100m	500m
水	含水化合物 C 类	100%*	1300**	8%***	540001	$54 \times 10^6$1	$68 \times 10^9$1
金属	M 类	5%*	5300**	88%***	2×10^3t	2×10^6t	3×10^8t
铂族元素	M 类	5%*	5300**	35×10^{-6}***	97kg	97t	12×10^3t

* （Bus and Binzel 2002）；**（Chesley 等，2002 年）；***（Ross 2001 年）

可以想象许多针对低 Δv 负载下资源利用的有趣方案。如图 18.6 中所示，最大的可利用的小行星处于 $100\text{m/s}\Delta v$ 负载，通过该值可估计是一个 22m 直径的小行星。这样的一个天体能够提供 $10^7 \sim 4 \times 10^7$ kg 的小行星材料资源，具体的质量值取决于小行星成分和密度。如之前提到的，资源的特定使用将取决于小行星成分:如果该小行星是一个水碳合质小行星,就能够提取出千万升的水(参考表 18.1 中密度为 1300kg/m³(Chesley 等,2002 年)并且水质量占总质量 8%(Ross,2001 年)的小行星)。但是,如果天体是一颗 M 级别的小行星(密度为 5300kg/m³(Chesley 等,2002 年)),能够被提取的金属有三万吨量级,甚至在一吨铂族金属下也可以(PGM)(假设 88% 的金属和 35×10^{-6} PGM(Ross,2001 年))提取出。后面的资源能够轻而易举得到 $50M 的市场价值。

表 18.1 中的例子给出含水的 C 类和 M 类天体仅占小行星总数的 15%,这表明这假设的 22m 天体仅有 15% 的可能性成为这两个类的其中之一。如前面所说,这并不表示有 85% 的可能性使小行星没有作用,或剩下 85% 的小行星有较少的资源利用价值。S 类小行星,大约占了 NEA 的 40%,可能很好地成为探索的最佳目标,因为这些小行星可能含有相对较丰富的半导体原料、金属,甚至如氧化物这样的易挥发物质,包括可能存在的水资源。S 类也可能含有 PGM,尽管没有 M 类丰富。这很容易让人想到利用一颗 22m 的 S 类小新星来提供 1000~4000t 的铁,这些铁将用来在结构上支持一个 1.5km² 的硅太阳电池阵面(在同一个星体上构建的),将产生至少 1GW 能量(O'Leary 等,1979 年;Mauk,2003 年)。利用 S 类小行星资源的可行性也许能够允许太阳能人造卫星具备商业利益。水也同样能够从 S 类小行星提取。假设有 0.15% 的水(O'Leary 等,1979 年),大约是 30 千升水,假设一个人每天需要大约 3 升水,并且这 3 升水中至少 90% 会循环再生,这些水将足够维持 25 个工作人员 10 年的生活,同时,可能将需要考虑没有水再生供给的情况,这是为了负责建造太阳能轨道工厂的工作人员。

尽管如此,理想的水资源需要从具备高含水量的小行星提取,如水合 C 类(见表 18.1)。尽管在水合 C 类小行星(~20%)或开发的近地彗星(Lewis 和 Hutson,1993 年)~50% 上存在更丰富的资源,这里所假设的可能包括约水总量的 8%。许多其他易挥发物质,除了水,也能够被提取并用于生命支持或火箭推动(Lewis,1996 年)。从小行星提取和利用水资源的技术可能是一种干扰技术,能够允许更多有条件的人进入太空,这是因为没有水再补给和需要的氧气,同时在星际旅行中,如果飞行器在没有所需的到达目的地的推动力情况下就发射,也会有类似的结果。水需要通过冰的直接升华提取,如果可以做到这点,或通过处理水合矿物和黏土。所以,更多情况下,尤其是这个模块代表了资源利用很重要的一个方面。如果水被开采并最终送给 LEO,这需要额外的 3.3km/s 来到达 Δv 成本,这个成本在此章中已经估计了(成本估计仅针对弱束缚地球轨道),运输的总成本仍然 3 倍小于需要的从地球表面传送水资源的成本。当然,为了将小行星资源送给 LEO 来优于更多传统地球运输,采矿和将资源送回地球的成本将低于运输成本的 2/3。如果推进器传送到地球与月球的拉格朗日点用来进行燃料星际飞行任务(Lo 和 Ross,2001 年),那么这项指标将大幅提高。对于之后的这个方案,能量成本优势最初将在 1~1000(即所需的能量要靠近地球上的 1L 水允许靠近近地轨道空间上 1000L

水），并且值逐步减小，这可以看作是需要假定的资源和较大的 Δv 负载来访问以下矿石。L_2 处一个轨道燃料仓库的利用表明展开大规模存储至少是探索火星任务两个因素中的一个。

如图 18.6 所示，就目前讨论的，有无数的小行星等待被优选和利用。但是极小物体捕获返回在开发较大小行星时会受到影响。由于它们较小的尺寸，所以从地球上看上去亮度非常弱，所以它们很难被探索和辨认。所以，小行星考察不仅仅在如何完成巨大的小行星数量普查上，同时还表现在如何在星历表上获取需要的精确位置，才能够在假设的交会任务的深度空间中找到。然而，即使是对于那些能够在深度空间中凭借有效特征找到的小行星，我们仍然缺少所需的成分数据来说明这颗小行星是有资源可利用的，因为在飞行任务中，飞船不会降落到一颗随机的小行星上，而是降落到一个可能存在成分资源的小行星上。

18.6 总结

尽管对于未来资源利用的近地天体捕获看上去也许是一个遥远的设想，但我们已经证明低能量体的一个总量是存在的，这能够通过最少的能量成本获得。更重要的是，这样的天体能够跨过整个频谱能量成本获取，这点不同于需要最小（和最重要）能量成本的月球资源利用。很显然，现有的和新兴的推进技术如今能够促使获取这些资源。这展现了一个令人惊喜的可行性范围，主要是针对科学界小行星捕获，或对未来人类太空探索的支持利用，它可以被作为近期商业空间投机（Elvis，2012）。

致谢

感谢 William Bottke，他提供了近地行星分布数据。感谢读者 John Lewis 和 Haym Benaroya，他们对草稿提供了宝贵的意见。此工作由欧洲研究委员会 227571 授予支持（VISIONSPACE）。

参考文献

［1］ Bottke，W. F.，Morbidelli，A.，Jedicke，R.，Petit，J. – M.，Levison，H. F.，Michel，P.，Metcalfe，T. S.：Debiased Orbital and Absolute Magnitude Distribution of the Near – Earth Objects. Icarus 156，399 – 433（2002）

［2］ Bowell，E.，Hapke，B.，Domingue，D.，Lumme，K.，Peltoniemi，J.，Harris，A. W.：Application of Photometric Models to Asteroids. In：Binzel，R. P.，Gehrels，R. P.，Matthews，M. S.（eds.）Asteroids Ⅱ. Univ. of Arizona Press，Tucson（1989）

［3］ Brophy，J.：The Dawn Ion Propulsion System. Space Science Reviews 163，251 – 261（2011）

［4］ Brophy，J.，et al.：Asteroid Retrieval Feasibility Study. Keck Institute for Space Studies，Califonia Institute of

Technology, Jet Propulsion Laboratory, Pasadena, California (2012)

[5] Brown, P. , Spalding, R. E. , Revelle, D. O. , Ragliaferri, E. , Worden, S. P. : The Flux of Small Near – Earth Objects Colliding With the Earth. Nature 420, 294 – 296 (2002)

[6] Bus, S. J. , Binzel, R. P. : Phase II of the Small Main – Belt Asteroid Spectroscopic Survey. Icarus 158, 146 – 177 (2002)

[7] Chapman, C. R. : The Hazard of Near – Earth Asteroid Impacts on Earth. Earth and Planetary Science Letters 2, 1 – 15 (2004)

[8] Chesley, S. R. , Chodas, P. W. , Milani, A. , Yeomans, D. K. : Quantifying the Risk Posed by Potential Earth Impacts. Icarus 159, 423 – 432 (2002)

[9] Crandall, W. B. : Abundant Planet: Enabling Profitable Asteroid Mining. In: Planet, A. (ed.) Redwood City, CA 94062: Abundant Planet 501 (C)3 Organization (2009)

[10] Elvis, M. : Let's Mine Asteroids — For Science and Profit. Nature 485, 549 (2012)

[11] Kargel, J. S. : Metalliferous Asteroids as Potential Sources of Precious Metals. J. Geophys. Res. 99, 21129 – 21141 (1994)

[12] Kawaguchi, J. , Fujiwara, A. , Uesugi, T. : Hayabusa – Its Technology and Science Accomplishment Summary and Hayabusa – 2. Acta Astronautica 62, 639 – 647 (2008)

[13] Langmaier, J. , Elliott, J. , Clark, K. , Pappalardo, R. , Reh, K. , Spilker, T. : Assessment of Alternative Europa Mission Architectures. JPL Publication 08 – 01. NASA (2008)

[14] Lewis, J. S. : Mining the Sky: Untold Riches from Asteroids, Comets and Planets. Helix Books/Perseus Books, Reading, Massachusetts (1996)

[15] Lewis, J. S. , Hutson, M. L. : Asteroidal Resource Opportunities Suggested By Meteorite Data. In: Lewis, J. S. , Matthews, M. S. , Guerrieri, M. L. (eds.) Resources of Near – Earth Space. University of Arizona Press, Tucson (1993)

[16] Lo, M. W. , Ross, S. D. : The Lunar L1 Gateway: Portal to the Stars and Beyond. In: AIAA Space 2001 Conference, Albuquerque, New Mexico (2001)

[17] Mainzer, A. , Grav, T. , Bauer, J. , Masiero, J. , Mcmillan, R. S. , Cutri, R. M. , Walker, R. , Wright, E. , Eisenhardt, P. , Tholen, D. J. , Spahr, T. , Jedicke, R. , Denneau, L. , Debaun, E. , Elsbury, D. , Gautier, T. , Gomillion, S. , Hand, E. , Mo, W. , Watkins, J. , Wilkins, A. , Bryngelson, G. L. , Del Pino Molina, A. , Desai, S. , Gómez Camus, M. , Hidalgo, S. L. , Konstantopoulos, I. , Larsen, J. A. , Maleszewski, C. , Malkan, M. A. , Mauduit, J. C. , Mullan, B. L. , Olszewski, E. W. , Pforr, J. , Saro, A. , Scotti, J. V. , Wasserman, L. H. : NEOWISE Observations of Near – Earth Objects: Preliminary Results. The Astrophysical Journal 743, 156 (2011)

[18] Mauk, M. G. : Silicon Solar Cells: Physical Metallurgy Principles. Journal of the Minerals, Metals and Materials Society 55, 38 – 42 (2003)

[19] Nakamura, T. , Noguchi, T. , Tanaka, M. , Zolensky, M. E. , Kimura, M. , Tsuchiyama, A. , Nakato, A. , Ogami, T. , Ishida, H. , Uesugi, M. , Yada, T. , Shirai, K. , Fujimura, A. , Okazaki, R. , Sandford, S. A. , Ishibashi, Y. , Abe, M. , Okada, T. , Ueno, M. , Mukai, T. , Yoshikawa, M. , Kawaguchi, J. : Itokawa Dust Particles: A Direct Link Between S – Type Asteroids and Ordinary Chondrites. Science 333, 1113 – 1116 (2011)

[20] Nichols, C. R. : Volatile Products From Carbonaceous Asteroids. In: Lewis, J. S. , Matthews, M. S. , Guerrieri, M. L. (eds.) Resources of Near – Earth Space. University of Arizona Press, Tucson (1993)

[21] O'Leary, B. , Gaffey, M. J. , Ross, D. J. , Salkeld, R. : Retrieval of Asteroidal Materials. Space Resources and Settlements (1979)

[22] Opik, E. J. : Collision Probabilities With the Planets and the Distribution of Interplanetary Matter. Proceedings of the Royal Irish Academy. Section A: Mathematical and Physical Sciences 54, 165 – 199 (1951)

[23] Rayman,M. D. ,Fraschetti,T. C. ,Raymond,C. A. ,Russell,C. T. :Dawn:A Mission in Development for Exploration of Main Belt Asteroids Vesta and Ceres. Acta Astronautica 58,605 – 616(2006)

[24] Review of U. S. Human Spaceflight Plans Committee 2009. HSF Final Report:Seeking a Human Spaceflight Program Worthy of a Great Nation. NaASA(2009)

[25] Ross,S. D. :Near – Earth Asteroid Mining. Department of Control and Dynamical Systems,Pasadena(2001)

[26] Ross,S. D. :The Interplanetary Transport Network. American Scientist 94,230(2006)

[27] Sanchez,J. P. ,García,D. ,Alessi,E. M. ,Mcinnes,C. R. :Gravitational Capture Opportunities for Asteroid Retrieval Missions. In:63rd International Astronautical Congress. International Astronautical Federation, Naples (2012)

[28] Sanchez,J. P. ,Mcinnes,C. R. :On the Ballistic Capture of Asteroids for Resource Utilization. In:62nd International Astronautical Congress. IAF Cape Town,SA(2011)

[29] Sanchez,J. P. ,Mcinnes,C. R. :Assessment on the Feasibility of Future Shepherding of Asteroid Resources. Acta Astronautica 73,49 – 66(2012a)

[30] Sanchez,J. P. , Mcinnes, C. R. :Synergistic Approach of Asteroid Exploitation and Planetary Protection. Advances in Space Research 49,667 – 685(2012b)

[31] Stokes,G. H. ,Yeomans,D. K. ,Bottke,W. F. ,Chesley,S. R. ,Evans,J. B. ,Gold,R. E. ,Harris,A. W. ,Jewitt,D. ,Kelso,T. S. ,Mcmillan,R. S. ,Spahr,T. B. ,Worden,P. :Study to Determine the Feasibility of Extending the Search for Near – Earth Objects to Smaller Limiting Diameters. Report of the Near – Earth Object Science Definition Team. National Aeronautics and Space Administration,Washington,D. C. (2003)

[32] Stuart,J. S. :Observational Constraints on the Number,Albedos,Size,and Impact Hazards of the Near – Earth Asteroids. Massachusetts Institute of Technology(2003)

[33] Tsiolkovsky,K. E. :The Exploration of Cosmic Space by Means of Reaction Devices. Scientific Review(1903)

第 *19* 章

捕获小行星

迪迪埃·马索内特 (Didier Massonnet)
法国国家空间研究中心 (Centre National d' Etudes Spatiales , France)

19.1 引言

天体撞地威胁论由来已久,人们提出了许多解决方案来降低风险。其中一些方案较为"柔性",包括在着陆或碰撞前几年与有威胁的小行星交会,然后通过各种手段来改变它的轨迹。例如通过改变其反照率来偏转轨道,或是采用重力拖车来轻轻地推动小行星(Lu、Love,2005 年)。下面描述的机械设备也可用于改变小行星的轨道。即使缩短任务的准备阶段,所有这些方法都需要长时间来实现。如果小天体不是来自近地,而是一个彗核,那么要与之交会可能需要十余年的时间。另一些"强硬"的解决方案不需要交会,但拦截可能需要较大的相对速度,可以在更短的时间内实现。由于小天体的引力场很小,采用核爆炸的方式可将小天体解体。难点在于时机:核爆炸应该在碰撞之前发生,但不能太早,以保证小行星能够吸收足够强烈的辐射(主要是 X 射线),这将使小行星的一部分质量转换成热气体并产生可以使小行星发生解体的冲击波,此外,产生的平均冲击作用还将使解体碎片的重心轨迹发生改变。文献(Massonnet、Meyssignac,2006 年)中提出了两个步骤,首先捕获其中一个较小的小行星并将其"停泊"在 $L_1 - L_2$ 日地拉格朗日轨道上,然后将其送入一条与即将到来的威胁小行星产生撞击的轨道上。

19.2 概念

这个概念涉及检测到一个易于到达的小行星,该小行星的质量要足够小,以至于能够在三个阶段内改变其轨道:首先将其捕获到地球轨道上,其次对其轨道进行测定和修正,以作为停泊轨道,第三从这个轨道出发,进入可以对有威胁小天体的撞击轨道。最后一步中需要的导航控制方法仍有待详细研究。存在的主要的挑战是,由推进系统施加的最小加速度(Massonnet、Meyssignac,2006年),仍然超过了任何轨道不稳定所导致的加速度。这种利用已捕获小行星的方法是最为简单的,因为所用到的工具与后续处理小行星所需要的工具是一致的。如果要将小行星作为地外资源,如氧气资源等,那么只需要三步中的前两步即可。但之后必须采取完全独立的提取工艺。如果有足够小的小行星正在地日拉格朗日点之间转移,那么第一步可以省略。捕获小行星可以看作"生命保险",可在没有任何实际威胁的情况下进行,这将导致大大削减我们的反应时间,对威胁快速形成反应。在文献(Massonnet、Meyssignac,2006年)中,提出了一个很好的捕获候选小行星(SG344),并给出了捕获任务的候选时间(2027—2029年)。

19.3   如何推动小行星

下面将对几种可以在"合理的"时间内产生每秒几十米速度增量的方法进行回顾,以改变小行星的轨道。此处"合理的"是指该时间段与从初始位置至停泊位置所需要的时间段相当。即使在任何威胁具体化之前进行操作,这也可能持续几年到十年的时间。

由于小行星反照率的变化,太阳帆或其他设备被首先抛弃。这些方法可能用于在长时间内改变近地航天器的轨道。如果考虑一个直径为10m、密度与水相当的小行星,其每平方米有效横截面的质量为10000kg,受到1500W/m²辐照强度,这也是它在地球轨道上受到的很好的太阳辐射情况,那么获得的典型加速度不会超过$10^{-9}m/s^2$。由此小行星的速度每10年将增加0.3m/s,对其轨道半长轴和公转周期形成10^{-5}量级的改变。该小行星届时将在一年时间内受到几分钟的改变,而一般200s的偏移就足以使一个近地大椭圆轨道小行星错过它的撞击目标。然而,捕获小行星可能需要每秒几十米的速度增量,而不是每秒零点几米的速度增量。

推动小行星的任何其他方法需要依靠火箭公式:质量比的对数(终质量加推进剂质量与终质量相比)等于速度比(干质量的终速度与推进剂的喷射速度之比)。总之 $V_F = V_E \ln(M_0/M_F)$,其中 V_F 为终速度;V_E 为喷射速度;M_0 为初始质量(推进剂质量和终质量之和),M_F 为终质量。对火箭而言,终质量是有效载荷和结构质量的总和。火箭方程适用于火箭的不同飞行阶段。

有趣的是火箭推进器的效率,也就是最终能量(最终质量的一半乘以其最终速度的平方)与消耗能量(推进剂质量的一半乘以它的弹射速度的平方)的比值。图19.1描述了效率作为速度比的函数。可以清楚地看到对于约1.6的速度比,相对应的最佳质量比约为5(即推进剂的质量为终质量的4倍)。在最佳的情况下,效率几乎达到65%。我们观察到的最佳值处并不是尖锐。这个方程说明,单从效率的角度看,设计100m 最终高度,或终速度小于50m/s 的火箭,采用 30m/s 喷射速度的液体火箭或许要比发射效率仅为 2% 的固体火箭要更好。相比之下,最好的化学推进剂可以达到5km/s 的喷射速度,非常接近8km/s 的最佳进入地球轨道速度。对于非常高的速度比,火箭方程可近似为:推进剂质量与终质量的比等于速度比。

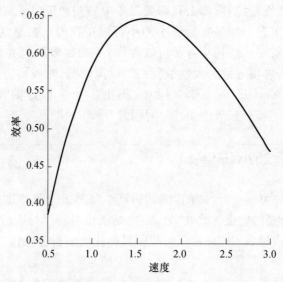

图 19.1　火箭方程的效率作为达到的速度与喷射速度之比的函数。
效率本身是在燃料上花费的总能量与航天器最终动能花费的总能量之比

如果目标给小行星提供50m/s 的速度增量(ΔV),那么最佳能量效率是使小行星产生量级为几十米每秒的喷射速度。就从地球起飞允许的质量而言,由于资源可以就地取材,这种方法是最好的。如果考虑一个质量为 5 万吨~10 万吨的小行星,任何化学推进的方案都将需要量级约 1 万吨的推进剂。土星五号月球火箭是迄今为止发射的最强大的火箭,将需要把这一数额重量从地球重力场带出。类似的,尽管距离能量最佳点更远,核推进剂可以提供充足的能量,但对于50km/s 的喷射速度,所需的推进剂质量仍然达到 50t~100t,这还未考虑到核引擎比化学推进系统要复杂得多。这里我们不考虑核爆炸技术,因为小行星大多被认为具有粒状结构,是不可能抵挡核爆炸作用的。这将在后续作为小行星资源利用的一种手段。另一个需要重点考虑的是推进方案的灵活性。如果在没有任何事先对目标小行星进行探测的情况下,除非它有自己的卫星,否则该小行星的质量将具有 1~2个量级的较大不确定性。同样的因素适用于化学或是核推进剂的质量。在机械推进的情况下,一旦推进开始,只有在小行星的质量被精确地估计后才能够对操作持续时间进行优化。

不考虑文献(Brophy 等,2012 年)中讨论的,利用很小的 ΔV 对质量较轻的小行星(小于1KT)进行捕获的情况,机械推进方式或是对小行星产生这一量级的 ΔV 所无法替代的。然而如果我们坚持在能量最佳点工作,那么小行星自身80%的质量将在推进阶段结束时被使用,耗散在太空中。在能量最佳点附近,似乎采用最高喷射速度是更明智的,即使是在围绕太阳而不是地球周围的轨道上,这样做能够尽量减少小行星质量的损失和空间碎片的产生。对于航天器设计,我们将100m/s的最大喷射速度作为一个可靠的机械系统可实际达到的上限。

19.4 机械火箭

任何任务的参数都可以根据上一节的原理推导得到。例如一个质量为10万吨的小行星在不到一年的时间内需要获得50m/s的速度增量,先用采用火箭方程(喷射速度为100m/s),可以计算得到质量比为1.65。然后将4万吨的物质以100m/s的速度推出,并且最后留下剩余的6万吨物质。在一年的时间内将4万吨以100m/s的速度喷射意味着需要6.5kW的平均功率。但这比大型远距离通信卫星的功率要小。此外,将这些卫星送入最后的圆形地球同步轨道所需要的速度增量,要比将它们送到近地小行星上来得更多。因此这些都不是难点所在。在一年内消耗4万吨物质意味着在小行星的表面以1.2kg/s的速率收集物质。虽然在地球上,任何人都可以在长时间内做到这一点,但在小行星结构未知、引力极小的情况下却是一个挑战。还有另一个设计关键:发射的序列策略。在上一个例子中,可以每15min发射1t物质或每0.1s发射120kg物质来实现1.2kg/s的目标。单次发射的质量越大,就可以减少寻找"单块"完整岩石的次数。但是这会导致一个更大的发射设备。极端情况下,沙化的小行星的表面可能无法产生足够的物质。因此,小行星的颗粒度是一个关键参数。体积较小的小行星的颗粒度一般较大(Delbo 等,2007年;Mueller,2007年;Murdoch,2011年)。那么设计一个具有中等启动速度、具有大块碎片喷射能力的机械火箭将是更安全的。进一步的研究(Murdoch,2011年)和模拟(Murdoch 等,2012年;Richardson 等,2011年;Schwartz 等,2012年)以及现场和地面的观测将加深我们在这一点上的认识。鉴于小行星质量的大部分将被用作推进剂,这就需要小行星的大部分是具有自然颗粒属性的,且不仅仅在表层具有这一特点。在未进行详细设计之前,可以证明主要机械参数的量级是可行的:假设目标是每两分钟推动100kg的材料达到100m/s,考虑铁轨式的伸杆能够在固定长度内对容器内一定质量的材料进行加速。如果最大长度为10m,可以由5m的结构一次展开后得到,这与现有的运载火箭整流罩相兼容。因此,加速度应达到500m/s² 的量级。所需要的50kN的作用力可以利用截面积不超过50mm² 的钢制电缆得到。尽管就强度和密度而言,用钢材料是非常保守的,但用于制成绕轨20m电缆的所需的钢质量也只有7kg。其他需要加速的质量就只有容器本身,容器可以采用金属网结构。容器必须在每次发射结束时进行减速。

如果认为容器的质量占20%，占据了喷射物质总量中的相当一部分，在采用相同材料的情况下，减速产生的强度至少是加速过程的5倍。所需的导轨长度也将是加速时长度的20%。若不考虑对伴随发射物质能量的回收，可以认为伴随发射的物质不会改变由材料限制造成的量级限制。为了存储发射所需要的能量（约500kJ，在0.2s内释放），可将超级电容器作为一种选择。最后，由于容器内装载的质量无法在每次发射前精确获得，因此每一次发射所产生的推力也将是不确定的。但这不是真正的问题，因为不考虑每次发射保持恒定加速度、恒定张力或保持能量的前提下，由此造成的效率损失是可以忽略的。无论如何，每次发射带来的动力将是非常低的，这也降低了对控制和测量系统的实时性要求。小行星在释放100kg物质后可获得的典型速度增量 ΔV 小于1mm/s。

看似简单的系统，如由"弹弓效应"驱动的中世纪投石机（Hill，1973年），存在每次发射后不能恢复绳索中剩余能量的缺点。相比于下次发射前无法有效地消耗能量的问题，由此产生的能量损失只是一个小问题。此外，这些设备都是不对称的。

目标小行星的自转可能是一个需要解决的问题。在为文献（Massonnet、Meyssignac，2006年）中指出，采样系统应在取得样品后反弹离开小行星表面，并在远离小行星的方向上喷射出样品，从而使其回到小行星表面。这样的系统对小行星的旋转是不敏感的，并能够在其表停留。每次登陆产生的冲击也足以克服表面强度的限制，并帮助收集样品。除非小行星具有结构张力，否则无论选择什么样的模型，小行星的旋转周期不可能小于2h（Harris，1996年）。提炼将（Holsapple 2001，2004年）减小这一数值，在一个非常有限的抗拉强度下，甚至可以进一步减小此值（Holsapple，2007年）。根据定义，大抗拉强度与机械火箭的概念很难兼容，因此旋转速度快的天体不应该成为我们的目标。雷达和光学测量可以从地面确定小行星的旋转周期。给定目标天体的大小（通常直径为40m），与其旋转速度相对应的赤道速度将小于2cm/s。自旋所产生能量将至少比捕获过程所需的能量低三个数量级。尽管小行星的表层被移除了，捕获并不一定会改变小行星的旋转速度，但这样的改变可以考虑在发射序列中。

19.5　捕获小行星的益处

在文献（Massonnet、Meyssignac，2006年）中，捕获小行星的主要目的是希望用它来对抗即将到来有威胁天体。我们提出将它作为一个"短期"的解决方案，而不需要长时间的准备，如重力牵引（Lu、Love，2005年）等方法。如何将捕获后的小行星从晕轨道重新定向至有威胁小行星所在的轨道，这一问题还有待深入研究。需要将推进系统所能产生的加速度限制考虑在内。虽然如此，这是一项不需要任何进一步的技术开发的纯理论工作（Meyssignac，2012年）。这里重点关注被捕获小行星所具有的其他潜在价值,为对这些小行星进行利用,往往还需要其他附加技术。

对小行星进行资源开采是一个自然的想法。然而,仔细考虑后却不那么有吸引力。作为太阳系的原始组成物质,小行星是不太可能像地球那样,通过构造力和地下水的作用,在特殊位置出现稀有材料的高度集中。如果一个小行星中的铂含量对应于太阳系初期的原始水平,那么其在小行星中的总含量将非常低。因此出于开采的目的,捕获一颗小行星意义不大。此外,从小行星提取的高价值/低质量的物质,可以很容易地使用常规手段从小行星初始轨道进行输送。如果开采需要人类的介入,那么日地 L_1/L_2 拉格朗日点对于宇航员(可能单程为一个月)来说比任何其他需要几年才能到达的任何其他位置都较容易到达。同样,如果采矿需要远程操作,拉格朗日点附近 5s 无线电时延比在太阳附近的典型星际通信的长达几分钟的延迟要更好。这些点是仍然不相关的,因为我们无法对有可能成为开采目标的大体积小行星进行拖动(如果有的情况)。

小行星捕获可能有助于探索太阳系。如果不使用核技术,这样的任务需要大量推进剂的推动,进入轨道的第一步是从地球逃逸。就地取材地制造部分推进剂的想法是非常有吸引力的。月球可能是一个生产基地,将从月球生产的物质送入地球平动点(ELT)所需的 $\Delta V \approx 2.8 km/s$,而从地球出发则需要 11.2km/s。同样,火星表面或火卫一的表面也可以作为推进剂或其他材料的生产基站。然而,即使不考虑将"化学工厂"建在月亮上所需要的巨大努力,即使从月球进入 ELT 所需要的 ΔV 并不大,但这仍将成为文献(Massonnet、Meyssignac,2006 年)中所给出过程有效性的一个严重限制。因此,从月球出发将最多比从地球出发具有 1~2 个量级的优势。这同样适用于其他目的的物质,例如用于在宇航员长途飞行中屏蔽宇宙辐射的材料。

放置在拉格朗日停泊轨道的小行星几乎也是在 ELT 轨道上的。如果在小行星附近放一个适当的设备,假设小行星大部分由氧化物组成,那么其在几年内可以产生大量的液态氧。可以将这些氧加载到首先到达拉格朗日点的航天器储箱中,然后航天器仍然沿着 ELT 返回地球。在适当的时候航天器进行加速,就能够进入星际转移轨道。如果化学推进用于火星或其他星球探测,那么探测器总质量的 80% 将被液态氧占据,这类似地造成了起飞重量需求的增加。两个月左右的小行星行程并不一定适用于飞行员,他们将在飞船飞掠地球时进入飞行器。如果有必要,另一名飞行员可以在从小行星返回途中完成燃料补充并直接进入地球大气层。对于大规模星际飞船来说,ΔV 成本几乎为零,而船员则要利用小型飞船到达平动点轨道速度以完成交会。在火星附近,使用火星—太阳拉格朗日点的停泊方案可大大降低所需的速度增量。虽然比小行星开采更有说服力,但这种使用被捕获的小行星的做法也存在一些障碍。首先,必须确保在捕获的小行星上有足够比例的氧气可用,但小行星的化学组成是未知的。第二,这种氧的化学形式必须已知,以用于将其变成液氧的化学设备设计。第三,从地球上携带的设施质量的数量级应比其产品小,使该设施的设计成为了一个难题。

显然,被捕获的小行星的利用前景良好,因为从原料出发所需的转化过程是最少的。在此类应用中可以包括两方面。

1. 首先,体积较大的小行星可作为深空载人飞行任务的辐射屏蔽体。在不受地球引力的情况下,将一个大质量模块附加到航天器上基本不需要什么代价,因为当飞掠地球时,只需要一个小的 ΔV 就可以进入星际转移轨道。例如,反过来利用一个类似的策略可以到达太阳—火星的拉格朗日点。我们假设可以使用没有保护的飞船到达目标行星。这种利用方式非常简单,但如果不能生产化学燃料,那么所带来的小幅改善似乎还比不上其增加的复杂性。

2. 其次,大部分模块可以连同核推进计划一起使用。1t 铀的体积仅为 50L,却包含了 700 万吨 O_2/H_2 燃料的能量。理论上核反应堆能够提供能量,而小行星则可通过与任何形式的电磁加速相关联的发电设备提供质量(McAndrews 等,2003年)(有待证实),或通过利用集中在一个抛物面的核爆炸(Dyson,2002 年)概念来提供质量。或许听起来很奇怪,如果不考虑拦截任务,这种对捕获的小行星的利用方式似乎比任何其他方式都更有可能。通过在飞行器周围附加中性物质,这些物质利用自身的爆炸产生推力。因为核弹的研究已经在许多国家中趋于成熟,因此很难取得新的发展。通过与外壳能量的共享,爆炸后的核物质从 30000km/s 的平均速度降低到远小于 10000km/s,在这种情况下,炸弹的质量仅是航天器重量的1%,其余大部分由小行星材料组成。尽管如此,所取得的比冲是非常高的。对于这样一个航天任务,肯定要避免其在低地球轨道上爆炸,并应当直接在拉格朗日点运行。然而,这一计划在具有弱磁场且没有无线电干扰的火星低空轨道进行。包括一些在核试验中进行的研究表明,这种容器可用于多种任务(Dyson,2002)。

19.6 结论

只有当其剩余质量中的很大一部分有用时,捕获小行星才是有价值的。因为其他原因放弃了开采小行星的想法。将小行星本身作为针对有威胁天体的屏障是最直接的利用,相应的理论研究提供了精细的制导与分阶段拦截方案。在核脉冲推进研究中,利用小行星物质作为"物质推进"是一种有前景的应用方向,因为只需要很少的附加技术,其中的一些已经开展了地面测试。在小行星大部分由氧元素组成的前提下,可将其作为大规模行星际任务的液态氧生产基地。在这种情况下,如何将"化工厂"设置在小行星上并长期工作将是一个难题,即使是与其他包括月球在内的天体相比,在小行星上设工厂已经是相对容易的了。

无论捕获小行星的应用计划是怎样的,捕获小行星似乎比利用它更加容易。与现有能力相比,采用一个或几个机械火箭捕获小行星需要利用中型航天器的自主操作(选择以相对高速喷射的物质)。相反,即使上面所提到的核推进计划,都需更大的起飞质量和更长时间的飞行。捕获小行星是一个很有前景的方向,但就投资而言则还需要进一步细化。

参考文献

[1] Brophy, J. , Culik, F. , Friedman, L. , et al. : Asteroid Retrieval Feasibility Study. Keck Insti – tute for Space Studies, Pasadena(2012)

[2] Delbo, M. , dell'Oro, A. , Harris, A. W. , Mottola, S. , Mueller, M. : Thermal inertia of near – Earth asteroids and implications for the magnitude of the Yarkovsky effect. Icarus 190,236 – 249(2007)

[3] Dyson, G. : Project Orion: The True Story of the Atomic Spaceship. Henry Holt and Com – pany, New York (2002)

[4] Harris, A. W. : The Rotation Rates of Very Small Asteroids: Evidence for 'Rubble Pile' Structure. In: Lunar and Planetary Institute Conference Abstracts, vol. 27, p. 493(1996)

[5] Hill, D. : Trebuchets. Viator 4,99 – 115(1973)

[6] Holsapple, K. A. : Equilibrium Configurations of Solid Ellipsoidal Cohesionless Bodies. Icarus 154,432 – 448 (2001)

[7] Holsapple, K. A. : Equilibrium Figures of Spinning Bodies with Self – Gravity. Icarus 172,272 – 303(2004)

[8] Holsapple, K. A. : Spin limits of Solar System bodies: From the small fast – rotators to 2003 EL61. Icarus 187, 500 – 509(2007)

[9] Lu, E. T. , Love, S. G. : Gravitational tractor for towing asteroids. Nature 438,177 – 178(2005)

[10] McAndrews, H. , Baker, A. , Bidault, C. , Bond, R. , Browning, D. , Fearn, D. , Jameson, P. , Roux, J. – P. , Sweet, D. , Weston, M. : Future power systems for space exploration. ESA – Report 14565/NL/WK, QinetiQ (2003)

[11] Massonnet, D. , Meyssignac, B. : A captured asteroid: Our David's stone for shielding Earth and providing the cheapest extraterrestrial material. Acta Astronautica 59,77 – 83(2006)

[12] Meyssignac, B. : Personal communication(2012)

[13] Mueller, M. : Surface Properties of Asteroids from Mid – Infrared Observations and Thermophysical. Ph. D. Thesis, Freie Universitat, Berlin(2007)

[14] Murdoch, N. : Modelisation of granular material dynamics at the surface of asteroids and under various gravitational conditions(Mars, the Moon). PhD Thesis, Planetary and Space Sciences Research Institute, The Open University and the Côte d'Azur Observato – ry, The University of Nice, Sophia Antipolis, France(2011)

[15] Murdoch, N. , Michel, P. , Richardson, D. C. , Nordstrom, K. , Berardi, C. R. , Green, S. F. , Losert, W. : Numerical simulations of granular dynamics II: Particle dynamics in a shak – en granular material. Icarus 219(1), 231 – 335(2012)

[16] Richardson, D. C. , Walsh, K. J. , Murdoch, N. , Michel, P. : Numerical simulations of granular dynamics I: hard sphere discrete element method and tests. Icarus 212,427 – 437(2011)

[17] Schwartz, S. , Richardson, D. , Michel, P. : An implementation of the soft – sphere discrete element method in a high – performance parallel gravity tree – code. Granular Matter 14,363 – 380(2012)

第 *20* 章

改变小行星轨迹

亚历山大 A. 博隆金(Alexander A. Bolonkin)
美国纽约 C&R 公司(C&R Co. ,New York USA)

20.1 引言

太阳系中小行星的数量是非常多的(Friedman 和 Tantardini,2012 年)。绝大多数是在一个位于离太阳的平均距离为 2.1~3.3AU 的火星和木星的轨道之间的名为小行星带群中发现的。科学家们知道直径为 1km 或以上的大约有 6000 个小行星,直径为 3m 或更小的小行星数计百万计。雷达观测能够通过测量回波功率的分布时间延迟(范围)和多普勒频率来分辨小行星。它们能确定小行星轨道,自旋和产生小行星图像。为将小行星传送到地球,主要有三种手段:用空间物体撞击、常规爆炸、核爆炸,并把碎块用降落伞进行制动。

20.2 动力学影响

其他小行星或大型航天器,是改变近地小天体(NEO)轨道的一种可能途径。当一个大质量近地天体(如空间设备)与小行星发生碰撞的可能会撞击并促其偏离轨道。

当小行星仍然远离地球时,通过与小行星航天器的碰撞小行星的轨道参数将会发生改变。

欧洲航天局已经在研究能够证明这个未来技术的太空任务的初步设计。命名为 Don Quijote 的任务,是有史以来设计的第一个真正的小行星偏转任务。

在 99942 Apophis 的情况下,欧洲航天局的高级概念团队已经证明了,可以通过发送一个简单的重量不到 1t 的飞船来撞击小行星来实现偏斜。在权衡研究的主要研究者之一认为,一个名为"动能撞击变形"的策略比其他更有效。

20.3 核弹对小行星偏转的影响

引爆近地轨道天体的表面上(或在表面上或下方)的核爆炸将是一个选择,鼓风汽化该天体表面的一部分,并通过反应使它偏离方向。这是核脉冲推进的一种形式。即使没有完全蒸发,从与辐射爆炸鼓风结合导致的质量的减少和从喷射产生的火箭排气效果可能会产生积极的效果。

另一种建议的解决方案是引爆一系列较小的小行星旁边的核弹,距离足够远不会使天体破碎。提前这样做是远远不够的,任何数目的核爆炸即便相对小的力也足以改变天体的运动轨迹,以避免发生碰撞。1964 年"空间群岛",计算了几个偏转方案所必需的核爆炸力。1967 年,麻省理工学院的 Paul Sandorff 教授的研究生们设计了一个使用火箭和核爆炸,以防止小行星 1566 Icarus 对地球的假设影响的系统。这个设计研究后来被作为 Icarus 项目发表,并成为 1979 年电影流星的灵感来源。

20.4 小行星运动和变轨理论

表 20.1 中推算了一个质量为 M、速度为 16km/s 的小行星所具有的动能,以及折算成的 TNT 当量。

表 20.1 直径 D,质量 M 的具有 3500kg/m³ 的密度,能量 E,
速度 $V = 16$km/s,爆炸功率 P 的球型小行星

D/m	10m	30m	100m	300m	1km	3km	10km	30km
M/kg	1.83×10^6	16.5×10^6	1.83×10^9	16.5×10^9	1.83×10^{12}	16.5×10^{12}	1.83×10^{15}	16.5×10^{15}
E/J	2.34×10^{14}	21.1×10^{14}	2.34×10^{17}	21.1×10^{17}	2.34×10^{20}	21.1×10^{20}	2.34×10^{23}	21.1×10^{23}

广岛核弹有大约 15 万吨 TNT 炸药的能量。对于速度为 16km/s 的直径为 10m 的小球型小行星具有 4 倍以上的能量。

20.4.1 近地真空空间的轨迹计算方程

这些方程如下:

$$r = \frac{p}{1 + e\cos\beta} \qquad p = \frac{c^2}{K} \qquad e = \frac{c}{K}\sqrt{H + \frac{K^2}{c^2}} \qquad c = v^2 r^2 \cos^2 v = const$$

$$H = 2K\frac{M}{R} = const \qquad K = 3.98 \times 10^{14}\frac{m^3}{s}, \quad r_a = \frac{p}{1 - e}, \quad r_p = \frac{p}{1 + e} \qquad (20.1)$$

$$T = \frac{2\pi}{\sqrt{K}}a^{3/2} \qquad a = r_a \qquad b = r_p \qquad b = a\sqrt{1 - e^2}$$

式中:r 为距离地球中心指向轨迹的半径(m);P 为椭圆半周长(m);e 为椭圆的离

心率,圆形轨迹的 $e = 0$,椭圆的 $e < 1$,抛物线的 $e = 1$,双曲线的 $e > 1$;β 为从近地点角;K 为地球常数;v 为速度(m/s);v 为速度和切向圆之间的夹角;地球的质量 $M = 5.976.1024$kg;地球半径 $R = 6378$km;r_a 是最高点(m);r_p 是近地点(m);b 为椭圆的小半轴长(m);a 为椭圆的小半轴长(m);T 为旋转周期(s)。

20.4.2　通过航天设备碰撞改变小行星的轨迹

小行星(As)中的空间设备(SA)的无弹性正面碰撞:

$$W = \frac{1}{2} m_1 V_1^2 + \frac{1}{2} m_2 V_2^2, \quad Q = \frac{m_1 m_2 V_1^2}{2(m_1 + m_2)}, \quad \eta = \frac{W - Q}{W} = \frac{m_1}{m_1 + m_2} \quad (20.2)$$

式中:W 为系统的能量(J);Q 为冲击中的热量损失(J);m_1 为空间设备的质量(kg);m_2 为小行星的重量(kg);V_1 是关于小行星 - SA 的中心质量的 SA 速度(m/s);V_2 是关于小行星 - SA 的中心质量的小行星速度(m/s);η 为效率系数。

让我们将原点定在小行星的重心位置。小行星 - SA 系统的速度将是:

$$\Delta V = V \left[\frac{m_1}{m_1 + m_2} \left(1 - \frac{m_2}{m_1 + m_2} \right) \right]^{0.5}, \quad \Delta I = (m_1 + m_2) \Delta V \quad (20.3)$$

式中:ΔV 为小行星速度的变化值(m/s);V 为相对小行星的 SA 的速度(m/s);ΔI 为系统 As + SA 的附加脉冲。

示例:让我们以一颗直径为 10m($m_2 = 1830$t)的小行星和质量 $m_1 = 10$t,速度 $V = 1$km/s 的小行星为例。从式(20.2)~式(20.3),我们发现 $\Delta V = 5.43$m/s,$\eta = 0.00543$。

20.4.3　通过位于小行星表面的常规炸药板改变轨迹

在这种情况下,我们得到了爆炸性气体的冲量。爆炸气体的最大速度和从爆炸中获得的小行星速度是:

$$V_1 = \sqrt{2q}, \quad V_2 = V_1 \frac{m_1}{m_2} \quad (20.4)$$

式中:V_1 为爆炸气体的速度(m/s);q 为爆发的特定能量(J/kg)($q \approx 5.4$mJ/kg TNT),V_2 为从爆炸得到的小行星速度(m/s);m_1 是爆炸物的质量(kg);m_2 为小行星的质量(kg)。

示例:让我们以直径为 10m($m_2 = 1830$t)的小行星和具有质量 $m_1 = 10$t,爆炸能量 $q \approx 4.2$(MJ/kg)的爆炸物为例。从式(20.4),我们发现小行星速度变化 $V_2 = \Delta V = 15.8$m/s。

如果爆炸不是盘行的(不是最适宜的),并位于小行星表面的一个点(球)上,爆炸的影响会小一点。从板爆炸速度:$V_2 = \Delta V = 15.8 \times 0.785 = 12.4$m/s,获得的最大速度为 $\pi/4 = 0.785$。

20.4.4 小行星表面的核站爆炸

在这种情况下,小行星会从小行星消失的部分获得冲量。小行星其余部分可以获得显著的速度。如果位于小行星表面的原子弹的能量为 E,小行星的速度变化可以通过下面的方程估计:

$$V_1 = \sqrt{\lambda}, \quad m_1 = \frac{E}{2\lambda}, \quad v = \frac{m_1}{\rho}, \quad r^3 = \frac{3v}{2\pi}, \quad I = m_1 V_1, \quad \Delta V = \frac{I}{m_2 - m_1} \quad (20.5)$$

式中:V_1 为蒸发气体的速度(m/s);λ 为小行星消失的比能量(J/kg)(加热 + 熔炼 + 加热 + 蒸发);v 为一个蒸发质量的容积(m^3);ρ 为小行星的密度(kg/m^2);I 是冲量($kg \cdot m/s$);ΔV 为核爆炸引起的小行星速度的变化(m/s);m_1 为爆炸中小行星损失的质量(kg);m_2 为小行星的初始质量(kg);r 为爆炸腔的半径(m)。

对于玄武岩,λ = 加热量 + 蒸发量 = 1191 + 3500 = 4691kJ/kg,ρ = 3500kg/m^3。铁的 $\lambda \approx 8200$kJ/kg,$\rho = 7900$kg/m^3;冰的 $\lambda \approx 3000$kJ/kg,密度 $\rho = 1000$kg/m^3。

示例:让我们以直径为 10m($m_2 = 1830$t)的铁类小行星和能量 E = 1kt = 4.2 × 10^{12}J 的小原子弹为例,从式(20.4),我们发现 $V_1 = 2863$m/s;$m_1 = 256$t,小行星速度的变化 $V_2 = \Delta V = 460$m/s。

20.4.5 小行星轨迹的计算

对于小行星轨迹的计算方程为:

$$\begin{cases} \dot{r} = \dfrac{R_0}{R}V\cos\theta, \quad \dot{H} = V\sin\theta \\[2mm] \dot{V} = \dfrac{D + D_P}{m} - g\sin\theta, \quad \dot{\theta} = \dfrac{L + L_P}{mV} - \dfrac{g}{V}\cos\theta + \dfrac{V\cos\theta}{R} + 2\omega_E\cos\varphi_E \end{cases} \quad (20.6)$$

式中:r 为飞船飞行范围(m);地球半径 $R_0 = 6378000$m;R 为距离地球的中心的飞船的飞行半径(m);V 为船速(m/s);H 为船的高度(m);θ 为轨迹的角度(rad);D 为系统的阻力(小行星 + 设备)(N);D_P 是降落伞的阻力(N);m 为系统的质量(kg);g 为在海拔 H 的重力加速度(m/m^2);L 是设备提升力(N);L_P 是降落伞提升力(N);ω_E 为地球角速度;$\varphi_E = 0$ 为飞行板与地球极轴垂直的小角;t 是飞行时间(s)。

式(20.6)中的数量计算如下:

$$\begin{cases} g = g_0\left(\dfrac{R_0}{R_0 + H}\right)^2, \rho = a_1 e^{(H - 10000)/b}, a_1 = 0.414, b = 6719, \\[3mm] Q = \dfrac{0.5 \times 11040 \times 10^4}{R_n^{0.5}}\left(\dfrac{\rho}{\rho_{SL}}\right)^{0.5}\left(\dfrac{V}{V_{CO}}\right)^{3.15}, \\[3mm] R_n = \sqrt{\dfrac{S_P}{a}}, T_1 = 100\left(\dfrac{Q}{\varepsilon C_s} + \left(\dfrac{T_2}{100}\right)^4\right)^{1/4}, T = T_1 - 273, \\[3mm] D_P = 0.5C_{DP}\rho VS_P, L_P \approx 1/4 D_P, \\[3mm] L = 2\alpha\rho aVS, D = L/4, \Delta V \approx \dfrac{0.5C_{DP}\rho aVS_P L}{m} \end{cases} \quad (20.7)$$

其中：$g_0 = 9.81 \text{m/s}^2$ 是在地球表面的重力加速度；ρ 为空气密度（kg/m^3）；Q 降落伞的 $1\text{m}^2/\text{s}$ 的热流（$\text{J/s} \cdot \text{m}^2$）；$R_n$（或 R_P）是降落伞的半径（m）；S_P（或 Sm）是降落伞的面积（m^2）；$\rho_{SL} = 1.225 \text{kg/m}^3$ 是在海平面的空气密度；$V_{CO} = 7950 \text{m/s}$ 是圆轨道的速度；T_1 为在开尔文 K 驻点的降落伞的温度；T 是在摄氏度驻点的降落伞的温度（℃）；T_2 为标准大气压的给定高度的温度，$K(T_2 = 253 \text{K}, H = 60 \text{km})$；$D_P$ 为降落伞阻力（N）；L_P 为伞的升力也就是控制从 0 到 4 倍的 D_P（N）（冲压空气降落伞可以产生多余阻力 1/3 的升力）；D 为船的阻力（N）；L 是飞船的升力（N）；$C_{DP} = 1$ 是降落伞阻力系数；$a = 295 \text{m/s}$ 是在高海拔地区的声速；$\alpha = 40° = 0.7$ 弧度的装置的攻角。$C_S = 5.67 \text{W}/(\text{m}^2 \cdot \text{K}^4)$ 是黑体的辐射系数；ε 是黑体的系数（$\varepsilon \approx 0.03 \div 0.99$），$\Delta V$ 为在距离 L 上大气中损失的速度。

该控制是如下：如果 T_1 是比升力 $L_p = $ 最大 $= 4D_p$ 多的给定的安全温度。在其他情况下，$L_p = 0$。如果 T_1 是比升力 $L_p = $ 负的最小值 $= -4D_p$ 小的给定的安全温度。当速度小于声速时，控制降落伞也可用于在给定的点之间的递送。

请求的降落伞区域可以在海平面研究方程得到：

$$L_P = C_L \frac{\rho V^2}{2} S_P \quad D_P = C_D \frac{\rho V^2}{2} S_P \quad K = \frac{C_L}{C_D} \quad V_v = \frac{V}{K} \quad V_v \leqslant V \qquad (20.8)$$

其中，C_L 为降落伞的升力系数，$C_L \approx 2 \div 3$；C_D 为降落伞的风阻系数，$C_D \approx 0.5 \div 1.2$；ρ 为空气密度 $\rho = 1.225 \text{kg/m}^3$；$V$ 为系统的速度（m/s）；S_P 是降落伞面积（m^2）；K 为 C_L/C_D 比值；V_v 为垂直的速度（m/s）。

示例：让我们以系统的质量（小行星 + 设备）是 $100\text{t} = 10^6 \text{N}$，$C_L = 2.5$，安全 $V_v = 20 \text{m/s}$，$K = 4$，$V = 80 \text{m/s}$ 为例。从式（20.8），我们得到降落伞的面积是 $S_p = 100 \text{m}^2$。控制矩形降落伞是 $5.8 \text{m} \times 17.3 \text{m}$。式（20.7）的计算结果展示在图 20.1 ~ 图 20.3 上。

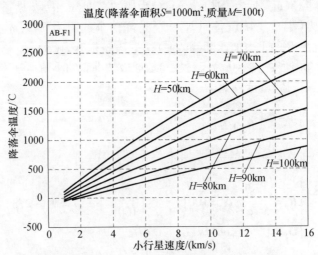

图 20.1　对于质量为 100t 的小行星和面积为 1000m^2 的降落伞，
不同高度下的进入的速度与降落伞的对应关系

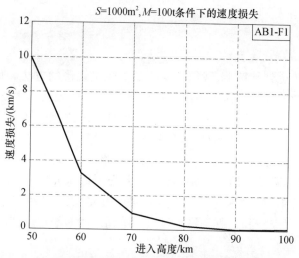

图 20.2 通过距离 $L = 6378km$（地球半径）质量为 100t 的小行星，
面积为 $1000m^2$ 的降落伞损失的速度

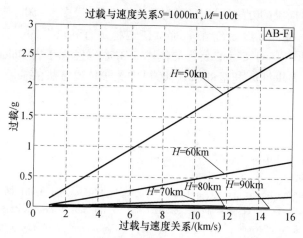

图 20.3 在不同海拔高度通过小行星速度的超载量

图 20.1 对于给定的安全降落伞温度允许选择进入的高度。举例来说，小行星具有 10km/s 的进入速度（近地点速度），安全降落伞温度为 1000℃。图 20.1 给出了近地点高度为 80km。

对于高度有 80km，距离 $L = 6378km$ 来说损失约为 150m/s。降落伞可以通过升力保持这个高度下降。在这种情况下，在绕地球两圈的过程中小行星损失约 2km/s。在距离 L 上，这样允许在增加速度损失 1km 的基础上降低安全高度到 70km。通过降低或升高升力来控制降落伞，以减少速度和将小行星置于地球表面的目标点。在该方法中，过载是小的。如图 20.3 所示。

20.5 结论

将小行星传递到地球上,我们需要改变小行星轨迹的方法和估计或计算产生这些方法的冲力的理论。作者想出了这样计算的一些方法。主要有:空间设备对小行星的影响,小行星表面的传统爆炸物产生盘和球,在小行星表面的小型核弹的爆炸和通过控制地球大气中的降落伞来制动小行星。

该方法比常规方法更廉价:飞行至小行星,将航天器制动至与小行星相同的速度,制动小行星以降低其地球近地点幅角(上升到地球大气)(燃料支出),非降落伞进入地球大气中,高发热量,在大气中摧毁小行星,大气中的非控制飞行,强烈撞击地球表面,可以破坏和地震。将小行星传送到地球的给定点,以避免小行星与地球相撞。

由 Bolonkin(2005a,b,2006b,2011)、Bolonkin 和 Cathcart(2007)提出如果我们大幅度降低航天发射成本(最多 3 ~ 10 \$/kg),将金属小行星传送到地球上将是有利可图的。目前,出于科学目的,我们花费 200 ~ 300 百万美元来传送一个非常小的小行星。利用所提供的方法,我们可以将整个小行星(最多 3 ~ 50t)传送到地球。

如果小行星将含有贵重的金属,那么传送将是有利可图的。所提供的方法也可用于返回地球的空间飞行的装置的制动。雷达也发现了在 Bolonkin(2005a,b,2006a,b,2011)、Bolonkin 和 Cathcart(2007)中关于传递方法的有用的信息。

参考文献

[1] Bolonkin,A. A. :Asteroids as propulsion system of space ship. Journal of The British Inter – planetary Society 56,98 – 107(2005a)

[2] Bolonkin,A. A. :Non – Rocket Space Launch and Flight,ch. 11. Elsevier,New York(2005b),http://www. archive. org/details/Non – rocketSpaceLaunchAnd Flight,http://www. scribd. com/doc/24056182

[3] Bolonkin,A. A. :A New Method of Atmospheric Reentry for Space Ships. Presented as Paper AIAA – 2006 – 6985 in Multidisciplinary Analyses and Optimization Conference,September 6 – 8. Fortsmouth,Virginia(2006a)

[4] Bolonkin,A. A. :New Concepts,Ideas,Innovations in Aerospace. In:Technology and the Human Sciences,510 p. NOVA,New York (2006b),http://www. scribd. com/doc/24057071,http://www. archive. org/details/ NewConceptsIfeasAnd InnovationsInAerospaceTechnologyAndHumanSciences

[5] Bolonkin,A. A. :Femtotechnologies and Revolutionary Projects,538 p. Scribd,USA(2011),http://www. scribd. com/doc/75519828/,http://www. archive. org/details/FemtotechnologiesAnd RevolutionaryProjects

[6] Bolonkin,A. A. ,Cathcart,R. B. :Macro – Projects:Environments and Technologies,536 p. NOVA,New York (2007),http://www. scribd. com/doc/24057930,http://www. archive. org/details/Macro – projectsEnvironments AndTechnologies

[7] Friedman,L. ,Tantardini,M. :Asteroid Retrieval Feasibility. ESA ESTEC(March 14,2012),http://www. kiss. caltech. edu/study/asteroid/20120314_ ESA_ESTEC. pdf

第 *21* 章

小行星捕获计划

丹尼尔·加西亚·亚诺兹,琼-保罗·桑切斯,科林·R.麦克因斯
(Daniel García Yárnoz,Joan – Pau Sanchze,Colin R. McInnes)
英国斯特拉斯克莱德大学(University of Strathclyde,UK)

21.1　引言

目前,越来越多人开始致力于研究太阳系小天体,包括近地和主带小行星和彗星。美国航空航天局,欧洲航天局和JAXA已经构思了一系列任务来获得这些天体的数据,了解它们的特性不仅能深入了解太阳系,而且使太空探索的技术更具有挑战。特别是近地天体,主要因有两个重要的方面:它们是从地球最容易到达的天体,并且它们可能是一个潜在的撞击威胁。这促使研究团体进一步研究小行星的工程项目,如近地轨道的检索任务,充分利用当前的小天体研究活动和小天体操作技术的发展举措的协和作用。

各种空间的宏观工程项目已经成为捕获或指导太阳系中的有用轨道的整个或部分小行星的基本要求(见表21.1)。

表 21.1　宏观的工程项目提出捕获小行星。当需要时,利用给定直径和 2.6g/cm^3 的平均 NEO 密度,来估算小行星的大小(Chesley 等,2002 年)

项目	目标轨道	尺寸与质量需求	参考文献
空间升降	~ GEO	$52 \times 10^3 \text{kg}(> 3.3\text{m})$	(Aravind,2007)
地球工程:近地轨道环	~ LEO	$2.3 \times 10^{12} \text{kg}(> 1190\text{m})$	(Pearson 等,2006)
地球工程:L_1 轨道云	日地 L_1 点	$1.9 \times 10^{11} \text{kg}(> 515\text{m})$	(Bewick,2012)
地球工程:$L_{4/5}$	地月 $L_{4/5}$ 点	$2.1 \times 10^{14} \text{kg}(> 5.3\text{km})$	(Struck,2007)
技术验证:燃料补给站	L_1、L_2、月球轨道	$> 2\text{m}$	(Brophy,2012)
空间站	L_1、L_2、L_4、L_5	$> 10\text{m}$	—
NEO 防护	日地 L_1、L_2	$20 \sim 40\text{m}$	(Massonnet 和 Meyssignac,2006)
往返飞行器	地火共振轨道	$> 100\text{m}$	(Lewis,1996)

太空电梯的早期建议涉及到捕获轨道接近 GEO 的小天体来作为配重。需要配重的大小取决于小行星所在轨道的半径,随着尺寸的减小离 GEO 的高度呈指数增长,计算在半径 100000km 的圆轨道大约需要 50t 的小行星(直径约 3.3m)的配重。

有人提出将捕获的小行星用于地质工程的目的,通过产生灰尘环或云以减少地球上的太阳辐射。根据不同的尘云,或地球环(Pearson 等,2006 年),太阳 - 地球 L_1(Bewick 等,2012 年),或地球月球的 L_4/L_5 区域(Struck,2007 年)和日照中的希望的减少的位置,小行星的质量要求和对捕获转移的复杂性和成本各不相同,但目标小行星的最小尺寸不低于 500m 的口径。检索这个尺寸的天体很可能超越了现在的技术能力。通过利用空间生产的太阳能反射器,而不是尘埃环或云(Pearson 等,2006 年),所要求的质量可以降低超过一个数量级,但是这将涉及到轨道上的大型生产基础设施。

更小的小行星已经成为资源开发的目标。空间的原位资源利用一直被认为是降低太空任务的成本,例如通过为星际转移提供批量大规模的辐射屏蔽或蒸馏火箭推进剂的方法(Lewis,1996 年)。更小的小行星已经成为资源开发的目标。空间的原位资源利用一直被认为是降低太空任务的成本,例如通过为星际转移提供批量大规模的辐射屏蔽或蒸馏火箭推进剂的方法(Lewis,1996 年)。虽然小行星采矿的概念可以追溯到最早的火箭技术的先驱(Tsiolkovsky,1903 年),但这一研究近期才受到关注,这一点可以从越来越多的文献(Baoyin 等,2010 年;Sanchez 和 McInnes 2011a;Hasnain 等,2012 年),以及行星资源公司等的调查报告中[http://www.planetaryresources.com]看出。一个最近提出的小行星捕获任务(Brophy 等,2012 年)提出了通过目前的技术来捕获·颗直径为 2 ~ 4m、绕月飞行的小行星,该小行星可作为发展原位资源利用技术(ISRU)的试验平台。有其他学者(Massonnet 和 Meyssignac,2006 年)提出将一个较大的小行星作为保护地球的防护屏障的建议,同时还可以对该小行星进行资源开采。这些设想可能会带来太空探索和空间资源利用新高潮,并引发革命性的技术创新。这些技术在今天看开还遥不可及,例如大功率太阳能卫星,以及空间长期居住社区等。在不久的将来,可以预见利用小行星作为燃料库或永久性空间站基地的可能性。甚至还有文献(Lewis,1996 年)提到,利用周期运行的小行星来为星际飞行器提供结构支撑和辐射屏蔽的想法。

在所有这些研究中,日地拉格朗日点反复作为捕获的小行星的首选目的地之一出现。同时,它们也可以作为到达其他地月系统的目的地的天然网关(Koon 等,2000 年)。然而,还有几个解决的难题:需要发展可以改变小行星轨迹的技术,对小天体进行普查以便找到合适尺寸的候选目标,以及到达目标最终轨道的低成本转移设计。

随着对越来越多的小行星星群的认识,地球撞击天体的偏度的当前技术和方法都取得了显著的进步。虽然最初设计用来减轻全球影响威胁带来的危害,目前的冲击风险在很大程度上取决于小的未被发现的天体星群(Shapiro 等,2010 年),因此讨论了相对于大规模的干预,改变小天体细微轨道的方法,如使用核装置(Kleiman,1968 年)。偏转方法,如低推力拖船(Scheeres 和 Schweickart,2004 年),重力牵引机(Edward 和 Stanley,2005 年)或小动力冲击器(Sanchez 和 Colombo,2012 年)是基于目前成熟的空间技术。因此,它们也可能在不久的将来提供操纵小行星轨迹的途径。

关注小行星资源的影响,由 Sanchez 和 McInnes(2011a)的最近的工作(参见第 18 章)表明,实质性数量的资源确实可以在相对较低的能量下进行访问;质量在 10^{14}kg 的小行星可以消耗比探月还要少的能量来得到。在工作中,小行星物质的可获得性可以通过分析双脉冲转移的方式在给定的阈值能量下达到的地球的开普勒轨道参数进行估计。开普勒元空间然后被卷入现有的近地天体轨道(Bottke 等,2002 年)和大小分配模型(Mainzer 等,2011 年)中。如在 Sanchez 和 McInnes(2011a)的讨论中提到,小行星资源可以通过很宽的能量谱访问,并且因此,如第 18 章所述,当前的技术可以适用于将直径为 10~30m 的天体返回地球附近以满足科学研究和资源利用的目的。

在小行星偏转技术和动力系统理论中的进展,允许新的和便宜的太空运输方式,并提出了全新的任务概念,包括并不仅限于小行星的检索任务。设想了飞船到达一个合适的天体,依附表面并返回它,或它的一部分到地球的轨道附近。将整个小行星移动到地球附近将遇到明显的工程挑战,但也可允许在地球附近进行更灵活的开发阶段。

这里介绍的工作旨在通过定义一套初步的可以通过不变流形的动态的使命机会,来提供后者任务概念的可行性评估。传送大量材料到拉格朗日点的任务是重点关注的。该材料可作为 ISRU 的第一阶段技术示范任务和可承受的材料处理任务之用。若能在拉格朗日点安排观测、探测,甚至是载人探测任务,以对小行星开展长期或永久性的研究,其科学回报将更高。最后,它为其他如在表 21.1 中列出的未来探索奠定了基础。

21.2 低能量转移方式

目前的星际飞船具有 103kg 的质量数量级,而直径仅有 10m 的小天体很可能具有 106kg 的质量数量级。因此,已经移动这样的小天体,或者更大的,能够同样容易地运输科学载荷,将需要规模更强大,更高效的推进系统;或替代的,轨道转移器的大小要比那些到达太阳系中的其他行星的要求低。

太阳系传输现象,如快速轨道跃迁实验彗星 Oterma 和 Gehrels3,从日心轨道的木星轨道的外近拱点到木星轨道的内远拱点,或在主小行星带中的 Kirkwood 空隙,是典型的多体动力学例证。基于同样的原理,可以设计出精妙的低能量转移方法。

已知的是,与三体问题的 L_1 和 L_2 点共线周围的周期轨道相关的双曲不变流形结构,提供了控制上述的太阳系传输现象的一般机制(Koon 等,2000 年)。在此分析中,为了发现检索小行星物质到地球附近的低成本轨迹,我们寻求这些数学结构的受益。这项工作假设了在太阳和地球的引力作用下的飞船和小行星的运动,建立了圆形限制性三体问题(CR3BP)的框架(Koon 等,2008 年)。图 21.1 显示了该系统的公知的平衡点。质量参数 μ 在此分析中是 $3.0032080443 \times 10^{-6}$,忽略了月球的质量。需要注意的是,当引用雅可比常数时,通常利用归一化的单元(Koon 等,2008 年)。

21.2.1　周期轨道和流形结构

我们主要研究太阳—地球 L_1 和 L_2 点的动力学(图 21.1),因为它们是在地球附近的小行星潜在弹道捕获的门卫。

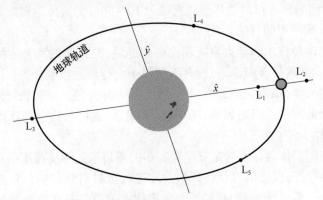

图 21.1　CR3BP 和它的平衡点的原理图

在过去半个世纪,科学家们努力地将平动点附近的运动行为归类为限制性三体问题(Howell,2001 年)。所研究的有界运动主要是平面和垂直的李雅普诺夫周期轨道,准周期李萨如轨道,周期和准周期光圈轨道(Gómez 等,2000 年,Koon 等,2008 年)。周期轨道的一些其他的类别可以通过探索上述的主要分支轨道簇来发现(Howell,2001 年)。

从理论上讲,小行星转移到这些轨道中的某一个时会在某个不确定的时间内留在平动点附近。然而在实践中,这些轨道是不稳定的,并且周期轨道的极小偏差将使小行星逐渐远离振动点区域。不过,可以假定能够保持小行星的轨道周期的小的修正动作(Simó 等,1987 年,Howell 和 Pernicka,1993 年)。

平衡点附近的线性运动是 X 中心,X 中心鞍型(Szebehely,1967 年)。这些点附近的所有有界运动源于稳定的 X 中心运动,而鞍动力学行为确保了固有的平衡点附近的任何有限的轨迹,无穷大数目存在渐近方式的轨迹,或从出发的有限的运动。所有系列的这些轨迹,有界和无界的运动,关联到一个平动点形成所谓的不变流形结构(Gómez 等,2005 年)。

有两种不变流形的类型:中央不变和双曲不变。中央不变流形是由平衡点附近的周期和准周期轨道组成,而双曲不变流形包括稳定的和不稳定的与中央不变流形轨道相关的轨迹。不稳定流形是由以指数方式远离周期性或准周期性到它们关联的运动的无限轨迹形成。另一方面,稳定流形包括以指数方式接近周期性或准周期性的轨道的无限数目的轨迹。

众所周知(Koon 等,2008 年),平衡区域附近的相空间的运动可以分成四大类:平衡位置附近的有界运动(即周期和准周期轨道),接近或远离后者,中转轨迹和非中转轨迹的渐变轨迹(图 21.2)。一个中转轨道是经历在轨道区域之间的快速切换的运动轨迹。在图 21.2 所示的太阳—地球的例子,接近地球的中转轨道跟随一个日心轨道,通过由光圈轨道分隔的瓶颈并成为地球的临时捕获物。从动力系统理论角度观测,由一组渐进轨迹定义的双曲不变流形结构形成了一个在转移和非转移轨迹之间的相空间分界线。

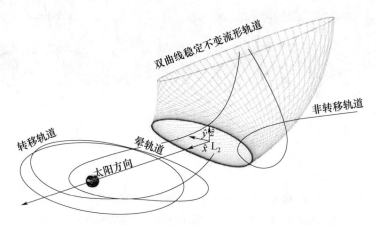

图 21.2　代表在 L_2 点附近运动的四类议案附示意图

(由图中的一组坐标轴表示):L_2 附近的周期运动(即光圈轨道),
双曲不变流形结构(即一组稳定的双曲不变流形轨迹),中转轨迹和非中转轨迹。)

它遵循从四类平衡点附近的运动议案,在太阳—地球的 L_1 和 L_2 点附近的周期轨道,不仅可以作为小行星检索任务的最终目标,也可作为地心暂时捕获轨迹或转移到其他地月空间位置的低能量轨迹的天然门户,如地月拉格朗日点。

重点针对在平动点附近周期轨道上运行的小行星的捕获机会,这将可以通过与之相关的双曲稳定流形轨迹的方法来实现。特别是,我们将专注于日地 L_1 和 L_2 点附近的周期运动的三个截然不同的分类:平面和垂直李雅普诺夫和晕轨道,这里统称为平动点轨道（LPO）。这种分析的目的是洞察未来小行星取回任务的可行性，因此，我们仅针对日—地 L_1 和 L_2 点附近的三个轨道簇进行搜索。然而，未来和更全面的搜索应该延伸到准周期轨道，如李雅普诺夫和半晕轨道。这些近周期轨道以它们的渐近线轨迹可能会增加小行星的引力捕获的选择范围。

21.2.1.1 李雅普诺夫轨道

如前面所指出的，L_1 和 L_2 点附近的线性运动属于 x 中心 – x 中心鞍型。当考虑所有的能量水平时，x 中心部分在各线的平衡点周围产生了 4 维中心不变流形（Gómez 等，2005 年）。在一个给定的能量水平上，中心不变流形是在一个不变环面的 3 维周期和准周期解决方案，在中间存在一些混乱或随机的区域（Gómez 等，2001 年）。与存在周期轨道的家族相关的两个中心频率：ωp 和 ωv（Alessi，2010 年）。它们被称为平面李雅普诺夫系列和垂直李雅普诺夫系列，如图 21.3 所示，并由李雅普诺夫中心定理确定。光圈轨道是从平面李雅普诺夫系列的第一个分叉处出现的 3 维周期轨道。

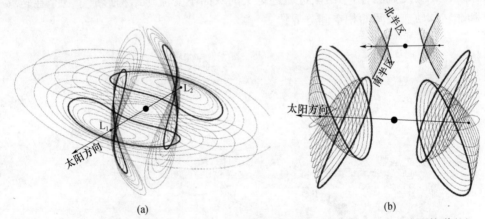

(a)　　　　　　　　　　　　(b)

图 21.3　与日地 L_1 和 L_2 相关的平面和垂直的李雅普诺夫轨道系列（a）和南北光圈轨道（b）。李雅普诺夫轨道根据从 3.0007982727～3.0000030032 变化的雅可比（Jacobi）常数绘制的。光圈轨道根据从 3.0008189806～3.0004448196 变化的雅可比（Jacobi）常数绘制的。深色线对应 3.0004448196 的雅可比（Jacobi）常数，其对应于能量在 L_2 和 L_3 平衡能量之间的距离的一半

为产生平面和垂直李雅普诺夫周期轨道的整个系列，我们首先生成与所述相关联的频率非常接近的平动点的近似解（Howell，2001 年）。该初始解是在合适的平面部分，利用这些轨道已知的对称性优势，由非线性动力学通过差分法修正（Koon 等，2008 年；Zagouras 和 Markellos，1977 年）。一旦计算出一个周期解，整个轨道簇都可以通过数值方法得到。只需将上一个解作为初值，在周期轨道相空间的一个维度上加上扰动即可。通过适当选择要扩展的相空间的方向；并迭代计算后可以建立一个具有递增的雅可比常数的周期轨道系列，如图 21.3 中所示。

21.2.1.2 光圈轨道

光圈轨道指的是轨道的环形状和与次要天体质量相关的位置,使人们联想起表示神圣的宗教图象光环来。该术语是由 Robert Farquhar 创造的,他主张利用在地月 L_2 点附近的这些轨道,获取在阿波罗计划中的月球远侧的连续通信中继(Farquhar,1967 年)。

如前面所指出的,这种类型的轨道是从平面李雅普诺夫轨道的分叉出现的。随着平面李雅普诺夫轨道振幅的增大,最终达到平面轨道变成由 Hénon(1973 年)定义的垂直临界的一个关键的幅度,并且新形成的三维周期轨道将存在分叉。因此,在日地系统的光圈轨道的最小可能尺寸 L_1 点大约为 $(240 \times 660) \times 10^3 km$,$L_2$ 点大约为 $(250 \times 675) \times 10^3 km$,大小表示从平动点分布从 X 和 Y 方向的最大偏移。在分叉点,光圈轨道的两个对称的系列出现在每一个平动点,这里被称为北部和南部的系列是根据在北部(即 $Z > 0$)或南部(就是 $Z < 0$)是否达到最大 Z 位移来定义的(见图 21.3)。

与平面和垂直李雅普诺夫相似,也在图 21.3 所示的光圈轨道系列,可以通过一个预测校正过程的延续手段进行估算。最初的根源是通过光圈轨道的(Richardson,1980 年)三阶近似方法估算。差分校正程序用来调整 Richardson 的预测,并获得最小的光圈可能(Zagouras 和 Markellos,1977 年;Koon 等,2008 年)。然后,我们通过预测 Z 轴稍大排量来满足下一次迭代来继续这个过程。重复这个过程提供了一系列的随能量增加或随雅可比常数降低的光圈轨道。

只有当雅可比常数不远低于 3.0004 时,这个过程才可以持续。在这一点上,延续的方向应该变为 x 的方向,或者在每次迭代中采用更为复杂的算法过程(Ceriotti 和 McInnes 2012)。然而对于此分析,我们选择留在光圈轨道范围内,可以仅在 z 方向上使用以确保每个光圈轨道是由单个 Jacobi 常数定义。如果光圈系列在那一点上连续,由于特定的 Jacobi 常数定义一个以上的晕轨道,它们的能量逐步衰减。

21.3 小行星检索任务

在过去的几年里,已经尝试了一些从小行星群返回的样品的太空任务(如 Hayabusa(Kawaguchi 等,2008 年))以及在不久的将来的其他计划(http://www.nasa.gov/topics/solarsystem/features/osiris-rex.html(最后一次访问在 02/05/12)。如由 Sanchez 和 McInnes(2011a)所示(也见本书第 18 章),给定预期的最易接近的天体的低运输成本,也可以设想通过当前或近期的技术来将整个小天体返回到地球的可能性。主要的难题在于侦查这些小天体时的固有困难。因此,在每百万个天体中仅有 1 个直径介于 5~10m 的天体是已知的,在未来的几年内这个比率是不太可能改变的(Veres 等,2009 年)。

在本节我们将专注于通过不变双曲稳定流形轨迹的方法研究近期返回任务小行星中的最易到达地小行星群。

为此,提出了针对捕捉编目近地天体目标的系统搜索,选择 L_1 和 L_2 区域作为捕获物质的目标位置。这使在有用的轨道上捕获整个近地物体或它们的部分的可能性有把握和更好地理解,以及当检测技术改进时演示了在未来可以应用到新发现的小天体的方法。

21.3.1 到 L_1 和 L_2 的不变流形轨迹

从小行星轨道转移到 L_1 和 L_2LPO 的设计包括一个弹道弧线,在开始和结束有两个冲动烧伤,与一个双曲稳定不变流形相交并趋近于期望的周期轨道。这些结果只考虑到了一个完整的捕捉任务的入站。

平面李雅普诺夫,垂直李雅普诺夫,和在 L_1 和 L_2 点周围的光圈轨道生成的在前面的章节中描述的方法被认为是目标轨道。通往 LPO 的不变流行轨道计算方法如下:在稳定的特征向量方向上加入 10^{-6} 量级的扰动(归一化后),在地月三体限制模型下反向逆推,直至在日地旋转坐标系下达到稳定。直到他们到达了日地旋转框架中固定的部分。我们将该传播时间作为不变流形的传送时间。本节是任意选择作为与日地连线成 $\pm \pi/8$(对于 L_2 轨道是 $\pi/8$,见图 21.4,对称部分是对于目标 L_1 的 $-\pi/8$)。这相当于到地球的距离大约在

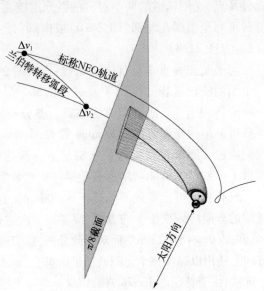

图 21.4 代表转移到 L_2 点的示意图

0.4AU,其中认为行星引力的影响是小的。在向后传播没有考虑到额外的扰动。

在此分析中,地球被假定为在一个距离太阳 1AU 的圆形轨道上。这种简化使得流形轨迹的轨道参数(特别是在所选定的部分)独立于到最后的轨道的插入时间。唯一在近日点的经度是例外的,即升交点赤经和近日点的总和,它随与参考时间对应的插入时间具有下列关系:

$$(\Omega + \omega) = (\Omega_{REF} + \omega_{REF}) + \frac{2\pi}{T}(t - t_{REF}) \tag{21.1}$$

其中 Ω_{REF} 和 ω_{REF} 是升交点和近日点在参考时间插入目标轨道的 $\pm \pi/8$ 部分的右侧提升,T 是地球的周期。这种沿地球轨道的变化已经对相成本有着直接的影

响,并影响最终插入的最佳点。

对于非零倾斜的轨道,流形的近日点参数也具有独立的插入时间和表示 Ω 变化的式(21.1)。然而,对于零倾斜的平面李普诺夫而言,Ω 是未定义的并可以选择零的任意值,从而产生代表在近日点参数变化的方程。

在近地天体轨道和流形之间的传递然后被作为具有两个冲动烧伤的限制二体问题的日心 Lambert 弧线计算,一个从 NEO 出发,最后一个插入流形,插入约束在 $\pm\pi/8$ 部分或之前发生。

这种方法的好处是,小行星渐近被捕获到共线拉格朗日点周围的有界轨道上,且在行驶中没有最后插入烧伤的必要。所有的烧伤都距地球很远,所以没有必要考虑大的地球引力损失。此外,这为纠正提供了额外的时间,因为在流形中的动力学与传统双曲线方法相比是“慢”的。

最后,如果需要的烧伤是小的,这种类型的运动轨迹然后就容易扩展到低推力轨迹。

在彩图 21.5 所示了,在特定的 Jacobi 常数下的在 r—r 相空间(其中 r 是距离太阳的直径)中的流形的形状在与 $\pm\pi/8$ 部分的交叉点。对于具有 L_1 或 L_2 点正确能量的轨道,该交点是一个单点;而对于较小的 Jacobi 常数,交叉的形状是一个闭环。对应于平面和卤素轨道之间的分叉的交叉点也被绘出。在其接近它们下一个最接近地球的 $\pi/8$ 的平面相交点绘出了几个捕获目标小行星(+ 标记)。在平面的情况下,这提供了一个测量小行星到流形的距离的好办法。然而,当我们所考虑 3D 问题时,z 分量或倾斜的信息也将是必要的。

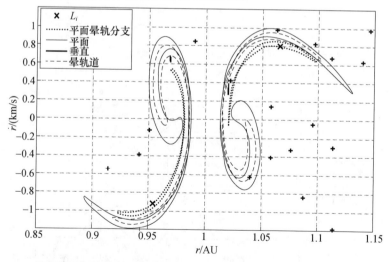

图 21.5　在雅可比常数为 3.0004448196 时的 r—r 相空间的流形的形状。
流形表示与在旋转框架上与日地线形成 $\pm\pi/8$ 角度的平面交叉点。
左边的流形对应 L_1,右边的对应 L_2。目标近地天体以“ + ”标记彩图 21.6 提供了就近日点半径,远日点半径和倾角的两个共线点而言比较有用的代表性的流形。平面李雅普诺夫和光圈轨道之间的分叉点,当其倾斜度增加时可以很容易识别。与平面李雅普诺夫轨道相比,光圈轨道在远日点和近日点的半径延伸到较小的范围。垂直李雅普诺夫轨道具有距离中心点的更小的半径,因为已经可以在彩图 21.5 中的垂直李雅普诺夫中看出较小的循环,但在另一方面,雅可比常数延伸到更低的值,并涵盖一个更广范围的倾斜角。

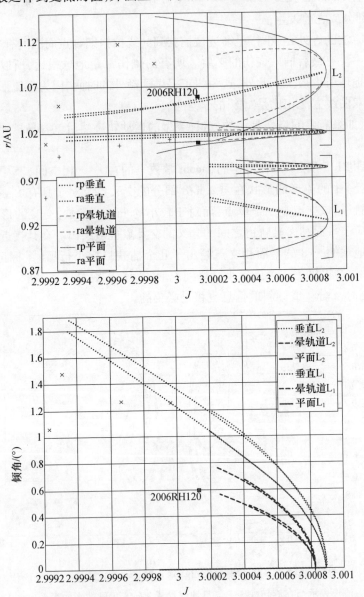

图 21.6　指向平面李雅普诺夫,垂直李雅普诺夫和在 L_1 和 L_2 点周围的流形的
最小和最大近日点,远日半径(顶部)和倾角(底部)

在图表中用小标记也标绘了几个小行星。其雅可比常数 J 是由 Tisserand 参数近似定义

$$J \approx \frac{1}{a} + 2\sqrt{a(1-e^2)\cos i} \qquad (21.2)$$

式中:a,e 和 i 为小行星轨道的半长轴(AU),偏心率和倾斜角。

这说明了邻近的一些近地天体的流形。尤其是,小行星 2006 RH120 已经凸显,由于其接近 L_2 流形。从这些曲线图中在忽略任何相位问题的情况下,它已经可以被认为一个很好的捕获候选,因为它的近日点和远日半径接近或在所有三种类型的流形的范围之内,并且它的倾角也接近光圈轨道流形。流形轨道要素是一个良好的休整捕获近地天体列表的过滤器。

21.3.2 修整小行星目录

对于捕捉机会的计算,用于分析的近地天体样本是 JPL 的小天体数据库 [http://ssd.jpl.nasa.gov/sbdb.cgi],下载的截至 2012 年 7 月 27 日,内含 9142 个小天体。其中包含了目前为止已编目的 NEO,但数据统计并不完全,主要更侧重于小行星的大小。尚未发现大量用于捕捉的最理想大小的小行星,因为目前的检测方法对更大的小行星有利。其次,还有与轨道的类型有关的额外的探测器,偏爱于 Amors 和损害 Atens 或 Atiras 的 Apollos,由于太阳引力的作用,Aten/Atira 小行星更多时间不被计入统计数据。

即使随着列表的减少,计算上是个昂贵的问题并有必要进行初步的修整。由 Sanchez 等(2012)的研究表明,能以 $\Delta V < 400 m/s$ 双曲进入速度的代价捕获的小行星数量约为几十个。虽然他们的大致估计了当将小行星双星能量减到 0 时需要的 ΔV 的成本的双曲捕获方法确保了暂时的捕获,这与流形捕获方法有本质的区别,能够以较低的成本在流形轨道上捕获的天体的数量预期为同一量级。

不失一般性地,可以立即丢弃半长轴(因而能量)远比地球的大的近地天体,以及在高倾斜轨道的近地天体。然而,需要设计更系统的过滤器。

正如预期的总成本中 ΔV 方面第一个近似值,实现了在远日点和近日点假设的二价冲动的成本预测。这两条烧伤也负责校正倾斜。调整半长轴所需的 ΔV 可表示为

$$\Delta v_a = \sqrt{\mu_s \left(\frac{2}{r} - \frac{1}{a_f} \right)} - \sqrt{\mu_s \left(\frac{2}{r} - \frac{1}{a_0} \right)} \qquad (21.3)$$

其中 μ_s 为太阳的引力常数,a_0 和 a_f 是在燃烧之前和之后的最初和最后的半长轴,r 是在燃烧时离太阳的距离(近日点或远日点距离)。另一方面,修正倾角需要的 Δv 由下式给出:

$$\Delta v_i = 2\sqrt{\frac{\mu_s}{a_0}r^*}\sin(\Delta i/2) \tag{21.4}$$

式中：Δi 为需要的倾斜角的变化值；r^* 为对应在远日点进行燃烧的近日点和远日点的距离之比，或在近日点进行时的距离之比的倒数。这些公式仅考虑了轨道的形状和倾斜角，而忽略了轨道要素的其余部分：升交点的右升和近心的说法。然后隐式地假定，该节点的线与拱点的线一致，并且倾斜角的变化能在近心点或远心点来完成。这会导致在某些情况下忽略平面的变化。

总成本，然后计算为

$$\Delta v_t = \sqrt{\Delta v_{a1} + \Delta v_{i1}} + \sqrt{\Delta v_{a2} + \Delta v_{i2}} \tag{21.5}$$

其中，在每个拱点都发生燃烧，并且假定两个倾角变化 ΔV 之一为零。

估计的转移 ΔV 从而对应于四种情况的最小值：修正远日点的近日点燃烧跟随者修正近日点的远日点燃烧，修正远日点的近日点燃烧跟随者修正远日点和倾斜角的近日点燃烧，且在第二个燃烧中完成了倾角变化的等效值。

注意，这些公式只用于数据库修正的第一阶近似，不用于计算最终的传输。特别是，平面的变化是仅适用于在倾斜角的小变化，和预期观察的高倾斜的过滤器所提供的值有大的偏差。但是我们关注的是小倾角变化的低速度增量代价转移，因此该方法用于初步筛选是可以接受的。

为简单起见，目标流形最后近日点，远日点和倾斜值可从图 21.6 中得到的范围或频带。例如，平面李雅普诺夫轨道的 L_2 具有范围$\{r_p, r_a, i\} \in \{1.00 - 1.02, 1.02 - 1.15, 0\}$或对于光圈轨道的 $L_2 \{1.01 - 1.02, 1.025 - 1.11, 0.59 - 0.78\}$。注意到，给定光圈的倾斜角范围与对应最高能量的范围一样。这是由于大多数候选小行星具有比流形更高的能量，并假设能量差为最小具有最低的成本。就垂直李雅普诺夫轨道而言，由于狭窄范围和对 J 的强烈的依赖性，使用了 J 的多项式拟合$\{r_p, r_a, i\}$函数。

通过此过滤器，与可以在一定的阈值 ΔV 被捕获相比，有可能计算出的三维轨道元件的空间的区域（在半长轴，偏心率和倾斜角）。在彩图 21.7 中绘制了在 L_2 周围以 Δv 为 500m/s 到 LPOs 的转移，并且具有内部轨道要素的任何小行星可以在原则上在那个代价或更低的情况下被捕获。

该过滤器近似为一般下界 ΔV 估计，因为它忽略了任何相位问题，并假定点火可在远心点或近心点进行。此外，在过滤器中使用的极端范围的$\{r_p, r_a, i\}$的组合对应正确的流形轨迹的可能性不大。最后，平面的变化并不包括在升交点的赤经修正。虽然最终的 Ω 可以通过修正与地球的相位来进行调整，但由于最后一次交会机动大约是在行星与小行星近距离相遇时发生的，因此无法随意调整相位。南北光圈轨道为每次传输提供了具有相反 Ω，将导致两个代价不同的机会，但这种筛选方法只能得到其中之一。

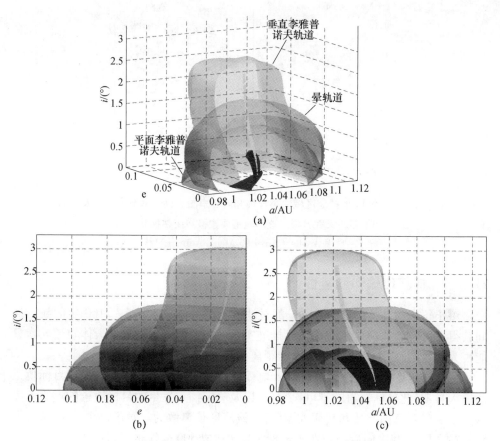

图 21.7　具有捕获进入 L_2 低于 500m/s 的 LPO 的总估计费用的
轨道元空间区域。对应 LPOs 的流形以固色绘制

　　该图表明,划定平面李雅普诺夫,垂直李雅普诺夫和光圈的三维表面视图,以及在 $a-i$ 和 $e-i$ 平面区域的二维凸起表面图。在不同的 LPO 目标轨道之间有显著的重叠;因此可以预期,将允许低成本的捕获一些小行星而不是多个 LPO 家庭。可以在 L_1 的情况下产生类似的情节。图 21.8 呈现了 L_1 和 L_2 与近地天体的 4 个簇群相比的定义区域。来自 4 个家庭的天体似乎符合小行星检索任务的候选目标,尤其是那些与 Apollo – Amor 和 Aten – Atira 分界区域接近的小行星。

　　在少数的情况下,具有高初始倾斜角和相关平面转换成本的过滤器可以高估 Δv。随着倾角的增大,分裂大平面变为两个燃烧的方法可能会使成本降低。在过滤器在近心点利于较大燃烧的方法情况下,也可以为平面的变化而不是最优解产生较高的成本估计。

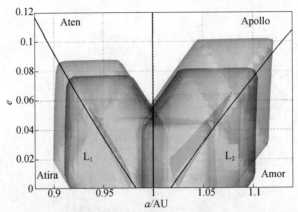

图 21.8 L_1 和 L_2 的捕获区域的半长轴和离心率图。也表示出了近地天体的
4 个主要的家庭界限。流形轨道要素被封闭在捕获区域，
并紧跟 Apollo – Amor 和 Aten – Atira 分界线

21.3.3 捕获传输和质量估计

对于每个预计 ΔV 低于 1km/s 的过滤的近地天体,在 2016—2100 年的航行期间获得了可行的捕获传输。在喷气推进实验室的数据库中的近地天体轨道元素只能视为有效的,直至其下次与地球的距离接触。

因此可以定义 5 个变量:Lambert 电弧转移时间,流形传送时间,最终目标轨道的插入日期,此目标轨道的雅可比常数,以及确定插入发生的目标轨道的点第五离散变量。就雅可比常数和其插入点而言,该流形是离散的。对于每个 LPO 考虑了 500 个插入点,其中向后增殖在 $\pm \pi/8$ 部分转化成 500 套轨道元素。

在小行星初始轨道和流形轨道之间的 Lambert 传输采用 EPIC 技术,使用随机搜索和自动空间分解混合的技术的全球优化方法可以处理连续和离散的变量 (Vasile 和 Locatelli,2009 年)。单目标的优化的总传输 ΔV 与费用的函数被提出来。通过 EPIC 获得的轨迹可以通过 MATLAB 的内置函数 fmincon 进行局部优化。考虑了在插入流形之前的 Lambert 弧线的最多 3 个完整旋转。对于至少一个完整旋转的情况,优化了 Lambert 问题的两个可能的解决方案。这意味着对于每个近地天体,都需要优化 7 个问题。

图 21.9 绘出了在 L_2 的情况下加上滤波器估计的优化的结果。可以观察到,该滤波器提供了通常的可以预期的总成本的近似值。这是一个有用的工具来选择候选人和优化优先小行星的名单,并迅速预测如果任何新发现的小行星预计将有较低的捕获成本。虚线已被作为圆形轨道的倾斜度变化在 1AU 的理想成本的指标添加到图中。预测和优化的结果预计将高于或接近这些线。然而,考虑到原始轨道的形状和倾斜角,该过滤器确实提供了一个快速和更准确的预算的估计。图中未显示捕获成本小于 500m/s 的小行星。

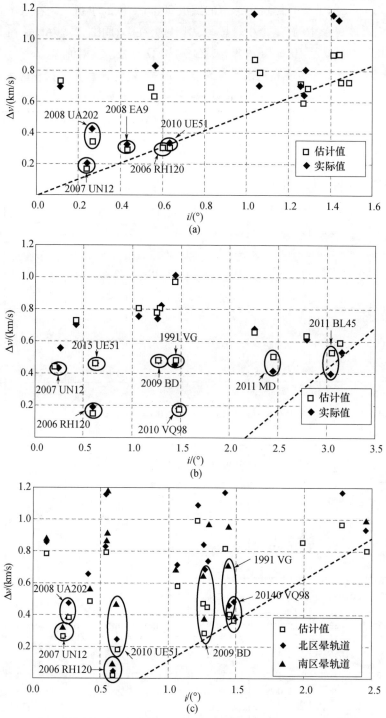

图 21.9　在 L_2 周围的平面李雅普诺夫(a),垂直李雅普诺夫(b)和光圈轨道(c)的
　　　　过滤器的成本估算和优化结果。虚线表示只改变倾斜角的成本

表 21.2 显示了预算比这个选定的阈值 500m/s 低的小行星。在这个费用可以捕获近地天体目录中的 12 个小行星,其中 10 个在 L_{22} 周围,2 个 Atens 在 L_2 周围。

表 21.2 Δv 低于 500m/s 的转移轨迹的 NEO 特性。传输的类型是由 1 或 2 表示 L_1 或 L_2,字母 P 代表平面李雅普诺夫,V 代表垂直李雅普诺夫日, 并且 Hn 或 Hs 代表南北光圈

小行星	a/AU	e	$i(°)$	MOID[AU]	直径/m	类型	Δv(m/s)
2006 RH120	1.033	0.024	0.595	0.0171	2.3 ~ 7.4	2Hs	58
						2Hn	107
						2V	187
						2P	298
						2V	181
2010 VQ98	1.023	0.027	1.476	0.0048	4.3 ~ 13.6	2Hn	393
						2Hs	487
						2P	199
2007 UN12	1.054	0.060	0.235	0.0011	3.4 ~ 10.6	2Hs	271
						2Hn	327
						2V	434
						2Hs	249
2010 UE51	1.055	0.060	0.624	0.0084	4.1 ~ 12.9	2P	340
						2V	470
						2Hn	474
2008 EA9	1.059	0.080	0.424	0.0014	5.6 ~ 16.9	2P	328
						1Hs	356
2011 UD21	0.980	0.030	1.062	0.0043	3.8 ~ 12.0	1V	421
						1Hn	436
2009 BD	1.062	0.052	1.267	0.0053	4.2 ~ 13.4	2Hn	392
						2V	487
						2Hn	393
2008 UA202	1.033	0.069	0.264	2.5×10^{-4}	2.4 ~ 7.7	2P	425
						2Hs	467
2011 BL45	1.033	0.069	3.049	0.0040	6.9 ~ 22.0	2V	400
2011 MD	1.056	0.037	2.446	0.0018	4.6 ~ 14.4	2V	422
						1P	443
2000 SG344	0.978	0.067	0.111	8.3×10^{-4}	20.7 ~ 65.5	1Hs	449
						1Hn	468
1991 VG	1.027	0.049	1.445	0.0037	3.9 ~ 12.5	2Hs	465
						2V	466

该表提供了根据 JPL 小天体数据库的轨道参数,最小轨道交叉点的距离,以及天体的大小的估计。此估计可以通过以下关系计算(Chesley 等,2002 年):

$$D = 1329 \text{km} \times 10^{-H/5} p_v^{-1/2} \qquad (21.6)$$

其中的绝对幅度 H 由 JPL 数据库提供,反照率 p_v 假设由 0.05(暗)至 0.50(非常亮的冰天体)变化。

正如所预期的,平面李雅普诺夫轨道最理想适合于较低倾角近地天体,而具有较高倾角的近地天体利于到垂直李雅普诺夫的转移。彩图 21.10 示出了小行星 2006 RH120 转移到 L_2 周围的光圈轨道的地月线是固定的同向旋转框架的例子轨迹。为了鉴赏最终轨道和流形的形状,在三维视图中绘制了轨迹最后部分的特写。

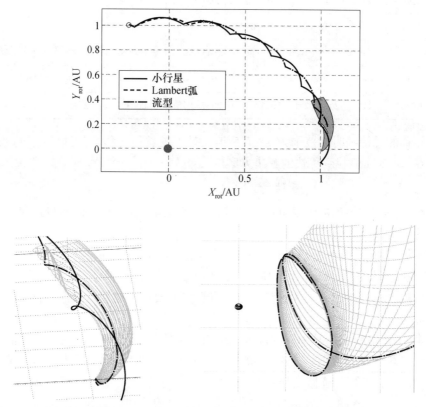

图 21.10 小行星 2006 RH120 到南光圈轨道的捕获轨迹。太阳和地球绘制了 10 倍的大小

表 21.3 列出了 L_1 和 L_2 的每种类型的传输的最佳轨迹。低于 60m/s 的最便宜的转移是将小行星 2006 RH120 送入光圈轨道的轨迹。用较高的费用还发现了 2006RH120 的平面和垂直李雅普诺夫的解决方案。这与图 21.6 的解释相吻合。修正方法也预测这种 Δv 的最低估计为 15m/s 的转移将是最便宜的。值得强调的是,总 Δv 包括从小行星离开并插入到流形的两个燃烧,但它不包含任何导航成本

405

或更正。近地天体轨道可以直接与流形相交,并在此情况下,转移到目标轨道可以以单个燃烧来实现,如在该特定情况下。

表 21.3 以最低的成本转移到每种类型的 LPO 的捕获轨迹

| 名称 | 类型 | 日期[年/月/日] | | L_i 到达 | 雅可比常值流型 | 总时长/年 | Δv/(m/s) | |
		小行星出发	流型进入				出发	到达
2006 RH120	2Hs	2021/02/01	2021/02/01	2028/08/05	3.000421	7.51	58	0
2006 RH120	2Hn	2023/05/11	2024/02/20	2028/08/31	3.000548	5.31	52	55
2010 VQ98	2V	2035/02/14	2035/09/01	2039/11/15	3.000016	4.75	177	4
2007 UN12	2P	2013/10/22	2013/10/22	2021/02/19	3.000069	7.33	199	0
2011 UD21	1Hs	2037/11/20	2038/07/03	2042/07/19	3.000411	4.66	149	207
2011 UD21	1V	2036/07/20	2038/11/16	2041/06/21	3.000667	4.92	226	196
2011 UD21	1Hn	2039/10/24	2040/06/15	2043/08/30	3.000504	3.85	210	226
2000 SG344	1P	2024/02/11	2025/03/11	2027/06/18	3.000357	3.35	195	248

转移的总持续时间范围为 3~7.5 年。对于较长的转移,有可能以小的 Δv 的代价在 Lambert 弧找到更快的解决方案。

21.3.3.1 检索质量估计

在上一节中给出的结果可用于计算使用当前空间技术捕获的质量的限制。为了获得可能被检索到的小行星的尺寸的初步估算,我们可以考虑一个基本的系统质量预算工作。假设在 NEO 的宇宙飞船具有 5500kg 的干重和 8100kg 的推进剂(如对小行星检索的 Keck 研究所建议的(Brophy 等,2012 年)),能够估算的可以转移的总小行星质量。一个完整的系统预算将需要更大的燃料质量以将飞船传送到目标。

表 21.4 显示了两种不同的推进系统的每个轨迹的结果。比冲为 300s 的高推力发动机总质量的范围是从 44~400t,它代表了到达 NEO 的空间飞行器的湿重的3~30 倍。呈现的轨迹假定脉冲燃烧,所以原则上它们不适合用于低推力传输。然而,由于其低 Δv 和飞行时间长,转移到低推力的这些轨迹在原则上是可行的,并将在未来的工作中考虑。如果类似成本的轨迹可以通过低推力高比冲(3000次)的发动机进行飞行,小行星的检索质量将超过高推力的情况下的 10 倍,假定从 2006RH120 轨道转移到光圈轨道的情况下会提升到 4000t。这超出了特定小行星的最大估计尺寸。即使假定从高推力变成低推力有 600% 的损失(这极可能在给出用于传送物体的质量的情况下),预期小行星 2006 RH120 的半径的估计值仍大于 7.4m 的最大值。

表 21.4　通过目前的空间技术的检索质量估计

名称	类型	总 ΔV/(m/s)	比冲 300s 质量/kg	Φ/m	比冲 3000s 质量/kg	Φ/m
2006 RH120	2Hs	58	398144	6.64	4067256	14.40
2006 RH120	2Hn	107	213657	5.39	2222273	11.77
2010 VQ98	2V	181	121879	4.47	1304330	9.86
2007 UN12	2P	199	110313	4.33	1188630	9.56
2010 UD21	1Hs	356	57441	3.48	659549	7.85
2010 UD21	1V	422	47017	3.26	555160	7.42
2010 UD21	1Hn	436	45263	3.21	537325	7.34
2000 SG344	1P	443	44380	3.19	528741	7.30

对于平均 NEO 密度并假设是球体,可捕获小行星的等效直径也包括在表中。这表明,巨砾的合理尺寸直径为 3~7m,或该尺寸可以用这种方法捕获的小的小行星。更大尺寸的完整天体的捕获仍充满挑战,但几个候选目标的衍生尺寸实际上在此范围内。具有更高的比冲量,表中所示的不符合于捕获范围的唯一 NEO 是 2000 SG344,派生尺寸范围为以 20~65m。

21.3.4　被选中的候选目标的概述

捕获的候选目标都是小尺寸(可能除了 2000 SG344),这对技术验证检索任务来说是理想的。事实上,它们中的 7 人符合 Brasser 和 Wiegert(2008 年)的小地球接近者的定义。他们对 1991VG 发现,这类天体的轨道的发展以与地球的近距离接触为主,经过很长一段时间半长轴发生了混乱的变化。这样做的直接后果是,可靠的采集转移只能以超过会合周期的精度设计,在与地球的下次相遇之前显著改变了轨道要素。有人可能会说,精细调整这些遭遇也可以用来指导这些天体进入具有低成本插入流形的轨迹(Sanchez 和 McInnes,2011 年 b)。

表 21.2 中的候选近地天体是众所周知的,而且一直猜测其中几个的起源,包括它们是人造物体(用了上面级)、撞击后的月球的喷出物(Tancredi,1997 年;Chodas 和 Chesley,2001 年;Brasser 和 Wiegert,2008 年,Kwiatkowski 等,2009 年),甚至是外星探针(Steel,1995 年)的可能性。特别是对天体 2006 RH120 进行了全面的研究(Kwiatkowski 等,2009 年;Granvik 等,2011 年),因为它是被认为直到它最终在 2007 年 7 月逃离地球的"地球的第二个月亮"的暂时捕获轨道器。Granvik 显示,2006 RH120 的轨道要素从作为 Atens 家族的预捕获的小行星变为 Apollo 的捕获,遵循我们在前面的章节提到的作为地球山范围内的中转轨道。列表中的附加天体 2007 UN12,也由 Granvik 指出是变成 TCO(暂时捕获轨道飞行器)的可能的候选目标。

至于它们的可接近度,最近一系列文章(Adamo 等 2010;Barbee 等 2010 年;Hopkins 等,2010 年)考虑到上述天体中的 7 个可以作为到近地天体的第一次载人任务的可能的目的地(在其他 5 个还没有被发现时)。他们在同计算的捕捉机会的接近的方法来提出人类任务。然而,小行星的到达日期比所要求的用于捕获的日期要晚,所以长转移窗口不适用于我们所提出的捕获轨道。由 Landau 和 Strange (2011 年)的附加研究提出了到超过 50 颗的小行星的载人使命轨迹。这说明了,可以通过在 1.7 ~ 4.3m/s 的低推力 ΔV 预算完成到所考虑的小行星中的 6 个的任务。提出的费用是干重为 36t(含栖息地)的航天器在不到 270 天的返回任务。在近地物体的最终质量为 13600kg 的较长的机器人任务与正如有人提出的流形捕获,由于推力与质量比的增大将导致更的燃料成本。美国航空航天局还出版了近地天体载人航天飞行可行目标研究(NHATS)的列表(Abell 等,2012 年),这将持续更新并确定到达小行星的人类使命小的潜在候选对象。该近地天体是根据某些特定值内自动搜索发现的天体的可行的返回轨迹的数量排名的。我们可捕捉的 12 个天体中有 11 个出现在美国宇航局 NHATS 名单的前 25 位排名中(截至 2012 年 9 月),其中排名前 10 的有 7 个。这表明,经过修正和优化找到的天体确实是方便实行的,即使我们的计算中没有考虑轨迹的出站部分。

21.3.5　方法的限制因素

一种实现所提出方法的途径需要对模型进行一些简化。主简化假设将地球放置在圆形轨道上,直到与地球的下一个近距离接触,假设近地轨道要素为开普勒传播,并且不包括其他类型的干扰,尤其是月球的三体扰动。前两项简化的影响较小。获得的轨道可以作为全局优化的初值,全局优化模型包括地球和 NEO 的星历,但不包括月球摄动。Granvik(2011 年)表明,月球在捕获 TCO 的过程中起着重要的作用,所以流形的轨迹也将受它的影响。月球的三体扰动也能强烈地影响 LPOs 的稳定性,特别是大平面的李雅普诺夫轨道,并且它可以使他们中的一些不适合于目标轨道。然而,可以被捕获的一般行为和近地天体的类型都不会改变。其他扰动,如由太阳辐射压力影响的小的小天体的轨道的变化在所考虑的时间尺度内并不重要。

其他捕获的可能性,例如通过单人或双人的月球摆的方法,还没有被研究过且不在本章的范围之内,但他们可能提供更便宜的小行星检索的机会。

21.4　结论

对小天体或其中一部分进行捕获,会在未来几十年成为科学技术领域的兴趣热点。这是对小行星的勘探和开采更宏大情景的合理垫脚石,对人类来说也可能是调整地球外的太阳系环境,或尝试任何大规模的宏观工程项目的最简单可行的尝试。

这种分析表明,目前完成完整小行星的捕获的以今天的技术能力是可行的。且在平动点存在一系列能够被容易捕获的小天体。利用这一点,小行星资源的利用率可能会为未来的太空企业提供在地球轨道的大幅质量的可行途径。除了非常小的天体的调查不完整,目前已知的小行星星群提供了一个良好的开始寻找容易捕获天体的开端平台。有了这个目标,稳健的方法对近地天体数据库的系统修正和对通过双曲不变稳定流形到 L_1 和 L_2 周围的不同类型的 LPO 的优化,已经被实施和测试了。已经发现在未来 30 年中,可能以低于 500m/s 的代价捕获至少 12 颗小行星。已经为所有这些目标计算了到天平动点区域的转移。这些转移保证了对 3～7m 直径的低推进剂的成本的天体的捕获。

该方法可以很容易地定期自动修正近地天体数据库,因为处在合适轨道上的小天体数量正在不断增长。可以对低成本的候选小行星的任何新出现进行优化,以获得下一个可用的相位,转移的机会和 LPO 的最佳目标。

而且,太阳—地球 LPOs 也可以认为是地球系统的自然网关。因此,将小行星转移到地球或月球中心轨道的问题,可以解耦成将小行星插入到稳定不变的流形,然后提供给继续转运进入地球系统需要的非常小的操作。虽然已经确定了找到最佳的日地 LPO 捕获轨迹和可能的目标的方法,利用共线点之间的内异连接,中转轨迹有可能使小行星转移到地球—月球的 L_1/L_2 或顺月球空间的其他位置。

该分析还表明了在太阳—地球共线的平衡点的访问捕获材料的成本。在给定任务成本的前提下,通过将小行星带到地球附近进行研究的方式具有其优势。这种方式与传统通过地球大椭圆轨道交会小行星的方式完全不同。

致谢

感谢 Elisa Maria Alessi 投入这项工作并提出宝贵的意见;同时还要感谢斯特拉斯克莱德大学为我们提供高性能计算机设备;最后由衷感谢欧洲研究理事会资助 227571(VISIONSPACE)。

参考文献

[1] Abell,P. A. ,Barbee,B. W. ,Mink,R. G. ,Adamo,D. R. ,Alberding,C. M. ,Mazanek,D. D. ,et al. :The Near - Earth Object Human Space Flight Accessible Targets Study(NHATS) List of Near - Earth Asteroids:Identifying Potential Targets For Future Exploration. NASA(2012)

[2] Adamo,D. R. ,Giorgini,J. D. ,Abell,P. A. ,Landis,R. R. :Asteroid Destinations Accessible for Human Exploration:A Preliminary Survey in Mid - 2009. Journal of Spacecraft and Rockets 47(6),994 - 1002(2010)

[3] Alessi,E. M. :The Role and Usage of Libration Point Orbits in the Earth - Moon System[PhD Thesis],Universitat de Barcelona,Barcelona(2010)

[4] Aravind,P. K. :The physics of the space elevator. American Journal of Physics 75(2),125 - 130(2007)

[5] Baoyin,H. - X. ,Chen,Y. ,Li,J. - F. :Capturing near earth objects. Research in Astronomy and Astrophysics 10(6),587 - 598(2010)

[6] Barbee,B. W. ,Espositoy,T. ,Pinon III,E. ,Hur - Diaz,S. ,Mink,R. G. ,Adamo,D. R. :A Comprehensive On- going Survey of the Near - Earth Asteroid Population for Human Mis - sion Accessibility. In:AIAA Guidance, Navigation,and Control Conference,Toronto,Ontario,Canada(2010)

[7] Bewick,R. ,Sanchez,J. P. ,McInnes,C. R. :The feasibility of using an L1 positioned dust cloud as a method of space - based geoengineering. Advances in Space Research 49(7),1212 - 1228(2012)

[8] Bottke,W. F. ,Morbidelli,A. ,Jedicke,R. ,Petit,J. - M. ,Levison,H. F. ,Michel,P. ,et al. :Debiased Orbital and Absolute Magnitude Distribution of the Near - Earth Objects. Ica - rus 156(2),399 -433(2002)

[9] Brasser,R. ,Wiegert,P. :Asteroids on Earth - like orbits and their origin. Monthly Notices of the Royal Astronomical Society 386,2031 -2038(2008)

[10] Brophy,J. ,Culick,F. ,Friedman,L. ,Allen,C. ,Baughman,D. ,Bellerose,J. ,et al. :Asteroid Retrieval Feasibility Study,Keck Institute for Space Studies,Califonia Institute of Technology,JPL,Pasadena,California(2012)

[11] Ceriotti,M. ,McInnes,C. :Natural and sail - displaced doubly - symmetric Lagrange point orbits for polar coverage. Celestial Mechanics and Dynamical Astronomy 114,151 -180(2012)

[12] Chesley,S. R. ,Chodas,P. W. ,Milani,A. ,Valsecchi,G. B. ,Yeomans,D. K. :Quantifying the Risk Posed by Potential Earth Impacts. Icarus 159,423 -432(2002)

[13] Chodas,P. W. ,Chesley,S. R. :2000 SG344:The Story of a Potential Earth Impactor. Bulle - tin of the American Astronomical Society 33,1196(2001)

[14] Edward,T. L. ,Stanley,G. L. :Gravitational Tractor for Towing Asteroids. Nature 438,177 -178(2005)

[15] Farquhar,R. W. :Station - keeping in the vicinity of collinear libration points with an applica - tion to a Lunar communications problem. In:Space Flight Mechanics. Science and Tech - nology Series,vol. 11,pp. 519 - 535. American Astronautical Society,New York(1967)

[16] Gómez,G. ,Jorba,A. ,Simó,C. ,Masdemont,J. :Dynamics and Mission Design Near Libra - tion Points:Advanced Methods for Collinear Points,vol. 3. World Scientific Publishing,Singapore(2001)

[17] Gómez,G. ,Llibre,J. ,Martínez,R. ,Simó,C. :Dynamics and Mission Design Near Libra - tion Point Orbits— Fundamentals:The Case of Collinear Libration Points,vol. 1. World Scientific Publishing,Singapore(2000)

[18] Gómez,G. ,Marcote,M. ,Mondelo,J. M. :The invariant manifold structure of the spatial Hill's problem. Dynamical Systems 20,115 -147(2005)

[19] Granvik,M. ,Vaubaillon,J. ,Jedicke,R. :The population of natural Earth satellites. Ica - rus 218,262 -277(2011)

[20] Hasnain,Z. ,Lamb,C. ,Ross,S. D. :Capturing near - Earth asteroids around Earth. Acta Astronautica 81,523 - 531(2012)

[21] Hénon,M. :Vertical Stability of Periodic Orbits in the Restricted Problem,I. Equal Masses. Astronomy and Astrophysics 28,415 -426(1973)

[22] Hopkins,J. ,Dissel,A. ,Jones,M. ,Russell,J. ,Gaza,R. :Plymouth Rock:An Early Human Mission to Near Earth Asteroids Using Orion Spacecraft. Lockheed Martin Corporation(2010)

[23] Howell,K. C. :Families of Orbits in the Vicinity of Collinear Libration Points. Journal of the Astronautical Sciences 49(1),107 -125(2001)

[24] Howell,K. C. ,Pernicka,H. J. :Stationkeeping Method for Libration Point Trajectories. Jour - nal of Guidance, Control and Dynamics 16(1),151 -159(1993)

[25] Kawaguchi,J. ,Fujiwara,A. ,Uesugi,T. :Hayabusa - Its technology and science accom - plishment summary and Hayabusa - 2. Acta Astronautica 62,639 -647(2008)

[26] Kleiman, L. A. :Project Icarus:an MIT Student Project in Systems Engineering. The MIT Press,Cambridge (1968)

[27] Koon,W. S. ,Lo,M. W. ,Marsden,J. E. ,Ross,S. D. :Dynamical systems,the three - body problem and space mission design. Marsden Books(2008) ISBN 978 -0 -615 -24095 -4

[28] Koon,W. S. ,Lo,M. W. ,Marsden,J. E. ,Ross,S. D. :Heteroclinic Connections Between Period - ic Orbits and Resonance Transitions in Celestial Mechanics. Chaos 10(2),427 -469(2000)

410

[29] Kwiatkowski, T. , Kryszczynska, A. , Polinska, M. , Buckley, D. A. H. , O' Donoghue, D. , Charles, P. A. , et al. : Photometry of 2006 RH120: an asteroid temporary captured into a geocentric orbit. Astronomy and Astrophysics 495(3), 967 – 974(2009)

[30] Landau, D. , Strange, N. : Near – Earth Asteroids Accesible to Human Exploration with High – Power Electric Propulsion. In: AAS/AIAA Astrodynamics Specialist Conference, Gird – wood, Alaska(2011)

[31] Lewis, J. S. : Mining the sky: untold riches from asteroids. Helix Books/Perseus Books, Reading, Massachusetts (1996)

[32] Mainzer, A. , Grav, T. , Bauer, J. , Masiero, J. , McMillan, R. S. , Cutri, R. M. , et al. : NEOWISE Observations of Near – Earth Objects: Preliminary Results. The Astrophysical Journal 743(2), 156 – 172(2011)

[33] Massonnet, D. , Meyssignac, B. : A captured asteroid: Our David's stone for shielding earth and providing the cheapest extraterrestrial material. Acta Astronautica 59, 77 – 83(2006)

[34] Pearson, J. , Oldson, J. , Levin, E. : Earth rings for planetary environment control. Acta Astronautica 58, 44 – 57 (2006)

[35] Richardson, D. L. : Halo orbit formulation for the ISEE – 3 mission. Journal of Guidance, Control and Dynamics 3(6), 543 – 548(1980)

[36] Sanchez, J. P. , Colombo, C. : Impact Hazard Protection Efficiency by a Small Kinetic Impactor. Journal of Space-craft and Rockets(2012)(in press)

[37] Sanchez, J. P. , García – Yárnoz, D. , McInnes, C. R. : Near – Earth Asteroid Resource Accessi – bility and Future Capture Missions Opportunities. In: Global Space Exploration Confer – ence 2012. IAF, Washington DC (2012)

[38] Sanchez, J. P. , McInnes, C. R. : Asteroid Resource Map for Near – Earth Space. Journal of Spacecraft and Rockets 48(1), 153 – 165(2011a)

[39] Sanchez, J. P. , McInnes, C. R. : On the Ballistic Capture of Asteroids for Resource Utiliza – tion. In: 62nd International Astronautical Congress. IAF, Cape Town(2011b)

[40] Scheeres, D. J. , Schweickart, R. L. : The Mechanics of Moving Asteroids. In: Planetary De – fense Conference. AIAA, Orange County, California(2004)

[41] Shapiro, I. I. , A' Hearn, M. , Vilas, F. , et al. : Defending Planet Earth: Near – Earth Object Sur – veys and Hazard Mitigation Strategies, National Research Council, Washington DC(2010)

[42] Simó, C. , Gómez, G. , Llibre, J. , Martínez, R. , Rodríguez, J. : On the optimal station keeping control of halo or-bits. Acta Astronautica 15, 391 – 397(1987)

[43] Steel, D. : SETA and 1991 VG. The Observatory 115, 78 – 83(1995)

[44] Struck, C. : The feasibility of shading the greenhouse with dust clouds at the stable lunar Lagrange points. Jour-nal of the British Interplanetary Society 60, 82 – 89(2007)

[45] Szebehely, V. : Theory of orbits. Academic Press, New York(1967)

[46] Tancredi: An asteroid in a Earth – like orbit. Celestial Mechanics and Dynamical Astronomy 69, 119 – 132(1997)

[47] Tsiolkovsky, K. E. : The Exploration of Cosmic Space by Means of Reaction Devices. The Scientific Review 5 (1903)

[48] Vasile, M. , Locatelli, M. : A hybrid multiagent approach for global trajectory optimization. Journal of Global Op-timization 44(4), 461 – 479(2009)

[49] Veres, P. , Jedicke, R. , Wainscoat, R. , Granvik, M. , Chesley, S. , Abe, S. , et al. : Detection of Earth – impac-ting asteroids with the next generation all – sky surveys. Icarus 203, 472 – 485(2009)

[50] Zagouras, C. , Markellos, V. V. : Axisymmetric Periodic Orbits of Restricted Problem in Three Dimensions. As-tronomy and Astrophysics 59, 79 – 89(1977)

411

第22章

成型金属地球运送系统

理查德·B·卡斯卡特[1],亚历山大·A.博隆金[2],
维奥雷尔·巴德斯库[3],多林·斯丹修[3]
(Richard B. Cathcart[1],Alexander A. Bolonkin[2],
Viorel Badescu[3],and Dorin Stanciu[3])
[1]美国加利福尼亚州伯班克 Geographos 公司
([1]Geographos, Burbank, CA, USA) ;
[2]美国纽约 C&R 公司([2]C & R Co., New York, USA) ;
[3]罗马尼亚布加勒斯特理工大学([3]Polytechnic University of Bucharest, Romania)

22. 1 引言

Michel Verne(1861—1925 年),著名小说作家 Jules Verne(1828—1905 年)的儿子,在其死后重新撰写并发表了小说 *The Chase of the Golden Meteor*(1908)。小说讲述了一个全部由金子做成的巨大小行星,这个小行星将要与地球相撞的消息引起了全球范围内的金融危机。1941 年,Gecerges Prosper Remi(1907—1983 年)(他的笔名赫奇更加广泛的为人所知)在报纸专栏上发表了受到全世界欢迎的系列儿童历险故事。在"The Shoot Star"的故事中,小男孩丁丁在陨石上发现了一种新的虚构元素"phostlite",资本主义金融家对这种元素展开了激烈的竞争。这块陨石展现了一种未知的,对世界环境产生影响的能力。

现如今在我们现实世界的商业环境中,宇宙化学家们寻找、检测那些陨落的固体,包括那些落在地球上的陨石以及淡水湖或者海洋中挖出来的陨石,来提高他们在实验室内对这种奇怪的地外物质的理解(MacPherson and Thiemens,2011 年)。与此同时,宇宙化学家们还谨慎地假设,这些地外材料来自太阳系的小行星带,当它们作为潜在的自然资源被捕获时,这将成为一个值得开发的项目。在某种意义上,小行星带在现代社会也有相同的社会功效,Philolaus 翻译的毕达哥拉斯的宇宙论体系谈到了"相对的地球"概念,古人的确对小行星带曾经进行过测量和绘制(Burch,1954 年)。

在过去,富有而充满想象力的爱好者们(科学慈善家)为科学技术的蓬勃发展提供了资助,其中包括了天文学和热气球研究。21 世纪富有的投资者们资助了总部设在美国华盛顿州西雅图市的行星资源公司(Efrati 2012;Elvis,2012 年)。行星资源公司(请参阅 http://WWW.planetaryresources.com)资助了针对近地小天体特征检测的研究(Granvik 等,2012 年)。该公司可能成为第一个针对全球"绿色可持续发展"观点做出回应的国际性金融团体,该观点坚持只有自然的生物圈能量和材料交换才能实现基本的人类文明。人类对地球生物圈的依赖性概念源于 19 世纪,尤其是将我们的星球看做统一的、具有活力的和生物系统的观点。阿尔弗雷德洛特卡(1880—1949 年)称我们的家园为"世界引擎"(Lotka,1924 年)。与此同时,在 21 世纪,一些雄心勃勃的初期太空矿业开采者继续利用天文光谱仪和大功率雷达来观测和系统记录小行星矿物数据(Henning,2010 年)。

当宇宙中的物质和能量聚集形成一个太阳系的行星,早期地表萌发于小行星对地球的撞击所带来的宝贵黄金(Willbold 等,2011 年)。尽管还没有发现小行星是由高价黄金构成的,但已知的近地小行星 1986DA 直径 2km,体积 $4 \times 10^9 cm^3$,其主要成分是未生锈的铁和约 8% 的镍,金和镍都是工业贵金属(1994Kargel)。M 类陨石,通常由铁、镍、钴和铂族金属组成,基于地球生物圈内的人类文明,它们可能成为 21 世纪极具价值的资源。在这方面,会有趣地注意到,临时性且经济成本高昂的国际空间站已经具有未来建筑家所预言的"智慧城市"(Shepard,2011 年):即那些基于日常人际交流、个体之间信息处理和由我们行动及日常生存、商业交易活动所驱动的人造物体和系统。未来的太空船和人类空间殖民地通常会着眼于人类的生存生态环境,这种理论已经成为支配世界公众意识的理论(Hendricks、Mergeay,2007 年)。作为一个思想意识状态的转换,今天以地球为中心的宏观工程师必须开始考虑到对小行星的总体应用,如小行星 1986DA,如果被带到地球表面并完成人为的工业改造,便可能具有 87.2 万亿美元的市场价值(Clark,2012)。相反,人类试图专注从地球平均基岩开采金属,那么"…其估计的(生产)成本便会超过其目前本身的价格好几个量级…"(Steen and Borg,2002)。在所有已经被发现、恢复和分析的小尺寸陨石(铁矿类)中,约有 6.6% 由铁构成。在广袤沙漠中建造利用太阳能进行金属自动加工金属和装配工厂的设想已经具有明显的可能性。

正如在此所要展示的,在 2050 年前,即使是绿色市场的商贩,都会为陨石衍生产品并将其标榜为真正的"绿色"产品[橄榄石](Cruikshank 和 Hartmann,1984 年;Schuiling,2006 年;Olsson 等,2012 年)。因此,目前由有组织的富有企业家,如行星资源公司的领导者开发的大型工程,很可能促进了 ZEST(一个新的字母缩写,代表"零排放流通")在世界范围内的流行。在地表自然存在的、廉价地空间成形的金属铁矿以及其他原材料都能够在严格标价控制的基础之上进行买卖。

据称,全世界人均库存金属量与工业未开发时期的地球持平,如果利用目前所有能采用的技术,就体积来说,"全球对金属的需求量是目前保有量的 3~9 倍"。大约全球45%的铁用于建筑,约24%用于运输,约20%用于制造工业机器(Wang等,2007年)。[截至2012年中期,中国是最大的铁矿石消费国。]在常见的运输方式中,将1t金属运送1km(即J/吨公里)所需的能量各不相同:空运比河运和海运要贵29倍以上,而且,若利用弹道将小行星铁矿石运往荒漠地区,如澳大利亚和撒哈拉,其能源消耗可能近乎为零。也许对于中国,荒漠地区的铁运输注定更加便捷。实际上,我们所提出的外太空运输矿石不同于通常铁块的制作方式,通常的铁块在撞击地面时,其结构难免碎裂。(弹道运送作为一个主要的操作,或者有价值的副作用,在广阔的地域空间中可以广泛地形成地表裂缝,并利用可修复"城市岩石"进行填充,形成合成的垃圾掩埋场。当然,在非必要情况下,永远都要避免钻探进入地下岩层。同时,碎铁片并不会被浪费,它们可以通过磁铁收集起来。)

一个世纪内便可能产生显著不同的经济形势。受迫于地球环境和社会状况,必须快速适应、快速处理全球气候的变化,这也将更多地受限于某些地壳金属的可获得性和能源资源(Driscoll 2007;Rauch 2009),并且受世界范围内人口的繁荣增长影响,地球生态圈不断恶化。换句话说,人们可能会遇到一些困难的内部结构(地球生物圈)和外部结构(外太空)选择,而前瞻性的大型工程必须尽快启动并应对不断迫近的问题;Valero 等(2011年)甚至定义了在不利用地外资源的情形下,地球生态的饱和极限。最终的行星环境意味着对20世纪晚期所预言的地球科学观念"人类世界学"(Vince,2011年)理解的强制修正。"技术"一词包括太多种定义,实际上,其中最流行的一种定义已经成为了有用的"危害"(Marx 2010;Machado,2006年)。高速的技术创新/发明对于我们所处的世界经济似乎已经成为一种创造性的破坏:最先由 Joseph Alois Schumpeter(1883—1950年)全面提出,通常称为"Schrumpter 飓风",这种创造性的破坏是全球经济发展的一个关键机制(Thurner 等,2010年)。自我修正是资本主义民主内在的固有特性,这作为一种在未曾预期到的"Schrumpter 飓风"文明社会事件中对经济和社会衰落的包容能力。可能"Cliodynamics"理论在目前情况下更能完美、全面地支持"Schrumpter 飓风"理论(Spinney,2012年)。在此,我们试图融合过去由于陨石和小行星撞击,包括近期未来物理破坏所造成的地球表面自然损坏,主要是为了促进人类日益壮大的优势,及大多数地球生态圈内存在的文明。由于对效率的推崇以及世界范围内人类生存标准[创造于1902年]可能会发生显著变化,不断增长的人类"中产阶层"允许更强的政治意识,扩大了在社会各个阶层内对负责任的和有代表性的政府机构渴望群体的人数增长,甚至是对于商品和服务的自由市场的需求(Ali and Dadush,2012年)。

414

考虑到以上因素,本章的目的是探讨铁矿类小行星与人类社会间的互动,并且提出一些方法将其服务于地球的需要。这些方法包括安全地将(部分)小行星带到地球,以消除其对人类社会的潜在威胁,并将其转化为一种有效的经济行为。

22.2 概论

22.2.1 小行星基本情况

绝大部分小行星是在一个被称为小行星带的环形带内发现的,小行星带位于火星和木星之间,距太阳平均距离为 2.1 ~ 3.3AU。科学家们现在已经发现了6000 多颗直径大于1km 的大体积小行星,以及几百万颗直径大于3m 的小体积小行星。最大的小行星是谷神星,它的直径为785km。而其他小行星的尺寸较之更小,直至灰尘大小。火星的卫星(已经被近距离观测过)可能也是小行星,只是被火星捕获了。

22.2.2 小行星带

小行星带的所有的小行星的质量总计为$(2.8 \sim 3.2) \times 10^{21}\,kg$,大约是月球质量的4%。其中谷神星的质量为$0.95 \times 10^{21}\,kg$,是总质量的1/3。小行星的质量越小,数量越多。

22.2.3 近地小行星

近地小行星是指那些公转轨道与地球轨道距离较近的小行星。有大约1000颗小行星的轨道穿越了地球轨道,被称为"地球轨道穿越者"(Earth - crossers),并且被认为对地球上生物圈的完整性存在威胁。这些近地小行星直径超过50m,没有慧尾和慧发。截至2012 年5 月,已经发现了8880 颗近地小行星,直径从1m ~ 32km(1036 Ganymede)不等。近地小行星的成分与小行星带的小行星类似,具有多样的光谱类型。

近地小行星在各自的轨道上已经存在了几百万年,但是最终它们会因为行星摄动被驱逐出太阳系或与其他天体发生碰撞,如行星等。与太阳系的年龄相比,小行星的轨道寿命很短,加之小行星会一直向近地轨道自然移动,从而一些新的近地小行星会被发现。这些已经被发现的小行星起源于小行星带,小行星带的大量残骸与木星轨道产生共振,从而受引力影响被拖入内太阳系。与木星轨道的共振作用扰乱了小行星的轨道,然后小行星也就进入了内太阳系。小行星带存在一个缝隙,被称为柯克伍德缝,这一狭缝内存在轨道共振,原本在狭缝内的小行星都移动到了其他轨道上。新的小行星会进入共振区,这种效应在1888 年第一次被波兰工程师 Ivan O. Yorkousky(1844—1902 年)发现,从而解释了为什么会不断有新的近地小行星补充进来(Beekman,2006 年)。地球附近有一小部分小行星是临时进入近地轨道的,据统计,所有已知的进入地球大气层的流星中有 0.1% 的是被临时捕获进轨道的(Granvik 等,2012 年)。

22.2.4 近地小天体(NEOs)

近地小天体是指太阳系内的一群特殊天体,它们的轨道会将其带至离地球非常近的地方。所有近地小天体的远日点都不超过 1.3AU。近地小天体包括几千颗近地小行星,近地彗星,一些绕日飞行器,以及体积足够大且能够在进入地球大气前被测定的陨石。从 20 世纪 80 年代开始,随着人们越来越意识到近地小行星和彗星对地球和其生物带潜在的危害,对其生态圈和迁移方式也正在研究过程中。通过共同努力,美国、欧盟相关成员国以及一些感兴趣的国家对天空中近地小天体进行了系统性的扫描,尤其是那些有潜在威胁的小天体。NASA 得到美国国会授权,对所有直径大于 1km 的近地小天体进行了编目。潜在危险小天体(PHOs)是在空间固体小行星对地球生物圈潜在危害性参数测评的基础上进行定义的。与地球轨道的最小相交距离不超过 0.05AU,且直径大于 150m 的小天体被认为是潜在危险小天体。

一些近地小天体引起了有技术头脑的资本家或者其他投资者的巨大兴趣,因为这些近地物体可以用比月球探测还小的速度增量进行探测。因为它们与地球之间的相对速度(ΔV)很小,且几乎没有的重力,这无论对于直接地理化学探测还是天文物理探测都提供了科学上的可能性,并且对地外天体材料的开采有潜在经济价值。这些都使得 PHO 成为了炙手可热的矿物资源探测目标。到 2008年为止,已有两个近地小天体被近距离探测:433 Eros 小行星被 NASA 的近地小行星探测器拜访;25143 Itokawa 小行星被日本宇宙航空研究开发机构的隼鸟号拜访过。日本航天局 JAXA(日本宇宙航空研究开发机构)成立于 2003 年,计划于 2018 年在一个小行星上着陆。"隼鸟"2 号探测器在 2014 年发射,目标是1999 JU3 小行星,在 2018 年将从小行星出发返回,2020 年将到达地球。(通常彗星会以它的发现者的名字命名,而小行星会以科学家、地理名字、名人以及各种其他的标准命名)。

22.2.5 近地流星

近地流星是指比近地小行星还要小,直径小于 50m 的近地小天体。在绝大部分情况下认为它们属于近地小行星一类。美国 JPL 实验室的小天体数据库收录了1349 个绝对星等(H)小于 25(直径约为 50m)的近地小行星。最小的近地流星体是直径大约为 1m 的 2008 TS$_{26}$。

22.3 流星社会学

关于流星/小行星对地球生物圈中被人类文明包围着的人类身体与心理作用的专门研究称为"流星社会学"。早在107万年之前,非洲人的祖先还处于石器时代的时候,一个直径10.5km的陨石撞击地球造成了博苏姆维湖。在5万年前的早期美洲,发生了令人敬畏的一幕,一个铁质物体突然从地外空间进入大气,落在美国亚利桑那州,形成了巴林杰陨石坑。小行星撞击坑以及小行星矿物资源的潜在利用价值,使世界上越来越多的人对此产生兴趣甚至痴迷。一些国家政府和各国慈善家都对此给予了支持(Lee,2012年;Marriner等,2010年)。正因如此,2009年10月25日才发生了臭名昭著的Tele2公司拉脱维亚陨石骗局,这个瑞典的电信公司因为这个全球性的骗局而声名狼藉。为了获得浮躁世界民众的注意和敛财,媒体报道的声音盖过了传统陨石研究学者的声音。也许这个骗局是模仿的,因为中国艺术家蔡国强(1957年)在1990年7月7日法国普罗旺斯布利耶尔的户外的艺术展中就制造出这种人造陨石撞击地球的事件(在45.5亿年历史的星球上人为制造45.5个陨石坑:3号地外工程(Friis – Hansen等,2012年))。

自从在地球人造卫星上应用了核反应堆后,任何大型太空垃圾的坠落都会引起公众的大规模关注。和其他的极端事件不同,这些极端事件包括曾经发生过的(地震,火山喷发以及太阳磁暴周期)和想象出来的(全球战争核冬天)。人类文明的存在要求地球科学家,空间科学家以及系统工程师越来越多地进行复杂的预测,也就是说,不确定性条件下的大型项目的决策需要更多的科学多元化,如简化人类探测活动和未来太阳系产品、副产品设计的方法。

大约在1970年,生化学家Albert·Lehninger(1917—1986年)指出在人体体液中有非常高浓度的钙、磷元素。他宣称如果我们身上的天然抑制剂没有防止我们变成石头,那么这些钙、磷元素多到足以让任何人变成罗德的妻子(圣经中的人物)。《巨石怪》是20世纪50年代怪物科幻电影中一个比较好的例子。在这部流行的科幻电影中,一种小的黑色的晶体———一种来自虚构的小行星的碎片,在加利福尼亚南部的一个干燥炎热的沙漠冲击地区迅速传播,使得原本湿润的地方转变成了巨大高耸的石碑。除了地外碎片明显的对地球的控制意图之外,地质科学家们对此无法理解。而这种控制意图在一片无人居住的贫瘠地区内实现了。这种物质的增长和移动是编剧和电影人虚构的,通过将沙漠沙丘中的硅原子去除后实现的。如果有运气不好的人类靠近了这些移动的沙丘,那么人将会变成石头。自然界的盐分和盐水能够抑制这些晶体的生长,这也暗示了最终能够毁灭这些晶体。但这并不是这个电影令人兴奋的结尾:结尾仅仅给出了暂时停止不动并随后坍塌的石塔。是否由罗伯特·M·弗雷斯克和杰克·阿诺德创作的《巨石怪》的剧本激发了Albert Lehninger在10年后对地质化学(生物化学)的激进观点。剧本假设了一个由石头组成的入侵生物，对人类产生了从未经历的威胁，至少仅有古希腊传说中的戈尔贡有这种危害的先例。电影剧本与伪科学一起对公众产生影响，导致了人类对任何从外太空而来物体的普遍恐慌。

人们无意间在格陵兰岛得到了一块陨石，从中发现了铁和一些纯净的绿色玻璃碎屑，玻璃是由撒哈拉的沙子形成的，这是通过一次在沙丘上方发生的爆炸合成，它就如同埃及法老权杖上的装饰物一样（Wright，1999年）；人们不断在加拿大和南非的古代撞击坑中收集各种金属，主要是铁，但这需要挖掘很深的距离，直到地壳（Grieve，1994）。戈巴陨铁目前尚未受到人类活动影响，这块陨石重达60t，位于纳米比亚（19°35′32.9″南纬 17°56′1.2″西经）（图22.1）。戈巴陨铁是目前地表最大的单个纯净的铁陨石；其主要表面（上表面和下表面）比较平整，可能在进入地球的时候速度比较快，可能已经达到了它的终速度。这块陨石最终也没有产生撞击坑，这一事件可能发生在8万年前。

图22.1 戈巴陨铁矿原址。（照片版权由J. M. H提供）注意到它平坦的近翅翼状的自然形状。
仅仅作为一大块废弃金属被珍藏（根据2012年5月的自由市场的物品价格），
戈巴陨铁矿的价值为6000美元，也就是说把它运到一个工业加工厂是要亏本的

当矿石被采石活动移动后，那么原始的地貌就被破坏了，矿石废料被聚集后形成半埋形式的凸起地貌。这种人为造成的地貌就造成了当前世界地貌的现状。采矿活动对于陨石撞击或者爆炸产生碎石的自然堆积作用相比于地质学上孤立的挖掘活动更加简单，危害更小，效益也更好（孤立挖掘的例子包括位于加拿大康沃利斯岛已经废弃的铅锌矿，该矿场在1981年到2004年期间在用；又如正在进行的位于俄罗斯联邦的择捉岛活火山上提取铼元素的活动）。几乎所有的矿藏都含有污染液体和固体（Chen和Graedel，2012年；Sen和Peucker-Ehrenbrink，2012年；Reck and Graedel，2012年；Bian等，2012年）。各种矿物的堆积、环境暴露以及突变作用影响着这片广阔的地貌，15%的地壳都有人类使用金属的痕迹（Kennelly

2011；Hudson – Edwards 等,2011 年)。另外,除了空间天气,小行星上没有强烈的内部地质演变过程,也就是说从外太空来的矿物不会对地球的水生生态系统产生影响(海洋,湖泊和河流),因此可将其仅作为一个产品来考虑(如空气动力学形成的纯净铁,可以称之为提升再入式的"大资产"(Powell 和 Hengeveld,1983 年))。被带入地球后可被用于各地的太阳能工厂(Schmidt et al. 2012),这些工厂都是外太空产业公司建立的。

但是,当人类的文明发展到一个新科技高度,可能就在 21 世纪中叶,如果能够通过专门的技术从太空寻找金属资源,并以较低的成本运回地球,那会产生怎样的影响? 这种开采涉及到各种人类活动,包括各国对一系列空间活动的制裁性的法律法规,如生态系统建设、私营者对小行星的利用,或是将小行星资源从原始位置移动到地表特定的位置等活动。

系统工程师 Samuel Florman(生于 1925 年)在他的科技惊悚小说《浩劫余波》中,讲述了地球受到小行星撞击之后,在系统工程师的带领下恢复生物圈的过程。在地球受撞击的安全侧设置一艘坚固飞船来保存人类,当我们的家园遭受灾难性撞击后得以重建一个残缺的文明。出人意料的是,天文学家 Samuel Herrick (1912—1974)在 1971 年提出了一个想法,可以利用一颗尺寸约 2km×5km 的外形类似石器时代箭头的 S 类小行星 1620 Geographos(图 22.2),帮助我们挖掘海洋级的运河。运河的路线将沿着哥伦比亚西北部的阿特腊托河侵蚀出来的山谷。这一想法或可在 1994 至 30 世纪初之间的某个时候实现(Gehrels,1980)。[1620 Geographos 将会在 2051 年 8 月 23 日和 2119 年 8 月 27 日近距离经过地球。]赫里克对大型工程的一次性利用概念不可否认地将随着技术进步逐渐被淘汰。尤其是像美洲的巴拿马运河和欧亚间的苏伊士运河,将逐渐变成不必要的基础设施。2010 年 5 月 6 日 – 12 日,部分南欧机场由于冰岛埃亚菲亚德拉火山爆发产生的火山灰而被迫关闭。火山灰对日常航空计划的破坏和航空路线影响变得更加广为人知。小行星 1620 Geographos 所造成的扬尘可能会像 1991 年皮纳图博火山爆发那样,其威力将使地球 1 年内气温下降 0.5K(事实上,可以将其作为一种"星球降温方法和设备",美国专利申请公开了 Stephen Trimberger 的 2011/0005422 A1 号专利,应对核冲突后的全球性或局域性寒冬)。然而,塞缪尔赫里克宏大的项目计划并不离谱,因为大约在 1969 年,拥有公权力的大西洋—太平洋运河研究委员会正在审核一项同步利用 250 个核裂变爆炸装置的可能性,如果成功将能够产生超过 120Mt 的爆炸当量,形成一系列连续的弹坑,在两个海岸之间造成连续的地壳移动。而且,有两个系统工程师曾提出过一个设想,在未来挖掘一条横跨巴拿马运河的航道,从而"利用常规和民用核工程方法恢复早起环球赤道洋流【海水】…",进而在气候突变进程中,将地球大气热通量控制在预期范围内(Stevens and Ragheb,2010 年)。当然,人类可能在 2100 左右形成全新的生态形态(Williams 等,2007年)。这种大系统工程的思想被认为是无用的,这等同于认为 Cubre Vieja 活火山

（火山位于拉帕尔马在加那利群岛的小岛）的巨大岩石滑坡是人工定向由多个陨石或一个单独的巨大小行星触发的，这种方法可以作为耗资巨大的运土机器的替代（McGuire，2005 年）。液压岩层断裂是一种实现人造地震的途径，外太空岩石引发爆炸可以作为即时的刺激机制。造成海啸至少与一颗体积 $0.8 \times 10^9 m^3$ 的 M 类小行星撞击大西洋所产生的相当（预计 1950 DA 小行星将在 2880 年 3 月 16 日落入大西洋，该小行星被认为富含铂族金属）（Ward 和 Asphaug，2003 年；Abadie 等，2012 年）。

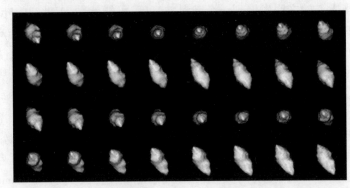

图 22.2　美国航空航天局拍摄到的小行星 1620 Geographos 的图像（版权免费）。
像塞缪尔·赫里克所预见的那样，小行星未必会对人类社会造成末日般的破坏，
1620 Geographos 仍然存在着其他用途。有一天它可能会被开采，或被用来挖掘 Karal 运河

当然还有一些更加令人震惊的大型工程项目的可能性。如将小行星或陨石作为武器，或是将人造金属杆从太空轨道落入地球大气层。在像《巨石怪》那样的电影中，流星被戏剧性地视作致命的武器，甚至在更早期的电影如《地球岛》（1955）中，就已经出现了这样的情节。

准确的地球同步卫星发出的 GPS 信号使得战争家或战争游戏玩家（冯希尔格斯和本杰明 2012 年）得以在地球生态圈和太空中某处，将钨制成的细杆释放到亚轨道上，并在地球载入的末段释放武器部（如地对地导弹或潜艇导弹的弹头），坠落到一个固定或移动的军事目标上，破坏效果将近似或超过 50mm 口径子弹瞬间像冰雹一样垂直下落爆炸（Preston 等，2002 年）。在此，我们并不打算为人类的负面文化提供更多选择（Hupy 和 Koehler，2012 年）。当然，这种由致命物质散落引发的威胁破坏永远都不会被称为"上帝的行动"，即使一些司法专家已经明确将"上帝的行动"定义为"大量不寻常（物质）"，将寻常的自然事件变为公认的上帝式的行为。

22.4　传送方法

在这个章节提出了两种传送小行星的方法。第一种将富含金属的近地小行星切削成多块，通过复杂的外太空采矿和加工，使这些碎片都具有金属飞行器的外形

(Thompson and Peebles, 1999; Reed et al. 2011)。然后, 将成形后的物体送至地球, 在进入稠密地球大气层后, 打开 AB 碳纤维降落伞。第二种方法是在智能飞行器的帮助下, 在外太空(沿其自然轨道)捕捉近地小行星。飞行器的动能将在交会时击碎小行星, 从而整个传送系统(人工粉碎的小行星和完整的智能设备)完成变轨, 并进入地球上层大气。到了卡曼线以下, 传送系统打开 AB 碳纤维降落伞, 采用与第一种方式相同的方法减速。

22.4.1 基于 Mega – ASSET 的传送方式

22.4.1.1 小行星采矿

我们的文明栖身于唯一的, 独一无二的太阳系类地行星上, 将来必将面对小行星撞击威胁的问题。看到在地球平流层上层难以计数的航迹(90 ~ 100km 高度, 在卡门线附近)可以说是对人类的一种提醒: 我们正在被源于生物圈之外的物体所攻击。进入大气层的微型陨石每年带来 2400t 的二氧化硫, 会对地球气候产生一定的影响。

大约每年有 10^4 个直径大于 10cm 的陨石撞击地球。2012 年 1 月 31 日, 32km 大小的非近地威胁小行星 Eros 从地球附近飞过, 这是其 37 年来最接近地球的一次, 并且采用低分辨率的望远镜也能清晰观测到。Harvey Harlow Nininger(1887—1986 年)于 1942 年首次提出, 冲击地球的小行星可能会造成众多物种的灭绝; 今天人类生存所面临的小行星撞击风险在天文学上的几率仍然存在。尽管有了超级计算机, 但托里诺撞击危险评估报警机制对社会的影响仍然无法预测(Binzel, 2000 年)。[随着 1942 年 V - 2 火箭第一次进入太空, 穿行于卡曼线上下后, 人类宣称自已经能够探索外太空。]

在保留地貌风景和野生生命的情况下, 富含金属的小行星将能被用作矿产资源服务于地球。但是第一次对小行星的探测将绝对无法形成经济产出, 这意味着地球对来自 PHOs 的防守必须是受激发性的, 人类必须摒弃地球在远距离开采矿物的传统做法, 并且将物种从地球生态圈的安全区域逐步向外扩展。我们鼓励扩张性的、商业性的矿业钻探操作。在联合国组织的行星防御计划背景下, 能协同完成两个高风险任务。

采矿方式和近地资源的位置布置问题还是留给技术专家和地理政治学的精英, 他们将在本书的其余章节进行阐述。具有商业头脑的资本家精英, 如行星资源公司的创始人, 是肯定不能被忽略的。假设有着许多充满自然铁矿和融合铁矿的容器——不纯成分已经被提取融化——如何将这些资源运送回地球陆地或海洋上的生态圈, 则是本章的主要目的。

22.4.1.2 ASSET 再入试验飞行器

大约在美国 Plowshare 项目(计划通过和平利用核爆炸来大规模改变地表形

态)形成的同一时期,美国于1960年开始了 ASSET 项目。ASSET 指的是"气体热力学弹性结构系统环境测试"。ASSET 滑翔机,如已测试的 ASV("气体热力学结构工具"),是一种基于动态滑行准则的有翼可控再入型飞行器。ASSET 具有特定的仿生学结构,采用极端简化的翅膀提供1.0~1.5的升阻比,在视觉外形上类似于美国104,000kg重的航天飞机。然而 ASSET 并不具有垂直稳定系统(图22.3)。

图 22.3 ASV-3,高1.79m,翼展1.53m,毛重540kg,体积0.56cm³。
1963—1965年间共6个 ASV-3 被发射。(版权免费图片:航天百科全书:
http://www.astronautix.com/craft/asset.htm,下载于12/28/11)

22.4.1.3 提出的 Mega - ASSET 飞船

基于 ASSET 飞船的概念,有人在一篇文章中首次提出"Mega - ASSET"机器,采用"定向陨石挖掘机"(DME)来控制下降力的,无需通过任何形式展开降落伞或火箭推力来减速。被用于向撒哈拉沙漠地区和澳大利亚中部地区运送矿物(Cathcart,1981)。澳大利亚中部因其5个巨型陨石坑而闻名——Gosse's Bluff, Henbury, Boxhole, Kelly West 和 Ame-lia Creek 陨石坑。澳大利亚中部地区还受到众多小陨石碎片撞击,形成了复原后的地表,这些碎片撞击主要发生在1971年以后。有趣的是,Henbury 陨石坑的地貌特征源于4200年前的铁陨石,很可能位于澳大利亚中部的 Arrernt[土著]人亲眼见证了这一幕(Gammage,2011)。从1986年至今,非洲西北部——尤其是利比亚、阿尔及利亚和摩洛哥——出现了无数小陨石,一些金属陨石和一些石质陨石被发现并被商业出售,尤其是在贸易城市伊尔富德和里萨尼。收集天空陨落的碎片甚至成为了一种促进旅游业的广告。在非洲西北部广阔平坦的撒哈拉沙漠地区找到的碎片被聚集起来。通过 e - Bay 上的交易,使世界公众对其短暂的疯狂。这些未被科学记录的陨石有时会在美国图森、亚利桑那、丹佛、科罗拉多和法国昂西塞姆举行的年度国际陨石展览中被出售。最后,Cathcart 在 1981 年提出的 DME,也就是"Mega - ASSET"概念前身,被认为仅仅是改良后的锥形体;未来 DME 的物质来源可能是近地小行星,因此 DME 将会根据空间机器的要求进行制造。当在卡曼线以下没有任何减速装置时,为能够完美地使用 DME (21 世纪的"Mega - ASSET"),必须在联合国组织的协助下实现全球性的协作。因为 DME 末期的爆炸或潜在的发掘,都可能会被无组织和非专业人员作为小型战争武器而错误地利用(Chyba 等,1998 年)。然而也有另一种可能:AB 碳纤维降落伞的使用(见 22.4.1.4 节)能够大大减小由 DME 着陆时对地貌的直接破坏。这种人为造成的地外物质对地表的撞击可能会形成一种新的气候形式(Hall 等,2012 年)。作为系统工程师,我们能够预见,地形地貌将可以根据其被陨石撞击所造成的改变程度来分类。将来能否利用受控的 DME 在泰国快速挖掘出 Kra 运河(Cathcart,2008 年),这产生的影响会比 Samuel Herrick 所说的 2.4 百万兆吨级地震要小。这种方式永远不会产生有害物质(Cidell,2012 年)。小行星采矿以及向其他天体的资源运输是一项远期工作。这里提出的传送系统具有在其他星球上使用的潜力(Mars 等)。值得注意的是,美国航空航天局发射的好奇号火星车(2012 年 8 月 5 日到达火星),从地球携带了 75kg 的钨,这使其成为第一个星际返回的升力飞行器。

我们对 Mega - ASSET 配置的进一步调整将有一个显著的变化,而不是可预见地继承航天空气动力学飞行器,如 X - 20 Dyna - Soar(于 1958—1963 年进行了试验)。升级后的"Mega - ASSET"飞行器将变得更加健全,并能够进行远程操作(Hallion,1983 年)。作为开采小行星铁矿或者其他金属的货船应该没有问题。现代化的 ASSET 飞船是一艘货船,它并不能改变位置或者随意改变它的外形。或者,也许这个货船能够从一个小行星开采铁矿后制成丸状,保存在由铁外壳组成的"Mega - ASSET"货运飞船内,甚至能把比铁更昂贵的铂族金属安全地保护起来。

21 世纪,升级后的"Mega - ASSET"飞船能够在外太空工厂自动压缩成形铁矿石,然后在穿越大气层时把它们融化(Blanchard,1972 年),其总量将保证少于热带海洋中蜉蝣植物消化铁碎片的能力。美国原计划在 2011 年 8 月 11 日进行的自主供电、非弹道的超声速 2 号飞行器试验被终止了,即使超声速 2 号飞船已经展示了稳定的空气动力学。这是因为在大约 3 月 20 日,飞船的外壳开始剥落,由此引发对其继续自动飞行安全性和操作系统方面的强烈关注。

这是一个强烈的指示,铁质固体飞行器或许更能够适应如此大应力、短时间的飞行考验。(Harry Julian Allen(1910—1977 年)相信设计出的钝头锥形体是高速进入大气层的最好方式。)过去的 ASSET - 3 号飞船和"Mega - ASSET",它们在结构和控制系统上都要比 4990kg 重,8.9m 长的美国空军 X - 37B 轨道试验飞船来的简单,它们甚至还不如早期 540kg 重的 ASSET - 3 来的复杂。

22.4.1.4 MegaASSET - AB 碳纤维降落伞的减速系统

进入地球大气层时,大型星体最初的速度在 11 ~ 73km/s 间变化,并在融化、分割和减速时产生强烈的冲击波。这会引发一种噪声污染(音爆)。现在已光荣退役、放置在博物馆中的空间航天飞机舰队,据其飞行员说具有"程序块"似的飞行能力。它在 1981 到 2011 年间服务于美国和一些外国顾客。当它进入大气层时地震专家都会快速依据它造成的地面可测量的晃动来跟踪它的轨迹(Kanamori 等,1992 年)。

对大多数自然金属着陆时的超高速最低限制量级约在 3km/s,由于巨大的速度会导致洒落,因此需要将 AB 碳纤维降落伞连接到"Mega - ASSET"机器上。根据作出先驱工作而勾勒出我们世界第一个关于地球化的宏观工程著名教材的 Martyn John Fogg(1960 年)来说,科学小说作家 Peter F. Hamilton(1960 年)在他的 1996 到 1999 年出版的"黑夜黎明"三部曲的章节,阐述了一个在进入大气层时形成和带来镍—铁锭的计划。然而,Hamilton 增加了一个有趣的概念——通过诱发气体来泡沫化锭,得到一种密度小于海水的人造浮石。因此,在海洋溅落后,这种漂浮的无毒物体可以拖船围捕,然后拖/推到附件的港口。正如 Fogg 告诉作者的那样:"这种想法确实比将固体铁矿猛烈地撞击到陆地表面更加美好"(Fogg,2012)。事实证明,闭孔铁泡沫是一种金属蜂窝结构,它具有大量被气体毛孔填充的部分,其孔隙率通常为 75% ~ 95%。据人们当前所知,这种形态的材料在天然陨石中没有发现过。闭孔金属泡沫最早于 1926 年由 M. A. DeMeller 在法国专利 615,147 中公布。在外太空,加工铁泡沫的 Mega - ASSET 机器必须利用 CO 和 CO_2 泡沫气体,其结果是大量灰色锭状物,其孔隙率为 55% 且在进入到地球大气层后温度达到 1543K 时仍能无可争辩的存在(Murakami 等,2007 年)。另外,在上升时,它会像一个精心设计的小船或者轮船一样漂浮,就像汉密尔顿在 20 世纪晚期所预见的。

AB 碳纤维降落伞最初由 Alexander Alexanderovich Bolonkin 在 21 世纪第一年提出,早于美国空间航天飞船舰队从服务中退役(Bolonkin,2006 年)。他的强力空气抵抗降落伞装置由 Bolonkin 测定,能使重物从外太空缓慢降落。理想情况下,可以,连接到大量设定的平衡固体。有趣的是,美国航空航天局从 1960 年假定和测试发展外界大气压造成的可充气的航天动力减速技术——钝形钻探机。事实上,合理设计的运载工具(或物体)以超高速度(马赫数大于 5)进入时,其阻力增长剧烈,依然能够承受进入大气层过程中的摩擦加热。在 2012 年 7 月 23 日进行的 IRVE - 3(充气再入飞行器试验)实验是美国航空航天局 HIAD 工程的一部分,HIAD 工程的全称是高超声速充气气动减速器。Roger Bacon 在 1958 年示范了第一个高性能碳纤维并且在两年后推出了他的发明。如今,美国航空航天局正在测试许多强力热抗纤维材料,例如 Kapton、Kevlar29、Kevlar 49、Nomex(型号 430)、PBO Zylon、Spectra 2000、Technora、Upilex-25S、Vectran(HT)和 M5,强力碳纤维利用阻燃的石棉和玻璃纤维构成。更加深入的测试和慎重的选择对于找到合适的 AB 碳纤维降落伞系统材料是必要的。所有降落伞都依赖于系绳来稳定系统并且允许它的功能就像预期的功能一样。然而,一些专家已经采用单个 20km 长的碳纤维系绳(直径 1mm,总面积为 $20m^2$)使航天器从低地球轨道缓慢降落(Krischke 等,1995);在进入大气层时,在快速下降、快速发热引发的最坏发热情况后,AB 碳纤维降落伞能够轻松地展开。

利用 AB 碳纤维降落伞可以实现任何正确连接的铁矿石安全可控的着陆。长系绳和碳纤维 AB 降落伞连接于铁矿石末端且能够远程操作智能展开,它能够最大限度地避免进入大气层过程中的发热和腐蚀,并能被可控地降落到预定地点,由居住于地球生态圈中两个最大沙漠——撒哈拉和澳大利亚中部沙漠的熟练的地面人员接收。适当的工业化处理和设备建造,以及有效的地面/铁路/空运交通,必须确保在十分接近两个建议的遥远沙漠着陆区域附近建造整个外太空采矿小行星贸易企业,而不是所说的基于弹道的工业操作。管理人员提出传送系统也许能够利用球状电子虚拟收集器来追踪矿石的飞行和着陆(Cathcart 1997;Brovelli and Zamboni,2012 年)。获得大量地下油、天然气和纯净存储地下水,撒哈拉便会成为非洲转变最快、最具活力和富裕的区域——事实上,这都与今天的主要国际贸易内在相关。

22.4.1.5　传送技术

我们来想象小行星 1986 DA 的例子,它可能的污染物已经被彻底检查,通过适当的勘探从而可以避免对地球的显著的生物入侵。许多著名的太空生物学家目前将整个已知宇宙空间视作巨大的活动的和休眠微生物体的低温栖息地,它们其中一些可能威胁到地球生态圈内人类文明的长期存在(Wickramasinghe,2004)。因此,任何太空中被选择传送到地球的小行星必须通过有效的勘探或者一些由火箭发射的自动装置对可能存在的污染物进行彻底检查,从而完全地避免任何的组织对地球的生物入侵。小行星传送的第一步,我们的选择是通过训练有素的勘探人员对小行星进行有效的勘探,而不是通过所谓的分析软件进行判断。

我们假设在检查和净化(如果需要的话)之后,小行星破碎成为 10 亿个大小相当的碎块,每一块的价值都相当于 2012 年时的 25000 美元。然而,如果我们设想碎片由 30000km 的流星铁(密度为 $7.8g/cm^3$)构成,那么一个碎块大约为 $38.5m^3$ 或体积略大于 1960 年代早期的 ASSET-3 钻探机的 68.7 倍。由于美国航天飞机重达 104000kg,在目前设计和计算时,AB 碳纤维降落伞足以完成我们预定的地球传送任务。换句话说,"Mega-ASSET"智能机器在所述的工程的所有阶段实质上都是显著可行的。我们鼓励其他人开展这一技术的完整定义和最终认识，从而尽快获得发展在小行星带采矿产业的能力。

22.4.2 小行星捕捉和传送的动力学方法

22.4.2.1 描述

将已处理、已变形的小行星运送到地球的智能设备包括火箭、计算机、小行星成分分析仪（如镭射光谱仪），无线电接收/转换器、捕捉网、一个有用的长电缆和一个蓄电池和耐高温的矩形降落伞等。

22.4.2.2 智能传送装置的工作方式

智能传送装置按照如下方式工作。大多数被地球捕获的小行星运动在以地球为焦点的椭圆轨道中（图22.4(a)）。同样，在大多数情况下，智能传送装置也在椭圆轨道运行。

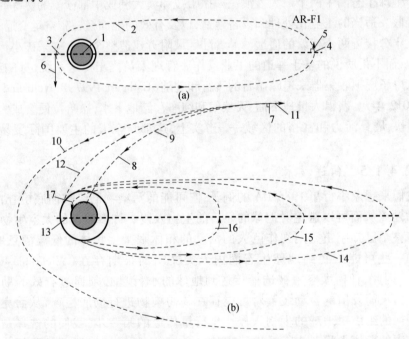

图22.4 潜在的最廉价的将小行星目标飞行器运送到地球的常规方法

(a)任何被地球捕捉的小行星的椭圆轨道。(b)捕捉和传送小行星。1—地球;2—小行星的椭圆弹道;3—近地点;4—远地点;5—小行星在远地点的速度;6—小行星在近地点的速度;7—小行星和小行星与传送设备交汇点(DA);8—传送设备;9—传送设备弹道;10—小行星固有轨道;11—DA的速度;12—小行星/DA在其被DA和连接物阻碍后的弹道;13—地球大气层;14—小行星/DA在地球大气层内第一次通过降落伞减速后的弹道;15—小行星/DA在地球大气层内第2次通过降落伞减速后的弹道;16—小行星/DA在地球大气层内第3次通过降落伞减速后的弹道;17—通过降落伞控制的小行星/DA区域。

椭圆轨道有近地点和远地点。小行星的速度在近地点最大,在远地点最小。通常情况下,当一个目标小行星被地球捕捉时,其速度介于 8km/s 和 11km/s 之间。如果它的速度小于 8km/s,它可能会不受控制地坠落到地球表面。如果这个小行星体的速度超过了 11km/s,那么这个小行星便会飞离地球到达外太空。

在近地点和远地点的速度存在如下数学关系:

$$r_a V_a = r_p V_p \qquad (22.1)$$

式中:r_a、r_p 为远地点和近地点的半径;V_a、V_p 为远地点和近地点的速度。为了降低近地点高度(小行星体),最小冲量应在远地点促发;为了增加远地点高度,(捕捉/传送智能设备交汇点)最小冲量则应在近地点促发。

当智能小行星传送设备系统的高度距离地球表面小于 100km 时,地球大气层的气体分子便会与小行星碰撞使其减速。远地点减速示意图如图 22.4(b)所示。当智能小行星传送设备从我们星球的大气层处略过后,它的轨道会变成圆形,并且进入稠密的地球大气层中。发射后,智能传送设备 8(图 22.4(b))将与小行星 7 相遇在外太空的准确/预期相会点,设备相对小行星具有位置 11 处的速度。本书作者提议采用智能设备自身的动能来降低小行星的速度,同时还可为设备本身进行充电。如图 22.5(a)所示,智能设备 22 通过展开网 21 捕捉小行星 20。

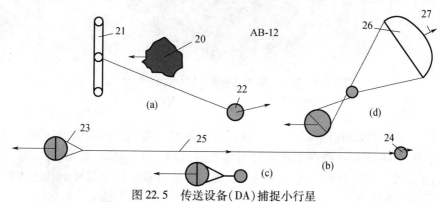

图 22.5　传送设备(DA)捕捉小行星

(a)捕捉小行星;(b)通过智能设备的动能使小行星减速以及给飞轮补充能量;

(c)DA 和小行星最终连接;(d)在地球大气层控制飞行降落伞的小行星/DA 方案:

20—小行星;21—捕捉网;22—传送设备;23—进入捕捉网的小行星;

24—在减速以及为机械能量电池充能后传送设备的位置;

25—连接小行星和传送/运输设备的减速绳;27—降落伞的上升/拖拽力。

当小行星智能捕捉设备展开绳 25 后,在其进入地球上层大气层后,小行星减速修正(图 22.5(b))。它使自身速度减慢直到与小行星的速度相同。如果系统的动能太大,智能设备便使用火箭发动机减速。在此过程中根据需要进一步卷出/入系绳(图 22.5(c)),智能传送设备用于小行星体弹道修正。在进入地球大气层后,智能设备展开可控上升/减速降落伞 26(图 22.5(d))。这个降落伞可采用 AB

碳纤维降落伞。["AB"代表 Alexander Bolonkin,它的发明者。]它减缓了位于地球上层薄气层的系统速度,在远地点将椭圆轨道(图 22.4(b))降低为圆形轨道(速度小于8km/s)。如果智能设备展开温度超过其安全值,智能设备则相应地增加可控降落伞的升阻比,并且使之上升到上层大气层,在那里顶端的气流将更小(空气阻力显著减小)。其结果是,目标小行星体和智能传送设备不会过热,并且控制AB 碳纤维降落伞在给定的地球表面传送小行星体。AB 降落伞的材料体积和展开尺寸都很小。这是因为与供人员降落的降落伞相比,升力降落伞的垂直速度更小,且智能系统的着陆速度可以较大(图 22.6)。

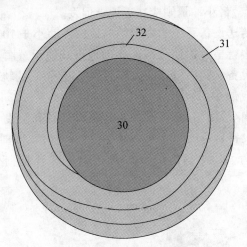

图 22.6　限制性加热系统带:地球表面小行星/DA

30—地球;31—地球大气层;32—着陆弹道。

降落伞表面从小行星背面展开,从而它能够稳定有效地向周围的地球大气层辐射热量。AB 碳纤维降落伞的温度可能高达 1000 ~ 1300℃。毫无疑问,碳纤维在高达 1500 ~ 2000℃的温度中依然可以保持正常性能。以上提出的传送方法和系统具有以下优点:

(1) 系统将目标小行星飞行器及智能设备的动能用于小行星与设备减速,这无疑会节省大量昂贵的火箭燃料。

(2) 系统采用动能来给能量储存系统充能(这个充/放蓄电池可以是机械结构,电、化学或者其他形式),这无疑将在长时间的飞行过程中收集大量能量。

(3) 通过高速目标小行星飞行器在大气层中一系列的进入、再进入的方式,在椭圆轨道远地点使其降低为圆轨道。这同样节省了昂贵的火箭燃料,并且不需要很重的整流罩保护(载人阿波罗任务太空船的隔热保护措施占到了发射质量的40%)。

(4) 系统有专门的缆绳和相应的制动系统。因为外太空是自然高真空环境,飞轮能够保持/存储能量,因为外太空是自然高真空环境,重力为零。

（5）系统有一个高升阻比的可控 AB 碳纤维降落伞，避免操作系统过热。降落伞使得目标小行星飞行器可以降落到地球上的预定着陆点，并且避免系统撞击地面。

（6）传送设备可以迅速再利用。例如，可以将其融化成高密度铁锭用于民用工业生产。

22.4.2.3 外太空小行星的捕获与传送原理

由于火箭推进器的启动，智能空间设备或者被运送的小行星/设备系统的速度的变化是：

$$\Delta V = -V_{\text{g}} \ln \frac{M_{\text{f}}}{M} \tag{22.2}$$

式中：ΔV 为速度的变化；M_{f} 和 M 分别为系统的最终和初始质量；V_{g} 为从火箭引擎中排出气体的速度（对于固体燃料 $V_{\text{g}} \approx 2500 \sim 2800\text{m/s}$，对于液体燃料 $V_{\text{g}} \approx 3000 \sim 3200\text{m/s}$（燃油 $+ O_2$），或者 $V_{\text{g}} \approx 4000\text{m/s}$（氢 $+ O_2$））。

在外太空近地真空中，轨迹的计算如下。从地球质心到轨迹上一点的半径 R 表示为

$$R = \frac{p}{1 + e\cos\beta} \tag{22.3}$$

式中：β 为近地点的角度；p 和 e 分别为椭圆参数和离心率（$e = 0$ 为圆轨道，$e < 1$ 为椭圆轨道，$e = 1$ 为抛物线轨道，$e > 1$ 为双曲线轨道）。注意椭圆轨道的远地点 r_a 和近地点 r_p 如下：

$$r_a = \frac{p}{1 - e}, r_p = \frac{p}{1 + e} \tag{22.4}$$

椭圆参数和离心力计算如下：

$$p = \frac{c^2}{K}, e = \frac{c}{K} \sqrt{H + \frac{K^2}{c^2}} \tag{22.5}$$

其中 c 和 H 表达如下：

$$c = v^2 r^2 \cos^2 \nu = \text{const}, H = 2K \frac{M_E}{R_0} = \text{const} \tag{22.6}$$

式中：K 为地球常数（$K = 3.98 \times 10^{14} \text{m}^3/\text{s}^2$）；$v$ 为速度；ν 为速度与圆形切线之间的角度；$M_E = 5.976 \times 10^{24} \text{kg}$ 为地球质量并且 $R_0 = 6378000\text{m}$ 为地球半径。旋转周期的计算如下：

$$T = \frac{2\pi}{\sqrt{K}} a^{3/2} \tag{22.7}$$

其中：

$$a = r_a, b = r_p, b = a \sqrt{1 - e^2} \tag{22.8}$$

在连接之后,小行星连接设备的总体的速度 V 为

$$V = \frac{m_1 V_1 + m_2 V_2}{m_1 + m_2} \qquad (22.9)$$

式中:m_1,V_1 和 m_2,V_2 分别为小行星和连接设备的质量与速度;s 为缆绳的长度;力 F 可以通过下面关系计算得到

$$Fs = \frac{m_1 V_1^2}{2} + \frac{m_2 V_2^2}{2} - \frac{(m_1 + m_2) V_2^2}{2} \qquad (22.10)$$

22.5 将小行星传送到地球的经济效益

在已知的小行星中只有大约 10% 的拥有金属。在很多情况下是金属钼和钴。一些小行星由铁、镍以及各种各样的岩石组成。在组成上它们与太阳系中的行星成分差不多。其他的主要成分——镍—二价铁,这是镍在铁中的固溶物,镍在混合物中的成分为 6% ~ 50%。偶尔不含镍的铁金属也存在。有时有大量的硫化铁。其他的矿物也能少量的发现。大概可以测定的有 150 种矿物,可以肯定的是与地球上已经被发现的超过 1000 种以及将要发现的矿物相比,小行星和陨石上的矿物还是很少的。

将一个大的铁质小行星捕获并向地球传送需要很多的能量(在地球生物圈中从石油精炼厂到送到外太空的火箭燃料的制作成本是昂贵的)。根据目前的科技水平,传送一个 1kg 的小行星,需要 1 ~ 5kg 的燃料,发射一个 1kg 的智能传送设备需要的费用在 2012 年为 30000 ~ 100000 美元。在 2012 年地球上开采和加工后的各种金属的采购成本如表 22.1 所列。

表 22.1　在 2012 年 5 月 16 日的金属的平均价格。　　　(1lb = 0.453kg)

金属	价格 \$/lb	金属	价格 \$/lb	金属	价格 \$/lb
特矿石	0.063	镍	7.69	银	27.2
铁屑	0.124	镁	1,44	钯	592
钼	13.8	铜	3.5	铂	1433
钴	14	铝	0.9	黄金	1539

也许只有当传送系统的费用大大的降低之后,开发外太空的金属资源才会是有利可图的。我们建议并希望能够大大缩减火箭发射的费用。Alexander Bolonkin (2011 年)提供了一种方法,在一个完全不同的但是相关的外太空勘探开发环境,这样能够减少火箭发射的费用 3 ÷ 10 \$/kg。

22.6 传送系统的原理,计算与估算

在进入地球大气层时,使用 AB 碳纤维降落伞进行制动是目前传送系统主要

430

使用的方法。关于这过程的一些理论上的考虑下文将介绍。

22.6.1 进入地球大气层的原理

小行星传送系统的飞行距离$\dot{r}$可由下面关系计算:

$$\dot{r} = \frac{R_0}{R}V\cos\theta \qquad (22.11)$$

式中:R为飞船从地球质心飞行的半径;V为 Mega - ASSET 交通工具的速度;θ为轨迹的角度。飞船高度$\dot{H}$的变化率是:

$$\dot{H} = V\sin\theta \qquad (22.12)$$

传送系统的提升力L和拖拽力D表示如下:

$$\begin{cases} L = 2\alpha\rho aVS \\ D = L/4 \end{cases} \qquad (22.13)$$

在上面的关系中$\alpha = 40° = 0.7\text{rad}$是设备的攻角,$a = 295\text{m/s}$是高海拔地区声音在空气中的速度,$\rho(\text{kg/m}^3)$在高度$H(\text{m})$的空气密度,表示如下:

$$\rho = 0.414e^{(H-10000)/6719} \qquad (22.14)$$

另外一个角度,AB 碳纤维降落伞的拖拽力D_p和提升力L_p的表达如下:

$$\begin{cases} D_p = 0.5C_{DP}\rho aVS_P \\ L_p = 4D_p \end{cases} \qquad (22.15)$$

式中:$C_{DP} = 1$为降落伞拖拽系数;S_p为降落伞展开面积。注意,AB 碳纤维降落伞的拖拽力可以控制为$0 - 4D_p$。

目标小行星进入大气层的加速度可以表示为

$$\dot{V} = -\frac{D + D_p}{m} - g\sin\theta \qquad (22.16)$$

其中,g是在给定高度H的重力加速度。考虑$g_0 = 9.81\text{m/s}^2$,g可以表示为

$$g = g_0\left(\frac{R_0}{R_0 + H}\right)^2 \qquad (22.17)$$

进一步角速度可以表示为

$$\dot{\theta} = \frac{L + L_p}{mV} - \frac{g}{V}\cos\theta + \frac{V\cos\theta}{R} + 2\omega_E\cos\varphi_E \qquad (22.18)$$

式中:ω_E为地球角速度;φ_E为垂直于飞行的平面与地球极轴之间的最小角度。

由于强烈的空气摩擦,AB 碳纤维降落伞迅速加热。由空气摩擦产生的比热流(W/m^2)可以如下计算:

$$\dot{q} = \frac{0.5 \times 11040 \times 10^4}{R_n^{0.5}}\left(\frac{\rho}{\rho_{SL}}\right)^{0.5}\left(\frac{V}{V_{CO}}\right)^{3.15} \qquad (22.19)$$

在式(22.19)中,$\rho_{SL} = 1.225\text{kg/m}^3$为地球海平面的空气密度,$V_{CO} = 7950\text{m/s}$为环

绕轨道速度,并且:

$$R_n = \sqrt{\frac{S_P}{\pi}} \tag{22.20}$$

降落伞的冷却主要通过辐射。所以,AB 碳纤维降落伞的温度驻点 T_1 可以表示为

$$T_1 = 100 \left(\frac{\dot{q}}{\varepsilon C_s} + \left(\frac{T_2}{100} \right)^4 \right)^{1/4} \tag{22.21}$$

其中 T_2 表示在高度 H 的标准大气的温度, $C_s = 5.67 \mathrm{W}/(\mathrm{m}^2 \cdot \mathrm{K}^4)$ 是黑体辐射系数, ε 是使用 AB 碳纤维降落伞表面的辐射系数。控制如下,如果 T_1 大于给定的温度,那么提升力 L_p = 最大值 = $4D_p$。在其他情况, $L_p = 0$。当速度小于声速,在指定的绝对地理位置仍然使用降落伞传送系统(纬度和经度由 GPS 附加装置不断地提供)。

22.6.2 AB 碳纤维降落原理

让我们分别来解释由式(22.15)定义的降落伞提升力和拖拽力,以及提升和拖拽系数 C_L 和 C_D。在海平面,对应的关系是:

$$\begin{cases} L_p = C_L \dfrac{\rho_{SL} V^2}{2} S_p \\ D_p = C_D \dfrac{\rho_{SL} V^2}{2} S_p \end{cases} \tag{22.22}$$

通常, $C_L = 2 \div 3$ 以及 $C_D = 0.5 \div 1.2$。垂直速度和绝对速度 V 的关系如下:

$$V_v = \frac{V}{K_C} \tag{22.23}$$

其中,显然地, $V_v \leqslant V$,并且,

$$K_C = \frac{C_L}{C_D} \tag{22.24}$$

让我们考虑系统(智能传送系统和降落伞)的质量 $m = 100\mathrm{t}$, $C_L = 2.5$, $V_v = 20\mathrm{m/s}$ 以及 $K_C = 4(V = 80\mathrm{m/s})$。从式(22.22)~式(22.24)我们找到降落伞面积 $S_p = 100\mathrm{m}^2$。降落伞的控制矩形是 $5.8\mathrm{m} \times 17.3\mathrm{m}$。

22.7 小行星传送系统的环境影响

地球表面低电阻的岩石(如流纹岩和凝灰岩)会因为闪电而断裂,而那些有高阻值的岩石(如花岗岩)就不容易断裂:闪电无法打断岩石和基岩。只有做完合适的全尺度的室外实验,才能知道是通过 AB 碳纤维降落还是“Mega – ASSET”会引被闪电破坏。烟花表演会通过化学物质燃烧迅速污染空气并且产生噪声。有些化学物质的燃烧会在空中产生颜色明亮的悬浮微粒云(如钡、锶、铜、镭和钠等),这

对人体呼吸系统是有害的。正常进入地球大气层的陨石也能算人类开采的化学物质:根据卫星观测,每天有 100～300 公吨的宇宙尘埃进入地球大气系统。金属物质高速进入地球大气,燃烧产生尘埃,当其撞击地球时也会引起气候的变化,例如,会影响同温层的臭氧以及会给海水上层注入铁。通过在等温层释放由硫酸盐、钛、石灰岩以及煤灰悬浮物给等温层加温,在不久的将来有可能成为一种控制地球气候的方法。总之,在太阳系中金属物质从外太空进入地球大气会改变地球大气的成分和动力学。

22.8 结论

地球流星学研究的是陨石/小行星对人类以及人类社会的影响。在当今社会,世界民众越来越对 21 世纪小行星对地球表面的撞击以及在利用太阳系中其他小行星上的资源的问题感兴趣。为了使小行星有经济效益,我们在本章中提出了两种传送方法。

第一种方法涵盖地外采矿,远程控制地球传送,并最终利用低大气层对材料进行减速的宏大工程。所以通过地外采矿,可以从目标小行星上获取金属矿石,并且在外太空自动工厂进行压缩,得到"Mega - ASSET"智能设备(空气动力学形状,实心),这样就能够被送往地球了。在稠密的地球大气层中,"Mega - ASSET"设备利用 AB 碳纤维降落伞系统能够安全的到达地球表面。在海面上的 Mega - ASSET 交互可能使用到泡沫化锭。

第二个方法使用了电子智能传送系统来在轨道上捕获整个小行星,然后整体分割,并利用火箭发射的只能设备对其进行打包。这种能量也可以用来对储能设备和电池进行充电。小的 AB 碳纤维降落伞允许与地球大气层的多次互相作用,不会对前端加热破坏小行星的捕获、加工与成型,及时的将小行星传送到指定地球表面,并且避免对地球表面造成撞击破坏。AB 碳纤维降落伞系统最初设计是用来将美国的航天飞机安全降落到他们位于佛罗里达和加利福尼亚的总部,但是他们的着陆点遍布全球各地。如果我们能够大大的降低火箭发射的成本,金属小行星被传送到地球将是有利可图的,能够达到每千克 10 美元。2012 年,美国使用 20～300百万美元获得一小块的小行星碎片以进行科学实验研究。使用本章节提出的方法,我们可以安全的将 50 公吨的材料传送到地球。

在人类有记录的历史上,地球重力激发了很多艺术家。经常被提到的神话故事中的科林斯王不断将巨大的圆的石头推到山顶,但是在他休息的时候,石头又滚下了山,接着他又将石头推上山。科林斯王是一个因为环境受到挫折的神话人物。如果人类开始开采太阳系内富有矿产的小行星,那么在勒内·玛格丽特油画比利牛斯山中的悬浮在地球表面的城堡就会在 21 世纪变为现实。我们设想,勒内·玛格丽特的油画激发了我们在此提到的对 AB 碳纤维降落伞的概念的构思。

参考文献

[1] Abadie,S. M. ,Harris,J. C. ,Grilli,S. T. T. ,Fabre,R. :Numerical modeling of tsunami waves generated by the flank collapse of the Cumbre Vieja Volcano(La Palma,Canary Is – lands):tsunami source and near field effects. Journal of Geophysical Research 117,C05030(2012)

[2] Ali,S. ,Dadush,U. :The Global Middle Class Is Bigger Than We Thought. Foreign Policy(May 16,2012),http://www. foreignpolicy. com/articles/2012/05/16/the _ global _ middle _ class _ is _ bigger _ than _ we _ thought? pri...

[3] Beekman,G. I. O. :Yarkovsky and the Discovery of 'His" Effect. Journal for the History of Astronomy 37(126, Pt. 1),71 –86(2006)

[4] Bian,Z. ,Miao,X. ,Lei,S. ,Chen,S. ,Wang,W. ,Struthers,S. :The Challenges of Reusing Mining and Mineral – Processing Wastes. Science 337,702 –703(2012)

[5] Binzel,R. P. :The Torino Impact Hazard Scale. Planetary and Space Science 48,297 –303(2000)

[6] Blanchard,M. B. :Artificial Meteor Ablation Studies:Iron Oxides. Journal of Geophysical Research 77,2442 – 2455(1972)

[7] Bolonkin,A. A. :A New Method of Atmospheric Reentry for Space Ships. Paper AIAA –2006 –6985 at the Multidisciplinary Analyses and Optimization Conference,Portsmouth,Virginia,USA,December 6 – 8 (2006); Bolonkin,A. A. :New Concepts,Ideas,Innova – tions in Aerospace,Technology and the Human Sciences,ch. 8, 510 p. NOVA (2006), http://www. scribd. com/doc/24057071, http://www. archive. org/details/NewConceptsIfeasAnd InnovationsInAerospaceTechnologyAndHumanSciences

[8] Bolonkin,A. A. :Air Catapult Transportation. Scribd,NY(2011),http://www. scribd. com/doc/79396121/,http://www. archive. org/details/AirCatapultTransport

[9] Brovelli,M. A. ,Zamboni,G. :Virtual globes for 4D environmental analysis. Applied Geomatics 4,163 – 172 (2012)

[10] Buchwald,V. F. :On the use of iron by the Eskimos in Greenland. Materials Characteriza – tion 26,139 –176 (1992)

[11] Burch,G. B. :The Counter – Earth. Osirus 11,267 –294(1954) Cathcart,R. B. :Meteorite Mining. Future Life #27,13(1981)

[12] Cathcart,R. B. :Seeing is Believing:Planetographic Data Display on a Spherical TV. Journal of the British Interplanetary Society 50,103 –104(1997)

[13] Cathcart,R. B. :Kra Canal(Thailand) excavation by nuclear – powered dredges. International Journal of Global Environmental Issues 8,248 –255(2008)

[14] Chen,W. – Q. ,Graedel,T. E. :Anthropogenic Cycles of the Elements:A Critical Review. Environmental Science & Technology(in press,2013)

[15] Cidell,J. :Just passing through:the risky modilities of hazardous materials transport. Social Geography 7,13 – 22(2012)

[16] Chyba,C. F. ,van der Vink,G. E. ,Hennet,C. B. :Monitoring the Comprehensive Test Ban Treaty:Possible ambiguities due to meteorite impacts. Geophysical Research Letters 25,191 –194(1998)

[17] Clark,S. :New Moon. New Scientist 214(2861),48 –51(2012)

[18] Court,R. W. ,Sephton,M. A. :The contribution of sulphur dioxide from ablating micromete – orites to the atmospheres of Earth and Mars. Geochimica et Cosmochimica Acta 75,1704 –1717(2011)

[19] Cruikshank, D. P. , Hartmann, W. K. : The Meteorite – Asteroid Connection: Two Olivine – Rich Asteroids. Science 223, 281 – 283 (1984)

[20] Driscoll, R. : From Projectile Points to Microprocessors—The Influence of Some Industrial Minerals. USGS Circular 1314, 26 p. (2007)

[21] Efrati, A. : Start – Up Sees New Frontier In Mining: Asteroids in Space. The Wall Street Journal CCLIX: B1 (April 24, 2012)

[22] Elvis, C. : Let's mine asteroids—for science and profit. Nature 485, 549 (2012)

[23] Finkl, C. W. , Pelinovsky, E. , Cathcart, R. B. : A Review of Potential Tsunami Impacts to the Suez Canal. Journal of Coastal Research 28, 745 – 759 (2012) Fogg, M. J. : Personal communication to RBC (September 8, 2012)

[24] Fogg, M. j. : Persoual communication to RBC (september 8, 2012)

[25] Fraley, J. M. : Re – examining Acts of God. Pace Environmental Law Review 27, 669 – 690 (2010)

[26] Friis – Hansen, D. , Zaya, O. , Takashi, S. : Cai Guo – Qiang, 160 pages. Phaidon Press Limited, London (2012)

[27] Gammage, B. : The Biggest Estate on Earth: How Aborigines Made Australia, 434 pages. Allen & Unwin, Sydney (2011)

[28] Gehrels, T. : Asteroids, pp. 222 – 226. University of Arizona Press, Phoenix (1980)

[29] Gerst, M. D. , Graedel, T. E. : In – Use Stocks of Metals: Status and Implications. Environmen – tal Science & Technology 42, 7038 – 7045 (2008)

[30] Granvik, M. , Vaubaillon, J. , Jedricke, R. : The Population of natural Earth satellites. Ica – rus 218, 262 – 277 (2012)

[31] Grieve, R. A. F. : The Economic Potential of Terrestrial Impact Craters. International Geolo – gy Review 36, 105 – 151 (1994)

[32] Hall, K. , Thom, C. , Sumner, P. : On the persistence of 'weathering'. Geomorphology 148 – 150, 1 – 10 (2012)

[33] Hallion, R. P. : The Path to Space Shuttle—The Evolution of Lifting Reentry Technology. Journal of the British Interplanetary Society 36, 523 – 541 (1983)

[34] Hendricks, L. , Mergeay, M. : From the deep sea to the stars: human life support through minimal communities. Current Opinion in Microbiology 10, 231 – 237 (2007)

[35] Henning, T. : Astromineralogy, 2nd edn. , 329 p. Springer, The Netherlands (2010)

[36] Hudson – Edwards, K. A. , Jamieson, H. E. , Lottermoser, B. G. : Mine Wastes: Past, Present, Future. Elements 7, 375 – 380 (2011)

[37] Hupy, J. P. , Koehler, T. : Modern warfare as a significant form of zoogeomorphic disturb – ance upon the landscape. Geomorphology 157 – 158, 169 – 182 (2012)

[38] Jones, N. : Outrageous Fortune. New Scientist 167, 24 – 26 (2000)

[39] Kanamori, H. , Mori, J. , Sturtevant, B. , Anderson, D. L. , Heaton, T. : Seismic excitation by space shuttles. Shock Waves 2, 89 – 96 (1992)

[40] Kargel, J. S. : Metalliferous asteroids as potential sources of precious metals. Journal of Geophysical Research 99, 21129 – 21141 (1994)

[41] Kennelly, P. : Landscape Volumetrics and Vizualizations of the Butte Mining District, Mon – tana. Environmental & Engineering Geoscience XVII, 213 – 226 (2011)

[42] Krischke, M. , Lorenzini, E. C. , Sabath, D. : A hypersonic parachute for low – temperature re – entry. Acta Astronautica 36, 271 – 278 (1995)

[43] Lee, R. : Law and Regulation of Commercial Mining of Minerals in Outer Space, 403 pag – es. Springer, The Netherlands (2012)

435

[44] Lotka, A. : Elements of Physical Biology (Republished as Elements of Mathematical Biolo – gy), p. 23. Dover, New York (1924)

[45] Machado, I. : Impact or explosion? Technological culture and the ballistic metaphor. Sign Systems Studies 34 (1), 245 – 260 (2006)

[46] MacPherson, G. J., Thiemens, M. H. : Cosmochemistry: Understanding the Solar System through analysis of extraterrestrial materials. Proceedings of the National Academy of Sciences 108, 19130 – 19134 (2011)

[47] Marriner, N., Morhange, C., Skrimshire, S. : Geoscience meets the four horsemen? Tracking the rise of neo-catastrophism. Global and Planetary Change 74, 43 – 48 (2010)

[48] Marx, L. : Technology: The Emergence of a Hazardous Concept. Technology and Cul – ture 51, 561 – 577 (2010)

[49] McGuire, B. : Surviving Armageddon: Solutions for a Threatened Planet, p. 132. University of California Press, Oxford (2005)

[50] Muller, D. B., Wang, T., Duval, B., Graedel, T. E. : Exploring the engine of anthropogenic iron cycles. Proceedings of the National Academy of Sciences 103, 16111 – 16116 (2006)

[51] Murakami, T., Ohara, K., Narushima, T., Ouchi, C. : Development of a New Method for Manufacturing Iron Foam Using Gases Generated by Reduction of Iron Oxide. Materi – als Transactions 48, 2937 – 2944 (2007)

[52] Olsson, J., Bovet, N., Makovicky, E., Bechgaard, K., Balogh, Z., Stipp, S. L. S. : Olivine reactivity with CO_2 and H_2O on a microscale: Implications for carbon sequestration. Geochimica et Cosmochimica Acta 77, 86 – 97 (2012)

[53] Pierazzo, E., Artemieva, N. : Local and Global Environmental Effects of Impacts on Earth. Elements 8, 55 – 60 (2012)

[54] Powell, J. W., Hengeveld, E. : Asset and Prime—Gliding re – entry Test Vehicles. Journal of the British Interplanetary Society 36, 369 – 376 (1983)

[55] Preston, B., Johnson, D. J., Edwards, S. J. A., Miller, M., Shipbaugh, C. : Space Weapons Earth Wars. Project Air Force RAND, Santa Monica CA, pp. 40 – 45 (2002)

[56] Rauch, J. N. : Global mapping of Al, Cu, Fe, and Zn in – use stocks and in – ground resources. Proceedings of the National Academy of Sciences 106, 18920 – 18925 (2009)

[57] Reck, B. K., Graedel, T. E. : Challenges in Metal Recycling. Science 337, 690 – 695 (2012) Reed, D. R., Lister, D., Yeager, C. : Wingless Flight: The Lifting Body Story, 262 pages (2011), http://WWW. MilitaryBooks. co. uk: London

[58] Reimold, W. U., Gibson, R. L. : Meteorite Impact. The Danger from Space and South Afri – ca's Mega – Impact, The Vredefort Structure, 326 pages. Springer, Utrecht (2010) Schmidt, T. S., nine other authors: Geologic processes influence the effects of mining on aquatic ecosystems. Ecological Applications 22, 870 – 879 (2012)

[59] Schuiling, R. D., Krijgsman, P. : Enhanced Weathering: An Effective and Cheap Tool to Sequester CO_2. Climatic Change 74, 349 – 354 (2006)

[60] Sen, I. S., Peucker – Ehrenbrink, B. : Anthropogenic Disturbance of Element Cycles at the Earth's Surface. Environmental Science & Technology (in press, 2013)

[61] Shepard, M. (ed.) : Sentient City: Ubiquitous Computing, Architecture, and the Future of Urban Space, 229 pages. MIT Press, Cambridge (2011)

[62] Solomon, S., Danieal, J. S., Neely Ⅲ, R. R., Vernier, J. – P., Dutton, E. G., Thomason, L. W. : The persistently variable "background" stratospheric aerosol layer and global climate change. Science 333, 866 – 870 (2011)

[63] Spinney, L. : Human Cycles: History as Science. Nature 488, 24 – 26 (2012)

[64] Steen,B. ,Borg,G. :An estimation of the cost of sustainable production of metal concen – trates from the Earth's crust. Ecological Economics 42,401 –413(2002)

[65] Steinhauser, G. , Musilek, A. :Do pyrotechnics contain radium? Environmental Research Letters 4, 1 – 6 (2009)

[66] Stevens, B. ,Ragheb, M. :2010 1st International Nuclear & Renewable Energy Conference(INREC), March 21 –24,pp. 1 –10(2010)

[67] Thompson,M. O. ,Peebles,C. :Flying Without Wings,254 pages. Smithsonian,Washington DC(1999)

[68] Thurner,S. ,Klimek,P. ,Hanel,R. :Schumpeterian Economic Dynamics as a Quantifiable Minimum Model of Evolution. New Journal of Physics 12,075029(2010)

[69] Valero,A. ,Agudelo,A. ,Valero,A. :The crepuscular planet. A model for the exhausted atmosphere and hydro-sphere. Energy 36,3745 –3753(2011)

[70] Vince,G. :An Epoch Debate. Science 334,32 –37(2011)

[71] Von Hilgers, P. , Benjamin, R. : War Games:A History of War on Paper, 235 pages. MIT Press, Cambridge (2012)

[72] Wakasa,S. A. ,Nishimura,S. ,Shimizu,H. ,Matsukura,Y. :Does lightning destroy rocks?:Results from a labo-ratory lightning experiment using an impulse high – current generator. Geomorphology 161 – 162,110 – 114 (2012)

[73] Wickramasinghe,C. :The Universe:A cryogenic habitat for microbial life. Cryobiology 48,113 –125(2004)

[74] Wang,T. ,Muller, D. B. ,Graedel, T. E. :Forging the Anthropogenic Iron Cycle. Environ – mental Science & Technology 41,5120 –5129(2007)

[75] Ward,S. N. ,Asphaug,E. :Asteroid impact tsunami of 2880 March 16. Geophysical Journal International 153, F6 – F10(2003)

[76] Willbold,M. ,Elliot,T. ,Moorbath,S. :The tungsten isotopic composition of the Earth's mantle before terminal bombardment. Nature 477,195 –198(2011)

[77] Williams,J. W. ,Jackson,S. T. ,Kutzbach,J. E. :Projected distribution of novel and disap – pearing climates by 2100 AD. Proceedings of the National Academy of Sciences 104,5738 –5742(2007)

[78] Wright,G. :The riddle of the sands. New Scientist 163,42 –45(1999)

第 23 章

小行星上的人工重力

亚历山大 A. 博隆金 (Alenander A. Bolonkin)
美国纽约 C&R 公司 (C&R Co., New York, USA)

23.1 引言

人类梦想不借助任何工具飞翔已经很多世纪了。物理学家知道只有两种方法能产生排斥力：磁力和静电力。磁已经研究很深入了，用超导磁来使火车悬浮已经在科学杂志中广泛讨论，但是排斥磁力只有很小的作用范围。它们在地面火车上用的很好，但在航空中却不好用。电磁飞行需要强大的电场和强力的电荷。小行星的电场很弱导致无法使用悬浮。这一章提出的主要创新是在表面产生强大的静电场和强大、稳定的小电荷用来使人和载具能悬浮在小行星表面。作者还展示了该方法如何用于在小行星表面制造人工重力。

磁悬浮已在文献中广泛地讨论很长时间了。然而，与静电悬浮有关讨论确很少。静电荷有很高的电压并且可以创造电晕放电、击穿和放松。小行星静电场很弱且无法用于飞行。因此许多科学家认为静电力无法用于悬浮。

作者在该领域的第一个创新发表在文献（Bolonkin，1982 年）上，给出了一些实际应用设想。这个想法出版在了 Bolonkin（1990 年）中。本章对这些想法和创新观点进行了更详细的介绍。此外还介绍了一些研究项目，可以对飞行系统的参数进行评估。

现在只有一种方法在飞船上创造人工重力—旋转。旋转无法应用于小行星（离心力的方向背离中心）。

23.2 电子重力创新的简要描述

众所周知电荷同性相斥异性相吸（图 23.1（a）~（c））。位于高处的一个大电荷(如正电荷)会吸引位于小行星表面的异性(负)电荷(图23.1(d)~(g))。在上下电荷间存在电场。如果一个小的负电荷位于电场中,这个电荷会被排斥(或吸引),方向从同性的电荷(在小行星表面)到上面的电荷(图23.1(d))。这是静电举/引力。举力主要取决于小行星电荷,因为该小电荷通常靠近小行星表面。如图23.1所示,这些电荷可以连接到人或装置上,使其有足够的力量举起和支撑他们或将他们吸引到小行星表面。

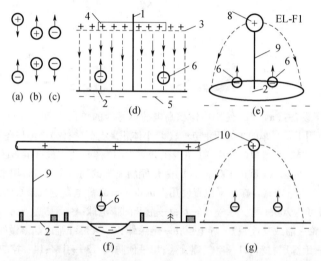

图23.1　静电悬浮的解释:(a)异性相吸;(b)、(c)同性相斥;(d)创造均匀电场;
(e)一个大的球形电荷的电场;(f)、(g)管的电场(侧视图和主视图)。
标号:1、9—柱子;2—电磁感应的小行星表面;3—网;4—上电荷;
5—下电荷;6—悬浮装置;7—带电液体气球;10—带电管

　　上面的电荷可能在一个柱子上如图23.1(d)~(g)所示,也可能在一个系着的液体气球上,或液体管,或悬挂在柱子上的管(图23.1(f)、(g))。特别的,电荷可能在两个理想的板上,用来在小行星上进行不接触的运输(图23.2(a))。

　　小行星绝对需要人工重力场。太空中的任何小粗心都会导致宇航员、工具或设备从小行星上漂走。科学家知道只有两种方法能制造重力场和吸引力:旋转和磁。两种方法都不好。旋转只会在小行星内部产生重力场。在旋转的小行星上观察太空很困难。磁力有效范围很小。磁体吸在一起,一个人必须要花费很大的力气来移动(这与在涂满胶水的地板上走一样)。

　　如果在小行星内部有一个电荷且小的异性电荷附在其他地方的物体上,则当他们落下时会落回小行星。如果给小行星和宇航员充上异性的电荷,则宇航员在任何行走和跳跃时会返回小行星。小行星上的人工重力是可能的(图23.3)。作者承认该方法存在问题。例如,如果我们想使用小的带电球就需要高电场强度。该问题和其他问题将在下文讨论。

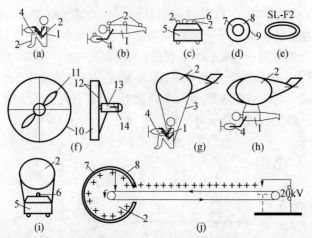

图 23.2 悬浮设备:(a)、(b)使用小体积高电荷球悬浮的单人 2(重达 100kg)(a)坐姿;
(b)斜姿;(c)用于悬浮车的小体积带电球;(d)小体积高电荷球;(e)小体积高电荷柱形带;
(f)用于有大气层的小行星的小引擎(主视图和侧视图);(g)使用没有电离区也没带很多
电的大球的悬浮的单人(重达 100kg);(h)采用倾斜姿势的同一个人;(i)用来悬浮车的没
有电离区的大带电球;(j)在水平位置使用 Van de Graaff 静电发电机来给球充电的装置
(两个发电机可达 200MV)。标号:1—人;2—上升的带电球;4—手持空气引擎;5—载具;
6—引擎(涡轮火箭或其他);7—导电层;8—绝缘体;9—人工纤维或晶须做的强力外套;
10—绝缘层材料;11—空气螺旋桨;12—预防网;13—引擎;14—控制杆

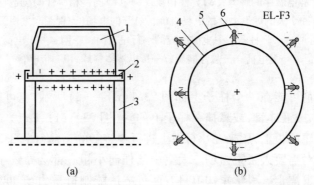

图 23.3 小行星上的人工重力:(a)悬浮运输;(b)小行星上的人工重力。
标号:1—载具;2—带电板;3—隔离柱;4—带电小行星;5—球;6—人

23.3 静电举力理论和计算结果

23.3.1 电荷、电场和电晕

电荷产生电场。电场中的每一点有一个有大小的向量叫电场强度 E(V/m)。

如果异性电荷（或电压下的非绝缘电极）位于小行星大气层，则电场强度低于 $E_c = (3 \sim 4) \times 10^6 \mathrm{V/m}$，放电电流会很小。如果 $E > E_c = 3 \times 10^6 \mathrm{V/m}$，且我们有一个闭环高压圈（用于非绝缘电极），就会出现电流。

当电压增加时电流会按指数定律增加。在一个均匀电场中（例如板间）增加的电压会产生火花（电弧，击穿，闪电）。一个不均匀的电场（如在球和平面或打开的球间）会产生电晕。电子会从金属负极中出来并使环境电离。正离子撞击非绝缘的正极并撞出电子。这些正离子会导致主电荷的粒子封锁（放电）。正离子的离子化的效率要远低于同样能量的电子。大多数离子化会作为正离子撞击负极释放次级电子的结果而出现。当这些电子从电极的强电场移动到弱电场时会产生离子化。然而，这会留下一个正离子空间电荷，从而减慢进来的离子。这会造成次级电子产量的减少。因为正离子的迁移率很低，所以在高场条件存储前有一个时间滞后。因此放电有些不稳定。

小行星上的环境包括少量的自由电子。这些电子可以在非绝缘正极附近制造电晕。但与负极相比要出于更高的电压下。这里的效果是要让自由电子通过在该电极附近的强电场里撞从而离子化。一个电子可以在这种场中制造雪崩。因为每个离子化事件会释放一个额外的电子，这会导致进一步的离子化。为了维持放电，有必要收集正离子并在远离正极的地方制造初级电子以引发雪崩。正离子在负极收集到，它们的低迁移率限制了放电电流。初级电子被认为由光致电离产生。

放电的特点取决于电极的形状、极性、缺口（球）、气体（如果有）及其气压。在高压电线中，围绕高势能传输线路的电晕放电代表着电能的损失并限制了能使用的最大电势。

本文中描述的方法与教科书中描述的传统案例有明显的不同（Shortley 和Williams，1996 年）。电荷使用绝缘体孤立。它们无法向环境发射电子。不存在闭合电路。当同性电荷插入一个绝缘体中时（Kestelman 等，2000 年），该方法更接近单极性电介体。电介体有典型的表面电荷 $\sigma = 10^{-8} \mathrm{C/cm^2}$，PETP 达 $1.4 \times 10^{-7} \mathrm{C/cm^2}$（Kestelman 等，2000 年），带有增塑 PVB 的 TSD 达 $1.5 \times 10^{-5} \mathrm{C/cm^2}$（Kestelman 等，2000 年）。这意味着它们表面附近的电场强度分别达（$E = 2\pi k\sigma$，$k = 9 \times 10^9$）$6 \times 10^6 \mathrm{V/m}$，$80 \times 10^6 \mathrm{V/m}$，和 $8500 \times 10^6 \mathrm{V/m}$。电荷没有被阻挡，而放电（半衰期）会持续 100 天到几年。

在自然太空体上，如地球和小行星，放射性和宇宙射线每秒会在 $1 \mathrm{cm^3}$ 里产生 $1.5 \sim 10.4$ 离子（Kikoin，1976 年）。这些离子逐渐重组进传统的分子中。

真空中的放电原理不同。在非绝缘金属负极中，电子可能被强电场从导电电极中抽离。非绝缘负极的临界表面电场强度 E_0 约为 $100 \times 10^6 \mathrm{V/m}$。正极的该场强约高 1000 倍，因为离子非常难以从固体抽离。导电的锐边会增加电场强度。这就是为什么用正电荷给小行星表面充电更好。一个非常尖的钉子会使带电球的电能释放。

23.3.2　电晕(电离球)的尺寸和球的电场强度的安全性

通过使用以下关系式,电晕的尺寸可能会被发现是球形区域:

$$E \geqslant E_c, \quad \frac{kq}{R_c^2} \geqslant E_c, \quad q = \frac{E_c a^2}{k}, \quad R_c \leqslant \sqrt{\frac{kE_a a^2}{kE_c}}, \quad \overline{R}_c = \frac{R_c}{a} \leqslant \sqrt{\frac{E_a}{E_c}} \quad (23.1)$$

式中:E 为电荷的电场强度(V/m);E_c 为电晕开始处的电场强度(V/m);$E_c \approx 3 \times 10^6$;$E_a$ 为球表面的电场强度(V/m);a 为球半径(m);R_c 为电晕半径(m);$k = 9 \times 10^9$。

对于一个被绝缘体覆盖、带负电荷的球体,破裂(火花)点和不带电环境之间的安全电场强度(E_a)可以用下式表示

$$U \leqslant U_i, \quad U = \frac{kq}{\varepsilon}\left(\frac{1}{a} - \frac{1}{a+\delta}\right), \quad U_i = \varepsilon E_i \delta, \quad \frac{kq}{\varepsilon}\left(\frac{1}{a} - \frac{1}{a+\delta}\right) \leqslant \varepsilon E_i \delta,$$
$$(23.2)$$
$$q = \frac{a^2 E_a}{k}, \quad \overline{\delta} = \frac{\delta}{a} \geqslant \frac{E_a}{\varepsilon E_i} - 1, \quad 当 \overline{\delta} = 0, \quad E_a \leqslant \varepsilon E_i$$

式中:U 为球电压(V);U_i 为球绝缘体的安全电压(V);E_i 为球绝缘体的安全电场强度(V/m);δ 为球壳的厚度(m);ε 为电介质常数。在式(23.1)和式(23.2)中最后的公式是最终结果。例子:球被 $E_i = 160$MV/m 的聚脂薄膜所覆盖,$\varepsilon = 3$(见表23.1)。然后 $E_a = 3 \times 160 = 480$MV/m,且电离球的相对半径[电式(23.1)]得 $(480/3)0.5 = 12.6$。如果 $a = 0.05$m,则真实半径 $R_c = 12.6 \times 0.05 = 0.63$m。

表23.1　不同的良好绝缘体的特性(百科全书2000,vol.6,p.104,p.229,p.231)

绝缘体	电阻率 Ohm－m	介电强度 MV/m. E_i	介电常数 ε	抗张强度 kg/mm², $\sigma \times 10^7$ N/m²
热塑聚碳酸酯	$10^{17} \sim 10^{19}$	$320 \sim 640$	3	5.5
聚酰亚胺薄膜 H	$10^{19} \sim 10^{20}$	$120 \sim 320$	3	15.2
三氟乙烯	$10^{17} \sim 10^{19}$	$80 \sim 240$	$2 \sim 3$	3.45
聚酯薄膜	$10^{15} \sim 10^{16}$	$160 \sim 640$	3	13.8
聚对二甲苯	$10^{17} \sim 10^{20}$	$240 \sim 400$	$2 \sim 3$	6.9
聚乙烯	$(1 \sim 5) \times 10^{18}$	$40 \sim 680$ *	2	$2.8 \sim 4.1$
聚乙烯 (tetra－fluoraethylene)	$10^{15} \sim 5 \times 10^{19}$	$40 \sim 280$ * *	2	$2.8 \sim 3.5$
空气(1 atm,1 mm gap)	—	4	1	0
真空(1.3×10^{-3}Pa, －1mm 缝隙)	—	$80 \sim 120$	1	0
* 对于室温 500~700MV/m;				
* * 400~500MV/m				

23.3.3 对于一个圆柱形电缆或带子

电晕(电离圆柱)的半径可以用同样的方法找到:

$$E \geqslant E_c, \quad E = \frac{2k\tau}{R_c}, \quad \tau = \frac{aE_a}{2k}, \quad \frac{aE_a}{R_c} \geqslant E_c, \quad R_c \leqslant a\frac{E_a}{E_c}, \quad R_c \leqslant a\frac{E_a}{E_c}, \quad \overline{R}_c = \frac{R_c}{a} \leqslant \frac{E_a}{E_c}$$

$$(23.3)$$

式中:τ 为线性电荷(C/m)。为了用同样的方法找到安全强度(式(23.2)),E_a,对于一个从破裂点到中性环境的在绝缘壳内的带负电的电缆(带,管),以下等式可用:

$$U \leqslant U_i, \quad U = 2k\tau\ln\left(\frac{a+\delta}{a}\right), \quad U_i = \varepsilon E_i\delta, \quad 2k\tau\ln\left(\frac{a+\delta}{a}\right) \leqslant \varepsilon E_i\delta, \quad \tau \leqslant \frac{\varepsilon E_i a\delta/a}{2k\ln(1+\delta/a)},$$

$$当 \frac{\delta}{a} \to 0, \quad \overline{\tau} = \frac{\tau}{a} \leqslant \frac{\varepsilon E_i}{2k}, \quad E_a = k\frac{2\tau}{a}, \quad \frac{\tau}{a} = \frac{E_a}{2k}, \quad \frac{E_a}{2k} \leqslant \frac{\varepsilon E_i}{2k}, \quad E_a \leqslant \varepsilon E_i$$

$$(23.4)$$

23.3.4 用电晕放电

在下面,作者用计算来显示 10 亿($10^9 1/m^3$)个带电粒子如何影响主电荷。如果一平方米的环境包含 d 个同性(电子或离子)粒子且电荷密度是常数,半径为 r 的球形电荷 q 是:

$$q = \frac{4}{3}\pi r^3 ed \quad (23.5)$$

式中:$e = 1.6 \times 10^{-19}$;C 为电子或单个带电离子(库伦);d 为粒子密度。另一方面,主电荷 q_0 将被部分阻挡,直到半径 r 处的场强变为 E_c:

$$q_0 - q = \frac{E_c}{k}r^3, \quad \frac{4}{3}\pi edr^3 + \frac{E_c}{k}r^2 - q_0 = 0 \quad (23.6)$$

式中:$k = 9 \times 10^9$。式(23.6)只有一个实根。该计算的结果如图 23.4 和 23.5 所示,它显示了大密度只会减少主电荷。但只有实验能显示什么导致了放电的发生。

23.3.5 关于球体材料的一些数据

电绝缘的特点会随着材料中的杂质、温度、厚度等的改变而改变。而且同样的材料若电介质不同则电绝缘的特点也不同。例如,熔凝石英的电阻率是 $10^{15}\Omega \cdot cm$。

对于 $T = 20℃$,熔融石英(来自水晶)的电阻率达 $10^{24}\Omega \cdot cm$(见 Kikoin 1976,p. 231 和 p. 329,它们的 fig. 20.2)。一些材料的特性见表 23.1。

对小球来说,拉应力对减少重量很重要(因为同性电荷会撕开球)。人造纤维的最大拉力为 500 ~ 620kg/mm²(纤维)或高达 2000kg/mm² 的晶须更好。这些纤维可以用于加强被电介质绝缘的球(如一个额外的壳)。

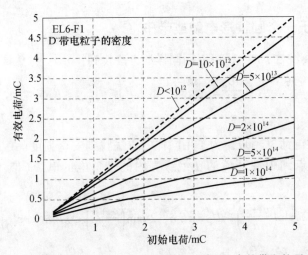

图 23.4　有效电荷对比主电荷以及环境(电离区)中的带电粒子密度

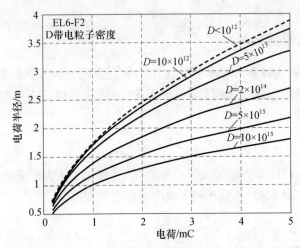

图 23.5　主电荷的临界半径对比主电荷和环境(电离区)中的带电粒子密度

23.3.6　电荷的半衰期

（1）球形球让我们考虑一种很复杂的情况:异性电荷只被一个绝缘体分开（带电球形电容）:

$$R_i - U = 0, \quad U = \delta E, \quad E = \frac{kq}{\delta^2}, \quad R = \rho \frac{\delta}{4\pi a^2}, \quad U = \frac{q}{C}, \quad R\frac{\mathrm{d}q}{\mathrm{d}t} + \frac{a}{C} = 0,$$

$$\frac{\mathrm{d}q}{q} = \frac{\mathrm{d}t}{RC}, \quad C = \frac{a}{k}, \quad q = q_0 \exp\left(-\frac{4\pi ak}{\rho\delta}t\right), \quad \frac{q}{q_0} = \frac{1}{2}, \tag{23.7}$$

$$-\frac{4\pi ak}{\rho\delta}t_h = \ln\frac{1}{2} = -0.693 \approx -0.7, \quad t_h = 0.693\frac{\rho\delta}{4k\pi a}$$

式中：t_h 为半衰期（s）；R 为绝缘体电阻（Ω）；i 为电流（A）；U 为电压（V）；δ 为绝缘体的厚度（m）；E 为电场强度（V/m）；q 为电荷（C）；t 为时间（s）；ρ 为绝缘体的特殊电阻（Ωm）；a 为球的内径（m）；C 为球的容积（C）；$k = 9 \times 10^9$。

例子：让我们取典型的数据：$\rho = 10^{19} \Omega \cdot m$，$k = 9 \times 10^9$，$\delta/a = 0.2$，而 $t_h = 1.24 \times 10^6 s = 144$ 天。

（2）圆柱管的半衰期。计算过程与管（1m 带电圆柱电容）相同：

$$q = q_0 \exp\left(-\frac{1}{RC}t\right), \quad C = \frac{1}{k\ln(1 + \delta/a)}, \quad R = \frac{\rho\delta}{2\pi a}, \quad -0.693 = -\frac{1}{RC}t_h,$$

$$t_h = \frac{0.693\rho\delta}{2\pi ka\ln(1 + \delta/a)}, \quad \text{当} \ \frac{\delta}{a} \to 0, \ t_h \approx 0.7\frac{\rho}{2\pi k} \tag{23.8}$$

23.3.7　绝缘体的破裂（击穿）

只有当其电荷接触到异性电荷或导电材料时球的击穿才会发生。电荷间的电压一定少于 $U = \delta U_r$，其中 U_r 是给定绝缘体的击穿电压，δ 是绝缘体的厚度。对于好的绝缘体 $U_r \approx 7 \times 10^8 V/m$，对于薄云母 $U_r = 10 \times 10^8 V/m$。

23.3.8　平网和地表间的悬浮

这对应用和计算都是最简单的。柱顶包含高压绝缘金属网（它可能是直流电线）。这会在小行星引起相反的电荷并给静电场供能。人（车）有带电球或带有与小行星的电荷同性的球。这些球会与小行星表面（电荷）相斥并支撑人（车）。

带有电荷 q 的举起半径为 a 的小球的力 L，可以用下式计算：

$$L = qE_0, \quad E_a = k\frac{q}{a^2}, \quad a = \sqrt{k\frac{q}{E_a}} = \sqrt{\frac{kMg}{E_a E_0}}, \quad U = E_0 h \tag{23.9}$$

式中：E_0 为网和小行星表面间的电场电场强度（V/m）；E_a 为球表面与内部球电荷间的电场强度（V/m）；a 为球的内径（m）；M 为飞行载具的质量（人，车）；g 为小行星的重力；U 为网和小行星间的电压（V）；h 为网的高度（m）。

我们可以将单个的球改成小的带很多电的球或有一个电离区的带子。飞行载具可以电位于顶网下面的电介质（绝缘体）安全网保护以避免与顶网的接触。

23.3.9　非接触运输中的静电悬浮

两个面积为 S 的典型的带电封闭碟有排斥力 L：

$$L = 2\pi k\sigma_c^2 S \tag{23.10}$$

式中：σ_c 为表面电荷密度（C/m²）。

例如，两个有着相同电荷 $\sigma_c = 2 \times 10^{-4} C/m^2$ 的 1m² 的碟子会有一个特定的举力：$L = 2260 N/m^2 = 226 kgf/m^2$。传统的电介体有 $\sigma_c = 10^{-4} \sim 1.4 \times 10^{-3} C/m^2$ 电荷，可以用于非接触运输。

23.3.10 顶部管运输

管道运输的参数可以由下式计算:

$$\tau = \frac{aE_a}{2k}, \quad E_0 = \frac{4k\tau}{h}, \quad \frac{E_0}{E_a} = \frac{a}{h}, \quad C_1 \approx \frac{1}{2k\ln(2h/a)}, \quad U = \frac{\tau}{C_1}, \quad W = \frac{\tau^2}{2C_1},$$

$$\text{当 } \tau = \text{const}, \quad F_h = \frac{\partial W}{\partial h} = \frac{2k\tau^2}{h}, \quad F_a = \frac{\partial W}{\partial a} = -\frac{2k\tau^2}{a}$$

$$(23.11)$$

式中:τ 为 1m 管道的线性充电(C/m);a 为管道横截面的半径(m);E_a 为管道表面的电场强度(V/m);E_0 为管道下面一点的小行星表面的电场强度(V/m),对于其他点 $E = E_0\cos^3\alpha$ 其中,α 是从管道中心到一个给定点的线与垂线间的夹角(电线与小行星表面垂直,不存在侧向加速);h 为高度(m);系数 $k = 9 \times 10^9 (\text{Nm}^2/\text{C}^2)$;$C_1$ 为 1m 管道的电容(C/m)(见 Kalashnikov 1985,p.64);U 为电压(V);W 为 1m 管道的电能(J/m);F_h 为管道与小行星表面间 1m 管道的电力(N/m);F_a 为 1m 管道的径向拉伸力(N/m)。

顶部管道(有一个薄壳)的厚度和质量为

$$F_a = -2\sigma\delta, \quad \delta = \frac{k\tau^2}{a\sigma}, \quad M_1 = 2\pi\gamma a\delta \qquad (23.12)$$

式中:σ 为管壳的安全拉应力(N/m²);δ 为管壳的厚度(m);M_1 为 1m 管壳的质量(kg/m);γ 为管壳的密度(kg/m³)。

假定案例是地球。当气球充满氦气时管道的举力可以用下式计算:

$$F_L = (\rho - \rho_g)\pi a^2 \bar{\rho}(h) g \qquad (23.13)$$

式中:$\rho = 1.225\text{kg/m}^3$ 为空气密度;ρ_g 为填充气体密度(对于氦气 $\rho_g = 0.1785\text{kg/m}^3$);$a$ 为管道的半径(m);$\bar{\rho}(h)$ 为高处的相对空气密度。对于 $h = 0\text{km}, \bar{\rho}(h) = 1$。对于 $h = 1\text{km}, \bar{\rho}(h) = 0.908$。注意,$E_c$ 与空气密度成比例减少。但吸引电力 F_h 在很多情况下大于空气举力 F_L。

23.3.11 桅杆上的球形主要球和液体气球

主球和球形气球的电荷的参数可以用下式计算:

$$E_a = k\frac{q}{a^2}, \quad E_0 = k\frac{2q}{h^2}, \quad \frac{E_0}{E_a} = 2\left(\frac{a}{h}\right)^2, \quad C = \left[k\left(\frac{1}{a} - \frac{1}{2h-a}\right)\right]^{-1} \approx \frac{a}{2k},$$

$$(23.14)$$

$$U \approx \frac{kq}{a}, \quad W = \frac{q^2}{2C}, \quad \text{当 } q = \text{const}, \quad F_h = \frac{\partial W}{\partial h} = -\frac{kq^2}{4h^2}$$

式中:q 为液体气球(球体)的电荷(C);a 为液体气球的半径(m);E_a 为气球表面的电荷密度(V/m);E_0 为气球下一点的小行星表面的电荷密度(V/m),对于其他点 $E = E_0\cos^3\alpha$,其中 α 是从管道中心到一个给定点的线与垂线间的夹角(电线与小行星表面垂直,不存在侧向加速);h 为高度(m);系数 $k = 9 \times 10^9$(Nm²/C²);C 为气球的容积(C);U 为电压(V);W 为气球的电能(J);F_h 为气球和小行星表面间的电力(N)。

作为一个球形电容(有一个薄壳),顶部液体气球的厚度和质量为

$$F_a = \frac{\partial W}{\partial a}, \quad W = \frac{q^2}{2C}, \quad c = \frac{a}{k}, \quad \text{当} \quad q = \frac{a^2 E_a}{k} = \text{const}, \quad F_a = -\frac{kq^2}{2a^2} = -\frac{(aE_a)^2}{2k},$$

$$p = -\frac{F_a}{4\pi a^2} = \frac{E_a^2}{8\pi k}, \quad \pi a^2 p = 2\pi a \delta \sigma, \quad \delta = \frac{ap}{2\sigma} = \frac{aE_a^2}{8\pi k}, \quad M_b = 4\pi a^2 \gamma \delta = \frac{a^3 E_a^2 \delta}{4k\sigma}$$

$$\tag{23.15}$$

式中:σ 为球壳的安全拉应力(N/m²);δ 为球壳的厚度(m);M_b 为球壳的质量(kg);γ 为球壳的密度(kg/m³);p 为同性电荷下的内部压强(N/m²)。

假设地球的情况。充满氦气的地球的举力可以用下式计算:

$$F_L = \frac{4}{3}(\rho - \rho_g)\pi a^3 \bar{\rho}(h) g \tag{23.16}$$

式中:$\rho = 1.225 \text{kg/m}^3$ 为空气密度;ρ_g 为填充气体密度(对于氦气 $\rho_g = 0.1785 \text{kg/m}^3$);$a$ 为管道的半径(m);$\bar{\rho}(h)$ 为高处的相对空气密度。对于 $h = 0\text{km}$,$\bar{\rho}(h) = 1$。对于 $h = 1\text{km}$,$\bar{\rho}(h) = 0.908$。注意,E_c 与空气密度成比例减少。吸引电力 F_h 在很多情况下大于空气举力 F_L。

23.3.12 举起的小球形的球

假定主球电荷的电荷密度远超举起的电荷。有薄壳的大球的参数可以用上面的等式计算。有厚壳的小球的参数可以用下式计算:

$$L = nqE_0, \quad q = CU, \quad C = \frac{r}{k}, \quad U = aE_0, \quad q = \frac{a^2 E_a}{k}, \quad L = n\frac{a^2 E_a E_0}{k} \tag{23.17}$$

式中:L 为总的举力(N);n 为球的数量;E_a 为球表面的来自球的电荷 q 的电场强度(C);a 为球的内径(m)。

有厚壳的球的厚度和质量是:

$$p_b = \frac{E_a^2}{8\pi k}, \quad \sigma = \frac{p_b}{(R/a)^2 - 1} = \frac{E_a^2}{8\pi k[(R/a)^2 - 1]},$$

$$(R/a)^2 - 1 = \frac{E_a^2}{8\pi k\sigma}, \quad M_b = \frac{4}{3}\pi\gamma a^3 \left(\frac{R^3}{a^3} - 1\right) \tag{23.18}$$

式中:R 为球的外径(m),$R = a + \delta$;σ 为球的材料的安全拉应力(N/m²);δ 为球壳的厚度(m);M_b 为球壳的质量(kg);γ 为球壳的密度(kg/m³)。

计算的结果见图 23.6 ~ 图 23.9。注意:举起的球有很大比例的举力/质量,大约 $10,000 \sim 20,000$。

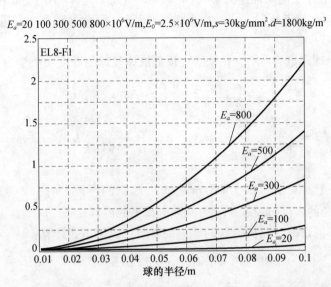

E_a=20 100 300 500 800×10⁶V/m,E_0=2.5×10⁶V/m,s=30kg/mm²,d=1800kg/m³

图 23.6 举起的小球的静电举力与球的半径之比。球表面的电场强度为
$E_a = (20 \sim 800) \times 10^6 \mathrm{V/m}$,总的电场强度 $E_0 = 2.5 \times 10^6 \mathrm{V/m}$,
球壳的安全拉应力为 30kg/mm²,球壳的比密度为 1800kg/m³

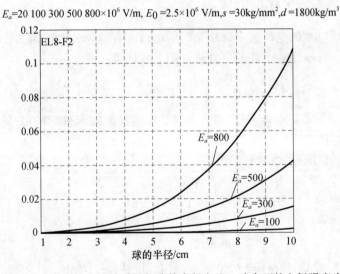

E_a=20 100 300 500 800×10⁶ V/m, E_0=2.5×10⁶ V/m,s=30kg/mm²,d=1800kg/m³

图 23.7 举起的小球的质量与球的半径之比。球表面的电场强度为
$E_a = (100 \sim 800) \times 10^6 \mathrm{V/m}$,总的电场强度 $E_0 = 2.5 \times 10^6 \mathrm{V/m}$,
球壳的安全拉应力为 30kg/mm²,球壳的比密度为 1800kg/m³

E_a=3 50 100 200 300×10^6V/m, E_0=2.5×10^6 V/m, S =100kg/mm², d = 1800kg/m³

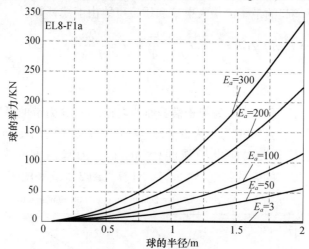

图 23.8　举起的小球的举力与球的半径之比。球表面的电场强度为
$E_a = (3 \sim 300) \times 10^6 \mathrm{V/m}$,总的电场强度 $E_0 = 2.5 \times 10^6 \mathrm{V/m}$,
球壳的安全拉应力为 $100 \mathrm{kg/mm^2}$,球壳的比密度为 $1800 \mathrm{kg/m^3}$

E_a=3 50 100 200 300×10^6 V/m,E_0=2.5×10^6 V/m, s = 00kg/mm², d = 1800kg/m³

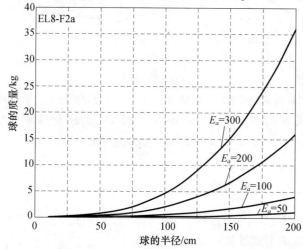

图 23.9　举起的小球的质量与球的半径之比。球表面的电场强度为
$E_a = (3 \sim 300) \times 10^6 \mathrm{V/m}$,总的电场强度 $E_0 = 2.5 \times 10^6 \mathrm{V/m}$,
球壳的安全拉应力为 $100 \mathrm{kg/mm^2}$,球壳的比密度为 $1800 \mathrm{kg/m^3}$

23.3.13　长圆柱形的举起的带子

1m 长圆柱形举起的带子的最大电荷和质量可能由下式计算：

$$L = E_0 \tau l, \quad 2\sigma\delta = F_a, \quad F_a = \frac{2k\tau^2}{a}, \quad \tau = \sqrt{\frac{a\delta\sigma}{k}}, \quad q = \tau l,$$

$$M_1 = 2\pi\gamma a\delta, \quad M = M_1 l, \quad E_a = k\frac{2\tau}{a} \tag{23.19}$$

式中：τ 为 1m 的电荷（C/m）；a 为带子横截面的内径（m）；δ 为带的厚度（m）；σ 为带子的壳的安全拉应力（N/m²）；q 为带子的电荷（C）；l 为带的长度（m）；M 为带的质量（kg）；E_a 为带子表面的电场强度（V/m）；F_a 为管内的静电力（N）（见式（23.11））；γ 为带子的壳的密度（kg/m³）。计算见图 23.10 和图 23.11。

s=10 20 50 100 200kg/m², E_0=2.5mln V/m, d=1800kg/m³, b=0.01

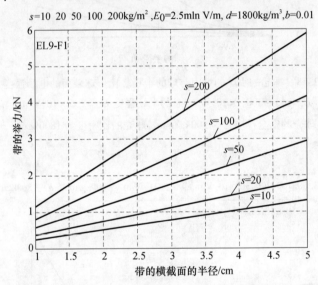

图 23.10　1m 长的悬浮带产生的静电力（kN）与悬浮带圆截面积半径的关系。
总的电场强度 $E_0 = 2.5 \times 10^6$ V/m，球壳的安全拉应力为（10～200）kg/mm²，
$\sigma = (10 \sim 200) \times 10^7$ N/m²，球壳的密度为 1800kg/m³

23.3.14　悬浮车的气体力学

在有自然或人工大气的小行星上，拉力 D（需要的推力，T）和悬浮人、车和载具需要的力量可以用下式计算：

$$T = D = C_D \frac{\rho V^2}{2} S, \quad W = \frac{VD}{\eta}, \quad a = \frac{T}{M} \tag{23.20}$$

式中：C_D 为空气动力滞后系数，对于一个坐着的人 $C_D \approx 0.5$，对于一个躺着的人 $C_D \approx 0.3$，对于一辆车 $C_D \approx 0.25$，对于一个球 $C_D \approx 0.1 \sim 0.2$（取决于尺寸和速度），

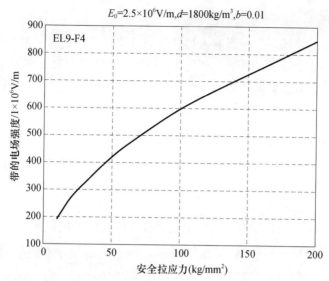

$E_0=2.5\times10^6V/m, d=1800kg/m^3, b=0.01$

图 23.11   带的电场强度与带的安全拉应力之比。总的电场强度 $E_0 = 2.5 \times 10^6 V/m$，
球壳的安全拉应力为 $(10 \sim 200) kg/mm^2$，$\sigma = (10 \sim 200) \times 10^7 N/m^2$，
球壳的比密度 γ 为 $1800kg/m^3$，带壳的相对厚度 $\delta = 0.01 \times a$

对于一个飞船 $C_D \approx 0.06 \sim 0.1$；$\rho$ 为空气密度；V 为速度（m/s）；S 为载具横截面积（m^2）；W 为需要的功率（W）；η 为螺旋桨效率系数，$\eta = 0.7 \sim 0.8$。

举例来说，地球上一个飞翔的人（$S = 0.3m^2$）$D = 5.5N$，速度 $V = 10m/s$（36km/h）。他只需要一个小电机，$W = 0.073kW$。

23.3.15 控制和稳定性

控制力（控制力矩）通过电机推力的方向和大小，以及悬浮带电体的充放电来实现。如果飞行器的质心低于悬浮（举）力的中心，飞行器就会在垂直方向上稳定悬浮。特定载具设计的偶极矩可以提供额外的稳定性。注意电线在小行星表面是垂直的（图 23.1(d) ~ (g)），这意味着举力是垂直的。

23.3.16 在雷暴天气飞行

在有雷暴天气的小行星上会产生 $(300,000 \sim 1,000,000)V/m$ 的电场。该场可以用于磁悬浮。

23.3.17 充电

在作者看来，最简单地充电和维持电荷的方法是使用一个 Van de Graaff 静电发电机（见图 23.2(j)）。也可以使用任何其他的高压发电设备。

23.3.18 安全

电场强度的静场是如何影响人类身体的目前还没有定论。人在雷暴天气或高压电线下位于一个(300,000～1,000,000)V/m的电场中时没有异常感觉。有金属体或导电涂料的传统的内部空间并没有电场。人们可以穿有导电细丝的衣服来防御电场。

23.3.19 作为蓄能器的带电球

给一个球充电所需要的能量(在球中积攒)可以由下式计算:

$$W = \frac{1}{2}\frac{q^2}{C}, \quad C = \frac{a}{R}, \quad E_a = k\frac{q}{a^2}, \quad q = \frac{a^2 E_a}{k}, \quad W = \frac{1}{2}\frac{a^3 E_a^2}{k} \quad (23.21)$$

式中:W 为能量(J)。在安全压力水平的带排斥电荷的球的质量可以用式(23.17)计算:

$$\left[\left(\frac{R}{a}\right)^2 - 1\right] = \frac{E_a^2}{8\pi k\sigma}, \quad \left(\frac{R}{a}\right) = \sqrt{\frac{E_a^2}{8\pi k\sigma} + 1},$$

$$M = \frac{4\pi\gamma a^3}{3}\left[\left(\frac{R}{a}\right)^3 - 1\right], \quad \frac{W}{M} = \frac{3E_a^2}{8\pi\gamma k\left[(R/a)^3 - 1\right]} \quad (23.22)$$

式中:M 为质量;σ 为球壳的安全拉应力(N/m²);γ 为球壳的特定密度(kg/m³);R 为球的外径(m),$R = a + \delta$。

对于 $\sigma = 200\text{kg/mm}^2$ 积攒的能量可能接近传统的火药且持续时间远长于典型电容中的电能。该电能可以被回收(通过使用一个尖钉),或者,如果我们拿两个同性电荷(球)且允许他们相互排斥,则可以用于发射或加速航空载具。这个将电能转换为推力的方法可能比来自传统的用电的航空引擎的推力更有用,因为可以通过利用小行星创造大的推力。

23.4 方案

让我们设想一下应用的主要参数。大多数人对应用的幅度和特点要比理论的推导和等式理解得更好。建议的应用参数并不是最优的,但我们的目的是显示该方法可以用现在的技术使用。

23.4.1 悬浮运输

顶网的高度是20m。电场强度是 $E_0 = 2.5 \times 10^6\text{V} < E_c = (3 \sim 4) \times 10^6\text{V}$。顶网和小行星间的电压是 $U = 50 \times 10^6\text{V}$。路的每一边的宽度是20m。我们第一次给出了悬浮球所对应尺寸:人体(100kg)、小载具(1000kg)和大载具(10000kg)所举起的球的尺寸。R_c 为被电离区的半径(m):

（1）地球上飞翔的人（质量 $M=100\text{kg}, \varepsilon=3, E_i=200\times10^6\text{V/m}, g\approx10\text{m/s}^2$）

$$E_a \leqslant \varepsilon E_i = 3\times200\times10^6, \quad a = \sqrt{\frac{kMg}{E_0E_a}} = \sqrt{\frac{9\times10^9\times100\times10}{2.5\times10^6\times6\times10^8}} \approx 0.08\text{m}, \quad R_c = \sqrt{\frac{E_a}{E_c}} \approx 1\text{m}$$

注意，支撑人的单个球的半径只有 8cm，或者人可以使用两个球 $a=5\sim6\text{cm}$，$R_c=0.75\text{m}$（或者更小的球）。如果人使用 1m 的圆柱带，带的横截面的半径是 1.1cm，$\sigma=100\text{kg/mm}^2$，$E_a=600\times10^6\text{V/m}$（图 23.10 和图 23.11）。带子可能对一些人来说更舒适。

（2）使用同样的算式你可以发现质量 $M=1000\text{kg}$ 的小载具能用单个的带电球 $a=23\text{cm}, R_c=3.2\text{m}$（或两个球 $a=16\text{cm}, R_c=2.3\text{m}$）来悬浮。

（3）质量 $M=10000\text{kg}$ 的大载具能用单个带电球 $a=70\text{cm}, R_c=10\text{m}$（或两个球 $a=0.5\text{m}, R_c=7\text{m}$）来悬浮。

23.4.2 悬浮管运输

假设悬浮管的设计如图 23.1(f)，(g) 所示，其中的顶网被改成管道。数据取：$E_0=2.5\times10^6\text{V}<E_c=(3\sim4)\times10^6\text{V}, E_a=2\times10^8\text{V/m}, h=20\text{m}$。这意味着电场强度 E_0 在地面上与之前的例子相同。顶管的要求的半径 a 为：

$$\frac{a}{h} = \frac{E_0}{2E_a} = 0.00625, \quad a = 0.00624h = 0.125\text{m}, \quad R_c = a\frac{E_a}{E_0} = 10\text{m}$$

顶管的直径为 0.25m，顶部电离区的半径为 10m。

24.4.3 位于高的桅杆或塔上的带电球

假设有一个 500m 高的桅杆（塔），顶部有一个半径 $a=32\text{m}$ 的球，球带电 $E_a=3\times10^8\text{V/m}$。其电荷为：

$$q = \frac{a^2E_a}{k} = 34\text{C}, \quad E_0 = k\frac{2q}{h^2} = 2.45\times10^6\text{V/m}$$

在地平面的该电场强度意味着在约 1km 的半径内，人、小载具和其他的负载可以悬浮。

23.4.4 在低云中悬浮

在有自然或人工云的小行星上，地平面处的电场强度约为 $E_0=3\times10^5\sim10^6\text{V/m}$。一个人可以带着更多（或有更多电荷）的球悬浮。

23.4.5 小行星上的人工重力

假设小行星是个球体，其内径为 $a=10\text{m}$，外径为 13m。我们可以创造没有电离区的电场强度 $E_0=2.5\times10^6\text{V/m}$。电荷为 $q=a^2E_0/k=2.8\times10^{-2}\text{C}$。对于一个在地球上重 100kg 的人，（$g=10\text{m/s}^2$，力 $F=1000\text{N}$），有一个 $q=F/E_0=4\times10^{-4}\text{C}$

的电荷和一个 $a=0.1\mathrm{m}$ 且 $E_a=qk/a^2=3.6\times10^8\mathrm{V/m}$ 的小球就够了。在小行星表面,人工重力将是 $(10/13)^2=0.6=60\%\,g$ (Bolonkin, 2005a)。

23.4.6 作为蓄能器和火箭引擎的带电球

计算显示通过计算安全拉应力得到相对的 W/M 能量并不取决于 E_a。一个拉应力为 $\sigma=200\mathrm{kg/mm^2}$ 的球壳可达 $2.2\mathrm{MJ/kg}$。这接近传统火药的能量($3\mathrm{MJ/kg}$)。若使用晶须或纳米管,则相对的电存储能量将接近液体火箭燃料。

两个同性的带电球相互排斥可以使航空飞机、垂直起落飞机或武器明显的加速。

23.5 讨论

静电悬浮可以用于小行星上的运输。本文提供的方法需要发展和测试。实验过程并不贵。我们只需要一个有内部导电层的球,一个绝缘壳,以及高压充电设备。该实验能在任何高压实验室实施。本文提出的悬浮理论基于已经证明的静电理论。放电、电荷被电离区阻碍、击穿和放电的半衰期可能存在一些问题,但慎重地选择合适的电工材料和电场强度也能解决它们。这些问题大多不会在真空中出现。

另一个问题是强电场对生物体的影响。只有使用动物的实验能解决它。无论如何,都有保护措施—导电的衣服或载具(来自金属或导电油漆)能提供对电场的防御。

作者研究的其他成果显示在 Bolonkin(2005a, b, c, d, 2006, 2007a, b, 2008, 2010; Bolonkin 和 Cathcart, 2007)中。

参考文献

[1] Bolonkin, A. A. : Installation for creating open electrostatic field. Patent applications #3467270/21 116676, USSR Patent office(July 9,1982)

[2] Bolonkin, A. A. :(Electrostatic) method for tensing of films. Patent application #3646689/10 138085, USSR Patent office(September 28,1983)

[3] Bolonkin, A. A. : Aviation, Motor, and Space Design, Collection Emerging Technology in the Soviet Union, pp. 32 – 80. Delphic Ass. , USA(1990)

[4] Bolonkin, A. A. :Electrostatic Utilization of Asteroids for Space Flight, AiAA – 2005 – 4032. 41st Joint Propulsion Conferences, Tucson, Arizona, USA, July 10 – 13(2005a)

[5] Bolonkin, A. A. :Electrostatic Solar Wind Propulsion System, AIAA – 2005 – 4225. 41st Joint Propulsion Conferences, Tucson, Arizona, USA, July 10 – 13(2005b)

[6] Bolonkin, A. A. :Kinetic Anti – Gravitator, AIAA – 2005 – 4505. 41st Joint Propulsion Conferences, Tucson, Arizona, USA, July 10 – 13(2005c)

[7] Bolonkin, A. A. : Sling Rotary Space Launcher, AIAA – 2005 – 4035. 41st Joint Propulsion Conferences, Tucson, Arizona, USA, July 10 – 13 (2005d)

[8] Bolonkin, A. A. : Non – Rocket Space Launch and Flight, 488 p. Elsevier, London (2006), http://www. archive. org/details/Non – rocketSpaceLaunch AndFlight, http://www. scribd. com/doc/24056182

[9] Bolonkin, A. A. : New Concepts, Ideas, and Innovations in Aerospace, Technology and Human Life. NOVA Publishers (2007a), http://www. scribd. com/doc/24057071, http://www. archive. org/details/NewConceptsIfeasAndInnovationsInAerospaceTechnologyAndHumanSciences

[10] Bolonkin, A. A. : AB Levitation and Energy Storage. This work presented as paper AIAA – 2007 – 4613 to 38th AIAA Plasma Dynamics and Lasers Conference in conjunction with the16th International Conference on MHD Energy Conversion, Miami, USA, June 25 – 27 (2007b)

[11] Bolonkin, A. A. : New Technologies and Revolutionary Projects, Lambert, 324 p. (2008), http://www. scribd. com/doc/32744477, http://www. archive. org/details/NewTechnologiesAndRevolutionaryProjects

[12] Bolonkin, A. A. : Life. Science. Future (Biography notes, researches and innovations), 208 p. Publish America (2010), http://www. scribd. com/doc/48229884, http://www. lulu. com, http://www. archive. org/details/Life. Science. Future. biographyNotesResearchesAndInnovations

[13] Bolonkin, A. A. , Cathcart, R. B. : Macro – Projects: Environments and Technologies, 536 p. NOVA Publishers (2007), http://www. scribd. com/doc/24057930, http://www. archive. org/details/Macro – projectsEnvironmentsAndTechnologies

[14] Encyclopedia, McGraw – Hill Encyclopedia of Science & Technology (2000)

[15] Kalashnikov, C. K. : Electricity, Nauka, Moscow (1985) (in Russian)

[16] Kestelman, V. N. , Pinchuk, L. S. , Goldale, V. A. : Electrets in Engineering, Fundamentals and Applications. Kluwer Academic Publishers (2000)

[17] Kikoin, I. K. (ed.) : Tables of physical values, Directory, Atomisdat, Moscow (1976) (in Russian)

[18] Koshkin, N. I. , Shirkevich, M. G. : Directory of Elementary Physics, Nauka, Moscow (1982) (in Russian)

[19] Shortley, G. , Williams, D. : Elements of Physics, 5th edn. Prentice – Hall, Inc. , New Jersey (1996)

第 *24* 章

建造可居住小行星

亚历山大·A·博隆金(Alexander A. Balonkin)
美国纽约 C&R 公司(C&R Co., New York, USA)

24.1 引言

实现外太空真正意义上的开发(人类在太空永久生活)需要满足两个条件:广袤的居住空间和与地球类似的人造生活条件(为实现这一目标,地球生物圈也进行了一些尝试,比如第一届高级建筑大赛上由西班牙加泰罗尼亚的高级建筑研究院 2006 年赞助的"自给式房屋")。第一个条件对人类生活的必需品提出了要求:食物,氧气,外太空的能源以及太阳系殖民地。第二个必备条件是有用的植物,迷人的花朵,喷泉水池,散步和运动场所等。要想实现这些条件,需要一个可以生产食物,提供氧气以及各种"美好生活"条件的巨大"温室"。如果 A. A. Bolonkin 的超级项目书(在外太空无需穿着航天服)得以采用,人类也许会生活得更加舒适(Bolonkin 2006a,p. 335)(目前航天服的质量达到 180kg)。本章的一些创意一定程度上借鉴了 Bolonkin 提出的方法(2006b,2007a)。目前在外太空的生活远远谈不上舒适:小行星没有大气层,致命的空间辐射以及流星轰击让人猝不及防。如果人类能够合理地开发和利用这些遥远星球,生活在小行星上的未来人类必将享有更加舒适的生活。

24.2 "常绿"充气穹顶

为了在环境恶劣的小行星上建立有效的人造生命保障系统,我们进行了建筑学上的第一次尝试——建造温室。温室的运行离不开制热、制冷、灌溉、营养供应以及庄稼病害等管理设备。人类共同应对寒冷的夜晚,炎热的白天,大气缺乏等恶劣的自然环境。无处不在的黑暗引起了人们视觉上的不适和对方向感的迷失,那种感觉一如宇航员漂浮游走于四下毫无差别的太空。凭借特殊的服装和庇护所,人们可以成功地适应那些土地状况良好的小行星。不过即便有传统防护建筑的保护,在小行星上生活也实属不易,这一点是毫无争议的。

我们的低成本构建运行"常绿"充气穹顶的宏观工程概念得到了数据的支持,这使得我们的宏观工程不再是异想天开。为了在小行星上构建起这样的结构,满足我们日新月异的生活需求,创新是不可或缺的。

24.3 穹顶设计及其创新点

24.3.1 穹顶

小行星上人类居住的"常绿"穹顶的基本设计如图 24.1 所示,包括双层充气薄膜穹顶。其创新点包括:①采用可充气结构;②每层穹顶由透明充气薄膜(厚度为 0.2~0.4mm)安装,无刚性支撑;③封闭薄膜为双层结构,中间用空气绝缘;④结构呈半球形,有些情况下呈铁道半管形,部分薄膜的透明度可以调节,薄膜表面涂有大约 1μm 或者更薄的铝层,可以吸收大量入射的太阳能辐射,吸收的太阳能可用于发电或供应机械能;⑤穹顶装有可调节阳光的百叶窗(通过调整叶片角度控制入射光线),一边涂有约 1μm 厚的反光铝层。射入穹顶的太阳光和夜间释放热量的多少取决于百叶窗和穹顶薄膜的透明度。

小行星上的人造可充气穹顶的改进型 1 如图 24.1 所示。穹顶顶部有双层薄膜 4 覆盖特定区域,地面层 6 下面有单层薄膜。4 和 6 之间大约有 3m,其间充满了空气。支撑电缆 5 将顶层和底层连接在一起,整个穹顶看上去像一个巨大的沙滩日光浴垫或者游泳充气垫。穹顶的密封部分由通道 2 和气锁间 3 连接在一起。最

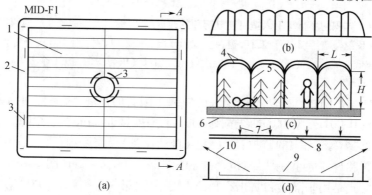

图 24.1 小行星上人造可充气穹顶的改进型 1. (a)穹顶顶层;(b)穹顶 A—A 区域横截面视图;(c)穹顶内部;(d)冷却系统。编号:1—穹顶内部;2—通路;3—门;4—可调节透明度的双层透明薄膜;5—支撑电缆;6—地下膜层;7—太阳光线;8—保护膜;9—冷却管;10—冷却管辐射

顶层的薄膜控制着穹顶的透明度(反射率)。人们由此可以严密调控室内温度。最顶层的薄膜也是双层的。如果陨星在顶部双层薄膜上撞出一个洞,最底层的薄膜可以填补这个洞,暂时防止空气外漏。穹顶拥有肥沃的土壤层,和灌溉系统,冷却系统用于将湿度调节到指定值。也就是说,这样一个有着封闭生命周期的封闭生物圈可以定期为人类和他们的宠物,甚至一些家畜供应氧气和充足的食物。与此同时,这还是一处闲适漂亮的住所。该设计有最低质量密度,大约为 $7 \sim 12 \mathrm{kg/m^2}$ (空气为3kg,薄膜为1kg,土壤为 $3 \sim 8 \mathrm{kg}$)。一个10m×10m的样品区域的质量约为1t。

图24.2展示了构想中的第二种透明薄膜穹顶。穹顶覆盖双层薄膜:半球形膜(低压约为 $0.01 \sim 0.1$ 个标准大气压),底层薄膜(高压为1个标准大气压)。这个半球形充气外壳是纺织而成的,从技术上看,这里提到的"纺织物"可以是编织而成的(经纱与纬纱的横竖交织),也可以是非编织物(同质膜)。其创新之处在于:①膜层非常薄,厚度仅 $0.1 \sim 0.3 \mathrm{mm}$ 。如此薄的膜层用于主体建筑尚属首例;②膜层有两张非常坚韧的网,网眼为 $0.1 \mathrm{m} \times 0.1 \mathrm{m}$ 和 $a = 1 \mathrm{m} \times 1 \mathrm{m}$,两种网眼所用的线粗细不同,小网眼所用的线为0.3mm,大网眼所用的线为1mm。

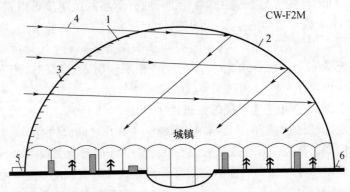

图24.2 更大体积的小行星上人造可充气穹顶的改进型2. 编号:1—透明双层薄膜("织物");
2—半球反射覆盖层;3—可控百叶窗;4—太阳光线;5—入口(对接室);6—空气干燥机。
较低区域的空气压约为1个标准大气压。顶部气压为 $0.01 \sim 0.1$ 个大气压

网的作用是防止气密防水的膜层遭到微小陨石的损坏;膜层与网构成了一个网眼大小约 $0.001 \mathrm{m} \times 0.001 \mathrm{m}$,线宽约 $100 \mu \mathrm{m}$,厚度接近 $1 \mu \mathrm{m}$ 导电线网。这种网能够随时提醒"常绿"穹顶的监护者(人工或自动设备)膜层受损(裂口,小孔、裂缝)的具体位置和尺寸太小;膜层与覆盖层的间距: $c = 1 \mathrm{m}$, $b = 2 \mathrm{m}$ (图24.3)。这种多层覆盖的方式是用来隔热和防止穿刺的主要手段,第一层刺穿后,如果第二层未受到影响,外形就不会发生改变;穹顶双层覆盖层之间的空间是可以被分隔的,既可以密封,也可以开放;部分覆盖层可能涂有薄约 $1 \mu \mathrm{m}$ 的铝层,用于反射无用或有害的太阳辐射。

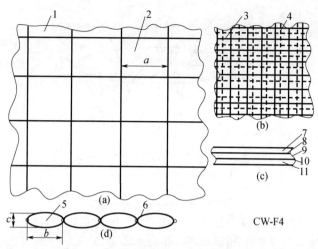

图 24.3　薄膜覆盖层的设计。（a）控制清晰度（反射率,承载能力）和热传导的大段膜层；
　　（b）小段网层；（c）5 层覆盖层的横截面；（d）覆盖层冷热区域的纵截面。1—覆盖层；
　　2—网孔；3—小网孔；4—薄导电网；5—覆盖层的小格；6—导管；7—透明介电层；
　　8—导电层（1～3μm）；9—液晶层（10～100μ）；10—导电层,11—透明介电层。
　　厚度一般 0.1～0.5mm。控制电压为 5～10V

　　提供的可充气穹顶可以覆盖一个很大的区域（城镇）,在小行星上创造出和地球一样的适宜人居的环境（图 24.4(a)）。在未来,这种"常绿"穹顶可以覆盖整个小行星的表面（图 24.4(b)）。

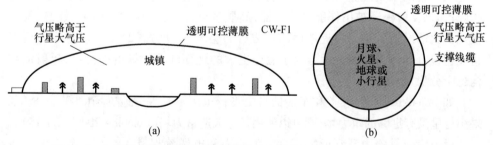

图 24.4　（a）某城镇上的充气薄膜穹顶；（b）覆盖整个小行星表面的充气穹顶

24.3.2　人类居住地的位置、光照以及对太阳风和宇宙射线的防护

　　小行星也在自转。如果我们期望在小行星上也能享有和地球上一样的自然光照,那么居住地必须有一面磁性控制的镜子悬挂在指定区域的高空（图 24.5）。制造这个镜子可能用到 Bolonkin 研究的磁悬浮理论（2007 年 b）。如果反射镜如 Bolonkin（2006 年 b）所言,是可以变焦的,那么其很有可能被用作阳光收集器,在"夜间"（地球时间）提供热能。

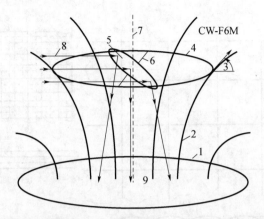

图 24.5　悬挂在小行星上人类居住地上空的磁控镜。1—地面超导环;2—地面超导环磁力线;
　　3—地面超导环磁力线和水平盘 4 之间的角 α(见式(24.6));5—支撑镜子的顶部超导环;
　　6—反射镜的控制轴(可以转动镜子);7—顶部超导环的垂直轴;8—太阳光线;9—人类居住地。

所提供装置的第二个重要特点是为居住地提供防护使其免受太阳风和各种宇宙射线的影响。众所周知,地球磁场是地球上动植物和人类的一种天然屏障,可以对质子等高能粒子以及太阳风的危害起到很好的防护作用。小行星上人类居住地附近的人造磁场的强度是地磁场强度的几百倍,为脆弱的人类提供更好的防护。居住地的极地区域也会减少太阳风的强度。当太阳活动(耀斑,日冕喷发)进入活跃期,为了免受宇宙辐射的危害,人们可以搬至防空洞、地堡一类的地下庇护所。

该装置的相关理论和计算如下。整个反射镜质量(环、镜、护面罩)为 70 ~ 80kg;如果反射镜还被用作能量收集器,其质量可以达到 100 ~ 120kg。注意:发射镜无需火箭发射升空。靠近地面的地方磁力会增大(见式(24.3))。这个力可以将反射镜升到所需高度。因为处于磁性更大的地面环形磁铁的磁洞中,反射镜结构也十分稳定。

如 Bolonkin 所言,人类和车辆的自由飞行也离不开人造地磁场(2007 年)。如果小行星没有足够的重力场,则可以使用静电人造重力场(Bolonkin 2006b,Ch. 15)。

反射镜依靠磁力升到所需高度。离心力和电缆确保其不会离开旋转的小行星。图 24.6 展示了一个轻质便携的房屋,该房屋采用了和人类居住、工作场所一样的基建材料。

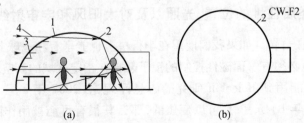

(a)　　　　　　　　　(b)

图 24.6　小行星上的充气薄膜房屋。(a)横截面;(b)俯视图。其他编号同图 24.2

24.3.3 闭环水循环及其创新点

　　灌溉指通过人为方式将淡水浇灌在肥沃的土地上,以促进各种作物的生长。在种植业上,灌溉是在干旱时期雨水不充足的情况下给植物提供水源的主要方法,也可以用来防护植物使其免受霜冻的影响。同时,灌溉也抑制了稻田中杂草的生长。相比之下,仅仅靠雨水浇灌的农作生产,往往被称为旱作农耕或雨水灌溉耕作。灌溉技术通常与排水技术结合在一起,排水指通过自然或者人工的方式排出指定区域的地表水和地下水。与传统耕作相比,灌溉可以使农作物产量提高3~5倍。

　　我们的设计是在一个小行星区域上建造一个具有闭环水循环系统的覆盖膜,其具有控制导热和透明度功能(图24.7)。薄膜位于50~300m的高度。它是由一股地面通风机产生的很小的额外空气压力而支撑在这个高度上的,并通过系留电缆连于小行星表面。该覆盖物也许需要双层薄膜。我们可以通过在穹顶双层薄膜之间泵入空气来改变导热系数,并通过控制覆盖膜的透明度来改变太阳加热。这使得能够通过将空气泵入穹顶中来选择覆盖区域的不同条件(太阳加热)。想象一种有液晶和导电层的便宜薄膜。通过改变已选择好的电压值就可以控制透明度。通过选择性控制,这些薄膜层能够允许通过或阻隔阳光(或部分太阳光谱)和小行星辐射。这些进入和离开的辐射具有不同的波长。这就使得分别控制它们变得可行,从而能够控制这些薄膜覆盖下的小行星表面的加热与冷却。在闭合水循环系统中,降雨将发生在晚上,即温度比较低的时候。在我们的设想中,地热仅指穹顶内的空气(如同温床),此即所谓的温室效应。这意味着那些寒冷的小行星可能吸收更多的太阳能并营造出一个温带或者亚热带气候。

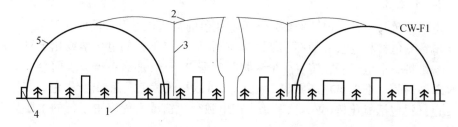

图24.7　位于农耕区或城市上方的薄膜穹顶。1—区域,2—具有导热和透明度控制的覆盖膜,3—控制支持缆绳和雨水管子(高度50~300m),4—出口和通风机,5—半圆柱形边界区域

　　这种薄膜穹顶的建造很简单。我们在小行星表面铺开这种薄膜穹顶,打开气泵,然后穹顶在气压的作用下升到缆绳限定的高度。

24.3.4 覆盖膜的简单数据

　　我们的穹顶覆盖膜有5层(图24.3):透明介电层,导电层(1~3μm),液晶层(10~100μm),导电层(如SnO_2),透明介电层。通常的厚度为0.1~0.5mm。控制电压为 5 ~ 10V。这种薄膜可由工业部门制造,非常便宜。

24.3.4.1 液晶(LC)

液晶是一种性能与物质状态介于普通液体与固态晶体间的物质。液晶主要用于液晶显示器(LCD),它取决于一种有无电场存在情况下光学性能发生变化的某些液晶分子。根据指令,此电场可以变成一个明/暗相间的像素开关。彩色液晶屏系统采用了同样的技术,通过滤色镜产生红绿蓝三原色像素点。同样的原理可以用来制造其他液晶光学器件。在半导体工业的故障分析中,液晶在流体状态下用来探测电力产生的热点。大容量液晶存储装置元用在美国航天飞机导航设备上。实际上很多普通流体都是液晶。例如,肥皂就是一种液晶,其根据在水中的浓度呈现不同的液晶态。

常规控制的透明(透明度)薄膜可将所有的剩余能量反射到外太空。如果薄膜上有太阳能电池,那么就能将多余的太阳能转换为电能。

24.3.4.2 透明度

在光学上,透明度是指自然或人造光透过材料的能力。透明度通常针对的是可见光范围,但也可以针对各种辐射。透明材料的例子有空气,各种其他气体,液体(如水),大多数无色玻璃,以及塑料(如有机玻璃和派热克斯玻璃)。光波长不同,材料的透明程度也不同。从电动力学的角度看,在严格的意义上只有真空才是绝对透明的,任何物质都不同程度地吸收电磁波。透明玻璃墙可以通过电荷的应用而变得不透明,这是一种被称为电致变色显示的技术。某些晶体之所以是透明的是因为在晶体结构中有直线"通道",光线可毫无障碍地通过这些直线。

24.3.4.3 电致变色

电致变色是一种在电荷的爆发下可逆变色的某些化学形式呈现的现象。一个关于电致变色材料的很好的例子是聚苯胺,其能通过苯胺的电化学或化学氧化形成。如果将一个电极浸在溶有少量苯胺的盐酸溶液中,那么在电极表面会生成一层聚苯胺薄膜。根据氧化还原状态,聚苯胺可以是淡黄色或深绿色/黑色。其他电致变色材料包括氧化钨(WO_3),其是生产电致变色窗或智能窗中用到的主要化学制品。

由于颜色的改变是持久的,且仅需在变色时施加能量,电致变色材料被用来控制透过窗户("智能窗")的光和热量,也被使用在汽车工业,在不同光照条件下自动改变后视镜颜色。紫罗碱与二氧化钛结合用在制造小的数字显示器上。它很有希望用来取代液晶屏,因为紫罗碱(通常为深蓝色)对于钛白这种亮色有很高的对比度,从而可制造出高清晰度显示屏。

24.3.5 不穿航天服造访小行星

目前的航天服的设计非常复杂和昂贵,被称为"生存机器"。它们必须在某些时间段给人的生命提供可靠的支持。然而,这种航天服使宇航员行动迟缓,阻碍了一些复杂繁重的操作,使身体产生不舒适如疼痛和刺激,在外太空不能吃东西不能上厕所,等等。目前的航天服的质量高达180kg。在离宇航员不远处必须有宇宙飞船或特定的空间住所供他们脱去航天服后进食、梳洗、睡觉及休息。

为什么人类在太空或者小行星上需要航天服?这里只有一个原因——我们需要氧气来进行呼吸。人类在地球生物圈进化出了肺,将氧气输送到血液中并清除血液中的碳酸。然而在一个特别苛刻的环境中,我们在人造仪器的帮助下做这些会变得更容易。比如,外科医生在做心肺外科手术时会将一种叫做"心肺机"的装置连接到患者身上,从而临时停止患者的呼吸与心跳。Bolonkin(2006b,p.335)文献中,提出了一种方法,通过输入一些人的血液及采用无痛缝针,使血液流经人造"肺",就像当前医院里做的那样。

我们可以设计一个小的装置,将氧气注入人体血液中除去碳酸。为了制作从主肺动脉到这个装置的分支,我们将在真空中随时打开/关闭这种人造呼吸。在小行星上我们可以用传统的宇航服来防止有害太阳光线的伤害。

这种想法可以在地球上利用动物实验来检验。我们利用目前的"心-肺"医疗器械,并将一只动物放在钟形玻璃瓶下,然后抽空瓶内空气。我们可以在血液中加入各种营养物质,从而能够在无正规进食的情况下存活很长时间;众所周知,许多人在昏迷中仅仅通过滴液注射营养液也能舒适地活很多年。在小行星上没有航天服的生活将会更简单、舒适以及完全安全。

24.4 充气穹顶计算

1. 充气穹顶的比质量 薄膜质量(及相对质量)是顶部双层和支撑缆绳的总和(图24.1):

$$M = \frac{pS\gamma}{\sigma}H + \frac{\pi pS\gamma}{2\sigma}L \quad \text{或} \quad \overline{M} = \frac{M}{S} = \frac{p\gamma}{\sigma}\left(H + \frac{\pi}{2}L\right) \quad (24.1)$$

式中:M 为薄膜与缆绳质量(kg);p 空气压力(N/m²);S 为覆盖面积(m²);γ 为薄膜和支撑缆绳的比质量(kg/m³);σ 为薄膜和缆绳的安全拉应力(N/m²);H 为穹顶高度(m);L 为支撑缆绳间的距离(m)。需要的薄膜厚度 δ 是

$$\delta = \frac{\pi pL}{2\sigma} \quad (24.2)$$

举例:令 $p = 10^5\text{N/m}^2$;$\sigma = 10^9\text{N/m}^2 = 100\text{kgf/mm}^2$;$\gamma = 1800\text{kg/m}^3$;$H = 3\text{m}$;$L = 2\text{m}$。则 $\overline{M} = 1.1\text{kg/m}^2$,$\delta = 0.314\text{mm}$。

2. 磁性固定太阳空间反射镜
接地环的磁强度:

$$B = \mu_0 \frac{iS}{2\pi H^3}, \quad S = \pi R^2 \tag{24.3}$$

式中:B 为磁强度(T);$\mu = 4\pi \times 10_0^{-7}$ 是磁常数;i 为电流(A);S 为接地环面积(m²);R 为接地环半径(m);$H \gg R$,为反射镜高度(m)。

举例:如果 $R = 1000\text{m}$,$H = 1000\text{m}$,$i = 10^5\text{A}$,那么磁强度为 $B = 6.3 \times 10^{-5}\text{T}$。

电子超导缆线的质量是

$$M_R = 2\pi Rs\gamma_w \tag{24.4}$$

式中:s 为缆线截面积(m²);γ_w 为缆线比质量(kg/m³)。

若电流密度 $j = 10^5\text{A/mm}^2$ 及 $\gamma_w = 8000\text{kg/m}^3$,接地线的质量密度约为 50kg。薄膜隔热屏的质量约为 20kg(Bolonkin,2007b)。

太阳薄膜发射镜的质量为

$$m_r = k_1 \pi r^2 \delta_r \gamma_r \tag{24.5}$$

式中:r 为反射镜半径(m);δ_r 为反射镜薄膜厚度(m);γ_r 为反射镜质量密度;k_1 为反射镜增加支撑部分(如膨胀环)后的质量系数。若 $r = 20\text{m}$,$\delta_r = 5\mu\text{m}$,$\gamma_r = 1800\text{kg/m}^3$,$k_1 = 1.2$,则反射镜质量为 13.6kg。

顶圈的质量为

$$m = \frac{m_r}{(Bj_r\cos\alpha/g_m\gamma_m) - k_2} \tag{24.6}$$

式中:j_r 为电流密度(A/m²);g_m 为小行星重力(m/s²);α 为磁力线和小行星表面的夹角(图 24.5);$k_2 > 1$ 是增加热辐射屏后的顶圈质量系数;顶圈质量非常小(小于 0.5kg)。

一个物体放射出的能量可以用斯忒藩—玻尔兹曼原理计算:

$$E = \varepsilon\sigma_s T^4, \quad [\text{W/m}^2] \tag{24.7}$$

式中:ε 为黑体系数(对于实际物体 $\varepsilon = 0.03 \div 0.99$),$\sigma_s = 5.67 \times 10^{-8}$ 为玻尔兹曼常数。

可以用下式计算地球轨道上的日平均太阳辐射热量(能量):

$$Q = 86400cqt \tag{24.8}$$

式中:c 为日平均热流系数,$c \approx 0.5$;t 为相对日照时间,地球一天的日照时间为 86400s,$q = 1400\text{W/m}^2$ 是粗计算的地球轨道上的太阳能量通量密度。

1m² 薄膜穹顶上对流和热传导产生的热损失流为(Bolonkin 和 Cathcart,2007b):

$$q = k(t_1 - t_2), \quad \text{其中} \quad k = \frac{1}{1/\alpha_1 + \sum_i \delta_i/\lambda_i + 1/\alpha_2} \tag{24.9}$$

式中:k 为传热系数;t_1,t_2 为初始和最终的多层隔热层温度(℃);α_1,α_2 为两层隔热层之间的对流传热系数($\alpha = 30 \div 100\text{W/(m}^2\text{K})$),$\delta_i$ 是隔热层的厚度;λ_i 为绝缘层传热系数(表 24.1)。

每平米服务区辐射能量通量的计算公式如下:

$$q = C_r \left[\left(\frac{T_1}{100} \right)^4 - \left(\frac{T_2}{100} \right)^4 \right], \quad 其中 \quad C_r = \frac{C_s}{1/\varepsilon_1 + 1/\varepsilon_2 - 1}, \quad c_s = 5.67$$

(24.10)

式中:C_r 为一般辐射系数;ε_1,ε_2 是平板发射率(表24.2);T_1,T_2 为平板温度(K)。

越过一组隔热屏的辐射能量通量计算如下:

$$q = 0.5 \frac{C_r'}{C_r} q_r$$

(24.11)

式中:C_r'由式(2.10)计算出,介于平板和反射镜之间。

一些建筑材料的数据可从 Naschekin(1969,p. 331)的文献及表 24.1 中找到。空气层将是最好的热绝缘剂。所用材料的厚度 δ 不受限制。

表 24.1　黑度(Naschekin 1969,p. 465)

材料	黑度 ε	材料	黑度 ε	材料	黑度 ε
亮铝	0.04 ~ 0.06	烧结砖	0.88 ~ 0.93	玻璃	0.91 ~ 0.94
$t = 50 \div 500℃$	—	$t = 20℃$	—	$t = 20 \div 100℃$	—

由此发现光亮铝百叶窗涂层具有极佳的抵挡薄膜穹顶辐射损失的性能。

一般辐射通量 Q 由式(24.10)计算。热平衡计算以及吸收热(增益)和辐射热(损失)之比较如式(24.7)~式(24.11)。

燃料燃烧产生的热量如下:

$$Q = c_t m / \eta$$

(24.12)

式中:c_t 为燃料耗热率(J/kg);$c_t = 40MJ/kg$ 为液化石油燃料耗热率;m 为燃料质量(kg);η 为加热器效率,$\eta = 0.5 \sim 0.8$。

穹顶包膜厚度由下式计算(根据抗张强度公式):

$$\delta_1 = \frac{Rp}{2\sigma}, \quad \delta_2 = \frac{Rp}{\sigma}$$

(24.13)

式中:δ_1 为球形穹顶薄膜厚度(m);δ_2 为半圆柱形穹顶薄膜厚度(m);R 为穹顶半径(m);p 为穹顶附加压力(N/m^2);σ 为薄膜的安全抗张应力(N/m^2)。

举例说明,如图 24.2($p = 1000/N/m^2$)的圆柱形穹顶半径 $R = 100m$,顶部区域附加空气压力 $p = 0.01atm$,安全抗张应力 $\sigma = 50kg/mm^2$ ($\sigma = 5 \times 108$ N/m^2),求薄膜厚度:

$$\delta = \frac{100 \times 1000}{5 \times 10^8} = 0.0002m = 0.2mm$$

(24.14)

表面风的动压力为

$$p_w = \frac{\rho V^2}{2}$$

(24.15)

式中:ρ 为大气密度(kg/m^3);V 为风速(m/s)。

如果小行星有很长的夜晚时间,那么热损失保护将会减少水头损失,我们可以使用有附加层和附加隔热屏的穹顶覆盖膜。一个隔热屏能减少 2 倍热量损失,两个隔热屏能减少 3 倍,三个就能减少 4 倍,以此类推。如果充气穹顶是多层结构,那么传热的减少与薄膜层包络厚度成正比。一些建筑材料的数据见表 24.2 ~ 表 24.3。

表 24.2　传热数据(Naschekin 1969,p. 331)

材料	密度/(kg/m³)	导热系数 λ/(W/m·℃)	热容量/(kJ/kg·℃)
混凝土	2300	1.279	1.13
烧结砖	1800	0.758	0.879
冰	920	2.25	2.26
雪	560	0.465	2.09
玻璃	2500	0.744	0.67
钢铁	7900	45	0.461
空气	1.225	0.0244	1

表 24.3　发射率(Naschekin 1969,p. 465)

材料	温度 T/℃	辐射量 ε
亮铝 亮铜	50 ÷ 500℃ 20 ÷ 350℃	0.04 ~ 0.06 0.02
钢	50℃	0.56
石棉板	20℃	0.96
玻璃 烧结砖	20 ÷ 100℃ 20℃	0.91 ~ 0.94 0.88 ~ 0.93
树	20℃	0.8 ~ 0.9
黑空 锡	40 ÷ 100℃ 20℃	0.96 ~ 0.98 0.28

24.4.1　无水灌溉/闭环水循环

读者可以从一些已知的物理法则导出下面的公式。这里不再赘述。

1) 大气的水分含量

水分含量完全取决于温度和湿度。如果相对湿度为 100%,水汽的最大分压力如表 24.4 所列。

表24.4　给定空气温度下大气水汽的最大分压力

$t/℃$	-10	0	10	20	30	40	50	60	70	80	90	100
p/kPa	0.287	0.611	1.22	2.33	4.27	7.33	12.3	19.9	30.9	49.7	70.1	101

2）$1m^3$ 空气中水分的计算如下：

$$m_W = 0.00625[p(t_2)h - p(t_1)] \qquad (24.16)$$

式中：m_W 为 $1m^3$ 空气中水的质量（kg）；$p(t)$ 为从表24.4得到的水汽压力，相应的 $h = 0 \div 1$ 是相对湿度。式（24.16）的计算结果见图24.8。典型的大气层空气相对湿度是 $0.5 \sim 1$。

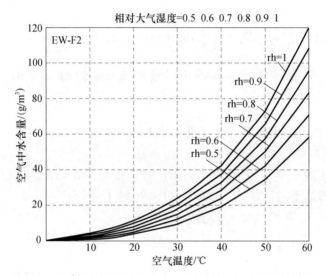

图24.8　$1m^3$ 空气中的水含量与空气温度和相对湿度的关系

24.4.1.1　闭环水循环的计算

假定最大安全温度在白天遇到。当穹顶达到了最大（或假设）的温度，那么控制系统就在标号为5的地方向双层薄膜之间充气（图24.4）。这就保护了穹顶内部不会因外部的热气进一步升温。该控制系统同时还减少太阳辐射的射入，提高液晶薄膜层的反射率。总之，我们能将穹顶内部保持于一个恒定的温度。

穹顶白天的升温可由下式计算：

$$q(t) = q_0 \sin(\pi t/t_d), dQ = q(t)dt, Q = \int_0^{t_d} dQ, Q(0) = 0, M_w = \int_0^{t_d} a dT$$

$$dT = \frac{dQ}{C_{p1}\rho_1\delta_1 + C_{p2}\rho_2 H + rHa}, a = 10^{-5} \times (5.28T + 2), T = \int_0^{t_d} dT, T(0) = T_{min}$$

$$(24.17)$$

式中:q 为热流($J/m^2 s$);q_o 为在中午时最大的太阳能量通量,$q_o \approx 100 \div 1000(J/m^2 s)$;$t$ 为时间(s);t_d 是白天的时间(s);Q 为热量(J);T 为穹顶(空气,土壤)温度($\mathcal{C}$);C_{p1} 为土壤热容量,$C_{p1} \approx 1000J/kg$;$C_{p2} \approx 1000J/kg$ 是空气热容量;$\delta_1 \approx 0.1m$ 是升温土壤层的厚度;$\rho_1 \approx 1000kg/m^3$ 是土壤密度;$\rho_2 \approx 1.225kg/m^3$ 是空气密度;H 是空气厚度(覆盖膜高度),$H \approx 50 \div 300m$;$r = 2,260,000J/kg$ 是汽化热;a 为汽化系数;M_w 是汽化水的质量(kg/m^3);T_{min} 为夜晚之后穹顶的最低温度($\mathcal{C}$)。

穹顶在夜晚的对流(传导)冷却可计算如下:

$$q_t = k(T_{min} - T(t)), \text{其中} k = \frac{1}{1/\alpha_1 + \sum_i \delta_i/\lambda_i + 1/\alpha_2} \tag{24.18}$$

$$dQ = \left[q_t(t) + q_r(t) \right] dt, Q = \int_0^{t_d} dQ, Q(0) = 0, M_w = \int_0^{t_d} a dT,$$

$$dT = \frac{dQ}{C_{p1}\rho_1\delta_1 + C_{p2}\rho_2 H + rHa}, a = 10^{-5} \times (5.28T + 2), T = \int_0^{t_d} dT, T(0) = T_{min}$$

$$\tag{24.19}$$

式中:q_t 为在对流热传递下通过穹顶覆盖膜的热流量($J/m^2 s$ 或者 W/m^2);令夜晚时的 $\delta = 0$。

我们设定以下参数:$H = 135m, \alpha = 70$,覆盖层间的 $\delta = 1m$,空气的 $\lambda = 0.0244$,则对于给定参数下的计算结果如图 24.9 ~ 图 24.11 所示。

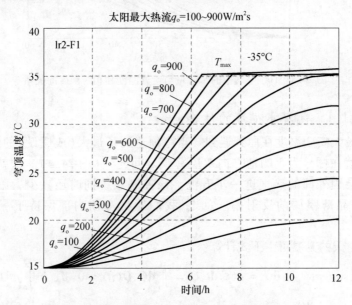

图 24.9 用一天最大的太阳副射强度(W/m^2)将穹顶的夜晚温度从 15℃ 加热至 35℃。穹顶薄膜的高度为 $H = 135m$。温度控制系统将内部最高温度限制在 35℃。与图 24.6 作比较

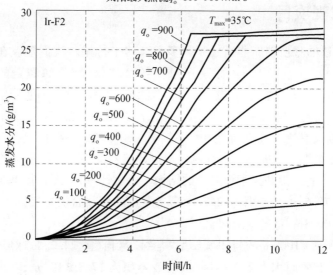

图 24.10　一天不同时间中在不同的最大太阳辐射（W/m²）
及空气湿度 100% 情况下水的蒸发。穹顶高度为 $H=135\text{m}$。
温控系统将最高内部温度限制在 35℃

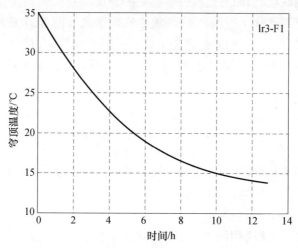

图 24.11　初始日常温度为 35℃，夜晚外部温度 13℃下穹顶在夜晚的温度冷却曲线

　　穹顶覆盖膜高度 $H=135\text{m}$，夜晚降水（最大）为 $0.027 \times 135 = 3.67\text{kg}$ 或
$3.67\text{mm}/$天（图 2.10）。年降水量是 1336.6mm。如果降水量不够，我们可以提高
穹顶覆盖膜高度。全球的年平均降水量是 1000mm。
　　我们的设计肯定不是最好的，但是选择的都是实际可行的参数。

24.5 宏观项目

本章描述的穹顶创新能适用于很多类型的小行星。我们建议在宏观任务的初期建一些较小(直径 10m)的房子(图 24.6),"常绿"穹顶覆盖的土地面积为 200m×1000m,有灌溉农作物,房屋,露天游泳池,操场,星空下的音乐大厅。

房屋和"常绿"穹顶有几个创新点:磁悬浮太阳反射镜,双层透明绝缘膜,涂有反射铝膜(或具有透明控制特性和/或结构的薄膜)的可控百叶窗,以及对穹顶进行安全性/完整性检测的固有电缆网。通过建造一个半球形结构房屋,我们可以获取这方面的建造经验并探索更复杂的结构。通过计算,一个直径 10m 房屋的有效地面面积为 $78.5m^2$,空间体积 $262m^3$,覆盖蒙皮的外部面积为 $157m^2$。其外覆薄膜的厚度为 0.0003m,总质量 100kg。

一个 200m×1000m 的封闭城堡型"常绿"穹顶(图 24.2,带球形端盖)可计算出的特性为:有效面积为 $2.3×10^5m^2$,有效容积为 $17.8×10^6m^3$,穹顶外部面积为 $3.75×10^5m^2$,覆盖的薄膜厚 0.0003m,重约有 200t。如果这个"常绿"穹顶是由 0.25m 厚的混凝土制成的,则该城堡的外包层将重 $200×10^3t$,比薄膜型城堡重 1000 倍。同样,作为比较,如果我们用刚性玻璃做一个巨大的"常绿"穹顶,那么将需要几千吨的钢铁玻璃,而且这些材料将会因为要将它们运到几百公里甚至几千公里远的外太空再送往小行星,并在那里由高薪酬高风险建筑工人将它们装配起来而变得非常昂贵。而我们的薄膜是柔软和可塑性变形的,且也比较便宜。建造"常绿"穹顶最大的好处是保护穹顶下耕种的农作物,它能从可用太阳光有效获取能量。

24.6 讨论

对这个宏观项目建议书的创新点,读者可能会有很多疑问。对此,我们主要对读者最为关心的两点作简要的回答。

1. 如何处理覆盖膜的损坏

整个包层采用了撕裂中止电缆网,故薄膜不会遭受很大破坏。双层膜的横截面结构阻止了生活区域内空气的外泄。电子信号向监管人员发出破裂警报,并迅速派出训练有素的应急维修人员快速进行修复。最顶端的覆盖膜是高强度的双层薄膜。

2. 该穹顶覆盖膜的设计寿命是多久?

该穹顶覆盖膜的使用寿命取决于使用材料的类型,可以长达 10 年(最高能达到 30 年)。作为预防措施,这种耐用覆盖膜的整体或部分可定期更换。

24.7 结论

"常绿"穹顶的使用能够促进小行星的全面经济发展,提高人类能够掌控的有效领土面积。如果人类能够用充气式天塔(Bolonkin,2006a)廉价地将航天器发射到地球轨道或作长时间行星际外宇宙飞行,那么"常绿"穹顶可望在不远的将来应用于小行星。读者可以从 Bolonkin(2008,2009,2010),Bolonkin 和 Cathcart(2007a,b)的文献中得到进一步的信息。

参考文献

[1] Bolonkin,A. A. : Non – Rocket Space Launch and Flight,488 p. Elsevier,London (2006a),http://www. archive. org/details/Non – rocketSpace LaunchAndFlight,http://www. scribd. com/doc/24056182

[2] Bolonkin,A. A. : Control of Regional and Global Weather(2006b),http://arxiv. org/ftp/physics/papers/0701/0701097. pdf

[3] Bolonkin,A. A. : New Concepts,Ideas,and Innovations in Aerospace,Technology and Human Life. NOVA,Hauppauge (2007a),http://www. scribd. com/doc/24057071,http://www. archive. org/details/NewConceptsIfeasAndInnovationsInAerospaceTechnologyAndHumanSciences

[4] Bolonkin, A. A. : AB Levitation and Energy Storage. This work was presented as paper AIAA – 2007 – 4613 to 38th AIAA Plasma Dynamics and Lasers Conference in conjunc – tion with the16th International Conference on MHD Energy Conversion,Miami,USA,June 25 – 27(2007b)

[5] Bolonkin,A. A. : New Technologies and Revolutionary Projects,Lambert,324 p. (2008),http://www. scribd. com/doc/32744477,http://www. archive. org/details/NewTechnologiesAndRevolutionaryProjects

[6] Bolonkin,A. A. : Man in Outer Space without a Special Space Suit. American Journal of Engineering and Applied Science 2(4),573 – 579(2009),http://www. scribd. com/doc/24050793/,http://www. archive. org/details/LiveOfHumanityInOuterSpaceWi thoutSpaceSuite

[7] Bolonkin,A. A. : Life. Science. Future(Biography notes,researches and innovations),208 p. Publish America (2010),http://www. scribd. com/doc/48229884,http://www. lulu. com,http://www. archive. org/details/Life. Science. Future. biographyNotesResearchesAndInnovations

[8] Bolonkin,A. A. ,Cathcart,R. B. : Inflatable 'Evergreen' dome settlements for Earth's Polar Regions. Clean Technologies and Environmental Policy 9(2),125 – 132(2007a)

[9] Bolonkin,A. A. ,Cathcart,R. B. : Macro – Projects:Environments and Technologies,NOVA,Hauppauge,536 p. (2007b),http://www. scribd. com/doc/24057930,http://www. archive. org/details/Macro – projectsEnvironments AndTechnologies

[10] Naschekin,V. V. : Technical thermodynamic and heat transmission. Public House High Universities,Moscow (1969)(in Russian)

第 25 章

利用小行星资源开展天基地质工程

罗素·比伊克,琼-保罗·桑切斯,科林·R. 麦克因斯
(Russell Bewick,Joan - Pau Sanchez,Colin R. McInnes)
英国格拉斯哥斯特拉斯克莱德大学(University of Strathclyde,Glasgow,UK)

25.1 引言

目前,气候的变化对我们的生活产生了重大的影响,预计在 21 世纪末全球平均温度将提高 $1.1 \sim 6.4 \, ℃$ (IPCC,2007 年)。气候变暖是多因素共同驱动的结果,大气中日益增长的包括 CO_2,CH_4 和 N_2O 在内的温室气体浓度是主要因素,温室气体通过影响地球目前的能量平衡进而影响气候。目前,科学界普遍认为气候变化的主导因素是温室气体的人为排放,政府间气候变化专门委员会(IPCC)认为这一看法"很有可能"(90%的概率)是正确的(IPCC,2007 年)。国际社会对于气候变暖的主要工作在于减少温室气体排放,与此同时,探讨管理气候系统的其他方法无疑更为周全。这种故意操纵地球气候的研究称为地质工程或者气候工程。

25.1.1 地质工程方法

科学家已经提出了几种可能的地质工程方法。这些方法大致可以分为两类:太阳辐射管理和碳回收(Shepherd,2009 年)。太阳辐射管理重点在于减少地球大气层吸收的太阳辐射,可采用两种主要方法之一:提高地球对太阳光的反射率或者减少太阳光到达地球表面的量。通过在太阳辐射到达地球表面之前散射入射太阳辐射可以减少到达地球表面的太阳辐射。另一类方法,碳回收技术旨在应对导致全球变暖的根本原因,即直接减少 CO_2 的排放量或者间接的通过增加碳的吸收能力来降低大气中的 CO_2 含量。通常来说,一旦实施太阳辐射管理技术,将很快起到作用,然而碳回收需要很多年才能够显著减少大气中的 CO_2 含量。

从两种方法的性质考虑,尽管碳回收技术需要考虑捕获 CO_2 后的安全储存问题,碳回收技术还是比太阳辐射管理(SRM)技术更为安全,副作用更少,因为它是从根本原因上减少二氧化碳的含量。此外,太阳辐射管理技术不能完全缓解大气中二氧化碳含量增多而产生的影响,比如海洋的酸化。这很有可能会危害海洋中的藻类生物和其他一些光和生物,这些生物提供了海洋食物链中的99%的有机食物(Raven,2005 年)。

英国皇家学会 2009 年主导的一份报告中对几种最新方案的可行性——包括效率,可支付性,时间性以及安全性进行了评判(Shepherd,2009 年)。报告中对三种地质工程方法的评级如表 25.1 所列中看到。总之这个报告表明没有完美的解决方法,在某些标准下最佳的方法在其他标准下往往难以接受。比如说在城市中可以提高屋顶和道路的太阳光反射率,这样就能将更多的阳光反射掉。这是一个相对廉价的方案,并且能够在温暖的气候下减少给建筑降温所需要的能量。然而,Jacobson 和 TenHoeve(2011)却指出,这个方法的效率非常低。

表 25.1　英国皇家学会对几种地质工程方法评估
(Shepherd,2009 年),等级范围 1~5

方法	效率	可支付性	时间性	安全性
硫磺喷雾	4	4	4	2
空间反射器	4	1.5	1	3
海洋施肥	2	3	1.5	1

一个广为人知的地质工程方法是往上层大气中喷洒大量的硫磺粒子,这样太阳光就能在到达地球表面之前被反射出去。这个方法是从火山喷发中得到的启示,火山喷发后大量粒子进入大气层上部后,人们观测到全球气候显著变冷。但是罗伯克等(2009 年)指出采用这种地质工程方法会对地球产生其他的负面影响,其中最主要的是会破坏地球臭氧层。但这个方法相对于其他的方法花费最低,也是现有科学技术最容易实现的。综合这些因素考虑,硫磺喷雾的方法在除了安全性以外各个方面都得到了最高分。

海洋施肥是目前最流行的碳回收技术。海洋施肥通过往海洋上层中投放大量的铁微粒以提高海洋对二氧化碳的吸收能力。海洋施肥会刺激藻类植物的增长,而藻类植物在光合作用的时候会消耗大量的二氧化碳。虽然该方法在原理上可行,但是这一方法的有效性尚未被证明,藻类植物消耗的二氧化碳很可能只是人类每年产生的二氧化碳中的一小部分(Shepherd,2009 年)。这种方法可能还会带来一定的副作用,由于在海洋的另一区域降低了二氧化碳的消耗,会使得这些区域缺少氧气,从而变成"死域"(Shepherd,2009 年),因为增加了海洋的碳回收能力,这一方法还有可能会提高海洋的酸化(Raven,2005 年)。结合以上因素,这个方法除了比较便宜之外没有什么可取之处。

25.1.2　天基地质工程

英国皇家学会报告中讨论得出的一种最有效的解决方案是采用天基太阳反射器来减少日照。虽然英国皇家学会并不认为这一方案在时效性和可支付性上足够合适(Shep – herd,2009 年),但相对其他方案而言,这一方案有一显著的优势:即不需要改变地球表面以及大气层。这一方案对于可能产生副作用的平流层喷雾和海洋施肥等技术而言具有很大的优势。

经过估算,如果要抵消大气中 CO_2 含量提高一倍(相对于工业革命前的水平,相当于全球温度增加约 2℃)而产生的温室效应,需要将日照减少 1.7% (Govindasamy 和 Caldeira,2000 年)。同理,4 倍的 CO_2 含量对应 3.6% 的日照(Govindasamy 等,2003 年)。

已有的几种使用天基地质工程方法(SBEG)建议书的主要参数可以从表 25.2 中得到。这些方法使用尘云(Pearson 等,2006 年;Struck,2007 年;Bewick 等,2012a;Bewick 等,2012b;Be – wick 等,2013 年;Teller,1997 年)或者固体反射器或折射器(Pearson 等,2006 年;McInnes,2012 年;Early,1989 年;Mautner,1991 年;Angel,2006 年)来降低日照等级。显然,使用固体反射器或者折射器的方法对质量要求最低,而使用尘云所需要的质量比它们高几个数量级。这主要是因为固体反射器和折射器更为可控,通过主动控制可将其置于最佳位置,进而延长使用寿命。相反,尘云是不可控的,只能将其置于一个适当的初始位置。随后,由于轨道衰减和摄动,还需要进行尘埃补给。尘埃颗粒轨道摄动的主要原因之一可以简要概括为太阳辐射压,之后将会详细叙述。其他的扰动成因更为复杂,包括在尘埃颗粒的洛伦兹力以及其太阳系天体的引力。然而,矛盾的是这一方案的工程实现非常复杂。尘云是一种较为粗糙的方法,容易在临近地球的小行星上找到材料。然而固体反射器或折射器需要在陆地上人为制造,之后被发射到指定位置,或者在太空现场加工。显然,考虑到这一点,英国皇家科学学会的报告(只考虑了固体反射器和折射器)中给出低的可支付性和时效性就可以理解了。

表 25.2　提及的天基地质工程方案的所需质量

位置	方法	日照变化/(%)	质量/kg	参考
地球轨道	尘环	1.6	2.3×10^{12}	(Pearson 等,2006 年)
	尘环	1.7	2×10^{12}	(Bewick 等,2013 年)
	反射镜	1.6	5×10^{12}	(Pearson 等,2006 年)
地球 – 月亮 L_4/L_5	尘云	1.4	2.1×10^{14}	(Struck,2007 年)
太阳 – 地球 L_1	反射镜	1.8	2.6×10^{11}	(McInnes,2010 年)
	反射镜	1.8	2.0×10^{10}	(Angel,2006 年)
	尘云	1.7	1.9×10^{10} kg/yr	(Bewick 等,2012a)
	重力固定尘云	1.7	1.3×10^{17}	(Bewick 等,2012b)

虽然采用尘云方法所需的质量要比固体反射镜所需的质量大得多,由于具有更低的工程实现难度,这一方法依旧是天基地质工程方法中的一种有希望的研究方案。本章中将继续讨论新的和已经讨论过的天基地质工程方法。

25.2 方案的使用

McInnes(2010年)和Angel(2006年)提出的方法中建议在太阳和地球之间的第一拉格朗日点L_1放置大量的反射器或折射器。由于这个点是不稳定的,所以设备需要主动控制系统,这增加了系统的复杂性。这一方案的主要难点在于反射、折射装置的加工和放置。在地球上制造然后发射送到L_1点需要成千上万的火箭,这将超过太空时代以来所有发射火箭的数量。Angel描述了一种从地球发射航天器到L_1点的多驱动系统以克服这一困难。不过这只是一个猜想方案,现有技术水平下,这样的设备在近期甚至中期内无法制造。由McInnes提出的方案显得更加可行,即通过捕获近地天体(NEOs)在L_1点制造设备。显然这也不是一种近期可实现的方案,鉴于目前3D打印技术的发展和人们对捕获近地天体(NEOs)以资源利用的兴趣(Brophy等,2012年),这种方案可以被看作成一种中期可行方案。

皮尔森等人提出的一种新方案是在地球轨道上安置反射卫星或者一圈尘环。虽然这两种方法所需要的质量都比较小,但是都可能会产生一些副作用,包括增加了对地球轨道卫星和对地球的危害。安置尘环还需要两个尺寸达到1km的护卫卫星,同时会在地球上产生不均匀的日照模式,2.3节中已进一步讨论该问题。尘环还带来另外一种副作用,就是在某些情况下会将一些光反射到正处于黑夜半球。由于这些原因,人们认为这个方案不是最优的天基地质工程解决方法。

另外一个影响不同方法相对质量的因素是反射器停留在太阳和地球之间的时间。比如,斯特拉克提出在地球–月球的L_4/L_5拉格朗日平动点上安置尘云,因为在这一点上安置不需要主动稳定系统。但是由于这些点都处于地球附近,反射镜只能在某段时间内减少太阳辐射。这就导致了大的相对质量的需求,约在10^{14}kg量级。此外,尘云的移动会产生闪烁效应,有时会对太阳辐射没有影响,有时会使日照衰减超过1.7%。

25.2.1 在L_1点使用尘云

由斯特拉克提出的在地球–月球的L_4/L_5拉格朗日平动点上安置尘云方法的主要缺陷在于反射器只能偶尔在某些位置时突发的减少日照。考虑到这一点,减少太阳辐射的一个更好的点是太阳和地球之间的拉格朗日点L_1,这样就能得到相对固定的太阳辐射衰减。但是这个点具有不稳定的缺陷,随着时间流逝,任何在这个点释放的尘埃都会慢慢远离。

为了在这一点安置尘云,假设在该点附近能够捕获一个小行星。大量的材料将会以低于开采月球资源的所需速度(2.37km/s)被捕获,后面将对其进行讨论。捕获小行星之后,可以从小行星上开采材料,若有必要还可在尘埃喷出表面之前进行处理。这些材料之后会形成一片尘云,并且会随着时间逐渐飘远(图25.1)。持续不断的尘埃从小行星上喷出,然后形成一个稳定状态。可以假设,从小行星上不断喷出的尘埃使小行星稳定在 L_1 点,但需要注意,当存在大推力的情况下,上述结论是无法成立的。作为恒定状态尘云的第一近似值,建模过程中需要考虑到初始静止、均匀的球星尘云经过很长时间散播这一过程。通过给定每一时间阶段尘埃的总量,以及尘埃在初始的球形体内均匀分布,可以计算出稳定状态下流的质量分布。

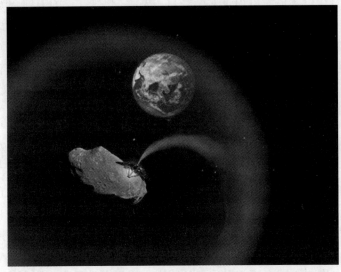

图 25.1　天基地质工程方法在 L_1 点安置尘云想象图

　　利用限制性球形三体问题(CR3BP)可以计算出在 L_1 点附近的尘埃颗粒的寿命,运动方程表达如下:

$$\ddot{x} - 2\dot{y} = \frac{\partial U}{\partial x}$$

$$\ddot{y} + 2\dot{x} = \frac{\partial U}{\partial y} \tag{25.1}$$

$$\ddot{z} = \frac{\partial U}{\partial z}$$

　　其中,x 和 y 是在地球转动的回转平面上,z 是在平面外的位置,如图25.2所示,同时 U 是无量纲势能方程,定义为:

$$U = \frac{1}{2}(x^2 + y^2) + \frac{1-\mu}{\rho_1} + \frac{\mu}{\rho_2} \tag{25.2}$$

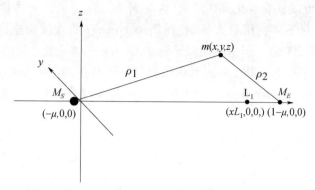

图 25.2 限制性球形三体问题中的尺寸

这一根据传统动力学建立的无量纲运动方程将太阳和地球之间的距离定义为 1,即将距离除了 1AU,并且假设单位质量是整个系统的总质量,因此周期是 2π。规定 μ 是地球质量与太阳和地球总质量的比值,$\mu = m_E/(m_S + m_E)$。相应的太阳和地球的无量纲位置可以表示为 $M_s(-\mu,0,0)$ 和 $M_s(1-\mu,0,0)$,因此:

$$\begin{cases} \rho_1 = \sqrt{(x+\mu)^2 + y^2 + z^2} \\ \rho_2 = \sqrt{(x+\mu-1)^2 + y^2 + z^2} \end{cases} \tag{25.3}$$

式中:$\rho_{1,2}$ 分别为尘埃粒子和地球、太阳之间的无量纲距离。

在平衡点处,地球和太阳作用在尘埃粒子上的万有引力和粒子在轨道上运动的向心力相等。式(25.2)表明,这一平衡点不是静止不变的。具体而言,采用地质工程方法需要寻找的平衡点必须在太阳 – 地球的连接线上并位于 x 轴。因此,有 $\dot{x} = \dot{y} = \dot{z} = 0$ 及 $y = z = 0$。对于太阳 – 地球系统($\mu = 3 \times 10^{-6}$)而言,L_1 点大概位于地球上方朝太阳方向 1.5×10^6 km 处。

25.2.1.1 太阳辐射压

用于构造尘云的尘埃颗粒的尺寸需要是微米级别的,这是因为微粒越大的表面积质量比越小,对日照减退的效率会更小。小的尘埃微粒容易受到各种力的干扰,如太阳辐射压(SRP)以及洛伦兹力。Bewick 等人(2012 年)研究表明,尺寸大于 $1\mu m$ 的尘埃微粒扰动的主要原因是太阳辐射压。因此,为了简单起见,接下来的讨论只考虑尺寸大于 $1\mu m$ 的微粒。太阳光压是太阳光子和尘土粒子之间的动能转移。太阳辐射压可以用亮度参数 β 描述,即太阳辐射压与太阳引力之间的比值(de Pater 和 Lissauer,2001 年):

$$\beta = \frac{F_{rad}}{F_g} \approx 570 \frac{Q}{\rho_m R_{gr}} \tag{25.4}$$

式中:ρ_m 为微粒的密度;Q 为太阳光子与微粒之间的动量传递耦合;R_{gr} 为微粒半径(μm)。

Q 的数值可以从 0 变化到 2,当 Q 为 0 时表示完全的动能转换,Q 为 2 时表示完全反射。对于半径相对大的微粒,$R_{gr} > 1\mu m$,Q 的数值变化比较小,约为 1 (Wilck 和 Mann 2006)。但是尘埃粒子越小,太阳光子与微粒之间的动能转换就越复杂的。威尔克和曼(2006)利用米氏散射理论针对不同的模型对 β 值进行了计算。当半径为 0.2μm 时,β 值达到顶峰约为 0.9,半径为 0.01μm 时,这个值减少到了 0.1。

由于太阳辐射压与太阳的距离是平方反比的关系,太阳辐射压减少了太阳引力的影响。因此,在限制性球形三体问题(CR3BP)中,质量参数 μ 是;

$$\mu = \frac{m_E}{m_E + (1-\beta)m_S} \tag{25.5}$$

随着 β 值的增加,μ 的值也会增加,L_1 点的位置会朝太阳移动。对于 $\beta > 0$ 的微粒,放置在传统的 L_1 点后,因为平衡点移动到了一个新的位置,在一个较短的时间尺度上的观测结果是不稳定的。另外,随着 β 值增加,新的平衡位置附近的势函数 U 的梯度减小了,放在这里的尘埃微粒将会更稳定。

尘云随时间移动的过程可以采用一个跃迁矩阵计算。在 L_1 点附近使用线性动力学可以得到一个随尘云整体移动的矩阵。与之形成对比的传统方法则是利用运动方程需要对每个初始位置依次计算直到最后。生成跃迁矩阵的方法可以在 (Bewick 等,2012 年 a)中找到。使用这个矩阵可以大大地减少模拟尘云移动的时间,虽然这需要以牺牲精准度为代价。然而在感兴趣的时间尺度内,跃迁矩阵的精准度是可以保证的(Bewick 等,2012 年 a)。

25.2.1.2 太阳辐射模型

尘云对地球的遮蔽效应可以通过建立数值模型来计算。模型将太阳和地球的表面分为几个部分,太阳上的每一个部分都通过一传播路径和地球上的一个部分相联系。在每一传播路径上使用比尔—朗勃定理(Beer – Lambert)可以计算尘云挡住的太阳辐射。比尔—朗勃定理如下所示:

$$I = I_0 e^{-\int_0^L \rho(l)\sigma(l)\,dl} \tag{25.6}$$

式中:$\rho(l)$,$\sigma(l)$ 分别为尘埃数量密度和尘埃微粒沿这个方向的横截面积;I,I_0 分别是最终和初始的通量。上式可以计算出地球上平均减少的太阳辐射。至此,已经建立了全面的太阳辐射模型(Bewick 等,2012 年 a)。

25.2.1.3 结果

云质量是这种地质工程方法中最关键的量化系数,该参数对于衡量太阳辐射的衰减程度是必须的。这一参数表现为小行星每年需要产生尘埃的质量。这一点需要通过之前提到的 SRM 来计算,通过优化初始的球形均匀尘云的数量密度,之后通过跃迁矩阵传播。计算结果在尘云半径为 1000 ~ 12000km,置于传统拉格朗

日点以及响应的 β 值为 0.751 的新的转移平衡点位置,尘粒尺寸 0.1 μm 条件下得到。与地球上微粒相比,这种尺寸的微粒与冷凝气体微粒相似,在这一限制下可认为太阳辐射压是主要干扰力。对于这种微粒的尺寸,新的转移平衡点与传统 L_1 点相距 875000km,朝太阳方向。

减少 1.7% 的太阳辐射对应所需要的质量见图 25.3,尘云分别在传统 L_1 点和转移平衡点释放。可以清楚地看到,如果能够在新的平衡点释放尘云,那么所需尘埃质量相比在传统 L_1 点将有很大减少。这是因为在新的平衡点的尘埃粒子具有更长的生命周期。

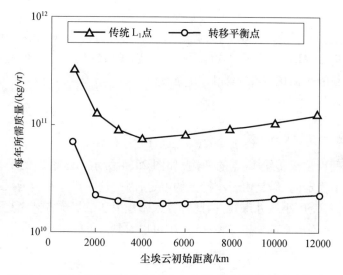

图 25.3　在 L_1 点附近释放尘云减少 1.7% 的辐射量所需要的质量

针对在 L_1 点释放的尘云,最优的半径为 4000km,要求的质量为 7.60×10^{10} kg/yr。与 Struck(2007 年)提出的方案相比较,质量减少了好几个数量级。在平衡位置释放的尘云所需要的质量为 1.87×10^{10} kg/yr。上述质量的一个很好参照是 Apophis 小行星,它的质量为 2×10^{10} kg(Binzel 等,2009 年),可以为这一方案提供材料长达数年。

25.2.2　L_1 点处尘云的引力锚定

之前描述的在 L_1 点放置尘云的地质工程方法没有将用于产生尘云的小行星的质量纳入计算范围。这是建立在小行星的"小"这一逻辑的假定上的。然而,由于地球轨道附近小行星数量众多,总质量很可观。这一质量能够通过限制性球形四体问题解决,包括太阳,地球和小行星,从而可以计算出在 L_1 点附近的引力。动力学上可以看出,在小行星范围内产生了一个零速度曲线,如果喷射速度小于逃逸速度,那么小行星喷射出来的尘云仍处于被捕获状态。这就相当于对尘云进行了引力锚定,在 L_1 点附近就是可行的,否定了在 L_1 点不稳定的问题。

限制性球形四体问题(CR4BP)中运动方程和限制性球形三体问题一样,这里无量纲函数表示如下:

$$U = \frac{1}{2}(x^2 + y^2) + \frac{1-\mu}{\rho_1} + \frac{\mu}{\rho_2} + \frac{\gamma}{\rho_3} \qquad (25.7)$$

参数的定义和三体问题中一样,γ 是小行星在三体系统中的质量百分比,$\gamma = m_A / (m_s + m_E)$,$\rho_3$ 是尘埃颗粒与小行星之间的距离;

$$\rho_3 = \sqrt{(x - x_3)^2 + y^2 + z^2} \qquad (25.8)$$

当将安置在 L_1 点的物体的引力势能纳入考虑时,将出现两个新的线性平衡位置。这通过将 CR4BP 的势函数式(25.8)代入到式(25.1)中定义的运动方程中就可以得到。新的平衡位置在 x 轴上,并通过设定 $y = z = 0$ 和 $x = y = 0$ 可以得到,然后解下面的方程:

$$x: x - \frac{1-\mu}{(x+\mu)^2} + \frac{\mu}{(x+\mu-1)^2} \pm \frac{\gamma}{(x+x_3)^2} = 0 \qquad (25.9)$$

新的平衡点位于传统 L_1 点的两边,如图 25.4 所示。这些新的平衡点和传统 L_1 点一样是不稳定的,但是由于小行星的限定,因此这一尺寸和尘云尺寸接近。对于静态尘云,将使用小尺寸颗粒,因此计算太阳辐射压的影响需要考虑因子 β 和质量参数 μ。β 不等于 0 的影响在图 25.4 中可以看到。

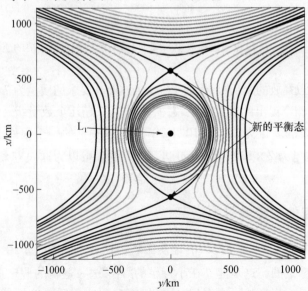

图 25.4 等值线展示了将一个 $1 \times 10^{15} \text{kg}$ 的物体放在 L_1 点并且 $\beta = 0$ 时的四体问题的有效势能,粗线展示了平衡点的雅可比常数。也展示了 x 轴上的新的平衡点的位置

随 β 的增大,可以看到零速度曲线包围的面积大大的缩小(图 25.5)。

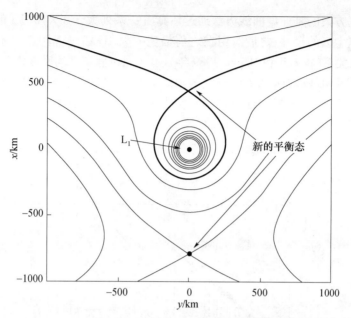

图 25.5 等值线展示了将一个 $1 \times 10^{15}\,\mathrm{kg}$ 的物体放在 L_1 点
并且 $\beta = 0.005$ 时的四体问题的有效势能,粗线展示了平衡点的雅可比常数。
也展示了 x 轴上的新的平衡点的位置

在人工四体系统中的粒子速度可以由雅可比积分描述:
$$V^2 = 2U - C \tag{25.10}$$
式中:V 为颗粒速度;C 为雅可比常数。由于动能必须是正的,那么根据式(25.10),颗粒仅仅能够在由零速度曲线包围的区域内运动(即式(25.10)右半部消失)。这一约束可以用来研究第三个物体周围的区域。小行星在 L_1 点,如果能量或者雅可比常数没有大到足以逃逸,那么颗粒就是可以被捕获的。显然的,通过在 CR4BP 中的找到和新平衡点雅可比常数相等的零速度曲面,可以得到最大的体积。由式(25.10)可以计算出每一个新的平衡点位置的雅可比常数,然后使用雅可比常数就可以计算由零速度曲面包围的体积。注意,当 $\beta > 0$ 且锚定的小行星位于传统的 L_1 点时(即 SRP 被忽略),如图 25.5 所示,只有最小的雅可比常数才能保证区域的封闭性。对于一个给定的 β 值,当小行星处于新的平衡点位置时,如图 25.4 所示,包围的体积变大了。当微粒的尺寸改为 $32\,\mu\mathrm{m}$ 时,所需的加速度是 $9 \times 10^{-7}\,\mathrm{m/s^2}$。这是一个很小的值,然而,考虑本方案中所需的小行星质量,推力在 $10^{11}\,\mathrm{N}$ 这一数量级上,显然现有的技术无法达到的。将小行星固定在传统 L_1 点所需要的推力也很大。比如说,将一个物体安置在距离 L_1 点 1km 的位置需要的加速度是 $3.6 \times 10^{-10}\,\mathrm{m/s^2}$。虽然捕获地球附近最大的小行星是可行的,但这种推力级别显然也超出了现有科技水平。

25.2.2.1 结果

本天基方案的零速度曲线方法通过估算由一系列大于 $1 \times 10^{13}\,kg$ 的小行星喷射的平动点尘云的尺寸,之后应用在之前描述的太阳辐射模型中。小行星的质量通过鲍厄尔关系(Bowell 和 Hapke,1989 年)确定,通过假定平均密度为 $2,600kg/m^3$,平均反射率为 0.154,估算了小行星的绝对质量。在假定 $\beta = 0.005$,微粒尺寸为 $32\mu m$,小行星位于传统 L_1 点及转移平衡点的情况下,估算的日照减退的结果如图 25.6所示。

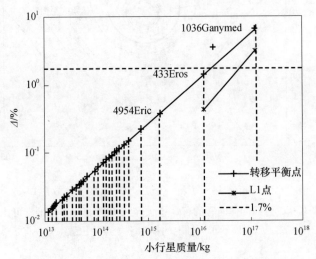

图 25.6 针对小行星位于转移平衡点和传统 L_1 点的可能达到的最大日照减退

首先,为了估算可能达到的最大的日照减退,假定所有通过零速度曲线包围区域的光线全部被挡住,即简单的在式(24.6)中假定一个非常高的衰减系数。结果如图 25.6 中所示,在双对数坐标系统中表现出线性趋势,对于最大的小行星,在 β 转移平衡点位置时所能达到的最大的衰减为 6.58% ,在传统 L_1 点位置时所能达到的最大的衰减为 3.3% 。这个结果与 1.7% 日照减退以抵消大气中双倍 CO_2 浓度影响的需求相符(Govindasamy 和 Caldeira,2000 年)。对于第二大的爱神星,对于 β 转移平衡点和传统 L_1 点而言这个结果就变成了 1.42% 和 0.42% 。这个结果就不符合之前提到的 1.7% 的要求。但是对于这一结果而言,一些太阳辐射可能被近地小天体吸收,所以这也是地质工程计划中可以考虑的一部分。考虑最小的小行星,质量为 $10^{13} \sim 10^{14}\,kg$,在一个太阳周期中能够抵消的太阳辐射为 $1 \sim 2W/m^2$(Willson 和 Hudson,1991 年),此时这一天基地质工程方案不能有效地减少太阳辐射。

通过这些分析,在 β 平衡点安置一个小行星可以顺利地降低日照。然而,正如前面所说的一样,要想将一个小行星固定在这个位置所需要的推力要比将一个小行星固定在传统 L_1 点所需要推力高几个数量级。因此,在传统 L_1 点减少太阳辐射的潜力是最大的。由于随着 β 的增加,在传统 L_1 点处零速度曲线包围的体积将迅速减小,那么利用的微粒尺寸必须比 $32\mu m$ 大得多。彩图 25.7 展示了利用爱神星时增大微粒尺寸后的日照减退变化。此处不仅计算了太阳地球的平均距离下的结果,还计算了在近日点和远日点的结果。结果表明,随着颗粒尺寸的增加,最大日照减退将显著增加,在小行星置于转移平衡点处的级别相似。这是因为随 β 增加,零速度曲线形状会相似于平衡点的形状和体积,见图 25.2。由于在转移平衡点的最大衰减小于期望的 1.7%,在传统 L_1 点的衰减也同样会小于期望值。尽管如此,可以看出这个天基地质工程方法距所需的衰减的值很接近,所以这个方案可以选择用来提供一大部分的日照减退。

提高微粒尺寸的消极影响是减小了面积质量比,降低了效率。从而,为了阻挡同样的辐射,就需要更多的质量。假定小行星被完全使用,且尘埃颗粒没有浪费,对于最大的微粒尺寸下最大的辐射衰减,需要的质量就比小行星质量多。否则的话只能得到更小的辐射衰减。

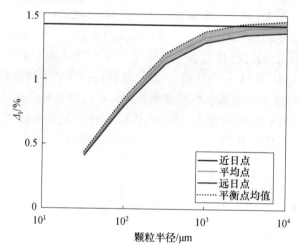

图 25.7　对于尺寸为 $32\mu m$ 的微粒爱神星在传统 L_1 点的最大的辐射衰减,
同时展示了在转移平衡点的最大的辐射衰减

25.2.3　地球环

如前所述,地球环这一地质工程方案是由 Pearson 等人提出(2006 年)。这个一观点在赤道平面上安置一个由尘埃颗粒组成的圆环。假定当微粒尺寸为 $1\mu m$ 以上时,尘埃轨道就不会因受到因为太阳辐射压而产生的轨道摄动,所以可以认为这个轨道是稳定的,不需要能量补充。然而 Bewick 等(2013 年)人更全面详细地讨论了太阳辐射压影响和地球扁率 J_2 摄动影响,计算表明尘埃尺寸的下限值不可行。通过考虑太阳光压和 J_2 摄动的因素,在微粒尺寸大于 $6.5\mu m$ 时,找到了一个稳定的、太阳方向为最高点的偏心轨道,这一轨道称为向阳性轨道。利用同样的原理,由 Pearson 提出的地球环的方案,只有在微粒尺寸大于 13μm 时才能找到稳定的轨道。通过权衡可行的最小微粒尺寸以及太阳和地球之间的轨道,一个半长轴为 9316km,离心率为 0.1 的轨道被选为最佳稳定轨道。这个尘埃颗粒轨道将在这个支线轨道上摆动。对于这个向日的轨道,2000km 高度处的大气阻力将会使轨道衰减。受到轨道半长轴和离心力的约束,近地点距离不能低于到这个高度。

尽管这个轨道离地球很近,但地面发射仍需要很高的速度,捕获地球附近的天体还是这些尘埃颗粒的最好来源。设想小行星被捕获到半径为 10250km 的圆形赤道轨道。同样 10250km 也是支线轨道的远地点距离。尘埃将会连续不断地从小行星上提取出来,研磨到一定的半径分布,并且收集在小行星的轨道上。每当小行星直接通过地球和太阳之间,尘埃以恰当的速度 Δv 喷射,然后通过质量加速器,最后尘埃送到支线轨道上。在支线轨道上,尘埃将会因为不同的面积质量比而延伸扩散,从而形成一个环。因为生成轨道和支线轨道的周期不一样,尘埃会分布在轨道的所有位置。最多一年后,尘埃颗粒就会分布在环的所有位置。根据尘埃颗粒3D 演化的研究,尘埃颗粒从赤道平面展开的最大角度是 0.2°(Colombo 等,2012)。

分析地球环方案的可行性过程中使用了三个对数正态分布描述尘埃颗粒分布。这些分布可以从图 25.8 中看到,分别是最佳科技水平下研磨粒径分布的展示($D1$),通过目前地球上的研磨机可实现的情况($D2$),和研磨效率低下的悲观情况($D3$)。分布越窄则平均半径越小,那么尘埃粒子在轨道的传播越小(Bewick 等,2013),对于宽分布,则是相反的。针对这一地质工程方法,采用了一个更简单的

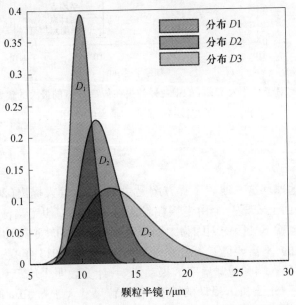

图 25.8 地球环的颗粒半径的三种分布的概率密度函数

太阳辐射模型来计算日照减退,因为轨道离地球比较近,太阳可以看作是非点光源,可以假定入射的太阳光线是平行的。计算衰减过程中再一次利用了比尔－兰伯特定理(Bear－Lambert)。通过计算不同赤道平面与黄道平面夹角下的衰减值,可以模拟出由于地球绕太阳轨道导致的角度变化。角度的变化导致了从太阳角度看的环的视线角的变化,这导致了一年中不同的阴影形状。

要使平均日照减少 1.7%,对于不同分布而言每年所需要的尘埃质量如图 25.9 所示。可以看出,尽管三种分布所需质量差距并不大,但具有更小平均值的 D1 分布所需要的质量最小。因为没有将尘环反射到地球上的太阳辐射及尘环的二次热辐射纳入考虑范围,图中所示的质量是对所需要质量估算的下界。未考虑的质量总计达到约 40% (Pearson 等,2006 年,Bewick 等,2013 年),最终给出的所需质量为 1×10^{12} kg,这比已经建议的 2.3×10^{12} kg (Pearson 等,2006 年)要少得多。最后,图 25.10 展示了在地球上哪边的辐射会最大,所以这个环会覆盖赤道地区以及低纬度热带地区。仅在春分和秋分期间,当环与太阳侧立时,低纬度热带地区收到的辐射会超过赤道地区,此时地球赤道平面就侧立于太阳。其他时候,地球自转轴的倾斜导致赤道平面倾斜角的进动,这样高纬度地区将被阴影遮盖。

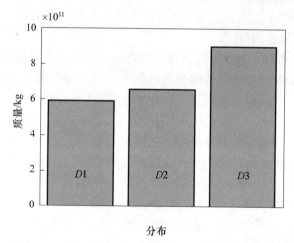

图 25.9　对于三种分布辐射减少 1.7% 所需要的质量

对于此天基地质工程方案的一个负面影响是由于太空碎片的存在,增加了宇宙飞船的危险。对于地球环模型,预计少数尘埃会不稳定,受到大气阻力的影响会迅速脱离轨道,也就是说,不会有显著增加太空碎片的风险。但是其他一些小的摄动在长的时间周期下会使环变形。其他的扰动包括太阳或者月亮的第三体的引力影响,洛仑兹力对尘埃颗粒的影响以及在环内部尘埃颗粒的碰撞。这些扰动很有可能会增加宇宙飞船的危险。与地球环一样,在 L_1 点的尘云也会增加宇宙飞船的风险,虽然这些颗粒太小不足以造成重大的风险,但是会增加外部原件的劣化速率,譬如太阳能电池板。

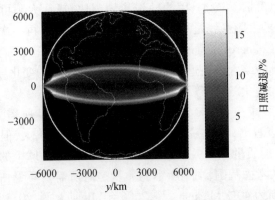

图 25.10　在太阳上看,地球表面一年内的日照改变

25.3　资源可用性

前文描述的天基地质工程方案,对于质量的需求非常大,其中最小的质量要求在 $10^{10}\mathrm{kg/yr}$ 级别,这比得上中国三峡大坝中使用的混泥土的量了。因此,必须考虑从小行星上获取这些资源。

此处假定在太阳 – 地球的 L_1 点处可以获得小行星或者彗星的资源,作为第一近似,假设位于地球弱束缚轨道的小行星也可获取。捕获的方法取决于小行星的尺寸,例如比较小的小行星可以用现有技术捕获,然而,大一些的小行星将要求其他的方法,例如在表面上以较高速度喷射材料。这样获取材料所需要的能量比开发月球要小得多,可以证明容易获取的材料的数量级在 $10^{14}\mathrm{kg}$(见第18章)。通过估算,在地球附近的所有的小行星要到达接近地球弱束缚轨道(即地球抛物线轨道),总 Δv 比月球的逃逸速度 $2.37\mathrm{km/s}$ 小。特别地,对于提到的这个值,使用了三个脉冲推进模型来获得转移所需 Δv,不包括到达小行星的速度(Sanchez 和 McInnes,2011年)。因此,这一结果表明太阳 – 地球 L_1 平动点尘云通过消耗所有比月球表面资源容易获取的小行星/彗星材料理论上可以维持3000年的时间。另外一方面,即使消耗同样的小行星材料,两个最大的尘云方法,重力锚定尘云以及地球 – 月亮 L_4/L_5 尘云方法也无法应用。还需注意的是,对于地球环的方案,为了在低地球轨道的行星尘环提供小行星材料,Pearson 等人(2006年)还指出此处需要一个额外的 $3.3\mathrm{km/s}$ 的转移速度将小行星材料转移到地球中低轨道。

Sanchez 和 McInnes(2011年)的工作在第18章简短的介绍过,即如何通过物体大小计算所需的 Δv 消耗。图 25.11 展示在18章中描述的小行星资源图的一个简化版本。图中显示了体积大小排名第1、第10、第100以及第1000的,可送到达的近地小行星或彗星可获得的平均资源。这个图中有90%的置信区间,因为在近地小天体分布不确定性。这个特别的图是在三个脉冲推力模型和近地小天体分布模型(Sanchez 和 McInnes,2011 年)基础上计算的。

图 25.11 表明,很有可能找到一个可以维持 L_1 平动点尘云使用至少 150 年的小行星,且 Δv 比从月球上开采要求低。维持尘云一年使用最小的尺寸对应的 Δv 为 1km/s,对于一个能够维持尘云 1000 年的小行星,$\Delta v = 3$km/s。当然,这都是建立在假设小行星上所有的材料都被很好地研磨并能够排出的情况下。这是在考虑材料可取得的前提下较为可行的方案。这表明在原位采用尘埃相对于之前公布的尘埃云理念更有好处。

为了评价最大尘云方法的可行性,在地月系统中被重力固定的尘云以及 Struck 尘云,可以估计出捕获前 250 个近地小行星所需要的能量。这些对应的小行星质量都超过 1×10^{13} kg。在这个过程中使用鲍威尔(Bowell)关系来计算天体质量。然后,连接地球和小行星的兰伯特弧的最小 Δv 优化求解。在最优 Lambert 转移的情况下,从地球转移至小行星所需的 Δv 是最将小行星转移到类地轨道的过程中采用了全局优化。最优化的设计参数是离开与到达时的真实偏移。使用的全局优化方法中结合了基于自动解空间分解技术的随机搜索(Sanchez 和 McInnes,2010 年;Sanchez 和 McInnes,2011 年)。无论如何,对于将材料转移到地球限制轨道的消耗,这都是一个非常粗糙的估算,19 章和 21 章表明,使用了引力摄动将减少消耗。

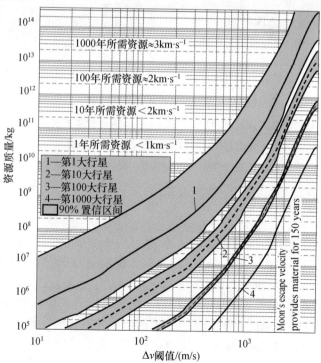

图 25.11　对于每个统计的可接近天体所期望的资源

487

在图25.12中可以看到捕获250个最大的小行星所需要的冲量。图片展示了小行星质量 m_A 的帕累托(Pareto)前沿和转移冲量的关系,并表现对于捕获不同的已知近地小天体的增加工程量。帕累托前沿提供了最具效率的小行星来进行捕获,它们是最大的近地小行星,对于 1036 Ganymed 小行星而言,质量达到 13×10^{17} kg。通过兰伯特弧方法得到的冲量在这里仅仅作为排序参数使用,在此可以设想使用连续不断的小的推力来捕获。将所有的这些天体捕获到传统 L_1 点所需要的 Δv 要比开发月球资源所需的高。因此,对于斯特拉克提出的地月系统尘云,仅考虑尘埃颗粒的需求,使用月球资源将会更好。对于重力锚定尘云,捕获近地小行星是必然的,因为保持尘云在固定位置需要小行星固定在正确的位置。

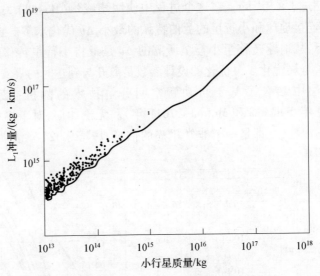

图25.12 将地球附近的质量大于 1×10^{13} kg 的小行星捕获到 L_1 所需冲量,帕累托前沿展示了最佳的捕获对象

25.4 结论

本章我们选择了一些天基地球方案,对利用小行星产生的尘埃颗粒制造大的尘云的方法进行了讨论。为了减少 1.7% 的太阳辐射以减少 2 倍 CO_2 浓度带来的温度影响,所需要的质量从 2×10^{10} kg/yr ~ 10^{17} kg/年不等。在 L_1 点释放尘云并允许转移所需质量最小,但这需要长期补给。此处的质量需求与 McInnes(2010 年)和 Angel(2006 年)提出的固体反射镜或者透射镜是一个数量级的,但只需要少得多的制造及发射器来启动该计划。所以这表示这在支付能力和时间性上有很大的优势。改进的地球环计划虽然不需要补给,但需要 10^{12} kg 的材料。如果不考虑那些负面影响(Bewick 等,2013),这是非常好的天基地质工程方案,花费几十年就能

完成。在 L_1 点附近重力锚定尘云要求捕获最大的近地天体,很明显这已经超出了目前的科技水平。虽然重力锚定尘云具有很多优势,但是额外的工程复杂性远远超越了这些优势。本章还展示了针对不稳定的 L_1 点尘云和地球环概念所需要的质量,尽管这要求捕获很多天体,但是可以在地球附近存在众多容易获取的近地小天体,捕获它们所需要的速度低于使用月球材料的需求。结合考虑本章讨论的各个因素,天基地质工程方法可以看作是一种有前景的概念,可以作为减少气候变化影响的地质工程的中期方案。

参考文献

[1] Angel, R.: Feasibility of cooling the Earth with a cloud of small spacecraft near the inner Lagrange point(L1). Proceedings of the National Academy of Sciences 103,17184 – 17189(2006)

[2] Bewick, R., Sanchez, J. P., McInnes, C. R.: The feasibility of using an L1 positioned dust cloud as a method of space – based geoengineering. Advances in Space Research 49,1212 – 1228(2012a)

[3] Bewick, R., Sanchez, J. P., McInnes, C. R.: Gravitationally bound geoengineering dust shade at the inner Lagrange point. Advances in Space Research 50,1405 – 1410(2012b)

[4] Bewick, R., Lücking, C., Colombo, C., Sanchez, J. P., McInnes, C. R.: Heliotropic Dust Rings for Earth Climate Engineering. Advances in Space Research 51(7),1132 – 1144(2013)

[5] Binzel, R. P., Rivkin, A. S., Thomas, C. A., Vernazza, P., Burbine, T. H., DeMeo, F. E., Bus, S. J., Tokunaga, A. T., Birlan, M.: Spectral properties and composition of potentially ha – zardous Asteroid (99942) Apophis. Icarus 200,480 – 485(2009)

[6] Bowell, E., Hapke, B., Dominique, D., Lumme, K., Peltoniemi, J. I., Harris, A. W.: Applica – tion of photometric models to asteroids. In: Asteroids II. University of Arizona Press(1989)

[7] Brophy, J., Culick, F., Friedman, L.: Asteroid retrieval feasibility study. Keck Institute for Space Studies(2012)

[8] Colombo, C., Lücking, C., McInnes, C. R.: Orbital Dynamics of High Area – to – Mass Ratio Spacecraft with J2 and Solar Radiation Pressure for Novel Earth Observation and Com – munication Services. Acta Astronautica 81, 137 – 150(2012)

[9] Early, J. T.: Space – based Solar Shield to Offset Greenhouse Effect. Journal of the British Interplanetary Society 42,567 – 569(1989)

[10] Govindasamy, B., Caldeira, K.: Geoengineering Earth's radiation balance to mitigate CO2 – induced climate change. Geophysical Research Letters 27,2141 – 2144(2000)

[11] Govindasamy, B., Caldeira, K., Duffy, P. B.: Geoengineering Earth's radiation balance to mitigate climate change from a quadrupling of CO2. Global and Planetary Change 37,157 – 168(2003)

[12] Ingle, J. D. J., Crouch, S. R.: Spectrochemical Analysis. Prentice Hall(1988)

[13] IPCC, Contribution of Working Groups I, II and III to the Fourth Assessment Report of the Intergovernmental Panel on Climate Change, IPCC, Geneva(2007)

[14] Jacobson, M. Z., Ten Hoeve, J. E.: Effects of Urban Surfaces and White Roofs on Global and Regional Climate. Journal of Climate 25,1028 – 1044(2012)

[15] Mautner, M.: A Space – based Solar Screen against Climatic Warming. Journal of the British Interplanetary Society 44,135 – 138(1991)

[16] McInnes, C. R.: Space – based geoengineering: challenges and requirements. Proceedings of the Institution of

Mechanical Engineers, Part C: Journal of Mechanical Engineering Science 224, 571 –580(2010)

[17] de Pater, I. , Lissauer, J. J. : Planetary Sciences. Cambridge University Press(2001)

[18] Pearson, J. , Oldson, J. , Levin, E. : Earth rings for planetary environment control. Acta As – tronautica 58, 44 – 57(2006)

[19] Raven, J. , Caldeira, K. , Elderfield, H. , et al. : Ocean acidification due to increasing atmos – pheric carbon dioxide. Royal Society, Science Policy Section(2005)

[20] Robock, A. , Marquardt, A. , Kravitz, B. , Stenchikov, G. : Benefits, risks, and costs of stra – tospheric geoengineering. Geophysical Research Letters 36, L19703(2009)

[21] Sanchez, J. P. , McInnes, C. R. : Asteroid Resource Map for Near – Earth Space. Journal of Spacecraft and Rockets 48, 153 – 165(2011)

[22] Sanchez, J. P. , McInnes, C. R. : Accessibility of the resources of near Earth space using mul – ti – impulse transfers. In: 2010 AIAA/AAS Astrodynamics Specialist Conference, Toron – to(2010)

[23] Shepherd, J. , Caldeira, K. , Cox, P. , Haigh, J. : Geoengineering the climate. Report of Royal Society working group of geo – engineering(2009)

[24] Struck, C. : The feasibility of shading the greenhouse with dust clouds at the stable lunar Lagrange points. Journal of the British Interplanetary Society 60, 82 – 89(2007)

[25] Teller, E. , Wood, L. , Hyde, R. : Global warming and ice ages. I. Prospects for physics – based modulation of global change. In: Proc. 22nd Int. Seminar on Planetary Emergencies, Erice, Italy, August 19 – 24(1997)

[26] Wilck, M. , Mann, I. : Radiation pressure forces on"typical"interplanetary dust grains. Planetary and Space Science 44, 493 – 499(1996)

[27] Willson, R. C. , Hudson, H. S. : The Sun's luminosity over a complete solar cycle. Na – ture 351, 42 – 44 (1991)

第 *26* 章

使用小行星进行宇宙飞船的发射/着陆，改变轨道及加速度

亚历山大·A. 博隆金(Alexander A. Bolonkin)
美国纽约 C&R 公司(C&R Co., New York, USA)

26.1 引言

目前,运载人或者有效载荷进入太空的工具是火箭(Bolonkin,2006 年)。除了火箭,用来达到宇宙速度的方法有太空升降梯(Bolonkin 2006,2007 年 a),太空绳索(Bolonkin and Cathcart 2007 年; Bolonkin 2008 年),电磁波系统(Bolonkin 2007b,2010 年)以及电子管火箭(Bolonkin 2002 年 a)。目前,用于大行星的太空升降梯在技术上是不可实现的;建造它将需要大量的花费。尤其是太空升降梯想法的实现需要极其牢固的纳米管。太空绳索非常复杂并且需要两个人造体。电磁波系统同样复杂并且昂贵。笔者之前讨论过几种低消耗的非火箭发射的方法,但是这些需要很多额外的研究。这些包括缆绳发射(Bolonkin,2006 年),环形发射(Bolonkin 2002a – f,2006,2007a,b,2008,2010;Bolonkin 和 Cathcart 2007 年)以及充气塔(Bolonkin,2002g)。

在太阳系中有很多的小行星。绝大多数都处于位于火星和木星之间的小行星带中,距离太阳的平均距离为 2.1 ~ 3.3 天文单位(AU)。科学家们已经发现了大约 6000 个直径大于 1km 的大的小行星,以及成千上万的直径大于 3m 的小的小行星。谷神星,智神星和灶神星是最大的三个小行星,直径分别为 785km,610km 和 450km。其他小行星的尺寸范围一直小到陨石级别。1991 年,伽利略探测器获得了第一张小行星卡斯帕的近距离观测图。在小行星带之外还有很多的小行星,陨石以及彗星。例如,科学家们在地球附近发现了 1000 颗直径大于 1km 的小行星。每天有 1t 的陨石并且最终有超过 8kg 落到地球上。大的小行星的轨道容易得到。

那些小的小行星也可能被定位,并且小行星的轨道可以由工作在几百公里距离的无线电和光学仪器测定。

雷达可以通过测量时间延迟(范围)内回波功率和多普勒频率来辨别小行星。雷达可以测定小行星的轨迹和旋转,并且建立小行星的图像。

还有一些小行星位于地月系统的稳定的拉格朗日点上。这些小行星有和木星一样的速度,并且可能对推进宇宙飞船进一步走出太阳系很有作用。小行星的运动与自转有可能应用在空间飞行上。

大多数小行星都是由富碳矿物组成,但是大多数陨石都是由铁矿石组成。

目前的想法(Bolonkin,1965 年,2002a - j,2003a,b,2005a,b,2011 年;Weekly News,1998 年)主要是利用小行星的动能来改变宇宙飞船(探测器)的轨道和速度。任何一个质量超过飞船质量 10% 的小行星都能满足使用要求,但是这里直径大于等于 2m 的小行星才被纳入考虑。在这种情况下,小行星的质量是探测器质量的 10 倍,因此探测器的质量可以忽略不计。

26.2　小行星空间升降梯,任何空间升降梯的最优线缆

本节给出一种飞入太空飞向小行星的新方法和运输系统。这一运输系统使用了机械能传递并且只需要很少能量,从而它提供了一个进入太空的"免费旅行"。该方法使用了行星,小行星,陨石,彗星,月球,卫星以及其他自然天体的旋转能与动能(Bolonkin,1965 年,2002a - j,2003a,b,2005a,b,2011 年;Weekly News,1998 年)。

这一章包含了三个方案的原理与计算结果。这些项目使用了一些人造材料,比如抗张强度密度比为 4×10^6 m 的纳米管。未来,制造的纳米管的应力比将会达到 1 亿米,这会大大提高方案的性能。

空间升降梯的概念第一次出现于 1895 年,有一位叫做康斯坦丁·齐奥尔科夫斯基(Konstantin Tsiolkovsky)的俄罗斯科学家设想了一个高度达到地球同步轨道的塔。这个塔从地面开始建造直到达到 35800km 的高度。从尼古拉·特斯拉(Nikolao Tesla)的言论表明,很可能他也曾经设想过这样的塔,但在他死后就资料被封锁了。

齐奥尔科夫斯基设想的塔能够不通过火箭将物体发送到轨道上。因为升降梯将会达到轨道速度,那么物体在达到塔的顶端时候也将会达到轨道速度,之后它将保持在地球同步轨道。

然而,从地面上开始建造是一个不可能的任务;目前不存在抗压强度足够的材料能够在这种状况下承受自身的重量。直到 1957 年,另外一位俄罗斯科学家 Yuri N. Artsutanov,提出了一个建造空间塔的更可行的方案。他提议使用一颗地球同步轨道卫星来帮助建立空间塔。通过使用一个平衡物,从地球同步轨道上放下一根线缆到地球表面,平衡物在卫星和地球之间,保持缆绳的质心相对于地球静止。

Yuri N. Artsutanov 的这一想法刊印在 1960 年的共青团报上。他还建议将缆绳做成锥形，下窄上宽，这样整个绳子的张力就会一样(http://www.liftport.com/files/Artsutanov_Pravda_SE.pdf)。

26.2.1 空间升降梯的简要描述

空间升降梯是一个连接了行星或者小行星表面与行星同步行星轨道(对于地球同步轨道,高度为 37.786km)的线缆装置。针对小行星的空间升降梯的原理图如图 26.1 所示,针对地球/行星的空间升降梯如图 26.2 所示。

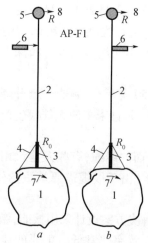

图 26.1　小行星空间升降梯
1—小行星;2—升降机电缆;3—塔或者桅杆;
4—支撑;5—平衡物体;6—宇宙飞船或者设备;
7—小行星角速度;8—线缆最终速度;R_0 是最大
距离(小行星重心到桅杆最高点的距离)。

图 26.2　空间升降梯

地球同步轨道周期为 24h,同时随着地球围绕轴线自转保持在地球赤道上方的同一点。设备的质心就在这个高度或者更高,这样它的重心在地球同步轨道或者更高。一旦物体被送到足够高的地方,它就会进一步的通过行星旋转加速。空间升降梯也可以被认为是一个空间桥梁,其科技理念之一就是增加通往太空的途径。也被称为是地球同步轨道系绳,或者天钩。

建造空间升降机的材料需要能够承受极大的压力,同时也需要具有重量轻,成本低以及可制造的特性。地球空间升降梯还有很多数量可观的新颖的工程学问题需要解决。如今的技术还没满足建造空间升降梯的需求。

还有很多的关于空间升降梯的设计方案。基本上所有的升降机都包含了一个基站,线缆,攀登扣以及一个平衡物。基站的设计有两种主要类别:移动的和静止的。静止的基站通常安置在高海拔地区。

在地球上建造一个空间升降梯主要面临两个问题:线缆的材料需要非常大的张应力密度比,地球安装成本非常高。但是如果线缆使用的材料与石墨的密度相当,抗张强度为 65~120GPa,并且可以以一个合理的价格批量的生产,那么空间升降梯就变得非常经济。相比之下,最强的钢材的抗张强度都不超过 5GPa($1GPa = 100kg/mm^2 = 0.1t/mm^2$),并且钢材很重。轻得多的凯夫拉抗张强度为 2.6~4.1GPa,石英纤维能够达到 20GPa;理论上钻石丝的拉抗张强度至少会更高。

碳纳米管理论上有足够大的抗张强度与足够低的密度,能满足空间升降机的结构需求,但尚未开发出大批量生产碳纳米管以及将其制造成缆绳的技术。理论上碳纳米管的抗张强度超过 120GPa。即使使用强力纤维制造的纳米管的抗张强度也比其成分的强度低(30~60GPa)。对于纯度和不同类型纳米管的深入研究很有可能改善该值。

注意,目前(2012 年)碳纳米管的成本是 10~50 美元/g,制造一个升降机需要 2000 万克的碳纳米管。这一价格正在迅速的降低,并且未来的大规模生产还会进一步降低价格。

升降梯的设计有很多种。一些设计中采用平面的线缆,有些人建议用滚轮对通过摩擦力固定线缆。其他的设计包括地磁悬浮(由于线缆需要笨重的轨道,这是不太可能的)等。

对于升降梯而言,功耗是很大的阻碍。一些解决方案设计采用核能,激光或者微波辐射能。它们都非常复杂,要么很昂贵,要么效率非常低。主要的能源方法(激光和微波功率波束)的弊端在于效率低和散热问题。Bolonkin(2006 年)提供了一个目前看来更实际的线缆传输系统。

已经提出两种方法用于解决平衡物的需求:一个很重的物体,比如说将一颗捕获的小行星放置地球同步轨道上;或者将线缆延伸到地球同步轨道之外。后一想法得到了更多的支持,这一想法更简单并且延伸出来的缆绳可以用于将载荷发射到小行星上。

空间升降梯也可以在小行星或者其他行星上建造。一个火星的空间升降梯将会短很多。构造这样的升降梯可能不需要特殊的材料。月球上的空间升降梯长度将是地球上的两倍长。它同样也可以使用现有的材料建造。

地球空间升降梯的开发和设计过程中还存在很多问题:线缆的腐蚀,流星体,微小陨石和空间碎片,地球天气,地球卫星,故障模式和安全问题,阴谋破坏,谐振,故障,线缆的破坏,范艾伦带(辐射区),政治问题,经济问题等。这些问题中有很多在小行星升降梯上是不存在的。

因为小行星上重力约为 0,很多地球升降梯中存在的问题对于小行星来说都是不存在的。具体来说,人造纤维就可以在小行星升降梯上使用。

26.2.2 空间升降梯的一般原理

行星的一般情况。让我们对线缆分割成小段(dR)。这些分割段的平衡(力)表示如下:

$$dF_1 = dF_2 + dF_3, dF_1 = \sigma dA, dF_2 = gdm, dF_3 = V^2 dm/R, \quad (26.1)$$

式中:dF_1 为应力(N);dF_2 为重力(N);dF_3 为离心力(N);σ 为安全应力(N/m²);A 为缆绳的横截面积(m²);g 为行星重力加速度(m/s²);m 为质量(kg);V 为速度(m/s²);R 为半径(m);式(26.1)中的值等于:

$$dm = \gamma A dR, g = g_0 \left(\frac{R_0}{R}\right)^2, V = \omega R \quad (26.2)$$

其中,γ 为缆绳密度(kg/m³);g_0 是在 $R = R_0$ 时行星的重力加速度(m/s²);R_0 为行星半径(m);ω 是行星角速度(rad/s)。

如果我们将式(26.2)带入式(26.1),我们可以得到一个不同的方程:

$$\frac{1}{A}dA = \frac{\gamma g_0}{\sigma}\left[\left(\frac{R_0}{R}\right)^2 - \frac{\omega^2 R}{g_0}\right]dR \quad (26.3)$$

式(26.3)的解为:

$$a(R) = \frac{A}{A_0} = \exp\left[\frac{\gamma g_0 B(R)}{\sigma}\right] \quad (26.4(a))$$

$$B(r) = R_0^2\left\{\left(\frac{1}{R_0} - \frac{1}{R}\right) - \frac{\omega^2}{2g_0}\left[\left(\frac{R}{R_0}\right)^2 - 1\right]\right\} \quad (26.4(b))$$

或表示为:

$$a(R) = \frac{A}{A_0} = \exp\left[\frac{\gamma B(R)}{\sigma}\right] \quad (26.4(c))$$

$$B(r) = R_0^2\left\{g_0\left(\frac{1}{R_0} - \frac{1}{R}\right) - \frac{\omega^2}{2}\left[\left(\frac{R}{R_0}\right)^2 - 1\right]\right\} \quad (26.4(d))$$

其中,a 和线缆面积有关,$B(r)$ 为提升 1kg 质量的功。Bolonkin 已将式(26.5a,b)发表(2006 p.13,Eq.(1.4))。

通过下面方程可计算线缆质量 M 和体积 v:

$$\nu(R) = A_0 \int_{R_0}^{R} a dR, M(R) = \gamma_0 v(R) \quad (26.5)$$

对于小行星而言,$g_0 \approx 0$,那么式(26.4(c))就变成:

$$a(R) = \frac{A(R)}{A_0} = \exp\left[-\frac{\gamma}{2\sigma}\omega^2(R^2 - R_0^2)\right] \quad (26.6)$$

小行星空间升降梯的提升力(L)是:

$$L(R) = A(R)\sigma \quad (26.7)$$

适合在小行星升降梯上使用的纤维性能如表 26.1 所列。

表 26.1 纤维的一些数据。这些数据是在最佳情况下建立的初略估计

材料	强度/MPa	密度/(g/cm³)	特别的强度/(kN·m/kg)	地球上的破坏长度/km
黄铜	580	8.55	67.8	6.91
铝	600	2.80	214	21.8
不锈钢	2000	7.86	254	25.9
钛	1300	4.51	288	29.4
贝氏体	2500	7.87	321	32.4
Scifer 钢丝	5500	7.87	706	71.2
碳环氧树脂复合材料	1240	1.58	785	80.0
蜘蛛丝	1400	1.31	1069	109
碳化硅	3440	3.16	1088	110
玻璃纤维	3400	2.60	1307	133
玄武岩纤维	4840	2.70	1790	183
1μm 铁金属须	14000	7.87	1800	183
维克特纶	2900	1.40	2071	211
碳纤维(AS4)	4300	1.75	2457	250
凯夫拉	3620	1.44	2514	256
聚乙烯(UHMWPE)	3600	0.97	3711	378
基纶	5800	1.54	3766	384
碳纳米管	62000	0.037~1.34	46268 – N/A	4716 – N/A
巨大碳纤维管	6900	0.116	59483	6066

多壁碳纳米管在所有已测的材料中具有最大的抗张强度,实验室制造的抗张强度为 63GPa,仍远远小于其理论上限 300GPa。第一个纳米管绳索(20mm 长)的抗张强度为 3.6GPa,仍然远远小于他们的理论极限。其密度取决于制作方法,最小值是 0.037 或者 0.55(固体)。

26.3 小行星利用中的绳系方法

26.3.1 连接方法

连接方法主要包括以下步骤(Bolonkin 2002b):

(1) 通过定位器或者望远镜(或者在目录册中查找)发现一个小行星,确定它

的主要参数(位置,质量,速度,方向,旋转);选择合适的小行星;计算宇宙飞船和小行星所需的相对位置。

(2) 校正飞船的轨迹以满足位置需求;使飞船与小行星会合。

(3) 当飞船处于相对小行星最近位置时,通过一个网,锚和一个轻的强度大的绳索将太空装置(飞船,空间站,和探测器)与小行星连接起来。

(4) 通过绕小行星飞行,改变绳索的长度,获得装置所需要的位置。

(5) 将飞船与小行星分离,收起绳索。

改变探测器(宇宙飞船)轨迹需要的设备有:

(1) 轻质高强度线缆(绳索)。

(2) 用来测量飞船轨迹与小行星相对位置的设备。

(3) 对飞船进行导航控制的设备。

(4) 对绳索进行连接,传送,控制以及断连和收起的设备。

26.3.2 使用方式描述

下面介绍针对低重力小行星的改变宇宙飞船速度与运动轨迹的设备与一般流程。

图 26.3 展示了使用小行星改变飞船轨迹的准备工作;例如,小行星 2,与飞船在相同的方向上运动(图 26.3(a))。飞船想在平面 3 处完成机动(改变方向或者速度),飞船的位置被修正并飞向平面 3。其中假定小行星的质量远大于飞船的质量。

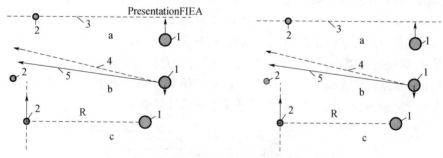

图 26.3 使用小行星的准备

1—宇宙飞船;2—小行星;3—机动平面;4—初始飞船方向;5—修正飞船方向。

(a)到达机动平面;(b)修正飞行方向并达到要求半径;(c)连接到小行星。

飞船飞至距离小行星距离最短(距离为 R)处时,将通过网(图 26.4(a))或者锚和绳索(图 26.4(b))连接到小行星上。飞船绕着小行星的重心在角度 ϕ 处以角速度 ω 和线速度 ΔV 绕小行星飞行。图 26.6 展示了飞船附加速度与方向的心脏形曲线。最大的附加速度为 $\Delta V = 2V_a$,其中 V_{ais} 是当坐标中心处于装置时的相对于小行星的速度。图 26.6b 展示了当小行星以速度 ΔV 朝飞船相反的方向运动的情形。

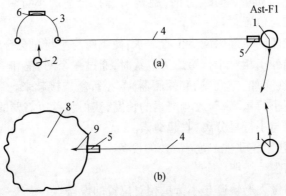

图 26.4 　(a)使用网捕捉小行星;(b)使用锚和缆绳连接到比较大的小行星。
1—宇宙飞船;2,8—小行星;3—有可充气环的网;4—线缆;5—载荷舱;6—阀门;9—锚。

图 26.4 展示了如何用网捕捉小行星。通过可充气的环的支撑,网被放置在小行星的轨道上,并且通过绳索连接飞船。网捕捉小行星并且将小行星的动能转化为宇宙飞船的动能。宇宙飞船改变了自身的轨道和速度,然后从小行星上断开连接并收起绳索。如果小行星很大,宇航员们可以使用小行星锚(图 26.4(b),26.5)。

宇航员使用一个发射器(枪或火箭发射器)将锚射到小行星上。锚连接在绳索和线轴上。锚射进小行星地面,从而将小行星与空间设备连接在一起。锚包含了绕线轴和一个解连接装置(图 26.5)。空间装置包含了绕线的轴,电机,齿轮传动,制动,以及控制器。该装置可能还包含一个将负重传送到小行星并返回的容器(图 26.4(b))。空间锚的一个可能的设计如图 26.5 所示。锚拥有一个主体,绳索,聚能射孔弹,火箭冲击(爆炸)发动机,线轴和绳索放置盒。锚被发射到小行星表面时,聚能射孔弹将在表面上制造出一个深深的洞,之后火箭发动机将锚压在小行星上。锚就固定在洞里,孔壁的强度能使它附着在小行星表面上。当锚装置需要从小行星表面分离时,发送一个断开连接的信号就够了。

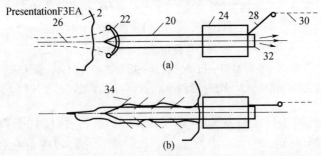

图 26.5 　(a)锚(鱼叉)。2—小行星;20—锚的主体;22—聚能射孔弹;24—线轴;
26—聚能射孔弹造成的弹道;28—绳索放置;30—线缆;32—火箭脉冲发动机,
将锚发射进入小行星;34—锚的捕获。(b)连接到小行星的锚

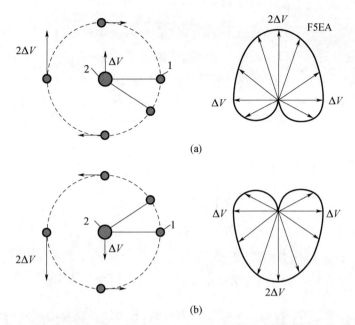

(a)

(b)

图 26.6　利用小行星的动能来改变飞船的轨迹。右边是附加速度和方向的心脏形曲线。飞船能够从小行星获得速度。1—宇宙飞船;2—小行星;ΔV—飞船与小行星之间的速度差异。(a)当小行星与飞船速度相同时;(b)当小行星与飞船速度相反时。

　　如果小行星以 ω 的角速度旋转(图 26.7),它的转动能能够增加飞船的速度及轨迹。旋转的小行星将绳子绕在身上。绳索的长度因此减少,但是飞船的速度提高了(参见物理中的动量理论)。

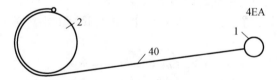

图 26.7　使用小行星的转动能。1—飞船;2—行星;40—连接绳索

　　飞船能够改变线缆的长度。当半径减少,装置的线速度增加了;相反地,半径增大线速度减小。装置能够通过增加绳子的长度从小行星上获得动能。
　　计算和估计表明了在短时间内实现这个方法的可能性(如下所述)。

26.3.3　系绳方法原理及其计算

　　通过离心力下的每小段绳索平衡关系可以得到差分方程。最优(和重力相等)绳索满足的方程是:

$$da/A = (\omega^2 \gamma / \sigma) R dR$$

1. 计算得到绳索应力

$$a(R) = A/A_0 = \exp(V^2/2k) = \exp(\omega^2 R^2/2k) \qquad (26.8)$$

式中:a 为绳索的相对横截面积;A 为绳索的横截面积(m^2);A_0 为初始(接近飞船)的绳索横截面积(m^2);V 为相对小行星的飞船的速度(m/s);k 为绳索抗张强度密度比(Nm/kg),$k = \sigma/\gamma$;$K = k/10^7$ 为系数;R 为到重心的半径,$R =$ 小行星 + 飞船(m);ω 为飞船绕小行星的角速度(rad/s);σ 为抗张强度(N/m^2);γ 为绳索的密度(kg/m^3)。

2. 绳索的质量 $W(\text{kg})$ 是:

$$W = A_0\gamma \int_0^R a(r)\,\mathrm{d}r = \frac{F_0}{k}\int_0^R e^{\omega^2 r^2/2k}\,\mathrm{d}r \qquad (26.9)$$

式中:r 为变量(m);F_0 为探测器的力(N)。

3. 相对绳索质量 $W_r = W/W_s$ 为

$$W_r = B(1 + B), B = \frac{n}{k}\int_0^{v^2/ng} \exp\left[\left(\frac{ng}{V}\right)^2 \frac{r^2}{2k}\right]\mathrm{d}r \qquad (26.10)$$

式中:积分区间是 $[0, V^2/ng]$;$n = F_0/g$ 为负载;V 为设备绕重心旋转的轨道速度;W_s 为飞船质量;g 为地球引力(m/s^2),$g = 9.81\text{m/s}^2$。

4. 飞船绕小行星的环绕速度

$$R = V^2/gn, V = (gnR)^{0.5} \qquad (26.11)$$

计算结果如图 26.8 ~ 图 26.10 所示。

5. 小速度下等截面绳索的相对速度

$$W_r = W/W_s = \gamma V^2/\sigma g = V^2/kg \qquad (26.12)$$

6. 找到飞船从小行星获得的附加速度

设立小行星速度方向为正方向建立坐标轴,并写下小行星—飞船系统的动量方程和能量方程:

$$m_1 V_1 + m_2 V_2 = m_1 u_1 + m_2 u_2 \qquad (26.13)$$

$$0.5m_1 V_1^2 + 0.5m_2 V_2^2 = 0.5m_1 u_1^2 + 0.5m_2 u_2^2 + A \qquad (26.14)$$

式中:m_1,V_1 为连接之前的小行星的质量和相对速度;m_2,V_2 为连接之前的飞船的质量和相对速度;u_1 为解连接之后小行星的速度;u_2 为解连接之后飞船的速度;A 为飞船提供的用来改变绳索长度的能量。

让我们以装置的位置为坐标的原点($V_2 = 0$),令变量 $V = V_1$ 为小行星绕装置的速度;$u = u_2$ 为装置的附加速度;$m = m_2/m_1$ 为装置的相对质量。

将式(26.13)中的 u_1 带入式(26.14),我们得到关于 u 的二次方程

$$(m + 1)u^2 - 2Vu + 2A/m_1 m = 0 \qquad (26.15)$$

方程的解为

$$u = \left\{ V \pm \left[V^2 + 2A(m + 1)/mm_1 \right]^{0.5} \right\}/(m + 1) \qquad (26.16)$$

观察这个方程,如果 $A = 0$(设备不改变绳索的长度)并且小行星的质量很大($m \approx 0$),则小行星速度方向获得的最大的附加速度为 $u = 2V$,在相反方向上 $V = 0$。如果 $A \neq 0$,飞船所能获得的最大的能量为

$$A \leqslant mm_1V^2/2(m+1) \tag{26.17}$$

如果装置消耗内部能量(减少绳索的长度),获得的附加速度仅受限于安全的绳索长度和装置负载。装置可通过非质损的方式获得速度增量。

如果设备在相对小行星方向角度为 φ 处解分离,那么附加速度是:

$$\Delta V = V(1 + \cos\varphi) \tag{26.18}$$

其中 V 为小行星绕飞船的初始速度(m/s)(坐标系中心在飞船处);ΔV 是飞船从小行星获得的附加速度(m/s);φ 是小行星原来速度方向与飞船后来速度方向之间的角度。

那么飞船获得的附加动能为

$$E_k = 0.5m_2(\Delta V)^2 \tag{26.19}$$

以下公式可能有用

$$V = \omega R, V_3R_3 = V_2R_2, V_1 = R_0\left(\frac{g_0}{R}\right)^{0.5}$$
$$V_2 = \sqrt{2V_1}, R_g = \left(\frac{g_0R_0^2}{\omega^2}\right)^{1/3} \tag{26.20}$$

式中:V_1 绕地球的轨道速度;V_2 为逃逸速度;R_0 为地球半径;R_g 为地球同步轨道半径。

26.3.4 方案

图 26.6 显示了利用小行星改变飞船轨道和速度的能力。飞船可获得的最大附加速度是飞船与小行星速度差的两倍。如果连接缆绳的长度改变,飞船的速度的改变可能会超过两倍的速度差。如果小行星自转,飞船还可由小行星自转获得附加速度。(对于载人飞船)由小行星获得的附加速度也会受到绳索质量的限制。附加速度为 1,000m/s 以及 $K = 0.2$ 情况下,绳索的质量可以是飞船质量的 5%。对于 2,000m/s 的附加速度,绳索的质量可以是飞船质量的 23%。当飞向小行星的时,可以将一个连接装置安装在缆绳运输机上。缆绳可以多次使用。

读者可以在其他报告中发现类似相似的专题(1965,2002a - j,2003a,b,2005amb,2011),Weekly News(1998),data for computation in Naschekin(1969),Galasso(1989),Kroschwitz(1990),Palmer(1991),Directory(1995),Cosmo and Lorenzini(1997),Anonymous(1996 - 1997,2001),Dresselhous(2000),Smitherman(2000),Ziegler and Cartmell(2001)。

图 26.8 ~ 图 26.13 展示了不同情况的计算结果:

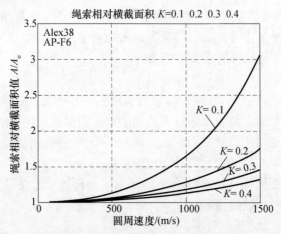

图 26.8　小行星绳索相对横截面比值与圆周速度；系数 $K = 0.1 \sim 0.4$

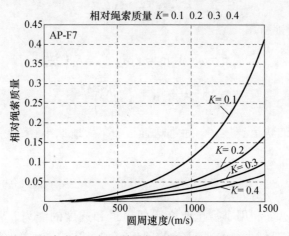

图 26.9　绳索小行星相对质量与圆周速度；系数 $K = 0.1 \sim 0.4$

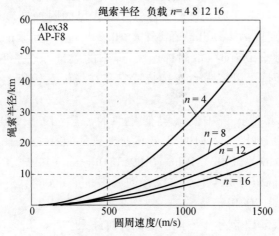

图 26.10　绳索半径与圆周速度，负载 $n = 4 \sim 16$

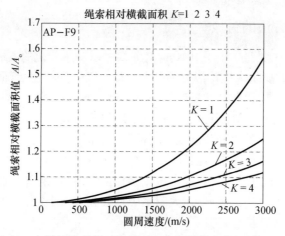

图 26.11　小行星绳索相对横截面比值与圆周速度;系数 $K = 1 \sim 4$

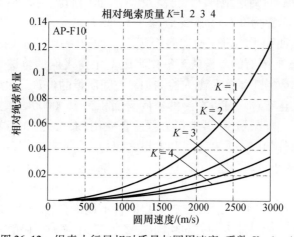

图 26.12　绳索小行星相对质量与圆周速度;系数 $K = 1 \sim 4$

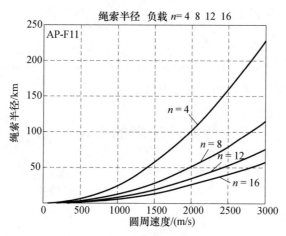

图 26.13　绳索半径与轨道速度及负载 n

26.3.5　系绳方法的讨论

如果飞船的速度变化小于 1000m/s，那么可以使用传统的人造纤维（安全系数 $K=0.1$）。绳索的质量大概是飞船质量的 8%。断开连接之后绳索会被收起来以便下次使用。读者可以对其他情况作一个估计。无线电或者光学设备可以在距离几千米时定位小行星。进而可以计算其速度，飞行方向以及质量。飞船（探测器）可以对自身轨道做小的修正以符合与小行星的相对位置要求。所有的直径大于 1km 的小行星都在航行图中，且其轨迹已知。其中 1000 个小行星距地球很近。对于这些小行星，我们可以预先计算出截距参数。目前，长距离飞船都使用行星的引力场来改变自己的轨迹。然而，在太阳系中总共只有 9 个行星，并且它们距离彼此很远。使用小行星将机会提升了一百万倍。

（1）估算遇到一个小的小行星的机率。已知每天有大约有 1t 的陨石落入地球并且有 8kg 左右的到达地球大气层。地球表面的面积约为 512000000km²。如果陨石的平均质量为 10kg，那么地球平均每天遭遇 100 个陨石，或者说每 5000000km² 的表面积平均每天遭受一个陨石。如果一艘宇宙飞船的质量大约为 100kg，一颗 10kg 的陨石的质量就足够用来改变宇宙飞船的轨迹与速度。地面定位器可以在长达数千千米的范围内检测 1kg 空间质量的位置。如果飞船探测的范围是 1000km，这意味着它可以探测的空间表面积为 1000000km²，或者说大概每 5 天遇到一颗陨石。如果说 10 颗中有 1 颗适合使用，那么每 50 天就能在地球附近遇到一颗符合条件的陨石。在火星和木星之间的小行星带中，概率是此处的十倍。对于 6000 个大的小行星，我们可以计算参数。随着已注册的小行星数的增加，这个值将会增大。

需要注意的是，如果（飞船）与空间物体有不同的速度或方向，那么空间物体的动能可被使用。如果速度和方向相同（如在火箭和航天飞船的最后阶段），系绳方案就难以应用。

（2）绳索。如果需要改变的速度低于 1000m/s，那么可以使用现有的人造纤维。

26.3.6　结论

对于长期的外太空旅行，目前已有材料与新型材料的实用性使得推进系统以及计划更可行，并具有最小的能源支出（Bolonkin，2006）。

26.4　空间飞行中小行星静电场的应用

本节提供了一种改变飞船的轨迹与速度的静电方法。这一方法使用静电力以及小行星的动能或者转动能来增加或减少飞船/探测器的速度，在外太空中速度能够改变 1000m/s 以上并且获得任意方向。宇宙飞船/探测器的飞行可能性由此提高了百万倍。

26.4.1 介绍

方法主要包括以下几个主要步骤(图 26.14):

(1)使用定位系统或望远镜(或者从目录中查找)发现一颗小行星并且确定其主要参数(位置,质量,速度,方向,自转);选择适当的小行星;计算飞船所需的与小行星的相对位置。

(2)修正飞船的运动轨迹来满足位置需求;飞船向小行星靠拢。

(3)使用充电抢将空间装置小球打进小行星。

(4)飞船通过绕小行星飞行及改变两者之间的电荷获取需要的位置和速度。

(5)对小行星和宇宙飞船放电。

对一个探测器(宇宙飞船)进行充电所需要的设备有:

(1)充电枪;

(2)发现并测量小行星的设备,并且计算飞船相对于小行星的轨迹;

(3)飞船的导航和控制设备;

(4)飞船与小行星放电设备(图 26.14)。

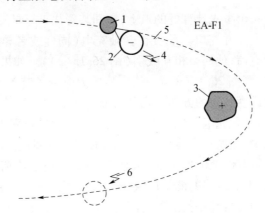

图 26.14　空间装置机动的静电方法。1—空间装置;2—带电球;
3—小行星;4—充电枪;5—新的飞船轨迹;6—放电

26.4.2　小行星利用简述

下面介绍利用小行星改变空间探测器速度与轨道的设施和一般流程。

图 26.15 展示了利用小行星改变空间装置速度与轨道的过程,比如说,小行星 2 在飞船附近移动。飞船需要在平面 3(垂直于草图)处进行一次机动(改变方向和速度),装置的位置已被修正过并使用小型火箭推进器移动到平面 3 的位置。假定小行星的质量比空间装置大,并且空间体的速度与飞船相近(差距至多为 1000m/s)。

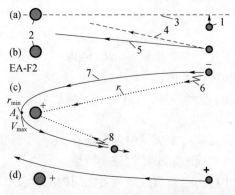

图 26.15　空间装置的静电机动

(a)预先准备,修正机动平面;(b)在机动平面修正设备轨迹;
(c)对小行星和飞船充电,改变飞船轨迹,并放电;(d)同极性电荷的情形(相斥)。
1—空间装置(球);2—小行星;3—机动平面;4—初始装置轨迹;5—轨迹初级修正;
6—使用充电枪从装置对小行星进行脉动充电;7—新的装置轨迹;
8—使用尖端对装置放电(返回部分充电能量)。

在飞船轨道上一个事先计算好的点上,空间装置往小行星发射一个充电器,它将会吸附在小行星表面并充电。装置也会被充电(同性或者异性电荷)。如果装置和小行星有异性电荷,他们会相互吸引(图 26.15(c))。如果他们有同性电荷,那么他们会相互排斥(图 26.15(d))。这个静电力改变了装置的轨迹和速度。轨迹获得了一个新的速度和新的方向。当装置获得了想要的速度和方向,装置就会放电,然后离开小行星。充电能量会返回到装置中。如果效率等于1,当速度增加的时候能量就会减少,速度不变能量就不变,速度减少能量就会增加。

充电过程采用特殊的充电枪实现,加速带电粒子(电子或离子)达到想要的速度,然后使用尖端放电。返回的能量取决于通过尖端的电流。装置还可以通过机械连接使用小行星的速度和小行星的动能。

这个充电设备也可以用于在小行星表面着陆飞船以及从小行星表面发射飞船。小球一般会充负电荷,因为在电场强度(真空中)超过 100MV/m 的时候,电子受到的电阻抗比较小。

26.4.3　静电方法的原理和计算

1. 电场力作用在两个带电体之间为:

$$F = k\frac{Q_1 Q_2}{r^2}, \ if \ Q = Q_1 = Q_2, \ F = k\frac{Q^2}{r^2}, \ Q = \frac{a^2 E}{k} \tag{26.21}$$

式中:F 为力(N);k 为系数,$k = 9 \times 10^9$;Q 为电荷量(C);r 为带点体中心之间的距离(m);a 为充电球的半径(m);E 为球表面的电场强度(V/m)(在真空对于负向充电可能超过 100~200MV/m,对于正向充电可能更高)。

2. 空间装置轨迹的计算。假设小行星的质量是装置质量的很多倍，并且将小行星重心设为坐标系的原点。初始装置位置如图 26.16 所示。

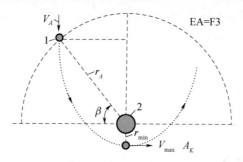

图 26.16　充电设备球和充电小行星之间的相互作用。1—空间设备和充电球(气球)；
2—小行星；r_A—初始半径；V_A—初始装置速度。

我们假设充电过程在瞬间完成，并且一直保持到放电时刻。

设备双曲线轨迹($e>1$)的计算方程式(小行星质量≫设备质量)

$$K=\frac{kqQ}{m},H=V_A^2\mp\frac{2K}{r_A},c=r_AV_A\cos\beta,e=\frac{c}{K}\sqrt{H+\frac{K^2}{c^2}},\alpha=2\arctan\sqrt{e^2-1},e>1,$$

$$\gamma=\pi-\alpha,V=\sqrt{H+\frac{2K}{r}},p=\frac{c^2}{K},r=\frac{p}{1+e\cos\varphi},T=\frac{2\pi}{\sqrt{K}}\left(\frac{p}{1-e^2}\right)^{3/2},r_{\min}=\frac{p}{1+e},$$

$$V_{\max}=\sqrt{H+\frac{2K}{r_{\min}}},A_k=\frac{V_{\max}^2}{p}$$

(26.22)

式中：K 为系数(常数)；m 为装置质量(kg)；q 为空间装置充电电荷(C)；Q 为小行星充电电荷(C)，通常 $q=Q$；H 为设备在小行星周围的能量系数(动能和电能)；V_A 为在初始半径 r_A 时(充电脉冲的瞬间)，小行星相对于飞船的相对速度；$V(r)$ 为飞船速度(m/s)；c 为动量常数；e 为设备轨道的离心率(双曲线轨道，$e>1$；抛物线轨道，$e=1$；椭圆轨道，$0<e<1$；圆形，$e=0$)；β 为充电的时候 V_A 和垂直于 r_A 的角度(图 26.16)；α 为双曲线渐近线之间的夹角；γ 为双曲线轨道相对于初始方向的最终误差；p 为双曲线轨道参数(m)；r 为在轨迹点的可变半径向量(m)；$r_{\min}$ 为装置中心与小行星的最小距离(m)；$V_{\max}$ 为装置相对于小行星的最大速度(m/s)；A_k 为装置的最大离心加速度(m/s²)。

常数(H)可由初始点(r_A)以及初始速度(V_A)求出(见式(26.22)的第二个方程)符号"－"代表吸引，符号"＋"表示排斥电荷。

注意轨迹也可能是圆形或者椭圆形的，装置可能绕小行星很长的时间。

读者可以在空间力学以及物理练习本上找到原始的重力场的方程，然后模仿它们写出电场的方程。式(26.22)可以用来计算充电装置与充电小行星的误差。

读者可以在其他报告中发现类似相似的专题（Bolonkin（1965,2002a - j,
2003a,b,2005a,b,2011），Weekly News（1998），data for computation in Naschekin
（1969），Galasso（1989），Kroschwitz（1990），Palmer（1991），Directory（1995），Cosmo
and Lorenzini（1997），Anonymous（1996 - 1997,2001），Dresselhous（2000），Smither-
man（2000），Ziegler and Cartmell（2001））。

质量为100kg的空间装置相对于参数 r_A 的典型轨道参数计算结果展示在
图26.17~图26.20中。

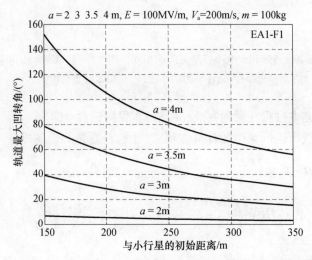

图 26.17　轨道的最大回转角 γ 与小行星的初始充电距离以及充电球半径关系,
电场强度 100000000V/m,装置初始速度为 200m/s,装置质量为 100kg,$\beta = \pi/4$

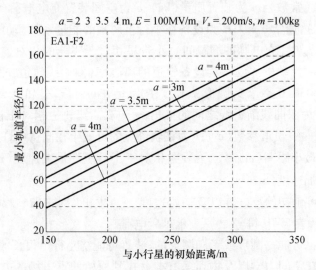

图 26.18　初次充电时相对于小行星的最小轨道半径,电场强度 100000000V/m,
装置初始速度为 200m/s,装置质量为 100kg,$\beta = \pi/4$

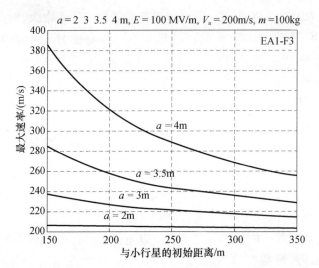

$a = 2\ 3\ 3.5\ 4\ \text{m}, E = 100\ \text{MV/m}, V_a = 200\text{m/s}, m = 100\text{kg}$

EA1-F3

图 26.19　初次充电时相对于小行星的装置最大速度,电场强度 100000000V/m,
设备初始速度为 200m/s,装置质量为 100kg,$\beta = \pi/4$

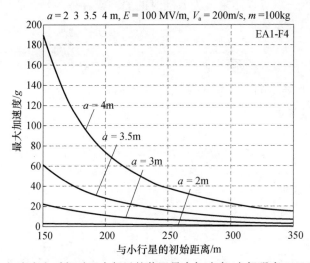

$a = 2\ 3\ 3.5\ 4\ \text{m}, E = 100\ \text{MV/m}, V_a = 200\text{m/s}, m = 100\text{kg}$

EA1-F4

图 26.20　初次充电时相对于小行星的装置最大加速度,电场强度 100000000V/m,
设备初始速度为 200m/s,装置质量为 100kg,$\beta = \pi/4$

3. 给充电球充电所需的初始电能。给小球充电必须要用高压(百万伏特)电。
当充电设备效率达到 100% 时,让我们估算一下最少需要多少能量。这个能量相
当于将小球移动到无穷远处所做的功。这可以用下面的公式计算:

$$W = \frac{Q^2}{2C}, Q = \frac{a^2 E}{k}, C = \frac{a}{k}, W = \frac{a^3 E^2}{2k} \tag{26.23}$$

式中:W 为小球充电电能(J);C 为小球电容(F);Q 为小球电荷(C)。

计算结果如图 26.18 所示。可以看出所需能量不是非常大,对于半径 $a = 2 \sim$ 4m,电荷密度为 $25 \sim 100\text{MV/m}$ 的小球来说需要的电能为 $1 \sim 10\text{kWh}$。这些能量(等于,或者更少,或者更多)在小球通过空间尖端放电之后还能够返回。

可以通过下面的公式计算用于分离异性电荷所需(装置—小行星系统满足, $q = Q$)的能量(效率为1)

$$W = \int_a^{r_A} k \frac{Q^2}{r^2} \mathrm{d}r = kQ^2 \left(\frac{1}{a} - \frac{1}{r_A} \right), \Delta W = \frac{mV_A^2}{2} - \frac{mV_f^2}{2}, \Delta W = kQ^2 \left(\frac{1}{r_A} - \frac{1}{r_f} \right)$$

(26.24)

式中: ΔW 为增加的能量(J); V_f 为放电时的设备速度(m/s); r_f 为放电时与小行星的距离(m)。给小行星充电时需要的能量要少一些,这是因为它相对于空间装置处于一个限定的位置。增加的能量 ΔW 可以是正,是负,也可以是0。

4. 球的压力,覆盖厚度和质量。小球有来自同性电荷的张应力。方程与 Boloukin 的式(13.9) ~ 式(13.12)一致(2006 年)。

5. 在小行星上发射或者着陆空间装置。如果装置与小行星有同性电荷,它们将相互排斥。这一点可以用来做为着陆时的缓冲或者是发射时的推力。装置获得的速度变化可以表示如下:

$$Q = \frac{a^2 E}{k}, \frac{mV^2}{2} = k\frac{Q^2}{a} = \frac{a^3 E^2}{k}, V = \sqrt{\frac{2a^3 E^2}{km}}$$

(26.25)

其中, V 为制动时的初始速度或者是发射时的最终速度(m/s)。着陆以及发射速度的计算结果如图 26.21 所示。发射速度可以非常高,最高可达 1600m/s 甚至更高。

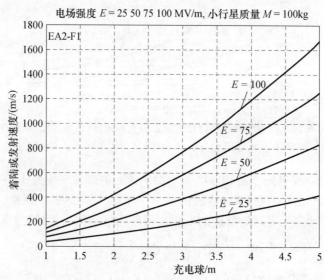

图 26.21　相对于小球半径以及不同电场强度的着陆与发射速度(MV/m)

26.4.4　方案

读者可以在其他报告中发现类似相似的专题（1965,2002a – j,2003a,b,2005a,b,2011）,Weekly News(1998 年)。

方案中我们可以使用质量为 100kg 的空间装置。参数以及机动能力可以从上面提及的图中估算。估算的数据可以从 Naschekin(1969 年),Galasso(1989 年),Kroschwitz(1990 年),Palmer(1991 年),Directory(1995 年),Cosmo 和 Lorenzini(1997 年),Anonymous(1996 – 1997,2001),Dresselhous(2000 年),Smitherman(2000 年),Ziegler and Cartmell(2001 年)中找到。

26.4.5　讨论

1. 遇到一个小行星的概率的估算。这个问题在 Bolonkin(2006 年)的第 11 章提到。注意如果小行星有不同的速度与方向,那么可以通过机械连接使用空间物体的动能。然而,在速度方向相同时可以使用静电法改变装置速度(通过充电和放电)。

2. 给小球充电。在文献 Bolonkin(2006)的 13 章,第 9 点涉及到这个问题。

3. 小球电荷的封锁。小球电荷的封锁以及太阳风带来的异性电荷是这种方法需要解决的问题。小球上的电荷会吸引异性电荷,排斥同性电荷,异性电荷会聚集在小球周围从而阻碍充电。因此,小球的有效面积将会比理论估计值要小。在地球轨道上这片区域的半径为 7 ~ 25km。静电力会减少。作者在第 13 章给出中性(高效)区的计算方法。由于下面几个原因,这个问题不是很重要。

1. 装置的轨道通常在中性球体里面。

2. 机动一般发生在远离太阳的地方,太阳风粒子的密度很小。

3. 机动进行得很快。

因为该装置有很高的离心加速度,导致了充电枪的质量,储电以及小球的质量等不足。

参考文献

[1] Anonymous, Space technology Application. International Forum, Albuquerque, MN, parts, 1 – 3(1996 – 1997)

[2] Anonymous, Newsletter. Chim. & Rng(October 8 ,2001)

[3] Bolonkin, A. A. ;Theory of Flight Apparatus with Control Radial Force. In: Ostoslavsky, I. V. (ed.) Collection Researches of Flight Dynamic, pp. 79 – 118. Mashinostroenie, Moscow(1965)(in Russian)

[4] Bolonkin, A. A. :Hypersonic Gas – Rocket Launch System, AIAA – 2002 – 3927. 38th AIAA/ASME/SAE/ASEE Joint Propulsion Conference and Exhibit, Indianapolis, IN, USA, July 7 – 10(2002a)

[5] Bolonkin, A. A. :Inexpensive Cable Space Launcher of High Capability, IAC – 02 – V. P. 07. 53rd International Astronautical Congress, The World Space Congress, Houston, Texas, USA, October 10 – 19(2002b)

[6] Bolonkin, A. A. :Non – Rocket Missile Rope Launcher, IAC – 02 – IAA. S. P. 14. 53rd International Astronauti-
cal Congress, The World Space Congress, Houston, Texas, USA, October 10 – 19(2002c)

[7] Bolonkin, A. A. :Hypersonic Launch System of Capability up 500 tons per day and Delivery Cost $ 1 per lb. IAC –
02 – S. P. 15. 53rd International Astronautical Congress, The World Space Congress, Houston, Texas, USA, Octo-
ber 10 – 19(2002d)

[8] Bolonkin, A. A. :Employment Asteroids for Movement of Space Ship and Probes. IAC – 02 – S. 6. 04. 53rd Inter-
national Astronautical Congress, The World Space Congress, Houston, Texas, USA, October 10 – 19(2002e)

[9] Bolonkin, A. A. :Non – Rocket Space Rope Launcher for People, IAC – 02 – V. P. 06. 53rd International Astro-
nautical Congress, The World Space Congress, Houston, Texas, USA, October 10 – 19(2002f)

[10] Bolonkin, A. A. :Optimal Inflatable Space Towers of High Height. COSPAR 02 – A – 02228. 34th Scientific As-
sembly of the Committee on Space Research(COSPAR), The World Space Congress, Houston, Texas, USA, Oc-
tober 10 – 19(2002g)

[11] Bolonkin, A. A. :Non – Rocket Earth – Moon Transport System, COSPAR – 02 B0. 3 – F3. 3 – 0032 – 02, 02 –
A – 02226. 34th Scientific Assembly of the Committee on Space Research(COSPAR). The World Space Con-
gress, Houston, Texas, USA, October 10 – 19(2002h)

[12] Bolonkin, A. A. Non – Rocket Earth – Mars Transport System, COSPAR 02 – A – 02224. 34th Scientific Assem-
bly of the Committee on Space Research(COSPAR). The World Space Congress, Houston, Texas, USA, October
10 – 19(2002)

[13] Bolonkin, A. A. :Transport System for delivery Tourists at Altitude140 km. IAC – 02 – IAA. 1. 3. 03. 53rd In-
ternational Astronautical Congress. The World Space Congress, Houston, Texas, USA, October 10 – 19(2002j)

[14] Bolonkin, A. A. :Non – Rocket Transport System for Space Travel. Journal of British Interplanetary Socicty 56,
231 – 249(2003a)

[15] Bolonkin, A. A. :Asteroids as Propulsion Systems of Space Ship. Journal of British Interplanetary Society 56, 98 –
107(2003b)

[16] Bolonkin, A. A. :Electrostatic Solar Wind Propulsion System, AIAA – 2005 – 3653. 41st Propulsion Confer-
ence, Tucson, Arizona, USA(2005a)

[17] Bolonkin, A. A. :Electrostatic Utilization of Asteroids, AIAA – 2005 – 4032. 41st Propulsion Conference, Tuc-
son, Arizona, USA(2005b)

[18] Bolonkin, A. A. :Non – Rocket Space Launch and Flight, 488 p. Elsevier, London (2006), http://www. ar-
chive. org/details/Non – rocketSpace LaunchAndFlight, http://www. scribd. com/doc/24056182

[19] Bolonkin, A. A. :New Concepts, Ideas, and Innovations in Aerospace, Technology and Human Life. NOVA, New
York (2007a), http://www. scribd. com/doc/24057071, http://www. archive. org/details/NewConceptsIfea-
sAnd InnovationsInAerospaceTechnologyAndHumanSciences

[20] Bolonkin, A. A. :AB Levitation and Energy Storage. Work presented as paper AIAA – 2007 – 4613 to 38th
AIAA Plasma Dynamics and Lasers Conference in Conjunction with the 16th International Conference on MHD
Energy Conversion, Miami, USA, June 25 – 27(2007b)

[21] Bolonkin, A. A. :New Technologies and Revolutionary Projects, 324 p. Lambert, New York (2008), http://
www. scribd. com/doc/32744477,   http://www. archive. org/details/NewTechnologiesAnd   Revolutionar-
yProjects

[22] Bolonkin, A. A. :Life. Science. Future(Biography notes, researches and innovations), 208 p. Publish America,
New York (2010), http://www. scribd. com/doc/48229884, http://www. lulu. com, http://www. archive.
org/details/Life. Science. Future. biographyNotesResearchesAndInnovations

[23] Bolonkin, A. A. :Universe, Human Immortality and Future Human Evaluation. Elsevier, New York (2011), ht-

tp://www. scribd. com/doc/75519828/,http://www. archive. org/details/UniverseHumanImmortality AndFu-tureHumanEvaluation

[24] Bolonkin, A. A. , Cathcart, R. B. : Macro − Projects: Environments and Technologies, 536 p. NOVA, New York (2007), http://www. scribd. com/doc/24057930, http://www. archive. org/details/Macro − projectsEnviron-ments AndTechnologies

[25] Cosmo, M. L. , Lorenzini, E. C. (eds.): Tethers in Space Handbook, 3rd edn. Smithsonian Astronomic Observa-tory, New York(1997)

[26] Directory, Carbon and High Performance Fibers. Springer, New York(1995) Dresselhous, M. S. : Carbon Nano-tubes. Springer, New York(2000)

[27] Galasso, F. S. : Advanced Fibers and Composite. Gordon and Branch Scientific Publisher, New York(1989)

[28] Kroschwitz, J. I. (ed.): Concise Encyclopedia of Polymer Science and Engineering, New York(1990)

[29] Naschekin, V. V. : Technical thermodynamic and heat transmission. Public House High Universities, Moscow (1969)(in Russian)

[30] Palmer, M. R. : A Revolution in Access to Space Through Spinoff of SDI Technology. IEEE Transactions on Magnetic 27,11 − 20(1991)

[31] Smitherman Jr. , D. V. : Space Elevators, NASA/CP − 2000 − 210429(2000)

[32] Weekly News, Asteroids as Engine of Space Ships(Suggestion of American Scientist Alexander Bolonkin), Isra-el(April 28,1998)(in Russian)

[33] Ziegler, S. E. , Cartmell, M. P. : Using Motorized Tethers for Payload Orbital Transfer. Journal of Space and Rockets 38,904 − 913(2001)

第 **27** 章

通过观测小行星寻找地外文明

乔鲍·克斯克（Csaba Kecskes）
匈牙利布达佩斯 Competh 有限公司（Comptech Ltd, Buolapest, Hungary）

27.1 引言

现代天文学有史以来的所有证据都表明人类所处的环境并非在宇宙中央,也没有什么特殊性。最近,高分辨率摄谱仪的出现使得这个方向的研究向前迈了一大步。通过它能够探测到太阳周围的巨型和亚巨型行星,或者更小的星球（Mayor,1995 年）,由此我们发现行星系统并不少见。如果人类不是唯一存在的,那么有人会问:其他的生物在哪儿? 虽然只有一些模糊的记录提到恩里科·费米曾与他的同事讨论过这个问题（Finney,1985）,但该问题传统上还是被命名为费米悖论。关于这个问题有数百个假设答案（可以参考 Webb,2002 年）,里面有一个不太长的总结）,但没有一个答案有任何的证据支持。

下面给出两个可能是最主流的答案:

· UFO（不明飞行物）理论:外星人经常到访地球,他们在太阳系等其他星系有自己的基地。

· SETI（寻找地外智慧）:星际旅行从来没有发生过,也永远不会发生,外星人只能通过无线电（或可见光,中微子等）传递消息来相互联系（Drake,1992 年）。

UFO 理论并不受科学家的青睐,考虑到一些 UFO 理论支持者提供的所谓"传闻证据"（有时甚至会有一些令人难以置信的细节）,这也是可以理解的。但是如果把 UFO 理论的基本假设更换得弱一些（如将外星人曾经到访过地球或者外星人现在经常到访地球的假设,更换为外星人过去到访过太阳系或他们现在可能存在太阳系中）,这样 UFO 理论就成为可以测验的了（通过反复观测可验证的/可证伪的）。例如,在 20 世纪 70 年代有人提出外星人可能居住在一些小行星（Papagiannis,1978年),他们的活动会引起多余的红外线辐射,由此可以检测到他们的存在(Papagiannis,1985年)。红外天文卫星(Neugebauer,1984年)是第一个能够画出太阳系中的红外辐射分布图星载仪器,但我们从该卫星绘制的图上没有发现任何小行星有过量的红外辐射。

SETI理论(这一理论过于悲观了)也难以令人信服,尤其是考虑到银河系中宜居地带(Balazs,1988年)中的大多数类太阳恒星都比太阳早大约十亿年(Lineweaver,2004年);因此应该有很多科技文明拥有数百万年可支配时间用于发展一种星际飞行的方法。

假设外星人的技术文明已经演化到类似地球的行星(或者甚至类太阳恒星)对他们不再重要的水平,那么费米悖论就能够解决了。正如约翰·艾伦球所写:"更有可能的是,类地行星之于外星人就像一颗空蛋壳之于一只鸟"(Ball,1985)。在Kecskes(1998年)中提出了一个科技文明的进化模型,这个模型总结在表27.1中。

表27.1　技术文明的进化模型(Kecskes(1998年))

一般描述	典型的长期运输方法	使用的材料资源	使用的能量资源	生物属性
第1级:行星表面的文明	飞机,轮船	地壳上的矿石,生物界的有机物	天然形成的固有星球能源(煤,石油,铀)	能适应行星条件(高气压,强大的引力,天然食品资源)
第2级:行星际空间的文明	带有小加速度的星际飞船	小行星,已经毁灭的彗星核	阳光直射(太阳能电池,太阳炉)	适应太空栖息地(低气压,几乎零重力,封闭的生命支持系统)
第3级:拥有星际旅行能力的文明	星际间飞船(范围有限)	与第2级文明类似,并且旅行时要准备材料	与第2级文明类似,旅行时能量采用人为保存的形式(氘,He3,反物质?)	与第2级文明类似,且有很长的寿命(或是拥有休眠功能),小型封闭的生命维持系统
第4级:星际空间的文明	星际间飞船(范围无限)	星际尘埃,控制融合的产品?	星际间的氢聚变,神秘资源?	与第3级文明类似,甚至有可能在他们的身体内集成生命维持系统

根据上述模型,拥有3级文明的外星人可以定期造访行星。他们可以在小行星或其他小物体上来补充燃料、维修甚至重建自己的飞船。因为他们适应了低重力环境(从技术上和生物学上),所以行星和大型卫星都不适合他们。由于他们使用恒星发出的能量,因此他们造访的这些小行星不能远离恒星。因此,对于外星人

515

而言,太阳系的小行星带是一个合适的地方。他们需要的资源可能包括作为飞船结构构件的轻金属(铝、镁)以及用来维持生命系统的有机物和水。如果他们使用一个基于核聚变原理的推进系统,水也可以用于生产氘和氚。

　　一种观点认为在星际飞船(行星际飞船)上使用封闭的生物生命维持系统不够经济,因为封闭的生物生命维持系统总是过重。与其使用这样一个系统,不如把宇航员换成半机械人(Clynes,1960 年)。随着未来纳米技术的发展,这有望成为现实(Freitas,2002 年)。表 27.1 中给出模型的演化阶段分类基本上取决于飞船的逐步发展:发展星际间飞船之前应该先发展行星际飞船,在发展先进的星际飞船(该飞船可以从星际介质中提取必要的材料)之前,使用恒星周围材料就可以操作的"基本的"星际飞船应该要发展起来。由于半机械宇航员是表 27.1 中的第 2 级文明,在生物学上可能不适应低重力环境。但就技术上而言,从一个小天体中提取材料所需的成本比在一个"重力较大的"星球上举起物体的成本要低得多,因此半机械宇航员也能够适应低重力环境的。

　　能够同时满足星际飞船维修和补充燃料操作的最佳地方应该是一个含有大量的水合矿物和/或水冰的 C 类小行星(Rivkin,2002 年)。即使外星人拥有先进的纳米制造技术,并且他们会使用金刚石型(diamondoid - type)材料(Freitas,2011 年),C 类小行星上的碳含量使其依旧是一个不错的选择。当然,我们不能过分的期望太阳系中有外星人,但是因为小行星表面的腐蚀相当缓慢,即使经过数百万年,外星人留下的痕迹(通过熔炉、熔渣堆、不值得修复的损坏的飞船零件)依然存在(Clark,2002 年)。

　　可能有人认为表 27.1 给出的模型推测性太强,因此我们还可以从其他理论的观点考虑,"地外生命搜索计划"(SETA)就是个有价值的提议。在 20 世纪 60 年代有人提出,外星人可能已经发送航天探测器到太阳系中,用来观察地球(Bracewell,1960 年)。我们在它最可能出现的地方进行天文搜索(如在地—月的拉格朗日点,参照 Freitas(1983 年)),但没有发现存在人造物的任何证据(Valdes,1983 年)。必须指出的是,术语"地外生命搜索计划"是由 Freitas 提出并在 Freitas (1983 年)中被首次使用。

　　根据上述演化模型,处于高级文明阶段的外星人不可能故意发送航天探测器到太阳系中。因为在第 3 级文明时,它们对类似地球的行星是不感兴趣的。并且在我们目前的技术水平下,已经可以检测到绕附近恒星运动的小行星带,通过使用更多先进的技术,我们甚至可以检测到上面的矿物特性,这远比发送一颗航天探测器到另一颗恒星进行检测并等待结果,要快得多也便宜得多。

　　但是航天探测器也有可能是被无意发送的:在第 2 级文明时,外星人在附近的小行星带的大型工业活动可能产生大量垃圾,把这些垃圾扔到星际空间比再处理要便宜得多。如果第 2 级文明毁灭或是进化到第 3 级文明,那么一些人造物可能会留在他们的小行星带上,并可能通过轨道演化到星际空间。如果有许多这样的来源,那么这些人造物随机地进入到太阳系也不是不可能的。有人认为应该在月球上搜索这种人造物的残留物(Arkhipov,1998 年)。

27.2 搜索方法

在小行星带搜索人造物可以分为以下两个问题:
· 如何寻找合适的小行星
· 如何识别人造物

第二个问题更容易讨论,因为美国宇航局的月球勘测者(LRO)(Chin,2007年)正在执行一项太空任务,任务的目标之一就是拍摄月球表面上的人造物。它的目标是以苏联登月任务(Luna,Lunokhod)和美国登月任务(Surveyor,Apollo)的遗留物。LRO 任务的一大成果就是它确定了月球车 - 1 探测器(Abdrakhimov,2011 年)的具体位置。

不过 LRO 拍摄到的图片分辨率相对月球上人造物的大小而言不是很高,最高分辨率也就大约50cm/px。这样在图片上,人造物只有 10~50 像素点。如果人们知道该物体是什么,以及它所处的大体位置,这已足够。但对于证明(或至少暗示)一个前所未见的人造物,这肯定是不够的。如果假设外星人制造的人造物和人类制造的大小一致,那么至少需要 10cm/px 的分辨率。可以合理的假设在类似地球行星的环境中,人造物的典型尺寸遵循类似人类进化的尺寸。表27.2 列出了LRO 的高分辨率相机和其他一些用在宇宙飞船中拍摄小行星或彗星的高分辨率相机的重要参数。

如果有人问:"哪些相机应该用在类似 LRO 的飞船上,拍得的照片分辨率可以达到10cm/px",在表 27.2 中就只有一个合适的选择,即深度撞击计划的高分辨率相机(HRI)。这表明在当前空间技术下(包括经济限制),在天体表面上搜索以前看不到的人造物是有可能,但是制造和测试成像系统需要大量的投入。当然,着陆器可以在着陆后利用更小的相机拍摄更高分辨率的照片,但发送着陆器到每一个超过千米量级的小行星(或每个超过"一米"的月球陨石坑),这无疑是一笔天文数字的投入。

第一个问题(如何找到具有人造物的小行星)更难解决。如果将用于外星人星际飞船维修和补充燃料的小行星命名为"小行星维修站",这样的"小行星维修站"极有可能具有以下几类特征:

(1)它是一种 C 型小行星;因此它的轨道的半长轴应该是 2.3 和 3.5AU 之间(Nelson,1993 年)。

(2)它的轨道的偏心率大概在0.06 以下。在第 3 级文明时,他们使用太阳能(恒星)。只要他们在恒星附近,输入的能量变化不是太大,任何技术都很容易实现。

表 27.2　宇宙飞船上使用的相机

任务名称	摄像机名称和类型	焦距/mm	孔径或方差比	CCD 尺寸(像素)	预期分辨率
NASA LRO (Chin 2007)	窄角镜头(NAC),卡塞格林反射器	700	195mm	直线 5000	在 50km 距离处 0.5m/px
NASA Galileo (Russell 1992)	固态成像仪(SSI),卡塞格林反射器	1500	f/8.5	800×800	在 10000km 距离处 100m/px
NASA NEAR (Cheng 2002)	高精度卫星(MSI),折射光学	167	18.6cm^2	537×244	在 100km 距离 10m/px
ESA Rosetta (Keller 2007)	窄角相机(NAC),3 镜不对称(消象散)望远镜	717	90mm	2048×2048	在 1000km 距离处 20m/px
NASA Deep Space 1 (Rayman 2000)	MICAS/VISCCD 成像仪,使用不对称镜子的反射器	677	100mm	1024×1024	在 4000km 距离处 50m/px
JAXA Hayabusa (Ishiguro 2009)	AMICA,折射望远镜	120	15mm	1024×1024	在 10km 距离处 1m/px
NASA Stardust (Brownlee 2003)	成像和导航相机,佩兹伐类型折射望远镜	200	f/3.5	1024×1024	在 150km 距离处 12m/px
NASA Deep Impact (A'Hearn 2005)	高分辨率成像(HRI),卡塞格林反射器	10500	300mm(f/35)	1024×1024	在 700km 距离处 1.4m/px(由于对焦不准,实际分辨率要差些)
NASA DAWN (Russell 2007)	取景相机,折射光学	150	f/7.9	1024×1024	在 200km 距离处 20m/px

（3）它的直径可能大于 1km。尽管更小的小行星可能也包含了足够多的能让他们用于维修和补充燃料的材料。但露天开采比竖井开采容易,而且在一个较大的表面的上放置太阳能电厂、熔炉等更加方便。

（4）它的轨道的倾角可能大于 10°。如果一个星际飞船从任意方向到达太阳系,它首次环绕太阳的轨道将可能是高倾角轨道。如果他们只剩下很少的燃料（最后一个星际旅行当然也是寻常的）,那么他们会选择一个与他们最初的轨道倾角相差最小的的小行星着陆,此时该小行星具有大倾角。

在上述特征中的数字只是粗略的估计,但对于一些计算已经足够了。最近一次小行星年鉴（Shor,2010 年）里包含 231665 个编号的小行星。国际天文学联合会小行星中心网站（www. minorplanetcenter. net）显示,到 2012 年 5 月,有 599,955 个已知的位于主带的小行星。使用这个的交互式数据库搜索工具,基于上面列出的标准笔者提出了以下搜索条件：

（1）绝对量级 <17（相对之前的粗略估计"直径 >1km"的标准）；

（2）2.3AU < 半长轴 <3.5AU；

（3）偏心率 <0.06；

（4）倾角 >10°。

结果是：有 9039 个对象匹配上述搜索条件（2012 年 5 月），其中有 4885 个是已编号的小行星。如果一个个去审查，这将是一个天文数字。由于以下的原因，光谱特性描述没有太大的帮助：

（1）在满足 2.3AU < 半长轴 <3.5AU 的地区，大部分小行星都在 C 类，且大多都含有水（Rivkin，2002 年）；除去"非 C 型"和"干枯 C 型"，上面的数字可能会减少一半，但还是太多了；

（2）小行星是模糊的天体，观察小行星的光谱图需要昂贵的大型望远镜。在 2001 年，测量过光谱的小行星数目大约为 3000（Bus，2002 年），这一数字的增长速度远远低于已知轨道小行星数量的增长速度。

（3）如果一颗小行星被用作外星人的"维修站"，可能它的表面的只有小部分用于采矿和炉渣沉积；在这种情况下，小行星光谱将不会显著改变。太空风化甚至还会抑制这一甚微的变化。

有一点必须明白，寻找人造物并不意味着必须找到一个特定的小行星。外星人也会同样认为他们不是唯一的。如果有一些外星人到访过太阳系，当然可能还有其他外星人到访过。于是人们自然的想问：到底有多少访客？这个问题引发了一个更大的关于外星人的问题："银河系里到底有多少颗类地球行星"，"在一个类地行星上，技术文明进化的可能性有多大"等等。这些问题有一些依据德雷克公式（Drake，1992 年）进行了讨论，但由于缺乏观测数据，这些仅仅是猜测。

如果有人接受表 27.1 中描述的技术文明进化模型，那么其他类似的问题可能会出现："从第 1 级文明达到第 2 级文明再到达第 3 级文明的概率是多大（以及需要多长时间）"，"到达第 4 级文明之前，在第 3 级文明中有多少次星际旅行"等。这些问题可能有许多假设性的答案，但由于缺乏观测数据都不值得讨论。唯一可以肯定的是：如果我们不尝试去搜索，我们就不会有任何收获。

考虑到潜在的目标数量庞大，在小行星带执行地外生命搜索计划的有一个有效方法是执行多个飞越小行星任务。使用这种方法一个宇宙飞船可以访问许多小行星。可以推测出主带上已知的小行星间的平均距离大约为 1000 万千米。理论上宇宙探测器在主带上环绕时，每个星期可以接近一个小行星。实际上由于 ΔV 限制，这是不可能的，但仔细设计一个 ΔV 为 100 ~ 200m/s 的轨道就可以完成两个飞越（这个估计是基于在灶神星探测任务中曾经进行的轨迹计算，可以参考 Harvey（2007 年））。在这种情况下，宇宙飞船在主带时总速度变化能够达到 1 ~ 2km/s，就可以访问 5 ~ 20 颗小行星。飞越方法的另一个优点是当飞船飞到黄道平面附近时,可以在合适的时机接近高倾角小行星的轨道,因此飞船不需要使用大量的燃料改变它的轨道倾角。

"飞越多个小行星"的概念并不是一个新的想法;在 20 世纪 80 年代,苏联太空计划的领导者就计划了名为灶神星(Harvey,2007 年)的一个任务。灶神星探测任务是一个国际项目,国家空间研究中心(法国)提供空间探测器(计划提供两个),国际宇航员计划(苏联)提供用于发射到重要目标上的发射器和穿透装置。为减少在飞越时的相对速度,设计了空间探测器绕火星变轨方案。在1994 年和 1996 年曾计划了发射轨迹(Veverka,1989 年),1994 年的轨迹总结如表 27.3 所列。

表 27.3 灶神星任务计划的轨迹

轨迹 1	轨迹 2
从地球发射	从地球发射
火星重力的协助	火星重力的协助
飞越:2335 号 James(速度:15km/s)	飞越:2335 号 Renzia(速度:4.3km/s)
火星重力的协助	火星重力的协助
飞越:109 号 Felicitas(速度:6.3km/s)	飞越:435 号 Ella(速度:3.5km/s)
飞越:739 号 Mandeville(速度:7km/s)	飞越:P/Tempel1 号(短周期彗星,速度:7.1km/s)
飞越:4 号 Vesta(释放穿入者,速度:3.3km/s)	飞越:46 号 Hestia(释放穿入者,速度:3.6km/s)

由于苏联解体,上述计划没有实现,但飞跃小行星作为太空任务的子任务被执行,在这些任务中主要目标通常不是小行星。这些飞越总结在表 27.4 中。

表 27.4 小行星飞越

小行星的名字、任务名称、年份	相对速度/(km/s)	最接近点/km	相片的最高分辨率/(m/px)
951 号 Gaspra,NASA Galileo,1991	8	1600	54
243 号 Ida(+ Dactyl),NASA Galileo,1993	12	2390	25
253 号 Mathilde,NASA NEAR,1997	10	1210	160
9969 号 Braille,NASA Deep Space 1,1999	15	28	200(仪器问题)
5535 号 Annefrank,NASA Stardust,2002	7.4	3100	185
2867 号 Steins,ESA Rosetta,2008	8.6	800	80(NAC 出现仪器问题,质量最好图片来自 WAC)
21 号 Lutetia,ESA Rosetta,2010	15	3160	60

从表27.4和任务的描述我们可以得到以下结论：

（1）通过精心设计，非常近距离的飞越（<30km）是可能实现的，机载导航系统（自动）可以提供很大帮助。

（2）必须选择合适的飞越几何路线，高相位角的飞越方法会引起成像问题（最坏的情况：飞越小行星的阴暗面）。

（3）在飞越过程中，成像系统（或宇宙飞船其他重要的子系统）可能会暂时失效（或进入"安全模式"），因为在这种模式下的操作相比巡航模式下的操作有着显著差异。宇宙飞船的第一个飞越目标应该不是特别重要的目标，但第一次飞越过程中存在的问题必须仔细分析和纠正。

（4）第二，广角摄像头必需支持独立的机械、光学和电子组件。如果第一个（窄角度，高分辨率）相机出现故障（暂时或永久），那么第二个摄像头仍能提供从"天体地质学"的观点来看有用的图片（对于地质研究的目的，如果小行星直径>1km，图片分辨率达到5~20m/px就足够了）。广角相机比窄角相机能收集更多的光线，因此它里面经常集成光谱仪。如果星体跟踪器或导航相机出故障了，广角相机还可以替代它们。

（5）摄像机应安装在移动平台上。这样整个飞越过程中可以更精确地跟踪小行星的移动，并且宇宙飞船的其他重要的部分（高增益天线，太阳能电池板）可以保持在最佳位置。

（6）机载跟踪系统（通过分析相机在飞越中拍到的照片，根据需要校正相机平台）可能非常很有用。

从表27.4可以看出，迄今为止飞跃小行星并没有用于获得高分辨率的照片。这是由各种原因引起的（相对小的相机，很远的飞越距离，仪器故障，不利于靠近的几何形状），但除了这些还有一个棘手的问题。让我们设想一个小行星在最小距离50km和相对速度10km/s的情况下飞越，那么用于拍摄高清照片的时间大约是10s。如果窄角相机可以每0.05s拍摄一张照片（考虑f/35相机的理想情况且忽略电子的速度），那么就会有200张照片，如果CCD尺寸是1024×1024像素，那么每张照片覆盖一个10000m^{2}的矩形区域，分辨率为10cm/px。这些照片覆盖的总面积为2km^2。如果我们考虑更实际的情况，由于相机定位不精确，照片之间会有重叠部分和间隙，那么这些照片覆盖的总面积会变小。

在飞越一个直径为1~2km的小行星时，其可见区域为1~5km^2，因此"飞越时可见"的区域和"高分辨率拍摄"的区域之间差异不是很大。但是，如果是飞越一个更大的行星，那么上述差异是巨大的（例如，如果小行星的直径为10km，且飞越几何位置接近最优，那么可见区域会超过100km^2）。这是一个非常大的差异，在目前的技术水平之内（包括预期财务限额），这一问题不能得到解决。为了缓解这个问题，可以参考以下建议：

（1）尽量降低飞越的速度，灶神星探测任务的轨迹是个很好的例子。

（2）如果能提供适当的灵敏度,可以尝试使用更大的 CCD（如"罗塞塔"号宇宙飞船上窄角相机的 2048×2048 像素的 CCD）。

（3）如果 CCD 读出时间过长,那么可以通过旋转镜使用多个 CCD,但这会增加成本。

（4）理论上,可以使用较低分辨率的照片来描述小行星的表面特征,并利用这些信息在飞越过程中让窄角相机只拍摄星体表面感兴趣的部分。这需要高效的机载图像分析能力和机载跟踪系统。

27.3 结论

为了达到地外生命搜索计划的目的（试图在主带小行星带表面找到人造物）,大多数"飞跃多个小行星"类型的任务是有效的。这样的任务对于"太空地质研究"也是有利的（研究小行星的地质学和矿物学）。在这样的任务中,当宇宙飞船在小行星主带飞行时,宇宙飞船的推进系统必须提供至少 $1\sim2km/s$ 的总 ΔV,这样飞船可以飞越 $5\sim20$ 颗小行星。飞船的有效载荷必须包含一个窄角相机（在 50km 距离处,拍摄照片的分辨率可以达到 10cm/px）、广角相机和光谱仪（该设备可以集成在广角相机中）。相机应安装在移动平台上。飞船上的计算机必须有高效的数据处理能力（用于飞船导航、跟踪和可能的图像分析）。

参考文献

[1] Abdrakhimov, A. M. , Basilevsky, A. T. , Head, J. W. , Robinson, M. S. : Luna 17/Lunokhod 1 and Luna 21/Lunokhod 2 Landing Sites as Seen by the Lunokhod and LRO Cameras. In: The 42nd Lunar and Planetary Science Conference, The Woodlands, Texas, March 7 – 11(2011)

[2] Arkhipov, A. V. : Earth – Moon System as a Collector of Alien Artefacts. Journal of the British Interplanetary Society 51, 181 – 184(1998)

[3] A' Hearn, M. F. , et al. : Deep Impact: A Large – Scale Active Experiment on a Cometary Nucleus. Space Science Reviews 117, 1 – 21(2005)

[4] Balazs, B. S. : The Galactic belt of intelligent life. In: Marx, G. (ed.) Bioastronomy – The Next Steps, pp. 61 – 66. Kluwer Academic Publishers, Dordrecht(1988)

[5] Ball, J. A. : Extraterrestrial intelligence – Where is everybody? In: Papagiannis, M. D. (ed.) The Search for Extraterrestrial Life: Recent Developments, pp. 483 – 486. D. Reidel Publishing Co. , Dordrecht(1985)

[6] Bracewell, R. N. : Communication from superior galactic communities. Nature 186, 670 – 671(1960)

[7] Brownlee, D. E. , et al. : Stardust: Comet and interstellar dust sample return mission. Journal of Geophysical Research 108(E10), 1 – 15(2003)

[8] Bus, S. J. , Vilas, F. , Barucci, M. A. : Visible – Wavelength Spectroscopy of Asteroids. In: Bottke, W. F. , Cellino, A. , Paolicchi, P. , Binzel, R. P. (eds.) Asteroids III, pp. 169 – 182. University of Arizona Press(2002)

[9] Cheng, A. F. : Near Earth Asteroid Rendezvous: Mission Summary. In: Bottke, W. F. , Cellino, A. , Paolicchi, P. , Binzel, R. P. (eds.) Asteroids III, pp. 351 – 366. University of Arizona Press(2002)

[10] Chin,G. ,et al. :Lunar Reconnaissance Orbiter Overview:The Instrument Suite and Mission. Space Science Reviews 129,391 –419(2007)

[11] Clark,B. E. ,Hapke,B. ,Pieters,C. ,Britt,D. :Asteroid Space Weathering and Regolith Evolution. In:Bottke, W. F. ,Cellino,A. ,Paolicchi,P. ,Binzel,R. P. (eds.) Asteroids III,pp. 585 – 599. University of Arizona Press (2002)

[12] Clynes,M. E. ,Kline,N. S. :Cyborgs and space. Astronautics,26 – 27(September 1960)

[13] Drake,F. ,Sobel,D. :Is Anyone Out There? Delacorte,New York(1992)

[14] Finney,B. R. ,Jones,E. M. :Interstellar Migration and the Human Experience. University of California Press, Berkeley(1985)

[15] Freitas,R. A. :The search for extraterrestrial artifacts(SETA). Journal of the British Interplanetary Society 36, 501 –506(1983)

[16] Freitas,R. A. :The future of nanofabrication and molecular scale devices in nanomedicine. Studies in Health Technology and Informatics 80,45 –59(2002)

[17] Freitas,R. A. :Diamondoid Mechanosynthesis for Tip – Based Nanofabrication. In:Tseng,A. (ed.) Tip – Based Nanofabrication:Fundamentals and Applications,pp. 387 –400. Springer,Heidelberg(2011)

[18] Harvey,B. :Russian planetary exploration:history,development,legacy,prospects. Springer Praxis Books,Heidelberg(2007)

[19] Ishiguro,M. ,et al. :The Hayabusa Spacecraft Asteroid Multi – band Imaging Camera(AMICA). Icarus 207, 714 –731(2009)

[20] Kecskes,C. :The Possibility of Finding Traces of Extraterrestrial Intelligence on Asteroids. Journal of the British Interplanetary Society 51,175 – 180(1998)

[21] Keller,H. U. ,et al. :OSIRIS – The Scientific Camera System Onboard Rosetta. Space Science Reviews 128 (1 –4),433 –506(2007)

[22] Lineweaver,C. H. ,Fenner,Y. ,Gibson,B. K. :The Galactic Habitable Zone and the Age Distribution of Complex Life in the Milky Way. Science 303,59 – 62(2004)

[23] Mayor,M. ,Queloz,D. :A Jupiter – mass companion to a solar – type star. Nature 378,355 – 359(1995)

[24] Nelson, M. L. , Britt, D. T. , Lebofsky, L. A. : Review of Asteroid Compositions. In: Lewis, J. S. , Matthews, M. S. ,Guerrieri,M. L. (eds.) Resources of Near – Earth Space, pp. 493 – 522. University of Arizona Press (1993)

[25] Neugebauer,G. ,et al. :The Infrared Astronomical Satellite(IRAS) Mission. Astrophysical Journal, Part 2 – Letters to the Editor 278,L1 – L6(1984)

[26] Papagiannis,M. D. :Are we all alone or could they be in the asteroid belt? Quarterly Journal of the Royal Astronomical Society 19,236 –251(1978)

[27] Papagiannis,M. D. :An Infrared Search in our Solar System as part of a more flexible Search Strategy. In:Papagiannis,M. D. (ed.) The Search for Extraterrestrial Life:Recent Developments,pp. 505 –511. D. Reidel Publishing Co. ,Dordrecht(1985)

[28] Rayman,M. D. ,et al. :Results from the Deep Space 1 Technology Validation Mission. Acta Astronautica 47, 475 –488(2000)

[29] Rivkin,A. S. ,Howell,E. S. ,Vilas,F. ,Lebofsky,L. A. :Hydrated Minerals on Asteroids:The Astronomical Record. In:Bottke,W. F. ,Cellino,A. ,Paolicchi,P. ,Binzel,R. P. (eds.) Asteroids III,pp. 235 –253. University of Arizona Press(2002)

[30] Russell,C. T. (ed.):The Galileo Mission. Kluwer Academic Press,Boston(1992)

[31] Russell,C. T. ,et al. :Dawn Mission to Vesta and Ceres. Earth Moon and Planets 101,65 – 91(2007)

[32] Shor, V. A. (ed.) : Ephemerides of Minor Planets. Institute of Applied Astronomy, St. Petersburg(2010)

[33] Valdes, F. , Freitas, R. A. : A search for objects near the Earth – Moon Lagrangian points. Icarus 53 ,453 – 457 (1983)

[34] Veverka, J. , Langevin, Y. , Farquhar, R. , Fulchignoni, M. : Spaceraft Exploration of Asteroids, the 1988 Perspective. In : Binzel, R. P. , Gehrels, T. , Matthews, M. S. (eds.) Asteroids II , pp. 970 – 995. University of Arizona Press(1989)

[35] Webb, S. : If the Universe is Teeming with Aliens ... Where is Everybody? : Fifty Solutions to the Fermi Paradox and the Problem of Extraterrestrial Life. Springer, Heidelberg(2002)

[36] Weissman, P. R. , Bottke, W. F. , Levison, H. F. : Evolution of Comets into Asteroids. In : Bottke, W. F. , Cellino, A. , Paolicchi, P. , Binzel, R. P. (eds.) Asteroids III , pp. 669 – 686. University of Arizona Press(2002)

第 **28** 章

关于小行星商业利用的考虑

迈克·H. 瑞恩,艾达 Kutschera(Mike H. Ryan 和 Ida Kutschera)
美国肯塔基州路易斯维尔贝拉明大学(Bellarmine University,Louisville,KY,USK)

28.1 前言

人类可以对小行星进行开发的想法一直是科幻小说作家永恒不变的主题,包括像 Robert A. Heinlein 和 Ben Bova 等非常著名的作家。在科幻小说美好的世界里,几十年前就设想我们能够使用地球外的资源了。太空资源对人类的吸引是人类对迈向新领域的渴望,或者说是人类对超出地球限制渴望的一种简单反映。然而,在某些方面空间资源的利用已经让一些非虚构支持者产生了很大的兴趣(Lewis 和 Lewis 1987 年;Lewis,1996 年)。

一旦智能生命从空间资源解放出来,将成为太阳系最大的资源。太阳系的材料和能量等资源可以让人类有一个无限的未来:我们不仅可以打破地球无情的禁锢,还可以摆脱太阳,逃离它的掌控(Lewis 1996,p. 256)。

在过去的 20 年里,由于人类已经试验性地进入近地空间,关于小行星采矿的讨论以及利用外太空资源可能性的描述变得越来越流行(Belfiore,2012 年)。然而,这些对于未来的美好愿景还没有取得它们的支持者所期望的实质性进展。

28.2 太空资源的利用

尽全力发掘小行星的理念怎么强调都不过分。小行星采矿表明那些为开发新资源提供方法的所谓"资源制造者"在思想上战胜了那些试图控制和分配现有资源的所谓"资源分配者"。资源利用的本质包括获取可得到的资源和把资源分解成更小的部分。资源的稀缺性意味着资源价格上涨以及产量受限。整个社会已经建立了包括从水到矿产的所有稀缺资源的分配规则。鉴于地球上现在或是将来作为新的改进技术副产品的可获取资源的巨大数量,资源的稀缺性问题更多时候在于人类是否愿意投资越来越昂贵的新技术,而不是地球上资源实际保有量的稀缺(Miller 2012)。人类一旦走出地球,大量可用的资源几乎是取之不尽的;铁矿石和太阳能发电只是两个简单的例子。因此,考虑到空间太阳能系统的优势,发掘小行星或者寻求其他星球的资源也许就意味着基于稀缺性的大量资源分配时代的结束。太空中的资源几乎是取之不尽的,因为总会有新的小行星等着我们去发掘。"在太阳和木星中间的585081个已知的小行星中,有562224个位于火星和木星之间的小行星主带"(Geggel and Peek 2012,p. 60)。因此,若我们能在太空中来去自如,就会获得广阔的原材料源。一旦超越了地球轨道的限制,我们便进入一个可以利用整个行星资源的全新阶段。从这点上来说,在可预见的未来,许多资源将会变得取之不尽用之不竭。

28.3　小行星采矿:欲望、需求和能力

如前所述,小行星采矿的吸引力部分在于它提出了我们需要在空间探索方面做更多事情的经济和商业论据。发掘小行星可以获得原材料,一个合理的商业模式也支持这一活动。随之而来的商业问题是:"我们需要这么做吗",如果需要这么做的话,"和其他选择相比较,它在成本上有竞争力吗"。从商业视角考虑,第一个问题是我们是否真正需要外太空中可能获得的资源。假如我们可以从距离较近而且成本较低的地方获得现成的资源,第一个问题的答案也许是否定的。但是利用空间资源的潜力仍然是人们交流和探索的一个重要主题,许多有意义和有趣的商机要等到人类不得不或环境所迫时才有可能出现。金属和矿物质的匮乏是我们需要进行空间采矿操作的一个原因。资源分析表明,除非一些地球上并不丰富的材料突然间变得对商业或者工业至关重要,在相当长的一段时间里我们也许并不需要外太空的资源(Miller,2012年)。然而从战略思想来说,稀缺性和可利用性一样重要。例如,一些国家已经开始关注稀土金属,其主要供应来源基本被中国控制。生产高科技产品所需原材料的获取渠道受限,其带来的政治影响促使其他国家开始从事其他资源的探索开发,尽管开发那些资源需要更高的成本。可想而知,类似情况还有小行星资源的战略运用。如果可以拥有控制一个关键资源供应来源的战略优势,即使成本较高也是合理的。只要能够满足商业需求或者战略需求之一,那么投资的总花费就有意义。

关于小行星采矿的第二个讨论是在现有或可预见的科技条件下"我们能不能做到"。让人类和材料在地球和低地球轨道(LEO)之间来去自如的困难使得如何在低地球轨道外有效地开展工作这一问题令人生畏。考虑到潜在的目标资源离地球极其遥远,再加上人类已经有超过40年的时间没有冒然重返月球,小行星采矿

涉及的科技问题令人望而却步。当然,这假定未来任何一个采矿项目中人类必须在场。许多收集空间资料的方法可能并不需要人类直接在场。例如,随着机器人和自动化技术的发展,在空间中可能并不需要人类操作者。到那时,让人类长时间进行包括小行星采矿在内的高风险空间任务所带来的许多问题便会减少或者消失。这不会满足那些谋求拓展人类足迹到地球外的人类欲望。但是,减少人类的暴露程度不仅能提高初始任务成功的概率,而且能够通过减小风险以达到更易于管理的、市场化的规模,提高了小行星发掘的商业潜力。

即使使用遥感技术,控制小行星采矿风险也会有很大的局限性,可能需要一个广泛的基础设施来支持持续的采矿活动。一个结合人类和自动化技术的混合解决方案解决了上面的一些问题,但是同时又带来了其他问题。最重要的问题就是关于如何确保人们的安全以及幸福感,尤其是在操作人员和技术支持人员远离地球的家、迁移到离采矿地比较近的地方的情况下。这些问题比较简单,但是要解决它们就会把与小行星发掘项目相关的成本增加几个数量级(Ryan 和 Kutschera,2012 年)。让人类待在太空中永远不是容易的事情。让人类出现在太空中花销巨大,但是这会提供技术本身不能提供的一定程度的灵活性。所以我们需要在小行星采矿风险中权衡利弊。刚开始决定小行星采矿时,如果考虑昂贵的花销以及一些困难的话,将会影响小行星采矿最终的成功以及盈利的前景。

28.4 现实与可能

当前空间探测的能力让小行星采矿的冒险活动处在小说和现实之间。一些人认为这其中的时间跨度只有 10 年,而另外一些人则认为更接近 20 年。在时间跨度这个问题上的理解差异主要取决于建设必需的基础设施有快以及针对这个问题投入多少精力和研究经费。基本的技术问题越快解决,任务就会越早得到资助。但是技术提升的相对速度也是影响在已知的采矿和空间技术上扩大金融投资的一个因素,包括弄明白小行星的关键成分以及开发新系统所需的基础设施、推进力、软件和其他关键技术。较少的投资延长了解决关键技术的时间,进而延长了小行星活动的时间。显然,短期内实现小行星采矿的可能性会随着需要克服的不寻常问题的增加而降低。

不过,有想法的投资者已开始讨论小行星的资源利用以及"星际资源"作为新一代财富的潜能,认为启动空间冒险活动是合理的、可行的(Greenwald,2012 年)。小行星采矿所要面临的许多实际问题都有明确清楚的解决方案。小行星采矿冒险活动的主要技术问题几乎无一例外都围绕成本和没有实用性展开。问题不在于是否可以在小行星进行采矿,而在于采矿工作所需的大量投资能否取得财务上的回报,这使得发掘小行星的整体观念变得不确定。

28.5　实际问题

　　仅仅要往返于发掘位置都是一个重大的问题。自动化技术、新的空间推进机制以及以自控机器的形式实现人工智能识别机制的融合,增加了一个组织成功发掘一个或多个的小行星的概率。我们可以想象小行星采矿冒险的两个互相竞争场景,第一个场景涉及大量的机器人和半自动车辆,第二个场景涉及在现场的或者通过远程连接的操作人员。不同的人喜欢不同的方法。在远程采矿和人类在现场这两者之间权衡是非常重要的。人类不在现场意味着某种形式的人工智能将成为采矿成功的关键,然而目前的科技不能提供像一个人那么灵活或者机智的人工智能系统。因此,在人工智能还没有显著改善的情况下,人类在某些时间点会参与采矿的进程,那么如何提供这些人又成为一个关键的问题。以往研究证实了当有人来参与空间商业冒险时需要考虑的问题(Kutschera and Ryan 2010;McPhee and Charles 2009)。以勘探或采矿为目的的长期的空间任务在这方面没什么区别。

　　可以说,如果充分考虑了在太空操作的现实性,加上适当的管理监督,长期的太空航行是可以成功实现的。国际空间站的成功清楚的表明,人类在太空中工作这一场景是可实现的,但是如果将此扩展到商业领域还会遇到一些新的挑战。

28.6　时间和距离的问题

　　对于太空的通俗的描述是太空很大。这句话对于任意一个曾经考虑过怎么样能在太空中从一处移动到另一处的人来说是一种非常轻描淡写的、表面上的描述。以目前的构想,即使利用最好的推进系统,从地球到火星以及其周边地区也需要几个月。如何利用现有技术实现从地球轨道到小行星带附近的快速、经济的移动是一项多年的事业。小行星经常能运行到离地球足够近的位置,这时对小行星进行观测、地质勘探甚至开采都变成一项不太费时的任务。这对小行星采矿来说是一个极佳的机会,它为小行星采矿技术提供了一个理想的测试环境,因为它降低了风险。虽然这样的方法在探索采矿过程中非常有用,但它不会成为常态。那些工业集团更可能为了使他们的回报最大化,会寻求建立一种允许进行不间断的采矿和材料运输的小行星冒险活动。可以预期运用远程采矿设备来完成大多数小行星挖掘工作。于采矿位置之间的往返通信延迟可能带来严重的操作问题。例如,单只是去往火星的通信就会产生几分钟到二十几分钟的时延。由于地球和在小行星带的任务车相对位置的缘故,地球与火星以外小行星的通信可能需要多个中继站,增加了通信延时。多种方法可以用来改善地球与小行星的通信过程,减少地球与远端设备之间存在的固有指令延时,一个显而易见的办法是让训练有素的操作员接近小行星采矿地点。距离和时间上的困难显著改变了项目的性质,当需要操作人员参与时,又引入了一系列的管理问题。

尽管通信技术不断进步,由于包括小行星采矿在内的深空探测范围不断扩大,对通信能力的需求也越来越大。可以为一个空间中的远程站点建立源源不断地供应流以及将开采到的材料送回地球附近的返回流。人类在地球和远程采矿点的来回移动可能更加复杂。由于远端站点与地球的距离遥远,保证人类在太空长时间生存的后勤和运作问题变得十分复杂。这个问题是有历史参照的。19 世纪,捕鲸探险经常花费 2~4 年才捕获鲸鱼。在海上,捕鲸船很少驶向港口,因为驶向港口会减少盈利。捕鲸船很大程度上能够自给自足,并且有能力在其漫长航行中独立运作。船员普遍能够应对这种无聊的常规旅程(Villiers,1973 年)。因此,我们需要筹划一个长期的小行星采矿冒险以提高成功的概率。19 世纪捕鲸者面临的天气、海洋环境、供应补给以及新鲜水等问题同样摆在试图在太空中生活和工作的人类面前。

28.7 指挥控制问题

对于早期的太空活动,其空间任务主要从地面进行控制。应该要建立一个任务控制中心,由训练有素的技术支持人员对每一个太空任务持续进行监控和故障诊断。NASA 的任务控制中心由于其在策划成功的任务方面所扮演的角色被人所称赞。例如,阿波罗 13 号任务强有力地说明了一个运行良好的基础支持设施是如何决定成功与失败甚至生与死的。阿波罗 13 号在液体氧气瓶爆炸后有大约两个小时来做出快速返回地球的决定。诸如从登月车中去除二氧化碳、登月车中水的利用率以及电力使用情况等问题都需要先进行评估,然后宇航员在任务控制中心的帮助下制定和实施解决方案。如果没有快速直接采取措施,由此引起的任务失败可能会导致全体宇航员的死亡。来自地球的直接指挥和控制是任务是否具有克服灾难性局面的能力的关键。但是这对于那些长期的任务而言这是不切实际的,因为随着任务车离地面控制中心的距离的增加,任务车与地球控制中心的通信会有更长的时延(Ryan 和 Luthy,2003 年)。考虑到通信和操作支持,随操作距离的增加自行解决问题的能力就越重要。来自地面的建议对远距离任务非常重要,但在对时间敏感的危急时刻通信方面的延迟会带来严重的问题。

独立性即许多重要的指挥控制决策将会由任务本身做出。否则会影响诸如操作危机、紧急医疗情况或者其他任何需要在与地球通信时间内做出决策的情况,这还是建立在完成往返通信是可行的情况下。因此,具有独立性的小行星采矿活动可能更类似于殖民。而去外太空生活的人们将没有早期定居者提供的类似土地的任何设施。当任务需要携带氧气、生产水以及在没有地球磁场和大气层保护的恶劣环境中保护宇航员和设备时,生存和健康问题将变得非常严峻。

28.8 独立性问题

独立性问题非常明了,有明确的殖民地消失的例子,如消失的罗诺克殖民地、北卡罗莱纳、美国以及一些未能返回的勘探船只,如 1845 年的约翰·富兰克林西北航道的北极探险。毫不夸张地说,太空任务必须为不能从地球获得及时的帮助所遭受的每一次不测做好准备。更重要的是,由于几乎无法得到可替换零件、训练有素的人员或者维持生命所需的基本元素,要准备的备用物资的数量达到了一个新的维度。月球殖民的主要问题是食品、水、太阳辐射、隔离、通信、医疗、士气等问题以及不断扩大的类似问题(Benaroya,2010 年)。月球定居点的原则是,如果你不随身携带着那些东西,或者不在去之前考虑到这些问题,那么一旦你到达月球后你可能会来不及做任何事情。从地球到月球基地位置的距离相对于进一步进入太阳系的冒险来说还是比较短的。

对小行星采矿来说,仅仅医疗方面的问题就很难解决。既然不可能用太空船运送人类到地球接受更复杂的医疗过程,那么就需要计算长期的太空冒险需要多少医疗设备和医学培训。这些问题包括应该给每一个任务分配多少医生、这些医生需要具备什么技能以及怎样分配医疗资源,保证适当的余量以应对潜在的危机。

在太空中提供医疗服务的真正困难包括但不限于以下几个方面:①由于飞船的设计和架构(体积、质量和功率)的限制,只有最重要的医疗设备能够装载到宇宙飞船中运输到空间站;②航天员中缺乏训练有素的医疗专业人员;③航天员飞行前培训的时间有限,需要把培训内容限制为解决最有可能发生的医疗状况或者最关键的时候要用到的医学知识、技术以及程序;④在太空车或者居住地的船员不得不在没有来自地球的实时支持的条件下,应对可能出现的紧急医疗状况;⑤医学治疗的有效期与物资的保质期;⑥可能会遇到不可预测的、只在太空环境中出现的疾病(Risin 2009,p. 241)。

在零重力环境中进行手术仅需要一些非常巧妙的技术和技能。例如,NASA 正在研究由路易斯维尔大学和卡内基梅隆大学的研究者组成的团队开发的水下手术系统(AISS),这使"太空手术"的实现成为可能。(University of Louisville,2012 年)。

在深空失重的情况下,重力的缺失使得我们几乎不可能控制在手术过程中血液和体液的漏出。这种失控不仅会危害病人的健康,而且会污染航天器舱体(Pantalos,2012 年)。

在需要确保长期任务的独立性情况下,出现上述问题还不是最坏的情况(Ryan 和 Kutschera,2007 年)。有些人认为更坏的情况是一旦类似电涌等的灾难发生,将会使一个装备精良的医疗港湾变得毫无用处。我们可以很自然地预想到,单个任务需要多艘飞船作为合理的备份。这种方法在很多探险以及类似的包括哥伦布和尼娜、平塔以及圣玛利亚首次航行西半球在内的冒险事业中都得到很好的应用。即使如此，未来的宇宙飞船可能会有多个备用装备，包括装备精良、能够满足大部分维修工作的机器商店。机器商店甚至有用于建立新系统的装备。对于飞船不能携带所有可能用到的零件这一不可避免的问题，可以通过市场上开始出现的3D打印机解决（Betancourt，2012年）。3D打印机能够根据需要制造零件，不仅减少了飞船运输的质量，而且能够腾出更多的空间。我们只需运输足够的3D打印机需要的供应原料和长期太空工作用到的各个零件的CAD文件，而不需要携带大量的、用于以防万一的备用零件。用一个例子说明一下，"火星船大约会有20t加工零件，为了确保每一部分的备用零件，又需要额外增加20t。而打印这些零件只需要2t原料"（Betancourt 2012，p. 29）。甚至可以在宇宙飞船上设计和建造一些不可预见的新任务所需要的部件。我们也可以设想直接利用小行星上的矿石来打印各种各样的东西，包括工具和更大规模的空间站。这种能力是飞船在远离地球援助和供应条件下独立运作的关键（Roach，2010年）。

28.9　财产权

出售财产，包括小行星，也是需要所有权的。若没有财产权，那些寻求开采小行星的人将会面对一个难以接受的情况。当前，外太空法律表明，所有权是不可能由在太空中运营的私人实体控制。空间资源的所有权具有和给予私人公共或共享遗产所有权同样的问题。寻求开发外星资源的公司在太空的私有权确立之前可能会遇到重大的法律障碍，对太空资源所有权的私人声明是不成立的。1967年的外层空间协定非常清楚地提到："外太空，包括月球和其他天体，不允许任何国家以主权声明或者以使用、占用等其他方式将它们占有"（Szoka 和 Dunstan，2012年）。有人猜测美国等国家可能会出于获取空间资源的目的允许私人个体在国家许可下经营。这样的空间私掠船很可能被那些提供许可支持的国家视为榜样产业，又被那些不认可他们在太空的所有权、运输太空资源以及从中获利的国家视为海盗。但"外层空间协定"第二条规定，签署条约的各方要为他们的国家活动以及所有参与活动的公民承担责任。要向太空发射物体的国家必须确保其公民遵守条约的规定（Szoka 和 Dunstan，2012年）。因此私营部门的私掠船不能向他们的国家政府申请使用太空资源的许可，因为这样的授权在条约中是不允许的。

然而，关于一些由私人公司发射到太空的物体或在空间中修建设施的权利，都有一些有趣的被条约所认可的例外。轨道位置几乎被公认的空间资源然而卫星是经常被买卖的，而卫星轨道的使用权是需要协商讨论的。并且，从月球上提取材料的实际情况建立了一个规则，即天体的一部分如果从天体上移除的话是可以分配所有权的。仅这一点就表明了在某种情况下，从小行星上发掘材料的可能性在某些情况下能在国际法中找到可能存在的实质基础。小行星采矿到底具体采用什么形式的商业权利，取决于如何能让各个国家达成一致。一种可能的形式类似于海底发掘权规定的多方在有限的区域、有限的时间内得到授权和公认的开采许可。如果没有这样的协议，任何想利用太空资源的努力都不可能获得足够的启动资金。在民营企业进入太空寻找财富之前，更多的法律层面的条款必须协商并写入协议。除非在打算发掘之前做了非常谨慎的准备工作，否则局势可能会失控，就像深海资源的分配是如何威胁国家和平那样。

有些观点认为那些有能力利用空间资源的组织应该被允许这样做，将太空资源视为关注的一部分的国家也应被允许。这从俄罗斯和加拿大在北极的行为以及各种利益团体在太平洋海底的行为就可以很明显地看出来。任何一方拒绝或者认为没有必要去承认目前正在一个特定位置工作的组织的所有权导致不同群体之间的对抗。在太空中开采资源的活动可以很容易地结束地球资源问题上不断增加的冲突和分歧，这将有利于各方避免出现这一情况，这是任何未来的商业空间采矿作业中的巨大障碍。

28.10　风险降低

从小行星采矿任务的角度来看可以把风险分为两大类：操作风险和组织风险。涉及实际任务本身的第一类风险是最明显的。人们倾向于关注小行星任务过程中操作风险方面出现的问题和制约因素。这并不奇怪，因为几乎所有的太空旅行都存在困难。往返太空本质上就是很危险的：美国在例行的任务中失去了两架航天飞机以及其上的宇航员。并且没有任何涉及到太空的活动是没有风险的，至少目前还没有。俄罗斯也失去了一些航天员，还有几个重要的任务都失败了。利用足够的动力将物体送入轨道是很危险的，在可预见的未来可能仍然如此。与空间相关的冒险活动将会很危险，这是太空环境的一个简单的反映。

操作风险在小行星任务或者活动中普遍占有比较高的优先级，这个问题一般落在政府头上。资金限制、资源限制、以及机构限制等各类问题很重要，但是并不代表它们是进行太空活动中所无法逾越的障碍。政府根本没有个人以及组织所需要面临的限制。由寻求从事太空活动的个人和私营企业来承担的组织风险，是值得注意并富有挑战性的。要应对这种风险需要再造保险和相关的金融产品，这与由海上船舶的商业需求所衍生的产品类似（Bernstein，1996 年）。所有过去、现在和可预计的未来业务的负担不仅仅是昂贵的金融花销。简而言之，在太空中做事情需要大量的金钱。这些费用源于缺乏必要的基础设施以及确保在太空中的活动可以盈利的、行之有效的商业模式。

几乎所有的专注于太空或者太空资源的私营部门、利益驱动者、自主独立的商业企业在没有先验知识、不知道能否获利也没有历史参照的情况下只能进行大量的猜测。开发一个完善的金融和组织计划所需要的基本元素是根本不存在的。有关盈利能力、可持续发展、经济规模和范围等难题极其难回答,以至于企业投机的希望没有这些元素的存在,即不管操作中提供的细节。

由于太空本身的性质,在远离救济和援助的情况下,在太空中工作是非常困难的。可以将未来的小行星采矿业务与类似的 19 世纪大规模创新的商业企业作比较(Cadbury,2003 年)。风险与创新及机会并存。企业家前往地球的偏远角落寻找财富,试图开发地球的有形资源,将技术运用到极致。在他们努力为不测事件做准备的过程中,时间历史记录下的各种准备工作证明了其事业的复杂性。尽管做了充足的准备工作,在 19 世纪就有数以百计的商船失踪,单单在跨大西洋航线就有超过 150 艘船失踪。这些损失并没有阻止或者放缓商业企业发展的新途径,反而指导了未来的旅行该如何筹划(举例来说,避免在冬季进行北大西洋航行)。类似的障碍不太可能动摇那些不顾风险把太空视为未来商业前沿的人的信心。

28.11 商业模式

不考虑利用小行星资源所需要的商业模式,仅讨论将小行星作为一种资源来利用是不可能的。商业模式通常代表一个企业用来赚钱所使用的方法和机制。如果环境不允许它赚钱,则一个企业是不可能成功的。如前所述,将小行星作为资源利用的实际障碍表明,项目的整体运营风险是非常高的。更高的预期回报通常会伴随着更大的投资风险。它的基本原理是,如果投资一笔定量的资金在一个几乎没有风险的项目上会得到特定的财务回报,那么需要更大的回报才会投资风险更大的项目。无论企业所需要承担的启动资金有多少,小行星采矿冒险的固有风险都是极高的。如果实际运营中只能局限于开采相对少的小行星,那么这些风险就会加剧。小行星采矿冒险必须成功地定位、处理并将资源从小行星运回地球。我们所关注的、含有最大价值的材料是不可能均匀分布在漂浮于整个太阳系中的、几乎无限的碎石堆上的。确保有价值的材料能被有效地捕获并运回地球,意味着需要有一个可以对多个小行星进行捕获和处理的商业模式,而且建议不间断地对可能的数以百计的小行星进行捕获和处理。这样一个运营的结构和有关的后勤问题也许是直截了当的,然而要在实际中实现这样的运作可能会遇到更多的问题。

也许会出现这样一个例子:一个初始的小行星捕获任务挖掘了几颗小行星,但只发现了少许有价值的材料,这将使投资者很难有理由再把资金投入到未来的业务中。同样艰巨的是,如果冒险发掘小行星的周期太长,只有相对很少的潜在投资者会对它感兴趣。在小行星的冒险活动将被视为投机行为,对大多数个人或公司来说可能不太适合进行投资。它可能会变成非常富有的人或者孤注一掷的人的投机性投资,这取决于人类或机器人的行动水准。在定位、处理,并且把加工材料返回地球这些工作都被证实能够实现之前,与小行星冒险有关的商业活动都会被视为另一种形式的金融投机行为。因此,那些把小行星的最终使用视为一种机制来改善地球上的生命的人,应该要开发出详细的商业模式来加强小行星商业冒险活动的信心和可信性。考虑到与所有空间冒险活动相关的固有成本和风险,产生"孤注一掷"的心态可能会破坏为使小行星发掘冒险活动长期保持吸引力和成功所付出的努力。

开采地球上的资源本质上是有风险的,那些寻求快速易得的财富的人不会得到任何金融上的回报,反而更有可能会失去他们的金钱。这样的发掘冒险行为在历史上很容易找到先例。赚钱最多的人往往是那些销售发掘储备、物资或者其他必需品的人,相反只有很少的个体发掘者会赚到钱,大量的财富往往只有极少数的人获得。更多的财富似乎都是通过卖锄头和铁锹、食物和杂物,以及通过提供把发掘到的材料转化为产品和服务的方法得到的。一旦考虑到小行星发掘的规模和复杂性的话,这样的类比确实会失去一些参照价值。如果历史起到一个指示意义,那么大量的财富很可能会出现在其他的包括非开采活动在内的空间探险中。不过,开发一个长期创收的可持续发展的商业模式怎么强调也不过分。

28.12 结论

……空间资源改变了所有的规则。它们提供给我们无穷无尽的活动、超乎地球梦想的财富以及让我们震惊的旅行机会(Lewis 1996,p. 235)。

空间冒险活动一直怀有对无限资源的憧憬。那些资源是否将被利用将不再是一个问题,但是何时能被利用这一问题依旧存在。基于当前技术的估计显示,这样的空间探险至少需要 10~15 年才会成为现实。在这个结点,如何发展这样的冒险活动的可能预案太多,并且要保证成功所需要的许多必不可少的基本要素也很清晰。首要,高效的小行星冒险活动很有可能会包括大量的机器人甚至是自主设备。同样可能的是,即使有技术方面的巨大改进和可能的自主机器人的出现,由于其固有的灵活性,人类还是会在早期参与冒险活动。获取这种灵活性的代价是必须搭建一个确保人类在太空中健康生存所需的复杂的环境系统。所有权、运输以及辅助活动的问题将会被解决,其措施也将会被应用。毫无疑问的是,最开始甚至都没考虑到的一些新的问题和事情将会出现,这是新的机遇和新的事业所固有的性质。对未来的预测在将来被证明有多么糟糕都无需惊讶(Davidson,1983 年)。如此,连同所有错过的以及不可预见的机会也将是新冒险活动的一部分。随着人类进军太阳系,小行星采矿不再是"如果"的问题,而是"何时"的问题。

2012 年 4 月,一个私人太空公司"星际资源"宣称将于 2020 年在小行星上发掘水(Geggel and Peek 2012,p. 61)。

参考文献

[1] Belfiore,M. :How to Mine an Asteroid. Popular Mechanics,50 – 55(August 2012)

[2] Benaroya,H. :Turning Dust to Gold:Building a Future on the Moon and Mars. Praxis Publishing Ltd. ,Chichester(2010)

[3] Bernstein,P. :Against the Gods:The Remarkable Story of Risk. John Wiley & Sons,Inc. ,New York(1996)

[4] Betancourt,M. :Printed in Space. Air & Space Smithsonian 27,26 – 31 (2012)

[5] Cadbury,D. :Dreams of Iron and Steel. Forth Estate. An Imprint of HarperCollins Publishers,New York(2003)

[6] Davidson,F. P. :Macro:A Clear Vision of How Science and Technology Will Shape Our Future. William Morrow and Company,Inc. ,New York(1983)

[7] Geggel,L. ,Peek,K. :Space Metal:What do scientists know about mining's final frontier? Popular Science 281, 60 – 61(2012)

[8] Greenwald,T. :The X Man. Wired Magazine,88 – 96(July 2012)

[9] Kutschera,I. ,Ryan,M. H. :The Future Role of Human Resource Management in NonTerrestrial Settlements: Some Preliminary Thoughts. In:Benaroya, H. (ed.) Lunar Settlements, pp. 87 – 99. CRC Press, Boca Raton (2010)

[10] Lewis,J. S. ,Lewis,R. A. :Space Resources:Breaking the Bonds of Earth. Columbia University Press,New York (1987)

[11] Lewis,R. A. :Mining the Sky:untold riches from the asteroids,comets and planets. Helix Books, Addison – Wesley Publishing Company,Inc. ,Reading,Massachusetts,USA(1996)

[12] McPhee,J. C. ,Charles,J. B. (eds.) :Human Health and Performance Risks of Space Exploration Missions. National Aeronautics and Space Administration(NASA) ,Lyndon B. Johnson Space Center,Houston,TX(2009)

[13] Miller,J. M. :Under Earth:Rocks or a Hard Place? Wall Street Journal,B1 and B6(June 5,2012)

[14] Pantalos,G. :As cited in University of Louisville (2012) , http://louisville. edu/medschool/news – archive/ uofl – carnegie – mellon – researchers – to – test – zero – gravity – surgical – technology(accessed October 4, 2012)

[15] Risin,D. :Risk of Inability to Adequately Treat an Ill or Injured Crew Member. In:McPhee,J. C. ,Charles, J. B. (eds.) Human Health and Performance Risks of Space Exploration Missions, pp. 239 – 249. National Aeronautics and Space Administration(NASA) ,Lyndon B. Johnson Space Center,Houston,TX(2009)

[16] Roach,M. :Packing for Mars. WW Norton and Company,New York(2010)

[17] Ryan,M. H. ,Kutschera,I. :Lunar – based enterprise infrastructure – hidden keys for long term business success. Space Policy 23,44 – 52(2007)

[18] Ryan,M. H. ,Kutschera,I. :Fundamental of Modern Lunar Management:Private Sector Considerations. In:Badescu,V. (ed.) Moon Prospective Energy and Material Resources,pp. 703 – 724. Springer,Heidelberg(2012)

[19] Ryan,M. H. ,Luthy,M. R. :Management Architecture:Problems Facing Lunar – Based Entrepreneurial Ventures. Journal of Space Mission Architecture 3,20 – 38(2003)

[20] Szoka,B,Dunstan,J. ,http://www. wired. com/wiredscience/2012/04/opinion – space – property – rights(accessed September 22,2012)

[21] University of Louisville, http://louisville. edu/medschool/news – archive/uofl – carnegie – mellon – researchers – to – test – zero – gravity – surgical – technology(accessed October 4,2012)

[22] Villiers,A. :Men,Ships and the Sea. National Geographic Society,Washington,DC(1973)

第 29 章

关于小行星开采与偏转的法律考量

维尔吉柳·波普(Virgiliu Pop)

罗马尼亚布加勒斯特罗马尼亚航天局

(Romanian Space Agency, Bucharest, Romania)

29.1 开采:小行星的财产地位

29.1.1 引言

浩瀚的天空一直以来都是一个巨大的矿田。自新石器时代起,陨铁就已为人类文明所利用(Tylecote,1992 年,p. 3)。伴随着发展进化,人类意识到与其苦等那些石头从天而降,倒不如飞向天空开采资源。

2012 年 5 月,包括谷歌创始人拉里·佩奇(Larry Page),太空探险公司创始人艾瑞克·切斯·安德森(Eric C Anderson),电影导演詹姆斯·卡梅隆(James Cameron),太空愿景家皮特·戴蒙蒂斯(Peter Diamandis)在内的一群富有冒险精神的知名富豪企业家宣布投资新成立的行星资源公司。据《连线》杂志的 Adam Mann(2012)所言,该冒险项目"计划运送大批机器人前往太空勘察小行星上的贵重金属,开采矿产资源运回地球。项目的运行会为全球 GDP 贡献上万亿美金,有助于确保人类的繁荣昌盛,为人类移民太空铺平道路。"

这些企业家的美好愿景是否立足于现实? 真的存在"遍地黄金的小行星"吗? 在天体人口统计数学的一次令人震惊的抽样中,行星科学家约翰·刘易斯(1996,pp. 195 – 196)估测,利用小行星上的钢铁资源所创造的财富将达到人均 70 亿美金,如果加上构成小行星带的金、银、铀等其他物质,那么所创造的财富总额将超过人均 1000 亿美金。

然而,如果开采小行星上的金属会给人类带来亿万财富,那么这些财富又该如何进行分配共享呢? 究竟谁才是行星的真正拥有者呢? 在空间活动的背景下产权的地位和重要性体现在哪里呢？

在 Kenneth Silber(1998)看来,太空开发的深度增加了一倍,甚至已经到了一个令人生畏的领域:"在那里拥有财产,面临的是未知的合法领土和无法预测的政治"。他说:"国内法和国际法在地外产权方面都是一片空白",在他眼中,该领域"最好的情况是含糊不清,最坏的情况是彻头彻尾的敌意"。其他评论者视地外领土拥有"几乎与太空本身的'真空环境'一样彻底的法律真空";他们认为现行的太空法"相当不公平",其准则"通常是模棱两可的笼统概括,亦或是留下了不少亟待在重要的商业开发出现前弥补的漏洞"。至于国内标准,则被视为"要么不存在要么过于繁冗以致抑制了开采的热情"(Roberts 等,1996)。H. Nauges(1979,p. 269)认为,真正堪忧的是不同的声音:——

"难处并不在于……我们起步于法律真空,而是有一些抽象的、不确定的、不充分的有时是自相矛盾的法律规定,很有可能有完全相异的司法解释。"

在私营企业有望在开发前沿领域扮演重要角色的时代,该领域的条约法规的确稀缺,即便存在,也是含糊不清的。它们无法阐明对有关外层空间地产的法律起着基础作用的概念,比如说"天体"。这个特定的定义问题引起了小行星的所有权问题。从法律角度看,它们是天体,因此就在占用的范围以外吗?

29.1.2 小行星是法律意义上的"天体"吗?

1967 年的《外层空间条约》(OST)第Ⅱ条规定了一项基本准则,禁止各国通过任何方式将外层空间和天体占为己有。尽管规定可能非常严格,但该条约仍未能定义其适用的准确对象。该空白已经引起了专业学术界的两次争论:外层空间的法律定义,以及天体的法律定义。

"天空有多高"这一问题已于 1976 年讨论,在波哥大召开的赤道国家第一次会议上,8 个赤道国家声称有权在位于本国境内的地球同步轨道(GSO)部分行使国家主权。尽管该主张存在缺陷,GSO"决不能被认为是外层空间的一部分",因为"其存在仅取决于与地球万有引力现象的关系",但是 1976 年 12 月 3 日被采纳的《赤道国家第一次会议宣言》指出"外层空间没有具有法律效应或者尽如人意的定义",这一点是毋庸置疑的。

在空间法的范畴内,关于"天体"也没有具有法律效应或者尽如人意的定义,这个事实在实践中尚未受到挑战。然而,它也提出了一个理论性问题,即小行星和卫星究竟是无法被合法占有的像土地一样不可移动的属地延伸,还是可以被占有或转化为私人所有的可移动的漂浮物。法律在对不同类型物品的处理上有着本质区别,物质延伸异于属地延伸,动产异于不动产。依据 OST 第Ⅱ条的不可占领原则,天体无法被据为己有。实际上,如果小行星和彗星被视为天体,它们将被归入这条禁令;反之,如果它们不是天体,则可以成为具有私有产权的对象。

《国际私法》中有一个普遍接受的原则,尽管物体所在国的法律调控着不动产权利的法律机制,但在动产权利方面其重要性在减弱。在第二个例子中,根据"动产随人"(North,1979 年,pp. 483 和 552)原则,所有者的住所地法扮演着至关重要的角色。

与物质延伸不同,土地是典型的空间延伸。如果有人带走土地上的物质,土地的空间价值依然存在。个人无法消费土地;最坏的情况是让土地不适合利用,但无法完全破坏它。如果有人在地上挖了一个洞,带走所有的物质,仍然会留下这块土地的空间,同样,轨道可能会因为残骸的堆积变得不宜于利用,但不会从物理意义上消失。尽管土地所有权看似是一个面的概念,但事实上,土地所有者并不拥有地面,他们拥有的是三维实体。

天体、轨道、空间和外层空间上的点是空间延伸。外层空间和轨道纯粹是空间延伸,因为它们没有任何物质存在。与无形物体不同的是,它们确实存在于三维空间内,如果不存在不可私占原则,它们可以受国家领土管辖权的支配。天体、外层空间及其子范畴(轨道和点位置)有类似于不动产的市政类别的特征。在外层空间的其他延伸则有类似于动产的市政类别的特征。比如像人造卫星这样的空间物体就是这种情况。与属地延伸不同的是,国家行使对地外领域的物质延伸的管辖权未被禁止。

(一些)行星和彗星可以被视作动产,而不是属地延伸。土地独具两个特点使其区别于其他商品,即它是不可移动的,因而无法在物理意义上由一个人转让给另一个人,而且它是永久不变的——土地所有者无法在法律意义上摧毁它,仅是享有对土地上下空间的支配权(Simpson,1976 年,pp. 5 – 6)。不管怎样,(一些)小行星和彗星是不具备这些特征的,只要应用适当的技术,它们是可以被移动的;而且是可以被摧毁的,也就是从整体上消耗掉。因而,它们符合动产的概念。

在外层空间的法律定义问题上,我们采用了几个方法,比如"空间主义"和"功能主义"的方法。同样的方法也可以应用于寻求天体的法律定义。

空间主义的方法可以将天体定义为超过一定尺寸的物体,小于这个尺寸就不是天体。落入"连锁悖论"魔咒的现实问题在于如何量化这个大小,以及对此达成共识。一些概念是含糊不清的,缺乏明确的界限;如"谷堆"的概念,一粒或者两粒小麦不能被称之为谷堆。通过增加谷粒,迟早会出现谷堆,那么划定谷堆和非谷堆之间的分界线是什么呢?(Hyde,2005 年)在我们这个例子里,如果我们承认月亮是一个天体,而漂浮在外层空间里的一粒尘埃不是,那么划定天体和空间尘埃之间的分界线是什么呢?究竟是什么尺寸使得一个"外层空间的石头"在法律上不再是可以移动的,而变成在法律上是不可移动的?虽然这个界限很难划定,法学家们还是有能力找到虚构出的"那根压垮骆驼脊梁的稻草"。在没有自然界限或者说人们无法找到这个界限的情况下,法律可以设定一个常规界限,比如法定年龄就是一个例子。《外层空间条约》的第Ⅰ条似乎倾向于一种空间主义的方法,规定"所有国家可自由进入天体的一切领域。"由此造成的结果是,只要一块外层空间的小石头不是一处允许降落的区域，人们就不能将其视作天体。空间方法有其自身的价值，它能区别不属于天体的小物体和属于天体的大物体。不管怎么说，定义多小为小的问题依然存在。

另一种功能主义的方法将小行星可供建立基地，或者开采资源的实际用处考虑在内，将用于空间范围被视作天体的物体和用于物质范围被视作可移动矿体的物体区别开来。

然而，将不可占有的天体和可占有的矿体区别开来的另一种方法是利用人类轨道活动或者有效的控制方法执行的实际可移动性的标准。该方法根据通过人为干涉移动它们的实际能力，区分不可移动的物体（天体）和外层空间可移动的物体。在这个背景下，外层空间内的一切物体自行移动的事实并没有实质性的意义——土地是典型的不动产，但是地球绕太阳轨道运行。因而，根据控制方法，实际上可以被移动的就是动产，不能被移动是不动产。通过实际移动它的行动，使其成为可以被占有的。改变就发生在实际活动的那一刻；当被移动时，属性将被重新定义。

大多数研究天体定义问题的学者属于控制学派，在 20 世纪 60 年代，研究天体法律地位的空间法国际研究所第Ⅲ工作组的成员提出了一个定义，在法律意义上视天体为"外层空间的自然物体……不能人为移离它们的自然轨道"（Smirnoff 1966）。和未被载入法律的理论一样，不是每个人都能接受控制方法。1980 年 7 月，当着美国参议院的面，美国航空航天局（NASA）的法律总顾问 Neil Hosenbáll 发表了自己的意见，他认为，如果一个小行星被移动到地球轨道用于开采，那么它仍然是一个天体，不会因为移动而改变其特征（Leich，1980 年）。不管怎么说，将实际移动一个行星/彗星的过程看作是提取资源的过程，这时物体不再是"处于适当位置"的资源，甚至绕过了《月球协定》第 11 条第 3 款的禁令，这是有好处的。

一些作者设想将小行星用作行星际间的交通工具；功能主义的方法支持将这类物体归入可移动物体/空间物体的法律类别。Ernst Fasan（1984，p. 243）仔细研究了这种情况，当一个小行星通过人为干涉的方式被用作空间站的壳体，它就变成了人造结构，也就是法律意义上的空间物体，失去了其自然形态，以及"天体"的法律地位。这个所谓的"小行星基地"必须在联合国秘书长那里登记注册。如果小型小行星被视作空间物体，国家可以通过在外空物体国家登记处登记的方式提出主权要求。《外层空间条约》第Ⅷ条提及了这一点：——

"凡登记把物体射入外层空间的缔约国对留置于外空的该物体应保有管辖及控制权。"

1975 年的《关于登记射入外层空间物体的公约》详述了这些规定，公约第Ⅰ条第（c）款定义了"登记国"的概念，即"将外空物体登入其登记册的发射国……"，且对国内和国际外空物体的登记作了规定。《登记公约》非常开放，在一定范围内给予相关登记国决定"每一登记册的内容项目和保持登记册的条件"（第Ⅱ条第 3

款)的自由。这可以理解为缔约国拥有在其登记册上登记小型小行星为外空物体的资格。

当然,发射国的地位伴随着特权和责任,担负的责任之一就是由几个太空协议规定的国际责任。鉴于这一国际责任,登记小型小行星为外空物体以及小型小行星私人所有事实上对由小型小行星引发的事故的可能幸存者是大有裨益的。这个可行办法引发了几个问题,比如是否应该像对待核能供应商一样对小行星所有者合法征收强制保险。这会打消人们宣称拥有小行星所有权的念头吗?如果小行星是无主物,那么没有人会为其造成的损害负责;如果小行星是共有物,那么整个人类都将为这一共有资产对私有宇宙飞船或其他物体造成的损失负责。

将冰山的法律地位用作为给彗星和小行星进行法律分类的范例引发了一些有趣的结果。事实上,彗星经常被描述为"外层空间中的冰山",与冰山的组成、大小以及在国际领域中的位置有着惊人的相似性。值得注意的是,尽管对冰山的小规模开采已经开始,但是冰山的法律地位也相当不明确。与小行星和彗星一样,冰山有一个空间范围,但得以利用的主要是这个漂浮的矿产资源的物质范围。尽管《联合国海洋法公约》第89条严禁任何国家将公海据为己有,但我们不知道哪些国家已经声明反对侵占冰山。与此同时,我们也不知道一些独立实体通过利用冰山的物质延伸正式宣称对冰山拥有主权;假定冰山已经被占为己有,无论占有的是偏离了初始位置的整体,还是几个未经宣称主权就已被移离的部分,其他部分被排除在对特定冰山的开采之外,那么提取原则似乎适用。

如前所述,考虑到天体的概念在法律上还没有定义,争论的焦点在于一些小行星因为法律的这点缺漏可能成为不可据为己有原则的漏网之鱼。给天体下定义这个问题非常错综复杂,无法给出一个权威的答案。我们只能尝试提出现有理论和一些新的方法,但归根结底,只有实践才能决定(一些)小行星究竟是不动产还是动产。

29.1.3 共有权制度——共有的和无主的

《外层空间条约》第 I 条表明地球外的领域,包括月球和其他天体的在内的外层空间——应该由"所有国家在不受歧视和平等的基础上自由探索和利用",且"各国可以自由进入天体的一切领域"。对地外领域的探索和利用表明这是"全人类的领域"。这一准则在各缔约国范围内有效建立了一个开放进入和自由利用地外领域的制度,使地外领域成为公共财产,既是共有的,也是无主的。

这种状况远非奥威尔的双重思想——即同时接受两种相互矛盾的信念,而是来源于产权中的"权利束"理论。产权的属性体现在三个方面——使用权(使用的权利)、收益权(享有收益的权利)和处分权("滥用"和"处置"所有财产的权利)。共有权制度围绕使用权建立(允许所有人使用,因此"每个人都拥有地外领域"),但禁止了处分权(否定了所有权,因此"没有人拥有地外领域")。至于收益权,即收获地外领域的"果实"将在本章节后面加以阐释。

空间法的现行版本在严格意义上并非是一个允许开放进入的管理制度,它包含有若干规定。依据《外层空间条约》第Ⅰ条规定,各缔约国有探索和利用地外领域的自由。该条约第Ⅵ条规定,非政府团体在地外领域的活动应由相关缔约国批准并持续加以监管。各缔约国对无论是其政府部门还是私有企业在外层空间及天体上所从事的活动要承担国际责任。该制度因而是国际层面上的共有物(所有权属于整个共同体,每个成员享有财产使用的非专属权)和国别层面上需要国家发放许可的公有物(财产被集中管制,个人未经团体批准不得擅自使用)的结合体。

在1896年的吉尔诉康涅狄格州案中,美国最高法院引用了法国法学家伯锡尔对共有物的解释,他认为共有物源于"上帝赐予人类的一切事物",此共同体不同于"积极的利益共同体,几个人享有物品的所有权且拥有各自的专有部分"。最初的共同体是——

"'一个消极的共同体',由于那些物品为所有人共有,不存在谁多谁少的问题,一个人为了满足自己的需求可以拿走这些共有物品中他认为是必需品的一部分,没有人可以阻止他。当他在使用它们时,其他人不得妨碍他;但是当他停止使用时,如果这些物品不是消耗品,那么它们将立即重新进入消极的共同体,其他人可以使用它们"。

一言以蔽之,共有物意味着行动者有使用物品的自由,只要一个人在使用这件物品,其他人就不能阻止他,但是一旦前者停止使用,后者就可以自由使用。"

依据太空法,使用权不是绝对的;《外层空间条约》第Ⅳ条规定,天体仅能用于和平目的。该条约第Ⅸ条要求各缔约国在探索和利用外层空间及天体时,应以合作和互助原则为指导。依据同一法规,各缔约国在地外领域所进行的一切活动,应"妥善照顾其他缔约国的相应利益"。《外层空间条约》在一定程度上详尽阐明了关照公众其他成员利益的机制。因此,第Ⅸ条要求各缔约国"在最大的可行范围内"宣传他们空间活动的性质、实施方式和地点。如果某缔约国或其国民进行的活动有可能会对其他缔约国利用外层空间的活动造成"潜在的有害干扰",该国应在实施活动前"进行适当的国际磋商"。与此同时,如果缔约国有理由担心另一缔约国在外层空间进行的活动会对本国活动产生有害的影响,则有权要求对该活动进行磋商。尽管条约并未提及,但是"先到先得"的制度是不言而喻的。

虽然缔约国应该遵守已经制定的一些规定,但绝大多数规定仍停留在原则的层面,从文件名《关于各国探索和利用包括月球和其他天体在内的外层空间活动的原则条约》也可以看出这一点。许多开放进入的制度是自我监管的,法律条文存在空白之处,习惯势必会发展。

共有权制度的现状并不非常稳定,它受到来自两个方面的挑战,在下面的章节中我们会加以说明。

29.1.4 人类共同继承财产:从共有物到共产主义

左翼的观点认为,人类共同继承财产(CHM)制度适用于共有物,使用者必须与共同体共享通过利用共有物而获得的利益。

后人造地球卫星和后殖民时代无法避开马克思的历史唯物主义,世界及其地外环境是相互敌对的航天国家与非航天国家、发达国家与发展中国家、富裕国与贫困国之间进行阶级斗争的地方。马克思主义思想接受了逃逸速度。极少数国家采纳了《指导各国在月球和其他天体上活动的协定》。该协定简称为《月球协定》,依据第 1 条第 1 款的规定,协议条款适用于"太阳系内除地球以外的其他天体,但如果任何此类天体已有现已生效的特别法律规定,则不在此限"。该法律文件第 11 条第 1 款表明天体及其自然资源(原文字面意思是"月球及其自然资源",但上述第 1 条第 1 款扩大了其适用范围)是"人类共同继承财产",然而第 11 条第 3 款却禁止对外层空间的土地取得所有权:——

"天体的表面或表面下层或任何组成部分或其中的自然资源均不应成为任何国家、政府间或非政府国际组织、国家组织或非政府实体或任何自然人的财产。"

除了禁止所有权外,《月球协定》还包含另一个重要原则,即利益均分原则。作为所有权的一个属性,收益权包括享有从资产中取得收益的权利。依照《月球协定》,各缔约国无法充分享有该权利。上述文件第 11 条第 7 款规定——

"所有缔约国应公平分享天体的自然资源所带来的惠益,且应对发展中国家的利益和需要,以及各个对探索天体作出直接或间接贡献的国家所作的努力,给予特别的照顾。"

这些规定与 1848 年通过的《共产党宣言》中的内容相契合,卡尔·马克思与弗里德里希·恩格斯(1848)倡导"废除土地财产权,所有地租用于公共目的"。列宁(1917)将社会主义定义为"生产资料公有制和按劳分配";在他看来,社会主义将"发展成为共产主义,共产主义的大旗上写着'各尽所能,按需分配'的标语"。《月球协定》持有的立场处于社会主义和共产主义之间,规定各尽所能共享月球带来的惠益,按劳分配与按需分配相结合。

在国际发展问题独立委员会 1979 年的报告中,由维利·勃兰(quoted 和 Vicas,1980,p. 303)特担任主席的该组织认为"'全球公域'是一个简单的流行语,但并不恰当",因为——

"这意味着在中世纪的英国,村民有权在村庄的公共用地上牧牛。类推到外层空间,就是各国可以在全球公域上'放牧'卫星。该术语意味着各国可以自由进入外层空间,但并未提及'共同收益'或'共同继承财产'如何分配。"

实际上,尽管共有物可供自由使用,但它并不限定利益的分配。在村庄公共用地上牧牛的村民不必与其他村民分享牛肉和牛奶,即便这些牛肉和牛奶的产生离不开公用池塘和公用土地上的水草滋养。与之相反的是,在人类共同继承财产制度下,小行星的开发者必须与全人类共享利用自己的设备从小行星上开发获得的资源。

这些年来,整个社会已经走向一种权利文化,出现了一种标榜着"削弱强者以强大弱者"(Anderson,2002年)的社会思潮,批评家对此深感痛惜。这种文化增强了人们对政府救济的依赖性——评判政府公正与否的标准在于政府如何奖励失败者,而不是采用何种方式激励成功者,其结果是否定了个人责任,让人们更容易为失败找寻借口(Urbahn,2005年)。与之相反的是,三个多世纪以前,约翰·洛克(1690 chap. 5,sect. 34)认为,世界——

"是给予勤勉理性的人们利用的,……而不是供好吵闹纷争的人们来从事巧取豪夺的。谁拥有与那些已被占有的东西一样好的东西可供改进,他便不必抱怨,也不应乱动他人通过劳动改进的东西;如果他这样做,显然是想白占他人劳动的便宜,他并没有这样做的权利和理由……还有……比他知道怎样利用或他的勤勉所能及的还要多。"

一个平均主义的制度,不只是禁止小行星被据为己有,也提倡"公平"的收益权,虽然不对开发小行星提供激励措施,但投资者必须与相信权利文化的搭便车者共享收益。与洛克一样,我们相信法律应该服务于"勤勉理性的人们",而不是"好吵闹纷争的人们"。

29.1.5 开拓最后的阵地

共有物与完全物权的区别在于前者缺乏可销售性。罗伯特·墨杰斯(Robert P. Merges)和格伦·雷诺兹(Glenn H. Reynolds,1997年,p. 121)解释说,权利可以分为两大类,即用益权——"在有限时间内反复使用的权利"和不动产权——"可供交易、遗赠或者转让的更加持久的权益"。依据两位作者的说法,尽管用益法可能对在外空环境中进行的一些活动有价值,但是不动产权益类似于习惯法中的"永久产权",具有可以预测和可以变通的优势。

在2004年,"执行美国太空探索政策总统委员会"建议——

"国会要增加与国家空间探索相关的商机……确保那些外空资源和基础设施的开发者享有适当的产权"(Aldridge 2004,Recommendation 5-2)。

该拟议法的提议代表着在《外层空间条约》中被圣化的共有物法将发生重大改变。

外空倡导者长期以来一直提倡产权私有化,他们认为对开发和定居外层空间而言,产权私有化即使不是唯一的方式,也是最为合适的方式。在西部边疆开发进程中,美国政府曾推行公有土地私有化的方案以鼓励定居,外层空间私有化的支持者试图寻求与之类似的地外领域私有化。开发西部边疆离不开个人主义和私人所有制的观点,离不开将无主物和公有物转化成为私有财产的想法。太空殖民与美国西部开发之间的关联在赞成太空开发的社会思潮中是一个反复出现的主题,与视美洲大陆为"新大陆"的早期观点相辅相成。在 19 世纪末,历史学家弗雷德里克·杰克逊·特纳(1893)用"存在空置土地,经济持续萧条,美国西部拓荒移民"解释了美国的发展。根据历史学家芭芭拉·塔奇曼(Barbara Tuchman)的观点(1976 年),边疆开发与产权私有是紧密关联的,她认为——

"开放的边疆,从头开始开垦荒地的艰辛,自然资源的财富,有待开发的大陆带来的巨大挑战,这几者相结合产生了盛行的唯物主义和系于金钱、财产和权力的美国驱动力,这与我们已经逃离的旧大陆是一样真实的。"

在 2003 年提交给美国立法委员的证词中,太空前沿基金会创始人里克·特姆林森(Rick Tumlinson)为"在外层空间拥有新土地的权利"辩护,声称有"让在外层空间探索和开发新'土地'的人享有土地所有权"的迫切需要,以便发挥他们开发财富源泉的潜力:——

"纵观历史,正是获得和保有土地的能力推动探索者和开发者一路向前,让他们愿意去荒漠旷野为人类开辟新的疆域。外层空间也不例外。如果人们为开拓新的领域贡献了财富和生命,他们应该有权将其所做的事业传承给下一代。等到正确的时机,美国应该站起来承认,在地球上存在的产权在外层空间也一样存在。"(Tumlinson,2003 年,p. 16)

从实际情况来看,外层空间的大多数资源是取之不尽的;考虑到资源如此充足,禁止私人占有它们是有悖逻辑的。

也许早在太空时代开始前,约翰·洛克(John Locke)就提出了地外领域私有化的最好论据。在他看来,如果仍然有足够多的财产可以留给他人,那么私有化可以增加共同继承财产。

"人们有权通过劳动占有……他所能使用的尽可能多的自然物品:但这不会太多,也不会有损他人的利益,对于那些同样勤勉的人而言,留下来的仍然是非常多的"(Locke,1690 年,sect. 37)。

洛克并非是在为贪婪辩护,他铭记不忘的是全人类的利益。尽管,如前面的部分所述,这种利益不是说人们有去工作的资格,而是有用自己的勤勉开拓共同继承财产的权利。根据他的正确推理,一个人通过自己的劳动占有土地"不会减少,只会增加人类的共同财产",因为圈入和开垦一英亩土地所产出的必需品,远比让这块土地处于"共有的荒废状态"所产出的要多。因此,私有化被视作是对公众信托的一种有效管理,而这种公众信托最初就是源于公共继承财产:

"因此,如果一个人圈入土地,从十英亩土地上获得的生活物品,将比他置一百英亩土地于自然状态所获得的要多,真可以说他给了人类九十英亩土地"(Locke,1690 年,sect. 37)。

29. 1. 6 获得小行星所有权的方法

如果允许的话,该如何获得对小行星的所有权呢? 在 2000 年 3 月 3 日,空间活动家和轨道开发公司的所有者格雷格·内米兹在"阿基米德协会私有产权登记处"注册了对爱神星的所有权。2001年2月,会合－舒梅克号探测卫星在爱神星上登陆,内米兹认为此举侵犯了自己的私有财产权,于是向美国航空航天局寄送了一张20美元的付款通知单,其目的实际上是想以小额票单作证来引起公众对太空产权问题的关注。在与毫不配合的美国航空航天局及其他机构长期函件往来无果后,内米兹对美国航空航天局正式提出法律诉讼,这场诉讼耗时超过5年之久,最终以内米兹放弃向最高法院提起诉讼而宣告结案(Nemitz,2005年)

前面我们已经表明,没有实际行动支持就宣称对地外地产拥有主权并非是获取所有权的合法途径(有关地外地产问题的详细分析可参见 Pop,V,2006年. Unreal Estate:The Men who Sold the Moon. Liskeard:Exposure Publishing)。在未事实占领爱神星的情况下就简单地宣称"爱神星是我的",并且公开宣传自己对爱神星拥有所有权,该做法不具有任何法律效应。仅仅宣称拥有所有权并不等同于真正拥有所有权——或者通俗地说,宣称拥有并不意味着真正拥有。占有包括"意图"(占有心素)和"主体"(占有体素)两个要素。两个要素必须同时成立,占有人必须对物"有占有的意图和实际控制管理的行为"(Reid,1996年)。苏格兰法学家斯泰尔(Stair,1693年)对占有的概念做了进一步的解释:"如果占有意愿足够强,占有物可能非常大,但仍只停留于想象层面"。在传闻中的地外推销员的案子里,想象物可能和整个宇宙一样大,但这些推销员只能呈现合法有效的意图,却不能以排他方式对物加以支配。

尽管像"出售""地外地产"的"月球大使馆"这样的实体,他们宣称对月球拥有所有权只是出于纯粹的占有意愿,但是一些空间探索公司只在利用机器人探测器建立合法有效的领地后才打算宣称对外空资源,即小行星拥有所有权。1998年,已故的美国企业家 Jim Benson(1998年)声明他打算"完成一项私人赞助的深空科学任务",通过有效占领的方式宣称对某个小行星拥有所有权,其目的是开创一个"具有重大历史意义的先例"以支持外空产权。所有权(如果可以宣称对外空资产拥有所有权)可以通过这种方式获得吗?

1989年哥伦布－美洲大陆发现团(1989年)一案迎合了远程占有(也就是通过远程监控获得财产所有权)的倡导者。在那起案件中,弗吉尼亚州的美国联邦地方法院裁定一个营救公司可以对其利用配备有电视摄像机的海底探测器"远程监控"探索到的海底沉船拥有所有权。沉到海底的人不能拥有沉船的所有权;相反,法院许可了远程占有,将其定义为:

"(i)定位搜索对象;(ii)对象的实时成像;(iii)在物体上或物体附近安置或有能力安置遥控或机器人操纵器,人类可以从表面控制操纵;(iv)意图控制……对象的位置。"

理查德·韦斯特福尔(2003年)认为,远程占有外层空间的资源包括三个任务:

（1）远程呈现（对现场的视觉感知）——远程占有者必须可以播放资源地的实况视频画面；

（2）遥感勘测（对目标位置的连接与了解）——远程占有者必须了解资源的位置且可以连接安置在那里的设备；

（3）遥控机器人（对现场资源的操控）——远程占有者必须证明其有能力控制资源地，可以（但不是必须）就地提炼矿石、冶炼金属或者制造零部件。

罗马法中有一个有趣的先例，为通过远程占有获得财产做出了辩护。法律规定，一个人不仅可以通过自己的直接行动，也可以通过他手下奴隶的行动获得所有权或其他权利（Roby 1902 年，p. 432）。奴隶与现代的机器人空间探测器有着相似的法律地位。"robot（机器人）"一词源于德语的"robota"，在 20 世纪早期意为"劳动"（Zunt，1998 年）。罗马奴隶只是他们主人的工具，是私有财产，是产权的客体，没有作为人的独立法律地位。奴隶获取的一切财产都归主人所有。相反，没有一个官方声明，一个奴隶如果同时归两个或更多的主人所有，那么他所获得的财产则按照每个主人对其占有的份额进行分配（Roby，1902 年）。

空间法学家 Glenn H. Reynolds 同意通过机器人登陆来宣称拥有所有权是可行的；但是，他认为宣称拥有的范围大小必须合乎情理——例如，实施者可以宣称拥有"机器人活动区域附近四分之一平方英里的区域"，但不能宣称拥有整个星球（Scripps Howard News Service，1998 年）。如果采取了这样的行动，我们也相信行动实体可以同时具备意图和主体两个要素，以合法身份来声称拥有所有权。当然，通过外空远程占有获得所有权的效力要受制于是否许可在地外领域获得永久产权。

29. 1. 7 所获小行星资源的产权地位

我们在上文中承诺要解决收益权的问题——也就是，收获地外领域上的"果实"的权利。如上文所述，人类共同继承财产制度要求国际社会共享从行星上获得的资源，但是产权的支持者们希望可以圈占土地。在现行的共有权制度下，谁能拥有所获的资源呢？

首先要指出的是法律对地产的处理和对从土地上移离的物质的处理是不一样的。正如 C. Swect 所言（1882），"在两者未被分离时，矿物是土地的组成部分，地产也是一样，当两者分离时，它们便成了私人财产"。尽管上述研究的不动产受外层空间物之所在地法的支配，但所获资源是动产，主要受当事人的住所地法的支配。

按照《外层空间条约》不可据为己有原则，通过提取的方式将不动产转化为动产可行吗？在探索和利用天体的过程中是否可以将自然资源占为己有，现在还没有法律文件对此作出规定。虽然缺乏具体的准则阐明地外资源的所有权问题，但大多数学者对占有外层空间和天体以及占有其中的资源这两者做了明确区分。《外层空间条约》第Ⅰ条规定各国有对地外领域进行科学考察、探索和使用的自由,但"推定行动自由的剩余规则"(Lauterpacht,1975 年)表明未被禁止的事宜即是被允许的。

实际上,强烈反对国家占有公海的法学家雨果·格劳修斯(Hugo Gtrotius)并不反对占有在公海发现的资源。为了佐证这一观点,他恰当地引用了泰特斯·马克休斯·普罗塔斯的戏剧《缆绳》中的一段话:——

"当奴隶说:——大海当然是人类所共有的——渔民表示了赞同;但是当奴隶说到:——那么在共有的大海中发现的东西也是公共财产——,渔民马上反对说:——我用我的网和钩捕到的东西毫无疑问是我自己的"(Grotius,1608 年)。

在 John Locke(1690)的《政府论(下)》中也能发现相似的逻辑,书中写道:

"根据这一自然的原始法则,人们在海里捕获的鱼……是由谁花费辛苦劳动使之脱离自然存在的共有状态,就是谁的财产"。

Stephen Gerove(1985)认为,尽管《月球协定》包含更多限制性的条款,但只要太空强国不认可这份文件,它们国家的私营企业还是"有资格获得和保有太空资源",可以"不受可能受益的限制"对其加以处置。

在 1993 年 12 月,俄罗斯利用苏联探测器取回的地外材料牟利,开了一个重要先例。索斯比公司拍卖了三小粒重约一克拉(200mg)的月球浮土,成交价 442500美元,也就是每克拉 220 万美元(Arthur,1998 年)。因为没有第三国提出反对,可以说,作为所有权的一个属性,地外资源商品化的权利已被纳入了国际惯例法。事实上,Gyula Gal(1996 年)认为"国际惯例中的一些事实"值得一提,就是说,美国和苏联收集并带回了月球样本——这些样本"分别被美国和苏联当局占为己有,国际社会并未对此表示反对。"

因此,可以肯定地得出结论,尽管永久产权是被禁止的,但是在《外层空间条约》的制度下,依据不可占有原则,通过提取的方式将不动产转为动产是可行的,这就是占有外层空间和天体以及占有那上面的物质材料之间的区别。尽管没有土地的永久产权,私人行动者仍有资格行使"企业权益"——也就是探索和利用地外自然资源。地外产品的所有权归属于通过劳动占有它们的行动赞助者,作为所有权的一个属性,提取地外资源和利用地外资源牟利的权利是国际法惯例的一部分。

29.2 偏转:行星防御的合法性

29.2.1 引言

浩瀚的天空一直以来都是一个雷区。小行星和彗星如同一个个巨大的地雷分布在空中,偶尔,它们中的一些会给地球致命一击。智人现在是地球的优势物种,但并非一直如此。"恐龙"Larry Niven 说(quoted by Chaikin,2001 年),"之所以灭绝的原因是它们没有航天计划。如果我们因为没有航天计划而灭绝,那也是活该!"

在 2000 年的千年虫恐慌以及更近一些的 2012 年末日恐慌的背景下,像《绝世天劫》和《天地大冲撞》这样的热卖大片让对抗潜在危险天体(PHO)的行星防御话题成为流行文化的一部分。与气候变化等全球问题一样,行星防御也在科学界和政治界引起了激烈争论。

与小行星和彗星互动的前景确实引发了一些法律和政治问题。上文我们仔细研究了占有和利益共享的问题——但另一重要话题当属安全问题。行星防御是权利还是义务呢?谁有资格或是义务去保护地球不受潜在危险天体的袭击呢?所有偏转小行星的技术都是合法的吗?核爆炸不仅可以用于偏转小行星,也可以用于开采小行星上的矿物资源吗?最后同样重要的一点是,小行星可以用于发动战争吗?

29.2.2 保卫地球:是权利还是义务?

与潜在危险天体的互动无疑是一项外空活动。太空法允许这样的互动么——我们现在说的不是实施这一行动的方式,而是这一行动的目的?根据《外层空间条约》第 I 条的规定,——

"所有国家可以在平等、不受任何歧视的基础上,依据国际法的规定自由探索和利用地外领域,自由进入天体的一切领域。"

同一条还规定各缔约国探索和利用地外领域应为所有国家谋福利,而《外层空间条约》第 III 条要求各国在进行空间活动时,应维护国际安全。我们相信上述条款给予了《外层空间条约》缔约国保卫地球不受潜在危险天体威胁的权利。我们相信这些行动确实是有益的,符合所有国家的利益,有利于维护全球安全。

与此同时,在过去,海盗和奴隶贩子不受法律保护,他们被视为是"人类公敌"——全人类的敌人。因此,依据普遍管辖权的原则,各国即使不是直接受害国,也可以依据本国法律的规定对其予以惩处。可以说,和以前的海盗和贩奴商人一样,潜在危险天体也是"人类公敌",因此,任何国家都可以对其进行合法处置。上述所有,再加上自卫权,表明行星防御毋庸置疑是一项国家权利。

这项权利也是一项法律义务吗?与国内法不同,国际法建立在意见一致的基础上,除国际法中的强行规定("国际强行法")外,只约束遵守规范的国家。国际法用于禁止一些非法行为而非将义务强加给各国。从法律角度说,探索和使用外层空间是一项权利,而不是一项义务。没有法律规范强迫各国探索外层空间或是偏转小行星。然而,对于 Declan O'Donnell(quoted by Rodriguez,2004,p. 2)而言,一个有能力偏转小行星的国家应对小行星撞地球负责,无论该国是否采取行动,都有可能造成损失,如果本可以却没有采取行动,不管结果如何,我们相信这都不是法律义务,而是道德责任。

如果被载入法律,道德责任也可以成为法律义务。有人呼吁制定相关的国际条约,要求缔约国为行星防御提供资金和技术,同时在紧要关头解决安全问题。与此同时,社会上的积极分子认为他们受到道德责任的约束——比如消除贫困与疾病,保卫地球不受潜在危险天体的威胁——因此,积极的志愿者和私人资助的组织网络,比如 B16 基金会、空间探索者协会、安全世界基金会、各种太空卫士等,都参与到登记归类"流氓小行星"和加强人们的意识中来。

我们已经得出结论,行星防御,作为一种目的,是合法的。实现行星防御又有哪些方式呢?

29. 2. 3　偏转策略的合法性

和许多"流氓"天体不同的是,潜在危险天体并不隐藏它们的致命意图,而且它们的移动轨迹也是可以预测的。天文学是一门精密的科学,因此,对潜在危险天体的侦察以及对其运行轨道的计算变得越来越精确。

越早知晓敌人的意图,就能越早避免致命的对决,对敌的方式越温和,引发的争议就越少。对未来 20 年会撞击地球的小行星和对预计未来三个月会撞击地球的小行星的处理方式完全不同。

作为第一条防线,勘察潜在危险天体无疑是合法的;美国航空航天局作为美国的一个政府实体,正积极参与发现、证实可能撞击地球的小行星,并对其提供后续的观察——实施或赞助实施了 LINEAR(林肯近地小行星研究计划),NEAT(近地小行星追踪计划),CINEOS(近地天体搜索计划),Orbit@ home(近地小行星轨道路径计算项目)和其他类似的项目。

识别出"流氓"天体后,我们就该谈到实际的偏转策略,与之相关的法律问题变得更加复杂。我们设想了不同的偏转策略,这些策略在反应速度、性能、成本等方面不尽相同。一些策略旨在摧毁潜在危险天体,另一些则通过偏转小行星轨道使其避开地球;一些策略要求直接撞击天体,另一些则是间接撞击。虽然所有策略都存在安全隐患,但其中一些策略实际上使用了武器,这些武器既可以用于对抗潜在危险天体,也可以对抗其他国家。因为拥有许多其他的军民两用技术,假借保卫行星等合法目的,一些国家可以大肆攻击其他国家或它们的空间系统。

用于和平目的的核爆装置与用作武器的核爆装置在技术上并无本质区别。鉴于《外层空间条约》第Ⅳ条禁止各国在天体和绕地球轨道放置任何大规模毁灭性武器,也禁止在外层空间部署此种武器,可能使用和平核爆炸进行行星防御和开采地外资源,以及前往有放射性物料的天体,引发了重要的安全问题。1967 年签订的《拉丁美洲禁止核武器条约》和 1976 年签订的《美苏和平利用地下核爆炸条约》(PNE Treaty)承认了和平核爆炸(PNE)的合法性,《拉丁美洲禁止核武器条约》第 18 条第 1 款允许缔约国"进行用于和平目的的核装置爆炸——包括涉及类似核武器所用装置的爆炸"。和平核爆炸可以用于偏转"流氓"小行星和开采地外矿产吗?

《外层空间条约》第Ⅳ条的表述——"不禁止使用和平探索月球和其他天体所必需的任何器材设备",暗示只要用于和平目的,使用任何爆炸设备,包括核爆炸装置都是合法的。《月球协定》第3条第4款重申了上文引用的《外层空间条约》第Ⅳ条的规定,省略了"设备"一词,将规定内容延伸到月球的"使用"上。不管怎么说,《美苏和平利用地下核爆炸条约》第Ⅲ条第2款规定除了遵守1963年签订的《禁止在大气层、外层空间和水下进行核武器试验的莫斯科条约》中的规定外,还禁止其他任何爆炸。尤金·布鲁克斯(Eugene Brooks 1997, p. 246)认为,《莫斯科约》"断然禁止了外层空间中的一切核爆炸";该条约第Ⅰ条第1款第a项规定,各缔约国保证"在下列任何地方禁止、防止并且不进行任何核武器爆炸……在大气层;在大气层范围以外,包括外层空间"。约翰·基什(Tehn Kish)认为这些规定应用"在外层空间……在天体的最外层大气",也应用于"包括下层土在内的天体的所有领域",

"《莫斯科条约》第Ⅰ条第(1)款第(b)项禁止国家领土范围以外的核爆炸,也就是说'……在任何其他环境中,如果这种爆炸所产生的放射性尘埃出现于在其管辖或控制下进行这类爆炸的国家领土范围以外,则应禁止这种爆炸'"(Kish 1973年,p. 185)。

因此,使用和平核爆炸偏转小行星或开采地外矿产都是非法的。

此外,1996年多数国家共同签订的《全面禁止核试验条约》(CTBT)宣布使用和平核爆炸为非法。最初中国表示了反对,《全面禁止核试验条约》对此作了让步,在第Ⅷ条中规定召开审议会议,审议会议要顾及到"与本条约相关的科技新发展",考虑"准许为和平目的进行地下核爆炸的可能性"。

Eugene Brooks(1997年)相信"联合国外空委员会就采用核武器或其他极端方式改变小行星轨道是否不该成为一个特例这一问题展开讨论的时机也许已经成熟了"。他还认为外空委员会"也可以仔细研究核爆炸是否不可以用于提炼天体上的矿物,为国际协商和防护措施做好准备"。

作为历史的注脚,在2002年以前,另一个安全问题是小行星偏转系统的反弹道导弹能力。美苏1972年签署的《反弹道导弹条约》(美国在2002年单方面退出该条约)第Ⅴ条禁止双方研制、试验和部署包括以空间为基地的反弹道导弹系统及其组成部分。《反弹道导弹条约》第Ⅱ条将反弹道导弹系统定义为:"用以拦截在飞行轨道上的战略性弹道导弹或其组成部分的系统"。像激光器、核武器或者磁轨炮这样的小行星偏转系统,尽管并不以拦截战略性弹道导弹为直接目标,但考虑到它们实际的反弹道导弹能力,也被指责为有反弹道导弹的"隐藏动机"。美国或是俄罗斯单方面部署这样的偏转系统势必引发明显违反《反弹道导弹条约》的风险。

29.2.4 偏转困境

在20世纪90年代早期,卡尔·萨根和其他作者描述了一种引人深思的情况:"如果可以偏转小行星轨道,防止其与地球发生相撞,那么也可以偏转小行星轨道,使其进入与地球相撞的轨道。"(Schweickart 2004, p. 1)确实,许多科幻作家都设想将小行星用作动态大规模杀伤性武器,比如罗伯特·安森·海因特(R. A Hein-lein),他笔下科伦达苏星球的虫族发射的小行星撞击在地球上,造成了布鲁诺斯艾利斯地区毁灭性的灾难,还有斯蒂芬·巴克斯特(Stephen Bapter),在他 1997 年的小说《泰坦》中设定了人为灭绝的故事情节。军事战略家也在研究诸如"索尔计划"中的那些基于空间的动态武器。

相较于利用类似武器的系统偏转小行星,将小行星用作武器引发了更多理论性的安全问题,为避免和平技术的不当使用,实行一些补充保障措施是有必要的。解决萨根困境的偏转技术确实存在——该技术足以用于偏转有害小行星的轨道,却难以精确改变无害小行星的轨道使其进入与地球相撞的路线。现在,在宇宙探索家科学预科学院(SPACE)开发的表面反照率处理系统就是这种情况,该项目利用雅尔科夫斯基效应①,如实描绘小行星从而改变其轨道使其偏离与地球相撞的路线。作为一种非两用的技术,该技术解决了萨根困境,因为在实际中无法应用该技术将小行星转化为动态武器,该技术也回答了其他更具侵略性的技术所引起的一些法律问题(Ge 和 Pop,2011 年)。

宇航员拉塞尔·施威卡特(2004,p. 1)相信尽管卡尔·萨根提出来的偏转困境事实上是不存在的,因为"这种恶意的偏转能力用作武器毫无实用价值,不值得多加关注",但他认为存在另一种困境,即在"无所作为,遭受撞击所带来的一切后果和积极偏转小行星,在'保护地球'的过程中,必然将原本不受威胁的人和财产置于危险境地"之间做出选择。

我们认为还存在另一种困境,那就是在行星防御领域是做合法的事情还是做正确的事情。有一句拉丁格言"Fiat justitia ruat caelum",字面意思是,"哪怕天塌地陷,也要实现正义"。就可能发生的撞击而言,是应该遵守制定法,即便这可能意味着禁止使用核爆炸来偏转小行星轨道,还是说应该采取一些虽然非法但卓有成效的方式来保护地球不受行星撞击? 我们相信应该采取措施尽早探测潜在危险小行星,努力以温和的方式尽早偏转小行星轨道。但如果采取其他方式无法偏转小行星轨道,我们认为法律应该许可使用核武装力量和其他危险力量,即便它们的使用不能合法化,在遇到重大威胁时,还是可以适当地加以利用。

29.3 代结论:矿田和雷区

"mine"这个词在英语中有两个意思,既指矿田也指雷区。一直以来,浩瀚的

---

① 注:雅尔科夫斯基效应是天体的各向异性加热的结果;物体吸收的热量多少与其反照率紧密相关;当受热不均匀时,较暖的表面区域会散发更多的热能,随之产生的净力会作用于物体上。例如,小行星面向太阳的一面会受热。当阳光照射的一面旋转偏离了太阳,较暖的黄昏侧比较冷的黎明侧散发出更多的能量。随之产生的净力作用于一个方向,该方向由小行星的自旋轴、自转速率和轨道周期决定。

天空都很好地诠释了这两层意思。中世纪的地图绘制员常常在地图的空白处绘上海蛇,以代表尚未勘探的危险区域。"这里有龙"和"这里有老虎"一类的警示语常常令一些旅行者望而却步,但也吸引了一些勇猛无畏的探险家,他们准备好要去屠杀猛龙,卖掉神奇的龙皮以换取成箱成箱的黄金。"这里有小行星"和"这里有龙"有异曲同工之处,在天体地图上标出了"小行星"这样一处地方,上面居住着危险无比却价值连城的天体生物。

纵观历史,人类驾驭毁灭性自然力量的能力是推动人类物种进化的一个主要因素。人类猎杀剽悍的野猪来提供餐桌上的野猪肉,将凶猛的狼驯养成为忠诚的卫士;利用致命的湍流的冲力来发电。人类也将能驾驭小行星,将其从雷区转变为矿田,从摧毁人类文明的力量转变为构建人类文明的资源库。

我们需要一个可以帮助人类实现上述目标的体制。我们需要一个不仅能够激发政府也能够激发个人对开发外层空间资源的兴趣的体制。这个体制最好以私有产权为代表,据此,"mine"一词的第三层意思——(我)占有的东西——最恰当地诠释了这一点。私营小行星开采不仅使人类文明超出地球的边界,也使人类文明免于灭绝。如果准许开发小行星牟利的话,与志愿项目和政府项目相比,私营企业将更好地对小行星进行登记分类,更好地勘测和追踪小行星;私营企业不但能够想出新的开采方式提取小行星上的资源,也可以改变小行星的运行轨道。开采天空,意味着也要给天空清雷,——但是为了实现上述目标,当提到小行星时,人类应该有能力说出"mine"的第三层意思——(我)占有的东西。

参考文献

[1] Aldridge, E. C. (chairman) A Journey to Inspire, Innovate, and Discover - Report of the President's Commission on Implementation of United States Space Exploration Policy. US Government Printing Office, Washington, DC(2004)

[2] Anderson, D.: Changing a culture of entitlement into a culture of merit. The CPA Journal(November 2002)

[3] Arthur, C.: Jewellery's final frontier. The Independent(May 11,1998)

[4] Benson, J. W.: Space resources:first come first served. In: Proceedings of the 41st Colloquium on the Law of Outer Space, p. 46(1988)

[5] Brooks, E.: Dangers from Asteroids and Comets:Relevance of International Law and the Space Treaties, IISL - 97 - IISL. 3. 14,40 Proceedings of the Colloquium on the Law of Outer Space, pp. 234 - 263(1997)

[6] Chaikin, A.: Meeting of the Minds - Buzz Aldrin visits Arthur C. Clarke. Space. com(February 27,2001)

[7] Columbus - America Discovery Group, Columbus - America Discovery Group Inc. v. The Unidentified, Wrecked and Abandoned Sailing Vessel, S. S. Central America, A. M. C. 1955(E. D. Va. 1989) (1989)

[8] Fasan, E.: Large space structures and celestial bodies. In: Proceedings of the 27th Colloquium on the Law of Outer Space, p. 243(1984)

[9] Gal, G.: Acquisition of property in the legal regime of celestial bodies. In: Proceedings of the 39th Colloquium on the Law of Outer Space, p. 45(1996)

[10] Ge,S. ,Pop,V. : Solution to the Sagan Dilemma via Surface Albedo Modification Technique. In: Annual Technical Symposium 2011,NASA/JSC Gilruth Center,Houston,Texas(May 20,2011)

[11] Geer v. Connecticut,Supreme Court of the United States. 161 U. S. 519(1896)

[12] Gorove,S. : Private rights and legal interests in the development of international space law. Space Manufacturing 5,226(1985)

[13] Grotius,H. : Mare Liberum. Lodewijk Elzevir,Leiden(1608)

[14] Hyde,D. : Sorites Paradox. In: Zalta, E. N. (ed.) The Stanford Encyclopaedia of Philosophy(2005),http://plato. stanford. edu/archives/fall2005/entries/sorites – paradox/

[15] Kish,J. : The Law of International Spaces. AW Sijthoff,Leiden(1973)

[16] Lauterpacht, H. : International law ('the collected papers'),vol. 2. Cambridge University Press,Cambridge(1975)

[17] Leich, M. N. : Digest of United States Practice in International Law. Department of State,Washington, D. C.(1980)

[18] Lenin,V. I. : The Tasks of the Proletariat in Our Revolution. Priboi Publishers,St. Petersburg(1917)

[19] Lewis,J. S. : Mining the sky. Addison – Wesley,Reading(1966)

[20] Locke,J. : The Second Treatise of Civil Government,London(1690)

[21] Mann,A. : Tech Billionaires Plan Audacious Mission to Mine Asteroids. Wired (2012),http://www. wired. com/wiredscience/2012/04/planetaryresources – asteroid – mining/(April 23,2012)

[22] Marx,K. ,Engels,F. : Manifesto of the Communist Party,London(1848)

[23] Merges, R. P. , Reynolds, G. H. : Space resources, common property, and the collective action problem. New York University Environmental Law Journal 6,107(1997)

[24] Nauges,H. : Legal aspects. In: Proceedings of the 22nd Colloquium on the Law of Outer Space(1979)

[25] Nemitz,G. W. : Personal communication(November 28,2005)

[26] North,P. M. : Cheshire and North private international law,10th edn. Butterworths,London(1979)

[27] Reid,K. G. C. : The law of property in Scotland. The Law Society of Scotland/Butterworths,Edinburgh(1996)

[28] Roberts,L. D. ,Pace,S. ,Reynolds,G. H. : Playing the commercial space game: time for a new rule book? Ad Astra(May/June 1996)

[29] Roby,H. J. : Roman private law in the times of Cicero and of the Antonines,vol. I. Cambridge University Press, Cambridge(1902)

[30] Rodriguez, G. : Telepossession Transforms Asteroids into Resources. Space Resources Roundtable VI #6033 (2004)

[31] Schweickart,R. L. : The Real Deflection Dillema. In: 2004 Planetary Defense Conference, Orange County, CA (2004)

[32] Scripps Howard News Service,Own your piece of the Rock. San Francisco Examiner(February 21,1998)

[33] Silber,K. : A Little Piece of Heaven. Reason Magazine(November 1998)

[34] Simpson,S. R. : Land law and registration. Cambridge University Press,Cambridge(1976)

[35] Smirnoff,M. : Introductory report and summary of discussions – draft resolution on the legal status of celestial bodies. In: Proceedings of the 9th Colloquium on the Law of Outer Space,p. 8(1966)

[36] Stair,J. : The Institutions of the law of Scotland,Edingburgh(1693)

[37] Sweet,C. : A dictionary of English law. Sweet,London(1882)

[38] Tuchman,B. : On our birthday—America as idea,Newsweek(July 12,1976)

[39] Tumlinson,R. : Testimony before the Senate Committee on Commerce. Science and Transportation(October 29, 2003)

[40] Turner, F. J. : The significance of the frontier in American history. In: Proceedings of the State Historical Society of Wisconsin(December 14 ,1893)

[41] Tylecote, R. F. : A History of Metallurgy ,2nd edn. The Institute of Materials, London(1992)

[42] Urbahn, K. : Putting the torch to a culture of entitlement. Yale Daily News(March 23 ,2005)

[43] Vicas, A. G. : The New International Economic Order and the emerging space regime. In: Space Activities and Implications: Where from and Where to at the Threshold of the80' s, p. 293. McGill University Press, Montreal (1980)

[44] Westfall, R. M. : Establishing possession of debris and resources in space. Galactic Mining Industries(2003) , http://www. angelfire. com/trek/galactic_mining/rmwgmi. html

Zunt, D. : Who did actually invent the word "robot" and what does it mean? The Karel _apek website(1998) , http://capek. misto. cz/english/robot. html

索　引

asteroid flyby	飞越小行星
asteroid geology	小行星地质学
asteroid mineralogy	小行星矿物学
asteroid mining	小行星采矿
Asteroid Ore	小行星矿石
Asteroid properties	小行星特性
Asteroid Retrieval	小行星捕获
asteroid retrieval mission	小行星捕获任务
asteroid sample – return mission	小行星采样返回任务
asteroid space tug	小行星太空拖船
Asteroid Terrestrial – impact Last Alert System	小行星影响地球持续预警系统
Asteroids	小行星
astro surgery	太空手术
astrometric follow – up observations	天体跟踪观测
Atens	阿坦类
Atiras	
ATLAS	小行星影响地球持续预警系统
auger	螺钻
autonomous navigation	自主导航

B

binary asteroids	双体小行星
Bond albedo	球面反照率
Bosumtwi Crater	博苏姆维坑
Braille	布莱利
brush wheel	刷轮
bucket drum	筒鼓
bulk density	堆积密度
Bus – DeMeo classes	DeMeo 分类

C

cable launchers	缆绳发射
Cadtrak Engineering	Cadtrak 工程
Capture	捕获
capture probability	捕获概率
captured asteroids	被捕获的小行星
carbon nanotubes	碳纳米管
carbonaceous	碳质的
Cargo Return Vehicles	货运返回运输器
cargo ship	货运飞船
Catalina Sky Survey	卡特里娜巡天

Ceres	谷神星
chemical fuel	化学燃料
Cheng' E	嫦娥二号
chondrites	球粒陨石
Circular restricted four – body problem	限制性球形四体问题
Circular restricted three – body probem	限制性球形三体问题
Class M meteorites	M 类陨石
Closed Cycle Pneumatic Conveying	闭环气动输送系统
Closed – loop Water Cycle	闭合回路水循环
cohesive force	内聚力
Committee on Space Research	空间研究委员会
Communism	共产主义
Communist	共产主义者
Coriolis forces	科里奥利力
COSPAR	空间研究委员会
Coulomb friction	库仑摩擦
Crater counting	陨击坑计数
CSS	卡特里娜巡天
C – Type	C 类

D

Dactyl	Dactyl(Ida 小行星的卫星)
Darcy' s law	达西定律
Data fusion	数据融合
DAWN	黎明号探测器
Dawn spacecraft	黎明号探测器
Deep Impact	深度撞击
Deep Space Industries	深空工业
Deep Space Network	深空网
Deeps Space	深空
delivery methods	传递方法
Deployable structures	可展开结构
developing countries	发展中国家
digging	挖掘
discovered NEOs	已发现的近地小天体
discrete (or distinct) element method	离散元素法
Don Quijote	堂吉诃德
Drilling	钻/钻取
drogue parachute	浮标降落伞

E

Earth ring	地球环

Earth Trojans	地球特洛伊群
Earth – impacting small asteroids	可能撞击地球的小行星
Earth – impactor SFD	撞击地球小行星的大小 – 频率分布
Eight – Color Asteroid Survey (ECAS)	八色小行星观测
electro – ionic propulsion	电离子推进
electrolyzers	电解器
Electrostatic levitation	静电悬浮
entitlement	权利
envelopment	包络
ephemerides	星历
Eros	爱神星
escape speed	逃逸速度
evolutionary model of the technical civilisations	科技文明的进化模型

F

Fermi paradox	费米悖论
fingers	指
fireball	火球
Fission Surface Power System	裂变表面电力系统
flexible path plan	灵活路线计划
fluid anchor	流体锚
flying vehicles	飞行载具
force chain network	力链网络
Frontier	边界
fuel cells	能量单元
Fusion cutting	熔化切割

G

Ganymed	Ganymed 小行星
Gaspra	Gaspra 小行星
Geoengineering	地质工程
geometric albedo	几何反照率
geostationary Earth orbit	地球静止轨道
global commons	全球公域
Goddard Space Flight Center	戈达德航天中心
gold	黄金
Goldstone's Solar System Radar	Goldstone 太阳系雷达
granular convection effect	颗粒对流效应
granular gases	颗粒气体
granular materials	颗粒状材料
granularity	粒度

Liquid crystals	液晶
low – Earth orbit	低地球轨道
LPO	平动点轨道
LSST	大口径巡天望远镜
Lunar Reconnaissance Orbiter	月球勘测者
Lutetia	鲁特西亚(小行星)
Lyapunov orbits	利亚普诺夫轨道

M

Magdalena Ridge Observatory Interferometer	马格达莱纳岭天文台干涉仪
magnetic anchor	磁锚定
magnetic field	磁场
magnetic levitation	磁浮
maneuver swing – by	飞越变轨
manned mining station	有人采矿站
Marco Polo – R	马可波罗 – R 计划
Mars crossers	跨火星小行星
Mars Exploration Rovers	火星巡视器
Mars Trojans	火星特洛伊群
Marxist	马克思主义
Mathilde	梅希尔德(小行星)
mechanical propulsion	机械推进
Metallic asteroids	金属类小行星
camera	流星摄像机
meteorite type	陨石类型
microfluidic electrospray propulsion	微流体静电推进
microgravity	微重力
Micrometeorites	微流星
Microspine Anchors	微刺锚
mineralogical analysis	矿物分析
MINERVA	密涅瓦
MINERVA vehicle	密涅瓦着陆器
minimum orbit intersection distance	最小轨道交会距离
Mining	采矿
Mining Nozzle	采矿喷嘴
mining technology	采矿技术
Mining water	采矿水
Minor Planet Center	小行星中心
Mobile In situ Water Extractor(MISWE)	移动式就位抽水装置
monolithic	单片电路

olivine	橄榄石
Operational risk	操作风险
Orbit maneuver	轨道机动
modification	修改
Orbital elements	轨道根数
argument of pericentre	近心点幅角
eccentricity	偏心率
inclination	倾角
longitude of perihelion	近心点经度
longitude of the ascending node	升交点经度
mean anomaly	平近点角
mean longitude	平经度
proper orbital elements	固有轨道根数
semi – major axis	半长轴
Orbital resonance	轨道共振
Kozai resonance	Kozai 共振
Orbital resonances	轨道共振
Mean motion resonances	平均运动共振
Secular resonances	长期共振
orbital uncertainty	轨道不确定性
Orion	猎户座
OSIRIS – REx mission	源光谱释义资源安全风化层辨认探测任务
OST	外层空间协定
Outer Space Treaty	外层空间协定
ownership	所有权

P

Palladium Group Metals	钯族金属
Palmer Divide Observatory	帕马岭天文台
Palomar Transient Factory	帕洛马瞬变观测工厂
pentaerythritol tetranitrate	季戊四醇四硝酸酯
percussive excavation	冲击式挖掘
Periodic Orbits	周期性轨道
Peter Diamandis	彼得·戴曼迪斯
PGM	铂族金属
platinum group metals	铂族金属
Photometry	光度测定
pie makers	资源制造者
pie slicers	资源分配者
planar Lyapunov	平面李雅普诺夫轨道

planetary radar	星际探测雷达
Planetary Resources	星际资源
planetary rovers	星际巡视车
planetesimal	微星体
planetisimals	微星体
plasma jets	等离子束
platinum group metals	铂族金属
Pneumatic Conveying	气动传输
Pneumatic excavation	气动挖掘
Pneumatic Regolith Mining System	气动风化层采矿系统
Pneumatic Soil Extractor	气动土壤分离器
Polarimetric data	偏振数据
polydimethylsiloxane	聚二甲基硅氧烷
porosity	孔隙率
Potentially Hazardous Asteroids	潜在威胁小行星
potentially hazardous objects	潜在威胁天体
Potentially Hazardous Objects	潜在威胁天体
power station	发电站
Power System Elements	发电系统要素
Combustion Power Systems	燃烧发电系统
Flywheel Energy Storage Systems	飞轮储能系统
Fuel Cells	燃料电池
Hybrid Flow Batteries	混合液流电池
Nuclear Fission Reactors	核裂变反应堆
Photovoltaic Power Systems	光伏发电系统
Primary Batteries	一次电池
Radioisotope Generators	放射性同位素发生器
REDOX Flow Batteries	氧化还原液流电池
Secondary Batteries	二次电池
Solar Thermal Power Systems	太阳能热发电系统
Supercapacitors	超级电容
Superconducting Magnetic Energy Storage Systems	超导磁储能系统
Power System Options	发电系统选择
power system technologies	发电系统技术
President Obama	奥巴马总统
privatization	私有化
processing facility	处理设施
Property	财产
property rights	产权

Property Rights	产权
Propulsion	推进
quiet – electric – discharge engines	无声放电发动机
propulsion systems	推进系统
Deuterium – Helium – 3	氘 – 氦
Prospection	勘探
mission	任务
pulsed nuclear propulsion	核脉冲推进
pulsed plasma thruster	等离子脉冲推进
pyroxene	辉石

R

radar	雷达
radar observations	雷达观测站
Radio tomography	无线电断层摄影术
radioactive decay	放射衰变
regolith	风化层
Regolith	风化层
Regolith Advanced Surface Systems Operations Robot（RASSOR）	先进表面风化层操作机器人
remote – sensing data	遥感数据
rendezvous	交会
res communis	公物
resource map	资源地图
restricted three – body problem	限制性三体问题
Risk	风险
Roanoke colony	罗诺克殖民地
robot	机器人
robotic	机器人的
robotic exploration	机器人探测
robotic miners	采矿机器人
Robotic Miners	采矿机器人
Rockbreaker	碎石器
rocket equation	火箭方程
Rosetta	罗塞塔
Rosetta spacecraft	罗塞塔号探测器
rotation state	旋转状态
rubble piles	碎石堆
rubble – pile	碎石堆

S

Sagan Dilemma	撒根的两难困境

sail craft loading	飞行器负载
Sample Acquisition and Transfer Mechanism（SATM）	样品采集与转运机构
Sample Retrieving Projectile（SaRP）	样品获取射弹
Sample Return Probe	采样返回探测器
satellites	卫星
Schrumpter's Gale	熊彼特风暴
Scientific Preparatory Academy for Cosmic Explorers	宇宙探测科学预先研究学会
search for extraterrestrial artifacts	寻找地外文明
Self – Opposing Systems	反作用固定系统
SENTINEL	哨兵探测计划
SETA	地外生命搜索计划
settlement	定居点
shape model	外形模型
sharing	共享
shock wave	冲击波
Siderophiles	亲铁的
Sloan Digital Sky Survey	斯隆数字天空观测
Socialism	社会主义
Sociometeoritics	陨石社会学
Solar Energy Utilization	太阳能利用
Solar insolation reduction	日照减退
solar power	太阳能
Solar Power Satellites	太阳能卫星
Solar radiation pressure	太阳辐射压
Solar reflector	太阳反射器
solar sail	太阳帆
solar system	太阳系
Solar System Internet	太阳系因特网
Solar wind	太阳风
solid – grained	固体颗粒的
sorites paradox	诡辩悖论
Space debris	空间碎片
space elevator	空间升降梯
space excavation	空间挖掘
Space Fence radar system	太空护栏雷达系统
space law	空间法
space mining operations	空间采矿操作
space missions	空间任务
space weathering	空间天气

Spacecraft rendezvous mission	航天器交会任务
Spaceguard program	太空守卫项目
spectrometric observations	光谱观测
spectrophotometry	光谱测量
Spectroscopy	光谱仪
Spitzer space telescope	斯必泽太空望远镜
SSS	赛丁泉观测
stability criterion	稳定性判据
stable locomotion	稳定运动
stagnation point temperature	驻点温度
Stardust spacecraft	星尘号探测器
stationary mining system	固定式采矿系统
Steins	斯坦斯
sterilization	灭菌
Stony asteroids	石质小行星
S – Type	S – 型
Subsurface" Atmosphere	次表层大气
Suction Intake Mechanism	吸入装置
surface mobility	表面移动
synodic period	会合周期
Synodic Period problem	会合周期问题

T

tadpole orbits	蝌蚪轨道
TCO orbit	临时地球俘获轨道
TCO rendezvous point	临时地球俘获轨道交会点
TCO SFD	临时地球俘获轨道大小 – 频率分布
TCO size – frequency distribution	临时地球俘获轨道大小 – 频率分布
technological challenges	技术挑战
technology	技术
Telemetry	遥测
telepossession	远程占有
Telepresence	远程呈现
Telerobotics	遥操作机器人
telescopes	望远镜
temporarily – captured asteroids	临时俘获小行星
temporarily – captured orbiter	临时俘获小天体
TCO	临时俘获小天体
Tenagra Observatory	坦纳格拉天文台
test bed	测试床

Tetrahedral Miner	四面体采矿机
thermal emission	热辐射
thermal inertia	热惯量
Thermal infrared	热红外
thermal spalling	热剥离
thermionic converters	热离子转换器
thermophotovoltaic converters	热光伏转换器
thermo – photovoltaic systems	热光伏系统
Tisserand parameter	蒂塞朗参数
Topaz nuclear fission power source	黄宝石核裂变能量源
Torino Impact Hazard Scale	都灵撞击风险指标
toroidal habitat	环形居住空间
torque hammer	扭矩锤
Touch and Go Surface Sampler	接触式表面采样器
Toutatis	图塔蒂斯小行星
trench width	沟槽宽度
Trojan asteroids	特洛伊小行星
Trojan asteroids searching for	特洛伊小行星搜索
Trojan distributions	特洛伊分布
Trojan orbits	特洛伊轨道
Trojan populations	特洛伊小行星群
Trojan properties	特洛伊特征
Trojan regions	特洛伊地带
tube transportation	试管运输
tunnel boring machine active mining head	隧道掘进机挖掘头

U

UKIRT	英联邦红外望远镜
United Nations	联合国

V

Van der Waals forces	范德华力
vaporization cutting	汽化切割
Variable Specific Impulse	比冲变量
Magnetoplasma Rocket	磁等离子火箭
Venturi chamber	文丘里腔
Venturi effect	文丘里效应
Venturi injectors	文丘里喷嘴
vertical Lyapunov	垂直李雅普诺夫轨道
Vesta	灶神星
Vesta mission	灶神星探测任务

Vibratory Compaction	振动压紧
vibratory excavation	振动挖掘
volcanic ash	火山灰

W

wealth	财富
weight on bit	钻压
Wide – field Infrared Survey Explorer（WISE）	宽视场红外探测器

Y

Yarkovsky effect	雅科夫斯基效应
YORP	约普
YORP effect	约普效应

Z

zero emission stuff transport	零排放运输
Zero Moment Point	零力矩点

内 容 简 介

本书基于布加勒斯特工业大学教授 Viorel Badescu 在行星科学领域多年的研究、以及全球研究者所获得的研究成果,全面地介绍了太阳系小行星的分布、环境、物质组成、材料资源,针对小行星探测目标的选择提出了数学模型,给出了面向近地小行星的探测任务设想、小行星探矿任务的方案设想,分析了其可行性,并对小行星探测的轨道设计方法进行了深入的探讨。

本书阐述了近年来在小行星能源与材料资源利用方面的研究成果。研究了未来人类实现小行星资源应用所具有的优势与存在的局限。全书汇集了近期学术界涌现的大部分创新思想与解决方案。全书按照研究进展顺序与逻辑关系,可分为8 个部分:第一部分介绍太阳系小行星概况;第二部分描述小行星;第三部分介绍小行星采矿机器人的设计、制造;第四部分:就位资源利用技术;第五部分:地球与小行星转移运输;第六部分:特殊小行星利用;第七部分与第八部分分别介绍小行星任务在经济与法律方面的考虑。

本书做到了基础理论与学科前沿的结合,特别是其中给出的一些前沿性的最新研究进展,同时对小行星探测与利用的工程实现具有重要参考价值的数据。对我国开展小行星探测与科学研究具有重要指导作用,可以作为小行星环境手册或教材使用,也可作为深空探测领域的航天工程技术人员的参考书。

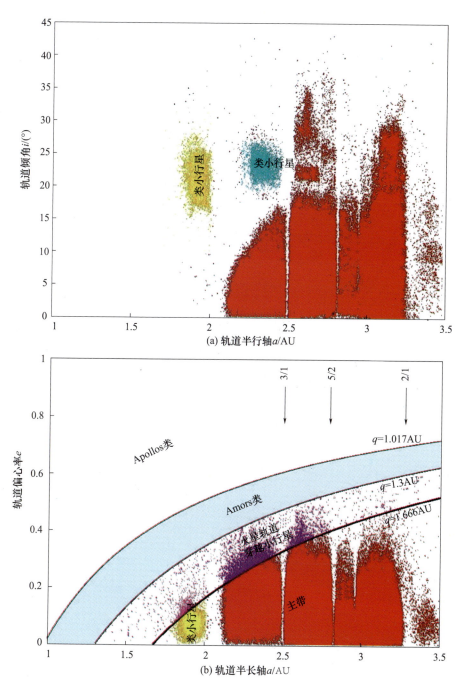

图 3.11　跨火星小行星（紫色），匈牙利星（黄色），福神星（浅蓝色）和
主带小行星（红色）的轨道分布。垂直箭头表示 3/1、5/2 和 2/1MMR
与木星的平均运动共振的位置

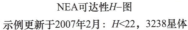

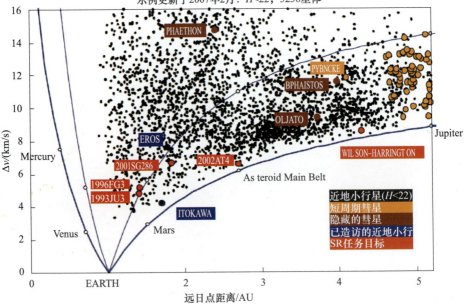

图 7.5　近地小行星可达性随远日距的分布 (Barucci 和 Yoshikawa，2007 年)

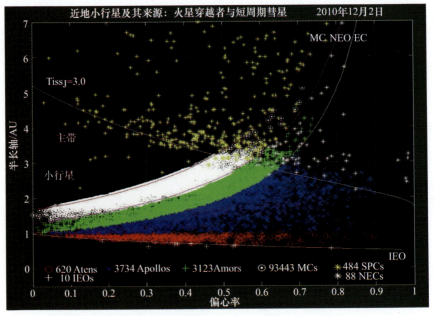

图 7.6　近地小行星的轨道偏心率与半长轴分布 (DLR，2011 年)

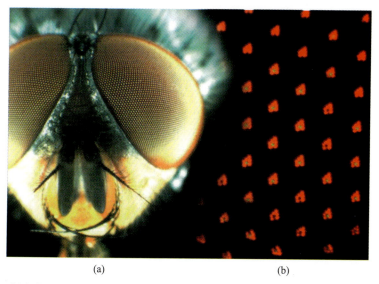

图 9.1 (a) 绿头苍蝇丽蝇 erythrocephala 头部 (雄性)，显示其刻面角膜两帕诺 – 拉米奇复眼。

(b) 在每个刻面透镜的焦平面上每个小眼包含 7 μm 尺寸的感光体，如在这里活体内
(天然的自体荧光的颜色) 的观察。六个外受体 (R1–6) 介导的运动图像和驱动
光流传感器神经元，而两个中央细胞 (R7，由 R8 受体在这里没有看到长期)
是负责颜色视觉。图从 Franceschini 等 (2010 年)。

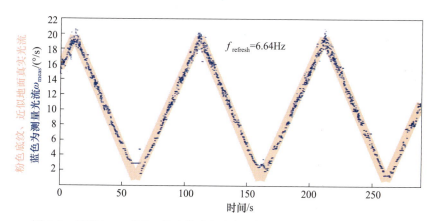

图 9.9 低速 VMS(蓝色) 的户外动态响应，与地面实况 (粉色) 进行比较
视觉运动传感器通过由步进电动机 (103H5208–0440，购自 Sanyo–Denki) 驱动的
输送带 (Expert 等，2011 年) 来旋转。传感器运用了从 1~20° /s 的旋转，
这个旋转本来设计的范围是从 1. 5~25° /s。OF 的测量以 6. 64Hz 的
刷新率紧密匹配着参考信号。由于没有同步信号可用，
地面真实的 OF 只在这里大致的进行了同步

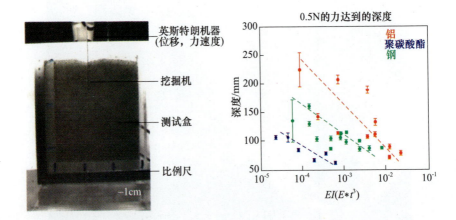

图 11.3　在地球的重力场下的桌面实验 (Wendell，2011 年)，采用 0.1~1mm 厚度聚碳酸酯、铝、钢柔性挖掘装置钻入走私为 1~2mm 大小的玻璃珠堆，直到达到压力阈值为止 (a) 为当使用 0.5N 的推力可获得的最大深度；(b) 最大插入深度随着装置刚度 EI 的增加而减少，E 为与材料相关的杨氏模量，I 为与厚度相关的弯曲力矩。

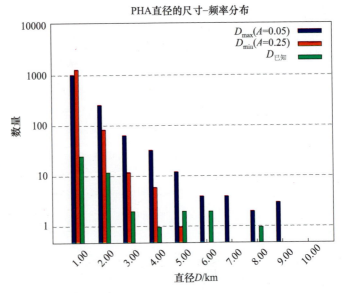

图 17.1　有潜在威胁小天体大小分布图。直径是基于绝对星等和反照率 A 得到的：$A=0.05$（紫色），$A=0.25$（红色）；绿色表示已知直径的小天体

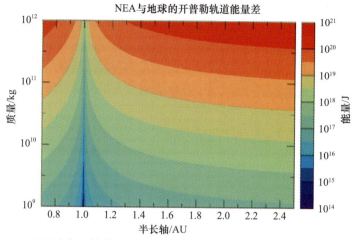

图 17.4　近地小行星轨道和质量与将其转移到地球轨道所需能量之间的关系

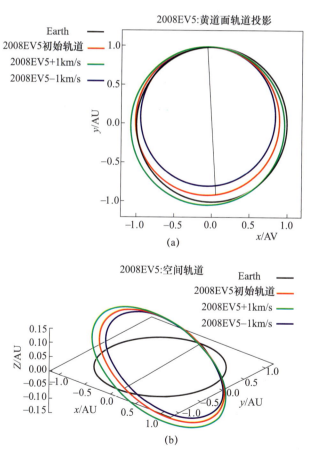

图 17.5　小行星 2008 EV 5 与地球轨道在黄道面（a）投影和空间视图（b）。

此外，显示了当 NEA 速度增加或减少 1km/s 后形成的修正轨道

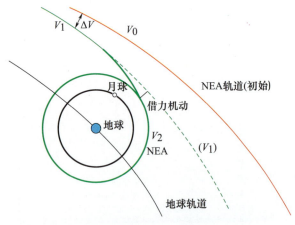

图 17.6　利用月球借力飞行的轨道机动示意图

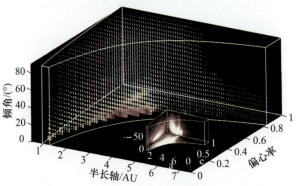

图 18.4　（Bottke 等，2002）NEO 分布。图中给出了 NEO 密度公式 $\rho\,(a,e,i)$。
第四维度，即给定点（a,e,i）处的密度 ρ，通过一组带色网格点表示并通过 ρ 值的
公式给出大小。较小的一组轴线代表了面 $a=0.5$AU 上 ρ 值的总价值投影，
$e=1, i=0°$。要注意的是颜色代码为了更小的投影图而反向。

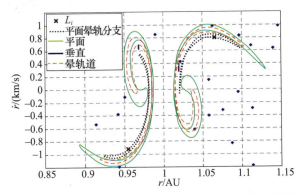

图 21.5　在雅可比常数为 3.0004448196 时的 r—$\dot{r}$ 相空间的流形的形状。
流形表示与在旋转框架上与日地线形成 ±π/8 角度的平面交叉点。
左边的流形对应 L_1，右边的对应 L_2。目标近地天体以"+"标记

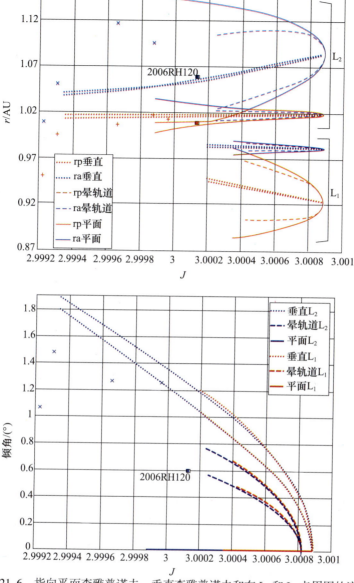

图 21.6　指向平面李雅普诺夫，垂直李雅普诺夫和在 L_1 和 L_2 点周围的流形的
最小和最大近日点，远日半径（顶部）和倾角（底部）

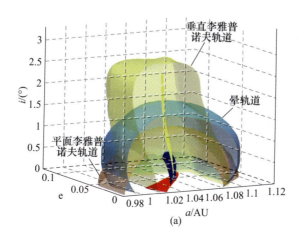

(a)

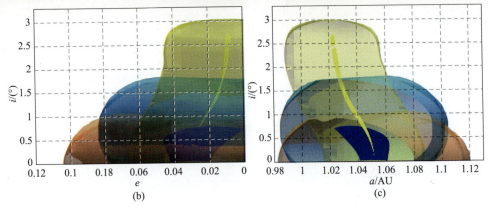

图 21.7 具有捕获进入 L_2 低于 500m/s 的 LPO 的总估计费用的
轨道元空间区域。对应 LPOs 的流形以固色绘制

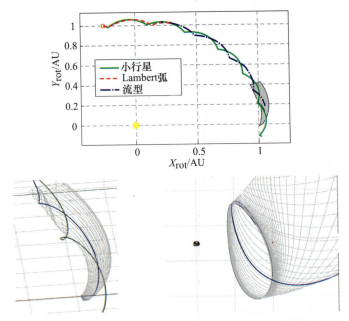

图 21.10 小行星 2006 RH120 到南光圈轨道的捕获轨迹。太阳和地球绘制了 10 倍的大小

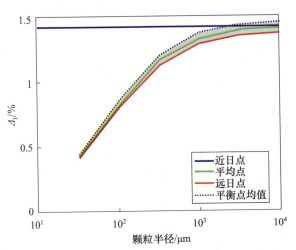

图 25.7 对于尺寸为 32μm 的微粒爱神星在传统 L_1 点的最大的辐射衰减，
同时展示了在转移平衡点的最大的辐射衰减